Vorwort

Das vorliegende Buch ist Teil einer Vorlesungsausarbeitung [1, 2, 3, 4] des Zyklus Theoretische Physik I bis IV. Es gibt den Stoff meiner Vorlesung Theoretische Physik IV über die *Statistische Physik* wieder. Diese Vorlesung für Physikstudenten wird häufig im 6. Semester (Bachelor- oder Diplomstudiengang) angeboten, gelegentlich aber auch erst im Masterstudium.

Die Darstellung bewegt sich auf dem durchschnittlichen Niveau einer Kursvorlesung in Theoretischer Physik. Der Zugang ist eher intuitiv anstelle von deduktiv; formale Ableitungen und Beweise werden ohne besondere mathematische Akribie durchgeführt.

In enger Anlehnung an den Text, teilweise aber auch zu dessen Fortführung und Ergänzung werden über 100 Übungsaufgaben gestellt. Diese Aufgaben erfüllen ihren Zweck nur dann, wenn sie vom Studenten möglichst eigenständig bearbeitet werden. Diese Arbeit sollte unbedingt vor der Lektüre der Musterlösungen liegen, die im *Arbeitsbuch zur Theoretischen Physik* [5] angeboten werden. Neben den Lösungen enthält das Arbeitsbuch ein kompaktes Repetitorium des Stoffs der Lehrbücher [1, 2, 3, 4].

Der Umfang des vorliegenden Buchs geht etwas über den Stoff hinaus, der während eines Semesters in einem Physikstudium üblicherweise an deutschen Universitäten behandelt wird. Der Stoff ist in Kapitel gegliedert, die im Durchschnitt etwa einer Vorlesungsdoppelstunde entsprechen. Natürlich bauen verschiedene Kapitel aufeinander auf. Es wurde aber versucht, die einzelnen Kapitel so zu gestalten, dass sie jeweils möglichst abgeschlossen sind. Damit wird einerseits eine Auswahl von Kapiteln für einen bestimmten Kurs (etwa in einem Bachelor-Studiengang) erleichtert, in dem der Stoff stärker begrenzt werden soll. Zum anderen kann der Student leichter die Kapitel nachlesen, die für ihn von Interesse sind.

Es gibt viele gute Darstellungen der statistischen Physik, die sich für ein vertiefendes Studium eignen. Ich gebe hier nur einige wenige Bücher an, die ich selbst bevorzugt zu Rate gezogen habe und die gelegentlich im Text zitiert werden. Als Standardwerk sei auf die *Statistische Physik und Theorie der Wärme* von Reif [6] hingewiesen, die meine Einführung der Grundlagen wesentlich beeinflusst hat. Daneben sind mir die Bücher von Brenig [7], Becker [8] und Landau-Lifschitz [9] besonders gut vertraut.

Gegenüber der vierten Auflage dieses Buchs wurden in der vorliegenden fünften Auflage zahlreiche kleinere Korrekturen vorgenommen. Bei João da Providência Jr. (Übersetzer der portugiesischen Ausgabe) und einigen Lesern früherer Auflagen bedanke ich mich für wertvolle Hinweise. Fehlermeldungen, Bemerkungen und sonstige Hinweise sind jederzeit willkommen, etwa über den Kontaktlink auf meiner Homepage `www2.uni-siegen.de/~flieba/`. Auf dieser Homepage finden sich auch eventuelle Korrekturlisten.

Juli 2010 Torsten Fließbach

Literaturangaben

[1] T. Fließbach, *Mechanik*, 6. Auflage, Spektrum Akademischer Verlag, Heidelberg 2009

[2] T. Fließbach, *Elektrodynamik*, 5. Auflage, Spektrum Akademischer Verlag, Heidelberg 2008

[3] T. Fließbach, *Quantenmechanik*, 5. Auflage, Spektrum Akademischer Verlag, Heidelberg 2008

[4] T. Fließbach, *Statistische Physik*, 5. Auflage, Spektrum Akademischer Verlag, Heidelberg 2010 (dieses Buch)

[5] T. Fließbach und H. Walliser, *Arbeitsbuch zur Theoretischen Physik – Repetitorium und Übungsbuch*, 2. Auflage, Spektrum Akademischer Verlag, Heidelberg 2008

[6] F. Reif, *Statistische Physik und Theorie der Wärme*, 2. Auflage, de Gruyter-Verlag, Berlin 1985

[7] W. Brenig, *Statistische Theorie der Wärme*, 4. Auflage, Springer Verlag, Berlin 2002

[8] R. Becker, *Theorie der Wärme*, Springer Verlag, Berlin 1966

[9] L. D. Landau, E. M. Lifschitz, *Lehrbuch der theoretischen Physik*, Band V, *Statistische Physik*, 8. Auflage, Akademie-Verlag, Berlin 1987

Inhaltsverzeichnis

Einleitung

In der *Statistischen Physik* befassen wir uns mit Systemen aus sehr vielen Teilchen. Beispiele hierfür sind die Atome eines Gases oder einer Flüssigkeit, die Phononen eines Festkörpers oder die Photonen in einem Plasma. Die Gesetze für die Bewegung einzelner Teilchen sind durch die Mechanik oder die Quantenmechanik gegeben. Aufgrund der großen Zahl der Teilchen (zum Beispiel $N = 6 \cdot 10^{23}$ für ein Mol eines Gases) sind die Bewegungsgleichungen jedoch nicht auswertbar. Das Ergebnis einer solchen Auswertung, also etwa die Bahnen von $6 \cdot 10^{23}$ Teilchen, wäre auch uninteressant und irrelevant. Die Behandlung dieser Systeme erfolgt daher *statistisch*, das heißt auf der Grundlage von Annahmen über die Wahrscheinlichkeit verschiedener Bahnen oder Zustände.

Im Gegensatz zu der Bewegung einzelner Teilchen ist die Bestimmung *makroskopischer* Größen, wie Energiemenge, Druck oder Temperatur von Interesse. Mit Hilfe einiger Annahmen, den Hauptsätzen, untersucht die *Thermodynamik* (TD) Beziehungen zwischen diesen Größen; diese Disziplin wird auch makroskopische TD oder phänomenologische TD genannt. Die Thermodynamik wurde im 19. Jahrhundert ohne Bezug auf die mikroskopischen Grundlagen entwickelt.

Seit Anfang des 20. Jahrhunderts ist der Satz „Wärme ist ungeordnete Bewegung der Atome“ eine gesicherte Erkenntnis. Wichtige Beiträge hierzu waren die Gastheorie von Boltzmann (1898) und die Behandlung der Brownschen Bewegung durch Einstein (1905). Als Hypothese ist diese Aussage wesentlich älter (Bernoulli, 1738). Auf der Grundlage dieser Erkenntnis bestimmt die *Statistische Physik* die makroskopischen Größen und ihre Beziehungen untereinander aus der *mikroskopischen* Struktur. Dieses Gebiet wird auch als *Statistische Mechanik* bezeichnet, wobei der Begriff Mechanik die Quantenmechanik umfassen soll.

Die statistische Physik geht von mikroskopischen Größen und den zugehörigen Grundgesetzen der Mechanik und Quantenmechanik aus. Sie führt zusätzlich plausible, aber unbewiesene Hypothesen ein. Dazu gehört insbesondere die Annahme „alle zugänglichen Zustände sind gleichwahrscheinlich“. Unter Verwendung statistischer Methoden werden dann makroskopische Größen definiert und Relationen zwischen ihnen abgeleitet.

Zu den makroskopischen Größen, die in der statistischen Physik mikroskopisch definiert werden, gehören etwa der Druck oder die Temperatur. Die Beziehungen zwischen diesen Größen sind zum einen allgemeine Relationen, die für eine große Klasse von Systemen und Prozessen gelten, insbesondere die Hauptsätze der Thermodynamik. Zum anderen werden Relationen für bestimmte Systeme abgeleitet, wie die Zustandsgleichung ($PV = Nk_{\mathrm{B}}T$) und die Wärmekapazität ($C_V = 3Nk_{\mathrm{B}}/2$) für ein ideales Gas.

Das Hauptgewicht dieses Buchs liegt einerseits auf dem mikroskopischen Aufbau der statistischen Physik und andererseits auf ihrer Anwendung auf spezielle Systeme. Diese Systeme sind im allgemeinen Modellsysteme, die exakt oder näherungsweise lösbar sind. Mit Hilfe dieser Modelle können viele Eigenschaften realer Systeme verstanden und quantitativ behandelt werden. Beispiele für solche Eigenschaften sind die spezifische Wärme von Festkörpern, das Strahlungsspektrum heißer Körper (wie der Sonne) und das Verhalten bei Phasenübergängen (wie das Sieden einer Flüssigkeit).

Die meisten Ergebnisse der statistischen Physik, die wir erörtern werden, beziehen sich auf Gleichgewichtszustände. Für die Behandlung von Nichtgleichgewichtszuständen stellen wir die Mastergleichung und die Boltzmanngleichung vor und geben eine elementare Ableitung der wichtigsten Transportgleichungen (etwa für die Wärmeleitung oder Diffusion).

Die notwendigen elementaren Kenntnisse der mathematischen Statistik sind in Teil I zusammengestellt. Danach werden die Grundlagen der statistischen Physik untersucht (Teil II). Teil III präsentiert die phänomenologische Thermodynamik im engeren Sinn. Teil IV vervollständigt das Handwerkszeug der statistischen Physik, mit dem dann in Teil V eine Reihe von konkreten Systemen statistisch behandelt wird. Die Teile VI und VII geben jeweils eine Einführung in die Gebiete Phasenübergänge und Nichtgleichgewichtsprozesse.

I Mathematische Statistik

1 Wahrscheinlichkeit

Die Begriffe Wahrscheinlichkeit, Mittelwert und Schwankung werden eingeführt und diskutiert. Diese Begriffe werden am Standardbeispiel „Würfeln“ erläutert.

Wir präzisieren zunächst den Begriff der *Wahrscheinlichkeit*. Dazu betrachten wir die Aussage: „Die Wahrscheinlichkeit p, mit einem Würfel eine 1 zu würfeln, ist $p = 1/6$“. Dies heißt, dass im Durchschnitt $1/6$ der Würfe zu einer 1 führt. In einem realen Versuch trete bei N Versuchen (Würfen) N_i-mal das Ereignis i (also $1, 2, 3, 4, 5$ oder 6) auf. Dann ist N_i/N die relative *Häufigkeit* des Ereignisses i und

$$\boxed{p_i = \lim_{N\to\infty} \frac{N_i}{N} \qquad \text{Wahrscheinlichkeit}} \tag{1.1}$$

seine Wahrscheinlichkeit. Dabei ist unter $N \to \infty$ soviel wie „hinreichend oft“ zu verstehen; diese Bedingung wird später quantifiziert. Da notwendig eines der Ereignisse i auftritt (so ist Würfeln definiert), gilt

$$\sum_{i=1}^{6} N_i = N \tag{1.2}$$

Daraus folgt

$$\sum_{i=1}^{6} p_i = 1 \tag{1.3}$$

Die Bestimmung der Wahrscheinlichkeiten p_i durch N Würfe kann auf zwei Arten realisiert werden, die wir als *Zeitmittel* und als *Ensemble-Mittel* bezeichnen. Dabei bedeutet Zeitmittel, dass der gleiche Würfel unter gleichen Bedingungen N-mal geworfen wird. Beim Ensemble-Mittel nehmen wir N gleichartige Würfel und führen für jeden einen Wurf aus.

Die Aussage $p_i = 1/6$ für den Würfel wird in zwei verschiedenen Bedeutungen benutzt. Man versteht darunter entweder eine *physikalische* oder eine *hypothetische* Eigenschaft des Systems. Wir erläutern diese beiden Möglichkeiten in den folgenden Absätzen.

Zur ersten Bedeutung: Für einen realen Würfel wird (1.1) im Allgemeinen zu $p_i \neq 1/6$ führen. Speziell bei einem Trickwürfel ist der Schwerpunkt in Richtung der 1 verschoben; dadurch ist $p_6 > 1/6$. Jeder reale Würfel wird Abweichungen von der Symmetrie eines idealen Würfels zeigen (leicht verschobener Schwerpunkt, verschieden abgerundete Kanten), die zu kleinen Abweichungen von $p_i = 1/6$ führen können. Die experimentelle Bestimmung der Wahrscheinlichkeiten p_i nach (1.1) ist daher die *Messung einer physikalischen Eigenschaft* des Systems. Da N praktisch endlich ist, erfolgt diese Messung (wie jede andere) mit einer gewissen Ungenauigkeit. Diese Ungenauigkeit wird im nächsten Kapitel quantifiziert.

Zur zweiten Bedeutung: Für einen symmetrisch gebauten Würfel können wir die *Annahme* machen, dass alle Ereignisse i gleichwahrscheinlich sind, also $p_i = 1/6$. Diese Annahme ist vernünftig und plausibel, zumindest bevor (a priori) Messungen vorliegen. Die statistische Physik wird auf genau so einer *a priori–Hypothese* aufgebaut. Diese Hypothese besagt, dass alle zugänglichen Zustände eines abgeschlossenen Systems gleichwahrscheinlich sind. Im Gegensatz zum Würfel kann die Grundannahme der statistischen Physik allerdings nicht direkt experimentell überprüft werden. Lediglich Folgerungen aus dieser Annahme können verifiziert oder falsifiziert werden.

Anstelle der Würfel betrachten wir als physikalisches Beispiel ein Gas aus Atomen oder Molekülen. Die kinetische Energie ε eines Atoms werde mit der Genauigkeit $\Delta\varepsilon$ gemessen. Dann können wir jedem Atom einen diskreten Wert $\varepsilon_i = i \cdot \Delta\varepsilon$ zuordnen, wobei i die möglichen Werte $0, 1, 2, \ldots$ annimmt. Durch Stöße untereinander ändern die Atome häufig ihre Energie; in Luft ist die mittlere Stoßzeit der Moleküle $\tau \approx 2 \cdot 10^{-10}$ s (Kapitel 43). Wir fragen nun, mit welchen Wahrscheinlichkeiten p_i die Energien ε_i im Gas auftreten.

Wir können das Ensemble-Mittel bestimmen, indem wir (zu einem bestimmten Zeitpunkt) die Energien von N Atomen messen; dabei werden wir N_i-mal die Energie ε_i finden. Ein Zeitmittel erhalten wir dagegen, wenn wir die Energie eines bestimmten Atoms zu N verschiedenen Zeitpunkten messen; die Anzahl der Messungen, die ε_i ergeben, bezeichnen wir wieder mit N_i. In beiden Fällen bestimmt die Messung die Wahrscheinlichkeiten gemäß

$$p_i = p(\varepsilon_i) = \frac{N_i}{N} \tag{1.4}$$

Die Anzahl N sei so groß (etwa $N = 10^{24}$), dass wir auf den Limes $N \to \infty$ verzichten können. Die Intervalle $\Delta\varepsilon$ sind so zu wählen, dass $N_i \gg 1$.

Da kein Atom ausgezeichnet ist, sind die Wahrscheinlichkeiten des Ensemble- und Zeitmittels gleich. Voraussetzung hierfür ist, dass beim Zeitmittel die Zeitabstände zwischen den Messungen groß gegenüber der Stoßzeit τ sind. Nur dann sind die auftretenden Energien des einen ausgesuchten Atoms repräsentativ für die Gesamtheit der Atome. Später werden wir finden, dass die Wahrscheinlichkeiten (1.4) durch $p_i = \exp(-\beta\varepsilon_i)/\sum_j \exp(-\beta\varepsilon_j)$ gegeben sind, wobei β eine Konstante ist.

Addition und Multiplikation

Im Folgenden betrachten wir N gleichartige Systeme, von denen jedes in einem diskreten *Zustand* i vorliegt. Die Wahrscheinlichkeit, ein bestimmtes System im Zustand i vorzufinden, wird wie in (1.1) definiert; dabei ersetzen wir $N \to \infty$ häufig durch die Bedingung „N hinreichend groß". In Gleichung (1.2) und (1.3) ist über alle möglichen Systemzustände zu summieren.

In den oben angegebenen Beispielen bestand das System aus einem Würfel oder einem Gasatom. Beim Würfel ist der Zustand ein bestimmtes Würfelergebnis, beim Gasatom ein bestimmtes Energieintervall. Anstelle des Zustands sprechen wir auch vom *Ereignis* i, das sich beim Würfeln oder Messen ergibt.

Wir untersuchen die Bedeutung der Addition und Multiplikation von Wahrscheinlichkeiten. Aus der Definition von p_i in (1.1) folgt unmittelbar

$$p_i + p_j = p_{(i \text{ oder } j)} \qquad \begin{array}{c}\text{(Ereignisse } i \text{ und } j \\ \text{schließen sich aus)}\end{array} \tag{1.5}$$

für zwei der diskreten, sich gegenseitig ausschließenden Zustände oder Ereignisse i und j des Systems. Für solche Zustände gilt ja $N_{(i \text{ oder } j)} = N_i + N_j$. Für einen idealen Würfel gilt zum Beispiel $p_{(1 \text{ oder } 2)} = p_1 + p_2 = 1/6 + 1/6 = 1/3$.

Bisher haben wir elementare Zustände wie die Augenzahl des Würfels betrachtet. Hierfür ist die Spezifikation „sich ausschließen" für $i \neq j$ von vornherein erfüllt. Beispiele für allgemeine Zustände sind a = „gerade Augenzahl" und b = „Augenzahl kleiner als 4". Diese Zustände a und b schließen sich nicht gegenseitig aus. Daher ist $p_{(a \text{ oder } b)}$ in diesem Fall nicht gleich $p_a + p_b$.

Die Wahrscheinlichkeit, bei zwei Systemen das erste im Zustand i und das zweite in j vorzufinden, ist

$$p_{ij} = p_i \, p_j \qquad \begin{array}{c}\text{(Ereignisse } i \text{ und } j \text{ sind} \\ \text{unabhängig voneinander)}\end{array} \tag{1.6}$$

Für den Würfel ist dies die Wahrscheinlichkeit, zunächst die Augenzahl i und dann j zu würfeln, oder die Wahrscheinlichkeit, dass von zwei unterscheidbaren Würfeln der erste i und der zweite j anzeigt. Dabei wird vorausgesetzt, dass das erste Würfelergebnis ohne Einfluss auf das zweite ist, oder dass die beiden Würfel sich gegenseitig nicht beeinflussen.

Zur Begründung von (1.6) gehen wir von N ersten und M zweiten Systemen aus, von denen jeweils N_i im Zustand i und M_j in j sind. Wir setzen die gleichen Wahrscheinlichkeiten voraus, also $p_i = \lim (N_i/N) = \lim (M_i/M)$. Es gibt NM Systempaare, von denen $N_i \, M_j$ im Zustand ij sind. Daraus folgt die Wahrscheinlichkeit, den Zustand ij vorzufinden:

$$p_{ij} = \lim_{M,\,N \to \infty} \frac{N_i \, M_j}{N M} = \lim_{N \to \infty} \frac{N_i}{N} \; \lim_{M \to \infty} \frac{M_j}{M} = p_i \, p_j \tag{1.7}$$

Mittelwert und Schwankung

Für N Systeme mit den diskreten Zuständen i läuft die Summe in

$$\sum_i p_i = 1 \tag{1.8}$$

über alle möglichen Zustände. Wir betrachten nun eine beliebige Systemgröße x, die im Zustand i den Wert x_i hat; Beispiele sind die Augenzahl eines Würfels ($x_i = i$) oder die Energie eines Atoms ($x_i = \varepsilon_i$). Hierfür definieren wir den *Mittelwert*

$$\boxed{\overline{x} = \sum_i p_i\, x_i \qquad \text{Mittelwert}} \tag{1.9}$$

Offensichtlich gibt $\overline{x}$ den durchschnittlichen Wert von x bezogen auf alle N Systeme (im Grenzfall $N \to \infty$) an. Die Definition (1.9) lässt sich sofort auf eine Funktion $f(x)$ übertragen:

$$\overline{f(x)} = \sum_i p_i\, f_i = \sum_i p_i\, f(x_i) \tag{1.10}$$

Die tatsächlich auftretenden Werte x_i weichen vom Mittelwert $\overline{x}$ ab. Der Mittelwert dieser Abweichung verschwindet aber:

$$\overline{x - \overline{x}} = \sum_i p_i\,(x_i - \overline{x}) = \sum_i p_i\, x_i - \overline{x} \sum_i p_i = \overline{x} - \overline{x} = 0 \tag{1.11}$$

Dies liegt daran, dass positive und negative Abweichungen sich aufheben. Ein Maß für die Abweichung vom Mittelwert ist dagegen die *mittlere quadratische Abweichung* oder *Schwankung* Δx, die durch

$$\boxed{\Delta x = \sqrt{\overline{(x - \overline{x})^2}} \qquad \text{Schwankung}} \tag{1.12}$$

definiert wird. Wir können Δx durch $\overline{x^2}$ und $\overline{x}^{\,2}$ ausdrücken:

$$(\Delta x)^2 = \sum_i p_i\,(x_i - \overline{x})^2 = \sum_i p_i\, x_i^2 - 2\,\overline{x} \sum_i p_i\, x_i + \overline{x}^{\,2} \sum_i p_i = \overline{x^2} - \overline{x}^{\,2} \tag{1.13}$$

Aus $(\Delta x)^2 \geq 0$ folgt

$$\overline{x^2} \geq \overline{x}^{\,2} \tag{1.14}$$

Als einfaches Beispiel betrachten wir für einen (idealen) Würfel die Systemgröße x = Augenzahl, also $x_i = i$. Sie hat den Mittelwert

$$\overline{x} = \sum_{i=1}^{6} p_i\, i = \frac{1}{6}\,\big(1 + 2 + 3 + 4 + 5 + 6\big) = \frac{7}{2} \tag{1.15}$$

Aus

$$\overline{x^2} = \sum_{i=1}^{6} p_i \, i^2 = \frac{1}{6} \left(1 + 4 + 9 + 16 + 25 + 36\right) = \frac{91}{6} \tag{1.16}$$

folgt

$$(\Delta x)^2 = \overline{x^2} - \overline{x}^{\,2} = \frac{35}{12} \tag{1.17}$$

also die Schwankung $\Delta x \approx 1.7$.

Anmerkung zur Nomenklatur

Der Begriff *Mittelwert* wird in anderen Zusammenhängen meist als Mittelwert einer Messung verstanden. Bei N Ereignissen (etwa N-mal Würfeln) ist dieser Mittelwert $\sum_i n_i \, x_i / N$. Hieraus erhält man für $N \to \infty$ die Größe (1.9), die dann *Erwartungswert* genannt wird.

Im Themenkreis dieses Buchs haben wir es mit sehr großen N-Werten zu tun (etwa $N = 10^{24}$). Dann ist diese Unterscheidung zwischen Mittel- und Erwartungswert nicht wesentlich und auch nicht üblich. Dagegen werden etwa in der Quantenmechanik (Kapitel 5 in [3]) beide Begriffe getrennt eingeführt, um dann ihre Gleichheit für $N \to \infty$ festzustellen. Auch in allgemeinen statistischen, insbesondere auch in nichtphysikalischen Untersuchungen muss man zwischen diesen beiden Begriffen unterscheiden.

Analog hierzu kann man auch die Schwankung zunächst auf eine Messung beziehen, also mit den Häufigkeiten n_i / N anstelle der Wahrscheinlichkeiten p_i berechnen.

Zur Physik des Würfelns

Wir haben implizit vorausgesetzt, dass das Ergebnis des Würfelns zufällig, also nicht voraussagbar ist. Wir diskutieren diesen Punkt im Hinblick auf die deterministischen Gleichungen, die die Bewegung des Würfels beschreiben.

Wir stellen uns eine Würfelmaschine vor, in der mehrere Würfel anfangs an bestimmten Stellen ruhen, und in der vorgegebene, zeitabhängige Kräfte auf die Würfel einwirken; nach einer gewissen Zeit hören die Kräfte auf und die Würfel kommen zur Ruhe. Diese Beschreibung gilt insbesondere für die Lottomaschine, die am Samstagabend im Fernsehen zum Einsatz kommt. Die Bewegung der Lottokugeln (der Würfel) wird durch Bewegungsgleichungen der klassischen Mechanik bestimmt, in die die vorgegebenen zeitabhängigen Kräfte eingehen (zu diesem Zweck haben wir die würfelnde Person eliminiert). Bei gegebenen Anfangsbedingungen bestimmen diese Gleichungen den Zustand des Systems zu jedem späteren Zeitpunkt eindeutig. Wieso ist dann das Lottoergebnis nicht vorhersagbar?

Charakteristisch für solche Systeme ist, dass sehr kleine Änderungen im Zustand schnell groß werden können. Ändert sich etwa der Stoßparameter beim Stoß zweier Kugeln ein wenig, so ändert sich der Streuwinkel ebenfalls ein wenig. Auf

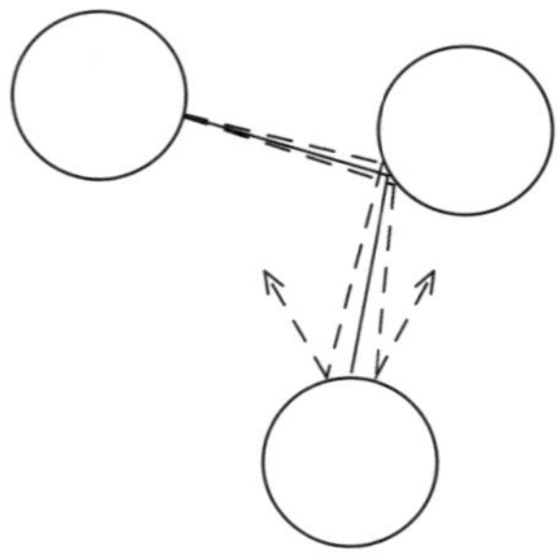

Abbildung 1.1 Die Kreise seien Billardkugeln, Lottokugeln oder die Atome eines Gases. Die nächsten beiden Stöße der linken, oberen Kugel sind schematisch skizziert. Die Abbildung illustriert, dass kleine Unterschiede in den Anfangsbedingungen sehr schnell groß werden können und dann zu ganz anderen Bewegungsabläufen führen. Für wenige Stöße ist der Verlauf noch vorhersehbar (Billard), für viele Stöße (Lotto, Gas) dagegen nicht.

der Strecke bis zur nächsten Karambolage kann diese kleine Änderung aber schon eine wesentlich größere Änderung des Stoßparameters für die nächste Kollision ergeben (Abbildung 1.1). Kurzum, nach wenigen Stößen werden aus zwei unmittelbar benachbarten Zuständen ganz verschiedene Zustände. Nun kann man die Anfangsbedingungen für den Lottoapparat nicht beliebig genau festlegen. Im Bereich der möglichen Eingrenzung liegen sehr viele Anfangsbedingungen dicht beieinander, die mit den deterministischen Bewegungsgleichungen zu allen möglichen Ergebnissen führen.

Aufgrund des chaotischen Verhaltens (benachbarte Zustände entwickeln sich sehr schnell auseinander) genügen auch andere kleine Störungen oder Unsicherheiten (außer denen in den Anfangsbedingungen), um das Ergebnis nicht vorhersagbar zu machen. Diese Störungen können sein: Unsicherheiten der äußeren Kräfte (etwa durch Spannungsschwankungen im Stromnetz), Husten einer Person im Fernsehstudio, thermische Fluktuationen, quantenmechanische Unschärfe. Es sei aber betont, dass für das Zufallsverhalten des Lottoapparats weder die endliche Temperatur noch die quantenmechanische Unschärfe notwendig ist. Man kann – im Prinzip – auch bei der Temperatur $T = 0$ und in einer (fiktiven) Welt mit $\hbar = 0$ würfeln.

Das chaotische Verhalten der Lottokugeln kann mit dem von Atomen eines klassischen Gases verglichen werden. Auch hier würde ein geordneter Anfangszustand (vergleichbar der anfänglichen Position der Lottokugeln) sehr schnell chaotisch werden. Ein Durcheinanderquirlen durch äußere Kräfte ist beim Gas nicht nötig; hierfür sorgt die kinetische Energie der Atome.

Aufgaben

1.1 Unentdeckte Druckfehler

Zwei Lektoren lesen ein Buch. Lektor A findet 200 Druckfehler, Lektor B nur 150. Von den gefundenen Druckfehlern stimmen 100 überein. Schätzen Sie ab, wieviele Druckfehler unentdeckt geblieben sind.

1.2 Gemeinsamer Geburtstag

Wie groß ist die Wahrscheinlichkeit P_N dafür, dass von N Studenten mindestens 2 am gleichen Tag Geburtstag haben? Was ergibt sich für $N = 10$? Bei welcher Mindestanzahl N_{min} übersteigt die Wahrscheinlichkeit, dass mindestens zwei Studenten am gleichen Tag Geburtstag haben, den Wert $1/2$?

2 Gesetz der großen Zahl

Ein Mechanismus, der zu Zufallsverteilungen führt, ist der eindimensionale random walk. Hierfür können die uns interessierenden Eigenschaften von Wahrscheinlichkeitsverteilungen besonders einfach abgeleitet und diskutiert werden. Dies sind insbesondere das Gesetz der großen Zahl (dieses Kapitel) und die Normalverteilung (Kapitel 3 und 4).

Random walk

Im eindimensionalen Fall besteht ein random walk aus N Schritten, die auf einer Geraden ausgeführt werden. Diese Gerade bezeichnen wir als x-Achse. Der random walk startet bei $x = 0$. Ein Schritt besteht in einem Sprung um $\Delta x = +1$ oder -1. Der Sprung um $+1$ erfolgt mit der Wahrscheinlichkeit p, der um -1 mit q. Dabei gilt

$$p + q = 1 \tag{2.1}$$

Die einzelnen Schritte sind voneinander unabhängig. Die Anzahl der positiven Sprünge sei n_+, die der negativen n_-. Zusammen ergeben sie die Gesamtzahl der Schritte:

$$n_+ + n_- = N \tag{2.2}$$

Nach N Schritten berechnen wir folgende Größen:

1. Die Wahrscheinlichkeit $P_N(m)$ dafür, bei $x = m = n_+ - n_-$ anzukommen. Dies ist gleich der Wahrscheinlichkeit $W_N(n)$ dafür, dass $n = n_+$ positive Schritte ausgeführt wurden:

$$P_N(m) = W_N(n) \qquad (m = n_+ - n_-\,, \quad n = n_+) \tag{2.3}$$

2. Die Mittelwerte $\overline{m}$ und $\overline{n}$.

3. Die Schwankungsbreiten Δm und Δn.

4. Die kontinuierliche Verteilung für große N (Kapitel 3).

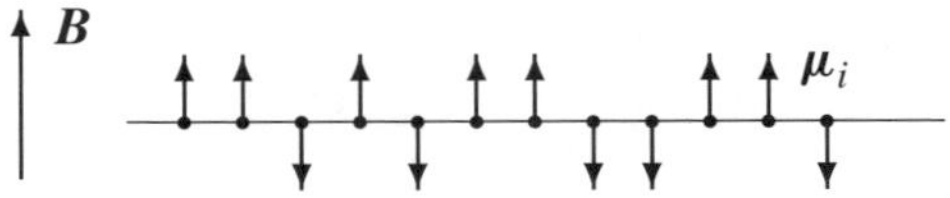

Abbildung 2.1 In einem äußeren Magnetfeld $\boldsymbol{B}$ stellt sich das magnetische Moment $\boldsymbol{\mu}_i$ eines Teilchens mit einer Wahrscheinlichkeit p parallel zu $\boldsymbol{B}$ ein, und mit der Wahrscheinlichkeit $q = 1 - p$ antiparallel. Mit welcher Wahrscheinlichkeit $W_N(n)$ sind dann n von N Spins parallel zum Magnetfeld ausgerichtet?

Wir geben einige Anwendungsbeispiele für den random walk an:

- In einem Kristall sitze an jedem Gitterpunkt ein ungepaartes Elektron, das seinen Spin und damit sein magnetisches Moment $\boldsymbol{\mu}$ unabhängig von den anderen Elektronen einstellt (Abbildung 2.1). In einem äußeren Magnetfeld $\boldsymbol{B} = B\,\boldsymbol{e}_z$ kann die z-Komponente des quantenmechanischen Spins die Werte $\pm\hbar/2$ annehmen; dies impliziert $\boldsymbol{\mu} \cdot \boldsymbol{e}_z \approx \mp\mu_{\mathrm{B}}$.

  Wie wir später ableiten werden, erfolgen diese beiden möglichen Spineinstellungen mit den Wahrscheinlichkeiten

  $$p = C\ \exp(+\mu_{\mathrm{B}}B/k_{\mathrm{B}}T)\,, \qquad q = C\ \exp(-\mu_{\mathrm{B}}B/k_{\mathrm{B}}T) \qquad (2.4)$$

  Hier bezeichnet T die Temperatur, k_{B} die Boltzmannkonstante und μ_{B} das Bohrsche Magneton. Die Konstante C ist durch $p + q = 1$ festgelegt.

  In diesem Beispiel gibt $P_N(m)$ die Wahrscheinlichkeit dafür an, dass die Anzahl der zu $\boldsymbol{B}$ parallelen magnetischen Momente um m größer ist als die Anzahl der antiparallelen. Das mittlere magnetische Moment aller N Elektronen ist gleich $\overline{m}\,\mu_{\mathrm{B}} = N\,(p-q)\,\mu_{\mathrm{B}}$. Die tatsächlichen Werte dieses magnetischen Moments weichen um Werte der Größe $\Delta m\ \mu_{\mathrm{B}}$ von diesem Mittelwert ab.

- Die N Gasatome im Volumen V bewegen sich statistisch, das heißt jedes Atom hält sich gleichwahrscheinlich an jedem Ort auf. Wir denken uns das Volumen in zwei Teilvolumina $p\,V$ und $q\,V$ unterteilt (Abbildung 2.2). Dann gibt $W_N(n)$ die Wahrscheinlichkeit an, dass sich genau n Atome im linken Teilbereich aufhalten; im Mittel befinden sich hier $\overline{n} = Np$ Atome.

  Im realen physikalischen System wechseln fortlaufend Gasatome von einem zum anderen Teilvolumen. Die tatsächliche Zahl n der Atome im linken Bereich ist daher zeitabhängig und fluktuiert um den Mittelwert $\overline{n}$ herum. Die Größe der Fluktuationen ist durch Δn gegeben.

- Der eindimensionale random walk ist äquivalent zu allen Problemen der Art: Mit der Wahrscheinlichkeit p ist bei N Objekten eine bestimmte Eigenschaft zu finden. Dann ist $\overline{n}$ die mittlere Zahl der Objekte mit dieser Eigenschaft und Δn die zugehörige mittlere Abweichung.

  Ein Standardbeispiel ist das Würfeln: Man fragt etwa, wie oft die 1 bei N Würfen mit einem Würfel (oder bei einem Wurf mit N Würfeln) auftritt. Für

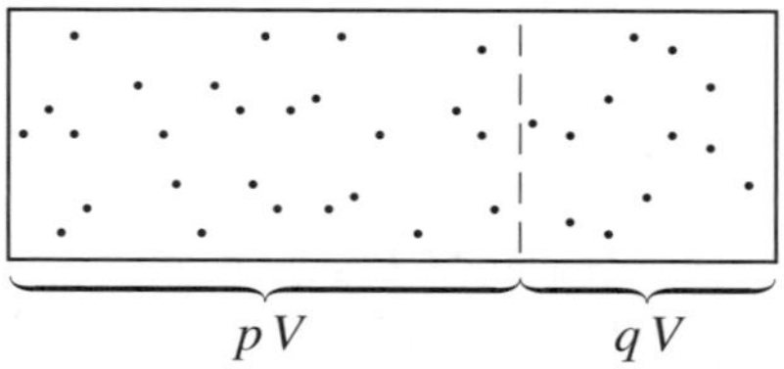

Abbildung 2.2 Das gasgefüllte Volumen V wird in zwei Bereiche $p\,V$ und $q\,V$ unterteilt. Ein bestimmtes Atom eines idealen Gases befindet sich mit der Wahrscheinlichkeit p im linken, und mit der Wahrscheinlichkeit q im rechten Volumen. Mit welcher Wahrscheinlichkeit $W_N(n)$ befinden sich genau n von insgesamt N Teilchen im linken Teilvolumen?

einen idealen Würfel ist $p = 1/6$. Bei $N = 1000$ Würfen erwartet man $\overline{n} = Np \approx 167$ mal die 1. Im Experiment erhält man in der Regel hiervon abweichende Ergebnisse, zum Beispiel $n_1 = n = 159$ oder $n_1 = 180$. Die wahrscheinlichen Werte für die Abweichung $|n_1 - \overline{n}\,|$ sind von der Größe Δn.

Ein zum random walk verwandtes Problem ist die Zufallsbewegung eines Atoms oder Moleküls in einem Gas. Zwischen zwei Zusammenstößen legt das Teilchen den Weg $\boldsymbol{\ell}$ zurück; dabei sind die Richtungen von $\boldsymbol{\ell}$ zufallsverteilt und die Länge $\ell = |\boldsymbol{\ell}|$ hat eine Verteilung um einen Mittelwert $\overline{\ell}$ herum. Der Mittelwert $\overline{\ell}$ ist die mittlere freie Weglänge, in Luft gilt $\overline{\ell} \sim 10^{-7}$ m (Kapitel 43). Wo befindet sich dann das Teilchen nach N Stößen? Die Antwort ist die Wahrscheinlichkeitsverteilung eines dreidimensionalen random walk mit variabler Schrittlänge.

Die *Brownsche Bewegung* von kleinen Partikeln auf der Oberfläche einer Flüssigkeit ist ein random walk mit variabler Schrittlänge in zwei Dimensionen.

Wahrscheinlichkeitsverteilung

Da die einzelnen Schritte eines random walk voneinander unabhängig sind, müssen die zugehörigen Wahrscheinlichkeiten multipliziert werden. Für den Weg $(+1, -1, -1, +1, +1)$ ist die Wahrscheinlichkeit daher

$$p\,q\,q\,p\,p = p^3\,q^2$$

Es gibt mehrere andere Wege, die ebenfalls zu $m = 1$ oder $n = n_+ = 3$ führen, zum Beispiel $(-1, -1, +1, +1, +1)$. Die verschiedenen Wege, die zu $m = 1$ führen, schließen sich gegenseitig aus; daher ist über die zugehörigen Wahrscheinlichkeiten zu summieren. Es gibt $5! = 1 \cdot 2 \cdot 3 \cdot 4 \cdot 5$ Möglichkeiten, 5 Dinge aneinander zu reihen. Sind jedoch 3 Dinge identisch, so unterscheiden sich die $3!$ darin enthaltenen Permutationen (dieser 3 Dinge) nicht. In unserem Fall gibt es also $5!/(3!\,2!) = 10$ verschiedene Wege zu $m = 1$, von denen jeder die Wahrscheinlichkeit $p^3 q^2$ hat. Die Wahrscheinlichkeit, in 5 Schritten auf irgendeinem Weg nach $m = 1$ zu gelangen, ist somit

$$P_5(1) = W_5(3) = \frac{5!}{3!\,2!}\,p^3\,q^2 \tag{2.5}$$

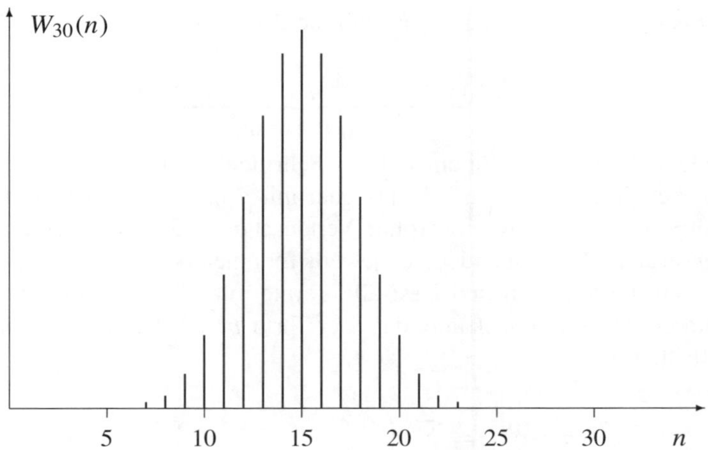

Abbildung 2.3 Ein eindimensionaler random walk aus 30 Schritten enthält mit der Wahrscheinlichkeit $W_{30}(n)$ gerade n positive Schritte. Für $p = q = 1/2$ ist die Verteilung $W_{30}(n)$ skizziert.

Dies ist zugleich die Wahrscheinlichkeit, dass genau 3 der 5 Schritte in positive Richtung gehen.

Wir wiederholen diese Überlegungen für einen random walk aus $N = n_+ + n_-$ Schritten. Jeder bestimmte Weg mit n_+ positiven und n_- negativen Schritten hat die Wahrscheinlichkeit $p^{n_+} q^{n_-}$. Es gibt

$$\frac{N!}{n_+!\, n_-!} = \frac{N!}{n!\,(N-n)!} = \binom{N}{n} \tag{2.6}$$

verschiedene Wege. Dieser Binomialkoeffizient „N über n" ist gleich der Anzahl der Möglichkeiten, $n_+ = n$ identische Objekte und $n_- = N - n$ identische (andere) Objekte in eine bestimmte Reihenfolge zu bringen. Damit ist

$$\boxed{P_N(m) = W_N(n) = \binom{N}{n}\, p^n\, q^{N-n}} \tag{2.7}$$

Wenn wir

$$n = \frac{N+m}{2} \tag{2.8}$$

einsetzen, können wir das Ergebnis auch explizit als Funktion von m schreiben. In Abbildung 2.3 ist die Verteilung $W_N(n)$ für ein Beispiel skizziert.

In (2.7) kann n die Werte von $0, 1, 2, ..., N$ annehmen, und m die Werte $-N, -N+2, ..., N$. Für andere Werte verschwinden $W_N(n)$ und $P_N(m)$, zum Beispiel $P_5(0) = 0$. Die Summe aller Wahrscheinlichkeiten $W_N(n)$ ergibt 1:

$$\sum_{n=0}^{N} W_N(n) = \sum_{n=0}^{N} \binom{N}{n}\, p^n\, q^{N-n} = (p+q)^N = 1 \tag{2.9}$$

Im Hinblick auf diese Formel können wir die $W_N(n)$ auch folgendermaßen ableiten. In

$$1 = \underbrace{(p+q)(p+q)\cdot\ldots\cdot(p+q)}_{N \text{ Faktoren}} \tag{2.10}$$

steht jeder Faktor $(p+q)$ für einen der N Schritte des random walk, der jeweils mit der Wahrscheinlichkeit p nach rechts oder mit q nach links ausgeführt wird. Die Ausmultiplikation des Produkts (ohne Vertauschung der Reihenfolge der Faktoren p und q) ergibt 2^N Summanden, die jeweils für einen bestimmten Weg stehen. Nun ordnet man die Faktoren und fasst alle Terme mit $p^n\, q^{N-n}$ zusammen. Aus der elementaren Algebra ist bekannt, dass der Term $p^n\, q^{N-n}$ genau $N!/(n!\,(N-n)!)$ mal auftritt, also

$$(p+q)^N = \sum_{n=0}^{N} \binom{N}{n}\, p^n\, q^{N-n} = \sum_{n=0}^{N} W_N(n) \tag{2.11}$$

Der Beitrag mit $p^n q^{N-n}$ ergibt gerade $W_N(n)$. Wegen dieses Zusammenhangs heißt die Verteilung $W_N(n)$ auch *Binomialverteilung*.

Mittelwert und Schwankung

Wir berechnen den Mittelwert und die Schwankung für einen random walk aus N Schritten. Die Wahrscheinlichkeiten p_i aus Kapitel 1 werden hier zu $p_n = W_N(n)$; die möglichen Zustände des Systems, also die möglichen Positionen am Ende des random walk, sind durch die Werte $n = 0, 1, 2, \ldots, N$ gegeben. Damit ist der Mittelwert für $n = n_+$ gleich

$$\overline{n} = \sum_{n=0}^{N} n\, W_N(n) = \sum_{n=0}^{N} n \binom{N}{n}\, p^n\, q^{N-n} \tag{2.12}$$

Dies können wir in der Form

$$\overline{n} = p\, \frac{\partial}{\partial p}\, f(p,q,N) \quad \text{mit} \quad f(p,q,N) = \sum_{n=0}^{N} \binom{N}{n}\, p^n\, q^{N-n} \tag{2.13}$$

schreiben. Mit $f(p,q,N) = (p+q)^N$ erhalten wir

$$\overline{n} = p\, \frac{\partial}{\partial p}\, (p+q)^N = p\,N\,(p+q)^{N-1} = Np \tag{2.14}$$

Das Ergebnis ist unmittelbar einleuchtend. Man beachte, dass $p+q=1$ im Ergebnis, nicht aber in $f(p,q,N) = (p+q)^N$ eingesetzt werden darf; denn für (2.13) ist die Abhängigkeit der Funktion $f(p,q,N)$ von den Variablen entscheidend. Analog dazu erhalten wir

$$\overline{n_-} = N - \overline{n_+} = N - \overline{n} = Nq \tag{2.15}$$

und

$$\overline{x} = \overline{m} = \overline{n_+} - \overline{n_-} = N(p - q) \tag{2.16}$$

Wir berechnen nun $\overline{n^2}$:

$$\begin{aligned}
\overline{n^2} &= \sum_{n=0}^{N} n^2 \binom{N}{n} p^n q^{N-n} = p \frac{\partial}{\partial p} p \frac{\partial}{\partial p} \sum_{n=0}^{N} \binom{N}{n} p^n q^{N-n} \\
&= p \frac{\partial}{\partial p} p \frac{\partial}{\partial p} (p+q)^N = p \frac{\partial}{\partial p} Np(p+q)^{N-1} \\
&= pN + p^2 N(N-1) = Npq + \overline{n}^{\,2}
\end{aligned} \tag{2.17}$$

Hieraus erhalten wir

$$\Delta n \overset{(1.13)}{=} \sqrt{\overline{n^2} - \overline{n}^{\,2}} = \sqrt{Npq} \tag{2.18}$$

Analog hierzu ergibt sich

$$\Delta m = 2\sqrt{Npq} \tag{2.19}$$

Für die relative Breite der Verteilung $W_N(n)$ folgt aus (2.18) und (2.14)

$$\boxed{\frac{\Delta n}{\overline{n}} = \sqrt{\frac{q}{p}}\, \frac{1}{\sqrt{N}} \overset{N\to\infty}{\longrightarrow} 0 \qquad \text{Gesetz der großen Zahl}} \tag{2.20}$$

Für großes N wird $W_N(n)$ zu einer bei $\overline{n}$ scharf lokalisierten Verteilung. Dieser Sachverhalt wird als *Gesetz der großen Zahl* bezeichnet. In Kapitel 4 wird gezeigt, dass diese Aussage auch unter wesentlich allgemeineren Voraussetzungen gilt. Wir erläutern die Bedeutung von (2.20) an zwei Beispielen:

- Im Gaskasten von Abbildung 2.2 seien $N = 10^{24}$ Atome; die beiden Teilbereiche seien gleich groß, $p = q = 1/2$. Im Mittel halten sich dann $\overline{n} = Np = N/2$ im linken Bereich auf. Die tatsächliche Zahl n der Atome im linken Bereich weicht aber um Werte der Größe $\Delta n = (Npq)^{1/2} = 0.5 \cdot 10^{12}$ von $\overline{n}$ ab. Dies ist eine extrem kleine relative Abweichungen, nämlich $\Delta n/\overline{n} = 10^{-12}$.

  Wenn es größere Abweichungen vom Mittelwert (wie etwa 10%) gäbe, könnte man ein perpetuum mobile 2. Art bauen: Zum Zeitpunkt einer solchen Abweichung schiebt man von der Seite (also ohne Arbeitsleistung) eine Wand zwischen die Teilvolumina. Die höhere Teilchendichte des einen Teilvolumens bedeutet einen höheren Druck. Aufgrund dieses erhöhten Drucks kann das Gas Arbeit leisten; dabei kühlt es sich ab. Die fehlende Wärme, die gleich der geleisteten Arbeit ist, kann nun aus der Umgebung aufgenommen werden. Damit hätte man durch Abkühlen der Umgebung Arbeit (etwa elektrische Energie) gewonnen.

  Die Unmöglichkeit eines solchen perpetuum mobiles 2. Art folgt aus dem Gesetz der großen Zahl. Die danach auftretenden Fluktuationen sind so klein, dass sie nicht zur Arbeitsleistung ausgenutzt werden können. Die Verallgemeinerung dieser Aussage führt zum 2. Hauptsatz der Thermodynamik.

- Für einen Würfel benutzen wir (2.20), um den Fehler der Messung von p_1 bei N Würfen abzuschätzen. Wenn wir $p = p_1$ und $q = 1 - p = p_2 + p_3 + p_4 + p_5 + p_6$ setzen, können wir die Formeln des random walk unmittelbar anwenden. Ein konkreter Versuch mit $N \gg 1$ Würfen führe $n = n_1$ mal zum Ergebnis 1. Daraus schätzen wir den experimentellen Wert $p_{1,\text{exp}}$ und den Messfehler ab:

$$p_{1,\text{exp}} = \frac{n_1 \pm \Delta n_1}{N} = \frac{n_1}{N} \pm \frac{\sqrt{Npq}}{N} \approx \frac{n_1}{N} \pm \frac{\sqrt{5}}{6} \frac{1}{\sqrt{N}} \tag{2.21}$$

Eine nähere Begründung für die Abschätzung des experimentellen Fehlers durch $\Delta n_1/\overline{n_1} = \Delta n/\overline{n}$ wird im nächsten Kapitel gegeben. Da der Fehlerterm klein ist, kann man hier die hypothetischen Werte $p = 1/6$ und $q = 5/6$ einsetzen. Ein Experiment bestehe nun aus 10^3 Würfen mit einem Würfel; dabei ergebe sich 175 mal die 1. Ein anderes Experiment mit 10^5 Würfen ergebe 17500 mal die 1. Aus (2.21) erhalten wir dann

$$p_{1,\text{exp}} = 0.175 \pm \begin{cases} 0.012 & \left(N = 10^3\right) \\ 0.001 & \left(N = 10^5\right) \end{cases} \tag{2.22}$$

Das erste Experiment mit 1000 Würfen ist mit der Annahme verträglich, dass es sich um einen „ehrlichen" Würfel handelt, also um einen Würfel mit dem tatsächlichen Wert $p = 1/6 \approx 0.167$. Für den Würfel des zweiten Experiments (es könnte derselbe sein) ist dies dagegen extrem unwahrscheinlich. Die Aussagen „verträglich" und „extrem unwahrscheinlich" werden im nächsten Kapitel quantifiziert.

Aufgaben

2.1 Drei Richtige im Lotto

Geben Sie die Wahrscheinlichkeit p_6 an, sechs Richtige im Lotto (6 aus 49) zu tippen. Geben Sie die Wahrscheinlichkeit p_3 an, genau drei Richtige im Lotto (6 aus 49) zu tippen. Warum ist die Wahrscheinlichkeit p_3 nicht gleich $W_6(3)$ mit $p = 6/49$ und $q = 43/49$?

3 Normalverteilung

Im letzten Kapitel wurde die Wahrscheinlichkeitsverteilung $W_N(n)$ dafür angegeben, dass ein random walk aus N Schritten genau n positive Schritte enthält. Unter bestimmten Voraussetzungen kann die Verteilung $W_N(n)$ in der Umgebung des Mittelwerts $\overline{n}$ durch eine Gaußfunktion angenähert werden. Diese Gaußfunktion wird Normalverteilung genannt.

Funktionen der Form $f(n) = p^n$ oder $f(n) = n! \approx (n/e)^n$ hängen extrem sensitiv von n ab, weil n im Exponenten steht. Daher konvergiert eine Entwicklung nach Potenzen von $n - \overline{n}$ nur in einem sehr kleinen Bereich. Der Konvergenzbereich kann jedoch wesentlich vergrößert werden, wenn $\ln f(n)$ anstelle von $f(n)$ entwickelt wird; denn $\ln f(n)$ variiert viel schwächer mit n. Wir demonstrieren dies am Beispiel der Taylorentwicklung von $f(n) = p^n = \exp(n \ln p)$:

$$f(n) = f(\overline{n}) + f'(\overline{n})\,(n - \overline{n}) + \ldots \approx p^{\overline{n}} + (\ln p)\; p^{\overline{n}}\,(n - \overline{n}) \qquad (3.1)$$

Als Näherung brechen wir diese Reihe beim linearen Term ab. Für $n = \overline{n} + 1$ vergleichen wir die Näherung mit dem exakten Wert:

$$f(\overline{n} + 1) = p^{\overline{n}+1} = p^{\overline{n}} \cdot \begin{cases} p & \text{(exakt)} \\ 1 + \ln p & \text{(Näherung (3.1))} \end{cases} \qquad (3.2)$$

Speziell für $p = 1$ stimmt die Näherung mit dem exakten Resultat überein (weil $f(n)$ nicht von n abhängt). Für kleines p ist die Näherung aber unbrauchbar. Im Gegensatz dazu bricht die Taylorentwicklung von $\ln f(n) = n \ln p$ beim ersten Term ab und liefert das exakte Ergebnis:

$$\ln f(n) = n \ln p = \overline{n}\; \ln p + (n - \overline{n})\, \ln p \qquad (3.3)$$

Dieses Beispiel zeigt: Wenn eine Funktion $f(x)$ sehr stark mit x variiert (insbesondere, wenn sie exponentiell von x abhängt), ist es sinnvoll, den Logarithmus der Funktion anstelle der Funktion selbst zu entwickeln.

Wir wollen die Wahrscheinlichkeit $W_N(n)$ aus (2.7),

$$W_N(n) = \binom{N}{n}\, p^n\, q^{N-n} \qquad (3.4)$$

nach Potenzen von $n - \overline{n}$ entwickeln. Die Funktion $W_N(n)$ enthält Terme wie p^n und $n!$, die extrem stark von n abhängen. Wir gehen daher vom Logarithmus dieser Funktion aus:

$$\ln W_N(n) = \ln N! - \ln n! - \ln(N - n)! + n\, \ln p + (N - n)\, \ln q \qquad (3.5)$$

Für die Taylorentwicklung dieser Funktion benötigen wir die Ableitungen an der Stelle $\overline{n}$. Die Ableitung von $\ln n!$ nähern wir durch den Differenzenquotienten mit $dn = 1$ an:

$$\frac{d \ln n!}{dn} \approx \frac{\ln(n+1)! - \ln n!}{1} = \ln(n+1) \approx \ln n \qquad (n \gg 1) \tag{3.6}$$

Wir berechnen

$$\frac{d \ln W_N(n)}{dn} = -\ln n + \ln(N-n) + \ln p - \ln q \overset{n=\overline{n}}{=} 0 \tag{3.7}$$

Dabei wurde (3.6) für die Ableitungen von $\ln n!$ und $\ln(N-n)!$ verwendet. Dazu muss neben $\overline{n} = Np \gg 1$ auch $N - \overline{n} = Nq \gg 1$ gelten. Diese Bedingungen können wir zu

$$Npq \gg 1 \qquad \text{(Voraussetzung)} \tag{3.8}$$

zusammenfassen. Im letzten Schritt in (3.7) wurde $\overline{n} = Np$ und $N - \overline{n} = Nq$ eingesetzt. Das Verschwinden der ersten Ableitung bedeutet, dass $\ln W_N(n)$ und damit auch $W_N(n)$ an der Stelle $n = \overline{n}$ einen stationären Punkt hat. Die zweite Ableitung ergibt

$$\frac{d^2 \ln W_N(n)}{dn^2} = -\frac{1}{n} - \frac{1}{N-n} \overset{n=\overline{n}}{=} -\frac{1}{Npq} = -\frac{1}{(\Delta n)^2} < 0 \tag{3.9}$$

Da die zweite Ableitung kleiner null ist, hat $\ln W_N(n)$ und damit auch $W_N(n)$ beim Mittelwert $\overline{n}$ ein Maximum. Für die spätere Fehlerabschätzung berechnen wir noch die dritte Ableitung:

$$\frac{d^3 \ln W_N(n)}{dn^3} = \frac{1}{n^2} - \frac{1}{(N-n)^2} \overset{n=\overline{n}}{=} \frac{q^2 - p^2}{N^2 p^2 q^2} \tag{3.10}$$

Die Taylorentwicklung von $\ln W_N(n)$ lautet

$$\begin{aligned} \ln W_N(n) &= \ln W_N(\overline{n}) + \left(\frac{d \ln W_N(n)}{dn}\right)_{\overline{n}} (n-\overline{n}) \\ &\quad + \frac{1}{2}\left(\frac{d^2 \ln W_N(n)}{dn^2}\right)_{\overline{n}} (n-\overline{n})^2 + \frac{1}{6}\left(\frac{d^3 \ln W_N(n)}{dn^3}\right)_{\overline{n}} (n-\overline{n})^3 + \ldots \end{aligned} \tag{3.11}$$

Bei Vernachlässigung des letzten Terms erhalten wir hieraus

$$\ln W_N(n) \approx \ln W_N(\overline{n}) - \frac{1}{2}\,\frac{(n-\overline{n})^2}{Npq} = \ln W_N(\overline{n}) - \frac{(n-\overline{n})^2}{2\,\Delta n^2} \tag{3.12}$$

oder

$$W_N(n) = W_N(\overline{n})\, \exp\left(-\frac{(n-\overline{n})^2}{2\,\Delta n^2}\right) \tag{3.13}$$

Hier und im Folgenden ist $\Delta n^2 = (\Delta n)^2$ und nicht etwa $\Delta(n^2)$.

Wir bestimmen den Vorfaktor $W_N(\overline{n})$. Im relevanten Bereich $n \sim \overline{n}$ ist die relative Änderung von $W_N(n)$ zwischen n und $n \pm 1$ klein; dies folgt aus der Voraussetzung (3.8). Daher können wir die Summe über n durch ein Integral ersetzen:

$$\begin{aligned} 1 &= \sum_{n=0}^{N} W_N(n) \approx \int_0^N dx\ W_N(x) \approx \int_{-\infty}^{+\infty} dx\ W_N(x) \\ &= W_N(\overline{n}) \int_{-\infty}^{+\infty} dx\ \exp\left(-\frac{(x-\overline{n})^2}{2\,\Delta n^2}\right) = W_N(\overline{n})\,\sqrt{2\pi}\,\Delta n \end{aligned} \tag{3.14}$$

An den Integrationsgrenzen 0 und N ist der Integrand von der Größe $\exp(-\sqrt{N}\,)$; daher können die Grenzen nach $\pm\infty$ verschoben werden. Mit (3.14) wird (3.13) zu

$$W_N(n) = \frac{1}{\sqrt{2\pi}\,\Delta n}\ \exp\left(-\frac{(n-\overline{n})^2}{2\,\Delta n^2}\right) \tag{3.15}$$

Wir ersetzen nun die Schrittlänge 1 des random walk auf der x-Achse durch eine beliebige Länge ℓ. Dann gilt

$$x = n\ell\,, \qquad \overline{x} = \overline{n}\,\ell\,, \qquad \sigma \equiv \Delta x = \Delta n\,\ell \tag{3.16}$$

Wir definieren die Wahrscheinlichkeits*dichte* $P(x)$ auf der x-Achse durch

$$P(x)\,dx = \left\{\begin{array}{l}\text{Wahrscheinlichkeit dafür, die Zufalls-}\\ \text{größe zwischen } x \text{ und } x+dx \text{ zu finden}\end{array}\right. \tag{3.17}$$

Für ein Intervall dx, das $dx/\ell \gg 1$ diskrete n-Werte umfasst, gilt

$$P(x)\,dx = \sum_{n' \text{ aus } dx} W_N(n') \approx \frac{dx}{\ell}\,W_N(n) \tag{3.18}$$

Hieraus folgt mit (3.15) und (3.16) die *Normalverteilung*:

$$\boxed{P(x) = \frac{1}{\sqrt{2\pi}\,\sigma}\ \exp\left(-\frac{(x-\overline{x})^2}{2\sigma^2}\right) \qquad \text{Normalverteilung}} \tag{3.19}$$

Die Normalverteilung ist in Abbildung 3.1 skizziert. Sie gilt unter sehr allgemeinen Voraussetzungen (Kapitel 4). Die Größe $\sigma = \Delta x$ heißt *Standardabweichung*; sie gibt die Breite der Verteilung an. Die in (3.16) eingeführte Schrittlänge ℓ kann eine physikalische Dimension haben. Dann haben x, $\overline{x}$ und σ dieselbe Dimension.

Im random walk ist x auf die diskreten Werte $x = n\,\ell$ beschränkt. Wir sehen von dieser Einschränkung jetzt ab und betrachten $P(x)$ als kontinuierliche Funktion der Variablen x. Die Summation über diskrete Werte wird dann zu einem Integral. Die Normalverteilung (3.19) ist normiert:

$$\int_{-\infty}^{+\infty} dx\ P(x) = 1 \tag{3.20}$$

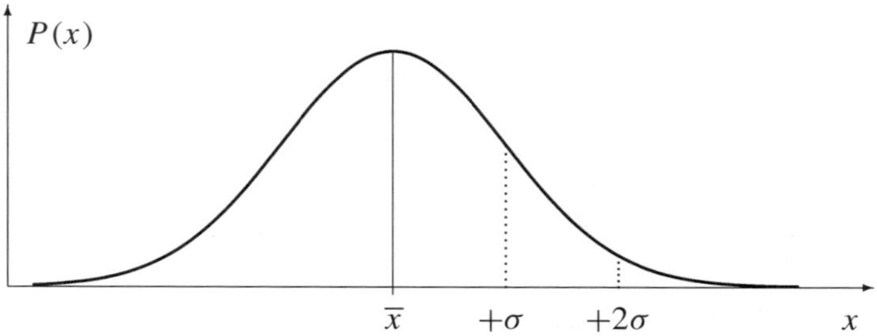

Abbildung 3.1 Die Normalverteilung (3.19) ist eine Gaußfunktion. Der Abfall vom zentralen Maximum bei $\overline{x}$ ist durch $P(\overline{x} \pm \sigma) \approx 0.6\, P(\overline{x})$ gekennzeichnet.

Nach (3.17) bedeutet dies, dass mit der Wahrscheinlichkeit 1 irgendein x-Wert auftritt. Wir berechnen die Wahrscheinlichkeiten dafür, einen x-Wert in einem Bereich von ein, zwei oder drei Standardabweichungen um $\overline{x}$ herum zu finden:

$$\int_{\overline{x}\,-\,\nu\sigma}^{\overline{x}\,+\,\nu\sigma} dx\ P(x) = \begin{cases} 0.683 & \nu = 1 \\ 0.954 & \nu = 2 \\ 0.997 & \nu = 3 \end{cases} \tag{3.21}$$

Ein Ereignis außerhalb von drei Standardabweichungen tritt mit einer Wahrscheinlichkeit von 0.3% ein und ist damit sehr unwahrscheinlich. Betrachten wir noch einmal den Würfelversuch aus dem vorigen Kapitel mit dem Ergebnis (2.22): In (2.22) wurde gerade eine Standardabweichung $\sigma = \Delta n$ als experimenteller Fehler angegeben. Im ersten Experiment mit $N = 10^3$ Würfen lag das Ergebnis um weniger als eine Standardabweichung neben dem Wert $p_1 = 1/6$ für einen idealen Würfel. Nach (3.21) treten Abweichungen mit einer Standardabweichung oder mehr mit etwa 30% Wahrscheinlichkeit auf; dieses Experiment ist daher mit der Annahme eines idealen Würfels verträglich. Im zweiten Experiment mit $N = 10^5$ Würfen lag das Resultat fast 10 Standardabweichungen neben $p_1 = 1/6$. In diesem Fall kann man daher (praktisch) sicher sein, dass es sich nicht um einen „ehrlichen" Würfel handelt.

Wir sind in diesem Kapitel von der Wahrscheinlichkeitsverteilung $W_N(n)$ für die positiven Ereignisse $n = n_+$ ausgegangen. Daher ist $P(x)$ die Wahrscheinlichkeitsverteilung für einen random walk, bei dem nur die positiven Schritte ausgeführt werden, $x = n\,\ell$. Nehmen wir dagegen die negativen Schritte mit, dann endet der random walk bei $x = (n_+ - n_-)\,\ell$. In beiden Fällen ist das Ergebnis durch (3.19) gegeben, wobei aber die Parameter entsprechend zu wählen sind:

$$\overline{x} = Np\,\ell\,, \qquad \sigma = \sqrt{Npq}\;\ell \quad \text{für } x = n\ell = n_+\ell \tag{3.22}$$

$$\overline{x} = N(p-q)\,\ell\,, \qquad \sigma = 2\sqrt{Npq}\;\ell \quad \text{für } x = (n_+ - n_-)\,\ell \tag{3.23}$$

Diese Mittelwerte folgen aus (2.14) und (2.16), die Schwankungen aus (2.18) und (2.19).

Gültigkeit der Normalverteilung

Bei der Ableitung wurden die höheren Terme der Taylorentwicklung (3.12) vernachlässigt. Wir verlangen, dass der vernachlässigte Term 3. Ordnung klein gegenüber dem Term 2. Ordnung ist:

$$\left| \frac{(\ln W)'''\,(n-\overline{n})^3}{(\ln W)''\,(n-\overline{n})^2} \right| \lesssim \frac{|n-\overline{n}|}{Npq} \ll 1 \tag{3.24}$$

Dieselbe Bedingung erhält man auch für das Verhältnis des Terms $(i+1)$-ter Ordnung gegenüber dem i-ter Ordnung. Sofern (3.24) gilt, ist daher der Abbruch der Taylorentwicklung gerechtfertigt, und die Normalverteilung ist eine gültige Näherung. Von Interesse sind nun insbesondere die n-Werte, die sich vom Mittelwert $\overline{n}$ maximal um einige Standardabweichungen $\sigma = \Delta n$ unterscheiden:

$$|n-\overline{n}\,| = \nu\,\Delta n = \nu\,\sqrt{Npq}\,, \qquad \nu = \mathcal{O}(1) \tag{3.25}$$

Hierfür ist (3.24) erfüllt, falls $Npq \gg 1$ gilt. Im relevanten Bereich (3.25) ist die Normalverteilung also unter der Voraussetzung (3.8) gültig. Die Fehler gehen mit $Npq \to \infty$ gegen null.

Die Ableitung ist nicht gültig für sehr große Abstände vom Mittelwert, also insbesondere für $n \approx 0$ oder $n \approx N$. Hierfür kann der relative Fehler der Verteilung (3.15) groß werden. In diesen Bereichen ist aber sowohl der Näherungswert wie auch der exakte Wert absolut gesehen sehr klein, so dass die Näherung im Allgemeinen auch hier ausreichend ist.

Es sei betont, dass die Bedingung $N \gg 1$ für die Gültigkeit der Normalverteilung nicht ausreicht; denn für sehr kleine p kann ja trotz $N \gg 1$ der Mittelwert $\overline{n} = Np$ von der Größe 1 oder kleiner sein. In diesem Fall ergibt sich eine *Poissonverteilung* anstelle der Normalverteilung (Aufgabe 3.3).

Aufgaben

3.1 Näherungsausdruck für Fakultät

Die allgemeine Definition der *Gammafunktion* lautet

$$\Gamma(n+1) = n! = \int_0^\infty dx\, x^n \exp(-x) \qquad (3.26)$$

Hierbei ist n eine reelle Zahl. Überzeugen Sie sich davon, dass $\Gamma(n+1)$ für ganzzahliges positives n gleich der Fakultät $n! = 1 \cdot 2 \cdot 3 \cdot \ldots \cdot n$ ist.
Der Integrand ist die Funktion $f(x) = x^n \exp(-x)$. Entwickeln Sie $\ln f(x)$ in eine Taylorreihe um das Maximum der Funktion $f(x)$ herum (für $n \gg 1$). Setzen Sie diese Entwicklung in das Integral ein, und leiten Sie daraus die *Stirlingsche Formel* ab:

$$n! \approx \sqrt{2\pi n}\; n^n \exp(-n) \qquad (n \gg 1) \qquad (3.27)$$

Bestimmen Sie hiermit den Wert der random walk Verteilung $W_N(n) = \binom{N}{n} p^n q^{N-n}$ an der Stelle $\overline{n} = Np$. Es gilt $p + q = 1$ und $Npq \gg 1$.

3.2 Abschätzung einer Korrelation

In einer Gruppe von N Kindern, deren Eltern starke Raucher sind, leiden 20% der Kinder an Kurzsichtigkeit. Dagegen gibt es nur 15% kurzsichtige Kinder in der Gesamtbevölkerung. Angenommen, es gibt keine Korrelation zwischen Kurzsichtigkeit und Rauchen: Wie groß ist dann die Wahrscheinlichkeit w dafür, dass 20% oder mehr der N Kinder kurzsichtig sind?

Die Größe $p_{\text{korr}} = 1 - w$ ist ein Maß für die Wahrscheinlichkeit, dass eine positive Korrelation besteht. Wie sind die Daten für $N = 100$ zu beurteilen? Wie groß müsste die Anzahl N_0 der Kinder sein, damit es mit $p_{\text{korr}} = 99\%$ Wahrscheinlichkeit eine Korrelation zwischen der Kurzsichtigkeit der Kinder und dem Rauchen der Eltern gibt?

3.3 Poissonverteilung

Voraussetzung für die Ableitung der Gaußverteilung aus (3.4) war die Bedingung $Npq \gg 1$. Für sehr kleines p (etwa für $Np \sim 1$) ist diese Bedingung verletzt. Zeigen Sie, dass die Verteilung (25.1) für $p \ll 1$ und $N \gg n$ durch die *Poissonverteilung*

$$P(\lambda, n) = \frac{\lambda^n}{n!} \exp(-\lambda)\,, \qquad (\lambda = Np) \qquad (3.28)$$

angenähert werden kann. Zeigen Sie, dass die Verteilung normiert ist, und bestimmen Sie $\overline{n}$ und Δn. Hinweis: Mit Hilfe von $\ln(1-p) \approx -p$ und $n \sim Np$ erhalten Sie $(1-p)^{N-n} \approx \exp(-\lambda)$.

Ein Buch mit 500 Seiten enthalte 500 zufällig verteilte Druckfehler. Wie groß sind die Wahrscheinlichkeiten dafür, dass eine zufällig aufgeschlagene Seite keinen Fehler enthält, oder dass sie mindestens vier Fehler enthält?

3.4 Random walk und Diffusionsgleichung

Jeweils nach der Zeit Δt erfolgen die Schritte $s_i = \pm \ell$ eines random walk mit den Wahrscheinlichkeiten $p = q = 1/2$. Daraus ergibt sich eine zeitabhängige Wahrscheinlichkeitsverteilung $P(x, t)$, wobei $x = \sum_i s_i$ die Entfernung vom Ausgangspunkt ist, und $N = t/\Delta t \gg 1$ die Anzahl der Schritte. Zeigen Sie, dass $P(x, t)$ die Diffusionsgleichung

$$\frac{\partial P(x,t)}{\partial t} = D \, \frac{\partial^2 P(x,t)}{\partial x^2} \tag{3.29}$$

erfüllt, und bestimmen Sie die Diffusionskonstante D. Drücken Sie das Quadrat des mittleren Abstands vom Anfangspunkt als Funktion von D und t aus. Zeigen Sie, dass die Größe

$$\Theta = \int_{-\infty}^{\infty} dx \, \left(\frac{\partial P}{\partial x}\right)^2 \geq 0$$

monoton mit der Zeit abnimmt, also dass $d\Theta/dt \leq 0$.

4 Zentraler Grenzwertsatz

Wenn die Größe $x = \sum s_i$ eine Summe vieler Zufallsvariablen s_i ist, dann ist die Wahrscheinlichkeitsverteilung für x eine Normalverteilung. Dies ist die Aussage des zentralen Grenzwertsatzes, den wir im Folgenden ableiten.

Wir betrachten einen allgemeineren random walk, der aus einer Folge von N Schritten der Länge s_i besteht. Auf der x-Achse führt dieser random walk zum x-Wert

$$x = s_1 + s_2 + \ldots + s_N = \sum_{i=1}^{N} s_i \tag{4.1}$$

In dem spezielleren, bisher betrachteten random walk gilt für jeden Einzelschritt

$$s_i = +1 \quad \text{oder} \quad s_i = -1 \tag{4.2}$$

wobei die beiden möglichen Schritte mit den Wahrscheinlichkeiten p und q erfolgen. Als Verallgemeinerung lassen wir jetzt variable Schrittlängen s_i zu, die mit bestimmten Wahrscheinlichkeiten auftreten:

$$w_i(s_i)\, ds_i = \left\{ \begin{array}{l} \text{Wahrscheinlichkeit dafür, dass} \\ \text{der } i\text{-te Schritt eine Länge} \\ \text{zwischen } s_i \text{ und } s_i + ds_i \text{ hat} \end{array} \right. \tag{4.3}$$

Die Bezeichnung Schrittlänge für die *Zufallsvariable* s_i bezieht sich auf eine Interpretation als random walk. Tatsächlich können die s_i beliebige Größen sein, wie zum Beispiel die Energien der Atome eines Gases.

Wir setzen voraus, dass die Wahrscheinlichkeitsdichten $w_i(s)$ normiert sind,

$$\int_{-\infty}^{\infty} ds\ w_i(s) = 1 \tag{4.4}$$

Sie sollen einen endlichen Mittelwert

$$\overline{s_i} = \int_{-\infty}^{\infty} ds\ s\ w_i(s) \tag{4.5}$$

und eine endliche Schwankung haben:

$$(\Delta s_i)^2 = \int_{-\infty}^{\infty} ds\ (s - \overline{s})^2\ w_i(s) = \overline{s_i^{\,2}} - \overline{s_i}^{\,2} \tag{4.6}$$

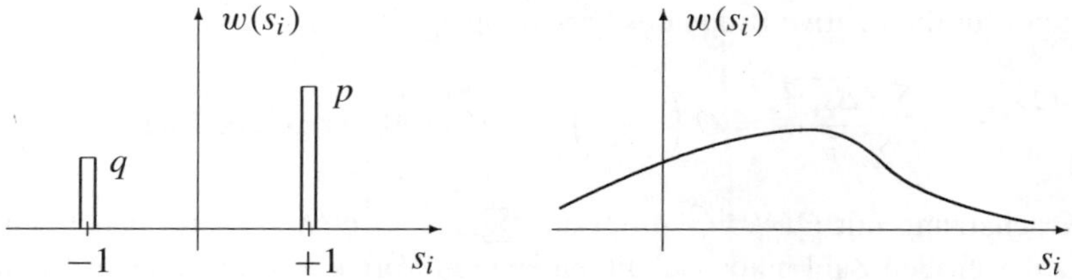

Abbildung 4.1 Im random walk erfolgt der i-te Schritt mit der Wahrscheinlichkeit p nach rechts und $q = 1 - p$ nach links. Dies entspricht der im linken Teil skizzierten Wahrscheinlichkeitsverteilung $w(s_i)$. In diesem Kapitel lassen wir allgemeinere Verteilungen $w(s_i)$ für die Einzelschritte zu, wie zum Beispiel die im rechten Teil gezeigte.

Der letzte Punkt schließt zum Beispiel die Verteilung $w(s) \propto (a^2 + s^2)^{-1}$ aus. Eine zulässige Verteilung ist dagegen $w_i(s) \propto s^n \exp(-\beta_i\, s^2)$ mit $n \geq 0$. Der bisher betrachtete spezielle random walk (4.2) entspricht der Wahrscheinlichkeitsdichte

$$w_i(s) = w(s) = p\;\delta(s-1) + q\;\delta(s+1) \tag{4.7}$$

Dieser Spezialfall und die hier betrachtete Verallgemeinerung sind in Abbildung 4.1 illustriert.

Es wird vorausgesetzt, dass die Zufallsvariablen s_i voneinander unabhängig sind. Daher sind die Wahrscheinlichkeiten zu multiplizieren:

$$w_1(s_1)\, ds_1 \cdot \ldots \cdot w_N(s_N)\, ds_N = \left\{ \begin{array}{l} \text{Wahrscheinlichkeit dafür, dass die} \\ \text{Zufallsvariablen in den Bereichen} \\ \text{zwischen } s_i \text{ und } s_i + ds_i \text{ liegen} \end{array} \right. \tag{4.8}$$

Damit können wir den Mittelwert von x aus (4.1) berechnen:

$$\begin{aligned} \overline{x} &= \int_{-\infty}^{\infty} ds_1\; w_1(s_1)\;\ldots \int_{-\infty}^{\infty} ds_N\; w_N(s_N)\;\big(s_1 + s_2 \ldots + s_N\big) \\ &= \int_{-\infty}^{\infty} ds_2\; w_2(s_2)\;\ldots \int_{-\infty}^{\infty} ds_N\; w_N(s_N)\;\big(\overline{s_1} + s_2 + \ldots + s_N\big) = \sum_{i=1}^{N} \overline{s_i} \end{aligned} \tag{4.9}$$

Die Schwankung $(\Delta x)^2 = \overline{(x - \overline{x})^2}$ folgt aus

$$\begin{aligned} (\Delta x)^2 &= \int_{-\infty}^{\infty} ds_1\; w_1(s_1) \ldots \int_{-\infty}^{\infty} ds_N\; w_N(s_N) \left(\sum_{i=1}^{N} \big(s_i - \overline{s_i}\big) \right)^2 \\ &= \int ds_1 \ldots ds_N \ldots \left(\sum_{i=1}^{N} \big(s_i - \overline{s_i}\big) \sum_{j=1}^{N} \big(s_j - \overline{s_j}\big) \right) \\ &= \int ds_1 \ldots ds_N \ldots \left(\sum_{i=1}^{N} \big(s_i - \overline{s_i}\big)^2 + \sum_{i \neq j}^{N} \big(s_i - \overline{s_i}\big)\big(s_j - \overline{s_j}\big) \right) \\ &= \int_{-\infty}^{\infty} ds_1\; w_1(s_1)\;\ldots \int_{-\infty}^{\infty} ds_N\; w_N(s_N) \sum_{i=1}^{N} \big(s_i - \overline{s_i}\big)^2 = \sum_{i=1}^{N} (\Delta s_i)^2 \end{aligned} \tag{4.10}$$

Damit gilt für die relative Breite der Verteilung

$$\frac{\Delta x}{\overline{x}} = \frac{\sqrt{\sum (\Delta s_i)^2}}{\sum \overline{s_i}} = \mathcal{O}\left(\frac{1}{\sqrt{N}}\right) \qquad \text{(Gesetz der großen Zahl)} \tag{4.11}$$

Die Abschätzung mit $\mathcal{O}(N^{-1/2})$ folgt aus $\sum_i \ldots = \mathcal{O}(N)$. Damit haben wir das Gesetz der großen Zahl unter viel allgemeineren Voraussetzungen als in Kapitel 2 abgeleitet.

Speziell für den Fall gleicher Verteilungen $w_i(s) = w(s)$ gilt

$$\overline{s_i} \;=\; \overline{s} = \int_{-\infty}^{\infty} ds\; s\; w(s) \tag{4.12}$$

$$(\Delta s_i)^2 \;=\; (\Delta s)^2 = \int_{-\infty}^{\infty} ds\; (s - \overline{s}\,)^2\, w(s) \tag{4.13}$$

Aus (4.9) und (4.10) folgen $\overline{x} = N\overline{s}$ und $\Delta x^2 = N\,\Delta s^2$. Damit wird (4.11) zu

$$\boxed{\frac{\Delta x}{\overline{x}} = \frac{\Delta s}{\overline{s}}\,\frac{1}{\sqrt{N}} \qquad \text{Gesetz der großen Zahl}} \tag{4.14}$$

Wir geben zwei Beispiele hierfür an:

- Wir betrachten ein Gas aus $N = 10^{24}$ Atomen. Das i-te Atom hat mit der Wahrscheinlichkeit $w(\varepsilon_i) \propto \exp(-\varepsilon_i / k_\mathrm{B} T)$ die Energie ε_i; dabei ist k_B die Boltzmannkonstante und T die Temperatur. Sowohl der Mittelwert $\overline{\varepsilon}$ wie auch die Schwankung $\Delta\varepsilon$ dieser Verteilung sind von der Größe $\mathcal{O}(k_\mathrm{B} T)$. Die Energie eines einzelnen Teilchens ist daher relativ unbestimmt,

$$\frac{\Delta\varepsilon}{\varepsilon} = \mathcal{O}(1) \tag{4.15}$$

  Die Gesamtenergie $E = \sum \varepsilon_i$ ist dagegen scharf definiert:

$$\frac{\Delta E}{\overline{E}} = \frac{\Delta\varepsilon}{\overline{\varepsilon}}\,\frac{1}{\sqrt{N}} = \mathcal{O}\big(10^{-12}\big) \tag{4.16}$$

  Das Gesetz der großen Zahl besagt hier, dass die Vorgabe der Temperatur (System im Wärmebad) praktisch gleichwertig zur Vorgabe der Energie (abgeschlossenes System) ist.

- Wir betrachten das schwingungsfähige Element einer Uhr, zum Beispiel die Unruhe oder einen Quarzkristall. Die i-te Schwingungsperiode habe mit der Wahrscheinlichkeit $w(t_i)$ die Länge t_i. Die Verteilung $w(t_i)$ habe den Mittelwert $\overline{t}$ und die relative Breite

$$\frac{\Delta t}{\overline{t}} = 10^{-2} \tag{4.17}$$

Es handelt sich um eine erzwungene Schwingung im Resonanzbereich. Die Eigenfrequenz ω_0 des Oszillators bestimmt den Mittelwert $\overline{t} \approx 2\pi/\omega_0$. Die Frequenzbreite und damit Δt hängen von der Güte des Oszillators ab.

Die Uhr summiert die einzelnen Perioden zur Gesamtzeit $T = \sum t_i$ auf. Für N Schwingungsperioden ist die Schwankung der Uhrzeit gleich $\Delta T = \Delta t\, N^{1/2}$. Die relative Ungenauigkeit der Uhr aufgrund statistischer Fluktuationen nimmt aber mit wachsender Schwingungszahl ab:

$$\frac{\Delta T}{\overline{T}} = \frac{\Delta t}{\overline{t}}\, \frac{1}{\sqrt{N}} \tag{4.18}$$

In einer Armbanduhr schwingt der Quarzkristall nun etwa 10^4 mal so schnell wie die herkömmliche Unruhe; für eine gegebene Zeitspanne ist also N in (4.18) 10^4–mal so groß. Das Gesetz der großen Zahl erklärt somit, dass eine Quarzuhr wesentlich genauer als eine mechanische Uhr gehen kann.

Die Größe ΔT ist der zu erwartende Fehler aufgrund *statistischer* Fluktuationen der Dauer der Einzelschwingungen. Eine konkrete Uhr wird aufgrund anderer Effekte im Allgemeinen einen größeren Fehler haben. So wird zum Beispiel die Eigenfrequenz des Oszillators (Unruhe, Quarz) eine Funktion der Temperatur sein. Dies führt zu einem *systematischen* Fehler der Uhranzeige.

Ableitung des Grenzwertsatzes

Wir wenden uns nun dem eigentlichen zentralen Grenzwertsatz zu. Er besagt, dass die Wahrscheinlichkeitsverteilung der $x = \sum s_i$ für hinreichend großes N eine Normalverteilung ist, also

$$P(x) = \frac{1}{\sqrt{2\pi}\ \Delta x} \exp\left(-\,\frac{(x-\overline{x})^2}{2\ \Delta x^2}\right) \tag{4.19}$$

Dabei sind $\overline{x}$ und Δx durch (4.9) und (4.10) gegeben.

Wir geben die Ableitung zunächst für den Fall gleicher Verteilungen an, $w_i(s) = w(s)$. Über (4.6) hinaus nehmen wir an, dass für $w(s)$ beliebige Momente $\overline{s^n}$ (mit $n = 0, 1, 2, \ldots$) definiert sind, also dass die Größen

$$\overline{s^n} = \int_{-\infty}^{\infty} ds\ s^n\ w(s) \tag{4.20}$$

endlich sind.

Die Wahrscheinlichkeit, die Zufallsvariablen bei den Werten $s_1, \ldots, s_N$ zu finden, ist durch (4.8) gegeben. Hieraus ergibt sich die Wahrscheinlichkeit für einen bestimmten x-Wert, wenn wir über alle möglichen s_i-Werte integrieren, die zum vorgegebenen x führen:

$$P(x) = \int_{-\infty}^{\infty} ds_1\ w(s_1) \ldots \int_{-\infty}^{\infty} ds_N\ w(s_N)\ \delta\Big(x - \sum_{i=1}^{N} s_i\Big) \tag{4.21}$$

Die δ-Funktion lässt nur die Beiträge zu, für die $\sum s_i = x$. Bei Integration über x ergibt die δ-Funktion 1. Daraus folgt $\int dx\ P(x) = 1$.

Zur Auswertung von (4.21) benutzen wir die Darstellung

$$\delta(y) = \frac{1}{2\pi} \int_{-\infty}^{\infty} dk\ \exp(-\mathrm{i}\,k y) \tag{4.22}$$

der δ-Funktion. Damit erhalten wir

$$\begin{aligned} P(x) &= \frac{1}{2\pi} \int_{-\infty}^{\infty} dk \int_{-\infty}^{\infty} ds_1\ w(s_1) \ldots \int_{-\infty}^{\infty} ds_N\ w(s_N)\ \mathrm{e}^{\mathrm{i}\,k\,(s_1+\ldots+s_N)}\ \mathrm{e}^{-\mathrm{i}\,k x} \\ &= \frac{1}{2\pi} \int_{-\infty}^{\infty} dk\ \mathrm{e}^{-\mathrm{i}\,k x} \int_{-\infty}^{\infty} ds_1\ w(s_1)\ \mathrm{e}^{\mathrm{i}\,k s_1} \int_{-\infty}^{\infty} \ldots \int_{-\infty}^{\infty} ds_N\ w(s_N)\ \mathrm{e}^{\mathrm{i}\,k s_N} \\ &= \frac{1}{2\pi} \int_{-\infty}^{\infty} dk\ \big[W(k)\big]^N \exp(-\mathrm{i}\,k x) \end{aligned} \tag{4.23}$$

Im letzten Schritt haben wir mit $W(k)$ die Fouriertransformierte der Funktion $w(s)$ eingeführt. Wir entwickeln dieses $W(k)$ für kleine k:

$$W(k) = \int_{-\infty}^{\infty} ds\ w(s)\ \exp(\mathrm{i}\,k s) = 1 + \mathrm{i}\,k\,\overline{s} - \frac{1}{2}\,k^2\,\overline{s^2} \pm \ldots \tag{4.24}$$

und

$$\ln\big[W(k)\big]^N = N\ \ln\Big(1 + \mathrm{i}\,k\,\overline{s} - \frac{1}{2}\,k^2\,\overline{s^2} \pm \ldots\Big) \tag{4.25}$$

Hierin verwenden wir die Entwicklung $\ln(1+y) = y - y^2/2 + \ldots$,

$$\ln\big[W(k)\big]^N = N\Big(\mathrm{i}\,k\,\overline{s} - \frac{1}{2}\,k^2\,\overline{s^2} - \frac{1}{2}\,(\mathrm{i}\,k\,\overline{s})^2 \pm \ldots\Big) = N\Big(\mathrm{i}\,k\,\overline{s} - \frac{1}{2}\,k^2\,\Delta s^2 \pm \ldots\Big) \tag{4.26}$$

Wir vernachlässigen die Terme dritter und höherer Ordnung. Dann ergibt (4.26)

$$\big[W(k)\big]^N \approx \exp\Big(\mathrm{i}\,N\,\overline{s}\,k - \frac{N\,\Delta s^2}{2}\,k^2\Big) \tag{4.27}$$

Wir setzen dies mit $\overline{x} = N\,\overline{s}$ und $\Delta x^2 = N\,\Delta s^2$ in (4.23) ein, und führen das Integral aus:

$$P(x) \approx \frac{1}{2\pi} \int_{-\infty}^{\infty} dk\ \exp\Big(-\mathrm{i}\,(x-\overline{x})\,k - \frac{\Delta x^2}{2}\,k^2\Big) = \frac{1}{\sqrt{2\pi}\,\Delta x}\ \exp\Big(-\frac{(x-\overline{x})^2}{2\,\Delta x^2}\Big) \tag{4.28}$$

Zur Lösung des Integrals wurde der Exponent quadratisch ergänzt. Das Ergebnis ist der zentrale Grenzwertsatz für den Fall gleicher Verteilungen ($w_i = w$).

Verallgemeinerung

Wir verallgemeinern die Ableitung von (4.28) auf den Fall verschiedener Wahrscheinlichkeitsverteilungen $w_i(s_i)$. Zunächst erhalten wir anstelle von (4.23)

$$P(x) = \frac{1}{2\pi} \int_{-\infty}^{\infty} dk \left(\prod_{j=1}^{N} W_j(k) \right) \exp(-\mathrm{i}kx) \tag{4.29}$$

wobei $W_j(k)$ wie in (4.24) definiert ist. Damit wird (4.25) und (4.26) zu

$$\begin{aligned} \ln \prod_{j=1}^{N} W_j(k) &= \sum_{j=1}^{N} \ln \left(1 + \mathrm{i}k\,\overline{s_j} - \frac{1}{2}\,k^2\,\overline{s_j^2} \pm \ldots \right) \\ &= \mathrm{i}k \sum_{j=1}^{N} \overline{s_j} - \frac{k^2}{2} \sum_{j=1}^{N} (\Delta s_j)^2 \pm \ldots = \mathrm{i}\,\overline{x}\,k - \frac{\Delta x^2}{2}\,k^2 \pm \ldots \end{aligned} \tag{4.30}$$

Wir vernachlässigen die Terme höherer Ordnung und setzen (4.30) in (4.29) ein. Die Ausführung des Integrals ergibt wieder (4.28). Die Summe zufallsverteilter Größen liefert also unter sehr allgemeinen Bedingungen eine Normalverteilung. Dies ist die Aussage des zentralen Grenzwertsatzes.

Gültigkeitsbereich

Die Entwicklung (4.26) ist möglich, wenn der $(n+1)$-te Term jeweils klein gegenüber dem n-ten Term ist:

$$\left| \frac{\overline{s^{n+1}}\;k^{n+1}}{\overline{s^n}\;k^n} \right| \ll 1 \qquad (n = 0, 1, 2, \ldots) \tag{4.31}$$

Der Bereich, in dem wir das Ergebnis verwenden wollen, kann auf einige Standardabweichungen begrenzt werden. Die relevanten k-Werte sind daher von der Größe

$$k \sim \frac{1}{\Delta x} \sim \frac{1}{\sqrt{N}\,\Delta s} \tag{4.32}$$

Hierfür ergibt die linke Seite von (4.31)

$$\left| \frac{\overline{s^{n+1}}\;k^{n+1}}{\overline{s^n}\;k^n} \right| \sim \left| \frac{\overline{s^{n+1}}}{\overline{s^n}\;\Delta s} \right| \frac{1}{\sqrt{N}} \sim \frac{\mathcal{O}(1)}{\sqrt{N}} \tag{4.33}$$

Dabei haben wir vorausgesetzt, dass die Momente $\overline{s^n}$ mit der Breite der Verteilung skalieren; für übliche Verteilungen ist dies der Fall. Im Grenzfall $N \to \infty$ wird daher der Fehler der Gaußverteilung beliebig klein; diese Aussage gilt im relevanten Bereich von mehreren Standardabweichungen um den Mittelwert herum.

Wir fassen die Voraussetzungen, unter denen wir den zentralen Grenzwertsatz abgeleitet haben, noch einmal zusammen. Zum einen haben wir angenommen, dass die einzelnen Zufallsgrößen eine Verteilung mit endlichen Momenten (4.20) haben. Zum anderen setzen wir eine hinreichend große Zahl von Zufallsvariablen voraus, aus denen sich $x = \sum s_i$ ergibt, also $N \gg 1$. Die resultierende Verteilung (4.28) ist quantitativ gültig über mehrere Standardabweichungen $\sigma = \Delta x$ um den Mittelwert herum. Für große Werte von $|x - \overline{x}\,|$ sind die Normalverteilung (4.28) und die exakte Wahrscheinlichkeit (4.21) beide absolut sehr klein; damit ist in diesem Bereich der absolute (nicht aber der relative) Fehler klein.

Aufgaben

4.1 Überlagerung zweier Gaußverteilungen

Die voneinander unabhängigen Zufallsvariablen x und y genügen Gaußverteilungen mit den Mittelwerten $\overline{x}$ und $\overline{y}$ und den Schwankungen Δx und Δy. Berechnen Sie die Wahrscheinlichkeitsverteilung $P(z)$ für $z = x + y$. Geben Sie die Mittelwerte $\overline{z}$ und $\overline{z^2}$ und Breite Δz an.

4.2 Summe von zwei Zufallsvariablen

Die voneinander unabhängigen Zufallsvariablen x und y genügen den Wahrscheinlichkeitsverteilungen $P_1(x)$ und $P_2(y)$ mit den Variablenbereichen von $-\infty$ bis ∞. Die Verteilungen haben die Mittelwerte $\overline{x}$ und $\overline{y}$ und die Schwankungen Δx und Δy. Ansonsten sind die Verteilungen $P_1(x)$ und $P_2(y)$ beliebig, sie können insbesondere auch nicht gaußförmig sein. Geben Sie einen Ausdruck für die Wahrscheinlichkeitsverteilung $P(z)$ für $z = x + y$ an. Berechnen Sie die Mittelwerte $\overline{z}$ und $\overline{z^2}$ und die Breite Δz.

II Grundzüge der statistischen Physik

5 Grundlegendes Postulat

Im hier beginnenden Teil II werden die grundlegenden Begriffe der statistischen Physik eingeführt und diskutiert. Insbesondere werden die Temperatur und die Entropie mikroskopisch definiert. Diese Größen werden anschließend mit Messgrößen verknüpft.

Die statistische Physik wird auf einer Annahme über die Wahrscheinlichkeiten der mikroskopischen Zustände im betrachteten System aufgebaut. Diese Annahme, das grundlegende Postulat, wird in diesem Kapitel formuliert und erläutert.

Mikrozustand

Wir führen zunächst den Begriff *Mikrozustand* ein. Ein Mikrozustand ist durch eine vollständige mikroskopische Beschreibung des Systems definiert. Als Beispiele für solche Systeme dienen uns eine Gruppe von N Würfeln, ein ideales Gas und ein Spinsystem.

Für ein System aus N Würfeln ist ein Mikrozustand r durch die Angabe der N Augenzahlen definiert:

$$r = (n_1, n_2, \ldots, n_N) \qquad (n_i = 1, 2, \ldots, 6) \tag{5.1}$$

Für N Würfel gibt es 6^N verschiedene Mikrozustände r.

Das betrachtete physikalische System hänge von f Freiheitsgraden ab, die durch die verallgemeinerten Koordinaten $q = (q_1, \ldots, q_f)$ beschrieben werden. Die Hamiltonfunktion $H(q, p)$ des Systems hängt von diesen Koordinaten und den zugehörigen Impulsen $p = (p_1, \ldots, p_f)$ ab. Wir betrachten abgeschlossene Systeme, für die H nicht von der Zeit abhängt. Die Hamiltonfunktion sei gleich der Energie des Systems. Durch die Ersetzung $p \to p_{\text{op}}$ wird die Hamiltonfunktion zum Hamiltonoperator $H(q, p_{\text{op}})$. Wir betrachten sowohl die quantenmechanische wie die klassische Beschreibung von Mikrozuständen; wir beginnen mit dem quantenmechanischen Fall.

Als Mikrozustände wählen wir die Eigenzustände des Hamiltonoperators. Für ein System mit f Freiheitsgraden hängen sie von f Quantenzahlen n_k ab:

$$\text{Mikrozustand:} \quad r = (n_1, n_2, \ldots, n_f) \tag{5.2}$$

Die Eigenzustände $|r\rangle$ sind durch $\hat{H}\,|r\rangle = E_r\,|r\rangle$ definiert. In der Ortsdarstellung wird dies zu $H(q, p_{\rm op})\,\psi_r(q,t) = E_r\,\psi_r(q,t)$, wobei $\psi_r(q,t)$ von der Form $\varphi_r(q)\,\exp(-\mathrm{i}\,E_r\,t/\hbar)$ ist. Im Rahmen der Quantenmechanik stellt eine Wellenfunktion $\psi(q,t)$ eine vollständige Beschreibung des Systems dar. So legt die Vorgabe von $\psi(q,t_0)$ zu einem bestimmten Zeitpunkt t_0 die Wellenfunktion $\psi(q,t)$ zu beliebigen Zeiten fest.

Ein abgeschlossenes System kann in einem endlichen Volumen eingeschlossen werden. Dann sind, zumindest im Prinzip, alle Quantenzahlen diskret; dies wurde in (5.2) vorausgesetzt. Jede Quantenzahl für sich nimmt abzählbar viele Werte an; dies können endlich oder unendlich viele sein. So hat zum Beispiel die m-Quantenzahl der Winkelbewegung (Wellenfunktion $Y_{lm}(\theta,\phi)$) bei gegebenem l nur $2l+1$ Werte, die l-Quantenzahlen dagegen unendlich viele Werte.

Wir betrachten zwei Beispiele für (5.2), das ideale Gas und ein Spinsystem. Im idealen Gas bewegen sich N Atome in einem Kasten mit dem Volumen V. Die Wechselwirkung zwischen den Atomen werde vernachlässigt, so dass sich jedes Atom unabhängig von den anderen innerhalb des Kastens bewegt. Den Impuls des ν-ten Teilchens bezeichnen wir mit $\boldsymbol{p}_\nu$, seine kartesischen Komponenten mit $p_{3\nu-2}$, $p_{3\nu-1}$, $p_{3\nu}$. Insgesamt gibt es $3N$ kartesische Impulskomponenten:

$$\boldsymbol{p}_1, \ldots, \boldsymbol{p}_N := p_1, \ldots, p_{3N} = \ldots, p_{3\nu+j-3}, \ldots \tag{5.3}$$

Dabei läuft ν von 1 bis N, und j von 1 bis 3. Der Kasten habe ein kubisches Volumen $V = L^3$. Ein Teilchen kann sich im Inneren frei bewegen, am Rand muss seine Wellenfunktion aber verschwinden. Aus dieser Bedingung folgt, dass jede Impulskomponente nur die Werte

$$p_k = \frac{\pi\hbar}{L}\,n_k \qquad (k = 3\nu + j - 3 = 1, 2, \ldots, 3N) \tag{5.4}$$

mit $n_k = 1, 2, \ldots$ annehmen kann. Damit ist ein Mikrozustand r durch

$$r = (n_1, n_2, \ldots, n_{3N}) \qquad (n_k = 1, 2, 3, \ldots) \tag{5.5}$$

gegeben. Es gibt unendlich viele Mikrozustände r, denn jede Quantenzahl n_k kann die Werte $1, 2, \ldots$ annehmen. Bei vorgegebener Energie ist die Anzahl der möglichen Mikrozustände aber endlich.

Ein einfaches, zu (5.1) verwandtes quantenmechanisches Beispiel ist ein System aus N unabhängigen Teilchen mit dem Spin $1/2$, wobei nur die Spinfreiheitsgrade betrachtet werden. (Dies kann für einen Kristall mit jeweils einem ungepaarten Elektron pro Gitterplatz ein sinnvolles Modell sein). Relativ zur Messrichtung (es sei die z-Achse) findet man die Spinkomponente $\hbar s_z$, wobei s_z gleich $+1/2$ oder $-1/2$ ist. Ein Mikrozustand des Systems aus N Spins ist daher durch

$$r = (s_{z,1}, s_{z,2}, \ldots, s_{z,N}) \qquad (s_{z,\nu} = \pm 1/2) \tag{5.6}$$

definiert. Es gibt 2^N solche Zustände.

Wenn quantenmechanische Effekte keine Rolle spielen, können wir das betrachtete System klassisch behandeln. Dazu definieren wir im Folgenden klassische Mikrozustände.

In der klassischen Mechanik wird der Zustand eines Systems mit den verallgemeinerten Koordinaten $q_1,..., q_f$ durch die Angabe von $2f$ Werten für $q_1,..., q_f$ und $\dot{q}_1,..., \dot{q}_f$ definiert. Dies gilt sowohl für den Anfangszustand wie für den Zustand zu einer beliebigen späteren Zeit. Äquivalent zur Angabe von $q_1,..., q_f$ und $\dot{q}_1,..., \dot{q}_f$ ist diejenige von $q_1,..., q_f$ und $p_1,..., p_f$, wobei p_j der zu q_j gehörige verallgemeinerte Impuls ist. Wir können also den Mikrozustand eines mechanischen Systems durch

$$r = (q_1,..., q_f, p_1,..., p_f) \qquad \text{(klassischer Mikrozustand)} \tag{5.7}$$

festlegen. Speziell für das ideale Gas (5.3) – (5.5) ist der klassische Mikrozustand durch

$$r = (\boldsymbol{r}_1,..., \boldsymbol{r}_N, \boldsymbol{p}_1,..., \boldsymbol{p}_N) \tag{5.8}$$

gegeben. Dabei haben wir die Orts- und Impulskomponenten zu Vektoren zusammengefasst.

Phasenraum

Wir führen einen abstrakten $2f$-dimensionalen Raum ein, der durch $2f$ kartesische Koordinatenachsen für die Größen q_i und p_i aufgespannt wird. Dieser Raum wird *Phasenraum* genannt (Abbildung 5.1). Jedem klassischen Zustand r entspricht ein Punkt im Phasenraum; umgekehrt entspricht jedem Punkt ein Zustand. Für die dreidimensionale Bewegung eines einzelnen Teilchens hat der Phasenraum 6 Dimensionen, für N Gasatome hat er $6N$ Dimensionen.

Im Gegensatz zu (5.2) stehen auf der rechten Seite von (5.7) kontinuierliche Größen. Für eine statistische Behandlung müssen wir die Zustände r jedoch in irgendeiner Weise abzählen. Nun ist die exakte Angabe der q_i und p_i weder nötig noch möglich. Nach der Unschärferelation können Ort und Impuls nicht genauer als

$$\Delta p \, \Delta q \geq \frac{\hbar}{2} \tag{5.9}$$

festgelegt werden; wir beschränken uns hier zunächst auf $f = 1$. Ein quantenmechanischer Zustand impliziert eine Orts- und Impulsverteilung, die im Einklang mit (5.9) steht; der Zustand nimmt daher eine Fläche der Größe $\mathcal{O}(\hbar)$ im Phasenraum ein. Die Untersuchung einfacher quantenmechanischer Systeme (unendlicher Kasten, eindimensionaler Oszillator) zeigt, dass es pro Phasenraumfläche $2\pi\hbar$ gerade einen quantenmechanischen Zustand gibt. Im $2f$-dimensionalen Phasenraum entspricht ein Zustand dann dem $2f$-dimensionalen Volumen $(2\pi\hbar)^f$. Wir können uns den Phasenraum daher in Zellen mit der

$$\text{Zellengröße} = (2\pi\hbar)^f \tag{5.10}$$

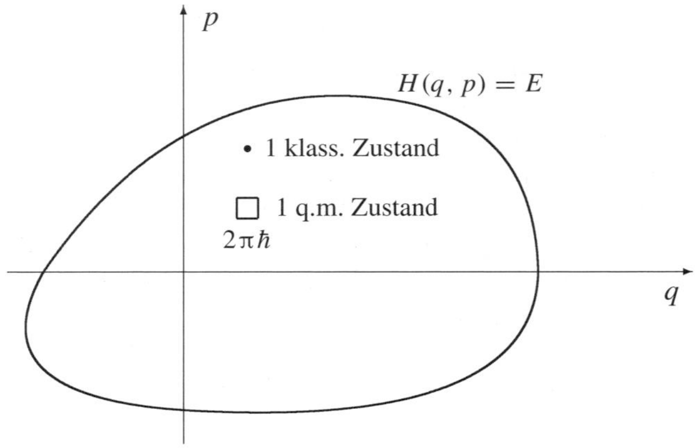

Abbildung 5.1 Darstellung des Phasenraums für ein eindimensionales System. Ein Punkt im Phasenraum, also die Angabe von q und p, definiert einen klassischen Mikrozustand. Die Bedingung $H(q, p) = E$ ist eine Kurve, die die Mikrozustände gleicher Energie E angibt. Die Punkte innerhalb dieser Kurve stellen Zustände mit einer Energie unterhalb von E dar. Pro Phasenraumfläche $2\pi\hbar$ gibt es einen quantenmechanischen (q.m.) Zustand. Die Anzahl der möglichen Zustände mit einer Energie kleiner als E ist daher gleich der Fläche, die von der Kurve $H(q, p) = E$ eingeschlossen wird, geteilt durch $2\pi\hbar$.

zerlegt denken, die jeweils einen Zustand enthalten (Abbildung 5.1). Diese Zellen können wir nummerieren; dadurch werden die zunächst kontinuierlichen Zustände (5.7) *abzählbar*.

Historisch wurde der Phasenraum in diesem Zusammenhang bereits vor der Quantenmechanik verwendet. Man hatte auch schon die Vorstellung, dass die Anzahl der Zustände proportional zum betrachteten Phasenraumvolumen ist. Die Größe der Phasenraumzelle (hier $2\pi\hbar$) blieb dabei allerdings offen. Dies spielte aber keine Rolle, weil die Ergebnisse im klassischen Grenzfall hiervon unabhängig sind.

Makrozustand

Im Allgemeinen ist es unmöglich, den tatsächlichen Mikrozustand eines Vielteilchensystems anzugeben. So ändert sich der Mikrozustand (5.8) eines klassischen Gases fortlaufend. Im Übrigen ist der einzelne Mikrozustand, also etwa die Orte und Geschwindigkeiten von 10^{24} Atomen, ohne jedes Interesse. Auch zwischen den quantenmechanischen Mikrozuständen r gibt es fortlaufend Übergänge $r \to r'$ zwischen den zahlreichen Zuständen gleicher Energie $E_r = E_{r'}$; dazu genügen beliebig kleine Störungen. Die Übergänge zwischen Mikrozuständen erfolgen extrem schnell; dies ist für das klassische Gas offensichtlich.

Die einzelnen Mikrozustände und ihre zeitliche Abfolge im betrachteten physikalischen System sind ohne Interesse. Dagegen ist relevant, welche Mikrozustände überhaupt auftreten, und mit welchem statistischen Gewicht. Wenn wir uns auf diese Information beschränken, dann beschreiben wir den Zustand des Systems durch die Angabe der Wahrscheinlichkeiten P_r für die Mikrozustände r. Der so festgelegte Zustand des Systems heißt *Makrozustand*:

$$\text{Makrozustand:} \quad \{P_r\} = (P_1, P_2, P_3, \ldots) \tag{5.11}$$

Die Definition (1.1) der Wahrscheinlichkeit setzt eine große Anzahl M gleichartiger Systeme voraus, von denen M_r im Mikrozustand r sind:

$$P_r = \lim_{M\to\infty} \frac{M_r}{M} \approx \frac{M_r}{M} \tag{5.12}$$

Den Limes ersetzen wir durch die Spezifikation „M hinreichend groß“. Die Gesamtheit der M gleichartigen Systeme, die die P_r festlegen, nennt man *statistisches Ensemble*. Man sagt, *der Makrozustand wird durch ein statistisches Ensemble repräsentiert*. Das statistische Ensemble ist eine *begriffliche* Voraussetzung für die Definition der P_r, also für die statistische Behandlung.

Ein konkretes makroskopisches System (etwa ein klassisches Gas) wird zu einem bestimmten Zeitpunkt in einem bestimmten (nicht bestimmbaren, nicht interessierenden) Mikrozustand sein. Das konkrete System durchläuft in irgendeiner (nicht interessierenden) Weise alle möglichen Mikrozustände. Dabei wird das System mit bestimmten Wahrscheinlichkeiten P_r im Mikrozustand r sein. In diesem Bild sind die M Systeme, die wir für (5.12) benötigen, durch das eine konkrete System zu M verschiedenen Zeitpunkten gegeben. Stattdessen können wir uns auch ein statistisches Ensemble von M gleichartigen Systemen *vorstellen*, die gleichzeitig vorhanden sind. Für diese beiden Möglichkeiten hatten wir in Kapitel 1 die Begriffe *Zeitmittel* und *Ensemble-Mittel* geprägt.

Im Folgenden benutzen wir bevorzugt das *Ensemble-Mittel*. Das statistische Ensemble ist dann eine Menge von M gleichartigen Systemen, von denen jeweils M_r im Zustand r sind. Wir erläutern dies anhand einiger Beispiele. In den Kapiteln 1 – 4 hatten wir als System einen Würfel oder ein Gasteilchen betrachtet. Dort war das statistische Ensemble eine große Anzahl N gleichartiger Würfel oder Gasteilchen. Jetzt betrachten wir Systeme aus N Teilchen oder Würfeln. Die Anzahl der gleichartigen Vielteilchensysteme bezeichnen wir dann wie bereits in (5.12) mit M.

Das zu beschreibende System sei eine Gruppe von $N = 10$ Würfeln. Das statistische Ensemble besteht hierfür aus einer großen Anzahl gleichartiger 10-er Gruppen. Die Anzahl muss groß genug sein, um die Wahrscheinlichkeit P_r eines bestimmten Mikrozustands r zu definieren. Da es 6^N verschiedene Zustände (5.1) gibt, muss das Ensemble $M \gg 6^N$ gleichartige Systeme umfassen. Im Gegensatz dazu würde das Zeitmittel durch M-faches Würfeln mit einer einzigen Gruppe aus N Würfeln gebildet.

Für den Gaskasten ist das statistische Ensemble eine große Anzahl M gleicher Gaskästen (gleiches Volumen, gleiche Gasmenge und Energie). Da es sehr viele Mikrozustände gibt, ist M so groß, dass dieses Ensemble nur ein gedachtes sein kann. Seine Einführung ist jedoch begrifflich nötig, um die Wahrscheinlichkeiten P_r zu definieren. Ein einzelnes System ist ja zu einem bestimmten Zeitpunkt in einem bestimmten Mikrozustand r_0; daraus können keine Quotienten M_r / M gebildet werden. Alternativ könnte man aber, wie oben diskutiert, das Zeitmittel eines einzigen Systems betrachten.

Für das Zeitmittel ist die Analogie zwischen der Würfelgruppe und dem Gas unvollständig. Eine Würfelgruppe muss immer wieder neu geworfen werden, während sich das Gassystem gewissermaßen von selbst von Mikrozustand zu Mikrozustand würfelt. Insofern kann (5.11) zur Beschreibung eines einzigen realen Systems verwendet werden.

Wir fassen zusammen: Ein Mikrozustand definiert den mikroskopischen Zustand des Systems vollständig. Ein Makrozustand legt dagegen nur die Wahrscheinlichkeiten fest, mit denen die möglichen Mikrozustände auftreten.

Formulierung des Postulats

Wir formulieren das grundlegende Postulat zunächst sprachlich und erläutern die dabei eingeführten Begriffe. Danach bestimmen wir die aus dem Postulat folgenden P_r in einer Form, die als Ausgangspunkt konkreter Rechnungen geeignet ist.

Wir betrachten abgeschlossene Vielteilchensysteme. Abgeschlossen bedeutet, dass das System keine Wechselwirkung mit anderen Systemen hat; das System ist von seiner Umgebung isoliert. Mögliche Wechselwirkungen werden später betrachtet und klassifiziert (Kapitel 7).

Überlässt man ein abgeschlossenes Vielteilchensystem sich selbst, so streben die makroskopisch messbaren Größen gegen zeitlich konstante Werte. Dies ist ein *Erfahrungssatz*. Die makroskopischen Größen sind zum Beispiel der Druck, die Temperatur, die Dichte oder die Magnetisierung. Den Makrozustand, in dem die makroskopischen Größen konstante Werte erreicht haben, nennen wir *Gleichgewichtszustand* oder kurz Gleichgewicht. Der Gleichgewichtszustand ist ein spezieller Makrozustand.

Für den Gleichgewichtszustand des abgeschlossenen Systems stellen wir folgendes Postulat auf:

GRUNDLEGENDES POSTULAT:
Ein abgeschlossenes System im Gleichgewicht ist
gleichwahrscheinlich in jedem seiner zugänglichen Mikrozustände.

Dieses Postulat stellt die Verbindung zwischen der mikroskopischen Struktur (den zugänglichen Mikrozuständen r) und makroskopischen Größen des Gleichgewichtszustands (repräsentiert durch die Wahrscheinlichkeiten P_r für die Mikrozustände r) her.

Das grundlegende Postulat ist eine Annahme, auf der die statistische Physik aufgebaut wird. Diese Annahme oder Hypothese kann nicht direkt überprüft werden; die zur Bestimmung der P_r notwendige Anzahl gleichartiger Systeme ist viel zu groß. Aus dieser Hypothese lassen sich aber empirisch nachprüfbare Aussagen ableiten. Die experimentelle Bestätigung dieser Aussagen stellt dann eine Verifikation des grundlegenden Postulats dar.

Die Frage, ob das grundlegende Postulat aus Grundgleichungen der Physik abgeleitet werden kann, wird in Kapitel 41 diskutiert.

Erste Beispiele

Wir führen einige besonders einfache Beispiele an. Für eine Gruppe aus N Würfeln stellt jedes Würfelresultat einen zugänglichen Zustand dar. Das grundlegende Postulat ist daher gleichbedeutend mit der Annahme, dass jedes der 6^N Resultate (für unterscheidbare Würfel) gleichwahrscheinlich ist, also

$$P_r = \frac{1}{6^N} \quad \text{für } r \text{ aus (5.1)} \tag{5.13}$$

Für symmetrisch gebaute Würfel ist dies eine plausible Annahme.

Als einfaches physikalisches Beispiel betrachten wir die Spineinstellung von vier Elektronen im Magnetfeld. Die Energie E_r im Mikrozustand (5.6) ist $E_r = 2\mu_{\mathrm{B}} B \sum s_{z,\nu}$; dabei ist μ_{B} das Bohrsche Magneton und B die magnetische Induktion. Im betrachteten Gleichgewichtszustand (Makrozustand mit konstanten makroskopischen Größen) sei $E = 2\mu_{\mathrm{B}} B$. Aufgrund dieser Information kann das System in einem der vier Mikrozustände

$$r = (\uparrow, \uparrow, \uparrow, \downarrow),\ (\uparrow, \uparrow, \downarrow, \uparrow),\ (\uparrow, \downarrow, \uparrow, \uparrow) \ \text{oder}\ (\downarrow, \uparrow, \uparrow, \uparrow) \tag{5.14}$$

sein; dabei wurden die Spineinstellungen in $r = (s_{z,1}, s_{z,2}, s_{z,3}, s_{z,4})$ durch Pfeile gekennzeichnet. Das grundlegende Postulat besagt, dass

$$P_r = \begin{cases} 1/4 & \text{für } r \text{ aus (5.14)} \\ 0 & \text{sonst} \end{cases} \tag{5.15}$$

Zugänglich sind in diesem Fall alle Mikrozustände, die die vorgegebene Energie haben. Aus (5.15) folgt, dass ein beliebiger Einzelspin mit der Wahrscheinlichkeit $p = 3/4$ parallel zu B steht.

Bestimmung der P_r

Wir bestimmen nun die P_r für den Gleichgewichtszustand in einer Form, die für spätere Anwendungen geeignet ist.

Für beliebige Mikrozustände (5.2) oder (5.7) kann das grundlegende Postulat durch

$$P_r = \begin{cases} \text{const.} & \text{alle zugänglichen Zustände} \\ 0 & \text{alle anderen Zustände} \end{cases} \tag{5.16}$$

ausgedrückt werden. Im Folgenden präzisieren wir die Bedingung „zugänglich“.

Neben den Koordinaten und Impulsen hängt die Hamiltonfunktion des Systems im Allgemeinen von einer Reihe von Parametern x ab:

$$H = H(q, p; x) = H(q_1, ..., q_f, p_1, ..., p_f; x_1, x_2, ..., x_n) \tag{5.17}$$

Diese Form gilt entsprechend für den Hamiltonoperator $H(q, p_{\mathrm{op}}; x)$. Die Größen $x = x_1, ..., x_n$ bezeichnen wir als *äußere Parameter*. Für ein Gas hängt H vom Volumen V und der Teilchenzahl N ab, also $x = (V, N)$. Welche Größen neben V und N als äußere Parameter zu berücksichtigen sind, hängt vom System, den experimentellen Bedingungen und auch von der angestrebten Genauigkeit ab. Für polarisierbare Materie ist etwa ein äußeres elektrisches Feld ein potenzieller äußerer Parameter. Andererseits hat ein schwaches elektrisches Feld meist nur geringen Einfluss auf die Energie der Zustände und kann dann unberücksichtigt bleiben. Weitere mögliche äußere Parameter sind ein Magnet- oder Gravitationsfeld. Für die hier betrachteten Gleichgewichtszustände setzen wir konstante äußere Parameter voraus. Änderungen der äußeren Parameter werden später behandelt.

Der Gleichgewichtszustand wird im Allgemeinen von den äußeren Parametern x abhängen. Daneben hängt er von allen Größen ab, die die Zugänglichkeit von Mikrozuständen einschränken. Dies sind insbesondere alle Erhaltungsgrößen des Systems. Aus der Mechanik wie aus der Quantenmechanik ist bekannt, dass für das abgeschlossene System die Energie E eine Erhaltungsgröße ist. Somit sind nur Mikrozustände r zugänglich, für die E_r mit der erhaltenen Energie E übereinstimmt. Im Allgemeinen nicht erhalten sind dagegen der Impuls und der Drehimpuls des Systems, da die äußeren Bedingungen (Gefäß oder Kasten) die zugehörigen Symmetrien verletzen.

Die Energiewerte der Mikrozustände r

$$E_r = E_r(x) = E_r(x_1, \ldots, x_n) \tag{5.18}$$

folgen aus dem Hamiltonoperator $\hat{H}$ oder aus der Hamiltonfunktion $H(q, p; x)$. Im quantenmechanischen Fall sind die Mikrozustände $r = (n_1, ..., n_f)$ die Eigenzustände des Hamiltonoperators, $\hat{H}(x)|r\rangle = E_r(x)|r\rangle$. Die $E_r(x)$ sind dann die Eigenwerte des Hamiltonoperators. Für die klassischen Mikrozustände $r = (q, p)$ ist die Energie unmittelbar durch die Hamiltonfunktion gegeben, $E_r = H(q, p; x)$.

Für ein abgeschlossenes System ist die Gesamtenergie E eine Erhaltungsgröße. *Zugänglich* im Sinn des grundlegenden Postulats sind daher nur die Mikrozustände r, deren Energiewerte E_r mit der erhaltenen Energie E des Systems übereinstimmen. Die Energie E kann nur mit einer endlichen Genauigkeit δE bestimmt werden; dabei gelte $\delta E \ll E$, zum Beispiel $\delta E = 10^{-5} E$. Wir bezeichnen die Anzahl der Zustände zwischen $E - \delta E$ und E als *mikrokanonische Zustandssumme* $\Omega(E, x)$,

$$\boxed{\Omega(E, x) = \sum_{r:\, E - \delta E \le E_r(x) \le E} 1} \tag{5.19}$$

Bei geeigneter Wahl von δE hängt Ω nur unwesentlich von δE ab (Kapitel 6). Die Zustandssumme (5.19) ist sowohl für quantenmechanische wie für klassische Mikrozustände definiert; im klassischen Fall wird jede Phasenraumzelle (5.10) als ein Zustand gezählt.

Die Zustandssumme Ω ist gleich der Anzahl der zugänglichen Zustände des abgeschlossenen Systems. Nach dem grundlegenden Postulat sind alle $\Omega(E, x)$ Zustände gleichwahrscheinlich, also

$$\boxed{P_r(E, x) = \begin{cases} \dfrac{1}{\Omega(E, x)} & E - \delta E \leq E_r(x) \leq E \\ 0 & \text{sonst} \end{cases}} \tag{5.20}$$

Aus den P_r, also aus $\Omega(E, x)$, lassen sich alle statistischen Mittelwerte berechnen. Die Berechnung von $\Omega(E, x)$ erfolgt nach (5.19) aus den $E_r(x)$, also aus dem Hamiltonoperator oder der Hamiltonfunktion. Damit ist im Prinzip klar, wie sich makroskopische Größen (Mittelwerte, berechnet mit P_r) aus der mikroskopischen Struktur (beschrieben durch $H(x)$) ableiten lassen. Dieses Programm wird im Folgenden für einige einfache Systeme, allen voran das ideale Gas, explizit durchgeführt.

Durch die P_r ist das statistische Ensemble definiert; es besteht aus einer hinreichend großen Anzahl M von Systemen, von denen $M_r = M P_r$ im Zustand r sind. Das hier betrachtete statistische Ensemble wird *mikrokanonisches Ensemble* genannt. Physikalisch ist dieses Ensemble durch die Bedingung definiert, dass das System abgeschlossen ist. Eine andere mögliche Bedingung wäre, dass das System sich in einem Wärmebad befindet; dann ist die Temperatur und nicht die Energie vorgegeben. Die zugehörigen statistischen Ensembles werden in Teil IV eingeführt.

Makrozustand und Gleichgewichtszustand

Das jeweils betrachtete physikalische System wird durch einen Hamiltonoperator $H(x)$ beschrieben, der von den äußeren Parametern x abhängt. Die Makrozustände werden durch Wahrscheinlichkeiten $\{P_r\} = (P_1, P_2, \ldots)$ für die einzelnen Mikrozustände r definiert.

Das Gleichgewicht eines abgeschlossenen Systems ist ein spezieller Makrozustand, in dem die P_r durch (5.20) gegeben sind.

$$\text{Gleichgewichtszustand: } \{P_r\} \text{ mit } P_r \overset{(5.20)}{=} P_r(E, x_1, \ldots, x_n) \tag{5.21}$$

Damit ist der Gleichgewichtszustand durch die Größen E und x festgelegt. Wir können ihn daher auch durch

$$\text{Gleichgewichtszustand: } E, x_1, \ldots, x_n \tag{5.22}$$

definieren. Alle makroskopischen Größen, die im Gleichgewichtszustand festgelegt sind, nennen wir *Zustandsgrößen*. Dazu gehören zunächst einmal E und $x =$

$x_1, \ldots, x_n$, aber auch alle Größen, die im Gleichgewichtszustand eine Funktion dieser Größen sind, $y_i = y_i(E, x)$. Anstelle von $E, x_1, \ldots, x_n$ kann der Gleichgewichtszustand auch durch $n + 1$ andere, geeignete Zustandsgrößen $y_1, \ldots, y_{n+1}$ festgelegt werden:

$$\text{Gleichgewichtszustand: } y_1, \ldots, y_{n+1} \tag{5.23}$$

So kann der Zustand eines Gases einmal durch E, V und N, und zum anderen durch T, P und N festgelegt werden. Dabei ist T die Temperatur und P der Druck; diese Größen werden später definiert. Die so ausgewählten Zustandsgrößen nennen wir auch *Zustandsvariable*.

In der Thermodynamik im engeren Sinn sieht man von der mikroskopischen Grundlage der makroskopischen Größen ab. Außerdem beschränkt man sich weitgehend auf Gleichgewichtszustände. Daher wird der Begriff *Zustand* in der Thermodynamik im Sinn von (5.22) oder (5.23) verwendet, also für Gleichgewichtszustände, die durch geeignete makroskopische Parameter festgelegt werden.

Der Übergang von der mikroskopischen zur makroskopischen Beschreibung impliziert eine drastische Reduktion der Anzahl der betrachteten Variablen. Der Makrozustand eines Gases wird zum Beispiel meist durch drei Werte für E, V und N festgelegt. Für die Festlegung eines quantenmechanischen Mikrozustands sind dagegen $f + n$ Zahlenwerte nötig (mit $f \approx 2 \cdot 10^{24}$ für ein Mol eines einatomigen Gases und $n = 2$ für V und N).

Schlussbemerkung

Abschließend sei noch einmal die Plausibilität des grundlegenden Postulats hervorgehoben. Das Postulat (5.20) ist von der gleichen Art wie die Annahme $p_i = 1/6$ für einen symmetrisch gebauten Würfel. Man vergleiche dazu die folgenden beiden Sätze:

- Jeder der 6 möglichen Würfelzustände kommt mit gleicher Wahrscheinlichkeit vor, also $p_i = 1/6$.

- Jeder der $\Omega(E, x)$ möglichen Zustände kommt mit gleicher Wahrscheinlichkeit vor, also $P_r = 1/\Omega(E, x)$.

Beides sind einfach plausible Annahmen, solange keiner der Zustände irgendwie ausgezeichnet ist. Für den Würfel kann diese Hypothese allerdings direkt überprüft werden, für Vielteilchensysteme nur indirekt anhand der Folgerungen.

Aufgaben

5.1 Phasenraum des Oszillators

Der eindimensionale Oszillator hat die Hamiltonfunktion

$$H(q,p)=\frac{p^2}{2m}+\frac{m\,\omega^2 q^2}{2}$$

Welche Form hat die Kurve $H(q,p)=E$ im Phasenraum? Berechnen Sie das Phasenraumvolumen $V_{\rm PR}(E)=\int dq\int dp$, das von dieser Kurve eingeschlossen wird. Aus den bekannten Energieeigenwerten $E_n=\hbar\omega(n+1/2)$ folgt die Anzahl N_E der Zustände mit $E_n\le E$. Stellen Sie den Zusammenhang zwischen dieser Anzahl N_E und dem Phasenraumvolumen $V_{\rm PR}(E)$ her.

6 Zustandssumme des idealen Gases

Wir berechnen die Zustandssumme Ω für ein ideales, einatomiges Gas. Die äußeren Parameter sind dabei, wie für viele andere Systeme, das Volumen V und die Teilchenzahl N.

Im Hamiltonoperator $H = H(q, p_{\text{op}}; x)$ unterdrücken wir im Folgenden die Argumente q und p_{op}. Als äußere Parameter betrachten wir $x = (V, N)$, also $H = H(V, N)$. Die statistische Behandlung von Gleichgewichtszuständen lässt sich dann in folgendem Schema darstellen:

$$H(V,N) \xrightarrow{1.} E_r(V,N) \xrightarrow{2.} \Omega(E,V,N) \xrightarrow{3.} \begin{cases} S = S(E,V,N) \\ E = E(T,V,N) \\ P = P(T,V,N) \end{cases} \qquad (6.1)$$

Die einzelnen Schritte sind:

1. Bestimmung der Eigenwerte $E_r(V, N)$ des Hamiltonoperators $H(V, N)$.

2. Berechnung der Zustandssumme $\Omega(E, V, N)$ aus den Eigenwerten $E_r(V, N)$.

3. Bestimmung der Entropie $S = S(E, V, N) = k_{\text{B}} \ln \Omega(E, V, N)$ und aller anderen makroskopischen Größen und Beziehungen. Zu diesen Beziehungen gehören insbesondere die kalorische Zustandsgleichung $E = E(T, V, N)$ und die thermische Zustandsgleichung $P = P(T, V, N)$.

Den 1. und 2. Schritt führen wir im Folgenden für das ideale Gas aus. Für diese beiden Schritte ist es bequem, die Zustände quantenmechanisch zu klassifizieren, selbst wenn quantenmechanische Effekte keine Rolle spielen. Den 3. Schritt werden wir in Kapitel 9 und 10 durchführen; dort werden auch die dabei vorkommenden neuen Begriffe definiert.

Der Hamiltonoperator des idealen, einatomigen Gases aus N Teilchen lautet

$$H(V,N) = \sum_{\nu=1}^{N} \left(-\frac{\hbar^2}{2m}\,\Delta_\nu + U(\boldsymbol{r}_\nu) \right) = \sum_{\nu=1}^{N} h(\boldsymbol{r}_\nu, \boldsymbol{p}_{\text{op},\nu}; V) \qquad (6.2)$$

Dabei ist Δ_ν der Laplaceoperator, $\boldsymbol{r}_\nu$ der Ort und $\boldsymbol{p}_{\text{op},\nu}$ der Impulsoperator für das ν-te Teilchen. Das Potenzial $U(\boldsymbol{r}_\nu)$ ist null im Inneren des Volumens V und unendlich sonst; es beschränkt die Teilchen auf das Volumen V. Gegenüber dem Hamiltonoperator eines realen Gases werden folgende Effekte vernachlässigt:

1. Die Wechselwirkung der Gasteilchen untereinander wird nicht berücksichtigt. Ein Gas ohne Wechselwirkung bezeichnet man als *ideal*. Praktisch kann die Wechselwirkung in einem realen Gas vernachlässigt werden, wenn die Dichte klein und die Temperatur groß ist.

2. Es werden keine Rotationen oder Vibrationen von Gasmolekülen berücksichtigt. Die Diskussion bezieht sich daher auf ein einatomiges Gas.

3. Es werden keine inneren Freiheitsgrade der Atome berücksichtigt. Für Zimmertemperatur ist dies eine ausgezeichnete Näherung. Typische Anregungsenergien der inneren (elektronischen) Freiheitsgrade sind von der Größe Elektronenvolt; eine thermische Anregung solcher Energien ist erst bei sehr hohen Temperaturen (etwa 10000 °C) möglich.

Wie in (6.2) angeschrieben, ist H eine Summe von N Einteilchenoperatoren $h(\nu)$. Die Lösung von (6.2) reduziert sich daher auf das quantenmechanische Einteilchenproblem „Teilchen im unendlich hohen Potenzialtopf“. Wie in (5.3) bezeichnen wir die Impulse der Teilchen mit $\boldsymbol{p}_\nu$ und Impulskomponenten mit $p_k = p_{3\nu+j-3}$. Der Einfachheit halber nehmen wir einen kubischen Potenzialtopf mit $V = L^3$ an. Dann kann jeder der $3N$ kartesischen Impulse die diskreten Werte (5.4) annehmen:

$$p_k = p_{3\nu+j-3} = \frac{\pi\hbar}{L}\, n_k\,, \qquad \text{wobei} \begin{cases} \nu = 1, 2, \ldots, N \\ j = 1, 2, 3 \\ k = 1, 2, \ldots, 3N \end{cases} \tag{6.3}$$

Der Mikrozustand ist durch (5.5) gegeben,

$$r = (\ldots, n_k, \ldots) = (n_1, n_2, \ldots, n_{3N}) \qquad (n_k = 1, 2, \ldots) \tag{6.4}$$

Er hat den Energieeigenwert

$$E_r(V, N) = \sum_{\nu=1}^{N} \frac{\boldsymbol{p}_\nu^2}{2m} = \sum_{k=1}^{3N} \frac{\pi^2\hbar^2}{2m\,L^2}\, n_k^2 \tag{6.5}$$

Das Wandpotenzial $U(\boldsymbol{r}_\nu)$ in (6.2) liefert keinen Beitrag zur Energie. Es sorgt lediglich dafür, dass die Wellenfunktion am Rand des Volumens verschwindet. Dies führt zur Quantisierung (6.3) der Impulse.

Mit

$$\Phi(E, V, N) = \sum_{r:\, E_r(V,N)\, \le\, E} 1 \tag{6.6}$$

berechnen wir zunächst die Anzahl $\Phi(E)$ der Zustände, deren Energie kleiner gleich E ist. Die mikrokanonische Zustandssumme (5.19) ist dann

$$\Omega(E) = \Phi(E) - \Phi(E - \delta E) \tag{6.7}$$

Die Summe über r ist eine Mehrfachsumme über $n_1, \ldots, n_k, \ldots$. Wir werten die einzelnen Summen unter der Annahme aus, dass sie über viele Einheiten von n_k laufen, also für

$$\overline{p_k} = \frac{\pi\hbar}{L}\,\overline{n_k} \gg \frac{\hbar}{L} \qquad \text{(klassischer Grenzfall)} \tag{6.8}$$

Die Impulse der Teilchen sollen also viel größer als der quantenmechanische Minimalwert $(\Delta p)_{\text{q.m.}} = \pi\hbar/L$ sein, der sich aus der Begrenzung auf den Kasten ergibt. Bei Berücksichtigung der Ununterscheidbarkeit der Teilchen kommt man allerdings zu der stärkeren Bedingung $\overline{p} \gg N^{1/3}\,\hbar/L$ für den klassischen Grenzfall (Kapitel 30). Für gewöhnliche Gase ist auch diese Bedingung fast immer erfüllt; denn bei Erniedrigung der Energie E kondensiert ein Gas aus Atomen oder Molekülen, lange bevor die Bedingung verletzt wird.

Wegen (6.8) können wir die Summen in (6.6) durch Integrale ersetzen. Dabei lassen wir auch negative n_k-Werte zu und korrigieren dies durch einen Faktor 1/2:

$$\sum_{r:\,E_r \le E} 1 = \underbrace{\sum_{n_1 = 1,2,\ldots} \cdots \sum_{n_{3N} = 1,2,\ldots}}_{E_r \le E} 1 \approx \frac{1}{2^{3N}} \underbrace{\int dn_1 \ldots \int dn_{3N}}_{E_r \le E}\; 1 \tag{6.9}$$

Die Auswertung dieser Summe ist in Abbildung 6.1 illustriert. Wir ersetzen die Integrationsvariablen n_k durch $p_k = (\pi\hbar/L)\,n_k$. Damit wird (6.6) zu

$$\Phi(E, V, N) = \frac{V^N}{(2\pi\hbar)^{3N}} \underbrace{\int dp_1 \,\ldots \int dp_{3N}}_{\sum_k p_k^2 \le 2mE}\; 1 \tag{6.10}$$

Dabei haben wir $V = L^3$ und (6.5) eingesetzt. Der Faktor $V^N = L^{3N}$ kann auch durch Ortsintegrale über den zugänglichen Raum (innerhalb des Kastens) ausgedrückt werden:

$$\begin{aligned} \Phi(E, V, N) &= \frac{1}{(2\pi\hbar)^{3N}} \underbrace{\int dp_1 \ldots \int dp_{3N}}_{\sum_k p_k^2 \le 2mE} \int_0^L dx_1 \,\ldots \int_0^L dx_{3N}\; 1 \\ &= \frac{\text{Phasenraumvolumen}}{(2\pi\hbar)^{3N}} \end{aligned} \tag{6.11}$$

Dies zeigt, dass das quantenmechanische Resultat (6.10) mit dem klassischen (rechte Seite von (6.11)) übereinstimmt. Dies muss so sein, da wir mit (6.8) den klassischen Grenzfall vorausgesetzt haben.

Wir werten nun (6.10) aus. Die Integration $\int dp_1 \ldots . \int dp_{3N}$ ergibt das Volumen einer $3N$-dimensionalen Kugel mit dem Radius

$$R = \sqrt{2mE} \tag{6.12}$$

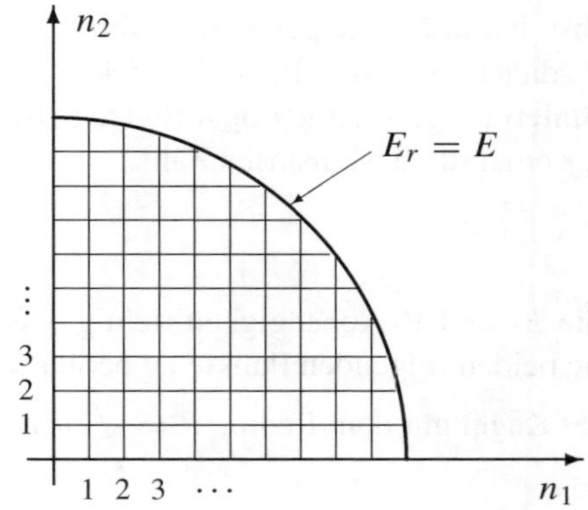

Abbildung 6.1 Jeder Schnittpunkt im n_1-n_2-...-Raum steht für einen diskreten quantenmechanischen Zustand. Die Energie des Zustands $r = (n_1, n_2, ...)$ ist durch $E_r = \text{const.} \cdot \sum n_i^2$ gegeben. Geometrisch stellt dann $E_r = E = \text{const.}$ eine vieldimensionale Kugel im n_1-n_2-...-Raum dar, im gezeigten Schnitt also einen Kreis. Die Anzahl der Zustände mit $E_r \leq E$ ist gleich dem Volumen dieser Kugel, da sich in einem Einheitsvolumen genau ein Schnittpunkt befindet.

Dieses Volumen ist proportional zu R^{3N}. Bis auf einen numerischen Vorfaktor gilt also

$$\Phi(E, V) = c\, V^N\, E^{3N/2} \tag{6.13}$$

Dieses Ergebnis gibt die vollständige E- und V-Abhängigkeit an. Zur Bestimmung der N-Abhängigkeit müssen wir noch den Vorfaktor des $3N$-dimensionalen Kugelvolumens und einen weiteren Effekt berücksichtigen (letzter Abschnitt in diesem Kapitel). Deshalb wurde hier N nicht als Argument von Φ angeführt.

Für $3N/2 = 10^{24}$ und $\delta E/E = 10^{-5}$ vergleichen wir $\Phi(E)$ mit $\Phi(E - \delta E)$:

$$\begin{aligned} \Phi(E) &= \text{const.} \cdot E^{10^{24}} = \text{const.} \cdot \left(\frac{E}{E - \delta E}\right)^{10^{24}} (E - \delta E)^{10^{24}} \\ &= \left(\frac{1}{1 - 10^{-5}}\right)^{10^{24}} \Phi(E - \delta E) \geq \left(\exp\left(10^{-5}\right)\right)^{10^{24}} \Phi(E - \delta E) \\ &= \exp\left(10^{19}\right) \Phi(E - \delta E) \gg \Phi(E - \delta E) \end{aligned} \tag{6.14}$$

Damit wird (6.7) in ausgezeichneter Näherung zu

$$\Omega(E, V) \approx \Phi(E, V) \tag{6.15}$$

Dies bedeutet, dass Ω praktisch nicht von δE abhängt (jedenfalls nicht, solange für δE ein realistischer Wert gewählt wird).

Aus (6.15) und (6.13) erhalten wir die Zustandssumme Ω für das ideale Gas. Wir schreiben den Logarithmus von Ω an:

$$\ln \Omega(E, V) = \frac{3N}{2}\, \ln E + N\, \ln V + \ln c \tag{6.16}$$

Im Gegensatz zu Ω selbst, hat $\ln \Omega$ eine gemäßigte Abhängigkeit von der Energie E und vom Volumen V; daher sind etwa Taylorentwicklungen von $\ln \Omega$ möglich. Da Ω selbst als Zahl definiert ist, geben alle Logarithmen in (6.16) zusammen automatisch den Logarithmus einer dimensionslosen Zahl.

N-Abhängigkeit

Gleichung (6.16) gibt die E- und V-Abhängigkeit richtig wieder. Für die korrekte N-Abhängigkeit sind die beiden folgenden Punkte zu berücksichtigen:

1. Das Volumen einer Kugel mit dem Radius $R = \sqrt{2mE}$ in $3N$ Dimensionen ist (Aufgabe 6.3):

$$V_{3N}(R) = \frac{\pi^{3N/2}}{(3N/2)!}\, R^{3N} \approx a^{3N/2} \left(\frac{R^2}{N}\right)^{3N/2} \tag{6.17}$$

   Die Fakultät wurde durch $n! \approx (n/\mathrm{e})^n$ angenähert (Aufgabe 3.1). Die über $\Omega \propto E^{3N/2}$ hinausgehende N-Abhängigkeit kann dadurch berücksichtigt werden, dass wir in (6.16) die Ersetzungen $E \to E/N$ und $\ln c \to N \ln c'$ vornehmen.

2. Gleichartige Atome sind *ununterscheidbar*. Dies ist ein quantenmechanischer Effekt: Bei Vertauschung von zwei beliebigen Teilchenkoordinaten erhält die Wellenfunktion lediglich den Faktor $+1$ für Bosonen (Teilchen mit ganzzahligem Spin) und -1 für Fermionen (Teilchen mit halbzahligem Spin). Die Vertauschung $\boldsymbol{p}_\nu \leftrightarrow \boldsymbol{p}_{\nu'}$ oder

$$n_{3\nu+j-3} \longleftrightarrow n_{3\nu'+j-3} \qquad (\nu,\, \nu' \text{ beliebig}, \;\; j = 1, 2 \text{ und } 3) \tag{6.18}$$

   in $r = (n_1, \ldots, n_{3N})$ ergibt daher keinen neuen Zustand. Aus einem Zustand r der Form (6.4) entstehen durch Vertauschung im Allgemeinen $N!$ andere Zustände, die wir bei der Abzählung (6.6) alle getrennt gezählt haben. Durch die Ersetzung

$$\Omega \to \frac{\Omega}{N!} \tag{6.19}$$

   berücksichtigen wir nun, dass jeweils $N!$ Zustände gleich sind. Wegen $N! \approx (N/\mathrm{e})^N$ kann der zusätzliche Faktor dadurch berücksichtigt werden, dass wir in (6.16) die Ersetzungen $V \to V/N$ und $\ln c \to N \ln c'$ vornehmen.

Beide Punkte zusammen ergeben:

Zustandssumme des idealen Gases:

$$\ln \Omega(E, V, N) = \frac{3N}{2} \ln\left(\frac{E}{N}\right) + N \ln\left(\frac{V}{N}\right) + N \ln c \tag{6.20}$$

mit einer neuen Konstanten c. Die jetzt vollständige N-Abhängigkeit besagt, dass die Anzahl der Zustände pro Atom proportional zu V/N und zu $(E/N)^{3/2}$ ist. Die Energie und das Volumen sind also jeweils auf die Teilchenzahl zu beziehen.

Verallgemeinerung

Wir drücken die Energieabhängigkeit der berechneten Funktion $\Omega(E)$ mit der Anzahl $f = 3N$ der Freiheitsgrade des Systems aus:

$$\Omega(E) \propto \left(\frac{E}{N}\right)^{3N/2} \propto \left(\frac{E}{f}\right)^{\gamma f} \qquad (6.21)$$

In dieser Form gilt die Energieabhängigkeit auch für andere Systeme mit vielen Freiheitsgraden: Erhöht man etwa die Energie um einen Faktor 100, so steht pro Teilchen oder Freiheitsgrad eine im Mittel 100fach höhere Energie zur Verfügung. Damit erhöht sich die Anzahl der erreichbaren Zustände für diesen Freiheitsgrad um einen entsprechenden Faktor ($\sim (E/f)^{\gamma}$). Die Anzahl der Gesamtzustände erhält dann diesen Faktor hoch f.

Voraussetzung für die Form (6.21) ist allerdings, dass mit höherer Energie immer mehr Zustände zur Verfügung stehen. Dies gilt nicht generell für Spinsysteme: Für N Elektronen im Magnetfeld B ist die Energie $E_r = 2\mu_B B \sum_\nu s_{z,\nu}$. Dann liegen die möglichen Energiewerte zwischen $E_{\min} = -N\mu_B B$ und $E_{\max} = N\mu_B B$. Für diese Systeme gilt (6.21) nur im Energiebereich $\mu_B B \ll E - E_{\min} \ll N\mu_B B$.

Aufgaben

6.1 Exponentialfunktion mit sehr großem Exponenten

Die Funktion $f(E) = E^N$ mit $N = \mathcal{O}(10^{24})$ soll um E_0 in eine Taylorreihe entwickelt werden. Welche Bedingung muss erfüllt sein, damit der Term 1. Ordnung in $(E - E_0)$ klein gegenüber dem 0. Ordnung ist? Was ergibt sich, falls $\ln f(E)$ anstelle von $f(E)$ entwickelt wird?

6.2 Zustandssumme für Gasgemisch

In einem Kasten mit dem Volumen V befinden sich N_1 Gasatome der Sorte 1 und N_2 Gasatome der Sorte 2. Behandeln Sie das System als Mischung idealer einatomiger Gase und geben Sie die Zustandssumme Ω an.

6.3 Volumen der n-dimensionalen Kugel

Berechnen Sie das Volumen

$$V_n(R) = C_n\, R^n$$

einer n-dimensionalen Kugel mit dem Radius R. Geben Sie damit die Zustandssumme $\Omega(E, V, N)$ eines idealen Gases an.

Anleitung: Gehen Sie von der Beziehung

$$\int_{-\infty}^{\infty} dx_1 \ldots \int_{-\infty}^{\infty} dx_n\, \exp\Big(-\sum_{i=1}^{n} x_i^{\,2}\Big) = \int_0^{\infty} dR\; A_n(R)\, \exp\big(-R^2\big) \qquad (6.22)$$

aus. Dabei ist $R^2 = \sum x_i^{\,2}$, und $A_n(R) = dV_n/dR$ ist die Oberfläche der betrachteten Kugel. Aus der Berechnung der beiden Seiten ergibt sich C_n.

6.4 Ideales Spinsystem

In einem Kristallgitter befindet sich an jedem Gitterplatz ein ungepaartes Elektron. Mit dem Spin $\boldsymbol{s}_\nu$ (hier ohne dem Faktor $\hbar$) des ν-ten Elektrons ist ein magnetisches Moment $\boldsymbol{\mu}_\nu = -\mu_\mathrm{B}\, \boldsymbol{s}_\nu$ verknüpft; dabei ist $\mu_\mathrm{B} = e\hbar/(2mc)$ das Bohrschen Magneton. Im Magnetfeld $\boldsymbol{B}$ hat ein Teilchen die Energie $\varepsilon = -\boldsymbol{\mu}\cdot\boldsymbol{B}$. Relativ zum Feld $\boldsymbol{B} = B\,\boldsymbol{e}_z$ kann sich der Spin parallel oder antiparallel einstellen, $s_{z,\nu} = \pm 1/2$. Die Mikrozustände $r = (s_{z,1}, s_{z,2}, \ldots, s_{z,N})$ haben die Energie

$$E_r(B) = 2\mu_\mathrm{B} B \sum_{\nu=1}^{N} s_{z,\nu} \qquad (6.23)$$

Berechnen Sie die Zustandssumme $\Omega(E, B)$.

Anleitung: Welchen Wert E_n hat die Energie, wenn genau n magnetische Momente parallel zum Magnetfeld stehen? Geben Sie die Anzahl Ω_n der Mikrozustände mit der Energie E_n an. Wenn δE so gewählt wird, dass im δE-Intervall gerade einer der E_n-Werte liegt, gilt $\Omega(E, B) = \Omega_n$ mit $E \approx E_n$. Man setzt $n \gg 1$ und $N - n \gg 1$ voraus. Zeigen Sie

$$\ln \Omega(E, B) = -\frac{N}{2}\left(1 - \frac{E}{N\mu_\mathrm{B} B}\right) \ln\left(\frac{1}{2} - \frac{E}{2N\mu_\mathrm{B} B}\right) - \frac{N}{2}\left(1 + \frac{E}{N\mu_\mathrm{B} B}\right) \ln\left(\frac{1}{2} + \frac{E}{2N\mu_\mathrm{B} B}\right) \qquad (6.24)$$

Welche Änderung ergibt sich, wenn das Intervall δE mehrere E_n-Werte umfasst?

7 1. Hauptsatz

Wir formulieren den Energiesatz für den Makrozustand eines Vielteilchensystems. Eine mögliche Energieänderung des Systems wird in Wärme und Arbeit aufgeteilt.

Mittelwert der Energie

Ein physikalisches System wird durch den Hamiltonoperator oder die Hamiltonfunktion $H(x)$ beschrieben. Damit liegen die Mikrozustände r und ihre Energien $E_r(x)$ fest. Für einen bestimmten Makrozustand (5.22) sind die Wahrscheinlichkeiten P_r und die äußeren Parameter x gegeben. Dadurch liegt auch der Mittelwert der Energie des Makrozustands fest:

$$\overline{E_r} = \sum_r P_r \, E_r(x_1, ..., x_n) = \sum_r P_r \, E_r(x) = E \tag{7.1}$$

Wir diskutieren dies etwas eingehender:

- Durch (7.1) ist der Mittelwert der Energie für einen beliebigen Makrozustand gegeben, also für beliebige P_r. Dieser Makrozustand kann auch ein Nichtgleichgewichtszustand sein.

- Um (7.1) auf den Gleichgewichtszustand eines abgeschlossenen Systems anzuwenden, sind die $P_r(E, x)$ aus (5.20) einzusetzen. Dann liegt $\overline{E_r}$ zwischen $E - \delta E$ und E, also wegen $\delta E \ll E$ praktisch bei E. Tatsächlich liegt $\overline{E_r}$ auch im Intervall $[E - \delta E, \, E]$ sehr nahe bei E, weil es dort viel mehr Mikrozustände als bei $E - \delta E$ gibt, (6.14). Auf der rechten Seite von (7.1) steht also für Gleichgewichtszustände die Energie E aus (5.20).

- Den Mittelwert $\overline{E_r}$ bezeichnen wir auch für beliebige Makrozustände (also auch für nichtabgeschlossene Systeme oder für Nichtgleichgewichtszustände) mit E. Statt „Mittelwert der Energie“ sagen wir meist einfach „Energie“. Diese Energie E ist eine makroskopische (im Makrozustand definierte) Größe.

- In der mathematischen Einführung (Teil I) haben wir einen Mittelwert wie (7.1) mit $\overline{E}$ bezeichnet; jetzt verwenden wir die alternative Notation $\overline{E_r}$. Für die Notation $\overline{E}$ spricht, dass der Mittelwert nicht vom Index r abhängt. Die Notation $\overline{E_r}$ ist jedoch für die spätere Diskussion der x-Abhängigkeit günstiger; sie macht deutlich, dass über Mikrozustände mit der Energie $E_r(x)$ gemittelt wird.

Wir betrachten nun einen Prozess, der von einem Makrozustand a zu einem anderen Makrozustand b führt. Hierfür wollen wir die Änderung ΔE des Mittelwerts (7.1) der Energie untersuchen:

$$\Delta E = E_b - E_a \qquad \text{für den Prozess} \quad a \to b \tag{7.2}$$

Unter *Prozess* verstehen wir den Übergang von einem Anfangs- zu einem Endzustand. Der Zustand a wird gemäß (5.22) durch $P_r(a)$ und x_a festgelegt; dies gilt entsprechend für b. Für den Prozess mit $\Delta E \neq 0$ ist ein Kontakt des betrachteten Systems mit seiner Umgebung notwendig; denn für das abgeschlossene System wäre die Energie erhalten.

Nach (7.1) sind Energieänderungen möglich, wenn sich die äußeren Parameter $x = (x_1, ..., x_n)$ ändern, oder wenn sich die Besetzungen im statistischen Ensemble (also die P_r) ändern. Dagegen bleiben die Funktionen $E_r(x)$ immer gleich, denn sie folgen aus der durch $H(x)$ beschriebenen mikroskopischen Struktur des physikalischen Systems.

Wärme und Arbeit

Die Energieänderung $\Delta E = E_b - E_a$ kann in zwei Beiträge aufgeteilt werden. Diese Aufteilung wird durch folgende *experimentelle* Bedingungen definiert:

1. Energieübertrag bei konstanten äußeren Parametern x.

2. Änderung der äußeren Parameter bei gleichzeitiger thermischer Isolierung des Systems.

Die Bedeutung dieser Bedingungen wird im Folgenden näher erläutert.

Im ersten Fall werden die äußeren Parameter festgehalten; für ein Gas sind dies etwa das Volumen V und die Teilchenzahl N. Die unter diesen Bedingungen übertragene Energie ΔE definieren wir als die *dem System zugeführte Wärmemenge*

$$\Delta Q = \Delta E \qquad \text{(konstante Parameter } x\text{)} \tag{7.3}$$

Die Wärmemenge (auch kurz Wärme genannt) ΔQ kann positiv oder negativ sein; für $\Delta Q < 0$ gibt das System Energie ab. Zu einem solchen Energieübertrag kann es durch Kontakt des Systems mit der wärmeren (oder kälteren) Umgebung kommen (Wärmeleitung), oder auch durch gezielte Beheizung des Systems, oder auch dadurch, dass das System Wärmestrahlung abgibt.

Bei der experimentellen Untersuchung der Wärmeübertragung bei konstanten äußeren Parametern stellt man fest, durch welche Bedingung sie unterbunden werden kann. Diese Bedingung bezeichnen wir als *thermische Isolierung* des Systems; sie könnte konkret durch dicke Styroporwände realisiert werden.

Die Energieänderung durch Änderung der äußeren Parameter $x_1, \ldots, x_n$ bei gleichzeitiger thermischer Isolierung (also $\Delta Q = 0$) definieren wir als die *am System geleistete Arbeit*

$$\Delta W = \Delta E \qquad \text{(thermische Isolierung)} \tag{7.4}$$

Das Standardbeispiel hierfür ist die bei der Kompression eines Gases geleistete Arbeit. In diesem Fall wird der äußere Parameter $x_1 = V$ geändert; dazu wird etwa der Kolben eines Gaszylinders verschoben. Die aufgewendete Arbeit $\Delta W > 0$ vergrößert die Energie des Gases.

Wärmezufuhr und Arbeitsleistung können gleichzeitig auftreten. Im Allgemeinen gilt daher

$$\boxed{\Delta E = \Delta W + \Delta Q \qquad \text{1. Hauptsatz}} \tag{7.5}$$

Diese Beziehung bezeichnen wir als *ersten Hauptsatz*[1]. Für einen Prozess im abgeschlossenen System gilt $\Delta Q = 0$ und $\Delta W = 0$; die Energie des Systems ist dann erhalten. Ein Prozess mit $\Delta Q = 0$ heißt *adiabatisch*[2].

Die Einführung der Klassifizierung (Wärme oder Arbeit) ging von der Alternative „Parameter konstant“ oder „Parameter nicht konstant“ aus; daher sind alle möglichen Energieüberträge berücksichtigt. Zugleich wurde durch die experimentellen Bedingungen („Parameter konstant“ oder „adiabatisch“) die jeweils andere Form des Energieübertrags ausgeschlossen. Daher sind beide Beiträge zu addieren.

Mikroskopische Diskussion

Der 1. Hauptsatz (7.5) ist eine Energiebilanzgleichung für die Makrozustände des betrachteten Systems.

Der 1. Hauptsatz gilt für beliebige Makrozustände a und b. Der Einfachheit halber beschränken wir aber die folgende Diskussion auf den Fall, dass a und b Gleichgewichtszustände mit den P_r aus (5.20) sind. Die Gleichgewichtszustände a und b sind durch E_a, x_a und E_b, x_b vollständig festgelegt. Praktisch erhält man solche Gleichgewichtszustände, indem man das physikalische System am Beginn und am Ende des Prozesses von der Umgebung isoliert und einige Zeit sich selbst überlässt.

Der Anfangszustand a wird durch ein Ensemble aus M gleichartigen Systemen repräsentiert, von denen $M_r = M P_r$ im Mikrozustand r sind. Bei der Wechselwirkung mit der Umgebung können Übergänge zwischen Mikrozuständen ($r \to r'$)

---

[1] Gelegentlich wird ΔW auch als die vom System geleistete Arbeit definiert (etwa in [6]). Dann gilt $\Delta E = -\Delta W + \Delta Q$. Es erscheint jedoch konsequenter, für ΔW und ΔQ dieselbe (an sich willkürliche) Vorzeichenkonvention zu wählen.

[2] In anderen Bereichen der Physik (etwa in der quantenmechanischen Störungstheorie) versteht man unter „adiabatisch“ dagegen auch soviel wie „langsam gegenüber internen Vorgängen des Systems“.

stattfinden, und die $E_r(x)$ können sich durch Änderung von x verschieben. Damit wird in der Regel aus dem Gleichgewichts-Ensemble ein Nichtgleichgewichts-Ensemble. Die Zwischenzustände sind dann Makrozustände, deren P_r's von (5.20) abweichen.

Auf der Grundlage von (7.1) stellt sich die Aufteilung (7.5) des 1. Hauptsatzes dann so dar:

1. Beim Wärmeübertrag sind die Parameter x und damit die Energieeigenwerte $E_r(x)$ konstant. Eine Energieänderung $\Delta E \neq 0$ kann sich dann nur aus der Änderung der P_r in (7.1) ergeben. Im Ensemble aus M gleichartigen Systemen sind $M_r = M P_r$ im Zustand r. Eine Änderung der P_r bedeutet, dass Übergänge zwischen den Mikrozuständen des Ensembles stattfinden. Bei Wärmezufuhr werden im statistischen Ensemble Zustände höherer Energie stärker besetzt. Dadurch ergeben sich im Allgemeinen P_r, die von (5.20) abweichen, also Nichtgleichgewichtszustände. Nach Beendigung des Wärmeübertrags relaxiert das System wieder zu einem Gleichgewichtszustand; dies bedeutet eine nochmalige Änderung der P_r zu $P_r(E_b, x_b)$.

   Wird die Wärme *quasistatisch* (also sehr langsam) zugeführt, dann kann man in jedem Stadium des Prozesses den Makrozustand durch das Ensemble mit den $P_r(E, x)$ aus (5.20) beschreiben. Dabei ist die jeweils aktuelle Energie einzusetzen.

2. Wenn die äußeren Parameter bei thermischer Isolierung geändert werden, dann ändern sich sowohl die E_r wie die P_r: Die mikroskopischen Energieniveaus $E_r(x)$ verschieben sich aufgrund ihrer x-Abhängigkeit. Darüberhinaus können aufgrund der Zeitabhängigkeit der äußeren Parameter Übergänge zwischen Mikrozuständen erfolgen. Durch diese Vorgänge werden sich im Allgemeinen P_r's ergeben, die von (5.20) abweichen. Nach Beendigung der Wechselwirkung mit der Umgebung relaxiert das System wieder zu einem Gleichgewichtszustand; dies bedeutet eine nochmalige Änderung der P_r zu $P_r(E_b, x_b)$.

   Besonders einfache Verhältnisse ergeben sich, wenn die Änderung der äußeren Parameter bei thermischer Isolierung *quasistatisch* erfolgt. Dann finden keine Übergänge zwischen verschiedenen Mikrozuständen statt, und in jedem Abschnitt des Prozesses stellt sich wieder ein Gleichgewichtszustand ein. In diesem quasistatischen Fall kann die Energieänderung aus der x-Abhängigkeit der $E_r(x)$ berechnet werden (Kapitel 8).

Wir fassen zusammen: Während der Wärmezufuhr oder der Arbeitsleistung befindet sich das System im Allgemeinen in Nichtgleichgewichtszuständen. Hierfür bleibt unsere Diskussion qualitativ; es wird nicht versucht, die P_r für die Zwischenzustände tatsächlich anzugeben. Speziell für quasistatische Prozesse ergeben sich aber wesentliche Vereinfachungen. Dann durchläuft das System Makrozustände mit den $P_r(E, x)$ aus (5.20), wobei die jeweils aktuellen Werte für E und x einzusetzen sind.

Beispiele

Zur Erläuterung der bisherigen Diskussion betrachten wir zwei konkrete Prozesse:

A) Erhitzt man ein gasgefülltes Gefäß am Rand, so laufen innerhalb des betrachteten Systems zeitabhängige Wärmeleitungsvorgänge ab. Das System ist daher während der Wärmezufuhr nicht in einem Gleichgewichtszustand. Nach Abschluss der Wärmezufuhr und Isolierung des Systems stellt sich wieder ein Gleichgewichtszustand ein. Da dieser Zustand die gleichen äußeren Parameter wie der Anfangszustand hat, definiert die Energieänderung ΔE die aufgenommene Wärmemenge ΔQ.

B) Zieht man einen Kolben aus einem mit Gas gefüllten Zylinder heraus, so ändert sich der äußere Parameter „Volumen". Wenn der Kolben hinreichend langsam herausgezogen wird, durchläuft das System eine Folge von Gleichgewichtszuständen. Man kann das Volumen eines Gases aber auch ohne Arbeitsleistung verändern (sehr schnelles Herausziehen des Kolbens oder seitliches Herausziehen einer Zwischenwand). In jedem Fall gilt für das thermisch isolierte System $\Delta W = \Delta E$.

Bezeichnung der Differenziale

Anstelle von beliebigen Prozessen werden wir oft infinitesimale Änderungen behandeln. Dann wird (7.5) zu

$$dE = đW + đQ \qquad \text{1. Hauptsatz} \tag{7.6}$$

Dabei bezeichnen wir die infinitesimale Größe mit „d" für die Energie, und mit „$đ$" für die Wärmemenge und die Arbeit. Der Grund hierfür ist, dass E – nicht aber Q und W – eine Zustandsgröße ist.

Zustandsgrößen sind nach Kapitel 5 alle makroskopischen Größen, die in einem gegebenen Gleichgewichtszustand bestimmte Werte haben. Zustandsvariable sind diejenigen Zustandsgrößen, die zur Festlegung des Zustands ausgewählt werden. Die Zustandsvariablen können die Energie E und die äußeren Parameter $x_1,\ldots, x_n$ sein, oder $n + 1$ andere Zustandsgrößen $y_1,\ldots, y_{n+1}$, (5.24) oder (5.25). Wenn die Energieeigenwerte von der Form $E_r = E_r(V, N)$ sind, dann stellen E, V und N einen möglichen Satz von Zustandsvariablen dar. Experimentell ist es aber oft bequemer, den Gleichgewichtszustand durch die Temperatur T, den Druck P und die Teilchenzahl N festzulegen.

Die vom System aufgenommene Wärme und die am System geleistete Arbeit sind keine Zustandsgrößen. Dazu betrachten wir ein Gas im Gleichgewichtszustand E_a, V_a und folgende Prozesse, die zum selben Endzustand mit $E_b = E_a + \Delta E$ und $V_b = V_a$ führen:

1. Die Wärme $\Delta Q = \Delta E$ wird zugeführt.

2. Durch oszillierende Kolbenbewegungen mit endlicher Geschwindigkeit wird die Energie $\Delta W = \Delta E$ auf das Gas übertragen; die Endposition des Kolbens soll gleich der Anfangsposition sein. (Dieser Vorgang wird im letzten Teil des nächsten Kapitels quantitativ behandelt, Abbildung 8.3).

In beiden Fällen führt der Prozess zum selben Endzustand (gegeben durch $x_b = x_a$ und $E_b = E_a + \Delta E$). Die auftretenden Wärme- und Arbeitsmengen sind aber in den beiden Fällen verschieden. Also sind ΔQ und ΔW nicht durch die Zustände a und b festgelegt; Wärme und Arbeit sind keine Zustandsgrößen.

Ein anderes Beispiel ist ein Kreisprozess, der von einem Gleichgewichtszustand a über andere Zustände wieder zu a zurückführt. Für eine Gasmenge wird ein solcher Prozess in Abbildung 19.3 diskutiert. Da die Energie eine Zustandsgröße ist, gilt $\oint dE = 0$. Dagegen sind $\oint đQ$ und $\oint đW$ ungleich null.

Wir fassen zusammen: Die Energie $E = E(y_1, \ldots, y_{n+1})$ ist eine Zustandsgröße. Damit ist auch das vollständige Differenzial $dE = \sum(\partial E/\partial y_i)\, dy_i$ definiert. Die Größen W oder Q sind keine Zustandsgrößen; die vollständigen Differenziale dW und dQ sind nicht definiert. Infinitesimale Änderungen von W oder Q werden daher nicht mit dem Symbolen dW und dQ, sondern mit $đW$ und $đQ$ bezeichnet.

8 Quasistatischer Prozess

Wir untersuchen, wie sich die Energie (7.1) bei einem quasistatischen Prozess ändert. Dies führt zu einer Definition der verallgemeinerten Kräfte. Die Expansion eines idealen Gases und die zugehörige verallgemeinerte Kraft (Druck) werden ausführlich diskutiert.

Ein Prozess wird *quasistatisch* (q.s.) genannt, wenn das System eine Folge von Gleichgewichtszuständen durchläuft.

Wir bezeichnen die Zeitskala, auf der die Veränderung (etwa eine Änderung von äußeren Parametern oder eine Wärmezufuhr) stattfindet, mit τ_{exp}. Die Relaxationszeit τ_{relax} ist dagegen die Zeit, die das System braucht, um nach einer plötzlichen Veränderung wieder in einen Gleichgewichtszustand zu kommen. Die Bedingung „quasistatisch" ist im Grenzfall $\tau_{\text{exp}}/\tau_{\text{relax}} \to \infty$ erfüllt, also für einen „unendlich langsamen" Prozess. Ein Prozess ist näherungsweise quasistatisch, wenn er so langsam verläuft, dass $\tau_{\text{exp}} \gg \tau_{\text{relax}}$ gilt. Die Bedingung $\tau_{\text{exp}}/\tau_{\text{relax}} \to \infty$ wird in diesem Kapitel für die Expansion eines Gases und im letzten Abschnitt von Kapitel 9 für andere Beispiele diskutiert.

Bei einem quasistatischen Prozess gilt:

1. Während einer Änderung der äußeren Parameter und/oder einer Wärmezufuhr stellt sich immer wieder ein neuer Gleichgewichtszustand ein; das System durchläuft eine Folge von Gleichgewichtszuständen.

2. Die Änderung der äußeren Parameter x_i bewirkt keine Übergänge zwischen den Mikrozuständen des Systems. Die quantenmechanische Übergangswahrscheinlichkeit pro Zeit für $r \to r'$ ist proportional zu $\dot{x}_i^{\,2}$, also beliebig klein für eine quasistatische Änderung von x_i. Die Wellenfunktion $\psi_r(q; x)$ und die Energie $E_r(x)$ passen sich der Änderung der x_i kontinuierlich an.

Ein Beispiel für einen quasistatischen Prozess ist das langsame Herausziehen eines Kolbens aus einem mit Gas gefüllten, thermisch isolierten Zylinder, Abbildung 8.1. Der äußere Parameter ist hier die Position des Kolbens, $x_1 = L$. Die Kolbengeschwindigkeit ist $\dot{x}_1 = dL/dt$; mit $\overline{v}$ bezeichnen wir den mittleren Betrag der Geschwindigkeit der Gasteilchen. Die Bedingung $\tau_{\text{exp}}/\tau_{\text{relax}} \to \infty$ für „quasistatisch" wird hier zu $|\dot{x}_1|/\overline{v} \to 0$. Die nichtquasistatischen Effekte sind proportional zu $\dot{x}_1/\overline{v}$.

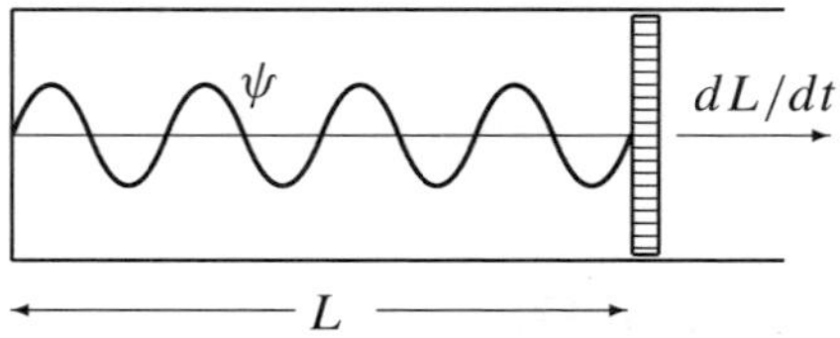

Abbildung 8.1 Zur quasistatischen Expansion: Im idealen Gas wird die Bewegung jedes einzelnen Atoms durch eine Wellenfunktion ψ beschrieben. Wenn der Kolben im betrachteten Gasvolumen mit hinreichend kleiner Geschwindigkeit dL/dt bewegt wird, bleiben die Quantenzahlen dieses Zustands ψ ungeändert. Daher ändert sich die Wellenlänge in Proportion zur Länge L des Zylinders. Daraus folgt die Energieänderung des Gases bei quasistatischer Expansion.

Wir betrachten einen quasistatischen Prozess, bei dem sich der Parameter x_1 ändert und die anderen Parameter $x_2, \ldots, x_n$ konstant bleiben. Wir schließen dabei nicht aus, dass bei dem Prozess auch Wärme übertragen wird. Die Änderung der Energie E folgt aus (7.1):

$$\begin{aligned} dE &= d\sum_r P_r\, E_r(x_1, x_2, \ldots, x_n) = \sum_r dP_r\, E_r + \sum_r P_r\, \frac{\partial E_r}{\partial x_1}\, dx_1 \\ &\overset{\text{(q.s.)}}{=} \bar{d}Q_{\text{q.s.}} + \overline{\frac{\partial E_r}{\partial x_1}}\, dx_1 = \bar{d}Q_{\text{q.s.}} + \bar{d}W_{\text{q.s.}} \end{aligned} \tag{8.1}$$

Nach dem ersten Hauptsatz gilt $dE = \bar{d}Q + \bar{d}W$; wegen der Voraussetzung „quasistatisch" (q.s.) erhalten die Größen auf der rechten Seite einen entsprechenden Index (nicht aber dE, denn das ist eine Zustandsgröße, die nur vom Zustand, nicht aber vom Weg dahin abhängt).

Die Gleichsetzungen $\bar{d}W_{\text{q.s.}} = \sum P_r\, (\partial E_r/\partial x_1)\, dx_1$ und $\bar{d}Q_{\text{q.s.}} = \sum dP_r\, E_r$ in (8.1) sind wie folgt begründet: Wenn im thermisch isolierten System der Parameter x_1 quasistatisch geändert wird, dann bleibt das System im selben Quantenzustand. Dann führt dx_1 nur zur Änderung $dE_r = (\partial E_r/\partial x_1)\, dx_1$ der Energiewerte E_r, nicht aber zu einer Änderung der Wahrscheinlichkeiten $P_r = M_r/M$. Eine Änderung der P_r ist lediglich aufgrund eines Wärmeübertrags $\bar{d}Q_{\text{q.s.}}$ möglich. Ein solcher Wärmeübertrag trägt nicht zum zweiten Term ($\propto dx_1$) bei, denn $\bar{d}Q$ wurde als Energiezufuhr bei konstanten äußeren Parametern definiert.

Der Mittelwert $\overline{\partial E_r/\partial x_1}$ ist mit den $P_r(E, x)$ des Gleichgewichtszustands zu bilden. Nach Voraussetzung durchläuft das System eine Folge von solchen Zuständen. Für einen endlichen Prozess (also etwa bei der Berechnung von $\Delta W_{\text{q.s.}} = \int \bar{d}W_{\text{q.s.}}$) sind in $P_r(E, x)$ die jeweils aktuellen Werte von E und x einzusetzen.

Wir definieren

$$X_i = -\,\frac{\overline{\partial E_r(x_1, \ldots, x_n)}}{\partial x_i} \qquad \text{verallgemeinerte Kraft} \tag{8.2}$$

als die zum Parameter x_i gehörende *verallgemeinerte Kraft* X_i. Das Minuszeichen ist Konvention; bei der angegebenen Vorzeichenwahl ist die zum Volumen $x_1 = V$ gehörige verallgemeinerte Kraft gleich dem Druck, $X_1 = P$. Als Mittelwert könnte die verallgemeinerte Kraft auch mit $\overline{X_i}$ bezeichnet werden. Wie bei der Energie ($E = \overline{E} = \overline{E_r}$) und anderen makroskopischen Größen lassen wir aber den Balken weg.

Die hier betrachteten $E_r(x_1, ..., x_n)$ sind die Eigenwerte von quantenmechanischen Zuständen r; denn nur für diese Zustände erfolgen bei quasistatischer Änderung keine Übergänge. Die Ableitung (8.1) und die Definition (8.2) sind daher zunächst nur für Quantenzustände r anwendbar. Da die Quantenmechanik die Mechanik als Grenzfall umfasst, ist dies nur eine praktische aber keine prinzipielle Einschränkung. In Kapitel 10 wird aus (8.2) ein direkter Zusammenhang zwischen den verallgemeinerten Kräften und der Zustandssumme $\Omega(E, x)$ abgeleitet, der dann unmittelbar auf klassische Systeme anwendbar ist.

Aus (8.1) und (8.2) folgt $đW_{\text{q.s.}} = -X_1\, dx_1$. Falls mehrere äußere Parameter verändert werden, ist $(\partial E_r/\partial x_1)\, dx_1$ in (8.1) durch $\sum_i (\partial E_r/\partial x_i)\, dx_i$ zu ersetzen und wir erhalten

$$\boxed{đW_{\text{q.s.}} = -\sum_{i=1}^{n} X_i\, dx_i} \tag{8.3}$$

Hierdurch sind die verallgemeinerten Kräfte X_i als Messgrößen definiert (die Messung der Arbeit und der äußeren Parameter wird als bekannt vorausgesetzt).

Das Standardbeispiel für eine verallgemeinerte Kraft ist der Druck; er wird im Folgenden ausführlich diskutiert. Als einfaches weiteres Beispiel betrachten wir ein System aus N unabhängigen Teilchen mit Spin $1/2$. Mit dem Spinfreiheitsgrad $s_z = \pm 1/2$ sei das magnetische Moment $\pm\mu_0$ verknüpft. Das System befinde sich in einem äußeren Magnetfeld $x_1 = B$. Für die Energie E_r der in (5.6) definierten Mikrozustände gilt

$$E_r = -2\,\mu_0 B \sum_{\nu=1}^{N} s_{z,\nu} \tag{8.4}$$

Die äußere Kraft

$$X_1 = -\overline{\frac{\partial E_r}{\partial B}} = 2\,\mu_0 \overline{\sum_{\nu} s_{z,\nu}} = 2\,N \mu_0\, \overline{s_z} = V M \tag{8.5}$$

ist gleich dem mittleren magnetischen Moment aller Teilchen. Mit M wird die Magnetisierung (magnetisches Moment pro Volumen) bezeichnet.

Druck

Wir betrachten ein Gas in einem zylindrischen Gefäß mit einem beweglichen Kolben, Abbildung 8.1. Der veränderliche äußere Parameter ist die Position L des Kolbens. Das Gas übt eine Kraft F auf den Kolben aus. Für eine Verschiebung des

Kolbens um dL muss die Arbeit

$$đW_{\text{q.s.}} = -F\,dL = \frac{F}{A}\,A\,dL = -P\,dV \tag{8.6}$$

geleistet werden. Dabei kann man das Volumen V anstelle von L als äußeren Parameter einführen. Die verallgemeinerte Kraft ist dann gleich dem *Druck* $P = F/A =$ Kraft/Fläche.

Durch (8.6) ist der Druck als Messgröße definiert. Zur mikroskopischen Berechnung des Drucks werten wir (8.3) und (8.2) für den äußeren Parameter $x_1 = V$ aus:

$$đW_{\text{q.s.}} = -X_1\,dx_1 = \overline{\frac{\partial E_r(V)}{\partial V}}\,dV \tag{8.7}$$

Der Vergleich mit (8.6) zeigt

$$\boxed{P = -\overline{\frac{\partial E_r(V)}{\partial V}} \qquad \text{Druck}} \tag{8.8}$$

Damit ist der Druck mikroskopisch definiert. Für ein Gas ist der Druck immer positiv. Eine Volumenvergrößerung ($dV > 0$) bedeutet dann, dass das System Arbeit leistet ($đW_{\text{q.s.}} < 0$).

Die Beziehung $đW_{\text{q.s.}} = -P\,dV$ ist unabhängig von der Form des Volumens. Da der Druck im Gleichgewicht überall gleich groß ist, ergibt jede kleine Oberflächenänderung einen Beitrag $P\,\delta v$, wobei $\sum \delta v = dV$. Die Definition (8.8) des Drucks ist daher nicht auf die spezielle Geometrie in Abbildung 8.1 beschränkt.

Im nächsten Abschnitt wird das Zustandekommen des Drucks für ein ideales Gas im Einzelnen diskutiert. Dabei ergänzen wir die quantenmechanische Definition (8.8) durch das zugehörige klassische Bild. Die beiden Behandlungen seien zunächst kurz gegenübergestellt:

1. Ideales quantenmechanisches Gas: Beim quasistatischen Prozess werden r und damit die Quantenzahlen $n_1, \ldots, n_{3N}$ nicht geändert. Ein Hereinschieben des Kolbens bei ungeänderter Knotenzahl schiebt die Knoten der Einteilchenwellenfunktion zusammen (Abbildung 8.1). Dadurch erhöhen sich Impuls und Energie des Teilchens; es muss Arbeit am System geleistet werden. Die Berechnung erfolgt nach (8.8).

2. Ideales klassisches Gas: Die Reflexion eines Teilchens am bewegten Kolben erhöht (erniedrigt) die Geschwindigkeit des Teilchens, wenn der Kolben langsam hineingeschoben (herausgezogen) wird (Abbildung 8.2). Hieraus kann $đW_{\text{q.s.}} = -P\,dV$ berechnet werden. Die Formel (8.8) ist dagegen nicht unmittelbar anwendbar, da sie sich auf Quantenzustände r bezieht.

Druck eines idealen Gases

Quantenmechanische Behandlung

Wir werten (8.8) für das ideale Gas aus. Dazu betrachten wir ein quaderförmiges Volumen mit den Seitenlängen L_1, L_2 und L_3. Als veränderlichen äußeren Parameter wählen wir die Seitenlänge $x_1 = L_1$. Ein mikroskopischer Zustand r für N Gasteilchen ist durch (6.4) definiert,

$$r = (n_1, \ldots, n_{3N}) = (\ldots, n_{3\nu+j-3}, \ldots) \tag{8.9}$$

Der Teilchenindex ν läuft von 1 bis N, der Index j von 1 bis 3. Der Impuls $\boldsymbol{p}_\nu := (p_{3\nu-2}, p_{3\nu-1}, p_{3\nu})$ des ν-ten Teilchens hat die Komponenten:

$$p_{3\nu+j-3} = \frac{\pi\hbar}{L_j}\, n_{3\nu+j-3} \tag{8.10}$$

Der Energiewert des Zustands (8.9) ist

$$E_r = \sum_{\nu=1}^{N} \frac{\boldsymbol{p}_\nu^2}{2m} = \sum_{\nu=1}^{N} \sum_{j=1}^{3} \frac{\hbar^2\pi^2}{2mL_j^2} \left(n_{3\nu+j-3}\right)^2 \tag{8.11}$$

Bei quasistatischer Änderung von $x_1 = L_1$ gilt nach (8.3)

$$đW_{\text{q.s.}} = \overline{\frac{\partial E_r}{\partial L_1}}\, dL_1 = -\frac{2}{L_1}\, \overline{\sum_{\nu=1}^{N} \frac{\hbar^2\pi^2}{2mL_1^2} \left(n_{3\nu-2}\right)^2}\, dL_1 \tag{8.12}$$

Im Gleichgewicht sind alle möglichen Zustände gleichwahrscheinlich. Damit sind insbesondere alle Impulsrichtungen eines herausgegriffenen Teilchens gleichwahrscheinlich. Daraus folgt, dass die mittlere kinetische Energie der Bewegung für alle drei Raumrichtungen gleich ist, also

$$\overline{\sum_{\nu=1}^{N} \frac{\hbar^2\pi^2}{2mL_1^2} \left(n_{3\nu-2}\right)^2} = \frac{1}{3} \sum_{j=1}^{3} \overline{\sum_{\nu=1}^{N} \frac{\hbar^2\pi^2}{2mL_j^2} \left(n_{3\nu+j-3}\right)^2} = \frac{1}{3}\, \overline{E_r} = \frac{E}{3} \tag{8.13}$$

Diese Mittelung impliziert, dass sich nach jeder Verschiebung des Kolbens wieder ein neuer Gleichgewichtszustand einstellt. Dazu müssen implizit Wechselwirkungsprozesse zwischen den Teilchen angenommen werden – die ansonsten im idealen Gasmodell vernachlässigt werden. Dieser Aspekt wird im Rahmen der klassischen Behandlung noch näher diskutiert.

Mit (8.13) wird (8.12) zu

$$đW_{\text{q.s.}} = -\frac{2}{L_1}\frac{E}{3}\, dL_1 = -\frac{2}{3}\frac{E}{V}\, dV \tag{8.14}$$

Bei einer endlichen Volumenänderung sind für jeden Abschnitt des Prozesses die aktuellen Werte von E/V einzusetzen. Die Ableitung von (8.14) schließt nicht aus, dass während des Prozesses auch Wärme zugeführt wird. Da die Mittelung Gleichgewichtszustände voraussetzt, muss diese Wärme aber auch quasistatisch zugeführt werden.

Für den durch (8.8) mikroskopisch definierten Druck P erhalten wir aus (8.14)

$$P = \frac{2}{3}\frac{E}{V} \qquad \text{(ideales Gas)} \tag{8.15}$$

Der Druck wurde hier über die Energieänderung bestimmt: Bei quasistatischer Volumenänderung bleiben die Quantenzahlen gleich. Dann verhalten sich die Impulse wie $p_{3\nu-2} \propto 1/L_1$. Dies impliziert $dE = đW_{\text{q.s.}} \propto -dV$; der Proportionalitätskoeffizient ist der Druck.

Wir haben damit an einem Beispiel gesehen, wie eine verallgemeinerte Kraft X_i aus der mikroskopischen Struktur des Systems, also aus den $E_r(x)$ berechnet werden kann.

Klassische Behandlung

Für eine direkte klassische Ableitung des Drucks P gehen wir von Abbildung 8.2 aus. Die Reflexion eines Atoms an der bewegten Wand erhöht die kinetische Energie bei Verkleinerung des Volumens und erniedrigt sie bei Vergrößerung. Wir berechnen diese Energieänderung.

Im Laborsystem LS ruht der Gaskasten, der Kolben bewegt sich mit der Geschwindigkeit $u\,\boldsymbol{e}_1$ und ein herausgegriffenes Teilchen mit $\boldsymbol{v} = \sum v_i\,\boldsymbol{e}_i$. Zur einfachen Behandlung der Reflexion gehen wir vorübergehend ins Ruhsystem RS des Kolbens ($u' = 0$). In RS bewege sich ein Teilchen mit der Geschwindigkeit (v_1', v_2', v_3') auf den Kolben zu ($v_1' > 0$). Nach einer elastischen Reflexion hat es dann die Geschwindigkeit $(-v_1', v_2', v_3')$. Wir gehen nun von RS zu LS zurück; formal ist dies eine Galileitransformation mit der Geschwindigkeit $-u\,\boldsymbol{e}_1$. Aus $v_1' \to -v_1'$ in RS wird $v_1' + u \to -v_1' + u$ in LS. Mit $v_1 = v_1' + u$ erhalten wir dann

$$(v_1, v_2, v_3) \quad \stackrel{\text{Reflexion}}{\longrightarrow} \quad \big(-(v_1 - 2u), v_2, v_3\big) \tag{8.16}$$

Bei einer Reflexion ändert sich die kinetische Energie $\varepsilon = m\,\boldsymbol{v}^2/2$ des Teilchens um

$$\Delta\varepsilon = -2m\,v_1\,u + 2m\,u^2 \qquad (1 \text{ Reflexion}, v_1 > 0) \tag{8.17}$$

Die Zeit zwischen zwei Reflexionen des Teilchens ist $\Delta t = (2L + \Delta L)/v_1 \approx 2L/v_1$. Während dieser Zeit verschiebt sich der Kolben um $\Delta L = u\,\Delta t$. Damit gilt

$$\frac{\Delta L}{L} = \frac{2u}{v_1} \qquad \text{(Teilchen wird einmal reflektiert)} \tag{8.18}$$

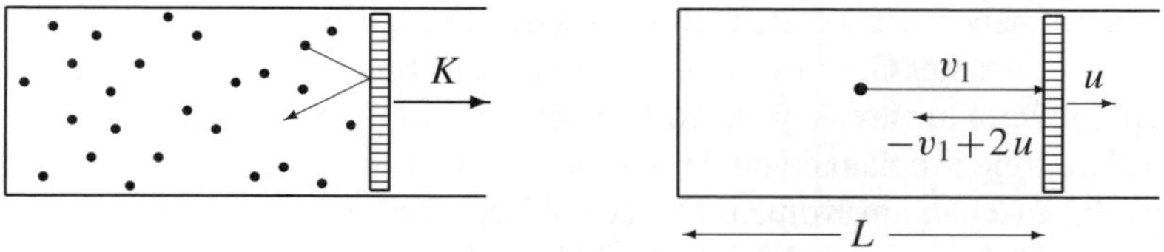

Abbildung 8.2 Bei der Reflexion am Kolben überträgt jedes Teilchen einen Kraftstoß. Die zeitliche Mittelung über viele Kraftstöße resultiert in einer (praktisch konstanten) Kraft K auf den Kolben (linker Teil). Zur Bestimmung dieser Kraft berechnet man die Energieänderung der reflektierten Teilchen, wenn sich der Kolben mit der Geschwindigkeit $u = dL/dt$ bewegt (rechter Teil). Für ein herausgegriffenes Teilchen ist angegeben, wie sich die Geschwindigkeit v_1 bei einer Reflexion am Kolben ändert.

Diese Verschiebung ist klein, $|\Delta L|/L = 2|u|/v_1 \ll 1$. Aus (8.17), (8.18) und $\varepsilon_1 = m v_1^2/2$ folgt

$$\Delta\varepsilon = -2\,\varepsilon_1\,\frac{\Delta L}{L} + 2\,\varepsilon_1\,\frac{u}{v_1}\,\frac{\Delta L}{L} \stackrel{\text{(q.s.)}}{=} -2\,\varepsilon_1\,\frac{\Delta L}{L} \tag{8.19}$$

Der letzte Schritt gilt im quasistatischen Grenzfall $u/v_1 \to 0$. Der dabei wegfallende Term wird im nächsten Abschnitt behandelt; er führt zu nichtquasistatischen Korrekturen.

Für ein Gas aus N Teilchen kommt es während der Verschiebung ΔL aus (8.18) zu N Reflexionen. Wir mitteln über alle N Teilchen oder Reflexionen. Im quasistatischen Grenzfall durchläuft das System eine Folge von Gleichgewichtszuständen; daher gilt $\overline{\varepsilon_1} = \overline{\varepsilon}/3$. Wir mitteln nun (8.19), dividieren durch $\overline{\varepsilon}$ und verwenden mit $E = N\,\overline{\varepsilon}$ und $dE = N\,\overline{\Delta\varepsilon}$. Dies ergibt

$$\frac{dE}{E} = -\,\frac{2}{3}\,\frac{dL}{L} = -\,\frac{2}{3}\,\frac{dV}{V} \tag{8.20}$$

An dieser Stelle haben wir ΔE und ΔL durch dE und dL ersetzt; für $N \sim 10^{24}$ kommt es auch bei sehr kleinem dL noch zu vielen Reflexionen. Die Energieänderung aufgrund der quasistatischen Änderung eines äußeren Parameters ist gleich der zugeführten Arbeit:

$$dE = đW_{\text{q.s.}} = -\,\frac{2}{3}\,\frac{E}{V}\,dV \tag{8.21}$$

Dies stimmt mit dem quantenmechanischen Ergebnis (8.14) überein.

In einem realen Gas kommt es laufend zu Stößen zwischen den Gasteilchen. Diese Stöße werden implizit in unserer Ableitung vorausgesetzt: Würden im Gas keine Stöße stattfinden, so würde die Kolbenbewegung nur die kinetische Energie in $\boldsymbol{e}_x$-Richtung ändern; dadurch käme es zu einem Nichtgleichgewichtszustand. In der Mittelung über (8.19) haben wir aber einen Gleichgewichtszustand vorausgesetzt (etwa indem wir $\overline{\varepsilon_1} = \overline{\varepsilon}/3$ verwendet haben). Ein solcher Gleichgewichtszustand stellt sich durch die Stöße zwischen den Teilchen ein.

Für (8.18) haben wir so getan, als ob das herausgegriffene Teilchen die Wegstrecke $2L$ mit konstanter Geschwindigkeit durchquert. Im realen Gas kommt es jedoch nach sehr kurzen Flugstrecken zu Kollisionen; in Luft unter Normalbedingungen ist eine mittlere freie Weglänge von der Größe $\lambda \approx 10^{-7}$ m. Dies ändert aber nicht die *Zahl der Reflexionen* am Kolben: Die Anzahl der Reflexionen im jeweils nächsten Zeitintervall hängt nur von der Dichte und der Geschwindigkeitsverteilung in der unmittelbaren Nähe des Kolbens ab; diese Größen sind daher unabhängig von λ.

Nichtquasistatische Volumenänderung

Wir berechnen die nichtquasistatischen Effekte bei einer Volumenänderung, die mit endlicher Geschwindigkeit erfolgt (Abbildung 8.3). Dies ist ein besonders durchsichtiges Beispiel zur Erläuterung der Bedingung „quasistatisch". Der das Gas einschließende Kolben soll oszillieren:

$$\begin{aligned} L &= L_0 + A\,\sin(\omega t) \qquad && (A \ll L_0) \\ u &= dL/dt = A\,\omega\,\cos(\omega t) \qquad && (A\,\omega \ll \overline{v}\,) \end{aligned} \tag{8.22}$$

Wie in (8.16) betrachten wir die Reflexion eines Teilchens. Wir schreiben dessen Energieänderung (8.19) an:

$$\Delta\varepsilon = -2\,\varepsilon_1\,\frac{\Delta L}{L} + 2\,\varepsilon_1\,\frac{u}{v_1}\,\frac{\Delta L}{L} \tag{8.23}$$

Im quasistatischen Grenzfall fällt der zweite Term weg. Wir berechnen jetzt die nichtquasistatischen Korrekturen aufgrund dieses Terms. Dazu mitteln wir wieder über die N Teilchen des Gases oder über N Reflexionen am Kolben. Wir setzen eine langsame Kolbenbewegung voraus, $|u| \ll \overline{v}$. Dann stellen sich während des Prozesses immer wieder Zustände ein, die nicht weit vom Gleichgewicht entfernt sind. Dies ist für die folgende Mittelungsprozedur ausreichend; exakte Gleichgewichtszustände durchläuft das System aber nur für $u/\overline{v} \to 0$.

Für $v_1 > 0$ erhalten wir $\overline{\varepsilon_1/v_1} = m\,\overline{v_1}/2 \approx \overline{\varepsilon_1}/\overline{v} = \overline{\varepsilon}/(3\,\overline{v})$; eine genauere Betrachtung ergäbe einen zusätzlichen Faktor $\mathcal{O}(1)$, den wir hier ignorieren. Wir gehen nun wie beim Schritt von (8.19) zu (8.20) vor und erhalten aus (8.23)

$$\frac{dE}{E} = \underbrace{-\frac{2}{3}\,\frac{dL}{L}}_{\text{reversibel}} + \underbrace{\frac{2}{3}\,\frac{u}{\overline{v}}\,\frac{dL}{L}}_{\text{irreversibel}} \tag{8.24}$$

Wir integrieren dies von $t = 0$ bis $t = 2\pi/\omega$, also über eine Periode der Kolbenschwingung:

$$\ln\left(\frac{E(2\pi/\omega)}{E(0)}\right) = -\frac{2}{3}\left(\ln\frac{L(2\pi/\omega)}{L(0)}\right) + \frac{2}{3\,\overline{v}}\int_0^{2\pi/\omega} dt\;\frac{u(t)^2}{L(t)} \tag{8.25}$$

Die Terme dE/E und dL/L wurden direkt integriert; im letzten Term wurde $dL = u\,dt$ eingesetzt.

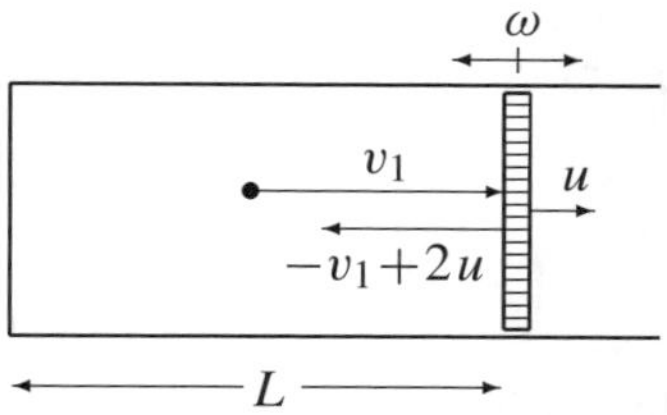

Abbildung 8.3 Ein klassisches ideales Gas sei durch einen Kolben eingeschlossen, der hin- und heroszilliert, $L = L_0 + A\ \sin(\omega t)$. Bei endlicher Kolbengeschwindigkeit wird die Energie des Gases allmählich erhöht. Das System sei thermisch isoliert.

Der erste Term auf der rechten Seite von (8.25) verschwindet wegen $L(2\pi) = L(0)$. Der Term $(-2/3)\,dL/L$ in (8.24) erhöht zwar in der Kompressionsphase die Energie des Gases; in der Expansionsphase nimmt die Energie aber um denselben Betrag wieder ab. Dies erklärt die Bezeichnung „reversibel".

Der zweite Term auf der rechten Seite von (8.25) führt zu einer Energieänderung $\Delta E_{\text{irrev}}^{(1)} = E(2\pi/\omega) - E(0)$; dabei soll der obere Index von $\Delta E_{\text{irrev}}^{(1)}$ die Anzahl der Schwingungsperioden anzeigen. Da die Energieänderung klein ist, gilt $\ln\left[1 + \Delta E_{\text{irrev}}^{(1)}/E(0)\right] \approx \Delta E_{\text{irrev}}^{(1)}/E$. Damit erhalten wir

$$\frac{\Delta E_{\text{irrev}}^{(1)}}{E} \approx \frac{2}{3\,\overline{v}} \int_0^{2\pi/\omega} dt\ \frac{A^2\,\omega^2 \cos^2 \omega t}{L_0} = \frac{2\pi}{3}\,\frac{A\,\omega}{\overline{v}}\,\frac{A}{L_0} \tag{8.26}$$

Im Integral haben wir $L(t) \approx L_0$ gesetzt, also Terme der relativen Größe $A/L_0 \ll 1$ vernachlässigt. Für das verbleibende Integral gilt $\int dt\ \cos^2 \omega t = \pi/\omega$.

Wir werten (8.26) unter folgenden Annahmen aus: Das Gas sei Luft bei Zimmertemperatur; hierfür gilt $\overline{v} \approx 400\,\text{m/s}$. Der Kolben oszilliere mit der Geschwindigkeit $A\,\omega = 20\,\text{cm/s}$ und der Amplitude $A = L_0/10$. Dann erhöht sich die Energie E des Gases nach 100 Kolbenschwingungen um 1%:

$$\frac{\Delta E_{\text{irrev}}^{(100)}}{E} \approx 0.01 \tag{8.27}$$

Die Energie E besteht aus der (ungeordneten) kinetischen Energie der Gasmoleküle. Daher wird bei diesem Prozess Arbeit (Kolbenbewegung) in Wärme verwandelt. Ein solcher Prozess ist irreversibel; die Wärme kann nicht wieder (zumindest nicht vollständig) in Arbeit verwandelt werden. Die Energiezunahme stammt von dem als „irreversibel" bezeichneten Term in (8.24); dementsprechend wurde in (8.26) und (8.27) der Index „irrev" verwendet. Zusätzliche irreversible Effekte ergeben sich durch die Reibung des Kolbens an der Gefäßwand.

Formal wird die Irreversibilität durch die Mittelungsprozedur beim Schritt von (8.23) zu (8.24) eingeführt. Mit der Mittelung wird angenommen, dass der Energiezuwachs durch den zweiten Term in (8.23) kontinuierlich auf alle Freiheitsgrade verteilt wird. Dies passiert im realen Gas durch Stöße.

Die hier vorgenommene Klassifizierung reversibel/irreversibel wird in Kapitel 12 auf beliebige Prozesse ausgedehnt. Die damit bezeichnete Umkehrbarkeit/Nicht-Umkehrbarkeit von quasistatischen/nichtquasistatischen Prozessen wird dort näher diskutiert.

Die Energie $\Delta E_{\text{irrev}}^{(1)}$ wird dem Gas während einer Schwingungsperiode mit der Dauer $T = 2\pi/\omega$ zugeführt. Daraus folgt

$$\frac{dE_{\text{irrev}}}{dt} = \Delta E_{\text{irrev}}^{(1)} \frac{\omega}{2\pi} \propto A^2\omega^2 \propto \left(\frac{dL}{dt}\right)^2 \tag{8.28}$$

In einer quantenmechanischen Störungstheorie führt die Zeitabhängigkeit eines Parameters $x(t)$ in $H(x(t))$ zu Übergangswahrscheinlichkeiten pro Zeit, die proportional zu $(dx/dt)^2$ sind. Diese Übergänge ergeben daher eine irreversible Energieänderung pro Zeit, die proportional zu $(dx/dt)^2$ ist. Insofern ist das Ergebnis (8.28) repräsentativ für eine große Klasse von Prozessen.

Zusammenfassend stellen wir fest:

- Exakte Reversibilität gilt nur im Grenzfall $dx/dt \to 0$.

Dies ist zugleich der als quasistatisch bezeichnete Grenzfall.

Arbeit bei allgemeiner Expansion

Wir diskutieren die möglichen Werte der Arbeit $đW$ bei einem beliebigen Expansionsprozess. Ohne irreversible Anteile, wie sie im vorigen Abschnitt diskutiert wurden, gilt $đW = đW_{\text{q.s.}}$. Irreversible Energieüberträge durch die Kolbenbewegung sind nach (8.24) von der Form $dE_{\text{irrev}}/E \sim u\,dL/(\overline{v}\,L) \geq 0$, also nicht negativ (der Vorfaktor, $\overline{v}$ und L sind positiv, $u = dL/dt$ und dL haben dasselbe Vorzeichen). Damit gilt im Allgemeinen

$$\boxed{đW \geq đW_{\text{q.s.}} \qquad \text{beliebiger Prozess}} \tag{8.29}$$

Dieses Ergebnis gilt für beliebige Prozesse. Bei einem beliebigen Prozess könnten mehrere äußere Parameter geändert werden, oder es könnte zusätzlich Wärme übertragen werden.

Wir diskutieren (8.29) noch für einen Expansionsprozess von V_a zu $V_b > V_a$, der mit *konstanter* Kolbengeschwindigkeit ($u = \Delta L/\tau_{\text{exp}}$) erfolgt. Für $u \ll \overline{v}$ ist der Prozess (näherungsweise) quasistatisch. Für $|u|/\overline{v} \to \infty$, bewegt sich der Kolben so schnell, dass beim Herausziehen überhaupt keine Teilchen reflektiert werden. Dann verschwindet die Arbeitsleistung, denn ohne Reflexionen wirkt keine Kraft auf den Kolben. (Praktisch wird diese freie Expansion mit Hilfe einer Drosselklappe ausgeführt, Abbildung 16.1). Wir stellen diesen beiden Grenzfällen noch ein drittes Szenario zur Seite:

$$\Delta W = \begin{cases} \Delta W_{\text{q.s.}} < 0 & u \ll \overline{v} \\ 0 & u \gg \overline{v} \\ n \cdot \Delta E_{\text{irrev}}^{(1)} & n \text{ Oszillationen} \end{cases} \tag{8.30}$$

Der letzte Fall bezieht sich auf (8.26). Er bedeutet, dass die Arbeit nach oben nicht begrenzt ist; es gibt nur eine untere Grenze, (8.29).

Aufgaben

8.1 Ideales Gas in einer Kugel

Ein ideales Gas, das in einer Kugel (Radius R) eingeschlossen ist, soll quantenmechanisch behandelt werden. Der Radialteil der Schrödingergleichung wird durch die sphärischen Besselfunktionen gelöst, deren Nullstellen als bekannt vorausgesetzt werden können. Bestimmen Sie für diese spezielle Geometrie den Druck $P = -\overline{\partial E_r(V)/\partial V}$ als Funktion von E und V.

8.2 Heizen im Winter

Auf die Frage „Warum heizen wir im Winter" antwortet der Laie: „Um die Temperatur der Raumluft zu erhöhen". Im Hinblick auf den ersten Hauptsatz könnte ein Physiker vielleicht antworten: „Wir führen die Wärmemenge ΔQ zu, um die innere Energie E der Raumluft zu erhöhen". Berechnen Sie die Änderung der Energie der Raumluft bei der Temperaturerhöhung ΔT, wobei die Luft als ideales Gas mit $c_V = \text{const.}$ behandelt wird. Beachten Sie, dass der Druck $P = P_0$ wegen der Ritzen in Türen und Fenstern konstant auf Umgebungsdruck gehalten wird.

9 Entropie und Temperatur

Die Entropie und die Temperatur werden mikroskopisch definiert. Zentrales Ergebnis ist Boltzmanns Formel $S = k_\mathrm{B} \ln \Omega$, die die Entropie S mit der Anzahl Ω der zugänglichen Mikrozustände verknüpft.

Historisch wurden die Temperatur und Entropie zunächst als makroskopische Messgrößen (Kapitel 14) eingeführt. Ihre mikroskopische Bedeutung („Wärme ist die ungeordnete Bewegung der Atome“) wurde erst später erkannt.

Wir betrachten zwei Systeme A und B, die thermischen Kontakt haben (Abbildung 9.1). Beide Teilsysteme sollen viele Freiheitsgrade haben. Beispiele sind ein Kupferstab A in einer Menge Wasser B, oder zwei Gasvolumina A und B, wobei wir die Wärmekapazität der eingrenzenden Kästen vernachlässigen. Die äußeren Parameter von A und B seien fest vorgegeben.

Das Gesamtsystem sei abgeschlossen, so dass die Energie E erhalten ist:

$$E = E_\mathrm{A} + E_\mathrm{B} = \text{const.} \tag{9.1}$$

Wir untersuchen die Frage, wie sich die Energie im Gleichgewicht in E_A und E_B aufteilt. Da alle äußeren Parameter konstant sind, ist der Energieaustausch zwischen A und B ein Wärmeaustausch.

Im Gleichgewicht sind alle $\Omega_0(E)$ Mikrozustände des Gesamtsystems gleichwahrscheinlich, $P_r = 1/\Omega_0(E)$. Wir wollen die Wahrscheinlichkeit $W(E_\mathrm{A})$ dafür bestimmen, dass das linke System die Energie E_A hat. Sie ergibt sich als Summe über die Wahrscheinlichkeiten aller Mikrozustände r, für die die Energie gemäß $E = E_\mathrm{A} + E_\mathrm{B}$ aufgeteilt ist:

$$W(E_\mathrm{A}) = \sum_{r\,:\,E_\mathrm{A},E_\mathrm{B}} P_r = \sum_{E_{r,\mathrm{A}}=E_\mathrm{A}} \; \sum_{E_{r,\mathrm{B}}=E_\mathrm{B}} \frac{1}{\Omega_0(E)} = \frac{\Omega_\mathrm{A}(E_\mathrm{A})\, \Omega_\mathrm{B}(E-E_\mathrm{A})}{\Omega_0(E)} \tag{9.2}$$

Dabei sind Ω_A und Ω_B die Zustandssummen der Teilsysteme. Die konstanten äußeren Parameter wurden nicht mit angegeben. Mit $E_{r,\mathrm{A}} = E_\mathrm{A}$ ist die Einschränkung der Summe auf $E_\mathrm{A} - \delta E \le E_{r,\mathrm{A}} \le E_\mathrm{A}$ gemeint, wobei der Index von $E_{r,\mathrm{A}}$ einen Mikrozustand des Systems A bezeichnet. Diese Summe ergibt $\Omega_\mathrm{A}(E_\mathrm{A})$; die Summe über die Mikrozustände von B mit $E_{r,\mathrm{B}} = E_\mathrm{B}$ ergibt dann $\Omega_\mathrm{B}(E_\mathrm{B})$. Das Produkt $\Omega_\mathrm{A}\,\Omega_\mathrm{B}$ ist die Anzahl der Zustände des Gesamtsystems mit vorgegebener Aufteilung $E_\mathrm{A} + E_\mathrm{B}$. Die Wahrscheinlichkeit $W(E_\mathrm{A})$ ist die Anzahl der positiven Ereignisse (Mikrozustände mit bestimmter Energieaufteilung) geteilt durch die Gesamtzahl der Ereignisse (Ω_0 Mikrozustände).

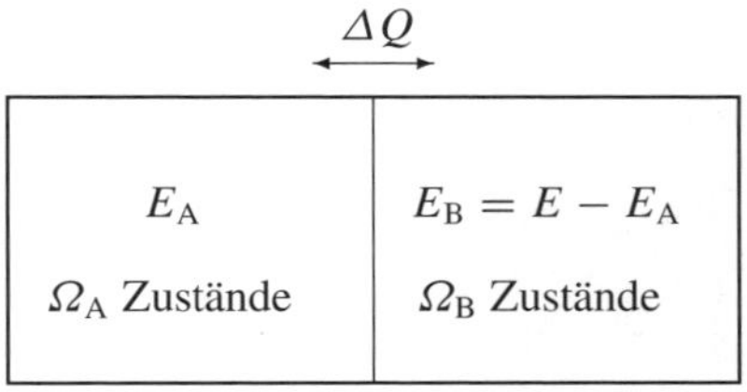

Abbildung 9.1 Ein abgeschlossenes System besteht aus zwei makroskopischen Teilsystemen, die Wärme austauschen können. Wie teilt sich dann im thermischen Gleichgewicht die Gesamtenergie $E = E_{\rm A} + E_{\rm B}$ auf?

Zur Diskussion der Funktion $W(E_{\rm A})$ gehen wir von der in (6.21) angegebenen Energieabhängigkeit aus:

$$\Omega(E) = c\, E^{\gamma f} \tag{9.3}$$

Dabei ist f die Anzahl der Freiheitsgrade, und $\gamma = \mathcal{O}(1)$ eine Zahl. Da $\Omega(E)$ extrem stark von E abhängt, untersuchen wir den Logarithmus von $W(E_{\rm A})$, also

$$\begin{aligned} \ln W(E_{\rm A}) &= \ln \Omega_{\rm A}(E_{\rm A}) + \ln \Omega_{\rm B}(E - E_{\rm A}) - \ln \Omega_0(E) \\ &= \gamma f_{\rm A} \ln E_{\rm A} + \gamma f_{\rm B} \ln(E - E_{\rm A}) + \text{const.} \end{aligned} \tag{9.4}$$

Da wir nur die Abhängigkeit von $E_{\rm A}$ betrachten, ist $\Omega_0(E)$ eine Konstante. Die Funktion $\ln W(E_{\rm A})$ ist in Abbildung 9.2 skizziert. Der zu untersuchende Bereich ist $0 \le E_{\rm A} \le E$; am Rand dieses Bereichs geht $\ln W(E_{\rm A})$ gegen $-\infty$. Dazwischen ist $\ln W(E_{\rm A})$ überall stetig differenzierbar. Da

$$\frac{d \ln W(E_{\rm A})}{dE_{\rm A}} = \frac{\gamma f_{\rm A}}{E_{\rm A}} - \frac{\gamma f_{\rm B}}{E - E_{\rm A}} = 0 \tag{9.5}$$

nur eine Lösung hat, muss $\ln W(E_{\rm A})$ hier ein Maximum haben. Die Stelle $\overline{E_{\rm A}}$ des Maximums folgt aus (9.5)

$$\frac{\overline{E_{\rm A}}}{f_{\rm A}} = \frac{E - \overline{E_{\rm A}}}{f_{\rm B}} = \frac{\overline{E_{\rm B}}}{f_{\rm B}} \tag{9.6}$$

Wir entwickeln die Funktion $\ln W(E_{\rm A})$ in eine Taylorreihe:

$$\ln W(E_{\rm A}) = \ln W(\overline{E_{\rm A}}) - \frac{(E_{\rm A} - \overline{E_{\rm A}})^2}{2\,\Delta E_{\rm A}^2} \pm \ldots \tag{9.7}$$

Der Fehler durch den Abbruch beim quadratischen Term ist für makroskopische Systeme zu vernachlässigen; die Abschätzung verläuft wie bei der Ableitung der Normalverteilung für $W_N(n)$ in Kapitel 3. Die Größe $\Delta E_{\rm A}$ ist durch die zweite Ableitung von $\ln W(E_{\rm A})$ bestimmt:

$$\frac{1}{\Delta E_{\rm A}^2} = -\left(\frac{d^2 \ln W}{dE_{\rm A}^2}\right)_{\overline{E_{\rm A}}} \overset{(9.4)}{=} \frac{\gamma f_{\rm A}}{\overline{E_{\rm A}}^{\,2}} + \frac{\gamma f_{\rm B}}{\overline{E_{\rm B}}^{\,2}} \tag{9.8}$$

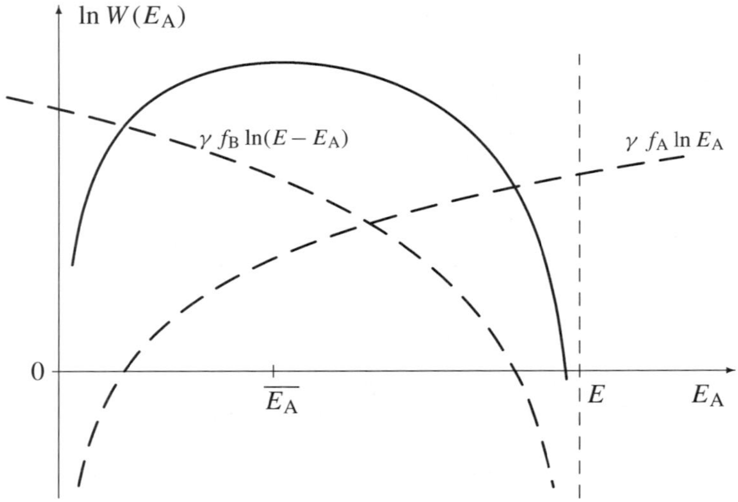

Abbildung 9.2 Die Funktion $\ln W(E_A)$ aus (9.4) hat im Definitionsbereich $0 < E_A < E$ genau ein Maximum. In der Umgebung des Maximums kann sie durch eine Taylorreihe angenähert werden.

Aus (9.7) erhalten wir

$$W(E_A) = W(\overline{E_A}) \exp\left(-\frac{\left(E_A - \overline{E_A}\right)^2}{2\,\Delta E_A^2}\right) \tag{9.9}$$

Hieraus sieht man, dass die Stelle des Maximums $\overline{E_A}$ zugleich der Mittelwert ist, und dass die durch (9.8) definierte Größe ΔE_A die Breite der Verteilung ist. Mit der Abschätzung

$$\Delta E_A = \left(\frac{\gamma f_A}{\overline{E_A}^2} + \frac{\gamma f_B}{\overline{E_B}^2}\right)^{-1/2} < \frac{\overline{E_A}}{\sqrt{\gamma f_A}} \tag{9.10}$$

sehen wir, dass für ein Vielteilchensystem (etwa mit $f_A = \mathcal{O}(10^{24})$) die relative Breite der Verteilung außerordentlich scharf ist:

$$\frac{\Delta E_A}{\overline{E_A}} < \frac{1}{\sqrt{\gamma f_A}} \sim 10^{-12} \tag{9.11}$$

Die Verteilung (9.9) ist in Abbildung 9.3 skizziert.

Die folgende Argumentation macht von der Schärfe der Verteilung, also der Kleinheit von $\Delta E_A / \overline{E_A}$ Gebrauch. Daher schließen wir etwa Systeme mit $f_A < 100$ (zum Beispiel einen Atomkern) aus; dagegen ist ein Materiestück mit 10^{-10} Gramm ohne weiteres zulässig ($f_A = \mathcal{O}(10^{12})$).

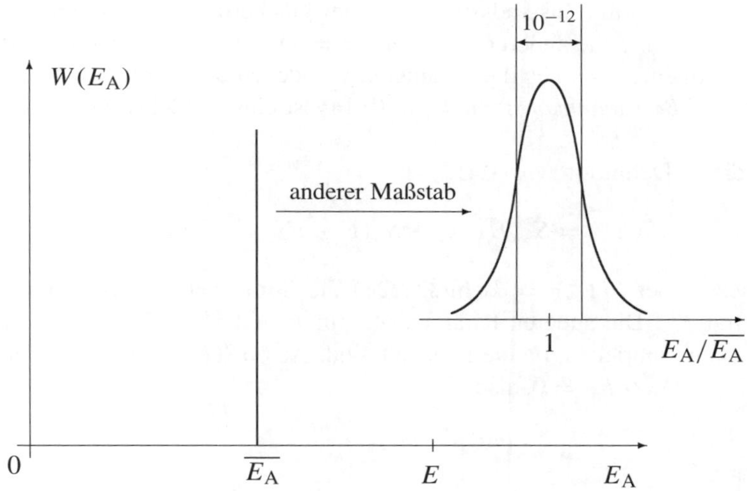

Abbildung 9.3 Die Gaußfunktion $W(E_A)$ ist so schmal, dass sie als Strich erscheint. Der vergrößert gezeichnete Ausschnitt (in anderem Maßstab) illustriert, dass die Breite tatsächlich viel kleiner als die gezeigte Strichstärke ist.

Abbildung 9.3 und Gleichung (9.11) zeigen, dass (fast) alle der $\Omega_A \Omega_B = \Omega_0\, W(E_A)$ Mikrozustände bei $E_A = \overline{E_A}$ liegen. Daher ist das *Gleichgewicht* durch

$$\ln(\Omega_A \Omega_B) = \ln \Omega_A(E_A) + \ln \Omega_B(E - E_A) = \text{maximal} \qquad (9.12)$$

bestimmt. Das Maximum liegt bei $E_A = \overline{E_A}$. Nach (9.6) gilt dann

$$\frac{\overline{E_A}}{f_A} = \frac{\overline{E_B}}{f_B} \qquad \begin{matrix}\text{(Gleichgewichtsbedingung} \\ \text{bei Wärmeaustausch)}\end{matrix} \qquad (9.13)$$

Dies bedeutet: Die Energie teilt sich durch den Wärmeaustausch so auf, dass die Anzahl der möglichen Zustände maximal ist. Bei dieser Aufteilung ist die Energie pro Freiheitsgrad in beiden Teilsystemen gleich.

Wir drücken nun die zentralen Ergebnisse dieses Kapitels, (9.12) und (9.13), durch die Entropie und die Temperatur aus. Dazu definieren wir die *Entropie S* eines Gleichgewichtssystems durch

$$\boxed{S = S(E, x) = k_B \ln \Omega(E, x) \qquad \text{Definition der Entropie}} \qquad (9.14)$$

und die *Temperatur T* durch

$$\boxed{\frac{1}{T} = \frac{1}{T(E, x)} = \frac{\partial S(E, x)}{\partial E} \qquad \text{Definition der Temperatur}} \qquad (9.15)$$

Dabei ist $\Omega(E, x)$ die Zustandssumme des jeweils betrachteten Systems. In vielen Anwendungen sind die äußeren Parameter $x = (V, N)$ das Volumen und die Teilchenzahl; allgemein sind es die Parameter, von denen der Hamiltonoperator $H(x)$ abhängt. Die *Boltzmannkonstante* k_B in (9.14) ist eine zunächst willkürliche Konstante.

Mit dieser Definition wird (9.12) zu

$$S(E_A) = S_A(E_A, x) + S_B(E - E_A, x') = \text{maximal} \qquad (9.16)$$

Dabei bezeichnet $S(E_A) = k_B \ln(\Omega_A \Omega_B)$ die Summe der Entropien in Abhängigkeit von E_A. Die äußeren Parameter (x für A und x' für B) wurden in $S(E_A)$ nicht mit angeschrieben, da sie konstant sind. Aus $\partial S(E_A)/\partial E_A = 0$ folgt dann $\partial S_A/\partial E_A - \partial S_B/\partial E_B = 0$, also

$$T_A = T_B \qquad (9.17)$$

Die Gleichungen (9.16) und (9.17) sind die Gleichgewichtsbedingungen für den Fall, dass die beiden Systeme Wärme austauschen können. Wenn wir zwei Systeme mit unterschiedlichen Temperaturen in Kontakt bringen, dann gleicht sich die Temperatur durch Wärmeaustausch aus. Dies bedeutet, dass der Temperaturunterschied als treibende Kraft für den Wärmeaustausch angesehen werden kann.

Für die so eingeführte Entropie und Temperatur stellen wir fest:

1. Die Definitionen von Entropie und Temperatur beziehen sich auf den Gleichgewichtszustand eines Vielteilchensystems; denn nur dieser Makrozustand ist über $P_r = 1/\Omega$ mit der Zustandssumme verknüpft. Diese Definitionen können aber auch angewendet werden, wenn nur lokales Gleichgewicht herrscht (Punkt 4).

2. Die Entropie und die Temperatur sind makroskopisch messbar. Ihre Messung wird in Kapitel 14 beschrieben.

3. Durch $S(E, x) = k_B \ln \Omega(E, x)$ wird die Verbindung zwischen der mikroskopischen Struktur (Ω) und den makroskopischen Messgrößen S und T hergestellt. Diese für die statistische Physik zentrale Gleichung wurde 1877 von Boltzmann aufgestellt.

4. Die Entropie ist additiv, denn für zwei Teilsysteme gilt $\Omega = \Omega_A \Omega_B$, also

   $$S = k_B \ln \Omega = k_B \ln(\Omega_A \Omega_B) = k_B \big(\ln \Omega_A + \ln \Omega_B \big) = S_A + S_B \qquad (9.18)$$

   In Abbildung 9.1 können zunächst getrennte Gleichgewichte in den Bereichen A und B bestehen. Dann sind die Temperaturen (T_A und T_B) und die Entropien (S_A und S_B) für jedes Teilsystem definiert. In dieser Weise kann die hier gegebene Temperatur- und Entropiedefinition auf *lokale Gleichgewichte* angewendet werden.

Für $T_A \neq T_B$ ist das Gesamtsystem in einem Nichtgleichgewichtszustand; es gibt keine Temperatur T des Gesamtsystems. Die Entropie S des Gesamtsystems kann als Summe angegeben werden, $S = S_A + S_B$.

Lässt man in Abbildung 9.1 nach anfänglichen getrennten Gleichgewichten einen Energieaustausch zu, dann stellt sich ein globales Gleichgewicht mit $T = T_A = T_B$ und $S = S_A + S_B =$ maximal ein.

5. *Die Entropie ist ein Maß für die Unordnung des Systems.*

   Vollkommene Ordnung besteht darin, dass es nur einen möglichen Mikrozustand des Systems gibt, $\Omega = 1$ und $S = 0$. Je mehr Mikrozustände Ω zugänglich sind, umso ungeordneter ist der Gleichgewichtszustand; denn im Gleichgewichtszustand sind alle Ω Zustände gleichberechtigt vertreten.

6. *Die Temperatur gibt die Energie pro Freiheitsgrad an.*

   Mit (9.3) erhalten wir aus (9.15):

$$\frac{1}{\beta} = k_B T = \frac{E}{\gamma f} \tag{9.19}$$

   Dabei ist β die allgemein gebräuchliche Abkürzung für $1/(k_B T)$. Bis auf die Konstante k_B und den numerischen Faktor γ ist die Temperatur gleich der Energie pro Freiheitsgrad. Es wäre daher naheliegend und sinnvoll, $k_B = 1$ zu setzen und die Temperatur in Joule zu messen. Jede andere Festsetzung für T impliziert dagegen eine bestimmte Konstante k_B; ihre Dimension ist dann $[k_B] = [\text{Energie}]/[T]$.

7. In (9.19) ist E die für Anregungen zur Verfügung stehende Energie; sie hat den Minimalwert null. Daher gilt

$$T \geq 0 \tag{9.20}$$

   Die Temperatur $T = 0$ bezeichnen wir als (absoluten) Nullpunkt.

   Für ein ideales einatomiges Gas gilt $\Omega \propto E^{3N/2}$, also $\gamma f = 3N/2$. Aus (9.19) folgt dann $E/N = 3 k_B T/2$. Andererseits ist E/N gleich der mittleren kinetischen Energie $\overline{\boldsymbol{p}^2}/2m$ pro Teilchen. Aus $\overline{\boldsymbol{p}^2} \geq 0$ folgt $T \geq 0$.

Die Aussage „$S =$ maximal im Gleichgewicht“ bedeutet auch, dass für Nichtgleichgewichtszustände die Entropie kleiner ist. Dazu betrachten wir noch einmal Abbildung 9.1. Der Wärmeaustausch zwischen A und B erfolge so langsam, dass jedes der beiden Teilsysteme eine Folge von Gleichgewichtszuständen durchläuft. Dann sind die Entropien S_A und S_B der Teilsysteme während des Prozesses, also für verschiedene Werte von E_A definiert. Dann können wir die Entropie des Gesamtsystems $S(E_A) = S_A + S_B$ jederzeit angeben, obwohl das System als Ganzes nicht im Gleichgewicht ist. Diese Entropie S des Gesamtsystems hat zunächst nicht ihren maximalen Wert, sie nähert sich ihm aber durch den Wärmeaustausch an.

Voraussetzungen der Entropie- und Temperaturdefinition

Die Definitionen (9.14), (9.15) von S und T setzen ein Vielteilchensystem im (zumindest lokalen) Gleichgewicht voraus.

Nur der Gleichgewichtszustand ist über $P_r = 1/\Omega$ mit der Anzahl Ω der zugänglichen Mikrozustände verknüpft; ein beliebiger Makrozustand kann dagegen irgendwelche P_r haben. Die über $\Omega(E, x)$ definierten Größen, die Entropie S und die Temperatur T, haben also nur für diesen Gleichgewichtszustand eine physikalische Bedeutung. Daher können diese Größen auch nur für den Gleichgewichtszustand mit den entsprechenden Messgrößen verknüpft werden (Kapitel 14).

Die Definitionen von S und T setzen ein System mit sehr vielen Teilchen voraus. Nur dann ist die Breite (9.11) sehr klein, so dass (fast) alle Mikrozustände beim Maximum der Verteilung $W(E_{\mathrm{A}})$ liegen. Nur in diesem Fall können wir das Gleichgewicht durch die Stelle des Maximums selbst, also durch $S =$ maximal, charakterisieren.

Wir diskutieren die Gleichgewichtsvoraussetzung anhand eines Beispiels. Ein Kupferstab werde an einem Ende erwärmt. Dann ist die Temperatur im Stab zunächst orts- und zeitabhängig; das System ist nicht im Gleichgewicht. Nachdem wir die Temperatur für Gleichgewichtszustände definiert haben, stellt sich allerdings die Frage, was wir in diesem Fall unter der Temperatur verstehen. Dazu betrachtet man kleine Bereiche (zum Beispiel $V = 1\,\mathrm{mm}^3$ für den Kupferstab), in denen sich relativ schnell ein *lokales* Gleichgewicht gegenüber Wärmeaustausch einstellt. In einem solchen Bereich gibt es immer noch sehr viele Teilchen, so dass hierauf die Temperaturdefinition angewendet werden kann. Die so definierte Temperatur kann dann orts- und zeitabhängig sein. Die Variation mit der Zeit muss dabei so langsam sein, dass lokale Bereiche eine Folge von Gleichgewichtszuständen durchlaufen.

In der eben beschriebenen Weise kann man auch eine ortsabhängige (und zeitabhängige) Entropiedichte angeben. Dies ist vergleichbar mit der Angabe von S_{A} und S_{B} in (9.18) für $E_{\mathrm{A}} \neq \overline{E_{\mathrm{A}}}$; bei einer bestimmten Aufteilung der Energie $E = E_{\mathrm{A}} + E_{\mathrm{B}}$ können die Teilsysteme jedes für sich im Gleichgewicht sein, nicht aber das Gesamtsystem. Diese beiden Teilsysteme können als schematische Vereinfachung des erwärmten Kupferstabs aufgefasst werden; anstelle von verschiedenen kleinen Bereichen mit einem lokalen Gleichgewicht werden nur zwei Teile betrachtet. Isoliert man diesen Stab, dann stellt sich nach einiger Zeit ein globales Gleichgewicht ein. Diese Einstellung erfolgt durch Wärmeaustausch. Im Gleichgewicht ist die Entropie des Stabs dann maximal und die Temperatur überall gleich groß.

Ein anderes Beispiel ist die Atmosphäre. Offensichtlich ist die Temperatur hier orts- und zeitabhängig. Zunächst einmal kann die Temperatur wieder für ein kleines Volumen (etwa $1\,\mathrm{m}^3$) definiert werden, in dem Gleichgewicht gegenüber Wärmeaustausch herrscht. In diesem Sinn ist die Angabe einer orts- und zeitabhängigen Temperatur $T = T(\boldsymbol{r}, t)$ in der Meteorologie zu verstehen. Wegen $T \neq$ const. ist die Atmosphäre insgesamt nicht im Gleichgewicht gegenüber Wärmeaustausch. Dies ist nicht weiter verwunderlich, da es sich nicht um ein abgeschlossenes System handelt (Sonne!). Auch der Kupferstab würde nicht ins Gleichgewicht mit

$T = \text{const.}$ kommen, wenn man ihn fortlaufend an einem Ende erhitzt. In der Atmosphäre ist im Allgemeinen auch der Druck $P = P(\boldsymbol{r}, t)$ orts- und zeitabhängig; das System ist daher auch nicht im Gleichgewicht gegenüber Volumenaustausch (Kapitel 10).

Relaxationszeiten

Bei einem quasistatischen Prozess durchläuft das System eine Folge von Gleichgewichtszuständen. Der Prozess könnte durch eine Wärmezufuhr oder durch die Änderung eines äußeren Parameters (Kapitel 8) hervorgerufen werden. Nur wenn diese Änderungen sehr langsam verlaufen, sind die verallgemeinerten Kräfte (insbesondere der Druck) und die Temperatur des betrachteten Systems zu jeder Zeit definiert. Wir diskutieren die Bedingung „quasistatisch" anhand einiger Beispiele. Diese Diskussion ist qualitativ und benutzt Begriffe (Wärmeleitung), die erst später eingeführt werden.

Die Zeitskala, auf der der äußere Eingriff erfolgt, bezeichnen wir mit τ_{exp}; dies könnte zum Beispiel die Zeit sein, während der sich das Volumen eines Gases um $\Delta V = V/10$ ändert, oder während der die Wärme $\Delta Q = E/10$ zugeführt wird. Die Zeit, nach der ein System nach einer plötzlichen, vorübergehenden Störung (ΔV, ΔQ) wieder ins Gleichgewicht kommt, bezeichnen wir als *Relaxationszeit* τ_{relax}. Die Bedingung „quasistatisch" bedeutet dann

$$\boxed{\frac{\tau_{\text{exp}}}{\tau_{\text{relax}}} \to \infty \qquad \text{Bedingung für quasistatisch}} \tag{9.21}$$

Als Beispiel betrachten wir ein Gas, dessen Volumen während der Zeit

$$\tau_{\text{exp}} \sim 1\,\text{s} \tag{9.22}$$

um 10% verkleinert wird. Zunächst wird das Gas an der Stelle des Kolbens komprimiert; diese Kompression breitet sich als Dichtewelle mit Schallgeschwindigkeit $c_{\text{s}} \approx 300\,\text{m/s}$ aus. Für ein System mit einer Ausdehnung von $L = 30\,\text{cm}$ dauert dies etwa

$$\tau_{\text{relax}} = \mathcal{O}(L/c_{\text{s}}) \approx 10^{-3}\,\text{s} \tag{9.23}$$

Da die Schallwellen gedämpft sind, stellt sich nach wenigen L/c_{s} eine homogene makroskopische Dichte ein; daher ist L/c_{s} eine Abschätzung für die Relaxationszeit des Systems. Wie in (8.22) – (8.27) berechnet, kommt es zu nichtquasistatischen (irreversiblen) Effekten der Größe $\tau_{\text{relax}}/\tau_{\text{exp}} \approx 10^{-3}$. (In der hier gegebenen Beschreibung führt die Dämpfung der Schallwelle zur Umwandlung eines Teils der am Kolben geleisteten Arbeit in Wärme). Der betrachtete Prozess ist näherungsweise quasistatisch, weil die irreversiblen Effekte klein sind.

Wir betrachten nun das gleiche Experiment, setzen aber das Gasgefäß in ein Wärmebad (Abbildung 9.4). Das System sei anfangs im Gleichgewicht; das Gas hat also die Temperatur T des Wärmebads. Komprimieren wir nun das Gas innerhalb

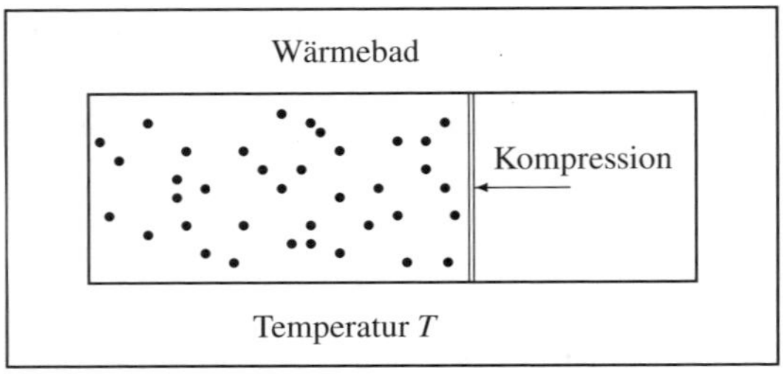

Abbildung 9.4 Ein Gas, das im Kontakt mit dem Wärmebad die Temperatur T angenommen hat, werde in einer Zeitspanne von einer Sekunde komprimiert. Hierbei ist die Bedingung „quasistatisch“ für das Gas selbst erfüllt; das Gas durchläuft eine Folge von Gleichgewichtszuständen. Da das Gas sich bei der Kompression erwärmt, ist es aber nicht mehr im Gleichgewicht mit dem Wärmebad; der Temperaturausgleich mit dem Wärmebad dauert viel länger als eine Sekunde. Für das Gesamtsystem (Gas und Wärmebad) ist der Prozess daher nicht quasistatisch.

von $\tau_{\text{exp}} = 1$ s, so hat es danach zunächst eine höhere Temperatur T'; es ist nicht mehr im Gleichgewicht mit dem Wärmebad. Der Temperaturausgleich könnte etwa in der Zeitspanne

$$\tau'_{\text{relax}} \approx 10^2 \text{ s} \tag{9.24}$$

erfolgen. Bei schlechtem thermischen Kontakt (zum Beispiel Styroporwände) ist auch $\tau'_{\text{relax}} \gg 10^2$ s möglich. In jedem Fall gilt $\tau'_{\text{relax}} \gg \tau_{\text{exp}}$. Das System „Gas und Wärmebad“ ist also während der Kompression nicht im Gleichgewicht, bezüglich dieses Systems ist der Prozess nicht quasistatisch. Wegen

$$\tau_{\text{exp}} \ll \tau'_{\text{relax}} \tag{9.25}$$

können wir aber das Experiment so betrachten, als gäbe es eine Wärmeisolation zwischen dem Gas und dem Wärmebad. Dann kann der Vorgang der Kompression näherungsweise als quasistatisch und adiabatisch behandelt werden. Wenn der anschließende Temperaturausgleich zwischen Gas und Wärmebad langsam erfolgt, dann durchläuft das Gas wiederum eine Folge von Gleichgewichtszuständen.

Wir können also sowohl Prozesse mit $\tau_{\text{exp}} \gg \tau_{\text{relax}}$ wie $\tau_{\text{exp}} \ll \tau_{\text{relax}}$ mit Hilfe von Gleichgewichtszuständen behandeln. Prozesse mit $\tau_{\text{exp}} \approx \tau_{\text{relax}}$ sind dagegen vergleichsweise kompliziert; in diesen Fällen beschränken wir uns meist auf Aussagen über den Anfangs- und Endzustand.

Unendlich große Relaxationszeiten

Bisher sind wir davon ausgegangen, dass sich ein abgeschlossenes System nach hinreichend langer Zeit in den Gleichgewichtszustand begibt. Tatsächlich gibt es spezielle Systeme mit einer unendlich langen Relaxationszeit. Wir führen zwei Beispiele an.

Zum einen kann es Systeme geben, die einen praktisch stabilen Zustand bei einem lokalen Maximum der Entropie haben. Ein Beispiel hierfür ist ein Diamant. Die Umwandlung des Diamanten in Graphit würde die Entropie zwar erhöhen. Diese Umwandlung ist aber behindert und tritt nicht von selbst ein; die zugehörige Relaxationszeit ist unendlich. In einem Diamant (im abgeschlossenen System) kommt es aber nach relativ kurzer Zeit zu einem partiellen Gleichgewicht für alle anderen Freiheitsgrade des Systems (etwa für die Gitterschwingungen), das dem lokalen Maximum der Entropie entspricht. Praktisch erfolgt die statistische Behandlung des Diamanten daher wie für jedes andere System im Gleichgewicht.

Ein anderer Fall sind Systeme mit Hysterese-Effekten, bei denen der sich einstellende Zustand (auch für sehr großes τ_{exp}) von der Vorgeschichte abhängt. Das bekannteste Beispiel ist ein Ferromagnet. Die Magnetisierung (verallgemeinerte Kraft) kann bei gegebenen Parametern (Magnetfeld) verschiedene, praktisch stabile Werte annehmen. Auch in diesem Fall ist die Relaxationszeit zum (absoluten) Gleichgewicht unendlich. Die Änderung des äußeren Magnetfelds B führt hier zu irreversiblen Effekten, die auch im Grenzfall $\dot{B} \to 0$ nicht verschwinden.

Im Hinblick auf diese Sonderfälle impliziert die experimentelle Bedingung „unendlich langsam“ nicht zwangsläufig „Folge von Gleichgewichtszuständen“. Das in Kapitel 8 definierte „quasistatisch“ ist daher eine stärkere Bedingung als „unendlich langsam“. Nur die in diesem Sinn quasistatischen Prozesse (Folge von Gleichgewichtszuständen) sind auch reversibel (Kapitel 12).

Aufgaben

9.1 Entropieänderung bei Durchmischung

Zwei ideale einatomige Gase haben beide die Temperatur T, die Teilchenzahl N und ein Volumen V. Die beiden Volumina grenzen aneinander. Die Wand zwischen ihnen wird nun seitlich herausgezogen, so dass die Gase sich vermischen können. Wie groß ist die Entropieänderung bei diesem Prozess, wenn es sich um (i) gleiche Gase oder um (ii) verschiedene Gase (zum Beispiel Helium- und Argongas) handelt? Die Zustandssumme $\Omega(E, V, N)$ wird als bekannt vorausgesetzt.

10 Verallgemeinerte Kräfte

Die Aussage „S = maximal" des letzten Kapitels galt für den Gleichgewichtszustand beim Wärmeaustausch. Wir zeigen unter allgemeinen Voraussetzungen, dass „S = maximal" das statistische Gleichgewicht eines abgeschlossenen Systems bestimmt.

Die Temperatur ist die treibende Kraft für den Wärmeaustausch. Analog dazu ist die verallgemeinerte Kraft X_i (etwa der Druck) die treibende Kraft für einen x_i-Austausch (etwa einen Volumenaustausch). Die Temperatur ist durch die Ableitung der Entropie $S(E, x)$ nach der Energie E bestimmt. Analog dazu können wir die verallgemeinerte Kraft X_i durch die Ableitung der Entropie nach x_i ausdrücken.

Allgemeine Wahrscheinlichkeitsverteilung

Wir verallgemeinern (9.9) auf die Wahrscheinlichkeitsverteilung $W(\xi)$ für eine beliebige extensive, makroskopische Größe ξ. Unter extensiv (oder auch additiv) verstehen wir, dass ξ proportional zur Teilchenzahl N ist. Das Gleichgewicht ist durch das Maximum von $W(\xi)$ oder der Entropie bestimmt. Wir bezeichnen dieses Gleichgewicht als *statistisch*, weil es auf der Annahme gleicher Wahrscheinlichkeiten für alle zugänglichen Mikrozustände beruht, also auf dem grundlegenden Postulat.

Der makroskopische Zustand eines abgeschlossenen Systems hänge neben der Gesamtenergie E von der makroskopischen Größe ξ ab. Eventuelle weitere Größen, von denen der Zustand abhängt, seien konstant und werden in der Notation unterdrückt. Wir gehen von der Entropie

$$S = S(E, \xi) \tag{10.1}$$

aus und untersuchen, welche Werte ξ im statistischen Gleichgewicht annimmt. Im Gleichgewicht sind alle $\Omega(E, \xi)$ Mikrozustände gleichwahrscheinlich. Die Wahrscheinlichkeit $W(\xi)$ für einen bestimmten ξ-Wert ist daher proportional zur Anzahl $\Omega(E, \xi)$ der Mikrozustände mit diesem Wert:

$$W(\xi) = C\,\Omega(E, \xi) = C\,\exp\left(\frac{S(E, \xi)}{k_B}\right) \tag{10.2}$$

Dabei ist $S = k_B \ln \Omega$ und C eine von ξ unabhängige Konstante. Wir entwickeln den Logarithmus von $W(\xi)$ um eine zunächst willkürliche Stelle $\overline{\xi}$ herum:

$$\ln W(\xi) = \ln W(\overline{\xi}) + \frac{1}{k_B}\left(\frac{\partial S}{\partial \xi}\right)_{\overline{\xi}} (\xi - \overline{\xi}) + \frac{1}{2k_B}\left(\frac{\partial^2 S}{\partial \xi^2}\right)_{\overline{\xi}} (\xi - \overline{\xi})^2 + \ldots \tag{10.3}$$

Wir wählen nun $\overline{\xi}$ als den Wert des Maximums von $S(E, \xi)$:

$$\left(\frac{\partial S(E, \xi)}{\partial \xi}\right)_{\xi=\overline{\xi}} = 0 \qquad \text{(Mittelwert)} \tag{10.4}$$

Aus dem Ergebnis wird sich ergeben, dass $\overline{\xi}$ gleich dem *Mittelwert* der Verteilung $W(\xi)$ ist. Die zweite Ableitung definiert die *Schwankung*

$$\Delta\xi = \sqrt{-\frac{k_{\mathrm{B}}}{(\partial^2 S/\partial \xi^2)_{\overline{\xi}}}} \qquad \text{(Schwankung)} \tag{10.5}$$

Aus (10.3) – (10.5) erhalten wir die gesuchte Wahrscheinlichkeitsverteilung

$$W(\xi) = \frac{1}{\sqrt{2\pi}\,\Delta\xi}\,\exp\left(-\frac{\left(\xi-\overline{\xi}\right)^2}{2\,\Delta\xi^2}\right) \tag{10.6}$$

Der Vorfaktor folgt aus der Normierung $\int d\xi\; W(\xi) = 1$.

Da die makroskopische Größe ξ extensiv ist, gilt $\xi = \mathcal{O}(N)$. Aus (10.5) und $S = \mathcal{O}(N)$ folgt dann $\Delta\xi = \mathcal{O}(N^{1/2})$ und somit

$$\frac{\Delta\xi}{\overline{\xi}} = \mathcal{O}\left(1/\sqrt{N}\right) \tag{10.7}$$

Dies ist zugleich die Größenordnung des Verhältnisses vom $(n+1)$-ten zum n-ten Term in der Taylorentwicklung (10.3). Daher ist der Abbruch beim quadratischen Term gerechtfertigt.

Die Kleinheit der relativen Schwankung (10.7) impliziert, dass fast alle Mikrozustände beim Maximum liegen. Daher bestimmt das Maximum den Gleichgewichtszustand

$S(E, \xi) = \text{maximal}$	Gleichgewichtszustand im abgeschlossenen System	(10.8)

Hierbei ist das Maximum von $S(E, \xi)$ bezüglich ξ gemeint; die Energie E ist im abgeschlossenen System konstant.

Diskussion

Wenn ξ eine Austauschgröße zwischen zwei Teilsystemen ist, dann wird die Bedingung (10.4) zur Gleichheit der zugehörigen Kräfte. Dies bedeutet konkret: Gleiche Temperatur bei Wärmeaustausch (Kapitel 9), gleicher Druck bei Volumenaustausch (unten) und gleiches chemisches Potenzial bei Teilchenaustausch (Kapitel 20).

Im statistischen Gleichgewicht liegt der Wert von ξ in der Nähe von $\overline{\xi}$. Der ξ-Wert weicht aber in der Regel von $\overline{\xi}$ ab; er schwankt oder *fluktuiert* um den Mittelwert $\overline{\xi}$ herum. Es treten also kleine Abweichungen vom Mittelwert auf. Die Größe dieser Fluktuationen ist durch die Schwankung oder mittlere quadratische Abweichung $\Delta\xi$ bestimmt. Der Begriff *Schwankung* bezeichnet einmal die Größe $\Delta\xi$ selbst, zum anderen wird er synonym zu *Fluktuation* benutzt.

Die Wahrscheinlichkeit $W(\xi)$ bezieht sich auf ein statistisches Ensemble vieler gleichartiger Systeme (Kapitel 5). Wir können $W(\xi)$ aber auch als Zeitmittel verstehen. Wir betrachten dazu das in Abbildung 2.2 gezeigte Gasvolumen. In diesem System wechseln fortlaufend einzelne Gasteilchen die Seite. Im linken Teilvolumen befinden sich mal mehr, mal weniger Teilchen. Die tatsächliche Zahl $\xi = N_{\text{links}}$ der Teilchen schwankt daher zeitabhängig um den Mittelwert $\overline{N}_{\text{links}}$ herum. Auch in diesem konkreten Sinn können Fluktuationen verstanden werden.

Für makroskopische Größen sind die Fluktuationen klein, (10.7). Dies gilt nicht für mikroskopische Größen. So ist zum Beispiel die relative Fluktuation der Energie eines einzigen Gasteilchens von der Größe 1. Ein solches Teilchen stößt immer wieder an anderen Teilchen und verändert seine Energie wesentlich. Auch für das einzelne Teilchen kann die Wahrscheinlichkeitsverteilung angegeben werden (Kapitel 22); sie ist aber keine Gaußverteilung wie (10.6).

Wegen der Kleinheit der relativen Schwankung (10.7) ist es in vielen Anwendungen möglich, die Fluktuationen zu vernachlässigen. Insbesondere wird der Gleichgewichtszustand allein durch die Angabe der Mittelwerte geeigneter makroskopischer Größen festgelegt.

Die Fluktuationen $\xi = \overline{\xi} + \delta\xi$ implizieren Fluktuationen der Entropie:

$$S(E, \overline{\xi} + \delta\xi) \approx S(E, \overline{\xi}) + \frac{1}{2}\left(\frac{\partial^2 S}{\partial \xi^2}\right)_{\overline{\xi}} (\delta\xi)^2 = S_{\text{max}} - k_{\text{B}}\left(\frac{\delta\xi}{\Delta\xi}\right)^2 \tag{10.9}$$

Nach (10.6) sind Abweichungen $\delta\xi = \mathcal{O}(\Delta\xi)$ vom Mittelwert wahrscheinlich. Damit treten auch Abweichungen der Entropie von ihrem Maximal- und Gleichgewichtswert von der Größe k_{B} auf. Wegen $S_{\text{max}} = \mathcal{O}(N k_{\text{B}})$ sind diese Abweichungen aber sehr klein, $\delta S / S_{\text{max}} = \mathcal{O}(1/N)$.

Allgemeine Definition der verallgemeinerten Kräfte

Wir betrachten die Abhängigkeit der Entropie von den äußeren Parametern und bestimmen die partiellen Ableitungen $\partial S/\partial x_i = k_{\text{B}} \partial \ln \Omega / \partial x_i$. Dies führt zu einer allgemeinen Definition der verallgemeinerten Kräfte.

Die mikrokanonische Zustandssumme wurde in (5.19) definiert,

$$\Omega(E, x) = \Omega(E, x_1, x_2, \ldots, x_n) = \sum_{r:\, E-\delta E \,\le\, E_r(x) \,\le\, E} 1 \tag{10.10}$$

Für einen willkürlich herausgegriffenen Parameter x_1 lautet die partielle Ableitung

$$\frac{\partial \ln \Omega(E, x)}{\partial x_1} = \frac{\ln \Omega(E, x_1 + dx_1, x_2, \ldots, x_n) - \ln \Omega(E, x_1, x_2, \ldots, x_n)}{dx_1} \tag{10.11}$$

Wir berechnen zunächst

$$\Omega(E, x_1 + dx_1, \ldots, x_n) \;=\; \sum_{r:\, E-\delta E \,\le\, E_r(x_1+dx_1, \ldots, x_n) \,\le\, E} 1$$

$$= \sum_{r:\, E-\delta E\, \le\, E_r(x)+dE_r \le E} 1 \;=\; \sum_{r:\, E-\overline{dE_r}-\delta E\, \le\, E_r(x)\, \le\, E-\overline{dE_r}} 1$$

$$= \Omega(E - \overline{dE_r}, x_1, ..., x_n) \qquad (10.12)$$

Dabei haben wir die Verschiebung $dE_r = (\partial E_r/\partial x_1)\, dx_1$ durch ihren Mittelwert $\overline{dE_r}$ ersetzt. Dies ist möglich, weil die Summe über die sehr vielen Mikrozustände in einem Intervall der Größe δE bei E läuft, wobei alle Mikrozustände mit demselben Gewicht beitragen. Dies entspricht der Mittelwertbildung mit den $P_r(E, x)$ aus (5.20). Die mittlere Energieverschiebung $\overline{dE_r}$ kann durch die in (8.2) definierte verallgemeinerte Kraft X_1 ausgedrückt werden:

$$\overline{dE_r} = \overline{\frac{\partial E_r(x)}{\partial x_1}}\, dx_1 = -X_1\, dx_1 \qquad (10.13)$$

Wir setzen $dx_1 = -\overline{dE_r}/X_1$ und (10.12) in (10.11) ein:

$$\frac{\partial \ln \Omega(E, x)}{\partial x_1} = -\frac{\ln \Omega(E - \overline{dE_r}, x) - \ln \Omega(E, x)}{\overline{dE_r}/X_1}$$

$$= \frac{\partial \ln \Omega(E, x)}{\partial E}\, X_1 = \beta X_1 \qquad (10.14)$$

Hierbei ist $\beta = \partial \ln \Omega/\partial E = 1/k_{\rm B}T$. Wir ersetzen x_1 durch x_i und erhalten

$$\boxed{X_i = k_{\rm B}T\, \frac{\partial \ln \Omega(E, x)}{\partial x_i} \qquad \text{verallgemeinerte Kraft}} \qquad (10.15)$$

Im Folgenden betrachten wir dies als die grundlegende Definition für die verallgemeinerten Kräfte. Während die frühere Definition (8.2) Quantenzustände r voraussetzt, genügt für (10.15) die Zustandssumme $\Omega(E, x)$, die auch für klassische Mikrozustände definiert ist. Die jetzige Definition (10.15) ist daher allgemeiner; sie ist zudem einfacher auszuwerten. Sie ist von derselben Art wie die Temperaturdefinition (9.15).

Aus der mikroskopischen Struktur (das heißt aus $\Omega(E, x)$) können wir jetzt folgende makroskopische Größen bestimmen: Die Entropie $S(E, x) = k_{\rm B} \ln \Omega$, die Temperatur $1/T(E, x) = \partial S/\partial E$ und die verallgemeinerten Kräfte $X_i(E, x) = T\, \partial S/\partial x_i$. Alle diese makroskopischen Größen sind Funktionen der den Gleichgewichtszustand festlegenden Größen E und x. Wir werden häufig $x = V$ als einzigen äußeren Parameter betrachten. Hierfür lauten die nun eingeführten makroskopischen Größen:

$$S(E, V) = k_{\rm B} \ln \Omega(E, V)\,, \qquad \frac{1}{T} = \frac{\partial S(E, V)}{\partial E}\,, \qquad \frac{P}{T} = \frac{\partial S(E, V)}{\partial V} \qquad (10.16)$$

Andere Beispiele für verallgemeinerte Kräfte sind die Magnetisierung M für das Magnetfeld $x = B$, siehe (8.5), und das chemische Potenzial μ für die Teilchenzahl $x = N$ (Kapitel 20, 21).

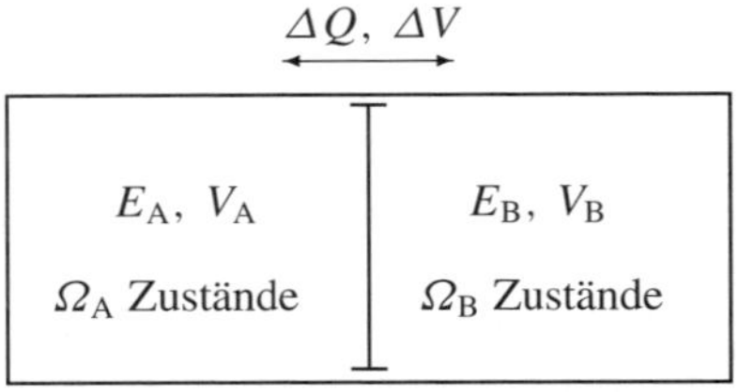

Abbildung 10.1 Ein abgeschlossenes System bestehe aus zwei makroskopischen Teilsystemen, die Wärme und Volumen austauschen können. Wie teilen sich dann die Energie und das Volumen im thermischen Gleichgewicht auf?

Volumenaustausch

Wenn der äußere Parameter x_i eine Austauschgröße zwischen zwei Teilsystemen ist, dann wird die Gleichgewichtsbedingung (10.8) zur Gleichheit der verallgemeinerten Kräfte der beiden Systeme. Einer der wichtigsten äußeren Parameter ist das Volumen. Wir betrachten den Volumenaustausch zwischen zwei Teilsystemen.

Volumen- und Wärmeaustausch

Wir leiten die Gleichgewichtsbedingung für zwei Systeme ab, die Wärme *und* Volumen austauschen können, Abbildung 10.1. Das abgeschlossene Gesamtsystem habe die Energie

$$E = E_{\rm A} + E_{\rm B} = \text{const.} \tag{10.17}$$

und das Volumen

$$V = V_{\rm A} + V_{\rm B} = \text{const.} \tag{10.18}$$

Die Entropie des abgeschlossenen Systems ist im Gleichgewicht maximal:

$$S(E_{\rm A},\, V_{\rm A}) = S_{\rm A}(E_{\rm A},\, V_{\rm A}) + S_{\rm B}(E - E_{\rm A},\, V - V_{\rm A}) = \text{maximal} \tag{10.19}$$

In diesem Fall besteht die Variable ξ aus zwei Größen, $\xi = (E_{\rm A},\, V_{\rm A})$. Andere äußere Parameter seien konstant und werden nicht mit angeschrieben. Die notwendigen Bedingungen für das Vorliegen eines Maximums sind:

$$\frac{\partial S}{\partial E_{\rm A}} = 0 \quad\longleftrightarrow\quad \frac{1}{T_{\rm A}} - \frac{1}{T_{\rm B}} = 0 \tag{10.20}$$

und

$$\frac{\partial S}{\partial V_{\rm A}} = 0 \quad\longleftrightarrow\quad \frac{P_{\rm A}}{T_{\rm A}} - \frac{P_{\rm B}}{T_{\rm B}} = 0 \tag{10.21}$$

Dass an diesen Stellen tatsächlich ein Maximum vorliegt, folgt aus der Form der E- und V-Abhängigkeit von $\Omega(E,\, V)$; in Kapitel 9 wurde dies für die Energieabhängigkeit gezeigt. Im Gleichgewicht gegenüber Wärme- *und* Volumenaustausch gilt also

$$P_{\rm A} = P_{\rm B}\,,\quad T_{\rm A} = T_{\rm B} \qquad \text{(Wärme- und Volumenaustausch)} \tag{10.22}$$

Volumenaustausch über eine adiabatische Wand

Eine bewegliche Wand wie in Abbildung 10.1 lasse keinen Wärmeaustausch zu; dazu könnte sie etwa eine Lage Styropor enthalten. Die Teilsysteme können also nur Volumen austauschen. Im Gleichgewicht müssen die resultierenden Kräfte auf die bewegliche Wand verschwinden, also

$$P_{\mathrm{A}} = P_{\mathrm{B}} \qquad \text{(nur Volumenaustausch)} \tag{10.23}$$

Die Bedingung (10.21) gilt dagegen nicht; denn sie berücksichtigt nicht die Energieänderungen, die mit dem Volumenaustausch zwangsläufig einhergehen.

Wir betrachten ein mögliches Szenario bei einer endlichen Druckdifferenz. Die bewegliche und wärmeundurchlässige Wand werde in einem Anfangszustand mit $P_{\mathrm{A}} \neq P_{\mathrm{B}}$ losgelassen. Dann schwingt die Wand (etwa ein Kolben) hin und her. Über die Reibung wird dann ein Teil der Energie $E_{\mathrm{A}} + E_{\mathrm{B}}$ in Wärme verwandelt. (Der irreversible Energieübertrag nach (8.26) ist dagegen eher nebensächlich, da die Kolbengeschwindigkeit in der Regel viel kleiner ist als die Geschwindigkeiten der Gasteilchen.) Es hängt vom speziellen Aufbau des Systems ab, wie sich diese Wärme auf die Gase und auf das Gefäß verteilt. Nach mehr oder weniger vielen Schwingungen kommt der Kolben zur Ruhe; das abgeschlossene System hat den Gleichgewichtszustand erreicht.

Wie ist dieser Vorgang im Rahmen der allgemeinen Bedingung S = maximal zu verstehen? Wir konstruieren[1] ein abgeschlossenes System, in dem wir neben den Gasen A und B eine Vorrichtung C vorsehen, die über die Kolbenbewegung Energie aufnehmen oder abgeben kann. Die Volumenabhängigkeit dieser Vorrichtung sei vernachlässigbar ($V_{\mathrm{C}} \approx$ const.). Dann gelten

$$E_{\mathrm{A}} + E_{\mathrm{B}} + E_{\mathrm{C}} = \text{const.} \quad \text{und} \quad V = V_{\mathrm{A}} + V_{\mathrm{B}} = \text{const.} \tag{10.24}$$

Die Gleichgewichtsbedingung für das abgeschlossene System ist

$$S = S_{\mathrm{A}}(E_{\mathrm{A}}, V_{\mathrm{A}}) + S_{\mathrm{B}}(E_{\mathrm{B}}, V_{\mathrm{B}}) + S_{\mathrm{C}}(E_{\mathrm{C}}) = \text{maximal} \tag{10.25}$$

Die Vorrichtung C sei so mit dem Kolben gekoppelt, dass die Kolbenbewegung quasistatisch ist. Bei der quasistatischen und adiabatischen Volumenänderung ändern sich die Entropien der Gase nicht[2], also S_{A} = const. und S_{B} = const. Damit wird (10.25) zu $S_{\mathrm{C}}(E_{\mathrm{C}})$ = maximal oder E_{C} = maximal. Aus E_{C} = maximal und $E_{\mathrm{A}} + E_{\mathrm{B}} + E_{\mathrm{C}}$ = const. folgt $E_{\mathrm{A}} + E_{\mathrm{B}}$ = minimal, also

$$E_{\mathrm{A+B}}(V_{\mathrm{A}}) = E_{\mathrm{A}}(S_{\mathrm{A}}, V_{\mathrm{A}}) + E_{\mathrm{B}}(S_{\mathrm{B}}, V - V_{\mathrm{A}}) = \text{minimal} \tag{10.26}$$

Das Minimum ist bezüglich der Abhängigkeit von V_{A} zu bestimmen (wobei S_{A}, S_{B}, V konstant sind); dies ergibt (10.23). Im betrachteten Fall wird die Extremalbedingung S = maximal für das abgeschlossene System zur Extremalbedingung $E_{\mathrm{A}} + E_{\mathrm{B}}$ = minimal für das Teilsystem (aus A und B).

---

[1] Für eine klärende Diskussion bedanke ich mich bei João da Providência Jr.

[2] Für $S(E, V)$ ist $dS = (\partial S/\partial E)\, dE + (\partial S/\partial V)\, dV = 0$ wegen $dE = đW_{\mathrm{q.s.}} = -P\, dV$. Die quasistatische und adiabatische Expansion wird im nächsten Kapitel noch eingehender diskutiert.

Die tatsächlichen Vorgänge beim irreversiblen Druckausgleich sind im Allgemeinen komplizierter. So kann zum Beispiel Reibungswärme durch die Kolbenbewegung an verschiedenen Stellen entstehen und auch die Gase selbst aufheizen. Damit würden alle Beiträge in (10.25) anwachsen (und nicht nur S_C wie im oben konstruierten Prozess). In jedem Fall wird das Maximum der Entropie dann erreicht, wenn keine weitere Umwandlung von Energie in Wärme mehr möglich ist.

Allgemeiner Fall

Die Diskussion des letzten Abschnitts lässt sich auf den Austausch eines beliebigen äußeren Parameters x_i zwischen zwei Systemen A und B übertragen, wenn $x_i = x_{i,\mathrm{A}} + x_{i,\mathrm{B}} = \text{const.}$ gilt. Analog zu (10.23) erhalten wir die Gleichgewichtsbedingung $X_{i,\mathrm{A}} = X_{i,\mathrm{B}}$. Die mit den Argumenten von $\Omega(E, x)$ verknüpften Gleichgewichtsbedingungen lauten damit:

$$X_{i,\mathrm{A}} = X_{i,\mathrm{B}} \qquad \text{(Gleichgewicht bei } x_i\text{-Austausch)} \qquad (10.27)$$

$$T_\mathrm{A} = T_\mathrm{B} \qquad \text{(Gleichgewicht bei Wärmeaustausch)} \qquad (10.28)$$

In Kapitel 5 haben wir als Erfahrungssatz festgestellt, dass sich ein abgeschlossenes System von selbst ins Gleichgewicht begibt. Das Gleichgewicht gegenüber Wärmeaustausch bedeutet gleiche Temperatur, das gegenüber x_i-Austausch gleiche Kräfte X_i. Das Streben ins Gleichgewicht impliziert, dass sich ungleiche Temperaturen durch Wärmeaustausch ausgleichen, und ungleiche verallgemeinerte Kräfte durch Austausch des zugehörigen äußeren Parameters. Eine Temperaturdifferenz ist daher die treibende Kraft für den Wärmeaustausch, so wie eine Druckdifferenz die treibende Kraft für den Volumenaustausch ist. Tatsächlich ist der Wärmefluss näherungsweise proportional zur Temperaturdifferenz (Wärmeleitungsgleichung, Kapitel 43).

Aufgaben

10.1 Druckbeiträge in einem Gasgemisch

In einem Volumen V befindet sich eine Mischung idealer Gase (mit jeweils N_i Teilchen der i-ten Sorte, $i = 1,\ldots,m$). Geben Sie die Zustandssumme $\Omega(E, V, N_1,\ldots, N_m)$ an und berechnen Sie daraus den Druck. Wie tragen die einzelnen Bestandteile zum Druck bei?

11 2. und 3. Hauptsatz

Wir formulieren und diskutieren den 2. und 3. Hauptsatz. Der 2. Hauptsatz gibt eine untere Grenze für die Entropieänderung eines Systems an. Der 3. Hauptsatz besagt, dass die Entropie für $T \to 0$ gegen null geht.

Der Vollständigkeit halber beginnen wir mit dem 1. Hauptsatz aus Kapitel 7:

$$\boxed{dE = đQ + đW \qquad \text{1. Hauptsatz}} \tag{11.1}$$

Hierdurch werden Energieänderungen dE eines Systems als aufgenommene Wärme $đQ$ oder als am System geleistete Arbeit $đW$ klassifiziert. Praktisch erfolgt diese Unterscheidung durch die experimentellen Bedingungen „keine Änderung der äußeren Parameter“ oder „thermische Isolierung“. Der 1. Hauptsatz gilt für beliebige Prozesse, insbesondere auch für nichtquasistatische Prozesse. Das betrachtete System ist im Allgemeinen nicht abgeschlossen; denn sonst wäre ja $đQ = đW = 0$.

2. Hauptsatz

Abgeschlossenes System

Als Erfahrungssatz haben wir festgestellt, dass ein abgeschlossenes System von selbst ins Gleichgewicht strebt. Der Gleichgewichtszustand wird durch ein Ensemble beschrieben, in dem alle zugänglichen Mikrozustände gleichwahrscheinlich sind. Praktisch alle Mikrozustände liegen dort, wo die Entropie ein Maximum hat. Also bewegt sich die Entropie S auf ihren maximalen Wert zu. Für die Änderung der Entropie in einem abgeschlossenen System gilt daher:

$$\boxed{\Delta S \geq 0 \qquad \begin{array}{l}\text{2. Hauptsatz}\\ \text{(abgeschlossenes System)}\end{array}} \tag{11.2}$$

Diese Aussage bezieht sich auf die Entropieänderung $\Delta S = S_b - S_a$ in einem Prozess $a \to b$. In den Kapiteln 9 (Wärmeaustausch), 10 (ξ-Austausch) und 12 (Teilchenaustausch) wird die statistische Grundlage der Aussage $\Delta S > 0$ für den jeweiligen Prozess im Einzelnen untersucht.

Die Entropiedefinition von Kapitel 9 setzt lokale Gleichgewichte voraus, also etwa getrennte Gleichgewichte für die Teilsysteme A und B in Abbildung 9.1; die

Entropie des Gesamtsystems ist dann $S = S_{\rm A} + S_{\rm B}$. Für die Aussage $\Delta S = S_b - S_a \geq 0$ sind damit der Anfangs- und Endzustand, a und b, auf Makrozustände mit lokalem Gleichgewicht beschränkt. Dagegen sind die während des Prozesses $a \to b$ auftretenden Makrozustände beliebig.

In Kapitel 41 wird die Aussage $dS/dt \geq 0$ aus der Mastergleichung abgeleitet; dazu wird die Entropie S für einen beliebigen Makrozustand definiert. Die Lektüre des Kapitels 41 kann vorgezogen werden.

Wenn die Entropie im abgeschlossenen System ihren Maximalwert erreicht hat, fluktuiert sie nach (10.9) um diesen Wert. Dies bedeutet, dass es auf der Skala $k_{\rm B}$ Verletzungen der Bedingung (11.2) gibt. Verglichen mit $S_{\rm max} = \mathcal{O}(Nk_{\rm B})$ sind diese Abweichungen aber vernachlässigbar klein. Insbesondere erlauben sie nicht die Konstruktion eines perpetuum mobile 2. Art (Kapitel 19).

Offenes System

Die Entropie $S(E, x) = k_{\rm B} \ln \Omega(E, x)$ eines Gleichgewichtszustands hängt von der Energie E und den äußeren Parametern $x = (x_1, \ldots, x_n)$ ab. Wir berechnen das vollständige Differenzial der Entropie:

$$dS = \frac{\partial S(E,x)}{\partial E}\, dE + \sum_{i=1}^{n} \frac{\partial S(E,x)}{\partial x_i}\, dx_i = \frac{dE}{T} + \sum_{i=1}^{n} \frac{X_i}{T}\, dx_i \qquad (11.3)$$

Hierin setzen wir den 1. Hauptsatz und (8.3), $\sum X_i\, dx_i = -đW_{\rm q.s.}$, ein:

$$dS = \frac{1}{T}\left(đQ + đW - đW_{\rm q.s.} \right) \qquad (11.4)$$

Für einen quasistatischen Prozess folgt hieraus

$$\boxed{dS = \frac{đQ_{\rm q.s.}}{T}} \qquad (11.5)$$

Nach (8.29) gilt

$$đW \geq đW_{\rm q.s.} \qquad (11.6)$$

Damit wird (11.4) zu

$$\boxed{dS \geq \frac{đQ}{T} \qquad \text{2. Hauptsatz (offenes System)}} \qquad (11.7)$$

Diese Aussage soll (11.5) als Spezialfall mit einschließen. Sofern das Gleichheitszeichen in (11.7) nicht gilt, ist das auf nichtquasistatische Arbeitsleistung zurückzuführen; dies folgt aus (11.4) mit (11.6). Als Beispiel führen wir die nichtquasistatische infinitesimale Kolbenoszillation in Abbildung 8.3 an, für die $dS > đQ/T = 0$ gilt. Dieser Prozess wurde in Kapitel 8 als irreversibel gekennzeichnet; auf diese Kennzeichnung kommen wir im nächsten Kapitel zurück.

Die Formulierung (11.7) ist dadurch eingeschränkt, dass die Temperatur T des Systems definiert sein muss. In einem Prozess $a \to b$ kann dies die Temperatur T_a des Anfangszustands a sein. Die Temperaturänderung $dT = T_b - T_a$ ist infinitesimal, so dass es keine Rolle spielt, ob T_a oder T_b im Nenner in (11.7) eingesetzt wird.

Bei der Einführung der Entropie und der Temperatur in Kapitel 9 haben wir ein System betrachtet, das nur lokal im Gleichgewicht ist (jeweils im Subsystem A und B). Zur Anwendung von (11.7) genügt es, wenn die Temperatur lokal definiert ist (etwa als Funktion des Orts, siehe Abschnitt 'Voraussetzungen der Entropie- und Temperaturdefinition' in Kapitel 9).

Der Abschnitt 'Wärmezufuhr' unten zeigt, wie man mit (11.5) die Entropieänderung eines Systems berechnen kann, wenn der Anfangs- und der Endzustand Gleichgewichtszustände sind. Über die im realen Prozess zwischenzeitlich auftretenden Makrozustände müssen dabei keine Voraussetzungen gemacht werden.

Die Aussagen (11.2) und (11.7) überlappen sich teilweise. So kann man etwa aus (11.5) die Entropiezunahme $\Delta S > 0$ beim Temperaturausgleich im insgesamt abgeschlossenen System berechnen (Kapitel 12). Die Aussage (11.2) ist aber nur teilweise in (11.7) enthalten; denn (11.7) setzt eine Temperatur des betrachteten Systems voraus.

Ein Wärmeübertrag $đQ \neq 0$ kann durch Kontakt mit einem Wärmebad erfolgen. Der Übertrag erfolgt quasistatisch, wenn die Temperatur T des Wärmebads gleich der des Systems ist. Tatsächlich muss es aber einen kleinen Temperaturunterschied geben, damit der Wärmeaustausch in endlicher Zeit erfolgt. Der ideale Grenzfall 'quasistatisch' wird nur im Grenzfall eines verschwindenden Temperaturunterschieds (und damit einer unendlich langen Prozessdauer) erreicht. Jeder reale Prozess enthält zumindest kleine nichtquasistatische (und damit irreversible) Anteile.

Allgemeiner Fall

Für einen allgemeinen Prozess kann man die Aussagen (11.2) und (11.5) in folgender Weise zusammenfassen. Der Wärmeaustausch erfolge über ein Wärmebad mit der Temperatur T_{W}. An der Stelle des Kontakts mit dem Wärmebad habe das System lokal ebenfalls die Temperatur T_{W}. Konkret könnte dieser Kontakt am Rand eines Systems stattfinden, das in ein Wärmebad eingetaucht ist. Das Wärmebad überträgt nun quasistatisch die Wärme $đQ_{\mathrm{q.s.}}$. Nach (11.5) ergibt sich die externe Änderung (d_{e}) der Entropie S des Systems zu $d_{\mathrm{e}}S = đQ/T_{\mathrm{W}}$. Daneben können im Inneren des Systems beliebige Vorgänge ablaufen. Für die damit verbundene interne Änderung (d_{i}) der Entropie S gilt nach (11.2) $d_{\mathrm{i}}S \geq 0$. Insgesamt erhält man damit die Entropieänderung $dS = d_{\mathrm{e}}S + d_{\mathrm{i}}S$ oder

$$dS = \frac{đQ_{\mathrm{q.s.}}}{T_{\mathrm{W}}} + d_{\mathrm{i}}S\,, \qquad d_{\mathrm{i}}S \geq 0 \qquad \text{(2. Hauptsatz)} \qquad (11.8)$$

In einem realen Prozess können die Beiträge $d_e S$ und $d_i S$ nur dann getrennt werden, wenn das System an der Stelle des Wärmekontakts tatsächlich die Temperatur T_W des Wärmebads hat. Für die theoretische Aufteilung genügt es aber, dass das Wärmebad die Temperatur T_W hat.

Zur Diskussion der Formulierung (11.8) betrachten wir die Wärmezufuhr zur Erde durch Sonnenstrahlung. Die uns erreichende Wärmestrahlung ist durch die Oberflächentemperatur $T_W = T_\odot$ der Sonne (etwa 6000 K) gekennzeichnet (Kapitel 33). Wir könnten diese Energie (im Prinzip) mit einem Absorber der Temperatur $T_{\text{Absorber}} = T_\odot$ auffangen. Dabei nimmt die Entropie zunächst um $d_e S = đQ/T_W$ zu. Zwischen dem Absorber und der Erdoberfläche (mit $T_E \approx 300\,\text{K}$) kann die Temperatur nun durch Wärmeleitung ausgeglichen werden. Dann wäre $d_i S = đQ(1/T_E - 1/T_W)$ maximal und man erhält insgesamt $dS = đQ/T_E$. (Die Berechnung der Entropieänderung bei Temperaturausgleich wird noch ausführlich im nächsten Kapitel besprochen). Der Wärmetransport vom höheren Niveau T_W zum niedrigeren Niveau T_E kann aber auch dazu genutzt werden, um einen Teil der Wärmemenge $đQ$ in nutzbare Arbeit umzuwandeln. Dies geschieht in der Natur etwa durch Umwandlung in Windenergie und technisch in jeder Art von Sonnenkraftwerk. In diesem Fall ist $dS < đQ/T_E$.

Das Beispiel zeigt, dass der Kontakt mit dem Wärmebad (hier der Absorber) nicht unbedingt der Rand des Systems (wie etwa die äußere Schicht der Atmosphäre) sein muss; der Kontakt kann vielmehr auch innerhalb des Systems liegen.

Zum Absorber in diesem Beispiel sei noch Folgendes angemerkt. Wenn der Absorber exakt die Temperatur der Strahlung hat, dann emittiert er ebenso viel Energie wie er absorbiert. Praktisch muss er daher eine zumindest etwas kleinere Temperatur haben, $T_{\text{Absorber}} = T_\odot - \Delta T$. Wie am Ende des letzten Abschnitts diskutiert, entspricht der quasistatische Prozess dem Grenzfall $\Delta T \to 0$.

In einem Sonnenofen werden die Sonnenstrahlen mit Hohlspiegeln gebündelt. In einem realen Sonnenofen erreicht man dadurch maximal etwa 4000 bis 5000 K; dies liegt deutlich unter der theoretischen Obergrenze $T_W = T_\odot$. Der Entropieübertrag $dS = đQ/T_{\text{Absorber}}$ enthält daher neben dem ersten Term in (11.8) bereits einen Anteil $d_i S$, der dem Wärmetransport vom Niveau T_W zu T_{Absorber} entspricht.

Verschiedene Formulierungen

In der Literatur findet man verschiedene Formulierungen des 2. Hauptsatzes. Dazu gibt dieser Abschnitt einige Erläuterungen.

Die historischen Formulierungen von Clausius (1850), Kelvin (1851) und Carnot (1824) werden häufig verbal wiedergegeben:

1. Clausius: Es gibt keinen thermodynamischen Prozess, der nur darin besteht, dass Wärme von einem System mit der Temperatur $T_<$ zu einem System mit $T_>$ fließt (wobei $T_< < T_>$).

2. Kelvin: Es gibt keinen thermodynamischen Prozess, der nur darin besteht,

dass Wärme in Arbeit umgewandelt wird. Oder: Es gibt kein perpetuum mobile 2. Art.

3. Carnot: Es gibt keine Wärmekraftmaschine, die effizienter als ein Carnot-Prozess ist.

Zu Punkt 1 überlegt man sich, dass ein solcher Prozess $\Delta S = \Delta Q(1/T_{>} - 1/T_{<}) < 0$ für das abgeschlossene System bedeuten würde. Die anderen Punkte werden in Kapitel 19 über Wärmekraftmaschinen als Konsequenz des 2. Hauptsatzes behandelt. Viele Autoren[1] gehen von diesen Formulierungen aus.

Heute bezeichnet man meist eine Gleichung oder Ungleichung als 2. Hauptsatz. Einige Autoren[2] bezeichnen die Aussage (11.2) als 2. Hauptsatz. Andere Autoren stellen die Aussage (11.7) in den Mittelpunkt und bezeichnen sie als 2. Hauptsatz. Reif [6] bezeichnet die Aussagen (11.2) und (11.5) zusammen als 2. Hauptsatz. Die Formulierung (11.8) wird von Brenig [6] (4. Auflage) und in ähnlicher Form von Schmutzer[3] angegeben. In Darstellungen, in denen (11.2) als 2. Hauptsatz bezeichnet wird, wird natürlich auch $dS = đQ_{\text{q.s.}}/T$ verwendet. Umgekehrt wird immer auch $\Delta S \geq 0$ für das abgeschlossene System angegeben und verwendet.

Zur Begründung der Thermodynamik sind (11.2) und (11.5) als Formulierung des 2. Hauptsatzes ausreichend. Diese beiden Aussagen sind aber nicht unabhängig voneinander; denn aus (11.5) folgt die Entropiezunahme $\Delta S > 0$ beim Temperaturausgleich im insgesamt abgeschlossenen System (Kapitel 12).

Wärmezufuhr

Für beliebige Prozesse $a \to b$ zwischen zwei Gleichgewichtszuständen kann die Entropieänderung $\Delta S = S_b - S_a$ aus (11.5) berechnet werden, wenn man einen quasistatischen Weg vom Zustand a zum Zustand b konstruiert. Längs dieses konstruierten Wegs durchläuft das System dann eine Folge von Gleichgewichtszuständen, so dass $T = T(E, x)$ in

$$\Delta S = \int_a^b \frac{đQ_{\text{q.s.}}}{T} \tag{11.9}$$

definiert ist. Da hierbei auch quasistatische Arbeitsleistungen zugelassen sind, kann man beliebige Endzustände erreichen.

In einem quasistatischen Prozess werde die Temperatur eines Systems durch die Zufuhr der Wärme $dQ_{\text{q.s.}}$ von T auf $T + dT$ erhöht. Durch das Verhältnis

$$C = \frac{đQ_{\text{q.s.}}}{dT} \tag{11.10}$$

[1] Zum Beispiel K. Huang, *Statistical Mechanics*, 2nd ed., John Wiley, 1987

[2] Zum Beispiel Landau-Lifschitz [8] oder F. Mandl, *Statistical Physics*, 2nd ed., John Wiley, 1988

[3] E. Schmutzer, *Grundlagen der Theoretischen Physik*, Teil 1, B.I.-Wissenschaftsverlag, Zürich 1989

Tabelle 11.1 Die spezifische Wärme c_P von Wasser und Kupfer (bei Normaldruck und Zimmertemperatur).

System	Spezifische Wärme	Schmelztemperatur	Schmelzwärme
Wasser	4.2 J/(g K)	273.15 K	334 J/g
Kupfer	0.38 J/(g K)	1356.6 K	205 J/g
Eisen	0.45 J/(g K)	1808 K	277 J/g

ist die *Wärmekapazität* des Systems definiert. Die Wärmekapazität pro Masse, $c = C/M$, bezeichnen wir als *spezifische Wärme*. In Tabelle 11.1 sind einige experimentelle Werte angegeben. Die Wärmekapazität und die spezifische Wärme hängen davon ab, welche makroskopischen Parameter (etwa V oder P) bei der Wärmezufuhr konstant gehalten werden; sie werden dann durch einen entsprechenden Index gekennzeichnet (C_V und C_P). Falls das Volumen konstant gehalten wird, gibt es keine mit dem Prozess verbundene Arbeitsleistung (da $đW_{\text{q.s.}} = -P\,dV = 0$). Die Differenz zwischen verschiedenen Wärmekapazitäten (insbesondere $C_P - C_V$) wird später diskutiert; für Festkörper und Flüssigkeiten sind sie meist klein. Die Wärmekapazität und die spezifische Wärme sind Funktionen der makroskopischen Zustandsgrößen, also $C = C(T, P, ...)$.

Im Folgenden nehmen wir an, dass die Wärmekapazität des betrachteten Systems konstant ist, $C = \text{const.}$ Aus (11.9) und (11.10) folgen dann

$$\Delta S = \int_a^b \frac{đQ_{\text{q.s.}}}{T} = \int_a^b \frac{C\,dT}{T} = C\,\ln\left(\frac{T_b}{T_a}\right) \tag{11.11}$$

und

$$\Delta Q = \int_a^b đQ_{\text{q.s.}} = C\,(T_b - T_a) \tag{11.12}$$

Zur Berechnung des Integrals in (11.11) setzen wir einen quasistatischen Weg voraus. Die Bedingung „quasistatisch“ wird durch einen hinreichend langsamen Prozess erfüllt (langsame Wärmezufuhr und (eventuell) langsame Änderung äußerer Parameter). Dann ist in jedem Stadium des Prozesses $a \to b$ eine Temperatur definiert.

Wenn dem System die Wärmemenge ΔQ bei konstanten äußeren Parametern zugeführt wird, dann gelten (11.11) und (11.12) auch für einen nichtquasistatischen Prozess. In diesem Fall bestimmen der Anfangszustand $a = (E_a, x_a)$ und ΔQ den Endzustand b, und zwar durch $E_b = E_a + \Delta Q$ und $x_b = x_a$. Damit liegen auch die Temperaturen T_a und T_b und die Entropieänderung $\Delta S = S_b - S_a$ fest.

Die nichtquasistatische Zuführung der Wärmemenge könnte konkret dadurch erfolgen, dass ein Stück Materie lokal erhitzt (zum Beispiel mit einem Bunsenbrenner oder auf einer Kochplatte) und anschließend thermisch isoliert wird. Im System (dem Stück Materie) laufen dann zunächst zeit- und ortsabhängige Wärmeleitungsprozesse ab, also nichtquasistatische Prozesse. Schließlich stellt sich aber wieder ein Gleichgewichtszustand ein.

Falls man Materie bei konstantem Druck erhitzt, dann dehnt sie sich (in der Regel) aus; die äußeren Parameter sind also nicht konstant. Diese Expansion wird vielfach so langsam erfolgen, dass die damit verbundene Arbeitsleistung quasistatisch erfolgt (also gleich $-\Delta W_{\text{q.s.}} = \int P\, dV$ ist). Auch in diesem Fall ist der erreichte Endzustand unabhängig davon, ob die Wärmemenge tatsächlich quasistatisch zugeführt wird. Man kann ΔS also wieder gemäß (11.11) berechnen (jetzt aber mit $C = C_P$), selbst wenn die Wärme lokal zugeführt wird, und der Prozess daher insgesamt nichtquasistatisch ist.

3. Hauptsatz

Quantenmechanische Systeme haben üblicherweise genau einen Zustand mit niedrigst möglicher Energie E_0, den Grundzustand. Dieser Zustand ist vom ersten angeregten Zustand durch eine endliche Energie $E_1 - E_0$ getrennt. Im Grenzfall $E \to E_0$ liegt dann nur noch ein einziger Zustand im Intervall $[E, E + \delta E]$, also

$$\Omega(E) = 1 \quad \text{für } E \to E_0 \tag{11.13}$$

und

$$S(E) = k_{\text{B}} \ln \Omega(E) \overset{E \to E_0}{\longrightarrow} 0 \tag{11.14}$$

Im Gegensatz hierzu haben wir bisher immer Systeme und Energien betrachtet, für die sehr viele Zustände im δE-Intervall liegen.

Für die Anregung von Freiheitsgraden steht die Energie $E - E_0$ zur Verfügung. Damit wird (6.21) zu

$$\Omega(E) \propto (E - E_0)^{\gamma f} \tag{11.15}$$

Hieraus folgt

$$\frac{1}{k_{\text{B}} T} = \frac{\partial \ln \Omega}{\partial E} \propto \frac{\gamma f}{E - E_0} \overset{E \to E_0}{\longrightarrow} \infty \tag{11.16}$$

Daher bedeutet $E \to E_0$ soviel wie $T \to 0$; dies entspricht der physikalischen Bedeutung der Temperatur als (verfügbarer) Energie pro Freiheitsgrad. Für die diskreten quantenmechanischen Zustände (mit $E_0, E_1, \ldots$) wird der Zusammenhang zwischen $E \to E_0$ und $T \to 0$ in Teil IV noch genauer begründet. Aus (11.14) und (11.16) folgt

$$\boxed{S \overset{T \to 0}{\longrightarrow} 0 \qquad \text{3. Hauptsatz}} \tag{11.17}$$

Dies ist der 3. Hauptsatz, der auch Nernstsches Theorem genannt wird.

Experimentell lässt sich $T = 0$ nicht exakt erreichen; praktisch erreicht man Werte im Bereich von $T = 10^{-7}\,$K. In praktischen Anwendungen wird man oft

$T \to 10^{-3}$ K als gleichwertig zu $T \to 0$ betrachten können. Bei solchen Temperaturen sind fast alle Freiheitsgrade eingefroren; es liegt jeweils der Grundzustand vor. Dabei gibt es aber eine Ausnahme, nämlich die Einstellung der Spins von Atomkernen. Atomkerne mit ungerader Nukleonenzahl haben immer einen endlichen Spin. Dieser Kernspin wechselwirkt mit seiner Umgebung über sein kleines magnetisches Moment μ_{K}. Dieses magnetische Moment ist von der Größe des magnetischen Moments eines Nukleons und damit um etwa einen Faktor 10^3 kleiner als dasjenige eines Elektrons. Die Wechselwirkung der Kernspins untereinander und mit der Umgebung ist daher extrem schwach. Für diese Kernspins kann dann eine Temperatur von $T = 10^{-3}$ K eine *hohe* Temperatur sein, in der alle möglichen Spinzustände gleichwahrscheinlich sind. Für N Kerne mit Spin $1/2$ bedeutet dies, dass alle $\Omega_0 = 2^N$ Spineinstellungen (5.6) gleichwahrscheinlich sind. In diesem Fall geht die Entropie für kleine Temperaturen gegen den Wert $S_0 = k_{\mathrm{B}} \ln \Omega_0 = N k_{\mathrm{B}} \ln 2$. Der Wert S_0 hängt nur von der Art der Atomkerne, nicht aber von der Energie oder von äußeren Parametern des Systems ab. In diesem Sinn wird der 3. Hauptsatz auch in der Form

$$S \stackrel{T \to 0^+}{\longrightarrow} S_0 \qquad \text{(3. Hauptsatz)} \tag{11.18}$$

angegeben. Dabei soll $T \to 0^+$ die Annäherung an eine praktisch erreichbare, sehr niedrige Temperatur bedeuten; und S_0 ist eine Konstante. Im Prinzip gilt (11.17) aber auch für Systeme mit Kernspin; denn auch die Kernspins werden sich bei einer hinreichend kleinen Temperatur in irgendeiner Weise ausrichten. Eine Ordnung der Spins setzt ein, wenn $k_{\mathrm{B}} T$ vergleichbar ist mit der Stärke der Wechselwirkung der Kernspins untereinander oder mit Restmagnetfeldern im Festkörper.

Ergänzungen

Die Hauptsätze bilden die Grundlagen der Thermodynamik, die die Relationen zwischen makroskopischen Größen untersucht. Dabei bezieht sich die Thermodynamik im Wesentlichen auf Systeme im Gleichgewicht. Über Nichtgleichgewichtszustände werden, basierend auf dem Erfahrungssatz „Isolierte Systeme bewegen sich ins Gleichgewicht“, nur qualitative Aussagen gemacht. So ergibt sich aus der Gleichgewichtsbedingung „$T_1 = T_2$“ bei Wärmeaustausch die qualitative Aussage, dass eine Temperaturdifferenz „$T_1 \neq T_2$“ einen Wärmeübertrag einleitet, der vom Nichtgleichgewichtszustand zum Gleichgewichtszustand führt.

Im axiomatischen Sinn sind die drei Hauptsätze nicht vollständig. Für die Definition der Temperatur (durch ein Messverfahren) benötigen wir insbesondere die Aussage, dass Gleichgewicht gegenüber Wärmeaustausch gleichbedeutend mit gleicher Temperatur ist. Dies wird gelegentlich als 0. Hauptsatz formuliert [6]. Für die praktische Anwendung benötigen wir auch den Erfahrungssatz, dass abgeschlossene Systeme sich tatsächlich (in endlicher Zeit) ins Gleichgewicht bewegen; verglichen damit ist $\Delta S \geq 0$ eine sehr schwache Aussage.

Aufgaben

11.1 Entropieänderung bei Wärmeaustausch I

Ein halber Liter Wasser befindet sich bei Zimmertemperatur in einem Stahlgefäß mit der Masse 2 kg. Nun wird ein Eiswürfel von 100 g in das Wasser gegeben und das System thermisch isoliert. Wie groß ist die Wassertemperatur, die sich schließlich einstellt? Berechnen Sie die Entropieänderung.

11.2 Entropieänderung bei Wärmeaustausch II

Ein Kilogramm Wasser von 10 °C wird mit einem Wärmespeicher von 90 °C in thermischen Kontakt gebracht. Danach stellt sich ein neues Gleichgewicht ein. Berechnen Sie für diesen Prozess die Entropieänderung des Wassers, des Wärmespeichers und des Gesamtsystems.

11.3 Entropie eines Gummibands

Ein Gummiband wird als System mit dem einzigen äußeren Parameter Länge L betrachtet. Die Abhängigkeit der Entropie $S(E, L)$ von L soll in folgendem Modell berechnet werden: Das Gummiband wird durch eine Kette aus N Gliedern der Länge d simuliert. Alle Glieder liegen auf einer Geraden; das jeweils nächste Glied ist mit gleicher Wahrscheinlichkeit nach rechts oder nach links gerichtet. Bestimmen Sie die Anzahl Ω_L der Konfigurationen für festes L und daraus die Entropie

$$S(E, L) - S(E, 0) = -\frac{k_\mathrm{B} L^2}{2 N d^2} \qquad \text{für} \quad L \ll N d$$

Drücken Sie Ω_L zunächst durch $m = n_+ - n_- = L/d \ll N$ aus, wobei $n_\pm$ die Anzahl der nach rechts (links) gerichteten Glieder ist. Berechnen Sie auch die Kraft f, mit der das Gummiband gespannt ist.

12 Reversibilität

Ausgehend vom 2. Hauptsatz klassifizieren wir Prozesse als reversibel oder als irreversibel. Anschließend untersuchen wir eine Reihe von Prozessen (Wärmeaustausch und Expansion) im Hinblick auf diese Klassifizierung. Dabei gehen wir besonders ausführlich auf die mikroskopische Grundlage der Irreversibilität der freien Expansion ein.

Abgeschlossenes System

Ausgehend von (11.2) unterscheiden wir für abgeschlossene Systeme

$$\Delta S = 0 \qquad \text{reversibler Prozess} \tag{12.1}$$

$$\Delta S > 0 \qquad \text{irreversibler Prozess} \tag{12.2}$$

Beispiele für einen irreversiblen Prozess sind insbesondere der Temperaturausgleich und die freie Expansion, Abbildung 12.1. Diese Beispiele werden im Folgenden noch eingehend diskutiert.

Reversible Prozesse sind ideale Grenzfälle. Reale Prozesse können allenfalls *fast* reversibel sein. Konkret bedeutet dies, dass ein reversibler Prozess mit beliebig kleinem äußeren Aufwand rückgängig gemacht werden kann. Als Beispiel werden wir die quasistatische Expansion anführen.

Offenes System

Ausgehend von (11.7) unterscheiden wir für offene Systeme

$$dS = \frac{đQ}{T} \qquad \text{reversibler Prozess} \tag{12.3}$$

$$dS > \frac{đQ}{T} \qquad \text{irreversibler Prozess} \tag{12.4}$$

Für einen quasistatischen Prozess gilt das Gleichheitszeichen; ein solcher Prozess ist also reversibel. Daher ist auch der Index „rev“ anstelle von „q.s.“ in (11.4) üblich:

$$dS = \frac{đQ_{\text{q.s.}}}{T} = \frac{đQ_{\text{rev}}}{T} \qquad \text{(alternative Schreibweisen)} \tag{12.5}$$

Sofern das Gleichheitszeichen in (11.7) nicht gilt, ist der Prozess nichtquasistatisch; nach (12.4) also irreversibel. Ein quasistatischer oder reversibler Prozess besteht aus

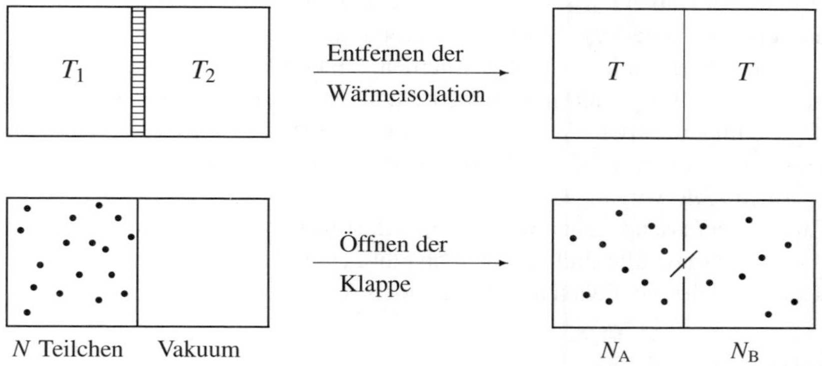

Abbildung 12.1 Nach Aufhebung von Nebenbedingungen sind dem System im Allgemeinen mehr Mikrozustände zugänglich als zuvor. Im oberen Teil wird ein Prozess durch die Entfernung der thermischen Isolation zwischen zwei Teilsystemen eingeleitet. Danach gleicht sich die Temperatur aus. Im unteren Teil wird ein Prozess durch Öffnen einer Klappe eingeleitet. Danach dehnt sich das Gas auf das gesamte zur Verfügung stehende Volumen aus. Im abgeschlossenen System kann keiner der Prozesse in umgekehrter Richtung ablaufen; sie sind irreversibel.

einer Folge von Gleichgewichtszuständen. Die Bezeichnung „quasistatisch“ betont die experimentelle Voraussetzung ($\tau_{\text{exp}}/\tau_{\text{relax}} \to \infty$), die Bezeichnung „reversibel“ die Umkehrbarkeit des Prozesses. Relaxationszeiten (und Sonderfälle mit unendlicher Relaxationszeit) wurden im letzten Abschnitt in Kapitel 9 diskutiert.

Ein *reversibler* Prozess im offenen System ist in folgendem Sinn *umkehrbar*, also reversibel im Wortsinn: Eine Änderung von äußeren Parametern $x_a \to x_b$ und/oder ein Wärmeübertrag bewirke den quasistatischen Prozess $a \to b$. Die auftretenden Gleichgewichtszustände $a, \ldots,$ Zwischenzustände$, \ldots, b$ können nun in umgekehrter Richtung durchlaufen werden, wenn die Änderung der äußeren Parameter umgekehrt wird ($dx_i \to -dx_i$, dies impliziert $đW_{\text{q.s.}} \to -đW_{\text{q.s.}}$) und das Vorzeichen des Wärmeübertrags geändert wird ($đQ_{\text{q.s.}} \to -đQ_{\text{q.s.}}$). Der so definierte Prozess führt von E_b, x_b wieder zum Anfangszustand E_a, x_a. Mit $đQ_{\text{q.s.}} \to -đQ_{\text{q.s.}}$ gilt auch $dS \to -dS$ für $dS = đQ_{\text{q.s.}}/T$ für die einzelnen Abschnitte des Prozesses; bei der Umkehrung wird S_b wieder zu S_a.

Abweichungen von der jeweils minimalen Entropieänderung $dS = đQ_{\text{q.s.}}/T$ sind immer positiv. Sie können sich daher bei einem Versuch, den Prozess $a \to b$ umzukehren, nicht aufheben. Wenn solche Abweichungen auftreten, dann ist der Prozess nicht umkehrbar.

Als Beispiel für einen irreversiblen Prozess betrachten wir noch einmal das Gas in Abbildung 8.3, das durch einen oszillierenden Kolben eingeschlossen ist. Nach einer vollen Schwingung des Kolbens hat das Volumen des Gases wieder den ursprünglichen Wert; die Änderung des äußeren Parameters wurde rückgängig gemacht. Die Energie erreicht aber einen um $\Delta E = \Delta E^{(1)}_{\text{irrev}}$ höheren Wert, (8.26). Der reversible Grenzfall $\Delta E_{\text{irrev}} \to 0$ gilt genau dann, wenn die Kolbengeschwindigkeit gegen null geht. Jede reale Volumenänderung läuft mit endlicher Geschwindigkeit ab und führt daher zu irreversiblen Anteilen. Analog hierzu müssen beim Wärmetransport kleine Temperaturunterschiede (und damit kleine irreversible Anteile) in Kauf genommen werden, damit der Wärmetransport in endlicher Zeit passiert. Allgemein gilt: Jeder reale Prozess läuft mit endlicher Geschwindigkeit ab und enthält daher irreversible Vorgänge.

Zusammenfassend stellen wir fest, dass die reversiblen Prozesse (12.3) wie auch (12.1) ideale Grenzfälle sind. Tatsächlich gibt es nur näherungsweise reversible Prozesse, also solche, bei denen die irreversiblen Anteile sehr klein sind.

Temperaturausgleich

Wir betrachten den Temperaturausgleich zwischen zwei Systemen, die zunächst unterschiedliche Temperaturen haben und die dann in thermischen Kontakt gebracht werden (Abbildung 12.1 oben). Der thermische Kontakt führt zu einem Ausgleich der Temperaturen; das abgeschlossene Gesamtsystem ist dann im Gleichgewicht. Wir haben diesen Prozess bereits in Kapitel 9 untersucht, wobei statistische Überlegungen im Mittelpunkt standen. Wir gehen hierauf noch einmal kurz ein und behandeln den Prozess dann vom thermodynamischen Standpunkt.

Der in Abbildung 9.1 betrachtete Wärmeaustausch ist gleichbedeutend mit dem hier betrachteten Temperaturausgleich. Abbildung 9.3 macht klar, dass im Gleichgewicht ($T_1 = T_2$) die Anzahl Ω_b der zugänglichen Mikrozustände viel größer als im Anfangszustand a ist, also

$$\Omega_b \gg \Omega_a \tag{12.6}$$

Dies ist die mikroskopische Ursache für die Nicht-Umkehrbarkeit (Irreversibilität): Im Endzustand b sind alle Ω_b Mikrozustände gleichwahrscheinlich. Dazu gehören auch die Ω_a des Anfangszustands. Wegen (12.6) haben sie aber ein verschwindend kleines statistisches Gewicht; ihr Auftreten ist extrem unwahrscheinlich. Im folgenden Beispiel der freien Expansion wird im Einzelnen dargelegt, dass „unwahrscheinlich“ hier „praktisch unmöglich“ bedeutet.

Wir behandeln den irreversiblen Temperaturausgleich nun thermodynamisch. Die Berechnung der Entropieänderungen der Teilsysteme erfolgt mit (12.3), also unter der Annahme, dass die Teilsysteme jedes für sich eine Folge von Gleichgewichtszuständen durchlaufen. Wie im Abschnitt ‘Wärmezufuhr’ in Kapitel 11 diskutiert, ist die so berechnete Entropieänderung ΔS auch dann korrekt, wenn der Wärmeaustausch nicht langsam erfolgt. Die Entropieänderungen $\Delta S = S_b - S_a$ der Teilsysteme hängen ja nur vom Anfangs- und Endzustand ab; diese liegen aber über die Ausgangstemperaturen der beiden Systeme fest.

Als konkretes Beispiel betrachten wir die Kühlung einer Bierflasche B in einem See S. Für beide Systeme nehmen wir konstante Wärmekapazitäten, C_{B} und C_{S}, an. Die Bierflasche wird durch Kontakt mit dem See die Wärmemenge

$$\Delta Q_{\text{B}} = C_{\text{B}}\,(T_b - T_a) \tag{12.7}$$

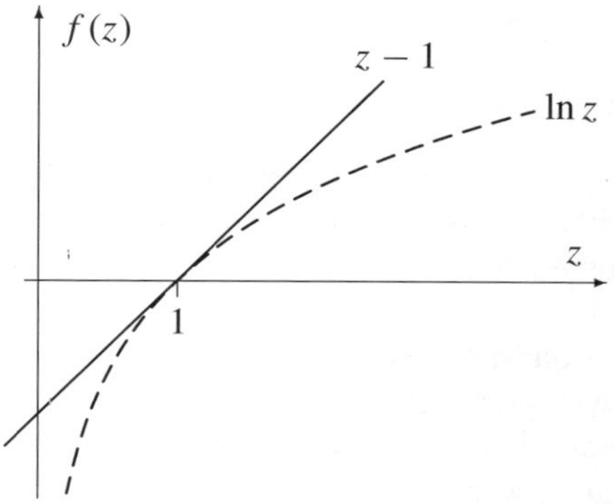

Abbildung 12.2 Graph der Funktionen $\ln z$ und $z-1$. Wegen $z - 1 \geq \ln z$ ist ΔS aus (12.13) immer größer gleich null.

aufnehmen. Dabei ist T_a die Anfangs- und T_b die Endtemperatur der Bierflasche. Bei einer Kühlung der Bierflasche gilt $T_b < T_a$ und $\Delta Q < 0$; (12.7) und die folgenden Gleichungen gelten aber auch für $T_b > T_a$. Im abgeschlossenen System „Bierflasche + See" ist die Energie konstant

$$\Delta E = \Delta E_\mathrm{B} + \Delta E_\mathrm{S} = \Delta Q_\mathrm{B} + \Delta Q_\mathrm{S} = 0 \tag{12.8}$$

Es treten keine Arbeitsleistungen auf. Aus $\Delta Q_\mathrm{S} = -\Delta Q_\mathrm{B}$ folgt für die Temperaturänderung ΔT_S des Sees

$$|\Delta T_\mathrm{S}| = \frac{|\Delta Q_\mathrm{S}|}{C_\mathrm{S}} = \frac{|\Delta Q_\mathrm{B}|}{C_\mathrm{S}} = \frac{C_\mathrm{B}}{C_\mathrm{S}}\,|T_b - T_a| \ll |T_b - T_a| \tag{12.9}$$

Der See spielt die Rolle eines *Wärmebads* (oder Wärmereservoirs): Wegen $C_\mathrm{S} \gg C_\mathrm{B}$ können wir die Temperaturänderung des Sees (des Wärmebads) vernachlässigen, also

$$T_\mathrm{S} = \text{const.}\,, \qquad T_b = T_\mathrm{S} \tag{12.10}$$

Im Gleichgewichtszustand sind die Temperaturen der Teilsysteme gleich; im Endzustand b haben die Bierflasche und der See die gleiche Temperatur T_b.

Wir bestimmen die Entropieänderungen der beiden Teilsysteme:

$$\Delta S_\mathrm{S} \;=\; \int_a^b \frac{đQ_{\mathrm{S,\,q.s.}}}{T} = \frac{\Delta Q_\mathrm{S}}{T_b} = -\frac{\Delta Q_\mathrm{B}}{T_b} = C_\mathrm{B}\,\frac{T_a - T_b}{T_b} \tag{12.11}$$

$$\Delta S_\mathrm{B} \;=\; \int_a^b \frac{đQ_{\mathrm{B,\,q.s.}}}{T} = \int_{T_a}^{T_b} \frac{C_\mathrm{B}\,dT}{T} = C_\mathrm{B}\,\ln\left(\frac{T_b}{T_a}\right) \tag{12.12}$$

Hieraus erhalten wir die Entropieänderung des Gesamtsystems:

$$\Delta S = \Delta S_\mathrm{S} + \Delta S_\mathrm{B} = C_\mathrm{B}\,(z - 1 - \ln z) \quad \text{mit} \quad z = T_a/T_b \tag{12.13}$$

Aus Abbildung 12.2 ersieht man sofort, dass

$$\ln z \;\leq\; z - 1 \tag{12.14}$$

Aus den letzten beiden Gleichungen folgt

$$\Delta S \geq 0 \qquad \text{(Bierflasche + See)} \tag{12.15}$$

Das Gleichheitszeichen gilt nur für $T_b = T_a$. Bei endlicher Temperaturdifferenz ist der Temperaturausgleich (Kühlung oder Erwärmung der Bierflasche im See) mit einem Anstieg der Entropie im abgeschlossenen System verbunden. Ein solcher Temperaturausgleich ist irreversibel.

Für die Berechnung von ΔS wurde ein quasistatischer Prozess *angenommen*. Dies bedeutet, dass der Wärmeaustausch so langsam erfolgen soll, dass das System Bierflasche jederzeit eine definierte Temperatur hat. Die so berechneten Ergebnisse, insbesondere ΔS_S und ΔS_B, gelten aber auch, wenn nur die Endzustände Gleichgewichtszustände sind (siehe Abschnitt Wärmezufuhr in Kapitel 11). Tatsächlich wird man während des Kühlvorgangs orts- und zeitabhängige Temperaturen in der Bierflasche erwarten.

Freie Expansion

Ein Volumen V wird durch eine Zwischenwand in zwei gleich große Volumina unterteilt. In einem Teilvolumen befinde sich ein Gas, im anderen nichts (also ein Vakuum). Nun werde eine Drehklappe in der Zwischenwand geöffnet (Abbildung 12.1 unten). Die Drehung der Klappe erfolgt ohne Arbeitsleistung, $đW = 0$. Das System sei insgesamt thermisch isoliert, also $đQ = 0$. Damit bleibt die Energie E ungeändert, $dE = đQ + đW = 0$; ebenfalls ungeändert ist die Teilchenzahl N. Durch Öffnen der Klappe wird jedoch das zugängliche Volumen verdoppelt, $V_b = 2\,V_a$. Nach (6.16) ist $\Omega \propto V^N$. Damit gilt für den betrachteten Prozess im abgeschlossenen System

$$\Omega_b = 2^N\,\Omega_a \gg \Omega_a \tag{12.16}$$

Wegen $\Omega_b \gg \Omega_a$ (also $\Delta S = S_b - S_a > 0$) ist der Prozess $a \to b$ irreversibel. Im Folgenden diskutieren wir die statistischen Grundlagen dieser Irreversibilität.

Vor dem Öffnen der Klappe liegt der Gleichgewichtszustand a vor. Nach dem Öffnen verteilt sich das Gas rasch über das ganze Volumen; die Zeitskala hierfür ist L/c_s, wobei L die Längenskala des Volumens und c_s die Schallgeschwindigkeit ist. Nach dem Öffnen der Klappe kommt es zu einer zeitabhängigen Dichteverteilung, es treten also Nichtgleichgewichtszustände auf. Nach einigen L/c_s stellt sich der neue Gleichgewichtszustand b ein.

Alle Ω_b Mikrozustände des Endzustands b sind gleichwahrscheinlich. Unter diesen Zuständen befinden sich auch die Ω_a Mikrozustände des Anfangszustands a; diese Zustände sind ja nach wie vor zugängliche Zustände im Sinn des grundlegenden Postulats. Innerhalb der Ω_b Zustände haben diese Ω_a Zustände jedoch ein verschwindendes statistisches Gewicht. Die Wahrscheinlichkeit dafür, im Ensemble des Endzustands b einen der Ω_a Zustände zu finden, ist

$$P = \frac{\Omega_a}{\Omega_b} = 2^{-N} \approx 10^{-2\cdot 10^{23}} \qquad \left(N = 6\cdot 10^{23}\right) \tag{12.17}$$

Für den Zahlenwert haben wir angenommen, dass sich ein Mol des Gases in dem betrachteten Gasvolumen befindet. Dieser Wert von P bedeutet faktisch die Unmöglichkeit, einen der Ω_a Mikrozustände im Endzustand b tatsächlich vorzufinden. Wir erläutern diese „Unmöglichkeit" näher.

Wir beziehen uns auf ein klassisches, ideales Gas mit den Mikrozuständen (5.8),

$$r = (\boldsymbol{r}_1, ..., \boldsymbol{r}_N, \boldsymbol{p}_1, ..., \boldsymbol{p}_N) \tag{12.18}$$

Zu einem bestimmten Zeitpunkt liegt ein bestimmter Zustand r vor, im nächsten Augenblick ein anderer. Gleichgewicht bedeutet, dass dabei alle Zustände r mit gleicher Wahrscheinlichkeit auftreten.

Wir teilen die Mikrozustände im Ensemble des Endzustands b in Klassen ein, wobei eine Klasse k die Aufteilung der Teilchen in die Teilvolumina angibt. Durch

$$k = (+, +, -, -, -, +, +, -, +, -, +, \ldots) \tag{12.19}$$

geben wir an, ob sich das Teilchen 1, 2, ..., N im linken (+) oder rechten (−) Teilvolumen befindet. Es gibt 2^N verschiedene solche Aufteilungen oder Klassen, $k = 1, 2, \ldots, 2^N$; dabei nehmen wir der Einfachheit halber unterscheidbare Teilchen an. Jede Klasse umfasst gleich viele Mikrozustände, und zwar $\Omega_b/2^N = \Omega_a$ Zustände.

Der Anfangszustand $a = (+, +, +, +, +, +, \ldots)$ stellt eine der 2^N Klassen dar. Um die Frage zu klären, ob und wann der Zustand a wieder erreicht wird, untersuchen wir, nach welcher Zeit Δt das System von einer Klasse zur anderen wechselt.

Bei Zimmertemperatur bewegen sich Luftmoleküle mit einer Geschwindigkeit $\overline{v} \approx 400\,\text{m/s}$. In einem idealen Gas stößt jedes Teilchen nach einer Zeit $\mathcal{O}(L/\overline{v})$ an die Zwischenwand; dabei ist L die Längenausdehnung senkrecht zur Zwischenwand. Wenn die Klappenöffnung den 10^{-3}-ten Teil der Fläche der Zwischenwand ausmacht, wechselt ein bestimmtes Teilchen im Mittel nach der Zeit

$$\tau \sim \frac{L}{\overline{v}}\, 10^3 \approx 1\,\text{s} \tag{12.20}$$

von einem Teilvolumen zum anderen. Für den Zahlenwert haben wir das Volumen $V = L^3 = 22.4 \cdot 10^3\,\text{cm}^3$ eines Mols unter Normalbedingungen eingesetzt. Dabei kommt es hier auf eine Größenordnung mehr oder weniger nicht an; es spielt daher auch keine Rolle, dass die tatsächlichen Vorgänge in einem realen Gas wegen der Stöße anders ablaufen. Nach der Zeit τ haben in etwa alle $N = 6 \cdot 10^{23}$ Atome einmal die Seite gewechselt. Dabei ist das betrachtete System N-mal von einer Klasse (12.19) zu einer anderen gewechselt. Das System wechselt die Klasse also jeweils nach der Zeit

$$\Delta t = \frac{\tau}{N} \sim 10^{-24}\,\text{s} \tag{12.21}$$

Die Zeit, in der *alle* 2^N Klassen (12.19) gerade einmal durchlaufen werden, ist

$$T \sim 2^N\, \Delta t \tag{12.22}$$

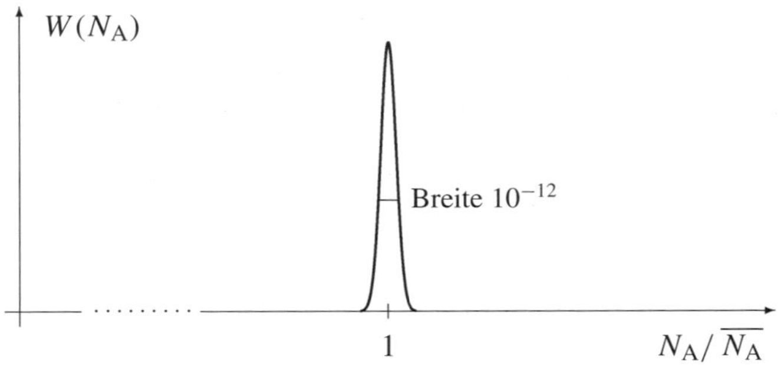

Abbildung 12.3 Die N Atome eines idealen Gases halten sich im zugänglichen Volumen V überall mit gleicher Wahrscheinlichkeit auf (Abbildung 12.1 unten rechts). Daraus folgt die hier dargestellte Wahrscheinlichkeit $W(N_A)$ dafür, dass gerade N_A Teilchen im linken, ursprünglichen Teilvolumen sind. Die gezeigte Verteilung ist extrem scharf: Die dargestellte endliche Breite impliziert, dass der Abszissenwert 2 (alle Teilchen im Anfangsvolumen) etwa 1 Million Kilometer rechts vom Zentrum der Verteilung liegt. Würden wir stattdessen die 2 auf der gezeigten Abszisse markieren, dann wäre die Verteilung ein Strich mit einer Breite von etwa 10^{-10} mm (also unsichtbar).

In etwa dieser Zeit wird auch der Anfangszustand a einmal durchlaufen; mit etwas Glück geschieht dies vielleicht schon nach der Zeit $T/100$. Wir schätzen T numerisch ab:

$$T \sim 2^{6\cdot 10^{23}}\, 10^{-24}\,\mathrm{s} \approx 10^{2\cdot 10^{23}-24}\,\mathrm{s} = 10^{2\cdot 10^{23}-24-18}\, t_{\mathrm{Welt}} \tag{12.23}$$

Die Zeit T ist so groß, dass wir sagen können, der Anfangszustand a wird *niemals* wieder erreicht werden. Auch wenn man T als Vielfaches des Weltalters $t_{\mathrm{Welt}} \approx 10^{10}$ Jahre ausdrückt, ändert das den Exponenten des Vorfaktors nur wenig. Zwar sind die Mikrozustände des Ensembles von a im Ensemble von b enthalten; sie haben aber verschwindendes statistisches Gewicht. Die Unwahrscheinlichkeit ihres Auftretens wird zur faktischen Unmöglichkeit.

Wir geben noch explizit die Wahrscheinlichkeit $W(N_A)$ dafür an, dass sich N_A Teilchen im ursprünglichen Volumen aufhalten (Abbildung 12.1, unten rechts). Bei gleich großen Teilvolumina hält sich jedes einzelne Teilchen mit der Wahrscheinlichkeit $p = 1/2$ links, und mit $q = 1/2$ rechts auf. In Kapitel 3 wurde die Wahrscheinlichkeit $W_N(n)$ berechnet, dass sich gerade $n = N_A$ Teilchen in einem Teilvolumen aufhalten. Wegen $Npq \gg 1$ kann $W_N(n)$ durch eine Gaußfunktion angenähert werden,

$$W(N_A) = W_N(N_A) \overset{(3.15)}{=} \frac{1}{\sqrt{2\pi}\,\Delta N_A}\, \exp\left(-\frac{\left(N_A - \overline{N_A}\right)^2}{2\,\Delta N_A^2}\right) \tag{12.24}$$

Dabei ist $\overline{N_A} = Np = N/2$ und $\Delta N_A = \sqrt{Npq} = \sqrt{N}/2$. Diese Verteilung ist in Abbildung 12.3 skizziert. Für ein makroskopisches System (etwa mit $N = 10^{24}$)

ist sie außerordentlich scharf,

$$\frac{\Delta N_{\mathrm{A}}}{\overline{N_{\mathrm{A}}}} = \frac{1}{\sqrt{N}} = 10^{-12} \tag{12.25}$$

Diese Schärfe bedeutet, dass fast alle der 2^N Klassen in der unmittelbaren Umgebung von $\overline{N_{\mathrm{A}}} = N/2$ liegen, also beim Maximum der Wahrscheinlichkeitsverteilung. Das Gleichgewicht kann daher durch

$$\text{Gleichgewicht:} \quad W(N_{\mathrm{A}}) = \text{maximal} \tag{12.26}$$

charakterisiert werden.

Die in diesem Abschnitt diskutierte freie Expansion ist aus folgenden Gründen instruktiv:

1. Die Verbindung mit den statistischen Grundlagen (random walk in Kapitel 3) ist besonders eng und offensichtlich.

2. Das Beispiel ist charakteristisch für andere Verteilungen im statistischen Gleichgewicht. Setzen wir in die allgemeine Verteilung $W(\xi)$ aus (10.6) $\xi = N_{\mathrm{A}}$ ein, so erhalten wir (12.24); für $\xi = E_{\mathrm{A}}$ erhalten wir die entsprechende Verteilung für den Wärmeaustausch (Kapitel 9). Die Aussage (12.26) entspricht „$S =$ maximal“.

3. Das Beispiel beleuchtet in besonders einfacher und durchsichtiger Weise die Ursache der Irreversibilität eines Prozesses mit $\Delta S > 0$ (oder $\Omega_b \gg \Omega_a$) im abgeschlossenen System.

Adiabatische Expansion

Wir betrachten jetzt verschiedene adiabatische Expansionsprozesse (Abbildung 12.4). Im letzten Abschnitt von Kapitel 8 hatten wir hierfür gefunden:

$$\Delta W = \begin{cases} \Delta W_{\text{q.s.}} = -\int dV\, P & \text{quasistatische Expansion} \\ 0 & \text{freie Expansion} \\ \text{keine obere Grenze} & \text{beliebige Expansion} \end{cases} \tag{12.27}$$

Quasistatischer Fall

Im quasistatischen Fall gilt $\Delta W = \Delta W_{\text{q.s.}}$. Damit gilt das Gleichheitszeichen in (11.6) und (11.7). Die quasistatische Expansion ist ein reversibler Prozess.

Am Beispiel des einatomigen idealen Gases diskutieren wir die Anzahl der Mikrozustände bei einer quasistatischen adiabatischen Expansion. Nach (6.20) gilt

$$\ln \Omega(E, V, N) = \frac{3N}{2} \ln\left(\frac{E}{N}\right) + N \ln\left(\frac{V}{N}\right) + N \ln c \tag{12.28}$$

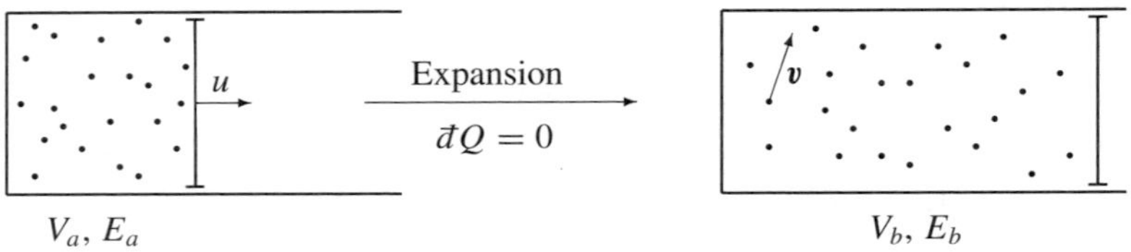

Abbildung 12.4 Ein Gas wird adiabatisch expandiert. Der Betrag der Kolbengeschwindigkeit sei u, der mittlere Betrag der Geschwindigkeit der Gasteilchen sei $\overline{v}$. Im quasistatischen Grenzfall ($u/\overline{v} \to 0$) ist die Arbeitsleistung $\Delta W = \Delta W_{\text{q.s.}} = -\int dV\, P < 0$; nur in diesem Grenzfall ist die Expansion reversibel. Bei einem sehr schnellen Herausziehen des Kolbens ($u \gg \overline{v}$) ist $\Delta W = 0$ (freie Expansion). Wenn der Kolben auf dem Weg von V_a nach V_b eine Weile mit endlicher Geschwindigkeit oszilliert, dann wird das Gas während dieser Phase aufgeheizt. Für einen allgemeinen Expansionsprozess gibt es daher keine obere Grenze für ΔW. In allen Fällen gilt $E_b - E_a = \Delta W$.

Die Energieänderung bei einer adiabatischen und quasistatischen Volumenänderung um dV ergibt sich aus

$$dE = đQ_{\text{q.s.}} + đW_{\text{q.s.}} = đW_{\text{q.s.}} \overset{(8.14)}{=} -\frac{2}{3}\frac{E}{V}\, dV \qquad (12.29)$$

Damit erhalten wir

$$d\ln\Omega = \frac{3N}{2}\frac{dE}{E} + \frac{N}{V}\, dV = \frac{3N}{2}\frac{-2}{3V}\, dV + \frac{N}{V}\, dV = 0 \qquad (12.30)$$

Hieraus folgt $d\Omega/dV = 0$ und

$$\Omega_b = \Omega_a \qquad (12.31)$$

Die quasistatische adiabatische Expansion erfüllt (12.3) und ist damit reversibel. Man kann auch ein abgeschlossenes System konstruieren und damit einen reversiblen Prozess nach (12.1). Dazu ergänzt man das in Abbildung 12.4 gezeigte System durch einen Speicher für die vom Gas geleistete Arbeit; dies könnte etwa durch das Anheben eines Gewichts über ein Getriebe erfolgen. Für das abgeschlossene System aus dem Gas und dem Speicher gilt dann $\Omega_b = \Omega_a$ oder $\Delta S = 0$, denn die wenigen Freiheitsgrade des Speichers können bei Berechnung der Anzahl der Mikrozustände vernachlässigt werden. Damit hat man einen (fast) reversiblen Prozess im abgeschlossenen System; denn die gespeicherte Arbeit kann dazu benutzt werden, das Gas auf umgekehrtem Weg wieder zu komprimieren. Tatsächlich bedarf es zur Umkehrung des Prozesses eines (beliebig) kleinen Eingriffs von außen.

Nichtquasistatischer Fall

Im nicht-quasistatischen Fall gilt $\Delta W > \Delta W_{\text{q.s.}}$. Damit gilt das Größerzeichen in (11.6) und (11.7), also (12.4). Die nichtquasistatische Expansion ist ein irreversibler Prozess.

Im letzten Abschnitt wurde speziell die freie Expansion diskutiert. Aus $E_b = E_a$ und $V_b = 2\, V_a$ folgt $\Omega_b \gg \Omega_a$. Dies ist die statistische Ursache der Irreversibilität.

Die letzte Zeile in (12.27) wurde in Kapitel 8 am Beispiel eines Gases begründet, das durch einen oszillierenden Kolben eingeschlossen ist. Die Kolbenbewegung (mit endlicher Geschwindigkeit) überträgt irreversibel Energie auf das Gas; diese Energie ist proportional zur Dauer der Oszillationen und damit nicht begrenzt. In einem numerischen Beispiel hatten wir in (8.27) $E_b = 1.01\, E_a$ für 100 Kolbenschwingungen erhalten; zugleich war $V_b = V_a$. Wegen $\Omega \propto E^{3N/2}$ gilt dann wieder $\Omega_b \gg \Omega_a$.

In den beiden Fällen (freie Expansion und oszillierender Kolben) ist $\Delta S > 0$ und $\Delta Q = 0$. Daher gilt (12.4); die Prozesse sind irreversibel. Das Beispiel des oszillierenden Kolbens macht deutlich, dass der reversible Grenzfall nur für eine gegen null gehende Geschwindigkeit erreicht wird.

Schlussbemerkung

Für einen beliebigen Prozess ist $đQ/T$ eine untere Schranke für die Entropiezunahme. Irreversible Vorgänge führen zu einer zusätzlichen (oft unerwünschten) Entropiezunahme.

Arbeit $đW$ kann jederzeit in Wärme $đQ$ umgewandelt werden (elektrischer Heizofen), Wärme dagegen nur bedingt in Arbeit (Wärmekraftmaschine, Kapitel 19). Um die hochwertigere Energieform Arbeit nicht zu verschwenden, wird man bei einem Prozess dem System möglichst wenig Arbeit zuführen. Nach (11.5) bedeutet dies, möglichst nahe am quasistatischen (also reversiblen) Grenzfall zu bleiben. Aus (11.6) folgt (11.7) und umgekehrt; die Differenz zur unteren Schranke $đW_{\text{q.s.}}$ für die Arbeit ist gleich derjenigen von $T\,dS$ zur unteren Schranke $đQ$. Es sind gerade die irreversiblen Anteile des Prozesses, die zu einer Differenz zu diesen unteren Schranken (oder optimalen Werten) führen.

Unter dem Gesichtspunkt der Erhaltung der hochwertigen Energieform Arbeit betrachten wir noch einmal die freie Expansion. Den Prozess $E_a, V_a \to E_a, V_b$ kann man alternativ so führen: Das Gas expandiert quasistatisch von V_a zu V_b und leistet dabei Arbeit $-\Delta W > 0$. Dann führt man die Wärmemenge $\Delta Q = -\Delta W$ zu, damit das System seine ursprüngliche Energie E_a erreicht. Relativ zu dieser Prozessführung bedeutet die freie Expansion eine Umwandlung von (hochwertiger) Arbeit in (minderwertige) Wärme. Der Zusammenhang zwischen Irreversibilität und der Umwandlung von Arbeit in Wärme wurde hier relativ zu einem Alternativprozess aufgezeigt; im Beispiel des oszillierenden Kolbens ist der Zusammenhang unmittelbar klar.

Aufgaben

12.1 Kurvendiskussion für $f(x) = x - 1 - \ln x$

Diskutieren Sie die Funktion $f(x) = x - 1 - \ln x$. Bestimmen Sie die Extrema, und skizzieren Sie den Graphen der Funktion.

Ein Stein mit der Wärmekapazität C hat die Temperatur T_1. Er wird in ein Schwimmbecken mit der (konstanten) Temperatur T_2 geworfen und nimmt daraufhin die Temperatur T_2 an. Geben Sie die Entropieänderung des Systems an, und stellen Sie den Zusammenhang mit der durchgeführten Kurvendiskussion her.

12.2 Entropieänderung bei Wärmeaustausch III

Eine Stoffmenge A mit der Anfangstemperatur $T_{\rm A}$ werde mit einer Stoffmenge B mit der Anfangstemperatur $T_{\rm B}$ in thermischen Kontakt gebracht. Die übertragenen Wärmemengen sind durch

$$đQ_{\rm A,\,q.s.} = C_{\rm A}\,dT, \qquad đQ_{\rm B,\,q.s.} = C_{\rm B}\,dT$$

mit näherungsweise konstanten Wärmekapazitäten $C_{\rm A}$ und $C_{\rm B}$ gegeben.

Bestimmen Sie die Temperatur des sich einstellenden Gleichgewichtszustands. Berechnen Sie die Änderung der Entropie des Gesamtsystems ΔS bei diesem Prozess. Zeigen Sie $\Delta S \geq 0$.

13 Statistische Physik und Thermodynamik

Wir fassen die Grundlagen der statistischen Physik, wie sie in den Kapiteln 5 – 12 eingeführt wurden, zusammen. Dabei stellen wir die Hauptaufgaben der statistischen Physik und der Thermodynamik gegenüber.

Statistische Physik

Die statistische Physik geht von der mikroskopischen Struktur des betrachteten Systems aus und behandelt die mikroskopischen Freiheitsgrade statistisch. Dies führt zu Aussagen über makroskopische Größen und ihre Beziehungen zueinander. Wir beschränken uns dabei weitgehend auf Gleichgewichtszustände.

Die Ableitung der makroskopischen Eigenschaften eines Systems aus seiner mikroskopischen Struktur kann durch das Schema

$$H(x) \xrightarrow{1.} E_r(x) \xrightarrow{2.} \Omega(E,x) \xrightarrow{3.} S(E,x),\ T(E,x),\ X(E,x) \qquad (13.1)$$

dargestellt werden. Wir erläutern die einzelnen Schritte allgemein und speziell für das ideale Gas:

1. Ausgangspunkt ist der Hamiltonoperator H des Systems. Die Parameter, von denen H abhängt, bezeichnen wir zusammenfassend mit $x = (x_1, ..., x_n)$. Diese Parameter können etwa die Teilchenzahl, das Volumen oder ein äußeres magnetisches Feld sein. Der erste Schritt (erster Pfeil in (13.1)) besteht in der Bestimmung der Eigenwerte $E_r(x)$ von $H(x)$. Dadurch sind die

   $$\text{Mikrozustände } r \text{ mit der Energie } E_r(x) \qquad (13.2)$$

   des Systems bestimmt. Für die betrachteten Vielteilchensysteme ist die Bestimmung der Eigenwerte von H ein komplexes, im Allgemeinen nicht lösbares Problem. Daher untersucht man oft Modell-Hamiltonoperatoren oder Näherungslösungen.

2. Der zweite Schritt besteht in der Berechnung der Zustandssumme

   $$\Omega(E,x) = \sum_{r:\, E - \delta E \le E_r(x) \le E} 1 \qquad (13.3)$$

   Auch dies ist ein nichttrivialer Schritt. Dazu halte man sich vor Augen, dass die Summe über die Mikrozustände r aus f Summen über die Quantenzahlen n_i in $r = (n_1, ..., n_f)$ besteht. Für $f = \mathcal{O}(10^{24})$ sind diese Summen nur in besonders einfachen Fällen ausführbar.

3. Für den dritten Schritt wird das grundlegende Postulat, also

$$P_r = \begin{cases} \dfrac{1}{\Omega(E,x)} & E - \delta E \le E_r(x) \le E \\ 0 & \text{sonst} \end{cases} \tag{13.4}$$

vorausgesetzt. Wir beschränken uns damit auf Gleichgewichtszustände. Diese Makrozustände sind durch die Parameter E und x festgelegt; daher können alle anderen makroskopischen Größen durch E und x ausgedrückt werden. Zu diesen makroskopischen Größen gehören insbesondere die Entropie, die Temperatur und die verallgemeinerten Kräfte:

$$S(E,x) = k_{\rm B} \ln \Omega(E,x) \tag{13.5}$$

$$\frac{1}{T} = \frac{\partial S(E,x)}{\partial E}\,, \qquad \frac{X_i}{T} = \frac{\partial S(E,x)}{\partial x_i} \tag{13.6}$$

Der dritte Schritt in (13.1) besteht konkret in der Gleichsetzung (13.5) und der Berechnung der partiellen Ableitungen (13.6). Er impliziert nichttriviale Voraussetzungen wie die Existenz von Gleichgewichtszuständen und deren Beschreibung durch das grundlegende Postulat. Er stellt die Verbindung zwischen der mikroskopischen (Ω) und der makroskopischen (S) Ebene her und ist damit begrifflich von entscheidender Bedeutung. Als auszuführender Schritt ist er aber im Gegensatz zu den ersten beiden Schritten trivial; man muss ja lediglich S mit $k_{\rm B} \ln \Omega$ gleichsetzen und die partiellen Ableitungen bilden.

Das Schema (13.1) ist auch auf klassische Systeme anwendbar. In diesem Fall ist H die Hamiltonfunktion, und bei der Abzählung (13.3) ist zu berücksichtigen, dass jedem Mikrozustand ein endliches Volumenelement des Phasenraums entspricht.

Für konkrete Systeme werden wir später meist anstelle der mikrokanonischen Zustandssumme Ω die kanonische oder großkanonische Zustandssumme (Teil IV) auswerten. Auch aus diesen anderen Zustandssummen ergeben sich alle relevanten makroskopischen Größen.

Für ein ideales, einatomiges Gas (Kapitel 6) gehen wir die skizzierten Schritte noch einmal im Einzelnen durch:

1. Der Hamiltonoperator $H(x)$ ist durch (6.2) gegeben; die äußeren Parameter sind $x = (V, N)$. Die Mikrozustände r und ihre Energie E_r sind

$$r = (n_1, \ldots, n_{3N})\,, \qquad E_r(V,N) = \sum_{k=1}^{3N} \frac{\pi^2 \hbar^2}{2mL^2}\, n_k^2 \tag{13.7}$$

2. Die Auswertung der Zustandssumme mit diesen E_r ergibt (6.20), also

$$\ln \Omega(E,V,N) = \frac{3}{2}\, N \ln\left(\frac{E}{N}\right) + N \ln\left(\frac{V}{N}\right) + N \ln c \tag{13.8}$$

3. Hieraus folgt die Entropie

$$S(E, V, N) = \frac{3}{2}\, N k_{\rm B} \ln\left(\frac{E}{N}\right) + N k_{\rm B} \ln\left(\frac{V}{N}\right) + N k_{\rm B} \ln c \qquad (13.9)$$

Der erste Teil von (13.6) ergibt die kalorische Zustandsgleichung

$$E = \frac{3}{2}\, N k_{\rm B} T \qquad (13.10)$$

Für $x = V$ und $X = P$ ergibt der zweite Teil von (13.6) die thermische Zustandsgleichung

$$PV = N k_{\rm B} T \qquad (13.11)$$

Wie hier allgemein und speziell für das ideale Gas skizziert, leitet die statistische Physik aus der mikroskopischen Struktur des Systems Beziehungen zwischen makroskopischen Variablen ab. In Teil V wenden wir dieses Verfahren auf zahlreiche Systeme an.

Thermodynamik

Die Thermodynamik befasst sich allein mit makroskopischen Größen und ihren Beziehungen untereinander; sie nimmt dabei keinen Bezug auf die zugrunde liegende mikroskopische Struktur. Historisch entwickelte sie sich als Disziplin, bevor die Verbindung mit der mikroskopischen Struktur bekannt war. Diese Verbindung lässt sich durch die zentrale Gleichung $S = k_{\rm B} \ln \Omega$ charakterisieren. Sie wurde von Boltzmann zu einer Zeit aufgestellt, als S nur makroskopisch (als Messgröße) definiert war.

Hauptsätze

Die statistische Physik geht vom Hamiltonoperator des betrachteten Systems und vom grundlegenden Postulat aus. Dagegen wird die Thermodynamik auf den Hauptsätzen aufgebaut:

$$dE = đQ + đW \qquad \text{1. Hauptsatz} \qquad (13.12)$$

$$\begin{array}{ll} \Delta S \geq 0 & \text{(abgeschlossenes System)} \\ dS = đQ_{\rm q.s.}/T & \text{(quasistatischer Prozess)} \end{array} \qquad \text{2. Hauptsatz} \qquad (13.13)$$

$$S \stackrel{T\to 0}{\longrightarrow} 0 \qquad \text{3. Hauptsatz} \qquad (13.14)$$

Die Hauptsätze können als Grundgesetze der Thermodynamik aufgefasst werden, etwa so wie die Newtonschen Axiome für die Mechanik oder die Maxwellgleichungen für die Elektrodynamik. Solche Naturgesetze können nicht abgeleitet werden. Sie werden entweder postuliert oder als Verallgemeinerung der Beschreibung von Schlüsselexperimenten aufgestellt.

In den vorhergehenden Kapiteln haben wir die Hauptsätze im Zusammenhang mit der zugrunde liegenden mikroskopischen Struktur eingeführt. Dabei haben wir sie teilweise plausibel gemacht. Dazu sei etwa an die Diskussion der Unwahrscheinlichkeit erinnert, alle Atome eines idealen Gases zufällig in einem Teilvolumen zu finden (Kapitel 12); dieses Beispiel beleuchtete die statistische Grundlage der faktischen Unmöglichkeit eines Prozesses mit $\Delta S < 0$ im abgeschlossenen System. Daneben haben wir uns aber auch auf Erfahrungssätze berufen, zu denen insbesondere das Streben eines abgeschlossenen Systems ins Gleichgewicht gehört. Darüberhinaus gingen Definitionen ein, die sich auf die experimentellen Bedingungen bezogen; dies gilt etwa für die Klassifikation der möglichen Energieüberträge im 1. Hauptsatz.

Messgrößen

In den vorherigen Kapiteln haben wir makroskopische Größen (insbesondere die Entropie und die Temperatur) mikroskopisch definiert. Hieraus ergeben sich Eigenschaften dieser Größen, die es erlauben, sie mit Messgrößen zu verknüpfen. Eine zentrale Eigenschaft der Temperatur war (9.17):

$$T_{\mathrm{A}} = T_{\mathrm{B}} \qquad \text{(Gleichgewicht bei thermischem Kontakt)} \tag{13.15}$$

In der Thermodynamik wird die Temperatur von vornherein als Messgröße eingeführt, wobei (13.15) vorausgesetzt wird.

Zustandsgleichungen

Die Hauptsätze beziehen sich nicht auf bestimmte Systeme. Die daraus folgenden Aussagen gelten daher ganz allgemein. Eine solche Aussage ist zum Beispiel der Wirkungsgrad einer idealen Wärmekraftmaschine. Detailliertere Aussagen erhält man, wenn man zusätzlich die Zustandsgleichungen des betrachteten Systems verwendet. In der statistischen Physik werden diese Zustandsgleichungen nach dem Schema (13.1) bestimmt; in der Thermodynamik werden sie als Annahmen oder phänomenologische Ansätze eingeführt.

Wir werden vorwiegend *homogene Systeme im Gleichgewicht* betrachten. Ein homogenes System ist überall im Bereich des Volumens V von gleicher Struktur. Dies gilt zum Beispiel für ein Gasvolumen oder einen Kupferstab, nicht aber für das System „Gas und Kasten" oder für einen versilberten Kupferstab; diese zusammengesetzten Systeme können eventuell als zwei homogene Systeme behandelt werden. Häufig tritt für homogene Systeme neben dem Volumen V nur noch die Teilchenzahl N als äußerer Parameter auf. Dabei kann der Parameter $N = M/m$ durch die Masse M des Systems ersetzt werden; insofern setzt dieser Parameter keine mikroskopische Information voraus.

Wenn lediglich die äußeren Parameter V und N auftreten, dann ist der Gleichgewichtszustand durch E, V und N bestimmt. Damit liegen auch

$$T = T(E, V, N) \qquad P = P(E, V, N) \tag{13.16}$$

fest. Die nach E aufgelöste erste Beziehung wird zu

$$E = E(T, V, N) \qquad \text{kalorische Zustandsgleichung} \tag{13.17}$$

Setzen wir dies in die zweite Beziehung ein, erhalten wir

$$P = P(T, V, N) \qquad \text{thermische Zustandsgleichung} \tag{13.18}$$

Wie wir in der Thermodynamik sehen werden, sind diese beiden Zustandsgleichungen nicht völlig unabhängig voneinander. Während die Zustandsgleichungen in der statistischen Physik aus der mikroskopischen Struktur abgeleitet werden (wie (13.10) und (13.11)), sind sie in der Thermodynamik zusätzliche *Annahmen* oder *phänomenologische Ansätze*.

Gleichgewichtszustände

Ausgehend von der mikroskopischen Struktur $H(x)$ ergab sich, dass der Gleichgewichtszustand eines Systems durch die Energie E und die Parameter $x = (x_1, ..., x_n)$ bestimmt ist. Alle anderen makroskopischen Größen wie S, T, P oder X sind im Gleichgewichtszustand ebenfalls festgelegt; sie sind daher Funktionen von E und $x_1, ..., x_n$. Die makroskopischen Größen, die im Gleichgewichtszustand festliegen, heißen (thermodynamische) *Zustandsgrößen*. Um den Zustand festzulegen, muss man $n+1$ Zustandsgrößen angeben. Diese ausgewählten Zustandsgrößen heißen (thermodynamische) *Zustandsvariable*. In Frage kommen etwa:

$$\text{Gleichgewichtszustand} = \left\{ \begin{array}{c} E, x_1, \ldots, x_n \\ \text{oder} \\ y_1, \ldots, y_{n+1} \end{array} \right. = \left\{ \begin{array}{l} E, V \\ T, V \\ T, P \\ V, P \\ S, V \\ \vdots \end{array} \right. \tag{13.19}$$

Die Beispiele auf der rechten Seite beziehen sich auf den häufigen Fall, dass die äußeren Parameter V und $N = \text{const.}$ sind; die konstante Größe N wurde dabei nicht mit angeschrieben.

In der statistischen Physik gehen wir von den Energieeigenwerten $E_r(x_1, ..., x_n)$ aus. Die primären Zustandsvariablen sind daher $E, x_1, ..., x_n$. Man kann sich aber entscheiden, andere Zustandsgrößen $y_i = f_i(E, x_1, ..., x_n)$ als Zustandsvariable zu verwenden. In der Thermodynamik sind zunächst alle möglichen Sätze von Zustandsvariablen gleichberechtigt. Welchen der gleichberechtigten Sätze man dann verwendet, hängt von pragmatischen Gesichtspunkten ab. Viele Rechnungen in der Thermodynamik betreffen den Übergang zwischen verschiedenen Variablen.

Aufgaben

13.1 Magnetisierung im idealen Spinsystem

Ein System aus N unabhängigen Spin $1/2$ Teilchen in einem äußeren Magnetfeld B hat die Zustandssumme Ω aus (6.24). Bestimmen Sie hieraus die Energie $E = E(T, B)$. Stellen Sie den Zusammenhang her zwischen der Magnetisierung M (magnetisches Moment pro Volumen) und der zu B gehörigen verallgemeinerten Kraft. Berechnen Sie die Magnetisierung $M(T, B)$, und skizzieren Sie sie als Funktion von B/T.

13.2 Entropie und Temperatur im Zweiniveausystem

Ein System besteht aus einer großen Anzahl N von unterscheidbaren, unabhängigen Teilchen. Jedes Teilchen hat die Wahl zwischen den beiden Energieniveaus $\varepsilon_1 = 0$ und $\varepsilon_2 = \varepsilon$. Wie groß ist die Anzahl der Zustände Ω_n, bei denen genau n Teilchen im (angeregten) Niveau ε_2 sind? Berechnen Sie aus der Anzahl der Zustände $\Omega(E)$ im Intervall $(E, E - \varepsilon)$ die Entropie $S(E)$ und die Temperatur T des Gleichgewichtszustands. Geben Sie das Verhältnis $n/(N - n)$ der (mittleren) Besetzungszahlen und die Energie E als Funktionen der Temperatur an. Was folgt aus der Bedingung $T \geq 0$ für das Verhältnis der Besetzungszahlen? Welche Energie ergibt sich für $T \to \infty$?

14 Messung makroskopischer Größen

Wir diskutieren die prinzipielle Messbarkeit der makroskopischen Größen. Insbesondere werden die zunächst mikroskopisch eingeführte Entropie ($S = k_{\mathrm{B}} \ln \Omega$) und Temperatur ($1/T = \partial S/\partial E$) als Messgrößen definiert.

Energie

Wir betrachten zwei Gleichgewichtszustände a und b eines Systems. Die Definition der Arbeit als Messgröße wird vorausgesetzt. Man kann nun die Arbeit A_{ab} messen, die nötig ist, um von a nach b zu kommen. Wegen der Energieerhaltung gilt

$$E_b - E_a = A_{ab} = \text{am System geleistete Arbeit} \tag{14.1}$$

Hierdurch ist die Messung von Energiedifferenzen definiert. Die Einheit der Energie ist

$$[E] = \mathrm{J} = \mathrm{N\,m} = \mathrm{V\,A\,s} \tag{14.2}$$

also Joule, Newton-Meter oder Volt-Ampere-Sekunde. Durch (14.1) ist die Energie beliebiger Systeme bis auf eine Konstante festgelegt. Diese Konstante wird offengelassen; alternativ kann auch ein beliebiger Gleichgewichtszustand a als Energienullpunkt gewählt werden.

Am Beispiel eines Gases erläutern wir, wie man durch Arbeitsleistung von einem Zustand a nach b kommt. Ein Gleichgewichtszustand einer bestimmten Menge Gas kann durch den Druck P und das Volumen V festgelegt werden; die Teilchenzahl N sei konstant. Dann sind zwei beliebige Zustände durch P_a, V_a und P_b, V_b festgelegt, also durch zwei Punkte im P-V–Diagramm in Abbildung 14.1.

Zunächst expandieren (oder komprimieren) wir das thermisch isolierte Gas quasistatisch von V_a nach V_b. Dabei wird dem Gas die Energie $A_{\mathrm{mech}} = \Delta W_{\mathrm{q.s.}} = -\int P\, dV$ zugeführt; je nach Vorzeichen von $V_a - V_b$ ist A_{mech} positiv oder negativ. Das Gas erreicht damit den Gleichgewichtszustand P_b', V_b. Dann führen wir bei konstantem Volumen V_b über einen Heizwiderstand elektrische Energie A_{elektr} zu, bis der gewünschte höhere Druck P_b erreicht ist. Da die äußeren Parameter (also das Volumen) konstant bleiben, ist A_{elektr} gleich der vom System aufgenommenen Wärme, $\Delta Q = A_{\mathrm{elektr}} > 0$. In Form des 1. Hauptsatzes lautet die Energiebilanz (14.1) daher

$$E_b - E_a = \Delta E = \Delta Q + \Delta W = A_{\mathrm{elektr}} + A_{\mathrm{mech}} \tag{14.3}$$

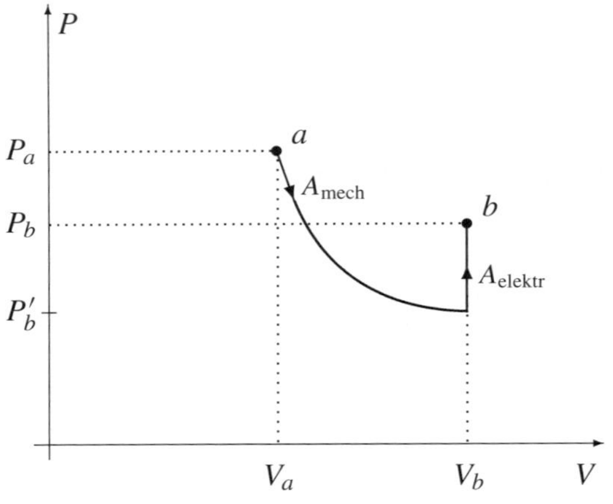

Abbildung 14.1 Die Energiedifferenz zwischen zwei Gleichgewichtszuständen a und b kann durch Messung der zugeführten Arbeit bestimmt werden.

Mit dem angegebenen Verfahren können zwei beliebige Zustände P_a, V_a und P_b, V_b miteinander verbunden werden. Die Richtung des Prozesses ($a \to b$ oder $b \to a$) ist so zu wählen, dass $A_{\text{elektr}} > 0$. Wie in (14.1) vorausgesetzt, ist die rechte Seite von (14.3) eine Messgröße.

Wärmemenge

Für einen beliebigen Prozess $a \to b$ können wir den 1. Hauptsatz in der Form

$$\Delta Q = \Delta E - \Delta W \tag{14.4}$$

schreiben. Dabei ist ΔQ die vom System absorbierte Wärmemenge, $\Delta E = E_b - E_a$ die Energieänderung des Systems und ΔW die am System geleistete Arbeit. Nach dem vorigen Abschnitt ist ΔE durch Messverfahren festgelegt; für ΔW setzen wir dies ebenfalls voraus. Dann definiert (14.4) die Wärmemenge ΔQ als Messgröße. Die Wärmemenge wird ebenso wie die Energie in Joule gemessen:

$$[Q] = \text{J} = \text{Nm} = \text{VAs} \tag{14.5}$$

Früher wurde die Einheit Kalorie verwendet. Eine Kalorie ist die Wärmemenge, die ein Gramm Wasser bei Normaldruck von 14.5 °C auf 15.5 °C erwärmt. Die spezifische Wärme c_P von Wasser ist also

$$c_P = 1\,\frac{\text{cal}}{\text{g K}} \approx 4.1868\,\frac{\text{J}}{\text{g K}} \qquad (\text{Wasser}, P = 1\,\text{atm}, T \approx 15\,^{\circ}\text{C}) \tag{14.6}$$

Hieraus ergibt sich die Umrechnung 1 cal ≈ 4.2 J zwischen Kalorie und Joule. Die Einheit K steht für das unten zu definierende Kelvin.

Verallgemeinerte Kräfte

Die äußeren Parameter $x = (x_1, \ldots, x_n)$ sind makroskopische Messgrößen; Beispiele sind das Volumen V, die Teilchenzahl N (äquivalent zur Masse) und ein äußeres Magnetfeld B. Wenn der i-te Parameter quasistatisch geändert wird, wird dem System die Arbeit

$$đW_{\text{q.s.}} = -X_i \, dx_i \qquad (\text{quasistatisch, } dx_{j \neq i} = 0) \tag{14.7}$$

zugeführt. Die Größen $đW_{\text{q.s.}}$ und dx_i können gemessen werden; damit ist auch die verallgemeinerte Kraft X_i als Messgröße definiert.

Ist der betrachtete Parameter speziell das Volumen, $x_i = V$, dann ist die verallgemeinerte Kraft der Druck, $X_i = P$. Nach (14.7) hat er die Dimension Energie pro Volumen oder Kraft pro Fläche. Die Einheit des Drucks ist

$$[P] = \text{Pa} = \text{Pascal} = \frac{\text{N}}{\text{m}^2} = 10^{-5}\,\text{bar} \tag{14.8}$$

Andere, früher gebräuchliche Einheiten sind $1\,\text{at} = 1\,\text{kp/cm}^2 \approx 0.98\,\text{bar}$ (technische Atmosphäre, kp = Kilopond) und $1\,\text{atm} = 760\,\text{Torr} \approx 1.013\,\text{bar}$ (physikalische Atmosphäre = Normaldruck).

Für den Parameter $x_i = N$ ist die verallgemeinerte Kraft gleich dem negativen chemischen Potenzial $X_i = -\mu$ (Kapitel 20). Für das Magnetfeld $x_i = B$ ist die verallgemeinerte Kraft, wie in (8.5) angegeben, gleich dem magnetischen Moment $X_i = VM$.

Temperatur

Wir kommen nun zum zentralen Thema dieses Kapitels, der Messung der Temperatur. Für die in Kapitel 9 eingeführte Temperatur gilt:

$$T_{\text{A}} = T_{\text{M}} \qquad \begin{array}{c}(\text{Gleichgewicht zwischen A und} \\ \text{M bei thermischem Kontakt})\end{array} \tag{14.9}$$

Außerdem haben wir die Zustandsgleichung (13.11) für ein ideales Gas abgeleitet:

$$PV = Nk_{\text{B}}T \tag{14.10}$$

Wir betrachten zwei makroskopische Gleichgewichtssysteme A und B mit den (unbekannten) Temperaturen T_{A} und T_{B}. Zur Temperaturmessung benutzen wir ein drittes System M, das aus einer kleinen Menge eines idealen Gases in einem festen Volumen besteht. Das System M bringen wir zunächst mit A, dann mit B in Kontakt. Da die Gasmenge klein ist, verändert sich die Temperatur des zu messenden Systems nicht merklich (vergleiche hierzu die Diskussion „Bierflasche + See" in Kapitel 12). Nach (14.9) nimmt das Gas daher beim Kontakt mit A die Temperatur $T_{\text{M}} = T_{\text{A}}$ an, und beim Kontakt mit B die Temperatur $T_{\text{M}} = T_{\text{B}}$. Nach (14.10) hat das Gas dann den Druck $P_\mathrm{A} = Nk_\mathrm{B}T_\mathrm{A}/V$ beziehungsweise $P_\mathrm{B} = Nk_\mathrm{B}T_\mathrm{B}/V$. Daraus folgt

$$\frac{T_\mathrm{A}}{T_\mathrm{B}} = \frac{P_\mathrm{A}}{P_\mathrm{B}} \tag{14.11}$$

Die Drücke P_A und P_B des Gases können gemessen werden. Dadurch ist die Messung des Verhältnisses $T_\mathrm{A}/T_\mathrm{B}$ zweier beliebiger Systeme definiert.

Ein reales Gas nähert sich für geringe Dichte dem idealen Gas an. Daher ersetzen wir (14.11) praktisch durch

$$\left(\frac{P_\mathrm{A}}{P_\mathrm{B}}\right)_\mathrm{real} \stackrel{N/V\to 0}{\longrightarrow} \left(\frac{P_\mathrm{A}}{P_\mathrm{B}}\right)_\mathrm{ideal} = \frac{T_\mathrm{A}}{T_\mathrm{B}} \tag{14.12}$$

Man misst den Druck eines realen Gases im Kontakt mit A oder B für verschiedene Dichten. Dann trägt man $P_\mathrm{A}/P_\mathrm{B}$ über der Dichte N/V auf. Aus diesem Plot ergibt sich der gesuchte Grenzwert für $N/V \to 0$. Dieses Verfahren ist allerdings nicht für sehr kleine Temperaturen geeignet, da schließlich alle realen Gase zu Flüssigkeiten kondensieren. Hierfür muss Gleichung (14.10) durch eine andere Beziehung ersetzt werden, die neben T nur messbare Größen enthält.

Wenn wir für ein bestimmtes System B den Wert von T_B willkürlich festlegen, so bestimmt (14.11) den Wert von T_A aller möglichen Systeme A. Als Standardsystem zur Definition eines Fixpunktes nimmt man ein System von reinem Wasser, bei dem die drei Phasen, Wasserdampf, Wasser und Eis, im Gleichgewicht sind. Für diesen Tripelpunkt von Wasser legt man als Konvention fest:

$$T_\mathrm{t} \stackrel{\mathrm{def}}{=} 273.16\,\mathrm{K} \qquad (\mathrm{K} = \mathrm{Kelvin}) \tag{14.13}$$

Dabei wird exakt dieser Zahlenwert, also 273.160000 . . . , vereinbart. Damit ist 1 K der 1/273.16-te Teil der Temperaturspanne zwischen $T = 0$ und T_t. Dies ist vergleichbar mit der Festlegung, dass 1 Grad der 360-te Teil einer vollen Drehung ist. Wegen dieser Analogie könnte man auch „Grad Kelvin“ (also $^\mathrm{o}$K) einführen; diese Verschnörkelung ist aber nur bei der noch einzuführenden Celsius-Skala üblich.

An dieser Stelle seien einige Anmerkungen zu dem in Abbildung 14.2 gezeigten Zustandsdiagramm (auch Phasendiagramm genannt) von Wasser eingefügt. Der Gleichgewichtszustand einer bestimmten Menge Wasser kann durch zwei Parameter festgelegt werden; experimentell besonders leicht zugänglich sind der Druck P und die Temperatur T. Im P-T-Diagramm entspricht jeder Punkt einem bestimmten Gleichgewichtszustand. In gewissen P-T-Bereichen tritt dabei Wasser als Flüssigkeit, als Festkörper (Eis) oder als Gas (Wasserdampf) auf. Zwei dieser *Phasen* sind im Allgemeinen durch eine Kurve im P-T-Diagramm voneinander getrennt, Abbildung 14.2. Für P-T-Werte auf dieser Kurve sind die beiden angrenzenden Phasen miteinander im Gleichgewicht. Schwimmen zum Beispiel in einem thermisch isolierten Kübel Eisstücke in Wasser, so ist die Temperatur des Wassers und des Eises eine eindeutige Funktion des Drucks. An einem bestimmten Punkt im Zustandsdiagramm (Abbildung 14.2) stoßen die drei Kurven, die jeweils zwei Phasen trennen,

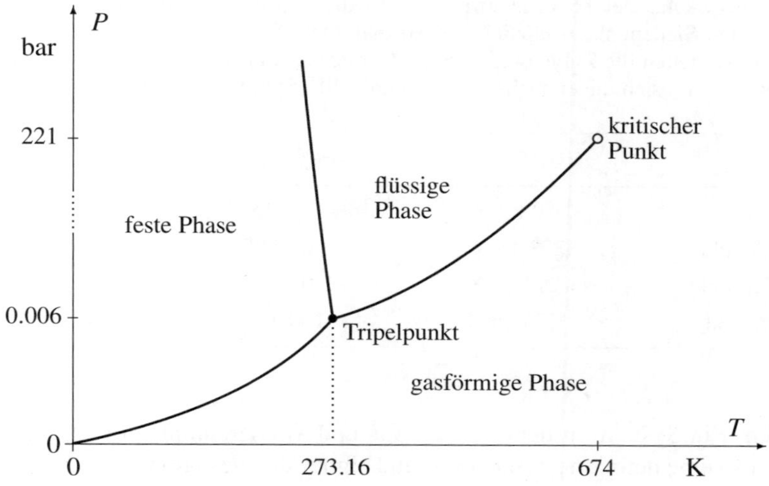

Abbildung 14.2 Qualitative Skizze des Zustandsdiagramms von Wasser. Die Temperatur des Tripelpunkts erhält durch Definition *exakt* den Wert 273.16 K. Dadurch ist die Einheit Kelvin festgelegt. In der Skizze sind auch die Temperatur und der Druck des kritischen Punkts angegeben.

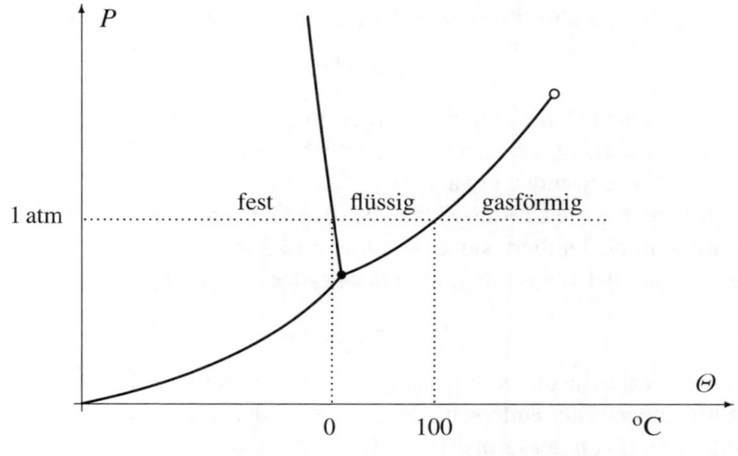

Abbildung 14.3 Die historische Celsius-Skala wurde durch den Schmelz- und Siedepunkt von Wasser bei Normaldruck (1 atm $\approx$ 1.013 bar) definiert. Diese Punkte erhalten die Temperaturwerte 0 °C und 100 °C. Die Skizze ist nicht maßstäblich; so liegt zum Beispiel der Tripelpunkt bei 0.01 °C, also im gegebenen Maßstab praktisch bei der gleichen Temperatur wie der Schmelzpunkt.

Tabelle 14.1 Vergleich der Definition der Temperatur T der Kelvinskala und Θ der Celsius-Skala. Der Tripel-, Gefrier- und Siedepunkt bezieht sich auf Wasser; der Gefrier- und Siedepunkt zusätzlich auf Normaldruck. Sofern kein „$\approx$"–Zeichen angegeben ist, gelten die Zahlenwerte exakt. Der Zahlenwert in $T_t = 273.16\,\text{K}$ wurde so gewählt, dass sich die einfache Umrechnung (14.15) mit (14.16) ergibt.

	T	$\Theta_{\text{historisch}}$	Θ
Nullpunkt	0 K	$\approx -273.15\,^\circ\text{C}$	$-273.15\,^\circ\text{C}$
Tripelpunkt	273.16 K	$\approx 0.01\,^\circ\text{C}$	$0.01\,^\circ\text{C}$
Gefrierpunkt	≈ 273.15 K	$0\,^\circ\text{C}$	$\approx 0\,^\circ\text{C}$
Siedepunkt	≈ 373.15 K	$100\,^\circ\text{C}$	$\approx 100\,^\circ\text{C}$

zusammen. Ein System, in dem Wasser, Eis und Wasserdampf im Gleichgewicht sind, hat also eine definierte Temperatur und eignet sich deshalb zur Festlegung der Temperaturskala.

Celsius-Skala

Ergänzend definieren wir die Temperatur Θ der Celsius-Skala durch

$$\Theta \overset{\text{def}}{=} \left(\frac{T}{\text{K}} - 273.15\right)\,^\circ\text{C} \tag{14.14}$$

Damit ist eine Temperaturdifferenz von 1 Kelvin exakt gleich 1 Grad Celsius:

$$\Delta T = 1\,\text{K} = 1\,^\circ\text{C} = \Delta\Theta \tag{14.15}$$

Wegen der verschiedenen Einheiten wurden in (14.14) unterschiedliche Symbole, T und Θ, eingeführt. Im praktischen Gebrauch wird das Symbol T aber auch für die Celsius-Skala verwendet, etwa $T = 15\,^\circ\text{C}$.

Historisch wurde die Celsius-Skala über den Gefrier- und Siedepunkt von Wasser bei Normaldruck definiert, siehe Abbildung 14.3 und Tabelle 14.1. Die Wahl des Zahlenwertes in (14.13) zusammen mit der Festlegung (14.14) erfolgte so, dass

$$\Theta \approx \Theta_{\text{historisch}} \tag{14.16}$$

Tabelle 14.1 vergleicht die Kelvinskala, die historische und die aktuelle Celsius-Skala miteinander. Die Unterschiede zwischen der historischen und aktuellen Celsius-Skala sind von der Größe $10^{-3}\,^\circ\text{C}$.

Zur Zeit der Einführung der Celsius-Skala war die Existenz einer unteren Temperaturgrenze, des absoluten Nullpunkts $T = 0$, eine zukünftige Erkenntnis. Auf der historischen Celsius-Skala ist die Temperatur des Nullpunkts daher eine experimentell zu bestimmende Temperatur. Die später eingeführte Temperatur T impliziert die Existenz des Nullpunkts und wird daher auch „absolute" Temperatur genannt. Wir verwenden diese Bezeichnung nicht.

Thermometer

Das angegebene Verfahren, (14.10) – (14.12), definiert T als Messgröße. Für eine konkrete Messung ist dieses Verfahren aber nur bedingt geeignet. Wir diskutieren daher noch die Frage von geeigneten Messapparaten für T. Als solche *Thermometer* kommen alle makroskopischen Systeme M in Frage, die zwei Bedingungen erfüllen:

1. Ein makroskopischer Parameter ϑ ändert sich um geeignete Beträge, wenn M in thermischen Kontakt mit anderen Systemen gebracht wird.

2. Das System M muss hinreichend klein sein verglichen mit dem zu messenden System.

Die erste Bedingung impliziert, dass die jeweilige Änderung von ϑ einfach ablesbar ist. Die zweite Bedingung soll garantieren, dass die Störung des zu messenden Systems vernachlässigbar klein ist. Ob ein System M geeignet ist, hängt von der Anwendung ab, insbesondere vom zu messenden Temperaturbereich, den zu untersuchenden Systemen und der gewünschten Genauigkeit. Beispiele für solche Systeme M sind:

- Quecksilberthermometer: $\vartheta = h =$ Höhe der Säule.

- Gas bei konstantem Druck: $\vartheta = V =$ Volumen.

- Elektrischer Widerstand: $\vartheta = R =$ Widerstand.

Ein solches Thermometer wird nun mit Systemen in Kontakt gebracht, deren Temperatur T bekannt ist (zum Beispiel Wasser am Tripelpunkt). Durch Ablesen werden den ϑ–Werten T–Werte zugeordnet:

$$T = T_{\mathrm{M}}(\vartheta) \qquad \text{(Eichung)} \tag{14.17}$$

Konkret bedeutet dies, dass an dem betrachteten Thermometer eine Skala für T angebracht werden kann. Zwei verschiedene, so geeichte Thermometer M und M$'$ zeigen dann die gleiche Temperatur an.

Entropie

Nach dem 2. Hauptsatz gilt für die Entropiedifferenz von zwei Gleichgewichtszuständen a und b,

$$S_b - S_a = \int_a^b \frac{đQ_{\text{q.s.}}}{T} \tag{14.18}$$

Hierdurch wird die Entropiemessung auf Wärmemengen- und Temperaturmessungen zurückgeführt. Damit sind die Entropiedifferenzen zwischen allen Gleichgewichtszuständen messbar. Der absolute Wert der Entropie kann durch den 3. Hauptsatz festgelegt werden.

Die Einheit der Entropie ist

$$[S] = \frac{\mathrm{J}}{\mathrm{K}} \tag{14.19}$$

Boltzmannkonstante

Die Definition (14.13) legt die Boltzmannkonstante k_B fest. Ein ideales Gas mit N Atomen in einem Volumen V hat bei T_t einen bestimmten Druck P. Setzt man die gemessenen Werte für P, V und N und $T_\mathrm{t} = 273.16\,\mathrm{K}$ in (14.10) ein, so folgt daraus der Wert[1] für k_B:

$$k_\mathrm{B} = (1.3806504 \pm 0.0000024) \cdot 10^{-23}\,\frac{\mathrm{J}}{\mathrm{K}} \qquad \text{(Boltzmannkonstante)} \tag{14.20}$$

Oft ist die Energieeinheit Elektronenvolt (eV) praktischer als $\mathrm{J} = \mathrm{C\,V}$; in eV bezeichnet e eine Elementarladung der Größe $1.6 \cdot 10^{-19}\,\mathrm{C}$; dabei ist C die Einheit Coulomb. Für Abschätzungen sollte man sich merken, dass Zimmertemperatur ungefähr einem Vierzigstel Elektronenvolt entspricht:

$$300\,k_\mathrm{B}\mathrm{K} \approx \frac{1}{40}\,\mathrm{eV} \tag{14.21}$$

Wir haben hier zuerst die Temperaturskala festgelegt; daraus folgt dann der Wert von k_B. Aus der mikroskopischen Definition der Temperatur in Kapitel 9 ergab sich, dass $k_\mathrm{B}T$ (mit willkürlichem k_B) proportional zur Energie pro Freiheitsgrad ist. Vom theoretischen Standpunkt aus wäre es am einfachsten, $k_\mathrm{B} = 1$ zu setzen, und die Temperatur in Energieeinheiten zu messen:

$$k_\mathrm{B} = 1 \quad \longrightarrow \quad [T] = \text{Joule} \tag{14.22}$$

Bei dieser Festsetzung wäre die Temperatur des Tripelpunkts von Wasser gleich $T_\mathrm{t} \approx 3.77 \cdot 10^{-21}\,\mathrm{J}$. Eine Einheit wie Kelvin oder Grad Celsius ist somit völlig entbehrlich; in $k_\mathrm{B}T$ kürzt sie sich sowieso heraus. Diese Einheiten sind historischer Ballast und für das physikalische Verständnis der Temperatur eher hinderlich.

Loschmidt-Konstante

Die Masse m eines Atoms ist (im Wesentlichen) proportional zur Anzahl A der Nukleonen im Atomkern. Daher enthalten jeweils A Gramm verschiedener einatomiger Gase die gleiche Anzahl von Teilchen; diese Zahl wird Loschmidt-Konstante (im englischsprachigen Raum Avogadro's number) L_0 genannt. Gegenüber der einfachen Proportionalität zu A ergeben sich Korrekturen durch die unterschiedlichen Massen von Neutronen und Protonen, durch den Massendefekt (aufgrund der Bindung im Kern), durch den Beitrag der Elektronen zur Masse, und durch mögliche

[1] *2006 CODATA recommended values* unter http://physics.nist.gov/constants.

Isotopenmischungen. Man *definiert* deshalb L_0 als die Anzahl der Atome in 12 g reinem ^{12}C. Das so festgelegte L_0 wird experimentell[1] bestimmt:

$$L_0 = (6.022\,141\,70 \pm 0.000\,000\,30) \cdot 10^{23} \qquad (14.23)$$

Die Stoffmenge, die L_0 Molekülen einer bestimmten Stoffsorte X (zum Beispiel H_2O oder O_2) enthält, definieren wir nun als ein Mol oder 1 mol. Es gilt

$$1\,\text{mol X} \;\hat{=}\; L_0\, m_\text{x}\, \text{X} \qquad (m_\text{x} = \text{Masse eines Moleküls}) \qquad (14.24)$$

Ein Mol Wasser ist damit eine Menge Wasser mit einer Masse von etwa 18 g, und ein Mol Sauerstoff entspricht etwa 32 g Sauerstoff. Wir verwenden die Loschmidt-Konstante auch in der Form

$$L = \frac{L_0}{\text{mol}} \approx \frac{6 \cdot 10^{23}}{\text{mol}} \qquad (14.25)$$

Die Menge eines Stoffes kann durch die *Masse* ($M = N m_\text{x}$, in der Einheit g oder kg) oder als *Stoffmenge* ν (in der Einheit mol) ausgedrückt werden. Für die Stoffmenge gilt

$$\nu = \frac{M}{L_0\, m_\text{x}}\,\text{mol} = \frac{N}{L_0}\,\text{mol} = \frac{N}{L} \qquad (14.26)$$

Die Einheiten mol und kg werden im MKSA-System als unabhängige Einheiten betrachtet. Abweichend hiervon könnte man 1 mol Kohlenstoff auch als 12 g Kohlenstoff definieren; dann würde man in (14.24) ein Gleichheitszeichen verwenden.

Wir setzen $\nu = N/L$ in das ideale Gasgesetz (14.10) ein:

$$P\,V = N k_\text{B} T = \nu L k_\text{B} T = \nu R T \qquad (14.27)$$

Hier wurde k_B und L zur historisch älteren *Gaskonstanten* R zusammengefasst:

$$R = L\,k_\text{B} \approx 8.3145\,\frac{\text{J}}{\text{K mol}} \qquad (14.28)$$

Die Größe R bezieht sich auf ein Mol, so wie sich k_B auf ein Teilchen bezieht. Diese Größen haben dieselbe Dimension wie die Entropie. In der Regel gilt

$$S = N\,\mathcal{O}(k_\text{B}) = \nu\,\mathcal{O}(R) \qquad (14.29)$$

In der mikroskopischen Beschreibung beziehen wir die Größen bevorzugt auf ein Teilchen und verwenden k_B, in der Thermodynamik beziehen wir sie dagegen oft auf ein Mol und verwenden R. Für das ideale Gasgesetz lauten diese Alternativen

$$\begin{aligned} P\,v &= k_\text{B} T \qquad \text{für } v = V/N \\ P\,v &= R\,T \qquad \text{für } v = V/\nu \end{aligned} \qquad (14.30)$$

Für V/N und V/ν benutzen wir dasselbe Symbol v; die jeweilige Bedeutung ergibt sich aus dem Zusammenhang. Das Volumen pro Mol wird Molvolumen genannt.

Normalbedingungen

Der Zustand homogener Systeme kann oft durch die Angabe des Drucks und der Temperatur festgelegt werden. Dann sind Materialkonstanten (wie etwa Dichte, spezifische Wärme, Kompressibilität, Leitfähigkeit) Funktionen von P und T. Wenn man etwa sagt, die Dichte beträgt soundsoviel Kilogramm pro Kubikmeter, muss man zugleich die Werte für P und T angeben. Wenn eine solche Angabe fehlt, bezieht man sich üblicherweise auf die *Normalbedingungen* für P und T. Darunter versteht man

$$\begin{aligned} P &= 101\,325\,\text{Pa} \approx 1\,\text{bar} \\ T &= 0\,^\circ\text{C} = 273.15\,\text{K} \approx 300\,\text{K} \end{aligned} \qquad \text{Normalbedingungen} \qquad (14.31)$$

Dies sind näherungsweise die Bedingungen im Labor, wenn keine besonderen Vorkehrungen getroffen werden. Wenn der Druck P, die Temperatur T und die Teilchenzahl N eines Gases gegeben sind, liegt das Volumen V fest. Wir berechnen das Volumen von einem Mol eines idealen Gases:

$$\left.\begin{array}{c} PV = Nk_\text{B}T, \quad N = L_0 \\ \text{Normalbedingungen} \end{array}\right\} \quad \longrightarrow \quad V \approx 22.4\,\text{l} \qquad (14.32)$$

Dies kann oft als Abschätzung für gewöhnliche Gase verwendet werden. So wiegen 22 Liter Hörsaalluft etwa 30 Gramm.

III Thermodynamik

15 Zustandsgrößen

In Kapitel 13 wurden die Aufgaben und Ziele der Thermodynamik umrissen, die im hier beginnenden Teil III behandelt wird. Die Thermodynamik beschäftigt sich mit den makroskopischen Eigenschaften von Systemen, ohne sich auf die zugrunde liegende mikroskopische Struktur zu beziehen. Grundlage der Untersuchungen sind die Hauptsätze. Sie werden durch Annahmen über die Zustandsgleichungen spezieller Systeme ergänzt.

In diesem Kapitel betrachten wir zunächst Zustandsgrößen und allgemeine Beziehungen zwischen ihnen. Zustandsgrößen sind die makroskopischen Größen, die in einem thermodynamischen Zustand festliegen.

Zustandsvariable

In der Thermodynamik verstehen wir unter *Zuständen* grundsätzlich Gleichgewichtszustände. Alle im Folgenden betrachteten Prozesse beginnen und enden in einem Gleichgewichtszustand. Wir untersuchen häufig quasistatische Prozesse, bei denen auch alle Zwischenzustände Gleichgewichtszustände sind. Sofern wir nichtquasistatische Prozesse zulassen, machen wir über die Zwischenzustände (die dann Nichtgleichgewichtszustände sind) keine spezifischen Aussagen.

Wir beschränken uns zunächst auf homogene Systeme, deren einzige äußere Parameter V und N sind; an die Stelle der Teilchenzahl N kann auch die Stoffmenge ν, (14.26), treten. Der Gleichgewichtszustand ist durch E, V und N festgelegt, oder auch durch drei andere makroskopische Größen. Die den Zustand festlegenden Größen nennen wir *Zustandsvariable* und bezeichnen sie summarisch mit y. Mögliche Zustandsvariable für die betrachteten homogenen Systeme sind:

$$\text{Zustandsvariable:}\quad y = (E, V, N),\ (T, V, N),\ (T, P, N),\ (S, V, N), \ldots \tag{15.1}$$

Homogene Systeme können etwa Gase, Flüssigkeiten oder Festkörper sein. Ein Phasengleichgewicht (etwa Wasser und Eis) stellt dagegen ein System dar, das aus zwei oder mehr homogenen Systemen zusammengesetzt ist.

Zustandsgrößen sind physikalische Größen, die in einem Gleichgewichtszustand festgelegt sind, also alle Größen, die eine (eindeutige) Funktion der Zustandsvariablen sind:

$$\text{Zustandsgröße:}\quad f = f(y) \overset{\text{z.B.}}{=} f(T, P, N) \tag{15.2}$$

Die Zustandsvariablen sind ebenfalls Zustandsgrößen.

Für homogene Systeme sind die zu betrachtenden Zustandsgrößen entweder *extensiv* oder *intensiv*. Teilt man ein homogenes System in zwei Teile, A und B, so gilt für die Zustandsgröße

$$\begin{aligned} f \text{ ist extensiv, falls} \quad & f = f_{\mathrm{A}} + f_{\mathrm{B}} \\ f \text{ ist intensiv, falls} \quad & f = f_{\mathrm{A}} = f_{\mathrm{B}} \end{aligned} \tag{15.3}$$

Beispiele für extensive Größen sind Energie, Masse (oder Teilchenzahl), Wärmekapazität, Entropie und Volumen. Dagegen sind Energiedichte, Teilchendichte, spezifische Wärme, Temperatur und Druck intensive Größen. Da die Aufteilung in Untersysteme A und B beliebig ist und da das System homogen ist, sind extensive Größen proportional zu N, während intensive nicht von N abhängen. Speziell für die Zustandsvariablen T, P, N gilt

$$f = \begin{cases} N\, g(T, P) & \text{extensiv} \\ f(T, P) & \text{intensiv} \end{cases} \tag{15.4}$$

Für die Variablen E, V und N wäre dagegen eine extensive Größe von der Form $f = N\, g(E/N, V/N)$.

Wir beschränken uns zunächst auf Prozesse, bei denen N konstant ist. Dann wird (15.1) zu

$$\text{Zustandsvariable:}\quad y = (E, V),\ (T, V),\ (T, P),\ (S, V), \ldots \tag{15.5}$$

Wählt man etwa die Zustandsvariablen T und V, so sind $S = S(T, V)$, $P = P(T, V)$ oder $E = E(T, V)$ (neben T und V selbst) Zustandsgrößen. Welche Größen man als Variable wählt, ist eine Frage der Zweckmäßigkeit. In einer mikroskopischen Behandlung (wie für das ideale Gas in Kapitel 6) sind E und V die bevorzugten Variablen. Experimentell ist es dagegen naheliegend, die leicht zu kontrollierenden Größen T und P zu wählen. Je nach der zu berechnenden Größe geht man in der Thermodynamik oft von einem Variablenpaar zu einem anderen über.

Partielle Ableitungen

Zustandsgrößen sind Funktionen mehrerer Variabler. In thermodynamischen Prozessen wird die Änderung von Zustandsgrößen untersucht. Hierfür gibt eine partielle Ableitung an, wie sich eine Zustandsgröße in Abhängigkeit von einer Zustandsvariablen verhält, wenn die anderen Zustandsvariablen festgehalten werden.

Physikalische Notation

Wir erläutern die spezifische, in der Thermodynamik übliche Schreibweise für die Funktionen (15.2) und ihre partiellen Ableitungen. Als Beispiel betrachten wir die Entropie S als Zustandsgröße, und T, V oder E, V als Zustandsvariable. Hierfür lautet die mathematische (links) und die physikalische (rechts) Schreibweise:

$$S = f(T, V) = g(E, V) \quad \text{oder} \quad S = S(T, V) = S(E, V) \tag{15.6}$$

Wird die Entropie S als Funktion von T, V oder E, V geschrieben, so ergeben sich *verschiedene* Funktionen. Dies ist im linken Teil durch die verschiedenen Bezeichnungen (f und g) zum Ausdruck gebracht. Nun stehen $f(T, V)$ und $g(E, V)$ aber für dieselbe physikalische Größe und haben daher im gegebenen Zustand denselben Funktionswert. Daher ist es in der Physik üblich, denselben Buchstaben, eben S, zu verwenden.

Diese physikalische Notation ist insofern gefährlich, als wir verschiedene Funktionen mit dem gleichen Buchstaben bezeichnen; das Einsetzen von Ausdrücken oder Werten in die Argumente kann dann zu Fehlern führen. Arbeitet man zum Beispiel mit dimensionslosen Variablen, so ist $S(3, 4)$ offensichtlich mehrdeutig: Bezieht man diesen Ausdruck einmal auf $S(E, V)$ und zum anderen auf $S(T, V)$, so kann man $S(3, 4) \neq S(3, 4)$ erhalten. Andererseits werden wir üblicherweise mit mindestens vier verschiedenen Variablensätzen arbeiten. Würde man dann (formal korrekt) verschiedene Funktionen verschieden bezeichnen, so müssten wir vier verschiedene Buchstaben für die Entropie einführen. Wir haben also die Wahl zwischen gefährlicher Notation und verwirrender Bezeichnungsvielfalt. Es ist üblich, sich für das erste zu entscheiden.

Halten wir fest: Für eine Zustandsgröße verwenden wir immer den gleichen Buchstaben (etwa S), auch wenn wir durch einen Variablenwechsel zu einer anderen Funktion übergehen. Wenn die Variablen durch Buchstaben gekennzeichnet sind, etwa $S(E, V)$ oder $S(T, V)$, gibt die Konvention der Variablenbezeichnung implizit an, welche Funktion gemeint ist.

Für die beiden in (15.6) betrachteten Möglichkeiten schreiben wir das vollständige Differenzial dS als:

$$dS = \frac{\partial S(E, V)}{\partial E}\, dE + \frac{\partial S(E, V)}{\partial V}\, dV = \frac{\partial S(T, V)}{\partial T}\, dT + \frac{\partial S(T, V)}{\partial V}\, dV \tag{15.7}$$

Der Wert S ist in einem bestimmten Zustand unabhängig davon, ob dieser durch E, V oder T, V festgelegt wird. Dies gilt dann auch für den Entropieunterschied dS zwischen zwei infinitesimal benachbarten Zuständen. In der Thermodynamik werden die partiellen Ableitungen üblicherweise in der Form

$$\left(\frac{\partial S}{\partial E}\right)_V \equiv \frac{\partial S(E, V)}{\partial E} \tag{15.8}$$

geschrieben. Dann wird die erste in (15.7) angegebene Form von dS zu

$$dS = \left(\frac{\partial S}{\partial E}\right)_V dE + \left(\frac{\partial S}{\partial V}\right)_E dV \tag{15.9}$$

Für einen quasistatischen Prozess folgt aus $dE = đQ_{\text{q.s.}} + đW_{\text{q.s.}}$ (1. Hauptsatz), $T\,dS = đQ_{\text{q.s.}}$ (2. Hauptsatz) und $đW_{\text{q.s.}} = -P\,dV$ das vollständige Differenzial:

$$dS = \frac{1}{T}\,dE + \frac{P}{T}\,dV \tag{15.10}$$

Durch (15.9) oder (15.10) ist dS bei einer Änderung der Variablen E und V gegeben. Daher müssen die Koeffizienten der Variablendifferenziale übereinstimmen, also

$$\frac{1}{T} = \left(\frac{\partial S}{\partial E}\right)_V, \qquad \frac{P}{T} = \left(\frac{\partial S}{\partial V}\right)_E \tag{15.11}$$

Hierin sind folgende Aussagen enthalten:

1. Die Zustandsvariablen sind E und V. Die Entropie ist als Funktion dieser Größen aufzufassen, $S = S(E, V)$.

2. Die rechten Seiten bedeuten $\partial S(E, V)/\partial E$ und $\partial S(E, V)/\partial V$. Sie sind damit Funktionen von E und V. Durch (15.11) sind T und P/T daher als Funktionen von E und V gegeben, also $T = T(E, V)$ und $P = P(E, V)$.

Wärmekapazität

Eine spezielle partielle Ableitung ist die Wärmekapazität. Zu ihrer Definition setzen wir voraus, dass T eine der Zustandsvariablen ist, also $y = (T, z)$. Wir betrachten nun einen Prozess, bei dem die anderen Variablen z festgehalten werden und bei dem Wärme quasistatisch zugeführt wird. Da die Wärmezufuhr den Zustand ändert, muss sich die Temperatur ändern. Das Verhältnis aus zugeführter Wärme $đQ_{\text{q.s.}}$ und Temperaturänderung dT wird als *Wärmekapazität* C_z des Systems definiert:

$$C_z = \left.\frac{đQ_{\text{q.s.}}}{dT}\right|_{z=\text{const.}} = \lim_{\Delta T\to 0} \left.\frac{\Delta Q_{\text{q.s.}}}{\Delta T}\right|_{z=\text{const.}} \tag{15.12}$$

Mit der Spezifikation „$z = \text{const.}$“ ist der Quotient $đQ_{\text{q.s.}}/dT$ eindeutig definiert. Dieser Quotient kann aber nicht als partielle Ableitung geschrieben werden; denn Q ist keine Zustandsgröße (es gibt keine Funktion $Q(T, z)$). Mit dem 2. Hauptsatz, $\Delta Q_{\text{q.s.}} = T\,\Delta S$, können wir (15.12) aber als partielle Ableitung der Entropie schreiben:

$$C_z = \lim_{\Delta T\to 0} \left.\frac{T\,\Delta S}{\Delta T}\right|_{z=\text{const.}} = T\left(\frac{\partial S}{\partial T}\right)_z \tag{15.13}$$

Mit $S(T, z)$ ist auch $C_z(T, z)$ eine Zustandsgröße.

Durch C_z ist die Wärmekapazität eines beliebigen homogenen Systems gegeben. Für solche Systeme haben wir in (15.3) zwischen extensiven und intensiven Größen unterschieden. Die Wärmekapazität ist eine extensive Größe. Das Verhältnis

$$c_z = \frac{C_z}{N}, \quad c_z = \frac{C_z}{M} \quad \text{oder} \quad c_z = \frac{C_z}{\nu} \tag{15.14}$$

bezeichnen wir als *spezifische Wärme* des betrachteten Stoffes; dies ist eine intensive Zustandsgröße. Die spezifische Wärme kann auf die Teilchenzahl N oder auf die Masse M (in Gramm) oder die Stoffmenge ν (in Mol) bezogen werden; wir führen hierfür keine gesonderten Symbole ein.

Als Zustandsvariable T, z kommen insbesondere T, V, N oder T, P, N in Frage. Hierfür ist die spezifische Wärme (pro Teilchen)

$$\begin{aligned} c_P &= c_P(T, P) &= \frac{T}{N} \frac{\partial S(T, P, N)}{\partial T} \\ c_V &= c_V(T, V/N) &= \frac{T}{N} \frac{\partial S(T, V, N)}{\partial T} \end{aligned} \tag{15.15}$$

Im Argument von c_P und c_V haben wir berücksichtigt, dass es sich um intensive Größen handelt. Im Index z von c_z wird N nicht aufgeführt, weil für die spezifische Wärme in der Regel $N = \text{const.}$ vorausgesetzt wird.

Vollständiges Differenzial

Zur Formulierung einiger allgemeiner, mathematischer Aussagen betrachten wir eine Funktion $f(x, y)$, die von zwei Variablen abhängt. In den Anwendungen sind dann x und y Zustandsvariable und f ist eine Zustandsgröße.

Wir setzen voraus, dass die Funktion $f(x, y)$ für alle in Frage kommenden Variablenwerte definiert und zweimal differenzierbar ist. Die Differenzierbarkeit einer Funktion zweier Variabler ist gleichbedeutend mit jeweils einer der folgenden beiden Aussagen: (i) An der betrachteten Stelle kann die Fläche $z = f(x, y)$ durch eine Tangentialebene angenähert werden. (ii) Die partiellen Ableitungen existieren und sind stetig. Die bloße Existenz der partiellen Ableitung genügt dagegen nicht für die Differenzierbarkeit. Für eine Funktion mehrerer Variabler ist die Differenzierbarkeit eine stärkere Bedingung als für die Funktion einer Variablen.

Das vollständige (oder auch totale) Differenzial der Funktion $f(x, y)$ ist

$$\begin{aligned} df &= \frac{\partial f(x, y)}{\partial x}\, dx + \frac{\partial f(x, y)}{\partial y}\, dy = \left(\frac{\partial f}{\partial x}\right)_y dx + \left(\frac{\partial f}{\partial y}\right)_x dy \\ &= A(x, y)\, dx + B(x, y)\, dy \end{aligned} \tag{15.16}$$

Im Folgenden untersuchen wir die Integration von df zu $f(x, y)$ und einige Beziehungen, die sich im Zusammenhang mit (15.16) ergeben.

Integration

Die Größe df gibt den Unterschied zwischen $f(x + dx, y + dy)$ und $f(x, y)$ an. Durch Aufsummation der Unterschiede df erhält man die endliche Differenz

$$f(x, y) - f(x_0, y_0) = \int_{x_0, y_0}^{x, y} df \tag{15.17}$$

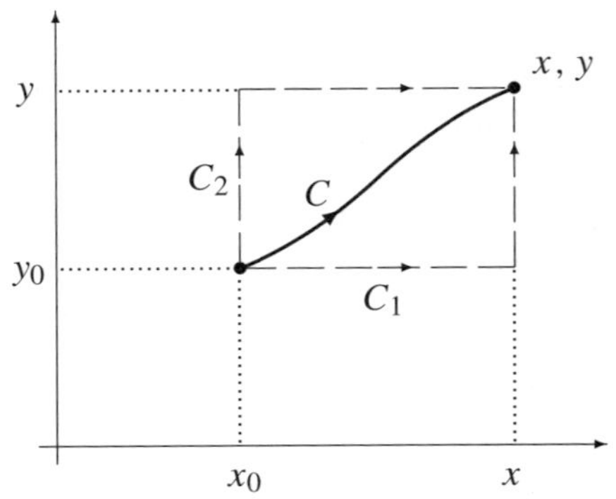

Abbildung 15.1 Das vollständige Differenzial df einer Funktion $f(x, y)$ kann auf einem beliebigen Weg C aufintegriert werden. Im Allgemeinen ist die Rechnung für die Wege C_1 oder C_2 besonders einfach.

Damit verschwindet jedes geschlossene Linienintegral über df:

$$\oint df = 0 \tag{15.18}$$

Die Integration (15.17) kann längs eines beliebigen Weges erfolgen, der in der x-y-Ebene von (x_0, y_0) zu (x, y) führt. Das Ergebnis ist vom gewählten Weg unabhängig, da bei der Aufsummation der Differenzen df nur die Werte an den Endpunkten übrig bleiben. In Abbildung 15.1 sind drei mögliche Wege skizziert, darunter

$$\begin{aligned} C_1: &\quad (x_0 \to x,\ y = y_0) \quad \text{und} \quad (x = \text{const.},\ y_0 \to y) \\ C_2: &\quad (x = x_0,\ y_0 \to y) \quad \text{und} \quad (x_0 \to x,\ y = \text{const.}) \end{aligned} \tag{15.19}$$

Für den Weg C_1 wird das Integral (15.17) zu

$$f(x, y) - f(x_0, y_0) = \int_{x_0}^{x} dx' \, \frac{\partial f(x', y_0)}{\partial x'} + \int_{y_0}^{y} dy' \, \frac{\partial f(x, y')}{\partial y'} \tag{15.20}$$

Damit ist die Funktion $f(x, y)$ bis auf eine Konstante aus ihren partiellen Ableitungen berechenbar.

Alternativ kann man folgendermaßen vorgehen: Ein allgemeiner Ansatz für eine Funktion, deren partielle Ableitung nach x die Funktion $A(x, y)$ ist, lautet

$$f(x, y) = \int^{x} dx' \; A(x', y) + F_1(y) = \int dx \; A(x, y) + F_1(y) \tag{15.21}$$

Dabei tritt das übliche unbestimmte Integral auf; dies kann auch als bestimmtes Integral mit der oberen Grenze x und einer konstanten unteren Grenze geschrieben werden. Die auftretende Integrationskonstante kann eine Funktion der festgehaltenen Variablen y sein. Analog schließt man aus der bekannten partiellen Ableitung nach y, dass $f(x, y)$ von der Form

$$f(x, y) = \int^{y} dy' \; B(x, y') + F_2(x) = \int dy \; B(x, y) + F_2(x) \tag{15.22}$$

ist. Die unbekannte Funktion $F_1(y)$ muss Bestandteil des unbestimmten Integrals in (15.22) sein; entsprechend ist $F_2(x)$ im Integral in (15.21) enthalten. Aus beiden Formen zusammen lässt sich $f(x, y)$ bis auf eine Konstante bestimmen.

Beziehungen zwischen partiellen Ableitungen

Aus der zweimaligen Differenzierbarkeit von $f(x, y)$ folgt

$$\frac{\partial^2 f(x, y)}{\partial x \, \partial y} = \frac{\partial^2 f(x, y)}{\partial y \, \partial x} \tag{15.23}$$

Für (15.16) bedeutet dies

$$\left(\frac{\partial A}{\partial y}\right)_x = \left(\frac{\partial B}{\partial x}\right)_y \tag{15.24}$$

Für einen Ausdruck der Form $A\,dx + B\,dy$ mit beliebigen Funktionen $A(x, y)$ und $B(x, y)$ gilt

$$\begin{array}{c} A(x, y)\,dx + B(x, y)\,dy \\ \text{ist vollständiges Differenzial} \end{array} \quad \longleftrightarrow \quad \left(\frac{\partial A}{\partial y}\right)_x = \left(\frac{\partial B}{\partial x}\right)_y \tag{15.25}$$

Wir sind hier von der linken Seite ausgegangen, (15.16), und zur rechten gekommen, (15.24). Die andere Schlussrichtung wird in Aufgabe 15.1 gezeigt.

Aus dem Ausdruck für das vollständige Differenzial (15.16) können wir das Verhältnis von dx und dy bei *konstantem* f ablesen. Aus $df = 0$ folgt

$$\left(\frac{\partial x}{\partial y}\right)_f = -\frac{\left(\dfrac{\partial f}{\partial y}\right)_x}{\left(\dfrac{\partial f}{\partial x}\right)_y} \tag{15.26}$$

Für konstantes y, also für $dy = 0$, liefert (15.16) die Beziehung

$$\left(\frac{\partial x}{\partial f}\right)_y = \frac{1}{\left(\dfrac{\partial f}{\partial x}\right)_y} \tag{15.27}$$

Das vollständige Differenzial (15.16) kann für alle Zustandsgrößen angeschrieben werden. Dann ergeben (15.24), (15.26) und (15.27) eine Vielzahl von Beziehungen zwischen partiellen Ableitungen.

Aufgaben

15.1 Wegintegral und vollständiges Differenzial

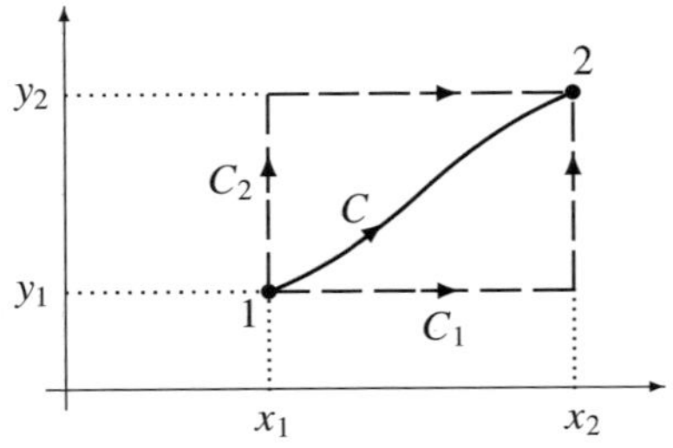

Das Wegintegral

$$I = \int_{1,C}^{2} \left[A(x,y)\,dx + B(x,y)\,dy \right]$$

mit den festen Endpunkten 1 und 2 kann auf verschiedenen Wegen C berechnet werden. Zeigen Sie, dass I genau dann unabhängig vom Weg ist, falls $\partial A/\partial y = \partial B/\partial x$.

Hinweis: Schreiben Sie das Integral in der Form $I = \int_C d\boldsymbol{r} \cdot \boldsymbol{V}$ mit $d\boldsymbol{r} = dx\,\boldsymbol{e}_x + dy\,\boldsymbol{e}_y$. Betrachten Sie zwei verschiedene Wege C_1 und C_2 (zum Beispiel die eingezeichneten, oder auch zwei andere Wege), die dieselben Endpunkte haben, und verwenden Sie den Stokesschen Satz.

16 Ideales Gas

Am Beispiel des idealen Gases werden einige einfache Rechnungen vorgeführt, wie sie für die Thermodynamik typisch sind. Wir zeigen, dass die Energie des idealen Gases nicht vom Volumen abhängt, und berechnen die Differenz $c_P - c_V$ der spezifischen Wärmen und die Entropie.

Zustandsgleichung

Für spezielle Systeme führen wir in der Thermodynamik *Annahmen* über die Zustandsgleichungen ein. Die am häufigsten betrachteten Ansätze für die thermische Zustandsgleichung eines Gases sind:

$$P = \frac{\nu R T}{V} = \frac{R T}{v} \qquad \text{(ideales Gas)} \qquad (16.1)$$

$$P = -\frac{a}{v^2} + \frac{R T}{v - b} \qquad \text{(van der Waals-Gas)} \qquad (16.2)$$

Dabei ist $v = V/\nu$ das auf die Stoffmenge (in Mol) bezogene Volumen. Beide Gleichungen sind in der Thermodynamik als empirische Ansätze aufzufassen; die in Kapitel 13 gegebene Ableitung von (16.1) geht dagegen von der mikroskopischen Struktur aus. Die van der Waals-Gleichung ist ein allgemeinerer Ansatz, der die Abweichung realer Gase von (16.1) mit Hilfe von zwei Parametern a und b beschreibt. Er ist hier angeführt, um deutlich zu machen, dass (16.1) nur eine Näherung für das Verhalten realer Gase ist; letztlich gilt dies auch für (16.2). In Kapitel 28 wird die Zustandsgleichung (16.2) mikroskopisch begründet.

Energie

Wir zeigen, dass die Energie des idealen Gases volumenunabhängig ist. Die betrachtete Stoffmenge ν sei durchweg konstant. Daher können wir uns auf zwei Zustandsvariable beschränken, etwa T, V oder T, P.

Aus $dE = đQ_{\text{q.s.}} + đW_{\text{q.s.}}$ (1. Hauptsatz), $T dS = đQ_{\text{q.s.}}$ (2. Hauptsatz) und $đW_{\text{q.s.}} = -P dV$ folgt:

$$\boxed{dS = \frac{1}{T}\, dE + \frac{P}{T}\, dV} \qquad (16.3)$$

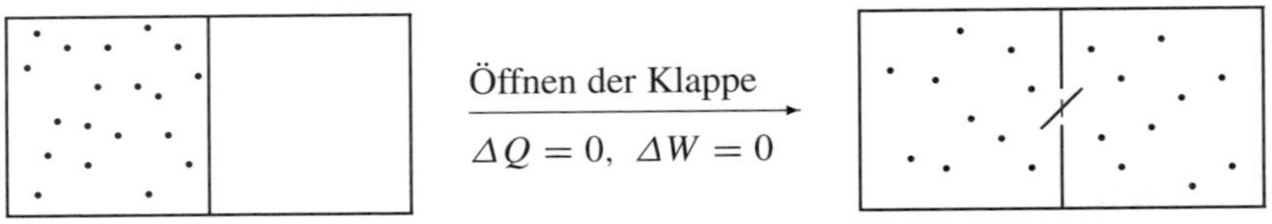

Abbildung 16.1 Skizze des Gay-Lussac-Drosselversuchs: Zu Beginn befindet sich in einem Teilvolumen das Gas (Temperatur T_a), im anderen Vakuum. Das System ist thermisch isoliert. Durch Öffnen einer Drehklappe wird das Gas ohne Arbeitsleistung expandiert. Im Endzustand wird die Temperatur T_b gemessen. Für ein ideales Gas gilt $T_b = T_a$.

In der Thermodynamik werden wir häufig von dieser grundlegenden Beziehung ausgehen. Wir setzen (16.1), $P/T = \nu R/V$, und das vollständige Differenzial dE für $E(T, V)$ ein:

$$dS = \underbrace{\frac{1}{T}\left(\frac{\partial E}{\partial T}\right)_V}_{(\partial S/\partial T)_V} dT + \underbrace{\left[\frac{1}{T}\left(\frac{\partial E}{\partial V}\right)_T + \frac{\nu R}{V}\right]}_{(\partial S/\partial V)_T} dV \qquad (16.4)$$

Die angegebene Identifikation mit den partiellen Ableitungen von $S(T, V)$ ergibt sich, wenn (16.4) mit dem vollständigen Differenzial dS für $S(T, V)$ verglichen wird. Die zweite Ableitung $\partial^2 S/\partial T \partial V$ kann sowohl aus dem ersten wie aus dem zweiten Koeffizienten berechnet werden:

$$\frac{\partial^2 S(T, V)}{\partial T\, \partial V} = \begin{cases} \dfrac{\partial}{\partial V}\left(\dfrac{\partial S}{\partial T}\right)_V = \dfrac{1}{T}\,\dfrac{\partial^2 E(T, V)}{\partial V\, \partial T} \\[2ex] \dfrac{\partial}{\partial T}\left(\dfrac{\partial S}{\partial V}\right)_T = \dfrac{1}{T}\,\dfrac{\partial^2 E(T, V)}{\partial T\, \partial V} - \dfrac{1}{T^2}\,\dfrac{\partial E(T, V)}{\partial V} \end{cases} \qquad (16.5)$$

Da beide Ausdrücke gleich sein müssen, folgt

$$\left(\frac{\partial E}{\partial V}\right)_T = 0 \qquad \text{(ideales Gas)} \qquad (16.6)$$

Die Energie des idealen Gases kann daher als Funktion von T geschrieben werden:

$$E = E(T, V) = E(T) \qquad \text{(ideales Gas)} \qquad (16.7)$$

In Abbildung 16.1 ist eine einfache Anordnung skizziert, mit der man nachprüfen kann, ob ein reales Gas sich so verhält. Dazu wird das Gas adiabatisch ($đQ = 0$) und ohne Arbeitsleistung ($đW = 0$) vom Volumen V_a zum Volumen V_b expandiert. Diese *freie* Expansion ist durch $dE = đQ + đW = 0$ gekennzeichnet, sie erfolgt also ohne Änderung der Energie:

$$E_b - E_a = E(T_b, V_b) - E(T_a, V_a) = 0 \qquad \text{(freie Expansion)} \qquad (16.8)$$

Aus (16.7) folgt dann

$$E(T_b) - E(T_a) = 0, \quad \text{also} \quad T_b = T_a \qquad \begin{array}{c}\text{(freie Expansion}\\ \text{des idealen Gases)}\end{array} \tag{16.9}$$

Die Volumenunabhängigkeit der Energie impliziert, dass sich die Temperatur bei freier Expansion nicht ändert. Ein reales Gas kühlt sich dagegen bei freier Expansion ab (Kapitel 18).

Mikroskopisch ist $T_b = T_a$ bei der freien Expansion leicht zu verstehen. Für ein ideales Gas ist E die Summe der kinetischen Energien der Atome. Die Geschwindigkeit eines Teilchens ändert sich nicht, wenn es in das andere Teilvolumen fliegt. Die mittlere Energie pro Teilchen und damit die Temperatur bleiben also gleich.

Spezifische Wärmen

Wir berechnen die Differenz $c_P - c_V$ der spezifischen Wärmen für ein ideales Gas. Die Wärmekapazität wurde in (15.13) durch

$$C_z = T \left(\frac{\partial S}{\partial T}\right)_z \tag{16.10}$$

definiert. Eine der Zustandsvariablen ist die Temperatur T; die andere sei $z = V$ oder $z = P$. Aus (16.3) folgt

$$T\,dS = dE \qquad \text{für} \;\; V = \text{const.} \tag{16.11}$$

Damit erhalten wir

$$C_V = T \left(\frac{\partial S}{\partial T}\right)_V = \left(\frac{\partial E}{\partial T}\right)_V \tag{16.12}$$

Dies gilt allgemein, weil die Zustandsgleichung hierfür nicht verwendet wurde.

Wir setzen nun (16.12) und (16.6) in (16.4) ein:

$$dS = \frac{C_V(T)}{T}\,dT + \frac{\nu R}{V}\,dV \qquad \text{(ideales Gas)} \tag{16.13}$$

Wegen (16.7) ist $C_V(T) = (\partial E/\partial T)_V$ nur eine Funktion von T.

Zur Bestimmung von C_P drücken wir dS durch dT und dP aus. Dazu schreiben wir die Zustandsgleichung in der Form $V = V(T, P) = \nu RT/P$ und bilden das vollständige Differenzial

$$dV = \frac{\nu R}{P}\,dT - \frac{\nu RT}{P^2}\,dP \tag{16.14}$$

Wir setzen dies in (16.13) ein:

$$dS = \left(\frac{C_V}{T} + \frac{\nu^2 R^2}{PV}\right) dT - \frac{\nu^2 R^2 T}{VP^2}\,dP \overset{(16.1)}{=} \frac{C_V + \nu R}{T}\,dT - \frac{\nu R}{P}\,dP \tag{16.15}$$

Tabelle 16.1 Die Tabelle vergleicht die spezifische Wärme $c_P = 5/2\,R$ des einatomigen idealen Gases mit der einiger realer Systeme. Wenn die spezifische Wärme auf die Teilchenzahl bezogen wird, $c_P = C_P/N$, dann ist die Gaskonstante R durch die Boltzmannkonstante k_B zu ersetzen. Die Angaben gelten für Normaldruck und Zimmertemperatur.

System	$c_P = C_P/\nu$
Ideales Gas (einatomig)	$5/2\ R$
Edelgase	$2.5\ R$
Wasserstoffgas	$3.5\ R$
Wasser	$9.0\ R$
Benzol	$16.4\ R$
Kupfer	$2.9\ R$
Diamant	$0.7\ R$

Tabelle 16.2 Die Tabelle gibt die experimentellen Werte für c_P und $\gamma = c_P/c_V$ bei Normalbedingungen an. Aus dem experimentellen c_P wurde gemäß (16.17) ein Wert γ_{theor} berechnet (letzte Spalte).

Gas	Symbol	c_P/R	γ_{exp}	γ_{theor}
Helium	He	2.50	1.667	1.667
Sauerstoff	O_2	3.521	1.397	1.397
Kohlendioxid	CO_2	4.312	1.301	1.302
Äthanol	C_2H_5OH	7.419	1.16	1.156

Hieraus können wir C_P ablesen:

$$C_P = C_V + \nu R \qquad \text{oder} \qquad c_P - c_V = R \qquad \text{(ideales Gas)} \tag{16.16}$$

Die Differenz $(C_P - C_V)\,dT$ ist gleich der Ausdehnungsarbeit $P\,dV = \nu R\,dT$, die das Gas bei Temperaturerhöhung unter konstantem Druck zu leisten hat.

Das Ergebnis $c_P = c_V + R$ folgt aus den Hauptsätzen und dem idealen Gasgesetz. Aus der mikroskopischen Behandlung hatten wir für das einatomige ideale Gas $E(T, V) = 3\nu RT/2$, (13.10), erhalten. Dies ergibt die spezifischen Wärmen $c_V = 3R/2$ und $c_P = 5R/2$.

In der Tabelle 16.1 sind die spezifischen Wärmen c_P für einige Systeme angegeben. Typische Werte von c_P liegen bei einigen R (pro mol) oder k_B (pro Teilchen). Diamant hat eine besonders kleine spezifische Wärme. Stoffe mit mehratomigen Molekülen haben meist höhere Werte, da in ihnen mehr Freiheitsgrade pro Molekül existieren und angeregt sein können. Die spezifische Wärme c_P ist selbst eine Zustandsgröße, also eine Funktion von T und P. Die angegebenen Werte gelten für Zimmertemperatur und Normaldruck.

Aus der Zustandsgleichung (16.1) folgen nicht die absoluten Werte von c_V und c_P, sondern nur ihre Differenz. Um das Ergebnis (16.16) mit dem Experiment zu vergleichen, bilden wir das dimensionslose Verhältnis

$$\gamma \equiv \frac{c_P}{c_V} \overset{\text{(id. Gas)}}{=} \frac{1}{1 - R/c_P} \tag{16.17}$$

Wenn wir auf der rechten Seite die gemessenen Werte für c_P einsetzen, erhalten wir hieraus eine theoretische Erwartung γ_{theor}. Diese Größe wird in Tabelle 16.2 mit den experimentellen Werten γ_{exp} für reale Gase verglichen (etwa aus der direkten Messung von c_V und c_P, oder aus der Schallgeschwindigkeit, Aufgabe 16.1). Der Vergleich mit γ_{exp} zeigt, dass die Relation $c_P - c_V = R$, die wir für ideale Gase gefunden haben, oft auch für reale Gase gut erfüllt ist. Dies gilt allerdings nicht mehr bei Annäherung an die Dampfdruckkurve.

Adiabatengleichungen

Eine *Isotherme* ist die Kurve, die sich für $T = \text{const.}$ im P-V-Diagramm ergibt, also

$$PV = \text{const.} \qquad \text{(Isotherme)} \tag{16.18}$$

für das ideale Gas. Diese Aussage wird *Boyle-Mariotte-Gesetz* genannt. Im Gegensatz zu den Isothermen stehen die Adiabaten, die sich für quasistatische und adiabatische Volumenänderung ergeben. Sie sollen im Folgenden untersucht werden. Wegen $dS = đQ_{\text{q.s.}} = 0$ sind dies auch Kurven konstanter Entropie (Isentropen).

Im Folgenden setzen wir voraus, dass die Wärmekapazitäten temperaturunabhängig sind:

$$C_V(T) = \text{const.} \tag{16.19}$$

Dies gilt für ein ideales einatomiges Gas mit $C_V = 3Nk_B/2$. Für mehratomige Gase kann (16.19) in begrenzten Temperaturbereichen eine brauchbare Näherung sein.

Für $dS = 0$ wird (16.13) zu

$$C_V \frac{dT}{T} + \big(C_P - C_V\big) \frac{dV}{V} = 0 \tag{16.20}$$

Dabei haben wir $C_P = C_V + \nu R$ verwendet. Wir teilen diese Gleichung durch C_V. Wegen (16.19) können wir sofort integrieren:

$$\ln T + (\gamma - 1) \ln V = \text{const.} \tag{16.21}$$

Dabei ist $\gamma \equiv c_P/c_V$. Die linke Seite können wir als $\ln(T\, V^{\gamma-1})$ schreiben. Damit erhalten wir

$$T\, V^{\gamma-1} = \text{const.} \tag{16.22}$$

Analog hierzu ergibt (16.15) mit $dS = 0$

$$C_P \frac{dT}{T} - \big(C_P - C_V\big) \frac{dP}{P} = 0 \tag{16.23}$$

Nach Division durch C_P und Integration erhalten wir hieraus

$$T\, P^{1/\gamma-1} = \text{const.} \tag{16.24}$$

Die Elimination von T aus (16.22) und (16.24) ergibt schließlich

$$P\, V^{\gamma} = \text{const.} \qquad \text{(Adiabate)} \tag{16.25}$$

Diese *Adiabate* im P-V-Diagramm ist mit der Isotherme (16.19) zu vergleichen. Die Aussagen (16.22), (16.24) und (16.25) werden auch als Poissongleichungen bezeichnet.

Entropie

Wir berechnen die Entropie $S(V, T)$ eines idealen Gases. Durch (16.13) ist das vollständige Differenzial dS für die Entropie $S(T, V)$ des idealen Gases gegeben. Wir integrieren dies gemäß (15.21) und (15.22):

$$S(T, V) = \int dT' \, \frac{C_V(T')}{T'} + F_1(V) \tag{16.26}$$

$$S(T, V) = \int dV' \, \frac{\nu R}{V'} + F_2(T) \tag{16.27}$$

Die unbekannten Funktionen $F_1(V)$ und $F_2(T)$ sind durch das Integral im jeweils anderen Ausdruck gegeben (bis auf eine Konstante). Damit erhalten wir für die Entropie des idealen Gases:

$$S(T, V) = \nu \Big(\int^T dT' \, \frac{c_V(T')}{T'} + R \, \ln V + \text{const.} \Big) \tag{16.28}$$

Dabei ist $c_V = C_V/\nu$. Für bestimmte Integralgrenzen erhalten wir

$$S(T, V) - S(T_0, V_0) = \nu \int_{T_0}^{T} dT' \, \frac{c_V(T')}{T'} + \nu R \, \ln \frac{V}{V_0} \tag{16.29}$$

Falls die spezifische Wärme temperaturunabhängig ist, folgt hieraus

$$S(T, V) - S(T_0, V_0) = \nu \, c_V \, \ln \frac{T}{T_0} + \nu R \, \ln \frac{V}{V_0} \qquad (c_V = \text{const.}) \tag{16.30}$$

Die Logarithmen sind von dimensionslosen Größen zu nehmen; in (16.28) ist $\ln V$ durch entsprechende Terme aus der Konstanten zu ergänzen.

Wir geben noch die Teilchenzahlabhängigkeit der Entropie an. Anstelle von $c_V = C_V/\nu$ verwenden wir $c_V = C_V/N$ (ohne ein neues Symbol einzuführen); dann ist $\nu \, c_V$ durch $N c_V$ zu ersetzen. Zusammen mit $\nu R = N k_B$ wird (16.28) zu

$$S(T, V, N) = N \left(\int^{T} dT' \, \frac{c_V(T')}{T'} + k_B \ln V + g(N) \right) \tag{16.31}$$

Da bisher $N = \text{const.}$ vorausgesetzt wurde, kann die Konstante in (16.28) von N abhängen. Als extensive Größe ist S von der Form $S = N \, s(T, V/N)$; hieraus folgt $g(N) = -k_B \, \ln N + \text{const.}$, also

$$S(T, V, N) = N \left(\int^{T} dT' \, \frac{c_V(T')}{T'} + k_B \ln \frac{V}{N} + \text{const.} \right) \tag{16.32}$$

Aufgaben

16.1 Kompressibilität und Schallgeschwindigkeit

Bestimmen Sie die adiabatische Kompressibilität und die Schallgeschwindigkeit eines idealen Gases:

$$\kappa_S = -\frac{1}{V}\left(\frac{\partial V}{\partial P}\right)_S, \qquad c_S = \sqrt{\left(\frac{\partial P}{\partial \varrho}\right)_S} \tag{16.33}$$

Dabei ist ϱ die Massendichte des Gases. Schätzen Sie c_S für Luft ($\gamma \equiv c_P/c_V \approx 1.4$) unter Normalbedingungen numerisch ab. Die Messung der Schallgeschwindigkeit ist eine einfache Methode zur Bestimmung von γ.

16.2 Spezielle Volumen-Druck-Relation

Die Volumenänderung eines idealen Gases erfolgt unter der Bedingung

$$\frac{dP}{P} = a\,\frac{dV}{V} \tag{16.34}$$

Dabei ist a eine gegebene Konstante. Bestimmen Sie $P = P(V)$, $V = V(T)$ und die Wärmekapazität $C_a = đQ/dT$. Was ergibt sich in den Grenzfällen $a = 0$ und $a \to \infty$?

16.3 Entropie des idealen Gases

Aus dem idealen Gasgesetz $PV = Nk_\mathrm{B}T$ folgt

$$S(T, V, N) = N\left(\int dT\,\frac{c_V(T)}{T} + k_\mathrm{B}\ln\frac{V}{N} + \text{const.}\right) \tag{16.35}$$

für die Entropie. Aus $S = k_\mathrm{B}\ln\Omega$ mit $\Omega(E, V, N)$ aus (6.20) erhält man einen anderen Ausdruck $S(E, V, N)$ für die Entropie eines idealen Gases. In welcher Beziehung stehen die beiden Ausdrücke zueinander?

16.4 Durchmischung eines Gases

Ein abgeschlossenes Volumen wird durch eine Wand in zwei Bereiche der Größe V_1 und V_2 aufgeteilt. In jedem Teilvolumen befinden sich N Teilchen desselben einatomigen, idealen Gases. Die Temperaturen T_1 und T_2 sind so gewählt, dass der Druck in beiden Teilvolumina gleich ist ($P_1 = P_2 = P_0$).

Die Wand wird nun seitlich herausgezogen. Berechnen Sie die Temperatur und den Druck des sich einstellenden Zustands. Bestimmen Sie die Änderung der Entropie in Abhängigkeit von T_1, T_2 und N. Was ergibt sich für $T_1 = T_2$?

17 Thermodynamische Potenziale

Wir führen die Enthalpie, die freie Energie und die freie Enthalpie ein. Zusammen mit der Energie werden diese Größen als thermodynamische Potenziale bezeichnet. Wir zeigen, dass alle thermodynamischen Relationen aus jeweils einem der Potenziale folgen.

Wir betrachten homogene Systeme, deren Gleichgewichtszustand durch zwei Zustandsvariable (15.5) festgelegt ist. Wir beschränken uns auf folgende Variablenpaare:

$$\text{Zustandsvariable: } (S,\,V),\ (T,\,V),\ (S,\,P) \text{ oder } (T,\,P) \tag{17.1}$$

Die einzuführenden *thermodynamischen Potenziale* haben folgende Eigenschaften:

1. Sie sind Zustandsgrößen mit der Dimension einer Energie.
2. Ihre partiellen Ableitungen nach den Zustandsvariablen sind einfache Ausdrücke.

Um die Analogie zum Potenzial der Mechanik aufzuzeigen, betrachten wir die zweidimensionale Bewegung eines Teilchens. Der Ort des Teilchens ist durch die Variablen $(x,\,y)$ festgelegt. Wenn das Teilchen sich im Potenzial $U = U(x,\,y)$ bewegt, so sind die partiellen Ableitungen

$$K_x = -\frac{\partial U(x,\,y)}{\partial x}\,, \qquad K_y = -\frac{\partial U(x,\,y)}{\partial y} \tag{17.2}$$

die Kräfte, die das Teilchen in x- oder y-Richtung drängen. Aus den Hauptsätzen ($dE = đQ_{\text{q.s.}} + đW_{\text{q.s.}}$, $đQ_{\text{q.s.}} = T\,dS$) und $đW_{\text{q.s.}} = -P\,dV$ folgt

$$dE = T\,dS - P\,dV \tag{17.3}$$

Hieraus lesen wir

$$T = \frac{\partial E(S,\,V)}{\partial S}\,, \qquad P = -\frac{\partial E(S,\,V)}{\partial V} \tag{17.4}$$

ab. Die Temperatur T ist die treibende Kraft für den Wärme- oder Entropieaustausch, und der Druck P ist die treibende Kraft für den Volumenaustausch (Kapitel 9 und 10). Insofern sind T und P *thermodynamische Kräfte*, die auf eine Änderung des Systemzustands $(S,\,V)$ hinwirken, ebenso wie die Kräfte K_x und K_y auf eine Änderung des Orts $(x,\,y)$ hinwirken.

Die Analogie zur Mechanik besteht in einem wesentlichen Punkt nicht: Der Zustand eines Teilchens ist in der Mechanik durch seinen Ort (x, y) *und* seine Geschwindigkeit $(\dot{x}, \dot{y})$ gegeben; Zustandsänderungen sind daher *dynamische* Vorgänge. Ein thermodynamischer Zustand ist bereits durch die Variablen (17.1) festgelegt, die dem Ort des Teilchens entsprechen. Die Geschwindigkeit der Variablenänderung spielt in der Thermodynamik keine Rolle. Dies liegt daran, dass wir uns in (17.3) auf *quasistatische* Prozesse beschränkt haben. Aus diesem Grund wäre der Name Thermo*statik* anstelle von Thermo*dynamik* angemessener.

Ungeachtet dieser Einschränkung behandeln wir auch nichtquasistatische Prozesse, die von einem (Gleichgewichts-) Zustand a über nicht weiter spezifizierte Zwischenzustände zum Zustand b führen. In diesem Fall beschränken wir uns auf Aussagen über den Anfangs- und Endzustand, zum Beispiel auf die Angabe von $E_b - E_a$.

Im Folgenden betrachten wir die vier thermodynamischen Potenziale, die den vier in (17.1) angegebenen Variablenpaaren entsprechen. Diese vier Kombinationen ergeben sich daraus, dass je eine Variable aus den Paaren (S, T) und (V, P) gewählt wird.

Definition

Durch

$$\begin{array}{ll} \text{Energie:} & E \\ \text{Freie Energie:} & F = E - TS \\ \text{Enthalpie:} & H = E + PV \\ \text{Freie Enthalpie:} & G = E - TS + PV \end{array} \tag{17.5}$$

sind vier Zustandsgrößen gegeben, die die Dimension einer Energie haben. Die freie Enthalpie wird auch Gibbs-Potenzial genannt.

Differenziale

Aus (17.3) und

$$d(TS) = T\,dS + S\,dT \quad \text{und} \quad d(PV) = P\,dV + V\,dP \tag{17.6}$$

ergeben sich die vollständigen Differenziale der Zustandsgrößen (17.5):

$$dE = T\,dS - P\,dV \tag{17.7}$$

$$dF = -S\,dT - P\,dV \tag{17.8}$$

$$dH = T\,dS + V\,dP \tag{17.9}$$

$$dG = -S\,dT + V\,dP \tag{17.10}$$

Die Übergänge zwischen den Potenzialen verlaufen immer nach dem Schema:

$$dA = \ldots \pm X\,dY \ldots \quad \Longrightarrow \quad dB = d(A \mp XY) = \ldots \mp Y\,dX \ldots \tag{17.11}$$

Ein solcher Übergang heißt *Legendretransformation*.

Natürliche Variable

Die in (17.5) aufgeführten Zustandsgrößen E, F, H und G werden *thermodynamische Potenziale* genannt, wenn sie als Funktion der *natürlichen Variablen* geschrieben werden. Dies sind die Variablen, die als Differenziale auf der rechten Seite von (17.7) – (17.10) auftreten. Die thermodynamischen Potenziale sind also von der Form

$$E = E(S, V) \quad \text{(Energie)} \tag{17.12}$$

$$F = F(T, V) \quad \text{(freie Energie)} \tag{17.13}$$

$$H = H(S, P) \quad \text{(Enthalpie)} \tag{17.14}$$

$$G = G(T, P) \quad \text{(freie Enthalpie)} \tag{17.15}$$

Um etwa das thermodynamische Potenzial der freien Energie zu erhalten, sind in der Definition $F = E - T\,S$ die entsprechenden Variablen zu verwenden, also

$$F = F(T, V) = E(T, V) - T\,S(T, V) \tag{17.16}$$

Thermodynamische Kräfte

Wir schreiben für jede Funktion in (17.12) – (17.15) das vollständige Differenzial an. Der Vergleich mit (17.7) – (17.10) ergibt dann jeweils einen einfachen Ausdruck für die partielle Ableitung nach einer natürlichen Variablen, also für die thermodynamische Kraft. Wir stellen diese Ausdrücke zusammen:

$$\left(\frac{\partial E}{\partial S}\right)_V = T\,, \qquad \left(\frac{\partial E}{\partial V}\right)_S = -P \tag{17.17}$$

$$\left(\frac{\partial F}{\partial T}\right)_V = -S\,, \qquad \left(\frac{\partial F}{\partial V}\right)_T = -P \tag{17.18}$$

$$\left(\frac{\partial H}{\partial S}\right)_P = T\,, \qquad \left(\frac{\partial H}{\partial P}\right)_S = V \tag{17.19}$$

$$\left(\frac{\partial G}{\partial T}\right)_P = -S\,, \qquad \left(\frac{\partial G}{\partial P}\right)_T = V \tag{17.20}$$

In allen Fällen ist die partielle Ableitung eine einfache Zustandsgröße.

Maxwellrelationen

Für jedes vollständige Differenzial (15.16) erhalten wir die Beziehung (15.24). Wir schreiben diese Beziehung für jedes der Differenziale (17.17) – (17.20) an:

$$\left(\frac{\partial T}{\partial V}\right)_S = -\left(\frac{\partial P}{\partial S}\right)_V \quad (\text{aus } dE) \tag{17.21}$$

$$\left(\frac{\partial S}{\partial V}\right)_T = \left(\frac{\partial P}{\partial T}\right)_V \qquad (\text{aus } dF) \tag{17.22}$$

$$\left(\frac{\partial T}{\partial P}\right)_S = \left(\frac{\partial V}{\partial S}\right)_P \qquad (\text{aus } dH) \tag{17.23}$$

$$-\left(\frac{\partial S}{\partial P}\right)_T = \left(\frac{\partial V}{\partial T}\right)_P \qquad (\text{aus } dG) \tag{17.24}$$

Für die thermodynamischen Potenziale werden diese Beziehungen *Maxwellrelationen* genannt.

Verallgemeinerungen

Die vorgestellten Beziehungen lassen sich auf den Fall von mehreren äußeren Parametern $x = (x_1, \ldots, x_n)$ verallgemeinern. Für einen quasistatischen Prozess gilt $đW_{\text{q.s.}} = -\sum X_i\, dx_i$. Aus den Hauptsätzen ($dE = đQ_{\text{q.s.}} + đW_{\text{q.s.}}$ und $T\,dS = đQ_{\text{q.s.}}$) folgt dann

$$\boxed{dE = T\,dS - \sum_{i=1}^{n} X_i\, dx_i} \tag{17.25}$$

Dies ist die Verallgemeinerung von (17.7); hieraus folgen auch die Differenziale der anderen thermodynamischen Potenziale. Neben dem Volumen V könnten zum Beispiel noch die Teilchenzahl N und ein Magnetfeld B als äußere Parameter auftreten. In diesem Fall wäre die Energie von der Form $E(S, V, B, N)$ mit dem Differenzial

$$dE = T\,dS - P\,dV - VM\,dB + \mu\,dN \tag{17.26}$$

Die neuen verallgemeinerten Kräfte sind das magnetische Moment VM und das chemische Potenzial μ (Kapitel 20, 21). Insgesamt erhalten wir die folgenden thermodynamischen Kräfte

$$\begin{aligned} \left(\frac{\partial E}{\partial S}\right)_{V,B,N} &= T\,, & \left(\frac{\partial E}{\partial V}\right)_{S,B,N} &= -P \\ \left(\frac{\partial E}{\partial B}\right)_{S,V,N} &= -VM\,, & \left(\frac{\partial E}{\partial N}\right)_{S,V,B} &= \mu \end{aligned} \tag{17.27}$$

Hieraus folgen sechs Maxwellrelationen. Durch Legendretransformationen lassen sich neue thermodynamische Potenziale definieren.

Vollständige thermodynamische Information

Aus der Kenntnis eines der thermodynamischen Potenziale (als Funktion seiner natürlichen Variablen) können alle anderen Potenziale, sowie die thermische und kalorische Zustandsgleichung bestimmt werden. In diesem Sinn enthält ein solches

Potenzial die vollständige thermodynamische Information über das betrachtete System.

Wir diskutieren die Bestimmung der thermodynamischen Relationen aus dem thermodynamischen Potenzial $E(S, V)$. Grundsätzlich beginnt man mit den partiellen Ableitungen des Potenzials. Aus

$$T = \left(\frac{\partial E}{\partial S}\right)_V = T(S, V) \overset{\text{Auflösen}}{\longrightarrow} S = S(T, V) \tag{17.28}$$

folgt $S(T, V)$. Durch Einsetzen in $E(S, V)$ erhält man die kalorische Zustandsgleichung $E = E(T, V)$:

$$E = E(S(T, V), V) = E(T, V) \tag{17.29}$$

Die thermische Zustandsgleichung $P = P(T, V)$ folgt aus

$$P = -\left(\frac{\partial E}{\partial V}\right)_S = P(S, V) = P(S(T, V), V) = P(T, V) \tag{17.30}$$

Es sei daran erinnert, dass in der physikalischen Notation derselbe Buchstabe für verschiedene Funktionen (die sich bei Variablenwechsel ergeben) verwendet wird. Mit $S(T, V)$ aus (17.28) erhält man auch die freie Energie $F(T, V) = E(T, V) - T\,S(T, V)$ als Funktion der natürlichen Variablen. Der Leser möge sich selbst überlegen, wie man $G(T, P)$ und $H(S, P)$ aus $E(S, V)$ bestimmt, und wie man aus $G(T, P)$ oder $H(S, P)$ die Zustandsgleichungen erhält.

In der mikroskopischen Behandlung berechnet man $\Omega(E, V)$, oder allgemein $\Omega(E, x) = \Omega(E, x_1, \ldots, x_n)$. Die Auflösung der Entropie $S = k_{\rm B} \ln \Omega = S(E, x)$ nach E ergibt das thermodynamische Potenzial $E(S, x)$. Im hier diskutierten Sinn ist also die in der Zustandssumme $\Omega(E, x)$ oder der Entropie $S(E, x)$ enthaltene Information ebenfalls vollständig.

Wir haben gesehen, dass man alle thermodynamischen Relationen aus einem der thermodynamischen Potenziale oder aus $S(E, x)$ erhält. Umgekehrt kann man von den experimentell leichter zugänglichen Zustandsgleichungen ausgehen. Für ein homogenes System mit dem äußeren Parameter V benötigt man die thermische Zustandsgleichung und die Wärmekapazität C_V als Funktion von T bei festem Volumen V_0:

$$P(T, V) \quad \text{und} \quad C_V(T, V_0) \qquad \text{(vollständige Information)} \tag{17.31}$$

Wir zeigen, dass hieraus alle thermodynamischen Relationen folgen. Dazu wenden wir die Ableitung $(\partial/\partial T)_V$ auf die Maxwellrelation (17.22) an:

$$\left(\frac{\partial C_V}{\partial V}\right)_T = T \left(\frac{\partial^2 P}{\partial T^2}\right)_V \tag{17.32}$$

Hieraus und aus (17.31) kann die Funktion $C_V(T, V)$ bestimmt werden:

$$C_V(T, V) = C_V(T, V_0) + T \int_{V_0}^{V} dV' \, \frac{\partial^2 P(T, V')}{\partial T^2} \tag{17.33}$$

Mit der Maxwellrelation (17.22) erhält man auch

$$dS = \left(\frac{\partial S}{\partial T}\right)_V dT + \left(\frac{\partial S}{\partial V}\right)_T dV = \frac{C_V}{T}\, dT + \left(\frac{\partial P}{\partial T}\right)_V dV \tag{17.34}$$

und damit

$$dE = T\, dS - P\, dV = C_V\, dT + \left[T \left(\frac{\partial P}{\partial T}\right)_V - P \right] dV \tag{17.35}$$

Die Differenziale dS und dE sind damit durch (17.31) bestimmt. Aus ihnen können, wie in (15.20) angegeben, die Funktionen $S(T, V)$ und $E(T, V)$ berechnet werden. Die Elimination von T aus $S(T, V)$ und $E(T, V)$ ergibt das thermodynamische Potenzial $E = E(S, V)$.

Wir fassen die Ergebnisse dieses Abschnitts zusammen:

$$\left.\begin{array}{r} E(S, V) \\ F(T, V) \\ H(S, P) \\ G(T, P) \\ S(E, V) \\ \Omega(E, V) \\ P(T, V),\ C_V(T, V_0) \end{array}\right\} \longrightarrow \text{Jede Zeile enthält die vollständige thermodynamische Information} \tag{17.36}$$

Extremalbedingungen

Die Gleichgewichtsbedingung „S = maximal“ gilt für ein abgeschlossenes System mit vorgegebenen Werten für die Energie E und die äußeren Parameter x. Wir ergänzen diese Extremalbedingung:

$$S = \text{maximal} \quad \text{bei gegebenem } E, V \tag{17.37}$$

$$F = \text{minimal} \quad \text{bei gegebenem } T, V \tag{17.38}$$

$$G = \text{minimal} \quad \text{bei gegebenem } T, P \tag{17.39}$$

Als äußeren Parameter betrachten wir hier nur das Volumen V; die Teilchenzahl N sei konstant. Zur Ableitung von (17.38) und (17.39) betrachten wir zwei makroskopische Systeme A und B, die Wärme und/oder Volumen austauschen können, siehe Abbildung 9.1 oder Abbildung 10.1. Wir setzen voraus, dass das System A viel kleiner als B ist:

$$E_{\rm A} \ll E = E_{\rm A} + E_{\rm B}\,, \qquad V_{\rm A} \ll V = V_{\rm A} + V_{\rm B} \tag{17.40}$$

Dann bedeutet der Kontakt mit B die Vorgabe der Temperatur und/oder des Drucks für das System A.

Wenn nur Wärmeaustausch zugelassen ist (Volumina konstant), dann ist die Entropie S des Gesamtsystems von der Form

$$S(E_{\rm A}) = S_{\rm A}(E_{\rm A}, V_{\rm A}) + S_{\rm B}(E - E_{\rm A}, V_{\rm B}) = \text{maximal} \tag{17.41}$$

Da das System A klein ist, können wir $S_{\rm B}$ nach Potenzen von $E_{\rm A}$ entwickeln:

$$S = S_{\rm A} + S_{\rm B}(E, V_{\rm B}) - \frac{\partial S_{\rm B}(E_{\rm B}, V_{\rm B})}{\partial E_{\rm B}}\, E_{\rm A} = \text{const.} + S_{\rm A} - \frac{E_{\rm A}}{T} \tag{17.42}$$

Dabei ist $T = T_{\rm B}$ die Temperatur des Wärmebads B. Aus $S = \text{maximal}$ folgt für die freie Energie $F_{\rm A} = E_{\rm A} - T S_{\rm A}$ des Untersystems A:

$$F_{\rm A} = \text{minimal} \qquad (T,\, V \text{ vorgegeben}) \tag{17.43}$$

Die Bedingung maximaler Entropie für das abgeschlossene Gesamtsystem impliziert die Bedingung minimaler freier Energie für das Untersystem A.

Für minimales $F = E - TS$ sollte die Energie klein und die Entropie groß sein. Dies sind gegenläufige Ziele, da eine kleinere Energie in Richtung von mehr Ordnung, eine größere Entropie aber in Richtung von mehr Unordnung geht. Der Einfluss der Entropie wächst mit zunehmender Temperatur, da T als Koeffizient von S auftritt. Besonders einfach kann man dieses Wechselspiel zwischen Ordnung und Unordnung im idealen Spinsystem (Kapitel 26) studieren.

Wir wiederholen die Ableitung (17.41) – (17.43) für den Fall, dass die beiden Systeme wie in Abbildung 10.1 Wärme und Volumen austauschen können. In

$$S(E_{\rm A}, V_{\rm A}) = S_{\rm A}(E_{\rm A}, V_{\rm A}) + S_{\rm B}(E - E_{\rm A}, V - V_{\rm A}) = \text{maximal} \tag{17.44}$$

entwickeln wir $S_{\rm B}$ nach Potenzen von $E_{\rm A}$ und $V_{\rm A}$:

$$\begin{aligned} S &= S_{\rm A} + S_{\rm B}(E, V) - \frac{\partial S_{\rm B}(E_{\rm B}, V_{\rm B})}{\partial E_{\rm B}}\, E_{\rm A} - \frac{\partial S_{\rm B}(E_{\rm B}, V_{\rm B})}{\partial V_{\rm B}}\, V_{\rm A} \\ &= \text{const.} + S_{\rm A} - \frac{E_{\rm A}}{T} - \frac{P\, V_{\rm A}}{T} \end{aligned} \tag{17.45}$$

Dabei ist $P = P_{\rm B}$ der Druck, der durch das große System B vorgegeben wird. Aus $S = \text{maximal}$ folgt für die freie Enthalpie $G_{\rm A} = E_{\rm A} - T S_{\rm A} + P V$ des Untersystems A:

$$G_{\rm A} = \text{minimal} \qquad (T,\, P \text{ vorgegeben}) \tag{17.46}$$

Die Vorgabe von Temperatur und Druck entspricht meist der experimentellen Situation.

Die Aussage „$S = \text{maximal}$ im Gleichgewicht“ bedeutet auch, dass für beliebige Vorgänge im abgeschlossenen System $\Delta S \geq 0$ gilt. Beim Übergang aus einem Nichtgleichgewichtszustand in einen Gleichgewichtszustand wächst die Entropie, sie „strebt einem Maximum zu“. Bei Vorgabe der Temperatur und des Drucks strebt dementsprechend die freie Enthalpie einem Minimum zu.

Aufgaben

17.1 Zustandsgleichung für volumenunabhängige Energie

Leiten Sie die allgemeine Form der thermischen Zustandsgleichung für ein Material ab, das die Beziehung $(\partial E/\partial V)_T = 0$ erfüllt.

17.2 Spezielle Zustandsgleichung

Für ein Gas ($N = \text{const.}$) sind folgende Informationen gegeben:

$$P = \frac{f(T)}{V} \quad \text{und} \quad \left(\frac{\partial E}{\partial V}\right)_T = b\,P \qquad (b = \text{const.})$$

Bestimmen Sie daraus die Funktion $f(T)$. Es ist ratsam, zunächst Aufgabe 17.1 zu lösen.

17.3 Energiedichte des Photonengases

Die Energie E und der Druck P eines Photonengases in einem Hohlraum mit dem Volumen V sind von der Form

$$\frac{E(T,V)}{V} = U(T)\,, \qquad P(T,V) = \frac{U(T)}{3} \tag{17.47}$$

Bestimmen Sie hieraus die T-Abhängigkeit der Energiedichte $U(T)$. Berechnen Sie die Entropie S und die thermodynamischen Potenziale $E(S,V)$, $F(T,V)$, $G(T,P)$ und $H(S,P)$. Es ist ratsam, zunächst Aufgabe 17.1 zu lösen.

17.4 Thermodynamische Relationen aus freier Enthalpie

Die freie Enthalpie $G(T,P) = E - TS + PV$ ist gegeben ($N = \text{const.}$). Wie erhält man hieraus die Zustandsgleichung $P(V,T)$ und die Wärmekapazität $C_V(V,T)$?

17.5 Thermodynamische Relationen aus Enthalpie

Die Enthalpie $H(S,P) = E + PV$ ist als Funktion der natürlichen Variablen gegeben ($N = \text{const.}$). Wie erhält man hieraus die Wärmekapazität $C_P(T,P)$ und die isotherme Kompressibilität $\kappa_T(T,P) = -(\partial V/\partial P)_T/V$?

17.6 Extremalbedingung für Enthalpie

Zeigen Sie, dass $H(S,P)$ bei vorgegebenem S und P minimal wird.

17.7 Dichteprofil der Erdatmosphäre

Für eine Luftsäule (Grundfläche A) im homogenen Schwerefeld $\boldsymbol{g} = g\, \boldsymbol{e}_z$ soll die Teilchendichte $n(z) = N/V$ bestimmt werden. Die Luft wird dabei als ideales Gas mit konstanter spezifischer Wärme $c_V(T) = \text{const.}$ behandelt.

1. *Konvektives Gleichgewicht:* Die Entropie ist konstant, $S(z) = \text{const.}$ Bestimmen Sie $n(z)$ aus der Bedingung minimaler Energie. Geben Sie zunächst den Zusammenhang zwischen der Temperatur T und der Dichte $n = N/V$ für $dS = 0$ an, und die Energiedichte E/V als Funktion von z und $n(z)$. Bestimmen Sie dann die Energie $E[n]$ als Funktional von $n(z)$.

2. *Barometrische Höhenformel:* Die Temperatur ist konstant, $T(z) = \text{const.}$ Bestimmen Sie $n(z)$ aus der Bedingung minimaler freier Energie. Geben Sie dazu die freie Energie $F[n]$ als Funktional von $n(z)$ an.

17.8 Entropie, Wärmekapazität und Zustandsgleichung

Leiten Sie folgende Relationen ab:

$$dS = \frac{C_P}{T}\, dT - \left(\frac{\partial V}{\partial T}\right)_P dP \qquad (17.48)$$

$$dS = \frac{C_V}{T}\, dT + \left(\frac{\partial P}{\partial T}\right)_V dV \qquad (17.49)$$

17.9 Differenz $C_P - C_V$ für Festkörper

Für einen Festkörper sind die thermische Zustandsgleichung

$$V = V_0 - A\,P + B\,T \qquad (17.50)$$

und die Wärmekapazität $C_P = C$ bei konstantem Druck gegeben; dabei sind A, B und C materialabhängige Konstanten. Berechnen Sie die Wärmekapazität C_V bei konstantem Volumen und die innere Energie E.

17.10 Differenz $C_P - C_V$ für van der Waals-Gas

Das van der Waals-Gas genügt der Zustandsgleichung

$$P = \frac{R\,T}{v - b} - \frac{a}{v^2}$$

Hierbei ist $v = V/\nu$ das Volumen pro Mol. Berechnen Sie die Differenz $C_P - C_V$ der Wärmekapazitäten, und bestimmen Sie den führenden Korrekturterm zum idealen Gas mit $C_P - C_V = \nu R$. Schätzen Sie die relative Größe des Korrekturterms für Kohlendioxid bei Normalbedingungen ab. Hierfür ist der Parameter $a = 27(R\,T_{\text{kr}})^2/(64\,P_{\text{kr}})$ durch die kritischen Werte $P_{\text{kr}} = 71.5\,\text{bar}$ und $T_{\text{kr}} = 304.2\,\text{K}$ gegeben; dieser Zusammenhang wird später in Aufgabe 37.1 abgeleitet.

18 Zustandsänderungen

Wir untersuchen die Zustandsänderungen bei Wärmezufuhr und bei Volumenänderung. Ein allgemeiner Ausdruck für die Differenz $C_P - C_V$ der Wärmekapazitäten wird abgeleitet. Die Termperaturänderungen für die freie Expansion, für die quasistatische, adiabatische Expansion und für den Joule-Thomson-Prozess werden berechnet.

Wir betrachten homogene Systeme mit zwei Zustandsvariablen (17.1). Da der Zustand von zwei Variablen abhängt, reicht die Angabe der Volumenänderung (bei einem Expansionsprozess) nicht aus, um den Prozess festzulegen; es muss vielmehr die Änderung einer zweiten Größe spezifiziert werden. Dies gilt entsprechend für einen Prozess mit Wärmezufuhr. Diese Spezifikation besteht üblicherweise darin, dass eine bestimmte andere Größe konstant gehalten wird. Wir untersuchen die Wärmezufuhr bei konstantem Druck oder Volumen, und die Expansion bei konstanter Energie, Entropie oder Enthalpie.

Wärmezufuhr

Die Wärmekapazitäten

$$C_P = \left.\frac{đQ_{\text{q.s.}}}{dT}\right|_{P\,=\,\text{const.}} = T\left(\frac{\partial S}{\partial T}\right)_P \tag{18.1}$$

und

$$C_V = \left.\frac{đQ_{\text{q.s.}}}{dT}\right|_{V\,=\,\text{const.}} = T\left(\frac{\partial S}{\partial T}\right)_V \tag{18.2}$$

bestimmen die Temperaturerhöhung bei Wärmezufuhr. Üblicherweise wird bei der Wärmezufuhr entweder der Druck oder das Volumen konstant gehalten. Für das ideale Gas hatten wir für die Differenz der Wärmekapazitäten $C_P - C_V = \nu R$ erhalten. Jetzt bestimmen wir $C_P - C_V$ in einer Form, die für eine beliebige Zustandsgleichung $P = P(T, V)$ ausgewertet werden kann.

Wir gehen von (17.34) für dS aus:

$$dS = \frac{C_V}{T}\,dT + \left(\frac{\partial P}{\partial T}\right)_V dV \tag{18.3}$$

Für C_P benötigen wir dS als Funktion von dT und dP. Dazu setzen wir dV für $V = V(T, P)$ in (18.3) ein:

$$dS = \frac{C_V}{T}\, dT + \left(\frac{\partial P}{\partial T}\right)_V \left[\left(\frac{\partial V}{\partial T}\right)_P dT + \left(\frac{\partial V}{\partial P}\right)_T dP\right] \tag{18.4}$$

Hieraus lesen wir ab

$$C_P = C_V + T \left(\frac{\partial P}{\partial T}\right)_V \left(\frac{\partial V}{\partial T}\right)_P \tag{18.5}$$

Wir führen den Ausdehnungskoeffizienten α,

$$\alpha = \frac{1}{V} \left(\frac{\partial V}{\partial T}\right)_P \tag{18.6}$$

und die isotherme Kompressibilität κ_T ein:

$$\kappa_T = -\frac{1}{V} \left(\frac{\partial V}{\partial P}\right)_T \tag{18.7}$$

Damit erhalten wir

$$\left(\frac{\partial P}{\partial T}\right)_V \stackrel{(15.26)}{=} -\left(\frac{\partial V}{\partial T}\right)_P \Big/ \left(\frac{\partial V}{\partial P}\right)_T = \frac{\alpha}{\kappa_T} \tag{18.8}$$

Wir verwenden die letzten drei Gleichungen in (18.5):

$$\boxed{C_P - C_V = \frac{V\,T\,\alpha^2}{\kappa_T}} \tag{18.9}$$

Für Gase können die Größen C_P, C_V, α und κ_T leicht gemessen werden. Für Festkörper oder Flüssigkeiten ist die Bedingung $P =$ const. leichter zu realisieren als $V =$ const.; die bevorzugte experimentelle Wärmekapazität ist daher C_P. In einer mikroskopischen Berechnung tritt dagegen in der Regel V als vorgegebener äußerer Parameter auf; insofern ist C_V theoretisch leichter zugänglich.

Für ein stabiles System muss

$$\kappa_T > 0 \qquad \text{(Stabilitätsbedingung)} \tag{18.10}$$

gelten. Würde bei einer Druckverringerung das Volumen kleiner, so würde das System von selbst immer kleiner werden; es käme zu einer Implosion. Das Vorzeichen des Ausdehnungskoeffizienten ist dagegen nicht festgelegt,

$$\text{meist:}\ \alpha > 0\,, \quad \text{aber möglich:}\ \alpha \le 0 \tag{18.11}$$

Das bekannteste Beispiel für $\alpha < 0$ ist Wasser im Bereich zwischen 0 und 4 °C bei Normaldruck. Auch ein Gummiband kann sich bei Temperaturerhöhung zusammenziehen. Aus (18.9) und (18.10) folgt

$$C_P \ge C_V \tag{18.12}$$

Tabelle 18.1 Ausdehnungskoeffizient, Kompressibilität und spezifische Wärme für das einatomige ideale Gas und für Kupfer bei Normaldruck und Zimmertemperatur. Die Werte für das ideale Gas gelten in guter Näherung für Edelgase.

Größe	Ideales Gas (Edelgas)	Kupfer
α	$3.4 \cdot 10^{-3}\ \mathrm{K}^{-1}$	$5.0 \cdot 10^{-5}\ \mathrm{K}^{-1}$
κ_T	$1.0\ \mathrm{bar}^{-1}$	$7.4 \cdot 10^{-7}\ \mathrm{bar}^{-1}$
c_P	$21\ \mathrm{J\,K^{-1}\,mol^{-1}}$	$24\ \mathrm{J\,K^{-1}\,mol^{-1}}$
$c_P - c_V$	$8.3\ \mathrm{J\,K^{-1}\,mol^{-1}}$	$0.7\ \mathrm{J\,K^{-1}\,mol^{-1}}$
$\gamma = c_P/c_V$	5/3	1.03

Für das ideale Gas gilt

$$\alpha = \frac{1}{V}\left(\frac{\partial V}{\partial T}\right)_P = \frac{1}{T}\,, \qquad \kappa_T = -\frac{1}{V}\left(\frac{\partial V}{\partial P}\right)_T = \frac{1}{P} \qquad \text{(ideales Gas)} \qquad (18.13)$$

Wir setzen dies in (18.9) ein und verwenden $PV = \nu RT$:

$$C_P - C_V = \nu R \quad \text{oder} \quad c_P - c_V = R \qquad \text{(ideales Gas)} \qquad (18.14)$$

Dieses Ergebnis ist aus (16.16) bekannt. Nach Tabelle 16.2 erfüllen auch viele reale Gase näherungsweise diese Relation.

Für ein ideales Gas kann die Differenz $(C_P - C_V)\,dT$ als die Ausdehnungsarbeit $P\,dV = \nu R\,dT$ interpretiert werden, die bei Temperaturerhöhung unter konstantem Druck zu leisten ist. Diese Interpretation ist aber nicht allgemein gültig; dies folgt aus der Möglichkeit $\alpha < 0$.

Die allgemeinen Relationen (18.1)–(18.12) gelten gleichermaßen für Gase, Flüssigkeiten und Festkörper; vorausgesetzt wurde lediglich, dass das System homogen ist. Tabelle 18.1 vergleicht die Werte für ein ideales Gas bei Normalbedingungen mit denen für Kupfer. Der Ausdehnungskoeffizient ist für Kupfer um zwei Größenordnungen, die Kompressibilität um sechs Größenordnungen kleiner. Generell sind α und κ_T für Festkörper und Flüssigkeiten viel kleiner als für Gase. Für Festkörper und Flüssigkeiten ist die relative Differenz $(c_P - c_V)/c_P$ meist klein gegenüber 1.

Expansion

Wir betrachten die Expansion (Kompression) unter folgenden Bedingungen (Abbildung 18.1):

1. Freie Expansion: $E = \text{const.}$
2. Quasistatische, adiabatische Expansion: $S = \text{const.}$
3. Joule-Thomson-Expansion: $H = \text{const.}$

Da die Zustände der betrachteten homogenen Systeme durch zwei Variable festgelegt sind, genügt die Angabe einer konstanten Zustandsgröße, um die Art der Expansion festzulegen. Die zugehörigen Versuchsanordnungen sind in Abbildung 18.1 schematisch dargestellt.

Wir wollen die mit der Expansion verbundene Temperaturänderung berechnen, also die partiellen Ableitungen

$$\left(\frac{\partial T}{\partial V}\right)_E\,, \qquad \left(\frac{\partial T}{\partial V}\right)_S\,, \qquad \left(\frac{\partial T}{\partial P}\right)_H \tag{18.15}$$

Im Joule-Thomson-Versuch wird die Temperaturänderung auf die Druckänderung bezogen, weil die Drücke durch die experimentelle Anordnung vorgegeben werden. Die gesuchten partiellen Ableitungen können jeweils aus dem vollständigen Differenzial der konstant zu haltenden Größe A abgelesen werden:

$$dA = B\,dT + C\,dV \quad \Longrightarrow \quad \left(\frac{\partial T}{\partial V}\right)_A = -\frac{C}{B} \tag{18.16}$$

Im Joule-Thomson-Versuch ist V durch P zu ersetzen. Die im Ergebnis $-C/B$ auftretenden partiellen Ableitungen werden durch experimentell leicht zugängliche Größen ausgedrückt. Zur konkreten Auswertung der Ergebnisse benötigt man die thermische Zustandsgleichung; hierfür betrachten wir speziell (16.1) oder (16.2).

Freie Expansion

Die experimentelle Anordnung der freien Expansion (Abbildung 18.1 oben) ist als Gay-Lussac-Drosselversuch bekannt. Das System ist thermisch isoliert ($đQ = 0$). Das Öffnen der Drosselklappe zwischen dem mit Gas gefüllten Teil und dem Vakuum erfolgt ohne Arbeitsleistung; auch das Gas leistet beim Durchströmen keine Arbeit. Damit gilt für diesen Prozess

$$dE = đQ + đW = 0 \tag{18.17}$$

Wie in Kapitel 12 diskutiert, gilt $\Omega_b \gg \Omega_a$ oder $S_b > S_a$. Es handelt sich um einen irreversiblen Prozess. Der Prozess läuft über Nichtgleichgewichtszustände; er ist daher nicht quasistatisch. Der Anfangszustand $(T_a,\, V_a)$ und der Endzustand $(T_b,\, V_b)$ sollen aber Gleichgewichtszustände sein. Für sie gilt dann

$$E(T_b,\, V_b) = E(T_a,\, V_a) \tag{18.18}$$

Diese Bedingung legt fest, um welchen Betrag ΔT sich die Temperatur ändert, wenn sich das Volumen um ΔV ändert. Für eine infinitesimale Änderung wird dieser Zusammenhang gerade durch den ersten Ausdruck in (18.15) gegeben. Nach dem Schema (18.16) drücken wir dE durch dT und dV aus:

$$dE \overset{(17.35)}{=} C_V\,dT + \left[\,T\left(\frac{\partial P}{\partial T}\right)_V - P\,\right] dV \tag{18.19}$$

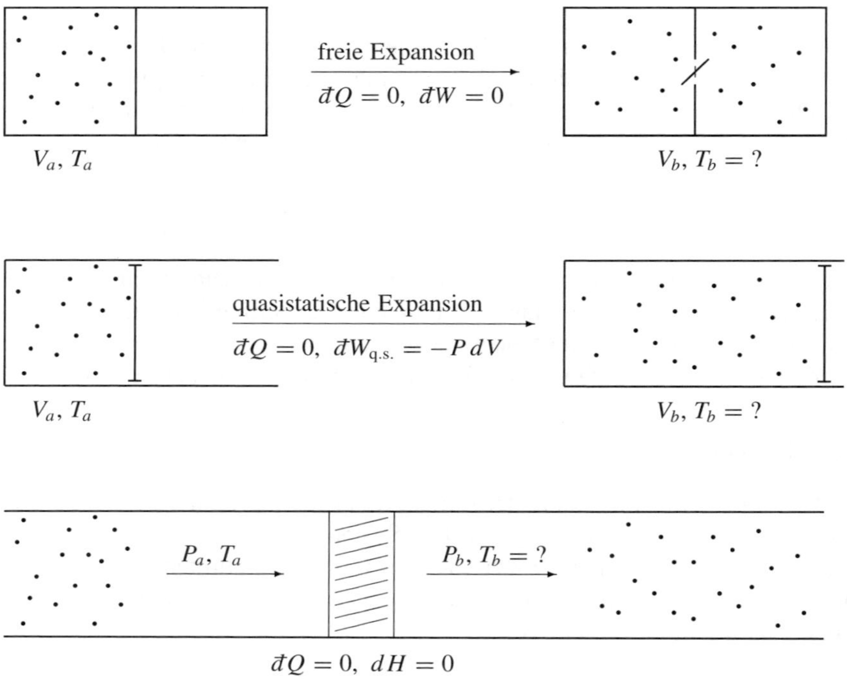

Abbildung 18.1 Verschiedene Expansionsprozesse werden gegenübergestellt: Im Gay-Lussac-Drosselversuch (oben) expandiert das Gas adiabatisch und ohne Arbeitsleistung. In der Mitte leistet das Gas bei quasistatischer, adiabatischer Expansion die Arbeit $P\,dV$. Bei der Joule-Thomson-Expansion (unten) wird das Gas durch einen porösen Stopfen gepresst. Zu berechnen und zu messen sind die jeweiligen Temperaturänderungen.

Daraus ergibt sich die gesuchte Temperaturänderung zu

$$\left(\frac{\partial T}{\partial V}\right)_E = \frac{1}{C_V}\left[P - T\left(\frac{\partial P}{\partial T}\right)_V\right] \tag{18.20}$$

Wir werten dies für (16.1) und (16.2) aus:

$$\left(\frac{\partial T}{\partial v}\right)_E = \nu\left(\frac{\partial T}{\partial V}\right)_E = \begin{cases} 0 & \text{(ideales Gas)} \\ -\dfrac{a}{c_V\, v^2} & \text{(van der Waals-Gas)} \end{cases} \tag{18.21}$$

Für ein ideales Gas haben wir dieses Ergebnis bereits in der Form der Volumenunabhängigkeit von $E(T, V)$ erhalten, (16.7). Für ein ideales Gas ist die Energie die Summe der kinetischen Energien der Atome; die kinetischen Energien der Atome ändern sich aber nicht beim Durchflug durch die geöffnete Drosselklappe.

Im realen Gas ergibt sich dagegen eine Abkühlung. Der Term $-a/v^2$ in (16.2) beschreibt die Druckverringerung aufgrund des attraktiven Teils der Wechselwirkung. Bei niedrigerer Gasdichte spüren die Teilchen im Mittel weniger von dieser Attraktion, so dass die potenzielle Energie zunimmt. Da die Energie bei der freien Expansion erhalten ist, muss dann die kinetische Energie der Teilchen abnehmen; damit sinkt die Temperatur. Der stark repulsive, kurzreichweitige Teil der Wechselwirkung verringert dagegen das effektiv zur Verfügung stehende Volumen (Term mit b in (16.2)), hat aber keinen Einfluss auf die Energie. Im Rahmen der Thermodynamik ist (16.2) ein empirischer Ansatz; dementsprechend ist die Erklärung der Temperaturabsenkung hier nur qualitativ.

Quasistatische, adiabatische Expansion

Das thermisch isolierte ($đQ = 0$) Gas werde durch langsames Herausziehen eines Kolbens expandiert, Abbildung 18.1 Mitte. Dabei leistet das Gas die Arbeit $-đW_{\text{q.s.}} = P\,dV \neq 0$. Für diesen quasistatischen Prozess ergibt der 2. Hauptsatz

$$dS = \frac{đQ_{\text{q.s.}}}{T} = 0 \tag{18.22}$$

Damit erhalten wir für den End- und Anfangszustand

$$S(T_b, V_b) = S(T_a, V_a) \tag{18.23}$$

Diese Bedingung legt fest, um welchen Betrag ΔT sich die Temperatur ändert, wenn sich das Volumen um ΔV ändert. Für eine infinitesimale Änderung wird dieser Zusammenhang gerade durch den zweiten Ausdruck in (18.15) gegeben. Nach dem Schema (18.16) drücken wir dS durch dT und dV aus:

$$dS \stackrel{(17.34)}{=} \frac{C_V}{T}\,dT + \left(\frac{\partial P}{\partial T}\right)_V dV \tag{18.24}$$

Daraus ergibt sich die gesuchte Temperaturänderung zu

$$\left(\frac{\partial T}{\partial V}\right)_S = -\frac{T}{C_V}\left(\frac{\partial P}{\partial T}\right)_V \overset{(18.8)}{=} -\frac{T\,\alpha}{C_V\,\kappa_T} \tag{18.25}$$

Für ein ideales Gas gilt $\alpha = 1/T$ und $\kappa_T = 1/P$ und damit

$$\left(\frac{\partial T}{\partial V}\right)_S = -\frac{P}{C_V} \qquad \text{(ideales Gas)} \tag{18.26}$$

Für das van der Waals-Gas soll die Temperaturänderung in Aufgabe 18.2 berechnet werden.

Für ein Gas gilt immer $\alpha > 0$, so dass $(\partial T/\partial V)_S < 0$. Das Gas kühlt sich daher bei quasistatischer, adiabatischer Expansion ab. Man kann diese Abkühlung zur Erzeugung tiefer Temperaturen verwenden. Das Prinzip einer darauf basierenden *Kältemaschine* ist folgendes:

1. Das Gas hat anfänglich die Umgebungstemperatur T_1. Es wird quasistatisch und adiabatisch komprimiert. Dabei erwärmt es sich.

2. Durch thermischen Kontakt mit der Umgebung kühlt es sich wieder auf die Temperatur T_1 ab.

3. Nun wird es quasistatisch und adiabatisch auf sein ursprüngliches Volumen expandiert. Dabei erreicht es die niedrigere Temperatur $T_2 < T_1$.

Ist ein hinreichend großes Kältereservoir mit T_2 geschaffen, so kann ein weiterer Kreislauf mit T_2 als neuer Umgebungstemperatur beginnen. Die mit einem solchen Verfahren erreichbaren Temperaturen sind praktisch dadurch begrenzt, dass die benutzten realen Gase bei tiefen Temperaturen kondensieren. Stickstoff kondensiert unter Normaldruck bei etwa 77 K, Helium dagegen erst bei etwa 5 K. Flüssiger Stickstoff oder flüssiges Helium dienen üblicherweise als Kältereservoir im Labor.

Der 3. Schritt könnte für ein reales Gas auch in einer freien Expansion bestehen. Die dabei erreichte Temperaturerniedrigung ist aber im Allgemeinen klein, da der Term a/v^2 in der van der Waals-Gleichung ein Korrekturterm ist, $a/v^2 \ll P$.

Joule-Thomson-Expansion

Bei dieser Expansion wird ein Gas mit einem Druck P_a durch einen porösen Stopfen gepresst, Abbildung 18.1 unten. Hinter dem Stopfen hat das Gas dann den niedrigeren Druck P_b. Der Druckunterschied und die dadurch erreichte Strömungsgeschwindigkeit hängen von der Struktur des porösen Stopfens ab. Das System sei thermisch isoliert, also

$$đQ = 0 \tag{18.27}$$

Das System hat als Ganzes keine bestimmte Temperatur; es ist also nicht in einem Gleichgewichtszustand. Daher handelt es sich nicht um einen quasistatischen Prozess, und aus $đQ = 0$ folgt nicht $dS = 0$. Wir haben aber getrennte Gleichgewichtszustände für das Gas links und das Gas rechts vom Stopfen. Zum Durchpressen des Gases muss Arbeit aufgewendet werden. Hat ein Mol des Gases vor dem Stopfen das Volumen V_a, so ist die Arbeit

$$P_a\, V_a \tag{18.28}$$

zum Weiterschieben dieser Gasmenge zu leisten. Hinter dem Stopfen muss das Gas dann die Arbeit

$$P_b\, V_b \tag{18.29}$$

leisten, um dieselbe Gasmenge (1 mol) weiterzuschieben. Somit wird dem Gas insgesamt die Arbeit

$$\Delta W = P_a\, V_a - P_b\, V_b \tag{18.30}$$

zugeführt. Aus dem 1. Hauptsatz folgt

$$\Delta E = E_b - E_a = \Delta Q + \Delta W = \Delta W \tag{18.31}$$

also

$$E_b + P_b\, V_b = E_a + P_a\, V_a \quad \text{oder} \quad H_b = H_a \tag{18.32}$$

Damit ist die Enthalpie $H = E + PV$ bei diesem Prozess konstant. Wir schreiben die Enthalpie als Funktion von T und P:

$$H(T_b,\, P_b) = H(T_a,\, P_a) \tag{18.33}$$

Diese Bedingung legt fest, um welchen Betrag ΔT sich die Temperatur ändert, wenn sich der Druck um ΔP ändert. Für eine infinitesimale Änderung wird dieser Zusammenhang gerade durch den dritten Ausdruck in (18.15) gegeben. Nach dem Schema (18.16) drücken wir dH durch dT und dP aus:

$$\begin{aligned} dH &= T\, dS + V\, dP = T\left[\left(\frac{\partial S}{\partial T}\right)_P dT + \left(\frac{\partial S}{\partial P}\right)_T dP\right] + V\, dP \\ &= C_P\, dT - T\left(\frac{\partial V}{\partial T}\right)_P dP + V\, dP = C_P\, dT + (V - VT\alpha)\, dP \end{aligned} \tag{18.34}$$

Dabei haben wir die Maxwellrelation für $dG = -S\, dT + V\, dP$ benutzt und den Ausdehnungskoeffizienten α eingeführt. Wir bemerken, dass die Wärmekapazität C_P in einfacher Weise mit $H(T,\, P)$ verknüpft ist:

$$C_P = T\left(\frac{\partial S}{\partial T}\right)_P = \left(\frac{\partial H}{\partial T}\right)_P \tag{18.35}$$

Dies ist mit (16.12), $C_V = \partial E(T,\, V)/\partial T$, zu vergleichen.

Aus (18.34) lesen wir die gesuchte Temperaturänderung ab:

$$\mu_{\mathrm{JT}} \equiv \left(\frac{\partial T}{\partial P}\right)_H = \frac{V}{C_P}\,(T\alpha\, - 1) \tag{18.36}$$

Die Größe μ_{JT} wird als Joule-Thomson-Koeffizient bezeichnet. Für das ideale Gas verschwindet dieser Koeffizient wegen $\alpha = 1/T$. Für ein reales Gas kann μ_{JT} positiv oder negativ sein. Für Stickstoffgas unter Normalbedingungen ist μ_{JT} positiv; der Joule-Thomson-Prozess (mit $dP < 0$) führt also zu einer Abkühlung ($dT < 0$). Für tiefere Temperaturen nimmt μ_{JT} zu, so dass der Abkühlungseffekt stärker wird. In Aufgabe 18.4 wird der Joule-Thomson-Koeffizient für das van der Waals-Gas berechnet.

Die Joule-Thomson-Entspannung ist als kontinuierlicher Prozess technisch besonders leicht zu realisieren. Bei tiefen Temperaturen kann der Wirkungsgrad einer Joule-Thomson-Kühlmaschine mit dem einer quasistatischen adiabatischen Entspannung vergleichbar sein.

Aufgaben

18.1 Isotherme quasistatische Expansion

Ein Mol eines idealen Gases wird isotherm und quasistatisch vom Volumen V_a auf $V_b = 2.7\,V_a$ expandiert. Bestimmen Sie die während des Prozesses aufgenommene Wärme ΔQ. Geben Sie ΔQ in Joule an, wenn der Prozess bei Zimmertemperatur durchgeführt wird.

18.2 Adiabatische Expansion des van der Waals-Gases

Bestimmen Sie die Temperaturänderung des van der Waals-Gases bei quasistatischer, adiabatischer Expansion.

18.3 Expansionskoeffizient des van der Waals-Gases

Berechnen Sie den Ausdehnungskoeffizienten $\alpha = (\partial V/\partial T)_P/V$ als Funktion von P und v für die van der Waals-Gleichung.

18.4 Inversionskurve im Joule-Thomson-Prozess

Das Vorzeichen des Joule-Thomson-Koeffizienten

$$\mu_{\mathrm{JT}} \equiv \left(\frac{\partial T}{\partial P}\right)_H = \frac{V}{C_P}\,(T\alpha - 1)$$

bestimmt, ob es im gleichnamigen Prozess zu einer Abkühlung oder Erwärmung kommt. Bestimmen Sie die durch $\mu_{\mathrm{JT}} = 0$ definierten *Inversionskurven* $T = T_{\mathrm{i}}(v)$ und $P = P_{\mathrm{i}}(T)$ für das van der Waals-Gas (16.2). Skizzieren und diskutieren Sie die Kurve $P_{\mathrm{i}}(T)$.

19 Wärmekraftmaschinen

Wir untersuchen Prozesse, bei denen Wärme in Arbeit umgewandelt wird. Ein perpetuum mobile 2. Art steht im Widerspruch zum 2. Hauptsatz. Aus den Hauptsätzen folgt der maximal erreichbare Wirkungsgrad einer Wärmekraftmaschine und einer Wärmepumpe.

Wir betrachten durchweg Maschinen, die zyklisch arbeiten. Das heißt, dass die Maschine nach einer bestimmten Zeitspanne immer wieder in den selben Zustand zurückkehrt (etwa ein vollständiger Zyklus eines Ottomotors). Dies schließt kontinuierlich arbeitende Maschinen mit ein; für sie kann die Zyklusspanne beliebig gewählt werden.

Perpetuum mobile 2. Art

Eine ideale Wärmekraftmaschine wäre die, die in einem Zyklus einem Wärmereservoir die Wärme q entnimmt und diese in die Arbeit $w = q$ umwandelt. Eine solche hypothetische Apparatur wird als perpetuum mobile 2. Art bezeichnet. Das Schema eines solchen Prozesses ist in Abbildung 19.1 dargestellt. Das Wärmereservoir soll so groß sein, dass es seine Temperatur T bei der Wärmeentnahme praktisch nicht ändert, also zum Beispiel ein See.

Eine solche Maschine ist auch unter idealen Bedingungen (wie quasistatisch und ohne Reibungsverluste) nicht zu verwirklichen, denn sie ist nicht verträglich mit dem 2. Hauptsatz. Wir betrachten zunächst den 1. Hauptsatz für das System M (die eigentliche Kraftmaschine) in Abbildung 19.1. Nach einem Zyklus ist die Maschine im selben Zustand, also gilt für die Änderung ihrer Energie $\varDelta E_{\mathrm{M}} = 0$. Während eines Zyklus nimmt sie die Wärme q auf und leistet die Arbeit w. Wir setzen $\varDelta Q = q$ und $\varDelta W = -w$ in den 1. Hauptsatz ein:

$$\varDelta E_{\mathrm{M}} = q - w = 0 \qquad \text{(1 Zyklus)} \tag{19.1}$$

also

$$w = q \tag{19.2}$$

Die Umwandlung der Wärmemenge q in die Arbeit w ist mit dem Energiesatz verträglich. Dem 1. Hauptsatz widersprechen würde dagegen eine Vorrichtung, die aus dem Nichts Arbeit erzeugt; eine solche hypothetische Maschine wird als perpetuum mobile 1. Art bezeichnet.

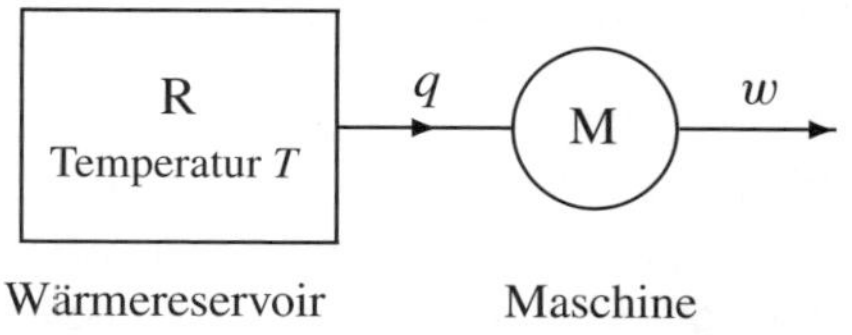

Abbildung 19.1 Schema eines perpetuum mobile 2. Art, das die Wärme q in die Arbeit $w = q$ verwandelt.

Aus dem 2. Hauptsatz folgt für ein abgeschlossenes System $\Delta S \geq 0$. Um ein abgeschlossenes System zu erhalten, ergänzen wir das Schema in Abbildung 19.1 durch einen Speicher für die Arbeit w. Die Arbeit könnte zum Beispiel in einer Feder gespeichert werden; dies ist ein System mit einem Freiheitsgrad ($f = 1$). Möglich wäre auch ein Gewicht, das im Schwerefeld angehoben wird; konkret wird diese Speicherart durch ein Wasserpumpwerk mit zwei Stauseen auf verschiedener Höhe realisiert. Für das abgeschlossene System aus Wärmereservoir R, Maschine M und Speicher S gilt

$$\Delta S = \Delta S_{\mathrm{R}} + \Delta S_{\mathrm{M}} + \Delta S_{\mathrm{S}} \geq 0 \qquad \text{(2. Hauptsatz)} \tag{19.3}$$

Der Speicher mit einem Freiheitsgrad hat eine Entropie der Größe $S_{\mathrm{S}} = \mathcal{O}(k_{\mathrm{B}})$, die gegenüber der Entropie des Wärmereservoirs $S_{\mathrm{R}} \gg \mathcal{O}(10^{24}\, k_{\mathrm{B}})$ zu vernachlässigen ist. Dieses Größenverhältnis gilt auch für die Entropieänderungen. Wegen $\Delta S_{\mathrm{S}} \ll \Delta S_{\mathrm{R}}$ können wir

$$\Delta S_{\mathrm{S}} \approx 0 \qquad \text{(Speicher, } f = 1) \tag{19.4}$$

setzen. Die Maschine M ist nach jedem Zyklus im selben Makrozustand, also

$$\Delta S_{\mathrm{M}} = 0 \qquad \text{(nach einem Zyklus)} \tag{19.5}$$

Für das Wärmereservoir gilt nach einem Zyklus

$$\Delta S_{\mathrm{R}} = -\frac{q}{T} \qquad \text{(2. Hauptsatz)} \tag{19.6}$$

Dabei haben wir die Aussage $dS = đQ_{\mathrm{q.s.}}/T$ des 2. Hauptsatzes verwendet, die einen quasistatischen Prozess voraussetzt. Die damit berechnete Entropieänderung ist aber allgemein richtig, wenn der Prozess ausschließlich aus der Wärmezufuhr q besteht (siehe Diskussion im Anschluss an (11.12)); daher ist ein Index „q.s." in (19.6) nicht nötig. Aus den letzten drei Gleichungen folgt

$$\Delta S = \Delta S_{\mathrm{R}} + \Delta S_{\mathrm{M}} + \Delta S_{\mathrm{S}} = -\frac{q}{T} < 0 \tag{19.7}$$

Im abgeschlossenen System aus Wärmereservoir, Maschine und Energiespeicher nimmt die Entropie also ab. Dies steht im Widerspruch zum 2. Hauptsatz. Es ist daher unmöglich, eine solche Maschine zu bauen.

Eine Idee zur Verwirklichung eines perpetuum mobile 2. Art wäre folgender Prozess:

1. Im Kontakt mit der Umgebung (Wärmereservoir) hat ein Kasten mit einem idealen Gas die Temperatur T.

2. Der Kasten wird thermisch isoliert. Wir warten, bis alle Teilchen zufällig im linken Teil des Kastens sind. Zu diesem Zeitpunkt schieben wir ohne Arbeitsleistung seitlich eine Wand ein. Damit hat das Gas ein kleineres Volumen.

3. Das Gas wird adiabatisch und quasistatisch auf sein ursprüngliches Volumen expandiert. Dabei leistet es die Arbeit w. Das Gas hat danach eine niedrigere Temperatur $T_<$.

4. Im Kontakt mit der Umgebung erwärmt sich das Gas wieder auf T. Da es damit seinen ursprünglichen Zustand erreicht, gilt $\Delta E = 0$. Das Gas nimmt also in diesem Schritt die Wärme $q = w$ auf. Der zyklische Prozess wird mit dem 2. Schritt fortgesetzt.

Dieser Prozess ist wegen der Zeitdauer des zweiten Schritts nicht realisierbar. Wie wir in Kapitel 12 gesehen haben, ist diese Zeit unvorstellbar viel größer als das Weltalter. Dies gilt auch noch, wenn wir etwa nur warten, bis in der linken Hälfte des Kastens 1% mehr Teilchen als in der rechten Hälfte sind. Für $N = \mathcal{O}(10^{24})$ entspricht eine Abweichung von 1% vom Mittelwert etwa 10^{10} Standardabweichungen und ist damit extrem unwahrscheinlich (praktisch unmöglich). Die tatsächlichen Fluktuationen, $\Delta N/\overline{N} \approx 10^{-12}$, können dagegen von keiner physikalischen Wand zur Arbeitsleistung verwendet werden.

Völlig analog zu dem eben gegebenen Beispiel sind zwei Untersysteme in thermischem Kontakt und das Warten darauf, dass das eine System eine verwertbare Abweichung von seinem Energiemittelwert zeigt. Wie wir in Kapitel 9 gesehen haben, ist die Schwankung der Energie in einem Teilsystem um den Mittelwert herum von der gleichen relativen Größe wie beim Teilchenaustausch. Nach Kapitel 10 gilt dies auch für jede andere makroskopische Größe.

Ein bekanntes Gedankenexperiment zur Konstruktion eines perpetuum mobile 2. Art ist der *Maxwellsche Dämon*, der den 2. Hauptsatz auf folgende Art zu überlisten versucht: Er sitzt an einer kleinen Öffnung zwischen zwei Gasvolumina und kann diese mit einer Klappe öffnen oder schließen (etwa in Abbildung 16.1 rechts). Er öffnet die Klappe, wenn zufällig ein schnelles Teilchen (schneller als der Durchschnitt) von rechts nach links oder ein langsames von links nach rechts fliegen will. Ansonsten bleibt die Klappe geschlossen. Auf diese Weise wird das linke Volumen allmählich wärmer als das rechte. Diese Temperaturdifferenz kann dann zur Erzeugung von Arbeit benutzt werden.

Der Dämon hat jedoch Probleme. Das Öffnen und Schließen der Klappe darf nicht mehr Arbeit kosten, als später zu gewinnen ist. Die Arbeit w_k zur Bedienung der Klappe muss also klein sein gegenüber der Überschussenergie eines schnellen Teilchens. Die Energie eines Teilchens ist nach Kapitel 9 von der Größe $k_\text{B}T$. Dies bedeutet

$$w_\text{k} \ll k_\text{B}T \tag{19.8}$$

Die Klappe selbst stellt ein System mit einem Freiheitsgrad dar. Die Klappe hat daher nach einiger Zeit, wenn sie sich im Gleichgewicht mit ihrer Umgebung befindet, die mittlere statistische Energie

$$\overline{\varepsilon_{\mathrm{k}}} = \mathcal{O}(k_{\mathrm{B}}T) \tag{19.9}$$

Wegen $\overline{\varepsilon_{\mathrm{k}}} \gg w_{\mathrm{k}}$ öffnet und schließt sich die Klappe unkontrolliert. Die Hände des Maxwellschen Dämons zittern so stark, dass er seine Aufgabe nicht erfüllen kann. Die Aussagen (19.8) und (19.9) und die daraus gezogene Folgerung gelten für jede denkbare Vorrichtung zum Sortieren der Teilchen, also etwa auch für eine intelligente elektronische Lösung.

Die Unmöglichkeit, eine periodische Maschine der in Abbildung 19.1 gezeigten Art zu bauen, wird gelegentlich als alternative Formulierung zu $\Delta S \geq 0$ benutzt. Diese Formulierung betont, dass die Energieform „Wärme“ (ungeordnete Bewegung) minderwertig gegenüber der Energieform „Arbeit“ ist. Die Umwandlung $w \to q$ (zum Beispiel durch einen elektrischen Heizofen) ist uneingeschränkt möglich. Die Umwandlung $q \to w$ ist dagegen nur teilweise möglich.

An dieser Stelle sei darauf hingewiesen, dass der 2. Hauptsatz eine Zeitrichtung festlegt; $\Delta S \geq 0$ bedeutet ja $dS/dt \geq 0$. Da die Grundgleichungen der Mechanik und Quantenmechanik zeitumkehrinvariant sind, sind sie zur Begründung von $\Delta S \geq 0$ nicht ausreichend. In Kapitel 5 wurde diese Zeitrichtung durch die Feststellung eingeführt, dass ein abgeschlossenes System sich ins Gleichgewicht bewegt (also zu $S =$ maximal). Dies wurde nicht abgeleitet, sondern lediglich als Erfahrungstatsache behauptet.

Wie sich die Festlegung einer Zeitrichtung ergibt, wenn man von den Grundgesetzen der Mechanik oder Quantenmechanik ausgeht, ist nicht endgültig geklärt; diese Frage wird in Kapitel 41 diskutiert. Uns soll hier der in Kapitel 12 diskutierte Prozess der freien Expansion als einsichtiges Beispiel genügen. Hier ist intuitiv klar, dass ein Prozess $\Delta S < 0$ (mit einem $|\Delta S/\overline{S}| \gg N^{-1/2}$) extrem unwahrscheinlich ist. Es sei darauf hingewiesen, dass auch in anderen Bereichen der Physik eine Zeitrichtung ausgezeichnet wird. So wird im Streuproblem in der Quantenmechanik eine auslaufende Kugelwelle angesetzt, und in der Elektrodynamik werden die retardierten Potenziale gegenüber den avancierten bevorzugt.

Wirkungsgrad einer Wärmekraftmaschine

Eine realisierbare Wärmekraftmaschine erzeugt aus Wärme Arbeit, indem sie die Tendenz der ungeordneten Energie zur Gleichverteilung ausnützt. Wärme fließt von selbst vom wärmeren System mit der Temperatur T_1 zum kälteren mit T_2. Das Schema einer solchen Vorrichtung ist in Abbildung 19.2 skizziert. Die angegebenen Energiemengen (q_1, q_2 und w) sollen sich wieder auf einen Zyklus der periodisch arbeitenden Maschine beziehen.

Eine solche Maschine ist mit den Hauptsätzen verträglich; die Hauptsätze schränken aber den erreichbaren Wirkungsgrad ein. Wir leiten zunächst diese Einschränkung ab und betrachten dann Realisierungen einer solchen Maschine.

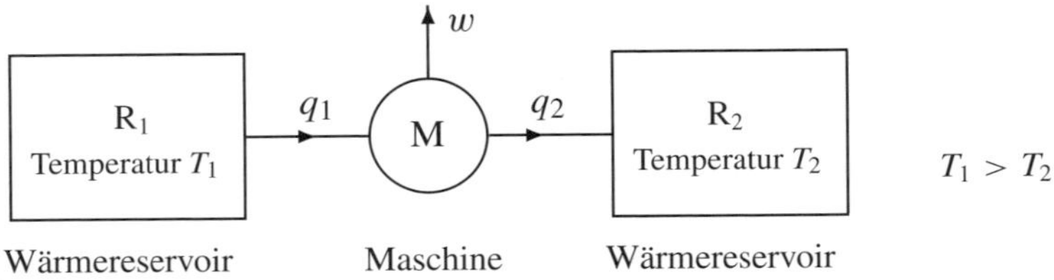

Abbildung 19.2 Schema einer realisierbaren Wärmekraftmaschine. Die Maschine M verwandelt einen Teil der Wärme, die von einem Wärmereservoir hoher Temperatur T_1 abgegeben wird, in Arbeit. Der andere Teil wird einem Wärmereservoir mit niedrigerer Temperatur T_2 zugeführt.

Nach einem Zyklus ist die Maschine im selben Zustand, also gilt $\Delta E_{\mathrm{M}} = 0$. Während eines Zyklus nimmt sie die Wärme q_1 auf, gibt die Wärme q_2 ab und leistet die Arbeit w. Mit $\Delta Q = q_1 - q_2$ und $\Delta W = -w$ lautet der 1. Hauptsatz für das System M:

$$\Delta E_{\mathrm{M}} = q_1 - q_2 - w = 0 \qquad \text{(nach einem Zyklus)} \tag{19.10}$$

Daraus folgt

$$w = q_1 - q_2 \tag{19.11}$$

Nach dem 1. Hauptsatz wird die Differenz $q_1 - q_2$ in die Arbeit w umgewandelt.

Wir wenden nun den 2. Hauptsatz auf das abgeschlossene System aus zwei Wärmereservoirs R_1 und R_2, der Maschine M und einem Speicher S an:

$$\Delta S = \Delta S_{\mathrm{R}_1} + \Delta S_{\mathrm{R}_2} + \Delta S_{\mathrm{M}} + \Delta S_{\mathrm{S}} \geq 0 \qquad \text{(2. Hauptsatz)} \tag{19.12}$$

Der Speicher habe wieder nur einen Freiheitsgrad und damit einen zu vernachlässigenden Beitrag zur Entropie, also

$$\Delta S_{\mathrm{S}} \approx 0 \qquad \text{(Speicher, } f = 1\text{)} \tag{19.13}$$

Die Maschine M ist nach jedem Zyklus im selben Zustand, also

$$\Delta S_{\mathrm{M}} = 0 \qquad \text{(nach einem Zyklus)} \tag{19.14}$$

Für die Wärmereservoirs gilt

$$\Delta S_{\mathrm{R}_1} = -\frac{q_1}{T_1}, \qquad \Delta S_{\mathrm{R}_2} = \frac{q_2}{T_2} \qquad \text{(2. Hauptsatz)} \tag{19.15}$$

Dabei haben wir die Aussage $dS = đQ_{\mathrm{q.s.}}/T$ des 2. Hauptsatzes verwendet, die einen quasistatischen Prozess voraussetzt. Die damit berechnete Entropieänderung ist aber allgemein richtig, wenn der Prozess ausschließlich aus der Wärmezufuhr q besteht (siehe Diskussion im Anschluss an (11.12)); daher ist ein Index „q.s.“ in (19.15) nicht nötig. Wir setzen (19.13)–(19.15) in (19.12) ein:

$$\Delta S = \frac{q_2}{T_2} - \frac{q_1}{T_1} \geq 0 \tag{19.16}$$

Dies können wir auch in der Form

$$\frac{q_2}{q_1} \geq \frac{T_2}{T_1} \tag{19.17}$$

schreiben. Für $q_2 \to 0$ und $q_1 \neq 0$ ergäbe die Vorrichtung in Abbildung 19.2 ein perpetuum mobile 2. Art. Aus (19.17) folgt aber $q_2 \geq q_1 T_2/T_1$, also eine untere Grenze für q_2.

In einem Kraftwerk muss die auf hohem Temperaturniveau aus R_1 entnommene Wärmemenge q_1 fortlaufend ersetzt werden; dies geschieht zum Beispiel durch Verbrennung von Öl oder Kohle. Die Arbeit w ist dagegen die verkäufliche elektrische Energie. Daher definiert man als *Wirkungsgrad*

$$\eta = \frac{\text{erzeugte Arbeit}}{\text{aufgewendete Wärme}} = \frac{w}{q_1} = \frac{q_1 - q_2}{q_1} = 1 - \frac{q_2}{q_1} \tag{19.18}$$

Mit (19.17) erhalten wir für η die Ungleichung

$$\eta \leq 1 - \frac{T_2}{T_1} \tag{19.19}$$

Der maximal erreichbare Wirkungsgrad ist

$$\boxed{\eta_{\text{ideal}} = \frac{T_1 - T_2}{T_1} \qquad \text{Wirkungsgrad einer idealen Wärmekraftmaschine}} \tag{19.20}$$

Das Standardbeispiel für einen Prozess mit dem idealen Wirkungsgrad ist der *Carnotprozess*. Hierbei dient ein Gasvolumen als „Maschine“ M. Das Gasvolumen durchläuft den in Abbildung 19.3 skizzierten Kreisprozess, der aus folgenden Schritten besteht:

1. Das Gas expandiert quasistatisch von a nach b, und zwar in zwei Teilschritten:

   (i) Isotherm von (T_a, S_a) zu (T_a, S_b).

   (ii) Adiabatisch von (T_a, S_b) zu (T_b, S_b).

2. Das Gas wird quasistatisch von b zurück nach a komprimiert, und zwar in zwei Teilschritten:

   (i) Isotherm von (T_b, S_b) zu (T_b, S_a).

   (ii) Adiabatisch von (T_b, S_a) zu (T_a, S_a).

Für die isothermen Schritte ist ein Kontakt mit einem Wärmereservoir der entsprechenden Temperatur erforderlich. Wir bezeichnen die längs der Isothermen T_a und

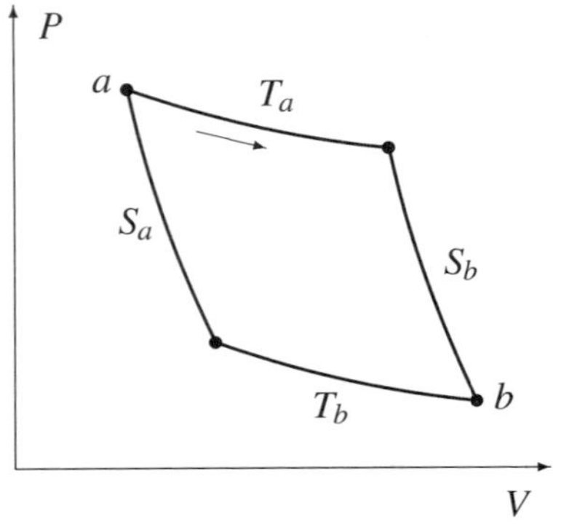

Abbildung 19.3 Schematische Darstellung des Carnotprozesses. Im P-V-Diagramm des Gases werden zunächst zwei Zustände a und b festgelegt. Man zeichnet nun die Isothermen (T = const.) und die Adiabaten (S = const.) durch jeden dieser beiden Punkte ein. Dadurch entsteht eine rautenförmige Fläche. Bei einem Umlauf im Uhrzeigersinn kann der Prozess als Wärmekraftmaschine dienen, bei entgegengesetztem Umlaufsinn als Wärmepumpe.

T_b aufgenommenen Wärmen mit q_a und q_b. Daraus ergibt sich die Gesamtänderung der Entropie des Gases zu

$$\Delta S_{\text{Gas}} = \frac{q_a}{T_a} - \frac{q_b}{T_b} = 0 \tag{19.21}$$

Da das Gas wieder in den Anfangszustand übergeführt wird, muss $\Delta S_{\text{Gas}} = 0$ sein. Aus dem gleichen Grund gilt $\Delta E_{\text{Gas}} = 0$ oder

$$w = q_a - q_b \tag{19.22}$$

Da alle Schritte quasistatisch erfolgen, ist die vom Gas geleistete Arbeit gleich $w = w_{\text{q.s.}} = \oint P\,dV$; dies ist die eingeschlossene Fläche in Abbildung 19.3. Aus (19.21) und (19.22) folgt der Wirkungsgrad des Carnotprozesses

$$\eta_{\text{Carnot}} = \frac{w}{q_a} = \frac{T_a - T_b}{T_a} = \eta_{\text{ideal}} \tag{19.23}$$

Wir berechnen noch die gesamte Entropieänderung des abgeschlossenen Systems aus Wärmereservoirs, Gas und Energiespeicher für einen Carnotprozess. Mit $\Delta S_{\text{R}_1} = -q_a/T_a$, $\Delta S_{\text{R}_2} = q_b/T_b$, ΔS_{Gas} aus (19.21) und $\Delta S_{\text{S}} \approx 0$ ergibt sich

$$\Delta S = \Delta S_{\text{R}_1} + \Delta S_{\text{R}_2} + \Delta S_{\text{Gas}} + \Delta S_{\text{S}} = 0 \tag{19.24}$$

Wegen $\Delta S = 0$ ist der Prozess reversibel. Der Carnotprozess kann also auch in umgekehrter Richtung ablaufen; dann kann er für einen Kühlschrank oder eine Wärmepumpe verwendet werden.

Wir betrachten das in Abbildung 19.4 skizzierte Schema eines realen Wärmekraftwerks. Für die in der Abbildung angegebenen Temperaturen liegt der ideale Wirkungsgrad bei

$$\eta_{\text{ideal}} \approx \frac{813\,\text{K} - 313\,\text{K}}{813\,\text{K}} \approx 62\% \tag{19.25}$$

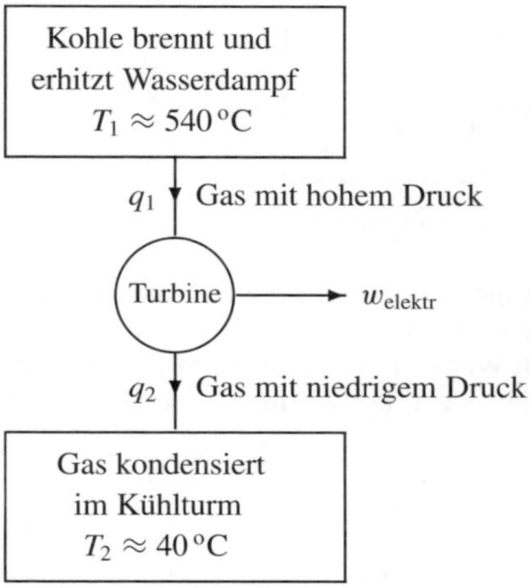

Abbildung 19.4 Das in Abbildung 19.2 angegebene Schema kann durch ein Öl- oder Kohlekraftwerk realisiert werden. Für einen Ottomotor gilt ein analoges Schema: Dabei wird Benzin statt Kohle verbrannt, anstelle der Turbine tritt der Zylinder mit seinem Kolben, es wird mechanische Arbeit erzeugt und die kühleren Abgase werden durch den Auspuff abgegeben.

Eine gute Dampfturbinenanlage erreicht dagegen etwa 45 %. Ein Liter Heizöl hat einen Brennwert von etwa 40 000 Kilojoule; dies ist die Energie, die beim Verbrennen des Öls frei wird. Damit kann man ungefähr 5 kWh elektrische Energie erzeugen:

$$1\ \text{l Öl} \mathrel{\widehat{=}} 40\,000\ \text{kJ} \approx 11\ \text{kWh} \stackrel{\eta \approx 0.45}{\longrightarrow} 5\ \text{kWh} \tag{19.26}$$

Bei einem Preis von 0.5 Euro pro Liter Heizöl ergeben sich also Rohstoffkosten von 0.1 Euro pro Kilowattstunde. Dies ist eine Grundlage für die Beurteilung des Haushaltspreises für private Endverbraucher.

Um $\eta_{\text{ideal}} = 1 - T_2/T_1$ zu maximieren, muss T_1 möglichst groß und T_2 möglichst klein gemacht werden. T_2 ist nach unten durch die Umgebungstemperatur begrenzt. Um T_1 zu erhöhen, muss die Verbrennung räumlich und zeitlich möglichst konzentriert erfolgen. In einem Ottomotor muss man dazu hitzebeständigeres Material (etwa Keramik) verwenden; die tatsächlichen Prozesse im Ottomotor sind natürlich komplizierter als in den hier betrachteten schematischen Wärmekraftmaschinen.

Es wäre wünschenswert, bei der Verbrennung von Kohle oder Öl soviel hochwertige Energie w_{elektr} wie möglich zu gewinnen, und die unvermeidbare Abwärme (q_2 in Abbildung 19.4) zur Heizung zu benutzen (Wärmekraftkopplung). Allerdings muss dazu das Kraftwerk in der Nähe des Wärmeverbrauchers (also stadtnah) gebaut werden.

Wir können den Prozess der Wärmekraftmaschine auch umkehren, Abbildung 19.5. Unter Aufwendung der Arbeit w pumpen wir Wärme von R_2 nach R_1, also vom niedrigeren Temperaturniveau zum höheren. Da alle Größen q_1, q_2 und w positiv sein sollen, ändern sich in den oben angegebenen Gleichungen einige Vorzeichen. Aus dem 1. Hauptsatz folgt

$$q_2 + w = q_1 \tag{19.27}$$

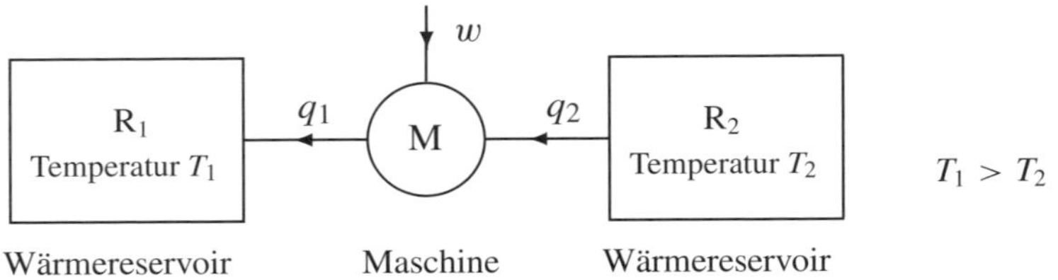

Abbildung 19.5 Schema einer Wärmepumpe. Unter Aufwand von Arbeit kann Wärme von einem niedrigeren Temperaturniveau zu einem höheren transportiert werden. Es könnte sich um einen Kühlschrank (T_2) handeln, von dem Wärme in die Umgebung (T_1) gepumpt wird. Es könnte sich auch um eine Wärmepumpe handeln, die Wärme aus der Umgebung (T_2) ins Hausinnere (T_1) pumpt.

Aus dem 2. Hauptsatz folgt

$$\Delta S = \Delta S_{R_1} + \Delta S_{R_2} + \Delta S_M + \Delta S_S = \frac{q_1}{T_1} - \frac{q_2}{T_2} \geq 0 \qquad (19.28)$$

Für eine *Wärmepumpe* ist R_1 etwa das zu heizende Haus und R_2 die Umgebung. Der Nutzen ist die in das Haus gepumpte Wärme q_1, also

$$\eta = \frac{q_1}{w}, \qquad \eta_{\,\text{ideal}} = \frac{T_1}{T_1 - T_2} \qquad \text{(Wärmepumpe)} \qquad (19.29)$$

Eine Wärmepumpe arbeitet als Heizung, indem sie Wärme von außen ($T_2 = 0\,^\circ$C) ins Haus ($T_1 = 20\,^\circ$C) pumpt. Wir setzen $T_1 \approx 293$ K und $T_2 \approx 273$ K in (19.29) ein und erhalten

$$\eta_{\text{ideal}} \approx 15 \qquad (19.30)$$

Im Prinzip könnte man also mit der elektrischen Energie 1 kWh eine Wärmemenge von 15 kWh ins Haus pumpen. Praktisch benötigt man ein höheres Temperaturniveau $T_1 = 50\,^\circ$C im Haus, etwa für das Brauchwasser. Hierfür ist der ideale Wirkungsgrad $\eta_{\text{ideal}} \approx 6$; realistische Werte liegen bei $\eta \approx 3$.

Von den physikalischen Grundlagen her ist klar, dass die direkte Umwandlung von elektrischer Energie in Wärme ($q = w_{\text{elektr}}$ im elektrischen Heizofen) Verschwendung ist; denn man erreicht ja nur $\eta = q/w_{\text{elektr}} = 1$ gegenüber $\eta \approx 3$ bei einer Wärmepumpe. Auch die Ölzentralheizung stellt keine optimale Energienutzung dar. Man könnte ja mit dem Öl einen Dieselmotor betreiben, die Abwärme q_2 zur Heizung benutzen und mit der erzeugten Arbeit w eine Wärmepumpe betreiben. Bereits mit den bescheidenen und realisierbaren Wirkungsgraden $\eta_{\text{Motor}} = 0.3$ und $\eta_{\text{Pumpe}} = 3$ ließe sich fast eine Verdoppelung der im Haus erzeugten Wärme erreichen.

Wir wenden das Schema aus Abbildung 19.5 noch auf einen Kühlschrank an. Dann ist R_2 der zu kühlende Innenbereich und R_1 das Zimmer, in dem der Kühlschrank steht. Der Nutzen ist die dem Kühlschrank entzogene Wärme q_2, also

$$\eta = \frac{q_2}{w}, \qquad \eta_{\,\text{ideal}} = \frac{T_2}{T_1 - T_2} \qquad \text{(Kühlschrank)} \qquad (19.31)$$

Auch hier sind Wirkungsgrade weit über 1 möglich.

Aufgaben

19.1 Effektivität eines Kühlschranks

Ein Kühlschrank arbeitet bei einer Innentemperatur von 5 °C. Die abgepumpte Wärme wird über einen Rost an der Rückseite bei einer Temperatur von 30 °C abgegeben. Jemand deckt die Lüftungsschlitze in der Arbeitsplatte über dem Kühlschrank ab; dadurch nimmt die Temperatur des Rosts auf 35 °C zu. Schätzen Sie ab, um wieviel Prozent der Energieverbrauch des Kühlschranks steigt.

19.2 Carnotprozess mit idealem Gas

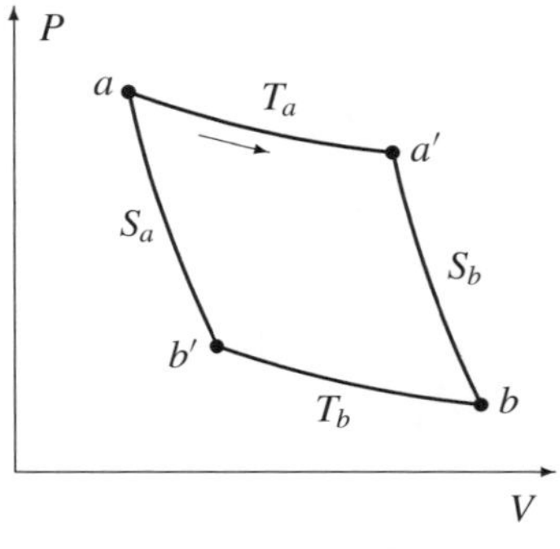

Der Kreisprozess $a \to a' \to b \to b' \to a$ erfolgt längs Isothermen und Adiabaten. Er wird für ein Mol eines einatomigen idealen Gases durchgeführt. Gegeben sind der Druck und das Volumen für die Zustände a und b, also P_a, V_a, P_b, V_b. Geben Sie für alle vier Zwischenzustände (a, a', b und b') die Größen T, V, P und S an. Bestimmen Sie hieraus die im ersten und im dritten Schritt aufgenommenen Wärmemengen q_1 und q_3, und zeigen Sie $q_1/T_a + q_3/T_b = 0$.

19.3 Spezieller Kreisprozess

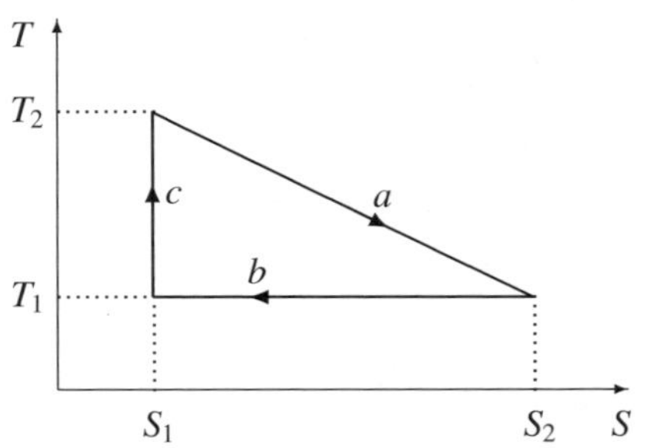

Ein ideales Gas durchläuft den Kreisprozess aus den links skizzierten Wegen a, b und c. Berechnen Sie die einzelnen Arbeits- und Wärmebeiträge. Welcher Wirkungsgrad η ergibt sich, wenn der Prozess als Wärmekraftmaschine aufgefasst wird.

19.4 Kreisprozess mit idealem Gas

Für ein einatomiges ideales Gas wird ein quasistatischer Kreisprozess durchgeführt, der aus den Wegen 1, 2, 3 und 4 besteht:

1: Isotherme Expansion von V_1 auf V_2	$T = T_1 = \text{const.}$
2: Isochore Abkühlung von T_1 auf T_2	$V = V_2 = \text{const.}$
3: Isotherme Kompression von V_2 auf V_1	$T = T_2 = \text{const.}$
4: Isochore Erwärmung von T_2 auf T_1	$V = V_1 = \text{const.}$

Skizzieren Sie den Prozess in einem P-V-Diagramm. Geben Sie die Arbeits- und Wärmeleistungen für die einzelnen Schritte an. Vergleichen Sie den Wirkungsgrad (geleistete Arbeit relativ zu insgesamt aufgenommener Wärme) mit dem des idealen Carnotprozesses.

20 Chemisches Potenzial

Das chemische Potenzial μ ist die verallgemeinerte Kraft, die zum äußeren Parameter N (= Teilchenzahl) gehört. Wir geben die thermodynamischen Relationen für quasistatische Prozesse mit $dN \neq 0$ an. Dazu gehört insbesondere die Duhem-Gibbs-Relation.

Definition

Im Teil II haben wir die mikroskopischen Grundlagen der statistischen Physik und der phänomenologischen Thermodynamik behandelt. Zur Einführung einer neuen verallgemeinerten Kraft, dem chemischen Potenzial, gehen wir in diesem Abschnitt noch einmal kurz zu diesen mikroskopischen Grundlagen zurück. Die folgenden Abschnitte bewegen sich dann wieder innerhalb der Thermodynamik.

Die Energieeigenwerte (6.5) für das ideale Gas sind von der Form $E_r(V, N)$. Damit ist klar, dass für jedes reale Gas, aber auch für andere homogene Systeme wie Festkörper oder Flüssigkeiten, mindestens zwei äußere Parameter $x = (V, N)$ auftreten. Bisher haben wir nur Prozesse mit $dN = 0$ betrachtet und die Variable N unterdrückt. Diese Einschränkung lassen wir jetzt fallen.

Die äußeren Parameter sind diejenigen Größen $x = (x_1, ..., x_n)$, von denen der Hamiltonoperator und damit die Energien $E_r(x)$ abhängen. Nach Kapitel 8 wird durch die quasistatische Änderung von x_i dem System die Arbeit

$$đW_{\text{q.s.}} = \sum_{i=1}^{n} \overline{\frac{\partial E_r(x)}{\partial x_i}}\, dx_i \;=\; -\sum_{i=1}^{n} X_i\, dx_i \tag{20.1}$$

zugeführt. Für $x_1 = V$ und $x_2 = N$ lauten die verallgemeinerten Kräfte:

$$X_1 = P = -\,\overline{\frac{\partial E_r(V, N)}{\partial V}}, \qquad X_2 = -\mu = -\,\overline{\frac{\partial E_r(V, N)}{\partial N}} \tag{20.2}$$

Die Vorzeichenwahl für μ ist Konvention. Aus (20.1) und (20.2) folgt

$$đW_{\text{q.s.}} = -P\,dV + \mu\,dN \tag{20.3}$$

Zusammen mit $dE = đQ_{\text{q.s.}} + đW_{\text{q.s.}}$ und $đQ_{\text{q.s.}} = T\,dS$ erhalten wir für einen quasistatischen Prozess

$$\boxed{dE = T\,dS - P\,dV + \mu\,dN} \tag{20.4}$$

Dies ist das Differenzial des thermodynamischen Potenzials der Energie $E(S,V,N)$. Aus ihm lassen sich alle thermodynamischen Relationen ableiten. Insbesondere erhalten wir für das chemische Potenzial

$$\mu = -T\left(\frac{\partial S}{\partial N}\right)_{E,V} = \left(\frac{\partial E}{\partial N}\right)_{S,V} \tag{20.5}$$

Der erste Ausdruck ist die Standarddefinition der verallgemeinerten Kraft, wie sie in Kapitel 10 angegeben wurde. Nach dem zweiten Ausdruck ist das chemische Potenzial die Energie, die nötig ist, um dem thermisch isolierten System ($S = \text{const.}$) ein Teilchen hinzuzufügen; die anderen äußeren Parameter (hier V) sollen konstant sein. Unter diesen Bedingungen ist das chemische Potenzial als Verhältnis dE/dN messbar.

Ein hinzugefügtes Teilchen wird faktisch von einem anderen System weggenommen; messbar ist nur die Differenz der chemischen Potenziale. Der Nullpunkt von μ ist daher willkürlich.

Thermodynamische Potenziale

Die Definitionen (17.5) der thermodynamischen Potenziale bleiben unverändert, also etwa $F = E - TS$. Wegen (20.4) erhalten aber alle Differenziale der Potenziale den zusätzlichen Term $\mu\, dN$:

$$\begin{aligned} dE &= T\,dS - P\,dV + \mu\,dN \\ dF &= -S\,dT - P\,dV + \mu\,dN \\ dH &= T\,dS + V\,dP + \mu\,dN \\ dG &= -S\,dT + V\,dP + \mu\,dN \end{aligned} \tag{20.6}$$

Damit ist N für alle diese Potenziale eine zusätzliche natürliche Variable. Zu jedem Potenzial gibt es nun drei Maxwellrelationen anstelle von einer.

Durch Legendretransformation mit dem Term $-\mu N$ könnten wir zu jedem der Potenziale (20.6) ein weiteres definieren. Wir beschränken uns aber auf das *großkanonische Potenzial*

$$J = E - TS - \mu N = F - \mu N \tag{20.7}$$

Die Bezeichnung "großkanonisch" erfolgt nach der zugehörigen Zustandssumme, die wir in Teil IV einführen werden. Aus (20.6) und (20.7) folgt

$$dJ = -S\,dT - P\,dV - N\,d\mu \tag{20.8}$$

Hieraus ergeben sich drei Maxwellrelationen und die natürlichen Variablen von J:

$$J = J(T,\, V,\, \mu) \qquad \text{(großkanonisches Potenzial)} \tag{20.9}$$

Vollständiges Differenzial

Das chemische Potenzial steht in besonders einfacher Beziehung zur freien Enthalpie $G = G(T, P, N)$. Als extensive Größe ist G von der Form (15.4), also

$$G(T, P, N) = N\, g(T, P) \tag{20.10}$$

Dann gilt

$$\mu \overset{(20.6)}{=} \left(\frac{\partial G}{\partial N}\right)_{T,P} \overset{(20.10)}{=} g(T, P) = \frac{G}{N} \tag{20.11}$$

Die in (20.10) eingeführte Funktion $g(T, P)$ ist also gleich dem chemischen Potenzial μ:

$$G(T, P, N) = E - TS + PV = N\,\mu(T, P) \tag{20.12}$$

Wenn wir dies in $J = E - TS - N\mu$ einsetzen, erhalten wir

$$J = -PV \tag{20.13}$$

Diese Beziehung ergänzt die Definition (20.7) des großkanonischen Potenzials.

Wir schreiben nun das vollständige Differenzial dG für $G = N\mu$ an und vergleichen dies mit dG aus (20.6):

$$dG = N\,d\mu + \mu\,dN = -S\,dT + V\,dP + \mu\,dN \tag{20.14}$$

Hieraus folgt für das vollständige Differenzial des chemischen Potenzials:

$$\boxed{d\mu = -s\,dT + v\,dP \qquad \text{Duhem-Gibbs-Relation}} \tag{20.15}$$

Dabei ist $s = S/N$ und $v = V/N$. Gelegentlich werden auch (20.12) oder (20.14) als „Duhem-Gibbs-Relation" bezeichnet. Die natürlichen und bevorzugten Variablen des chemischen Potenzials sind T und P:

$$\mu = \mu(T, P) \tag{20.16}$$

Gleichgewichtsbedingung

Wenn für ein System die Temperatur T und der Druck P vorgegeben sind, dann ist das Gleichgewicht durch (17.39), $G = N\mu =$ minimal, bestimmt. Bei fester Teilchenzahl N gilt dann

$$\mu(T, P) = \text{minimal} \qquad \text{(Gleichgewicht)} \tag{20.17}$$

Das System bestehe aus Wassermolekülen. Bei vorgegebenem T und P stellt sich in diesem System diejenige Konfiguration oder *Phase* (Wasser, Wasserdampf oder Eis) ein, die das kleinste chemische Potenzial hat.

Gleichgewicht bei Wärme-, Volumen- und Teilchenaustausch

Wir betrachten zwei Systeme A und B, die Wärme, Volumen und Teilchen austauschen können. A und B zusammen sollen ein abgeschlossenes System bilden, so dass

$$E = E_{\rm A} + E_{\rm B} = \text{const.}\,, \qquad V = V_{\rm A} + V_{\rm B} = \text{const.}\,, \qquad N = N_{\rm A} + N_{\rm B} = \text{const.} \tag{20.18}$$

Damit kann der Systemzustand durch die Größen $E_{\rm A}$, $V_{\rm A}$ und $N_{\rm A}$ festgelegt werden. Als Funktion dieser Größen wird die Entropie im Gleichgewicht maximal:

$$S(E_{\rm A}, V_{\rm A}, N_{\rm A}) = S_{\rm A}(E_{\rm A}, V_{\rm A}, N_{\rm A}) + S_{\rm B}(E - E_{\rm A}, V - V_{\rm B}, N - N_{\rm A}) = \text{maximal} \tag{20.19}$$

Eine der notwendigen Bedingungen hierfür ist

$$0 = \frac{\partial S}{\partial N_{\rm A}} = \frac{\partial S_{\rm A}}{\partial N_{\rm A}} - \frac{\partial S_{\rm B}}{\partial N_{\rm B}} = -\frac{\mu_{\rm A}}{T_{\rm A}} + \frac{\mu_{\rm B}}{T_{\rm B}} \tag{20.20}$$

Die analogen Bedingungen $\partial S/\partial E_{\rm A} = 0$ und $\partial S/\partial V_{\rm A} = 0$ ergeben $T_{\rm A} = T_{\rm B}$ und $P_{\rm A}/T_{\rm A} = P_{\rm B}/T_{\rm B}$. Insgesamt gilt damit

$$T_{\rm A} = T_{\rm B}\,, \qquad P_{\rm A} = P_{\rm B}\,, \qquad \mu_{\rm A} = \mu_{\rm B} \qquad \begin{array}{c}\text{(Gleichgewicht bei Wärme-,}\\ \text{Volumen- und Teilchenaustausch)}\end{array} \tag{20.21}$$

Ein Beispiel für ein solches System sind zwei *Phasen* eines Stoffs, zum Beispiel Wasser (System A) und Wasserdampf (System B). Die Bedingungen (20.21) sind nur entlang einer bestimmten Kurve im T-P-Diagramm erfüllt. Entlang dieser *Dampfdruckkurve* herrscht ein *Phasengleichgewicht*, die Phasen Wasser und Wasserdampf koexistieren im Gleichgewicht. Dies wird noch eingehender im nächsten Kapitel diskutiert.

Teilchenaustausch ohne Wärme- oder Volumenaustausch

Wir betrachten nun zwei Systeme, die Teilchen, aber keine Wärme und kein Volumen austauschen können. Wir gehen wie in Kapitel 10 beim Volumenaustausch über eine adiabatische Wand vor. Eine zu (10.24) bis (10.26) analoge Argumentation führt von $S = \text{maximal}$ zu

$$E_{\rm A+B}(N_{\rm A}) = E_{\rm A}(S_{\rm A}, V_{\rm A}, N_{\rm A}) + E_{\rm B}(S_{\rm B}, V_{\rm B}, N - N_{\rm A}) = \text{minimal} \tag{20.22}$$

Dabei sind $S_{\rm A}$, $S_{\rm B}$, $V_{\rm A}$, $V_{\rm B}$ und N feste Größen. Aus $\partial E_{\rm A+B}/\partial N_{\rm A} = 0$ folgt

$$\mu_{\rm A} = \mu_{\rm B} \qquad \text{(nur Teilchenaustausch)} \tag{20.23}$$

Ein Beispiel für ein solches System sind zwei Volumina (A und B) mit Helium II, die durch ein „superleak“ verbunden sind (Abbildung 38.6). Das superleak lässt nur suprafluide Teilchen durch. Diese suprafluiden Teilchen haben keinen Entropiegehalt und transportieren daher keine Wärme. Die Konsequenzen, die die Bedingung $\mu_{\rm A} = \mu_{\rm B}$ in diesem System hat, werden in Kapitel 38 diskutiert.

Ideales Gas

Wir geben das chemische Potenzial für ein ideales Gas an. Dazu verwenden wir $PV = Nk_\mathrm{B}T$, die Volumenunabhängigkeit (16.7) der Energie, also $E = E(T, N) = N\,e(T)$, und die in (16.32) angegebene Form der Entropie $S(T, V, N)$. Aus (20.12) folgt

$$\mu = \frac{E}{N} - \frac{TS}{N} + \frac{PV}{N} = e(T) - T\left(\int^T dT'\,\frac{c_V(T')}{T'} + k_\mathrm{B}\ln\frac{V}{N} + \text{const.}\right) + k_\mathrm{B}T \tag{20.24}$$

Die auftretenden Temperaturabhängigkeiten wurden in Teil II für das einatomige Gas berechnet, $e(T) = 3\,k_\mathrm{B}T/2$ und $c_V = 3\,k_\mathrm{B}/2$. Für das zweiatomige Gas werden sie in Kapitel 27 angegeben. Hier fassen wir sie zu einer nicht weiter spezifizierten Funktion $f(T)$ zusammen:

$$\frac{\mu}{k_\mathrm{B}T} = -f(T) - \ln\frac{V}{N} + \text{const.} = -f(T) + \ln\frac{P}{k_\mathrm{B}T} + \text{const.} \tag{20.25}$$

Die erste Form gibt $\mu(T, V/N)$ an, die zweite $\mu(T, P)$.

Aufgaben

20.1 Maxwellrelationen für großkanonisches Potenzial

Geben Sie die Maxwellrelationen für $J(T, V, \mu) = F - \mu\, N$ an.

20.2 Differenzial für Energie pro Teilchen

Zeigen Sie

$$de = T\, ds - P\, dv \tag{20.26}$$

Dabei ist $e = E/N$, $s = S/N$ und $v = V/N$. Die (Duhem-Gibbs-) Relationen

$$d\mu = -s\, dT + v\, dP \qquad \text{und} \qquad \mu = \frac{G}{N}$$

werden als bekannt vorausgesetzt.

20.3 Chemisches Potenzial für ideales Gas

Geben Sie das chemische Potenzial $\mu(T, P)$ für ein ideales Gas mit der Wärmekapazität $C_V(T, N)$ an. Was ergibt sich speziell für das einatomige Gas mit $C_V = 3\, N\, k_{\mathrm{B}}/2$?

20.4 Ableitung der Duhem-Gibbs-Relation

Zeigen Sie die Duhem-Gibbs-Relation für ein homogenes System,

$$G = E - T\, S + P\, V = \mu\, N \tag{20.27}$$

indem Sie die Gleichung $S(\lambda\, E, \lambda\, V, \lambda N) = \lambda\, S(E, V, N)$ nach λ differenzieren.

21 Austausch von Teilchen

Wir diskutieren verschiedene Anwendungen der Gleichgewichtsbedingung $\mu_A = \mu_B$ bei Teilchenaustausch. Eine wichtige Anwendung ist das Gleichgewicht zwischen den Phasen eines Stoffs, also etwa zwischen Wasser und Wasserdampf. Wir untersuchen die Abhängigkeit der Übergangstemperatur vom Druck (Clausius-Clapeyron-Gleichung) und von der Konzentration eines in der flüssigen Phase gelösten Stoffs (osmotischer Druck, Siedepunkterhöhung, Gefrierpunkterniedrigung). Schließlich stellen wir eine Gleichgewichtsbedingung für chemische Reaktionen auf.

Phasendiagramm

In Abhängigkeit von T und P können Stoffe (einer bestimmten Molekülsorte) in verschiedenen *Phasen* auftreten. Normalerweise treten zumindest die drei Phasen fest, flüssig und gasförmig auf. Das Standardbeispiel ist Eis, Wasser und Wasserdampf; dabei bezeichnet Wasserdampf ein Gas aus H_2O-Molekülen, nicht aber sichtbaren Dampf (Flüssigkeitströpfchen in Luft). Die feste, kristalline Phase ist oft in mehrere Phasen mit verschiedener Kristallstruktur unterteilt; dies gilt auch für Eis. Weitere Beispiele für Phasenübergänge werden in Teil VI angeführt und untersucht.

Für ein homogenes System aus einer bestimmten Stoffsorte gibt es zwei äußere Parameter, V und N. Die Gleichgewichtszustände können durch E, V und N oder durch drei andere makroskopische Größen festgelegt werden. Wir wählen im Folgenden die Zustandsvariablen T, P und N. Die Variablen T und P für sich legen bereits das thermodynamische Potenzial G pro Teilchenzahl fest, $G(T, P, N)/N = \mu(T, P)$. Abgesehen von der absoluten Größe des Systems bestimmen T und P daher den thermodynamischen Zustand.

Wir betrachten nun ein (inhomogenes) System, in dem zwei verschiedene Phasen A und B eines Stoffs auftreten, zum Beispiel Wasserdampf und Wasser. Zwischen diesen beiden Phasen können Teilchen ausgetauscht werden. Bei gegebenem T und P sind die beiden Phasen im Gleichgewicht, wenn

$$\mu_A(T, P) = \mu_B(T, P) \qquad \text{(Phasengleichgewicht)} \tag{21.1}$$

gilt. Wir beziehen im Folgenden μ_A auf die gasförmige Phase und μ_B auf die flüssige; die Formeln gelten jedoch für zwei beliebige Phasen. Da die innere Struktur der Phasen verschieden ist, sind auch die Funktionen $\mu_A(T, P)$ und $\mu_B(T, P)$

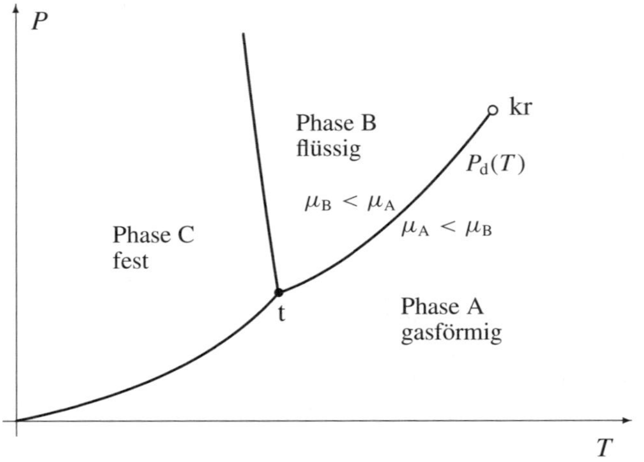

Abbildung 21.1 Schematisches Zustandsdiagramm von Wasser. Die Dampfdruckkurve $P_d(T)$ ist durch die Bedingung $\mu_A = \mu_B$ gegeben; am Tripelpunkt gilt $\mu_A = \mu_B = \mu_C$. Im Gleichgewicht ist μ = minimal, es liegt also immer die Phase mit dem kleinsten chemischen Potenzial vor.

verschieden. Die Gleichung (21.1) definiert dann im Allgemeinen eine Kurve im P-T-Diagramm, Abbildung 21.1. Diese bezeichnen wir wahlweise durch

$$\begin{aligned} P &= P_d(T) \qquad \text{(Dampfdruckkurve)} \\ T &= T_s(P) \qquad \text{(Siedetemperatur)} \end{aligned} \tag{21.2}$$

Neben der Übergangskurve gilt $\mu_A \neq \mu_B$. Nach (20.17) ist $\mu(T, P)$ im Gleichgewicht minimal. Daher liegt jeweils die Phase mit dem kleineren chemischen Potenzial vor.

Diese Überlegungen zeigen nicht, dass oder warum es verschiedene Phasen gibt und welche Struktur sie haben. Sie machen aber plausibel, dass ein Gleichgewicht zwischen zwei Phasen im Allgemeinen nur längs einer Kurve im P-T-Diagramm möglich ist. Das P-T-Diagramm eines Stoffs wird also durch Kurven in Bereiche mit verschiedenen Phasen eingeteilt, Abbildung 21.1. Ein P-T-Diagramm mit einer solchen Einteilung heißt *Phasendiagramm* oder *Zustandsdiagramm*. Der Übergang über eine solche Kurve hinweg ist ein *Phasenübergang*. Der Phasenübergang $A \to B$ ist mit dem Übergang $\mu_A \to \mu_B$ verbunden. Dabei ändert sich μ wegen (21.1) stetig, andere Größen wie $s_A \to s_B$ (mit $s = -(\partial\mu/\partial T)_P$) aber möglicherweise unstetig (Kapitel 35).

Neben dem diskreten Übergang an der Dampfdruckkurve kann es auch zu einem kontinuierlichen Übergang zwischen zwei Phasen kommen. Die Übergangskurve zwischen der flüssigen und gasförmigen Phase endet für alle Stoffe in einem *kritischen Punkt*. Man kann dann von einem Punkt unterhalb der Dampfdruckkurve (gasförmige Phase) zu einem Punkt oberhalb (flüssig) auch auf einem Weg um den kritischen Punkt herum kommen. Auf diesem Weg ändert sich $\mu(T, P)$ kontinuierlich.

Wir betrachten nun einen Stoff mit drei Phasen. Gemäß (21.1) ergebe sich eine Kurve für das Gleichgewicht A $\leftrightarrow$ B, und eine andere für B $\leftrightarrow$ C. Im Allgemeinen schneiden sich diese beiden Kurven dann in einem Punkt im P-T-Diagramm, Abbildung 21.1. Für diesen Punkt gilt

$$\mu_{\rm A}(T, P) = \mu_{\rm B}(T, P) = \mu_{\rm C}(T, P) \qquad \text{(Tripelpunkt)} \tag{21.3}$$

Die Kurve für das Gleichgewicht A $\leftrightarrow$ C geht ebenfalls durch diesen *Tripelpunkt*. Am Tripelpunkt sind alle drei Phasen miteinander im Gleichgewicht. Der Tripelpunkt hat eine bestimmte Temperatur $T_{\rm t}$ und einen bestimmten Druck $P_{\rm t}$. Der Tripelpunkt von Wasser dient zur Definition der Kelvinskala (Kapitel 14).

Clausius-Clapeyron-Gleichung

Aus der Gleichgewichtsbedingung (21.1) leiten wir eine Aussage über die Gleichgewichtskurve (21.2) ab. Dabei beziehen wir uns auf die Dampfdruckkurve, also den Fall, dass die Phase A gasförmig und die Phase B flüssig ist. Die Dampfdruckkurve $P = P_{\rm d}(T)$ ist durch

$$\mu_{\rm A}(T, P_{\rm d}(T)) = \mu_{\rm B}(T, P_{\rm d}(T)) \tag{21.4}$$

definiert. Wir leiten diese Beziehung total nach der Temperatur ab:

$$\left(\frac{\partial \mu_{\rm A}}{\partial T}\right)_P + \left(\frac{\partial \mu_{\rm A}}{\partial P}\right)_T \frac{dP_{\rm d}(T)}{dT} = \left(\frac{\partial \mu_{\rm B}}{\partial T}\right)_P + \left(\frac{\partial \mu_{\rm B}}{\partial P}\right)_T \frac{dP_{\rm d}(T)}{dT} \tag{21.5}$$

Wir setzen die partiellen Ableitungen von μ ein, die aus $d\mu = -s\,dT + v\,dP$ folgen:

$$(v_{\rm A} - v_{\rm B})\,\frac{dP_{\rm d}(T)}{dT} = s_{\rm A} - s_{\rm B} \tag{21.6}$$

Die Umwandlung von B nach A erfolgt an einer bestimmten Stelle der Dampfdruckkurve $P = P_{\rm d}(T)$ in Abbildung 21.1; zum Beispiel für Wasser bei Normaldruck und $T = 100\,^{\circ}$C. An dieser Stelle sind die Phasen für sich und gegenseitig im Gleichgewicht; der Prozess kann quasistatisch ablaufen. Für konstanten Druck folgt aus (17.9) $\Delta s = \Delta h / T$, also

$$s_{\rm A} - s_{\rm B} = \frac{h_{\rm A} - h_{\rm B}}{T} = \frac{q}{T} \tag{21.7}$$

Die Größe $q = h_{\rm A} - h_{\rm B}$ heißt *Umwandlungsenthalpie*. Bei einem solchen Übergang wird der Druck (und nicht das Volumen) konstant gehalten; daher wird die für die Umwandlung zugeführte Wärme korrekt als *Enthalpie* bezeichnet. Da Phasenübergänge häufig durch Wärmezufuhr bewirkt werden, sind auch die Bezeichnungen Umwandlungswärme oder latente Wärme (veraltet) üblich. Bezieht man sich

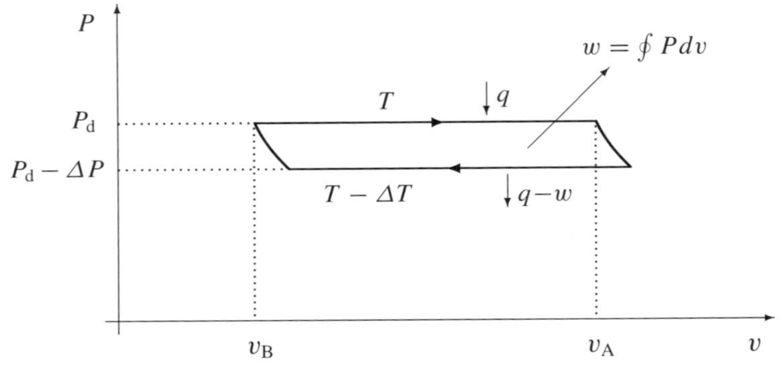

Abbildung 21.2 P-v-Diagramm für einen Kreisprozess entlang der Dampfdruckkurve. Für den quasistatischen Prozess gilt der ideale Wirkungsgrad $\eta_{\text{ideal}} = \Delta T/T = w/q$ mit $w \approx (v_A - v_B)\, \Delta P$. Hieraus folgt (21.8).

auf bestimmte Phasenumwandlungen, können die zugehörigen spezielleren Begriffe (etwa Verdampfungsenthalpie oder Schmelzenthalpie) verwendet werden.

Aus (21.6) und (21.7) folgt die Clausius-Clapeyron-Gleichung:

$$\boxed{\frac{dP_d(T)}{dT} = \frac{q}{T\,(v_A - v_B)} \qquad \text{Clausius-Clapeyron-Gleichung}} \tag{21.8}$$

Diese Gleichung stellt einen Zusammenhang her zwischen der Steigung der Übergangskurve im P-T-Diagramm und der zugehörigen Entropie- und Volumenänderung. Die Größen q und v können wahlweise auf die Teilchen- oder Molzahl bezogen werden. Es gibt auch Phasenübergänge mit $q = 0$; für sie impliziert (21.8) im Allgemeinen $v_A = v_B$.

Eine alternative Herleitung der Clausius-Clapeyron-Gleichung geht von dem in Abbildung 21.2 dargestellten Kreisprozess aus: Am Punkt P, T der Dampfdruckkurve verdampft ein Mol Flüssigkeit, am Punkt $P - \Delta P$, $T - \Delta T$ der Kurve kondensiert das Gas wieder; im P-V-Diagramm 21.2 sind diese Prozesse horizontale Linien. Durch kleine Expansions- und Kompressionsabschnitte werden diese Linien zu einem Kreisprozess geschlossen. Für den quasistatischen Prozess ist die geleistete Arbeit durch $w = \oint P dv \approx (v_A - v_B)\, \Delta P$ gegeben. Bei der Temperatur T wird die Verdampfungsenthalpie q aus einem Wärmereservoir aufgenommen, bei $T - \Delta T$ wird die Wärme $q - w$ abgegeben. Der Kreisprozess ist ein spezieller Carnotprozess mit dem idealen Wirkungsgrad

$$\eta_{\text{ideal}} = \frac{\Delta T}{T} = \frac{w}{q} = \frac{(v_A - v_B)\, \Delta P}{q} \tag{21.9}$$

Hieraus folgt die Clausius-Clapeyron-Gleichung (21.8). Eine detaillierte Diskussion dieses Kreisprozesses findet man bei Becker [8].

Bei Normaldruck $P \approx 1\,\text{bar}$ (auf Meereshöhe) siedet Wasser bei $T \approx 373\,\text{K}$ (oder 100 °C). Wir schätzen nun die Siedetemperatur von Wasser auf der Zugspitze ab. Die Verdampfungsenthalpie von Wasser ist

$$q \approx 4 \cdot 10^4 \,\frac{\text{J}}{\text{mol}} \qquad (\text{Wasser bei } T = 373\,\text{K}) \tag{21.10}$$

Den Wasserdampf behandeln wir als ideales Gas, also

$$v_\text{A} = \frac{RT}{P} \tag{21.11}$$

Das Wasservolumen kann gegenüber dem Gasvolumen vernachlässigt werden:

$$v_\text{B} \approx 18\,\frac{\text{cm}^3}{\text{mol}} \ll v_\text{A} \approx 22 \cdot 10^3\,\frac{\text{cm}^3}{\text{mol}} \tag{21.12}$$

Dabei haben wir 1 mol $\widehat{=}$ 18 g, die Dichte $1\,\text{g/cm}^3$ von Wasser und für v_A das Molvolumen aus (14.32) verwendet. Wir setzen (21.10) – (21.12) in (21.8) ein:

$$\frac{T}{P}\,\frac{dP_\text{d}(T)}{dT} \approx \frac{q}{RT} \approx \frac{4 \cdot 10^4}{8.3 \cdot 373} \approx 13 \tag{21.13}$$

Nach der barometrischen Höhenformel (24.32) ändert sich der Luftdruck bei einer Höhendifferenz von $z = 3\,\text{km}$ um $\Delta P/P \approx \exp(-3/8) - 1 \approx -0.31$. Wir nehmen an, dass die Steigung dP_d/dT im Bereich dieser Druckänderung näherungsweise konstant ist. Dann ändert sich nach (21.13) die Temperatur längs der Dampfdruckkurve um

$$\Delta T \approx \frac{\Delta P}{dP_\text{d}/dT} \approx \frac{\Delta P}{P}\,T\,\frac{RT}{q} \approx -0.31 \cdot 373\,\text{K}\,\frac{1}{13} \approx -9\,\text{K} \tag{21.14}$$

Danach kann man erwarten, dass Wasser auf der Zugspitze bereits bei etwa 90 °C siedet. In diese Abschätzung gingen allerdings eine Reihe von Näherungen ein, insbesondere die barometrische Höhenformel und temperaturunabhängige Werte für dP_d/dT und q.

Luftfeuchtigkeit

Luft enthält in der Regel einen Anteil Wasserdampf. Der Atmosphärendruck $P_0 \approx 1\,\text{bar}$ setzt sich aus den Partialdrücken der verschiedenen Gassorten zusammen (vergleiche Aufgabe 10.1):

$$P_0 = P(\text{N}_2) + P(\text{O}_2) + P(\text{Ar}) + P(\text{CO}_2) + \ldots + P(\text{H}_2\text{O}) \tag{21.15}$$

Die Punkte stehen für sonstige Spurengase. Der Partialdruck des Wasserdampfs ist bei gegebener Temperatur durch die Dampfdruckkurve begrenzt:

$$P(\text{H}_2\text{O}) \le P_\text{d}(T) \tag{21.16}$$

Bei $P(\mathrm{H_2O}) = P_\mathrm{d}(T)$ ist der Wasserdampf mit Wasser im Gleichgewicht; es kommt daher zur Tropfenbildung (Nebel, Regen). Dies legt den Maßstab für die (relative) Luftfeuchtigkeit P_LF fest:

$$P_\mathrm{LF} = \frac{P(\mathrm{H_2O})}{P_\mathrm{d}(T)} \tag{21.17}$$

Diese Größe hat den maximalen Wert $P_\mathrm{LF} = 1 = 100\,\%$. In diesem Fall spricht man von 100-prozentiger Luftfeuchtigkeit.

Man kann nun leicht berechnen, wieviel Wasser in Luft bei einer bestimmten Luftfeuchtigkeit und Temperatur vorhanden ist. Dazu ein Beispiel: Die Temperatur betrage $T = 20^\circ\mathrm{C}$. Aus dem Phasendiagramm von Wasser (siehe Abbildung 14.2) liest man

$$P_\mathrm{d}(20^\circ\mathrm{C}) \approx 0.02\,\mathrm{bar} \tag{21.18}$$

ab. Bei 100-prozentiger Luftfeuchtigkeit ist der Partialdruck des Wasserdampf also 2 % des Gesamtdrucks $P_0 \approx 1$ bar. Dies entspricht einer Dichte von

$$\varrho(100\,\%) \approx \frac{P_\mathrm{d}(20^\circ\mathrm{C})}{P_0}\,\frac{18\,\mathrm{g}}{22.4\,\mathrm{Liter}} \approx 17\,\frac{\mathrm{g}}{\mathrm{m}^3} \tag{21.19}$$

Für die Dichte von reinem Wasserdampf haben wir die Werte (14.32) eines idealen Gases eingesetzt, also ein Mol (18 g) pro 22.4 Liter. Eine Luftfeuchtigkeit von 30 % bedeutet damit eine Dichte von etwa fünf Gramm Wasser (in Form von Wasserdampf) pro Kubikmeter Luft. (Ein Kubikmeter Luft hat eine Masse von etwa 1.3 kg).

Bei Temperaturen unterhalb des Tripelpunkts übernimmt die Koexistenzkurve zwischen der gasförmigen und der festen Phase (siehe Abbildung 14.2) die Rolle der Dampfdruckkurve. Auch über einer Eisfläche gibt es einen endlichen Partialdruck $P(\mathrm{H_2O})$, also eine endliche Luftfeuchtigkeit.

Osmotischer Druck

In einem Lösungsmittel (etwa Wasser) seien N_c Teilchen eines anderen Stoffs (etwa Salz) gelöst. Die Teilchendichte des Lösungsmittels bezeichnen wir mit $n = N/V$, die des gelösten Stoffs mit $n_c = N_c/V$. Die Lösung hat die Konzentration

$$c = \frac{N_c}{N} = \frac{n_c}{n} \tag{21.20}$$

Wir betrachten nun ein Experiment, in dem die Lösung vom reinen Lösungsmittel durch eine *semipermeable Membran* getrennt ist, Abbildung 21.3. Semipermeabel (halbdurchlässig) bedeutet, dass die Membran für die Moleküle des Lösungsmittels durchlässig ist, nicht aber für die Moleküle des gelösten Stoffs. Dann entsteht auf beiden Seiten der semipermeablen Membran ein Druckunterschied, der *osmotischer Druck* genannt wird. Wir berechnen den osmotischen Druck.

Es sei Ω_LM die Anzahl der Mikrozustände des Lösungsmittels und Ω_c diejenige des gelösten Stoffs. Wir nehmen an, dass die Teilchen des Lösungsmittels und des

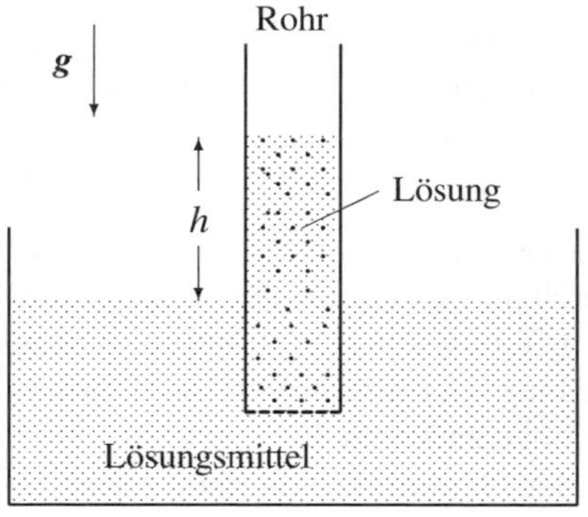

Abbildung 21.3 Ein Rohr taucht in ein Gefäß mit Wasser ein. Das Rohr enthält eine wässrige Salzlösung. Das Rohr ist unten durch eine semipermeable Membran abgeschlossen, durch die nur Wasser- nicht aber Salzmoleküle treten können. Im Gleichgewicht ist dann der Flüssigkeitsstand im Rohr höher als der des Wassers (im Schwerefeld). Der Höhenunterschied h entspricht dem osmotischen Druck P_{osm}.

gelösten Stoffs soweit voneinander unabhängig sind, dass die Gesamtanzahl der Mikrozustände der Lösung gleich dem Produkt $\Omega_{\text{LM}}\,\Omega_c$ ist. Der gelöste Stoff ist auf das Volumen V der Flüssigkeit beschränkt. Wir nehmen ferner an, dass die gelösten Teilchen sich in dem zur Verfügung stehenden Volumen unabhängig voneinander bewegen (also ohne gegenseitige Wechselwirkung). Dann hat Ω_c die vom idealen Gas her bekannte Volumenabhängigkeit

$$\Omega_c(V) \propto (V)^{N_c} \tag{21.21}$$

Aus der Entropie

$$S_{\text{L}} = k_{\text{B}} \ln(\Omega_{\text{LM}}\,\Omega_c) = S_{\text{LM}} + N_c k_{\text{B}} \ln V + \ldots \tag{21.22}$$

erhalten wir den Druck P_{L} der Lösung:

$$\frac{P_{\text{L}}}{T} = \left(\frac{\partial S_{\text{L}}}{\partial V}\right)_E = \left(\frac{\partial S_{\text{LM}}}{\partial V}\right)_E + \frac{N_c k_{\text{B}}}{V} = \frac{P_{\text{LM}}}{T} + \frac{P_{\text{osm}}}{T} \tag{21.23}$$

Der Gesamtdruck P_{L} der Lösung ist die Summe aus dem Druck P_{LM} des Lösungsmittels und dem Druck P_{osm} des gelösten Stoffs. Dabei gilt

$$\boxed{P_{\text{osm}} = n_c k_{\text{B}} T \qquad \text{van't Hoffsches Gesetz}} \tag{21.24}$$

Van't Hoff stellte dieses Gesetz als phänomenologische Beziehung auf.

Auf beiden Seiten der semipermeablen Membran muss im Gleichgewicht derselbe Druck P_{LM} für das Lösungsmittel herrschen; sonst würde ja Lösungsmittel durch die hierfür durchlässige Membran strömen. Damit gilt in Abbildung 21.3

$$\begin{aligned} &\text{unmittelbar über der Membran:} \quad P_1 = P_{\text{LM}} + P_{\text{osm}} \\ &\text{unmittelbar unter der Membran:} \quad P_2 = P_{\text{LM}} \end{aligned} \tag{21.25}$$

Im Schwerefeld ist der Druck proportional zur Höhe der Flüssigkeit. Wenn die Massendichte ϱ der Lösung und des Lösungsmittels etwa gleich sind, dann ist die

Druckdifferenz $P_1 - P_2$ gleich $\varrho g h$; dabei ist h die in Abbildung 21.3 gezeigte Höhendifferenz und g die Erdbeschleunigung. Der osmotische Druck lässt sich an der Höhendifferenz ablesen:

$$P_{\text{osm}} = \varrho g h \tag{21.26}$$

Erhöht man die Konzentration in der Lösung, so erhöht sich der osmotische Druck gemäß (21.24). Dann strömt Lösungsmittel durch die semipermeable Membran, bis die neue Höhe h die Bedingung (21.26) erfüllt. Effektiv wirkt der osmotische Druck damit in Richtung auf eine Verdünnung der Lösung. Der osmotische Druck ermöglicht es Pflanzen, Wasser aus dem Boden nach oben zu ziehen.

Da sich die gelösten Teilchen nicht frei in der Flüssigkeit bewegen können, erscheint die Ideale-Gas-Näherung (21.21) zunächst nicht plausibel. Man denke aber daran, dass sich auch die Moleküle in einem realen Gas nicht frei bewegen können; vielmehr stoßen sie im Durchschnitt nach einer Wegstrecke von 10^{-5} cm mit einem anderen Teilchen zusammen (Luft bei Normalbedingungen). Trotzdem ist das ideale Gasgesetz eine brauchbare Näherung für reale Gase: Für den Druck kommt es nämlich nur darauf an, wieviele Teilchen pro Zeit an der Gefäßwand reflektiert werden und mit welcher Geschwindigkeit sie an die Wand stoßen. Dies führt zu $P \propto (N/V)$ und $P \propto T$; dagegen hängt der Druck näherungsweise nicht von der mittleren freien Weglänge ab. Auch in der Lösung nehmen die gelösten Teilchen an der allgemeinen Temperaturbewegung teil; ihre kinetische Energie ist daher im Mittel gleich $3k_{\text{B}}T/2$. Die Anzahl der Teilchen, die pro Zeit an der Membran reflektiert werden, folgt ebenso wie im Gas aus der Dichte und der Geschwindigkeit. Daher ist das ideale Gasgesetz eine brauchbare Näherung für den osmotischen Druck.

Siedepunkterhöhung und Gefrierpunkterniedrigung

Bei gegebenem Druck siedet und gefriert eine Flüssigkeit bei bestimmten Temperaturen. Wenn der Druck geändert wird, verschieben sich diese Temperaturen. Die Lösung eines Stoffs in der Flüssigkeit stellt eine effektive Druckänderung dar und führt daher zu einer Verschiebung der Übergangstemperaturen, und zwar zu einer Siedepunkterhöhung oder einer Gefrierpunkterniedrigung. Dabei wird vorausgesetzt, dass der gelöste Stoff auf die flüssige Phase beschränkt ist.

Wir nehmen an, dass der Druckbeitrag des gelösten Stoffs durch das van't Hoffsche Gesetz beschrieben wird. Wir betrachten folgende Drücke:

$$\begin{aligned} &P_{\text{L}} = P && \text{Druck der Lösung, Gesamtdruck} \\ &P_{\text{osm}} = n_c k_{\text{B}} T = \Delta P && \text{Druck des gelösten Stoffs} \\ &P_{\text{LM}} = P - \Delta P && \text{Druck des Lösungsmittels} \end{aligned} \tag{21.27}$$

Die Lösung habe die Konzentration c, (21.20). Das chemische Potenzial $\mu_c(T, P)$ des Lösungsmittels in der Lösung ist dann gleich

$$\mu_c(T, P) = \mu(T, P - \Delta P) \approx \mu(T, P) - \left(\frac{\partial \mu}{\partial P}\right)_T \Delta P = \mu(T, P) - c\, k_{\text{B}} T \tag{21.28}$$

Die Entwicklung setzt $\Delta P \ll P$ oder $c \ll 1$ voraus. Im letzten Schritt wurde $(\partial\mu/\partial P)_T = v = V/N$ verwendet.

Wir bezeichnen die Flüssigkeit als Phase B; die zweite betrachtete Phase A sei gasförmig oder fest. Für das reine Lösungsmittel erfolge der Übergang A $\leftrightarrow$ B an der Stelle P, T_s des Phasendiagramms. Dort gilt

$$\mu_\mathrm{B}(T_\mathrm{s}, P) = \mu_\mathrm{A}(T_\mathrm{s}, P) \qquad (c = 0) \tag{21.29}$$

In der flüssigen Phase B sei nun ein Stoff gelöst. Dann ist das chemische Potenzial $\mu_\mathrm{B}(T, P)$ durch $\mu_{c,\mathrm{B}}(T, P)$ aus (21.28) zu ersetzen. Bei gleichem äußeren Druck P wird $\mu_{c,\mathrm{B}}$ bei einer anderen Temperatur $T_\mathrm{s} + \Delta T_\mathrm{s}$ gleich μ_A sein:

$$\mu_{c,\mathrm{B}}(T_\mathrm{s} + \Delta T_\mathrm{s}, P) = \mu_\mathrm{A}(T_\mathrm{s} + \Delta T_\mathrm{s}, P) \qquad (c \neq 0) \tag{21.30}$$

Hierdurch ist ein Zusammenhang zwischen der Konzentration c und der Änderung ΔT_s der Übergangstemperatur hergestellt. Wir entwickeln beide Seiten von (21.30) für kleine Verschiebungen, wobei wir $d\mu = -s\,dT + v\,dP$ verwenden:

$$\begin{aligned}
\mu_{c,\mathrm{B}}(T_\mathrm{s} + \Delta T_\mathrm{s}, P) &\overset{(21.28)}{\approx} \mu_\mathrm{B}(T_\mathrm{s} + \Delta T_\mathrm{s}, P) - c\,k_\mathrm{B}(T_\mathrm{s} + \Delta T_\mathrm{s}) \\
&\approx \mu_\mathrm{B}(T_\mathrm{s}, P) - s_\mathrm{B}\,\Delta T_\mathrm{s} - c\,k_\mathrm{B} T_\mathrm{s} && (21.31) \\
\mu_\mathrm{A}(T_\mathrm{s} + \Delta T_\mathrm{s}, P) &\approx \mu_\mathrm{A}(T_\mathrm{s}, P) - s_\mathrm{A}\,\Delta T_\mathrm{s} && (21.32)
\end{aligned}$$

In (21.31) wurde der Term $c\,k_\mathrm{B}\,\Delta T_\mathrm{s}$ weggelassen, weil er quadratisch in den kleinen Größen c und ΔT_s ist. Nach (21.30) müssen die rechten Seiten von (21.31) und (21.32) gleich sein. Unter Berücksichtigung von (21.29) ergibt dies

$$\Delta T_\mathrm{s} = c\,\frac{k_\mathrm{B} T_\mathrm{s}}{s_\mathrm{A} - s_\mathrm{B}} \tag{21.33}$$

Der Entropieunterschied zwischen den beiden Phasen ist durch die Umwandlungsenthalpie $q = h_\mathrm{A} - h_\mathrm{B}$ für den Übergang B $\to$ A gegeben:

$$s_\mathrm{A} - s_\mathrm{B} = \frac{q}{T_\mathrm{s}} = \begin{cases} > 0 & \text{flüssig} \to \text{gasförmig} \\ < 0 & \text{flüssig} \to \text{fest} \end{cases} \tag{21.34}$$

Aus den letzten beiden Gleichungen folgt

$$\boxed{\frac{\Delta T_\mathrm{s}}{T_\mathrm{s}} = c\,\frac{k_\mathrm{B} T_\mathrm{s}}{q} \qquad \text{Änderung der Übergangstemperatur}} \tag{21.35}$$

Mit B wurde die flüssige Phase bezeichnet. Falls A die gasförmige Phase ist, sind q und damit ΔT_s positiv; es kommt also zu einer *Siedepunkterhöhung*. Falls A die feste Phase ist, sind q und damit ΔT_s negativ; es kommt also zu einer *Gefrierpunkterniedrigung*.

Im Winter streut jemand soviel Salz auf nasse Gehwegplatten, dass sich eine 10%-ige Lösung ergibt. Die Umwandlungsenthalpie q für den Übergang Wasser zu Eis ist $q \approx -6000\,\mathrm{J/mol}$, der Übergang findet bei der Temperatur $T_\mathrm{s} \approx 273$ K statt. Wir setzen diese Werte in (21.35) ein:

$$\Delta T_\mathrm{s} = c\,\frac{R\,T_\mathrm{s}}{q}\,T_\mathrm{s} \approx 0.1\,\frac{8.3\cdot 273}{-6000}\,273\ \mathrm{K} \approx -10\ \mathrm{K} \tag{21.36}$$

Damit bildet sich bei Temperaturen bis zu 10 Grad unter Null kein Eis auf dem Weg.

Reaktionsgleichgewicht

Wir betrachten eine Mischung von m Stoffen X_i, die sich gemäß der Reaktionsgleichung

$$\sum_{i=1}^{m} \nu_i\,\mathrm{X}_i \rightleftharpoons 0 \tag{21.37}$$

ineinander umwandeln können. Als Beispiel betrachten wir die Synthese von Ammoniak aus Stickstoff- und Wasserstoffgas:

$$\mathrm{N_2} + 3\,\mathrm{H_2} \rightleftharpoons 2\,\mathrm{NH_3} \tag{21.38}$$

Dies ergibt sich aus (21.37) mit

$$\mathrm{X}_1 = \mathrm{N_2}\,,\quad \mathrm{X}_2 = \mathrm{H_2}\,,\quad \mathrm{X}_3 = \mathrm{NH_3}\,,\quad \nu_1 = 1\,,\quad \nu_2 = 3\,,\quad \nu_3 = -2 \tag{21.39}$$

Wir betrachten ein abgeschlossenes System aus einer homogenen Mischung der Stoffe X_i. Wir nehmen an, dass es sich um eine *Mischung idealer Gase* handelt. Wie die Diskussion des letzten Abschnitts über den osmotischen Druck zeigte, ist dies auch dann eine mögliche Näherung, wenn die Stoffe X_i in einem (an der Reaktion nicht beteiligten) Lösungsmittel gelöst sind. In diesem Fall wird das Modell auch als *ideale Lösung* bezeichnet.

Die Anzahl der Moleküle der Stoffsorte X_i sei gleich N_i. Da es sich um ideale Gase handelt, sind die chemischen Potenziale der einzelnen Gassorten unabhängig voneinander. Damit wird die freie Enthalpie (20.12) zu

$$G(T,\,P,\,N_1,\ldots,\,N_m) = \sum_{i=1}^{m} \mu_i(T,\,P)\,N_i \tag{21.40}$$

Wenn nun dk molekulare Reaktionen nach (21.37) oder (21.38) ablaufen, dann ändert sich die Anzahl der X_i-Moleküle um dN_i, wobei

$$dN_i = \nu_i\,dk \qquad (i = 1,\ldots,\,m) \tag{21.41}$$

Das Vorzeichen von $dk = \pm 1,\ \pm 2, \ldots$ hängt von der Richtung der Reaktion ab. Bei gegebenem T und P ist das Gleichgewicht durch das Minimum von G bestimmt. Im

Gleichgewicht muss G daher als Funktion der N_i minimal sein. Wegen (21.41) sind die N_i effektiv eine Funktion von k. Die notwendige Bedingung für ein Minimum ist daher

$$\frac{dG}{dk} = \sum_{i=1}^{m} \frac{\partial G(T, P, N_1, ..., N_m)}{\partial N_i}\, \nu_i = 0 \qquad (21.42)$$

Aus den letzten beiden Gleichungen folgt

$$\sum_{i=1}^{m} \mu_i\, \nu_i = 0 \qquad (21.43)$$

Zur Auswertung dieser Bedingung gehen wir von der in (20.25) angegebenen Form für $\mu(T, V/N_i)$ aus und berücksichtigen $N_i/V = c_i\,(N/V) = c_i\,(P/k_B T)$:

$$\frac{\mu_i}{k_B T} = -f_i(T) - \ln\frac{V}{N_i} + \text{const.} = -f_i(T) + \ln c_i + \ln\frac{P}{k_B T} + \text{const.} \quad (21.44)$$

Wir multiplizieren beide Seiten mit ν_i und summieren über i. Im Gleichgewicht verschwindet dann wegen (21.43) die linke Seite. Damit erhalten wir

$$\begin{aligned} 0 &= -\sum_i \nu_i\, f_i(T) + \sum_i \nu_i\, \ln c_i + \sum_i \nu_i\, \ln P - \sum_i \nu_i\, \ln(k_B T) + \text{const.} \\ &= \ln \prod_{i=1}^{m} \left(c_i\right)^{\nu_i} + \ln P^{\,\Sigma \nu_i} - \ln K(T) \qquad (21.45) \end{aligned}$$

mit einer hier nicht weiter spezifizierten Funktion $K(T)$. Die Auflösung nach dem Produkt der Konzentrationen ergibt

$$\boxed{\prod_{i=1}^{m} \left(c_i\right)^{\nu_i} = \frac{K(T)}{P^{\,\Sigma \nu_i}} \qquad \text{Massenwirkungsgesetz}} \qquad (21.46)$$

Im Gleichgewicht (T und P gegeben) ergibt sich ein bestimmter Wert für das Konzentrationsverhältnis auf der linken Seite.

Für die Reaktion (21.38) ergibt das Massenwirkungsgesetz

$$\frac{c_{N_2} \cdot (c_{H_2})^3}{(c_{NH_3})^2} = \frac{K(T)}{P^2} \qquad (21.47)$$

Eine Druckerhöhung verschiebt das Gleichgewicht zugunsten von c_{NH_3} und begünstigt damit die Ammoniaksynthese.

Ein weiteres Beispiel ist die Ionenbildung in Wasser:

$$H_3O^+ + OH^- \rightleftharpoons 2\,H_2O\,, \quad \text{also } \nu_1 = 1,\ \nu_2 = 1 \text{ und } \nu_3 = -2 \qquad (21.48)$$

Hierfür fällt die Druckabhängigkeit im Massenwirkungsgesetz heraus:

$$\frac{c_{H_3O^+} \cdot c_{OH^-}}{(c_{H_2O})^2} = K(T) \tag{21.49}$$

Bei Zimmertemperatur ($T \approx 300\,\mathrm{K}$) ist $K(T) \approx 10^{-14}$. Dies bedeutet $c_{H_2O} \approx 1$ und $c_{H_3O^+} = c_{OH^-} \approx 10^{-7}$. Die Konzentration der H_3O^+-Ionen wird durch den pH-Wert ausgedrückt:

$$\mathrm{pH} = -\log c_{H_3O^+} \approx 7 \tag{21.50}$$

Neutrales Wasser (Wasser ohne gelöste Stoffe) hat also den pH-Wert 7.

Aufgaben

21.1 Gefrierpunkterniedrigung beim Schlittschuhlaufen?

Der Druck eines Schlittschuhs auf dem Eis erzeugt eine Gefrierpunkterniedrigung. Reicht dieser Effekt aus, um einen Wasserfilm zu erzeugen, auf dem der Schlittschuh gleitet?

Der Eisläufer hat die Masse 80 kg, und seine Schlittschuhe liegen jeweils auf einer Länge 10 cm und einer Breite 4 mm auf. Berechnen Sie damit die Gefrierpunkterniedrigung, die sich aus der Clausius-Clapeyron-Gleichung ergibt.

21.2 Dampfdruckkurve aus Clausius-Clapeyron-Gleichung

Bestimmen Sie die Dampfdruckkurve aus der Clausius-Clapeyron-Gleichung mit Hilfe folgender Annahmen: $v_{\rm A} - v_{\rm B} \approx v_{\rm A} \approx RT/P$ und $q \approx \text{const.}$

21.3 Expansionskoeffizient entlang der Dampfdruckkurve

Bestimmen Sie den thermischen Expansionskoeffizienten

$$\alpha_{\rm d} = \frac{1}{v_{\rm d}} \left(\frac{\partial v_{\rm d}}{\partial T} \right)_{\rm koex}$$

für ein Gas, das mit seiner flüssigen Phase koexistiert. Dabei ist $v_{\rm d}(T, P)$ das Molvolumen des Gases, das in diesem Zusammenhang auch Dampf (Index d) genannt wird. Der Dampf wird als ideales Gas behandelt. Das Molvolumen der Flüssigkeit kann gegenüber dem des Gases vernachlässigt werden.

21.4 Koexistenzkurve für zwei gasförmige Phasen

Eine Substanz hat zwei gasförmige Phasen A und B, die den Zustandsgleichungen

$$P\, v_{\rm A} = R_{\rm A}\, T \qquad \text{und} \qquad P\, v_{\rm B} = R_{\rm B}\, T$$

genügen. Dabei sind $R_{\rm A}$ und $R_{\rm B}$ phasenspezifische Konstanten, und v ist das Volumen eines Mols. Für die spezifischen Wärmen bei konstantem Druck gilt $c_{P,\rm A}(T) = c_{P,\rm B}(T) = c_P(T)$. Berechnen Sie die Koexistenzkurve $P_{\rm koex}(T)$, bei der die beiden Phasen im Gleichgewicht sind. Zeigen Sie, dass die Übergangsenthalpie q konstant ist.

21.5 Sieden einer Salzlösung

Mit welcher Salzkonzentration siedet Wasser auf der Zugspitze bei $100\,^\circ$C?

21.6 Gelöster Stoff in beiden Phasen

Wenn der gelöste Stoff auf die flüssige Phase B beschränkt ist, dann ergibt sich bei einer Konzentration c folgende Änderung der Übergangstemperatur

$$\frac{\Delta T_\mathrm{S}}{T_\mathrm{S}} = c\,\frac{k_\mathrm{B} T_\mathrm{S}}{q}$$

Dabei ist $q = T_\mathrm{S}\,(s_\mathrm{A} - s_\mathrm{B})$ die Umwandlungsenthalpie für den Phasenübergang B $\to$ A. Verallgemeinern Sie den Ausdruck für ΔT_S auf den Fall, dass in der Phase A ein gelöster Stoff die Konzentration c_A, und in der Phase B ein gelöster Stoff (nicht notwendigerweise derselbe) die Konzentration c_B hat.

IV Statistische Ensembles

22 Zustandssummen

Im hier beginnenden Teil IV führen wir das kanonische und das großkanonische Ensemble und die zugehörigen Zustandssummen ein (Kapitel 22). In Kapitel 23 ordnen wir den Zustandssummen jeweils ein thermodynamisches Potenzial zu. Danach werden klassische Systeme mit Hilfe der kanonischen Zustandssumme untersucht (Kapitel 24). In Kapitel 25 wird am Fall des idealen Gases die praktische Gleichwertigkeit der verschiedenen Ensembles für makroskopische Systeme demonstriert.

Kanonisches Ensemble

Die mikrokanonische Zustandssumme $\Omega(E, x)$ bestimmt den Gleichgewichtszustand bei vorgegebener Energie. In diesem Kapitel führen wir die kanonische Zustandssumme $Z(T, x)$ ein, die den Gleichgewichtszustand bei einer bestimmten Temperatur beschreibt. Dies wird durch die großkanonische Zustandssumme Y ergänzt, für die die Temperatur und das chemische Potenzial vorgegeben werden.

Die statistische Beschreibung eines Gleichgewichtszustands erfolgt durch ein (gedachtes) Ensemble vieler gleichartiger Systeme, in dem die Mikrozustände r mit den Wahrscheinlichkeiten P_r vorkommen. Als grundlegendes Postulat haben wir die Annahme eingeführt, dass alle zugänglichen Mikrozustände r eines abgeschlossenen Systems gleichwahrscheinlich sind:

$$P_r(E, x) = \begin{cases} \dfrac{1}{\Omega(E, x)} & \text{für } E - \delta E \le E_r(x) \le E \\ 0 & \text{sonst} \end{cases} \tag{22.1}$$

Das Ensemble mit diesen P_r heißt mikrokanonisch. Die Bedingung $\sum P_r = 1$ legt die mikrokanonische Zustandssumme Ω fest:

$$\Omega(E, x) = \sum_{r:\, E - \delta E \le E_r(x) \le E} 1 \tag{22.2}$$

Durch (22.1) sind die P_r eines abgeschlossenen Systems als Funktion der Energie E und der äußeren Parameter x (etwa V und N) gegeben. Wir stellen jetzt die Frage,

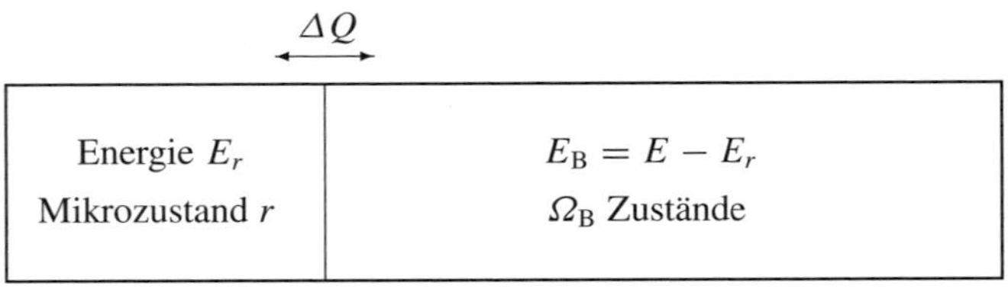

Abbildung 22.1 Das abgeschlossene System besteht aus dem kleinen linken Untersystem und dem makroskopischen Restsystem B. Die beiden Systeme können die Wärme austauschen. Mit welcher Wahrscheinlichkeit P_r befindet sich das kleine Untersystem im Mikrozustand r mit der Energie E_r?

wie die P_r aussehen, wenn wir anstelle der Energie E die Temperatur T vorgeben:

$$P_r = \begin{cases} P_r(E, x) & \text{(mikrokanonisch)} \\ P_r(T, x) & \text{(kanonisch)} \end{cases} \tag{22.3}$$

Das statistische Ensemble mit den $P_r(T, x)$ heißt *kanonisch*. Praktisch erfolgt die Vorgabe der Temperatur durch Kontakt mit einem Wärmebad; das betrachtete System ist also nicht abgeschlossen. Das mikrokanonische und das kanonische Ensemble beschreiben damit die Gleichgewichtszustände von Systemen, die verschiedenen physikalischen Bedingungen unterliegen.

Zur Bestimmung der Wahrscheinlichkeiten $P_r(T, x)$ gehen wir wie folgt vor: Das System mit den Mikrozuständen r wird in thermischen Kontakt mit einem viel größeren System gebracht (Abbildung 22.1). Aus dem grundlegenden Postulat für das abgeschlossene Gesamtsystem lassen sich dann die gesuchten $P_r(T, x)$ ableiten. Wir führen also für das Gleichgewicht bei vorgegebener Temperatur keine neue Hypothese ein, sondern gehen wieder vom grundlegenden Postulat aus.

Das große System stellt ein Wärmebad für das kleine System dar; es gibt die Temperatur T vor. Hierfür setzen wir

$$E_r \ll E \tag{22.4}$$

voraus. Die Gesamtenergie soll also viel größer sein als die in Frage kommenden Energiewerte E_r des kleinen Systems. Damit muss das große System makroskopisch sein. Das kleine System kann dagegen makroskopisch oder mikroskopisch sein. Beispiele für die beiden Systeme aus Abbildung 22.1 sind:

- Ein einzelnes Luftmolekül im Hörsaal.
- Ein Kasten mit 1 Liter Gas im Hörsaal.
- Eine Bierflasche in einem See.

Wir bestimmen nun die gesuchten $P_r(T, x)$. Die $\Omega(E)$ zugänglichen Zustände des Gesamtsystems (nur E vorgegeben) sind gleichwahrscheinlich. Wir setzen nun fest, dass das kleine System im Mikrozustand r ist. Dann gibt es nicht mehr $\Omega(E)$, sondern nur noch $\Omega_B(E - E_r)$ mögliche Zustände des Gesamtsystems. Auch diese

$\Omega_{\rm B}(E-E_r)$ Zustände sind gleichwahrscheinlich. Die Wahrscheinlichkeit, unter den insgesamt $\Omega(E)$ Zuständen einen der $\Omega_{\rm B}(E-E_r)$ Zustände zu finden, ist

$$P_r = \frac{\Omega_{\rm B}(E-E_r)}{\Omega(E)} \tag{22.5}$$

Die äußeren Parameter wurden hier nicht mit angeschrieben. Wegen (22.4) können wir $\ln \Omega_{\rm B}(E-E_r)$ nach Potenzen von E_r entwickeln:

$$\ln \Omega_{\rm B}(E-E_r) = \ln \Omega_{\rm B}(E) - \frac{\partial \ln \Omega_{\rm B}(E)}{\partial E}\, E_r + \ldots = \ln \Omega_{\rm B}(E) - \beta\, E_r + \ldots \tag{22.6}$$

Nach (9.14, 9.15) bestimmt $\partial \ln \Omega_{\rm B}/\partial E = 1/(k_{\rm B}T) = \beta$ die Temperatur T des Systems B. Das Wärmebad B ist nach Voraussetzung hinreichend groß, so dass T (praktisch) konstant ist. Die jeweils folgenden Terme in (22.6) sind von der relativen Größe $\mathcal{O}(E_r/E)$ und können daher vernachlässigt werden, also

$$\Omega_{\rm B}(E-E_r) = \Omega_{\rm B}(E)\, \exp\big(-\beta\, E_r(x)\big) \tag{22.7}$$

Das Argument x steht für die äußeren Parameter des kleinen Systems. Aus (22.5) und (22.7) folgt

$$\boxed{P_r(T,x) = \frac{1}{Z}\, \exp\left(-\frac{E_r(x)}{k_{\rm B}T}\right)} \tag{22.8}$$

Der *Boltzmannfaktor* $\exp(-\beta E_r)$ bestimmt die relativen Wahrscheinlichkeiten der Mikrozustände r bei gegebener Temperatur. Der Vorfaktor $\Omega_{\rm B}(E)/\Omega(E)$ wurde mit $1/Z$ abgekürzt. Er hängt nicht von r ab. Aus

$$\sum_r P_r = 1 \tag{22.9}$$

folgt

$$\boxed{Z(T,x) = \sum_r \exp\big[-\beta E_r(x)\big]} \tag{22.10}$$

Die Größe $Z(T,x)$ heißt *kanonische Zustandssumme*. Das zugehörige Ensemble heißt kanonisches Ensemble oder auch Gibbs-Ensemble.

Mit den Wahrscheinlichkeiten P_r können alle relevanten Mittelwerte berechnet werden. Insbesondere ist die thermodynamische Energie

$$E(T,x) = \overline{E_r} = \sum_r P_r(T,x)\, E_r(x) \tag{22.11}$$

Im nächsten Kapitel wird der Zusammenhang mit den anderen thermodynamischen Größen hergestellt.

Wir heben noch einmal den wesentlichen Unterschied zwischen dem mikrokanonischen und dem kanonischen Ensemble hervor:

- Mikrokanonisches Ensemble: Es wird ein abgeschlossenes System im Gleichgewicht betrachtet. Die Energie E ist vorgegeben. Die Wahrscheinlichkeiten $P_r(E, x)$ hängen von der Energie E und den äußeren Parametern x ab.
- Kanonisches Ensemble: Es wird ein System im Gleichgewicht mit einem Wärmebad betrachtet. Die Temperatur T ist vorgegeben. Die Wahrscheinlichkeiten $P_r(T, x)$ hängen von der Temperatur T und den äußeren Parametern x ab.

Zur Erläuterung der Unterschiede und Gemeinsamkeiten betrachten wir einmal ein System aus einem einzelnen Teilchen, und zum anderen ein System aus makroskopisch vielen Teilchen:

1. Ein einzelnes Teilchen:

   (a) Das mikrokanonische Ensemble beschreibt das Teilchen, wenn es von der Umgebung isoliert ist; es könnte sich etwa in einem sonst leeren, thermisch isolierten Kasten befinden. Die Energieeigenwerte des Teilchens seien ε_r. In der mikrokanonischen Verteilung gilt

   $$w(\varepsilon_r) = \begin{cases} \text{const.} & \varepsilon - \delta\varepsilon \le \varepsilon_r \le \varepsilon \\ 0 & \text{sonst} \end{cases} \tag{22.12}$$

   Dabei wird $\delta\varepsilon \ll \varepsilon$ vorausgesetzt. Für die relative Breite der Verteilung $w(\varepsilon)$ gilt daher

   $$\frac{\Delta\varepsilon}{\overline{\varepsilon}} = \mathcal{O}\left(\frac{\delta\varepsilon}{\varepsilon}\right) \approx 0 \tag{22.13}$$

   Im mikrokanonischen Ensemble ist die Energie also scharf um den Mittelwert $\overline{\varepsilon} = \overline{\varepsilon_r}$ herum verteilt; es sind aber alle möglichen Orte und Impulsrichtungen vertreten.

   (b) Das kanonische Ensemble beschreibt das Teilchen in einem Wärmebad. Konkret kann dies ein herausgegriffenes Luftmolekül im Hörsaal sein; der Hörsaal gibt die Temperatur T vor. Die Wahrscheinlichkeitsverteilung $w(\varepsilon_r)$ der Energie des Teilchens ist durch den Boltzmannfaktor

   $$w(\varepsilon_r) \propto \exp(-\beta\,\varepsilon_r) \tag{22.14}$$

   bestimmt. Der vollständige Ausdruck für $w(\varepsilon_r)$ wird in Kapitel 24 angegeben. Der Mittelwert $\overline{\varepsilon} = \overline{\varepsilon_r}$ und die Breite $\Delta\varepsilon$ dieser Verteilung sind beide von der Größe $k_{\mathrm{B}}T$, so dass

   $$\frac{\Delta\varepsilon}{\overline{\varepsilon}} = \mathcal{O}(1) \tag{22.15}$$

   Im Gegensatz zu (22.12) ist diese Verteilung unscharf; die Energie eines einzelnen Teilchens unterliegt bei gegebener Temperatur starken Fluktuationen. Im kanonischen Ensemble sind alle möglichen Orte und Impulse (und nicht nur alle Impulsrichtungen) vertreten.

Für ein einzelnes Teilchen beschreiben die beiden Ensembles also sehr verschiedene Situationen, (22.13) und (22.15). Dies gilt generell für ein System mit wenigen Freiheitsgraden.

2. Makroskopisch viele Teilchen: Wir betrachten N unabhängige, gleichartige Teilchen mit den Quantenzahlen r_ν. Das Gesamtsystem hat dann die Quantenzahlen $r = (r_1, ..., r_N)$ und die Energie

$$E_r = \sum_{\nu=1}^{N} \varepsilon_{r_\nu} \tag{22.16}$$

   (a) Das mikrokanonische Ensemble beschreibt ein System von N Teilchen, das von der Umgebung isoliert ist. Für die Energie E_r gilt

$$W(E_r) = \begin{cases} \text{const.} & E - \delta E \le E_r \le E \\ 0 & \text{sonst} \end{cases} \tag{22.17}$$

   Die relative Breite der Verteilung ist

$$\frac{\Delta E}{\overline{E_r}} = \mathcal{O}\left(\frac{\delta E}{E}\right) \approx 0 \tag{22.18}$$

   Im Ensemble sind alle möglichen Orte und Impulse der N Teilchen vertreten; dabei ist aber die Gesamtenergie vorgegeben.

   (b) Das kanonische Ensemble beschreibt N Teilchen in einem Kasten, der sich in einem Wärmebad befindet. Konkret kann dies ein Gaskasten im Hörsaal sein. Aus (22.9) folgt für die Wahrscheinlichkeitsverteilung der Energie E_r

$$W(E_r) \propto \exp(-\beta\, E_r) = \exp\big[-\beta(\varepsilon_{r_1} + \ldots + \varepsilon_{r_N})\big] = \prod_{\nu=1}^{N} w(\varepsilon_{r_\nu}) \tag{22.19}$$

   Hier ist $w(\varepsilon)$ die unscharfe Verteilung (22.14). Nach dem Gesetz der großen Zahl (4.14) ist die Verteilung $W(E_r)$ aber eine scharfe Verteilung mit

$$\frac{\Delta E}{\overline{E_r}} = \frac{1}{\sqrt{N}}\,\frac{\Delta\varepsilon}{\overline{\varepsilon}} = \frac{\mathcal{O}(1)}{\sqrt{N}} \approx 0 \tag{22.20}$$

   Die Boltzmannfaktoren in (22.19) beschreiben die (großen) Fluktuationen der Einteilchenenergien. Die Fluktuationen der Gesamtenergie um den Mittelwert herum sind aber vernachlässigbar klein. Die Energie E ist also scharf definiert, obwohl nur die Temperatur T vorgegeben ist.

Für beide Ensembles hat das System eine scharf definierte Energie, (22.18) und (22.20). Dies gilt generell für makroskopische Größen, denn (22.20) beruht auf dem Gesetz der großen Zahl.

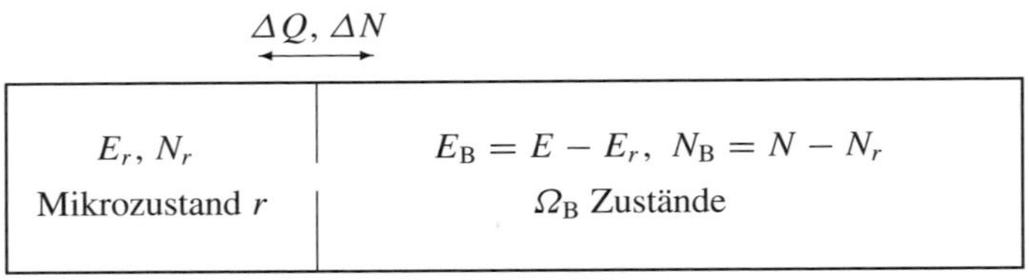

Abbildung 22.2 Das abgeschlossene System besteht aus dem kleinen linken Untersystem und dem makroskopischen Restsystem B. Die beiden Systeme können Wärme und Teilchen austauschen. Mit welcher Wahrscheinlichkeit P_r befindet sich das kleine Untersystem im Mikrozustand r mit der Energie E_r und der Teilchenzahl N_r?

Für mikroskopisch kleine Systeme beschreiben das mikrokanonische und das kanonische Ensemble sehr verschiedene physikalische Situationen. Für makroskopische Systeme macht es dagegen praktisch keinen Unterschied aus, ob wir die Energie oder die Temperatur vorgeben. In Kapitel 24 werden wir dies für das ideale Gas demonstrieren, indem wir die Zustandsgleichungen $PV = Nk_BT$ und $E = 3Nk_BT/2$ sowohl aus $\Omega(E, V, N)$ wie auch aus $Z(T, V, N)$ ableiten.

Großkanonisches Ensemble

Im Folgenden führen wir noch das großkanonische Ensemble ein. Hierfür ist wie im kanonischen Ensemble die Temperatur anstelle der Energie vorgegeben. Zusätzlich wird aber auch das chemische Potenzial anstelle der Teilchenzahl vorgegeben; dies ist für eine Reihe von Anwendungen vorteilhaft. Wir setzen dabei voraus, dass einer der äußeren Parameter x die Teilchenzahl N ist. Der Einfachheit halber setzen wir $x = (V, N)$; im allgemeinen Fall kann V durch andere äußere Parameter ersetzt werden.

Wir ergänzen zunächst (22.3):

$$P_r = \begin{cases} P_r(E, V, N) & \text{(mikrokanonisch)} \\ P_r(T, V, N) & \text{(kanonisch)} \\ P_r(T, V, \mu) & \text{(großkanonisch)} \end{cases} \qquad (22.21)$$

Das neue statistische Ensemble heißt *großkanonisch*. Praktisch erfolgt die Vorgabe der Temperatur und des chemischen Potenzials durch Kontakt mit einem Wärme- und einem Teilchenreservoir.

Wir betrachten ein kleines und ein großes System, die sowohl Wärme wie auch Teilchen austauschen können (Abbildung 22.2). Für den Mikrozustand r, also für die vollständige mikroskopische Beschreibung des Zustands des kleinen Systems, muss jetzt auch die Teilchenzahl spezifiziert werden:

$$r = (r', N_r) \qquad \text{(Mikrozustand im großkanonischen Ensemble)} \qquad (22.22)$$

Mit r' werden dann die Quantenzahlen bezeichnet, mit denen wir bisher (für feste Teilchenzahl) den Mikrozustand festgelegt haben; damit entspricht r' dem r in der mikrokanonischen oder kanonischen Zustandssumme.

Wir bestimmen nun die gesuchten $P_r(T, V, \mu)$. Nach dem grundlegenden Postulat sind alle $\Omega(E, N)$ Zustände des Gesamtsystems gleichwahrscheinlich. Wenn das kleine System im Mikrozustand r ist, dann gibt es $\Omega_{\rm B}(E-E_r, N-N_r)$ zugängliche Zustände für das System B; die Anzahl der Zustände des Gesamtsystems ist ebenfalls gleich $\Omega_{\rm B}(E-E_r, N-N_r)$. Die Wahrscheinlichkeit, unter den insgesamt $\Omega(E, N)$ Zuständen einen der $\Omega_{\rm B}(E-E_r, N-N_r)$ Zustände zu finden, ist

$$P_r = \frac{\Omega_{\rm B}(E-E_r, N-N_r)}{\Omega(E, N)} \tag{22.23}$$

Andere äußere Parameter wurden hier nicht mit angeschrieben. Das große System soll ein Wärme- und Teilchenreservoir sein, das konstante Werte für T und μ vorgibt. Daher verlangen wir

$$E_r \ll E \qquad \text{und} \qquad N_r \ll N \tag{22.24}$$

Wir entwickeln $\ln \Omega_{\rm B}(E-E_r, N-N_r)$ nach Potenzen von E_r und N_r:

$$\ln \Omega_{\rm B}(E-E_r, N-N_r) = \ln \Omega_{\rm B}(E, N) - \frac{\partial \ln \Omega_{\rm B}}{\partial E}\, E_r - \frac{\partial \ln \Omega_{\rm B}}{\partial N}\, N_r + \ldots \tag{22.25}$$

Die partiellen Ableitungen von $\ln \Omega_{\rm B}$ folgen aus (9.14), (9.15) und (20.5):

$$\beta = \frac{1}{k_{\rm B}T} = \frac{\partial \ln \Omega_{\rm B}(E, N)}{\partial E}, \qquad -\beta\mu = \frac{\partial \ln \Omega_{\rm B}(E, N)}{\partial N} \tag{22.26}$$

Die jeweils folgenden Terme in (22.25) sind von der relativen Größe $\mathcal{O}(E_r/E)$ und $\mathcal{O}(N_r/N)$; sie können daher vernachlässigt werden. Damit erhalten wir

$$\Omega_{\rm B}(E-E_r, N-N_r) = \Omega_{\rm B}(E, N)\, \exp\Big(-\beta\big[E_r(V, N_r) - \mu N_r\big]\Big) \tag{22.27}$$

Hiermit wird (22.23) zu

$$\boxed{P_r(T, V, \mu) = \frac{1}{Y}\, \exp\Big(-\beta\big[E_r(V, N_r) - \mu N_r\big]\Big)} \tag{22.28}$$

Die Temperatur T und das chemische Potenzial μ sind durch das große System vorgegeben; V ist das Volumen des kleinen Systems (oder seine sonstigen äußeren Parameter). Die Normierung $\sum P_r = 1$ bestimmt Y:

$$\boxed{Y(T, V, \mu) = \sum_r \exp\Big(-\beta\big[E_r(V, N_r) - \mu N_r\big]\Big)} \tag{22.29}$$

Die Größe $Y(T, V, \mu)$ heißt *großkanonische Zustandssumme*. Wir berücksichtigen noch explizit, dass r gemäß (22.22) die Spezifikation der Teilchenzahl mit einschließt. Bei möglichem Teilchenaustausch kann die Anzahl der Teilchen N_r im kleinen System (Abbildung 22.2) beliebig sein:

$$\begin{aligned} Y(T, V, \mu) &= \sum_{r'} \sum_{N_r=0}^{N} \exp\Big(-\beta\big[E_{r'}(V, N_r) - \mu N_r\big]\Big) \\ &= \sum_{N'=0}^{\infty} Z(T, V, N') \exp\big(\beta\mu N'\big) \end{aligned} \tag{22.30}$$

Dabei läuft r' über alle Quantenzahlen, die neben N_r für den Mikrozustand zu spezifizieren sind; dies ist die gleiche Summe wie in (22.10). Die Summe über N_r geht über alle möglichen Teilchenzahlen des kleinen Systems in Abbildung 22.2, also von 0 bis N. Für das kleine System sind nur Werte mit $N_r \ll N$ relevant; nur sie tragen wesentlich zur Zustandssumme bei. Daher kann die obere Summationsgrenze gleich unendlich gesetzt werden (anstelle von N). Der Summationsindex $N_r = N'$ kann beliebig benannt werden; das Symbol N ist aber in diesem Kapitel für die Teilchenzahl des abgeschlossenen Systems reserviert. Durch (22.30) ist ein Zusammenhang zwischen der großkanonischen und der kanonischen Zustandssumme hergestellt.

Mit den Wahrscheinlichkeiten P_r können alle relevanten Mittelwerte berechnet werden. Insbesondere ist die thermodynamische Energie und Teilchenzahl

$$E(T, V, \mu) = \overline{E_r} = \sum_r P_r(T, V, \mu)\, E_r(V, N_r) \tag{22.31}$$

$$N(T, V, \mu) = \overline{N_r} = \sum_r P_r(T, V, \mu)\, N_r \tag{22.32}$$

Im nächsten Kapitel wird der Zusammenhang mit den anderen thermodynamischen Größen hergestellt.

Die Unterschiede und Gemeinsamkeiten zwischen dem großkanonischen und den anderen Ensembles ergeben sich analog zur oben geführten Diskussion für das kanonische Ensemble. Insbesondere sind im großkanonischen Ensemble die Fluktuationen der Energie und der Teilchenzahl vernachlässigbar klein, wenn das System makroskopisch ist:

$$\frac{\Delta E}{\overline{E_r}} = \mathcal{O}\left(\frac{1}{\sqrt{\overline{N_r}}}\right), \qquad \frac{\Delta N}{\overline{N_r}} = \mathcal{O}\left(\frac{1}{\sqrt{\overline{N_r}}}\right) \tag{22.33}$$

Für makroskopische Systeme macht es daher praktisch keinen Unterschied, ob (E, V, N), (T, V, N) oder (T, V, μ) vorgegeben ist, oder welches der drei diskutierten Ensembles man verwendet.

Aufgaben

22.1 Energieschwankung im kanonischen Ensemble

Zeigen Sie, dass im kanonischen Ensemble die Schwankung ΔE der Energie durch

$$\left(\Delta E\right)^2 = k_\mathrm{B} T^2 \, \frac{\partial E(T,x)}{\partial T} \tag{22.34}$$

gegeben ist; dabei die $E(T,x) = \overline{E_r}$. Zeigen Sie hiermit, dass die Wärmekapazität $C_V = \partial E(T,V,N)/\partial T$ positiv ist. Begründen Sie $\Delta E/E = \mathcal{O}\big(N^{-1/2}\big)$.

22.2 Teilchenzahlschwankung im großkanonischen Ensemble

Zeigen Sie, dass im großkanonischen Ensemble die Schwankung ΔN der Teilchenzahl durch

$$\left(\Delta N\right)^2 = k_\mathrm{B} T \left(\frac{\partial N}{\partial \mu}\right)_{T,V} \tag{22.35}$$

gegeben ist; dabei ist $N(T,V,\mu) = \overline{N_r}$. Zeigen Sie hiermit, dass die isotherme Kompressibilität

$$\kappa_T = -\frac{1}{V}\left(\frac{\partial V}{\partial P}\right)_{N,T} > 0 \tag{22.36}$$

positiv ist. Schreiben Sie dazu in $N d\mu = V dP - S dT$ das Differenzial dP für $P(T,V,N)$ aus. Hieraus können Sie $(\partial N/\partial \mu)_{T,V}$ ablesen. Verwenden Sie nun $P = P(T,V/N) = P(T,v)$. Begründen Sie $\Delta N/N = \mathcal{O}\big(N^{-1/2}\big)$.

23 Zugeordnete Potenziale

Wir stellen den Zusammenhang der kanonischen und der großkanonischen Zustandssumme mit jeweils einem thermodynamischen Potenzial her. Dadurch sind die thermodynamischen Relationen des betrachteten Systems vollständig bestimmt.

Als äußere Parameter betrachten wir $x = (V, N)$; gegebenenfalls sind hierfür andere Parameter einzusetzen. Im mikrokanonischen Ensemble sind dann E, V, N vorgegeben, im kanonischen T, V, N und im großkanonischen T, V, μ. Die Wahrscheinlichkeiten P_r für den Mikrozustand r im jeweiligen Ensemble sind

$$P_r(E, V, N) = \begin{cases} 1/\Omega & E - \delta E \le E_r(V, N) \le E \\ 0 & \text{sonst} \end{cases} \tag{23.1}$$

$$P_r(T, V, N) = \frac{1}{Z} \exp\big(-\beta E_r(V, N)\big) \tag{23.2}$$

$$P_r(T, V, \mu) = \frac{1}{Y} \exp\Big(-\beta\big[E_r(V, N_r) - \mu N_r\big]\Big) \tag{23.3}$$

Aus der Normierung $\sum P_r = 1$ folgen die Zustandssummen

$$\Omega(E, V, N) = \sum_{r:\, E - \delta E \le E_r(V, N) \le E} 1 \tag{23.4}$$

$$Z(T, V, N) = \sum_r \exp\big(-\beta E_r(V, N)\big) \tag{23.5}$$

$$Y(T, V, \mu) = \sum_r \exp\Big(-\beta\big[E_r(V, N_r) - \mu N_r\big]\Big) \tag{23.6}$$

Alle Zustandssummen sind durch die Eigenwerte $E_r(V, N)$, also durch die mikroskopische Struktur des betrachteten Systems festgelegt. Der Zusammenhang mit der makroskopischen Thermodynamik wird durch folgende Relationen hergestellt:

$$\boxed{\begin{aligned} S(E, V, N) &= k_B \ln \Omega(E, V, N) \\ F(T, V, N) &= -k_B T \ln Z(T, V, N) \\ J(T, V, \mu) &= -k_B T \ln Y(T, V, \mu) \end{aligned}} \tag{23.7}$$

Durch die erste Relation wurde in Kapitel 9 die Entropie definiert. Die beiden anderen Relationen werden in den folgenden Abschnitten abgeleitet. Aus den vollständigen Differenzialen

$$dS = \frac{dE}{T} + \frac{P}{T}\,dV - \frac{\mu}{T}\,dN \tag{23.8}$$

$$dF = -S\,dT - P\,dV + \mu\,dN \tag{23.9}$$

$$dJ = -S\,dT - P\,dV - N\,d\mu \tag{23.10}$$

können die partiellen Ableitungen von S, F und J abgelesen werden. Wie in Kapitel 17 diskutiert, führt dies zu allen gewünschten thermodynamischen Relationen.

Die Ableitung der makroskopischen Eigenschaften eines Gleichgewichtssystems aus seiner mikroskopischen Struktur, also aus dem Hamiltonoperator H oder der Hamiltonfunktion H, kann nun schematisch so dargestellt werden:

$$H(V,N) \to E_r(V,N) \to \left\{ \begin{array}{lcll} \Omega(E,V,N) & \to & S(E,V,N) & \to \\ Z(T,V,N) & \to & F(T,V,N) & \to \\ Y(T,V,\mu) & \to & J(T,V,\mu) & \to \end{array} \right\{ \begin{array}{l} \text{alle thermo-} \\ \text{dynamischen} \\ \text{Relationen} \end{array} \tag{23.11}$$

Für das mikrokanonische Ensemble wurden diese Schritte im Anschluss an (13.1) für das ideale Gas erläutert. In Kapitel 25 werden wir die dazu parallelen Schritte im kanonischen und großkanonischen Ensemble durchführen.

Ableitung von $F = -k_{\rm B}T\,\ln Z$

Wir gehen von dem vollständigen Differenzial

$$d\,\ln Z(\beta,V,N) = \frac{\partial \ln Z}{\partial\beta}\,d\beta + \frac{\partial \ln Z}{\partial V}\,dV + \frac{\partial \ln Z}{\partial N}\,dN \tag{23.12}$$

aus. Das Argument T wurde dabei durch $\beta = (k_{\rm B}T)^{-1}$ ersetzt. Wir berechnen die partiellen Ableitungen:

$$\frac{\partial \ln Z}{\partial\beta} = -\frac{1}{Z}\sum_r E_r\,\exp(-\beta E_r) = -\sum_r E_r\,P_r = -\overline{E_r} = -E \tag{23.13}$$

$$\frac{\partial \ln Z}{\partial V} = -\frac{\beta}{Z}\sum_r \frac{\partial E_r(V,N)}{\partial V}\,\exp(-\beta E_r) = -\beta\,\overline{\frac{\partial E_r}{\partial V}} = \beta P \tag{23.14}$$

$$\frac{\partial \ln Z}{\partial N} = -\frac{\beta}{Z}\sum_r \frac{\partial E_r(V,N)}{\partial N}\,\exp(-\beta E_r) = -\beta\,\overline{\frac{\partial E_r}{\partial N}} = -\beta\mu \tag{23.15}$$

Damit wird (23.12) zu

$$d\,\ln Z(\beta,V,N) = -E\,d\beta + \beta P\,dV - \beta\mu\,dN \tag{23.16}$$

Daraus erhalten wir

$$d\,(\ln Z + \beta E) = \beta\,(dE + P\,dV - \mu\,dN) = \frac{1}{k_{\mathrm{B}}}\left(\frac{dE}{T} + \frac{P}{T}\,dV - \frac{\mu}{T}\,dN\right) \quad (23.17)$$

Der Vergleich mit (23.8) ergibt

$$k_{\mathrm{B}}\,d\,(\,\ln Z + \beta E\,) = dS \quad (23.18)$$

Hieraus folgt

$$S = k_{\mathrm{B}}\,(\,\ln Z + \beta E\,) + \text{const.} \quad (23.19)$$

Wenn die Konstante verschwindet, erhalten wir hieraus die gesuchte Beziehung

$$F(T,\,V,\,N) = E - TS = -k_{\mathrm{B}}T\,\ln Z(T,\,V,\,N) \quad (23.20)$$

Wir bestimmen die Konstante in (23.19) aus dem Grenzfall $T \to 0$. Dazu gehen wir von einem quantenmechanischen System mit den Energieeigenwerten $E_0 < E_1 \leq E_2 \leq \ldots$ aus. Wir schreiben die ersten Terme der Zustandssumme an:

$$Z = \exp(-\beta E_0) + \exp(-\beta E_1) + \ldots = \exp(-\beta E_0)\left[\,1 + \exp(-\beta\Delta) + \ldots\,\right] \quad (23.21)$$

Für $k_{\mathrm{B}}T \ll \Delta = E_1 - E_0$ folgt daraus

$$Z \overset{T\to 0}{\longrightarrow} \exp(-\beta E_0)\,, \qquad \ln Z \overset{T\to 0}{\longrightarrow} -\beta E_0 \quad (23.22)$$

Für $T \to 0$ nähert sich auch die mittlere Energie dem niedrigst möglichen Wert E_0 an:

$$E = \overline{E_r} \approx E_0 + E_1\,\exp(-\beta\Delta) + \ldots\,, \qquad E \overset{T\to 0}{\longrightarrow} E_0 \quad (23.23)$$

Wir können nun die Konstante in (23.19) bestimmen, indem wir diese Grenzwerte zusammen mit dem 3. Hauptsatz, $S \to 0$ für $T \to 0$, einsetzen:

$$\text{const.} = S - k_{\mathrm{B}}(\ln Z + \beta E) \overset{T\to 0}{\longrightarrow} 0 - k_{\mathrm{B}}(-\beta E_0 + \beta E_0) = 0 \quad (23.24)$$

Ableitung von $J = -k_{\mathrm{B}}T\,\ln Y$

Wir gehen von dem vollständigen Differenzial

$$d\,\ln Y(\beta,\,V,\,\mu) = \frac{\partial \ln Y}{\partial\beta}\,d\beta + \frac{\partial \ln Y}{\partial V}\,dV + \frac{\partial \ln Y}{\partial\mu}\,d\mu \quad (23.25)$$

aus und berechnen die partiellen Ableitungen:

$$\begin{aligned}\frac{\partial \ln Y}{\partial\beta} &= -\frac{1}{Y}\sum_r (E_r - \mu N_r)\,\exp\big(-\beta\,[E_r - \mu N_r]\big)\\ &= -\overline{E_r} + \mu\,\overline{N_r} = -E + \mu N \end{aligned} \quad (23.26)$$

$$\frac{\partial \ln Y}{\partial V} = -\frac{\beta}{Y}\sum_r \frac{\partial E_r}{\partial V}\,\exp\big(-\beta\,[E_r - \mu N_r]\big) = -\beta\,\overline{\frac{\partial E_r}{\partial V}} = \beta P \quad (23.27)$$

$$\frac{\partial \ln Y}{\partial\mu} = \frac{\beta}{Y}\sum_r N_r\,\exp\big(-\beta\,[E_r - \mu N_r]\big) = \beta\,\overline{N_r} = \beta N \quad (23.28)$$

Damit wird (23.25) zu

$$d\,\ln Y(\beta, V, \mu) = (-E + \mu N)\,d\beta + \beta P\,dV + \beta N\,d\mu \tag{23.29}$$

Daraus erhalten wir

$$d\,(\ln Y + \beta E - \beta\mu N) = \beta\,(dE + P\,dV - \mu\,dN) \tag{23.30}$$

Nach (23.8) ist dies gleich dS/k_B. Daher gilt

$$S = k_\mathrm{B}(\ln Y + \beta E - \beta\mu N) \tag{23.31}$$

Eine hier zunächst mögliche Konstante ist ebenso wie in (23.19) gleich null. Aus (23.31) erhalten wir $k_\mathrm{B}T \ln Y = TS - E + \mu N = -F + \mu N = -J$, also die gesuchte Relation

$$J = -k_\mathrm{B}T\,\ln Y = -PV \tag{23.32}$$

Dies haben wir noch durch (20.13) ergänzt.

Alternative Ableitung der Ensemblewahrscheinlichkeiten

Dieser Abschnitt (er kann übersprungen werden) stellt eine alternative Ableitung der verschiedenen statistischen Ensembles vor: Die Entropie $S(P_1, P_2, \ldots)$ wird als Funktion der Wahrscheinlichkeiten P_r geschrieben. Die P_r folgen dann aus der Bedingung „$S =$ maximal" unter den jeweiligen Nebenbedingungen.

Wir betrachten ein statistisches Ensemble von M gleichartigen Systemen. Jeweils M_r Systeme seien im Mikrozustand r. Für $M_r \gg 1$ ergeben sich hieraus die Wahrscheinlichkeiten $P_r = M_r/M$. Im Folgenden gehen wir von bestimmten (zunächst unbekannten) Werten für M_r aus.

Wir sortieren die $M_1+M_2+M_3+\ldots = \sum M_r$ Mikrozustände des Ensembles so, dass wir die M_1 Systeme in einen Kasten mit der Aufschrift „Zustand 1" platzieren, die M_2 Systeme in einen Kasten mit der Aufschrift „Zustand 2" und so weiter. Es gibt offenbar

$$\Gamma = \frac{M!}{M_1!\,M_2!\,M_3!\,\ldots} = \frac{M!}{\prod_r M_r!} \tag{23.33}$$

Möglichkeiten, M Systeme so auf die Kästen zu verteilen, dass im Kasten „Zustand r" gerade M_r Systeme sind. Dies kann mit der Anzahl $N!/(N_1!\,N_2!)$ der Möglichkeiten verglichen werden, N unterscheidbare Teilchen auf zwei Teilvolumina zu verteilen. Wir bezeichnen Γ als die Anzahl der Ensemblezustände.

Unter Verwendung von $\ln n! \approx n\,\ln n - n$ schreiben wir den Logarithmus von Γ als Funktion der P_r:

$$\begin{aligned} \ln\Gamma &= \ln M! - \sum_r \ln M_r! \approx M\ln M - M - \sum_r M_r \ln M_r + \sum_r M_r \\ &= -\sum_r M_r\big(\ln M_r - \ln M\big) = -M\sum_r P_r \ln P_r \end{aligned} \tag{23.34}$$

An dieser Stelle sei an die Einführung der Entropie in Kapitel 9 erinnert. Dort wurde untersucht, wie sich die Energie $E = E_\mathrm{A} + E_\mathrm{B}$ auf zwei Teilsysteme verteilt. Die Anzahl $\Omega(E_\mathrm{A})$ der Mikrozustände hat als Funktion von E_A ein dominierendes Maximum. Fast alle möglichen Mikrozustände liegen bei diesem Maximum. Daher ist das Gleichgewicht durch „$S = k_\mathrm{B} \ln \Omega(E_\mathrm{A}) = \text{maximal}$“ bestimmt.

Wir stehen hier vor der analogen Frage, wie sich die $M = \sum M_r$ Systeme des Ensembles auf die Mikrozustände aufteilen. Die Anzahl $\Gamma(P_1, P_2, ...)$ der Ensemblezustände hat als Funktion der P_r (oder M_r) ein dominierendes Maximum. Fast alle möglichen Ensemblezustände liegen bei diesem Maximum. Daher ist das Gleichgewicht durch

$$S_\mathrm{Ensemble} = k_\mathrm{B} \ln \Gamma(P_1, P_2, ..) = \text{maximal} \tag{23.35}$$

bestimmt. Wie in Kapitel 9 bezeichnen wir den Logarithmus der Anzahl der möglichen Zustände (multipliziert mit der Boltzmannkonstante) als Entropie. Allerdings betrachten wir jetzt nicht die Ω möglichen Zustände *eines* makroskopischen Systems, sondern die Γ möglichen Zustände eines *Ensembles* aus M Systemen. Die Argumentation beruht auch hier auf dem grundlegenden Postulat: Wenn alle Mikrozustände gleichwahrscheinlich sind, dann sind auch alle möglichen Ensemblezustände gleichwahrscheinlich.

Aus (23.35) und (23.34) erhalten wir für die Entropie S *eines* Systems

$$S(P_1, P_2, ...) = \frac{S_\mathrm{Ensemble}}{M} = -k_\mathrm{B} \sum P_r \ln P_r \tag{23.36}$$

Dieser Ausdruck für die Entropie lässt sich auf einen beliebigen Makrozustand $\{P_r\}$ anwenden. Im Gegensatz dazu war die Definition der Entropie in Kapitel 9 auf (zumindest lokale) Gleichgewichtszustände beschränkt. In Aufgabe 23.1 wird gezeigt, dass sich (23.36) für Gleichgewichtszustände (konkret für die P_r aus (23.1) – (23.3)) auf die bekannten Ausdrücke für die Entropie reduziert. Auf die Form (23.36) für die Entropie werden wir noch einmal bei der Untersuchung der Einstellung des Gleichgewichts in Kapitel 41 stoßen.

Die Gleichgewichtsbedingung lautet $S(P_1, P_2, ...) = \text{maximal}$. Die möglichen Werte der P_r sind dabei durch Bedingungen eingeschränkt, die aus der Definition der Wahrscheinlichkeit und aus den physikalischen Vorgaben folgen:

$$\textstyle\sum_r P_r = 1 \qquad \text{mikrokanonisch, kanonisch, großkanonisch} \tag{23.37}$$

$$\textstyle\sum_r P_r\, E_r = E \qquad \text{kanonisch, großkanonisch} \tag{23.38}$$

$$\textstyle\sum_r P_r\, N_r = N \qquad \text{großkanonisch} \tag{23.39}$$

Für ein abgeschlossenes System sind nur Mikrozustände mit $E_r = E$ (genauer $E - \delta E \le E_r \le E$) und $N_r = N$ zugelassen. Neben $\sum P_r = 1$ ist daher keine weitere Bedingung zu stellen. Damit wird (23.35) zu

$$S(P_1, P_2, \ldots) - \lambda \sum_r P_r = \text{maximal} \tag{23.40}$$

Dabei ist λ ein Lagrangeparameter. Die notwendige Bedingung für das Vorliegen eines Maximums ist

$$\frac{\partial}{\partial P_r}\Big(S(P_1, P_2, \ldots) - \lambda \sum_{r'} P_{r'}\Big) = 0 \qquad (23.41)$$

Hieraus folgt

$$P_r = \text{const.} \qquad (\text{mikrokanonisch, } E_r = E) \qquad (23.42)$$

Die Konstante hängt von λ ab; sie wird aus der Bedingung $\sum P_r = 1$ bestimmt.

Für ein System im Kontakt mit einem Wärmebad sind verschiedene Energiewerte E_r zugelassen. Der Mittelwert $E = \overline{E_r}$ wird jedoch durch die Temperatur des Wärmebads festgelegt. Daher ist das Maximum von S unter den Nebenbedingungen (23.37) und (23.38) zu bestimmen:

$$S(P_1, P_2, \ldots) - \lambda_1 \sum_r P_r - \lambda_2 \sum_r E_r\, P_r = \text{maximal} \qquad (23.43)$$

Die Auswertung von $\partial S/\partial P_r = 0$ ergibt

$$P_r = \text{const.} \cdot \exp\big(-\lambda_2\, E_r / k_{\text{B}}\big) \qquad (\text{kanonisch}) \qquad (23.44)$$

Der Lagrangeparameter λ_2 wird durch $E = \sum E_r\, P_r$ festgelegt; er hat die Bedeutung $\lambda_2 = 1/T$. Die Konstante in (23.44) hängt von λ_1 ab und wird aus der Bedingung $\sum P_r = 1$ bestimmt. Daraus ergeben sich die P_r der kanonischen Verteilung. Die Aussage (23.43) kann dann als $S - E/T =$ maximal oder $F = E - TS =$ minimal geschrieben werden.

Für ein System im Kontakt mit einem Wärme- und Teilchenreservoir sind verschiedene Energiewerte E_r und Teilchenzahlen N_r zugelassen. Die Mittelwerte $E = \overline{E_r}$ und $N = \overline{N_r}$ sind jedoch durch die Temperatur des Wärmebads und durch das chemische Potenzial des Teilchenreservoirs festgelegt. Daher ist das Maximum von S unter den Nebenbedingungen (23.37) – (23.39) zu bestimmen:

$$S(P_1, P_2, \ldots) - \lambda_1 \sum_r P_r - \lambda_2 \sum_r E_r\, P_r - \lambda_3 \sum_r P_r\, N_r = \text{maximal} \qquad (23.45)$$

Aus $\partial S/\partial P_r = 0$ ergeben sich die P_r der großkanonischen Verteilung (Aufgabe 23.2). Die Nebenbedingungen führen zu $\lambda_2 = 1/T$ und $\lambda_3 = -\mu/T$; dann kann (23.45) als $J = E - TS - \mu N =$ minimal geschrieben werden.

Aufgaben

23.1 Entropie für verschiedene Makrozustände

Die Entropie eines beliebigen Makrozustands $\{P_r\}$ ist durch

$$S = -k_{\rm B} \sum P_r \ln P_r$$

gegeben. Setzen Sie hierin die bekannten Wahrscheinlichkeiten P_r des (i) mikrokanonischen, (ii) kanonischen und (iii) großkanonischen Ensembles ein; die äußeren Parameter seien V und N. Verknüpfen Sie das Ergebnis mit den Aussagen

$$S = k_{\rm B} \ln \Omega\,, \qquad F = -k_{\rm B}T \ln Z \quad \text{und} \quad J = -k_{\rm B}T \ln Y$$

23.2 Maximum der Entropie unter Nebenbedingungen

Ein beliebiger Makrozustand $\{P_r\}$ hat die Entropie $S(P_r) = -k_{\rm B} \sum P_r \ln P_r$. Bestimmen Sie die Wahrscheinlichkeiten P_r des großkanonischen Makrozustands aus der Forderung

$$\frac{S(P_r)}{k_{\rm B}} - \lambda_1 \sum_r P_r - \lambda_2 \sum_r E_r\, P_r - \lambda_3 \sum_r P_r\, N_r = \text{maximal} \qquad (23.46)$$

unter den Nebenbedingungen

$$\sum_r P_r = 1\,, \qquad \sum_r E_r\, P_r = E\,, \qquad \sum_r P_r\, N_r = N$$

Welche Änderungen ergeben sich, wenn das kanonische Ensemble betrachtet wird?

24 Klassische Systeme

Die kanonische Zustandssumme wird auf klassische Systeme angewendet. Nach einer Diskussion der Grundlagen behandeln wir als Anwendungen die Maxwellsche Geschwindigkeitsverteilung, die barometrische Höhenformel und den Gleichverteilungssatz.

Grundlagen

Ein klassisches mechanisches System behandelt man, indem man geeignete verallgemeinerte Koordinaten q_i findet und die Lagrangefunktion

$$\mathcal{L} = \mathcal{L}(q_1, \ldots, q_f, \dot{q}_1, \ldots, \dot{q}_f) = \mathcal{L}(q, \dot{q}) \qquad (24.1)$$

aufstellt. Eine mögliche explizite Zeitabhängigkeit wird hier nicht mit angeschrieben. Die Argumente werden mit $q = (q_1, \ldots, q_f)$ und $\dot{q} = (\dot{q}_1, \ldots, \dot{q}_f)$ abgekürzt; dabei ist f die Anzahl der Freiheitsgrade.

Um von der Lagrange- zur Hamiltonfunktion zu kommen (Kapitel 27 in [1]), definiert man die verallgemeinerten Impulse

$$p_i = p_i(q, \dot{q}) = \frac{\partial \mathcal{L}}{\partial \dot{q}_i} \qquad (i = 1, \ldots, f) \qquad (24.2)$$

Diese f Relationen löst man nach den Geschwindigkeiten auf:

$$p_i = p_i(q, \dot{q}) \quad \longrightarrow \quad \dot{q}_k = \dot{q}_k(q, p) \qquad (24.3)$$

Die Funktionen $\dot{q}_i(q, p)$ werden auf der rechten Seite von

$$H = H(q, p) = \sum_{i=1}^{f} \frac{\partial \mathcal{L}(q, \dot{q})}{\partial \dot{q}_i}\, \dot{q}_i - \mathcal{L}(q, \dot{q}) \qquad (24.4)$$

eingesetzt. Dadurch erhält man die Hamiltonfunktion $H(q, p)$, die eine Funktion der Variablen $q_1, \ldots, q_f, p_1, \ldots, p_f$ und gegebenenfalls der Zeit ist. Die Hamiltonfunktion bestimmt die kanonischen Bewegungsgleichungen, die gleichwertig zu den Lagrangegleichungen sind. In der statistischen Physik sind wir an den Bewegungsgleichungen selbst nicht interessiert. Wir benötigen lediglich die Verteilung der Energiewerte der Mikrozustände. Hierfür ist die Hamiltonfunktion der geeignete Ausgangspunkt.

Der Mikrozustand des klassischen Systems wird durch

$$r = (q, p) = (q_1, \ldots, q_f, p_1, \ldots, p_f) \tag{24.5}$$

festgelegt. Die Hamiltonfunktion sei gleich der Energie, so dass

$$E_r = H(q, p) = H(q_1, \ldots, q_f, p_1, \ldots, p_f) \tag{24.6}$$

Wie in Kapitel 5 diskutiert, nimmt ein quantenmechanischer Zustand ein Volumen $(2\pi\hbar)^f$ im $2f$-dimensionalen Phasenraum ein. Im klassischen Grenzfall sind diese Volumina sehr klein verglichen mit dem jeweils zugänglichen Phasenraumvolumen. Die Summation über die Mikrozustände (24.5) kann daher durch Integrale ersetzt werden:

$$\sum_r \ldots = \frac{1}{(2\pi\hbar)^f} \int dq_1 \ldots \int dq_f \int dp_1 \ldots \int dp_f \ldots \tag{24.7}$$

Die Integration läuft über alle möglichen Werte der Koordinaten und Impulse. Da der Vorfaktor eine Anleihe aus der Quantenmechanik ist, könnte man diese Behandlung auch halbklassisch nennen. Die thermodynamischen Größen hängen aber nicht vom Vorfaktor ab.

Die Wahrscheinlichkeit P_r für den Zustand r im kanonischen Ensemble ist

$$P_r = \frac{1}{Z} \exp(-\beta E_r) = \frac{1}{Z} \exp\left[-\beta H(q, p)\right] \tag{24.8}$$

Die Zustandssumme $Z = \sum_r \exp(-\beta E_r)$ lautet dann

$$\boxed{Z = \frac{1}{(2\pi\hbar)^f} \int dq_1 \ldots \int dq_f \int dp_1 \ldots \int dp_f \, \exp\left[-\beta H(q, p)\right]} \tag{24.9}$$

Eine beliebige klassische Größe A des Systems hat im Zustand r den Wert $A_r = A(q, p)$; ein Beispiel für eine solche Größe ist die Energie $A_r = E_r = H(q, p)$. Der Gleichgewichtswert von A ist gleich dem Mittelwert $\overline{A} = \sum_r A_r P_r$, also

$$\overline{A} = \frac{1}{(2\pi\hbar)^f} \int dq_1 \ldots \int dq_f \int dp_1 \ldots \int dp_f \, A(q, p) \, \frac{\exp\left[-\beta H(q, p)\right]}{Z} \tag{24.10}$$

Daraus folgt die Interpretation

$$\frac{\exp[-\beta H(q, p)]}{(2\pi\hbar)^f Z} \, d^f q \, d^f p = \left\{ \begin{array}{l} \text{Wahrscheinlichkeit, das System} \\ \text{in den Bereichen } q_i \text{ bis } q_i + dq_i \\ \text{und } p_j \text{ bis } p_j + dp_j \text{ vorzufinden} \end{array} \right. \tag{24.11}$$

Die linke Seite ohne die Volumina $d^f q$ und $d^f p$ ist die zugehörige *Wahrscheinlichkeitsdichte*.

Ein Teilchen

Wir betrachten ein einzelnes Teilchen, also die Mikrozustände

$$r = (\boldsymbol{r}, \boldsymbol{p}) = (x, y, z, p_x, p_y, p_z) \tag{24.12}$$

Hierfür bezeichnen wir die Zustandssumme und die Hamiltonfunktion mit kleinen Buchstaben:

$$z = \frac{1}{(2\pi\hbar)^3} \int d^3r \int d^3p \, \exp\left[-\beta\, h(\boldsymbol{r}, \boldsymbol{p})\right] \tag{24.13}$$

Der Mittelwert einer physikalischen Größe a des Teilchens ist

$$\overline{a} = \frac{1}{(2\pi\hbar)^3} \int d^3r \int d^3p \; a(\boldsymbol{r}, \boldsymbol{p}) \; \frac{\exp\left[-\beta\, h(\boldsymbol{r}, \boldsymbol{p})\right]}{z} \tag{24.14}$$

Daraus folgt die Interpretation

$$\frac{\exp\left[-\beta\, h(\boldsymbol{r}, \boldsymbol{p})\right]}{(2\pi\hbar)^3\, z}\, d^3r\, d^3p = \left\{ \begin{array}{l} \text{Wahrscheinlichkeit, das Teilchen im} \\ \text{Volumen } d^3r \text{ bei } \boldsymbol{r} \text{ mit einem Impuls} \\ \text{im Bereich } d^3p \text{ bei } \boldsymbol{p} \text{ zu finden} \end{array} \right. \tag{24.15}$$

Die linke Seite ohne die Volumina d^3r und d^3p ist die zugehörige Wahrscheinlichkeitsdichte.

Das Teilchen sei nun auf ein Volumen V begrenzt, wie dies etwa für ein Teilchen in einem Gaskasten gilt. Diese Begrenzung kann durch entsprechende Integralgrenzen in $\int d^3r$ berücksichtigt werden. Alternativ dazu kann man auch in der Hamiltonfunktion ein Wandpotenzial

$$U(\boldsymbol{r}) = \left\{ \begin{array}{ll} 0 & \boldsymbol{r} \in V \\ \infty & \boldsymbol{r} \notin V \end{array} \right. \tag{24.16}$$

einführen. Dann tritt im Integranden in (24.13) und (24.14) der Faktor

$$\exp\left[-\beta\, U(\boldsymbol{r})\right] = \left\{ \begin{array}{ll} 1 & \boldsymbol{r} \in V \\ 0 & \boldsymbol{r} \notin V \end{array} \right. \tag{24.17}$$

auf, der die Ortsintegration auf V beschränkt.

Maxwellsche Geschwindigkeitsverteilung

Wir berechnen die Zustandssumme z für ein Teilchen, das sich im Volumen V frei bewegt. Die Hamiltonfunktion ist

$$h(\boldsymbol{r}, \boldsymbol{p}) = \frac{\boldsymbol{p}^2}{2m} + U(\boldsymbol{r}) \tag{24.18}$$

Für $U(\boldsymbol{r})$ aus (24.16) werten wir (24.13) aus:

$$\begin{aligned} z &= \frac{1}{(2\pi\hbar)^3}\int d^3r\ \exp\left[-\beta\, U(\boldsymbol{r})\right]\int d^3p\ \exp(-\beta\,\boldsymbol{p}^2/2m) \\ &= \frac{V}{(2\pi\hbar)^3}\int d^3p\,\exp\left(-\frac{p^2}{2mk_\mathrm{B}T}\right) = \frac{V\,(2mk_\mathrm{B}T)^{3/2}}{(2\pi\hbar)^3}\,4\pi\int_0^\infty dx\,x^2\exp\left(-x^2\right) \\ &= \frac{V\,(2\pi m k_\mathrm{B}T)^{3/2}}{(2\pi\hbar)^3} = \frac{V}{\lambda^3} \end{aligned} \tag{24.19}$$

Die Ortsintegration ergibt wegen (24.17) den Faktor V. Für die Impulsintegration haben wir durch $x^2 = p^2/(2mk_\mathrm{B}T)$ die dimensionslose Integrationsvariable x eingeführt; außerdem wurde $d^3p = 4\pi\,p^2\,dp$ verwendet. Das Ergebnis kann durch die Länge

$$\boxed{\lambda = \frac{2\pi\hbar}{\sqrt{2\pi m k_\mathrm{B}T}} \qquad \text{thermische Wellenlänge}} \tag{24.20}$$

ausgedrückt werden. Dies ist die quantenmechanische Wellenlänge eines Teilchens mit der kinetischen Energie $\boldsymbol{p}^2/2m = \pi\,k_\mathrm{B}T$.

Wir berechnen den Mittelwert einer Größe $a_r = a(\boldsymbol{p})$, die nur vom Impuls abhängt:

$$\overline{a} = \frac{V}{(2\pi\hbar)^3\,z}\int d^3p\ a(\boldsymbol{p})\ \exp\left(-\frac{p^2}{2m\,k_\mathrm{B}T}\right) \tag{24.21}$$

Daraus ergibt sich die Interpretation

$$\frac{V}{(2\pi\hbar)^3\,z}\ \exp\left(-\frac{p^2}{2m\,k_\mathrm{B}T}\right)d^3p = \left\{\begin{array}{l}\text{Wahrscheinlichkeit, dass}\\ \text{das Teilchen einen Impuls}\\ \text{im Bereich } d^3p \text{ bei } \boldsymbol{p} \text{ hat}\end{array}\right. \tag{24.22}$$

Da die Wahrscheinlichkeitsdichte nur von $p^2 = \boldsymbol{p}^2$ abhängt, können wir hier d^3p durch $4\pi\,p^2\,dp$ ersetzen. Außerdem führen wir anstelle des Impulses $\boldsymbol{p} = m\,\boldsymbol{v}$ die Geschwindigkeit $\boldsymbol{v}$ ein:

$$\frac{4\pi\,m^3\,V}{(2\pi\hbar)^3\,z}\ \exp\left(-\frac{m\,v^2}{2k_\mathrm{B}T}\right)v^2\,dv = \left\{\begin{array}{l}\text{Wahrscheinlichkeit, dass der}\\ \text{Betrag der Geschwindigkeit}\\ \text{zwischen } v \text{ und } v+dv \text{ liegt}\end{array}\right. \tag{24.23}$$

Wir schreiben die linke Seite als $f(v)\,dv$ und setzen $z = V/\lambda^3$ ein:

$$\boxed{f(v) = 4\pi\left(\frac{m}{2\pi\,k_\mathrm{B}T}\right)^{3/2} v^2\ \exp\left(-\frac{m\,v^2}{2k_\mathrm{B}T}\right) \qquad \text{Maxwellverteilung}} \tag{24.24}$$

Diese Verteilung $f(v)$ heißt *Maxwellsche Geschwindigkeitsverteilung*; sie ist in Abbildung 24.1 skizziert. Wie zu erwarten, ist dieses klassische Ergebnis unabhängig von $\hbar$. Die Maxwellverteilung ist normiert:

$$\int_0^\infty dv\ f(v) = 1 \tag{24.25}$$

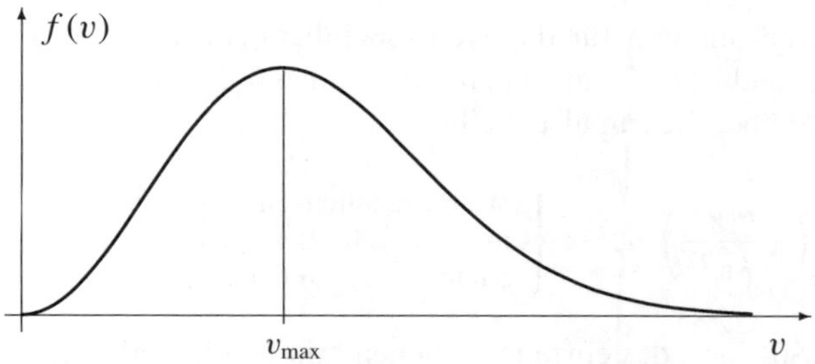

Abbildung 24.1 Maxwellsche Geschwindigkeitsverteilung. Für die Luft im Hörsaal liegt das Maximum der Verteilung bei $v_{\rm max} \approx 400\,\rm m/s$.

Damit ist $f(v)\,dv$ die Wahrscheinlichkeit, den Betrag v der Geschwindigkeit im Intervall $[v,\, v + dv]$ zu finden. Für kleine Geschwindigkeiten steigt $f(v)$ zunächst an, weil das Phasenraumvolumen in einem Intervall dv proportional zu v^2 ist. Für große Werte von v nimmt $f(v)$ dagegen exponentiell ab; dies beruht auf dem Boltzmannfaktor $\exp(-\varepsilon/k_{\rm B}T)$ der kanonischen Verteilung.

Das Maximum der Maxwellverteilung folgt aus $df/dv = 0$ zu

$$v_{\rm max} = \sqrt{\frac{2k_{\rm B}T}{m}} \stackrel{\rm Luft}{\approx} 400\ \frac{\rm m}{\rm s} \tag{24.26}$$

Für Luft bei Zimmertemperatur wurde $m \approx 30\ {\rm GeV/c^2}$ (für O_2- oder N_2-Moleküle), $k_{\rm B}T \approx {\rm eV}/40$ und $c = 3 \cdot 10^8$ m/s eingesetzt.

Wenn wir sehr viele Teilchen betrachten, dann kann die Wahrscheinlichkeitsdichte $f(v)$ auch als Teilchendichte interpretiert werden:

$$F(v)\,dv = N\,f(v)\,dv = \left\{ \begin{array}{l} \text{Anzahl der Teilchen mit} \\ \text{einer Geschwindigkeit} \\ \text{zwischen } v \text{ und } v + dv \end{array} \right. \tag{24.27}$$

Hierfür müssen N und dv so groß sein, dass $F(v)\,dv \gg 1$.

Barometrische Höhenformel

Für ein klassisches Teilchen im Schwerefeld $u(\boldsymbol{r}) = mgz$ lautet die Hamiltonfunktion

$$h(\boldsymbol{r},\, \boldsymbol{p}) = \frac{p^2}{2m} + mgz \tag{24.28}$$

Wir wollen dies auf ein Molekül in der Atmosphäre anwenden. Die Koordinate z ist die Höhe über dem Erdboden. Alle anderen Luftmoleküle stellen ein Wärmebad für das herausgegriffene Molekül dar. Für dieses Wärmebad nehmen wir eine bestimmte (orts- und zeitunabhängige) Temperatur T an. Nach (24.15) gilt

$$\exp\left(-\,\frac{p^2/2m + mgz}{k_{\rm B}T}\right) d^3r\ d^3p \propto \left\{ \begin{array}{l} \text{Wahrscheinlichkeit, das} \\ \text{Teilchen im Volumen } d^3r \\ \text{bei } \boldsymbol{r} \text{ und mit einem Impuls} \\ \text{in } d^3p \text{ bei } \boldsymbol{p} \text{ zu finden} \end{array} \right. \tag{24.29}$$

Wir interessieren uns nun für die Wahrscheinlichkeit, das Teilchen in einer Höhe zwischen z und $z + dz$ zu finden. Nach einer Integration über die x- und y-Koordinate und über die Impulse bleibt

$$\exp\left(-\frac{mgz}{k_\mathrm{B}T}\right) dz \propto \left\{ \begin{array}{l} \text{Wahrscheinlichkeit, das Teilchen} \\ \text{in einer Höhe zwischen} \\ z \text{ und } z + dz \text{ zu finden} \end{array} \right. \tag{24.30}$$

übrig. Da (24.30) für jedes einzelne Teilchen gilt, ist die Teilchendichte $n = N/V$ proportional zu dieser Wahrscheinlichkeitsdichte, also

$$n(z) = n(0)\ \exp\left(-\frac{mgz}{k_\mathrm{B}T}\right) \tag{24.31}$$

Die Proportionalitätskonstante $n(0)$ ist die Teilchendichte in der Höhe null. Mit dem idealen Gasgesetz $n = N/V = P/k_\mathrm{B}T$ wird hieraus die barometrische Höhenformel für den Druck:

$$P(z) = P(0)\ \exp\left(-\frac{mgz}{k_\mathrm{B}T}\right) \tag{24.32}$$

Für die Atmosphäre ist dies allerdings nur eine grobe Näherung, weil die Voraussetzung einer konstanten Temperatur (also eines Gleichgewichts gegenüber Wärmeaustausch) unrealistisch ist. Realistischer ist die Annahme eines Gleichgewichts gegenüber Volumenaustausch (Aufgabe 24.7).

Die Anwendungen „Maxwellsche Geschwindigkeitsverteilung" und „barometrische Höhenformel" zeigen einen wesentlichen Vorteil der kanonischen Verteilung gegenüber der mikrokanonischen: Das kanonische Ensemble entspricht für mikroskopische Systeme wie ein einzelnes Teilchen häufig den physikalischen Bedingungen. Die mikrokanonische Verteilung ist dagegen in den betrachteten Fällen für das eine herausgegriffene Teilchen nicht anwendbar, da dieses Teilchen kein abgeschlossenes System darstellt.

Gleichverteilungssatz

Wir betrachten jetzt wieder eine allgemeine Hamiltonfunktion

$$H(p, q) = H(q_1, \ldots, q_f, p_1, \ldots, p_f) \tag{24.33}$$

und berechnen folgenden Mittelwert:

$$\begin{aligned} \overline{p_i \frac{\partial H}{\partial p_i}} &= \frac{1}{Z\,(2\pi\hbar)^f} \int dq_1 \ldots \int dq_f \int dp_1 \ldots \int dp_f\ p_i\, \frac{\partial H}{\partial p_i}\, \exp\left[-\beta H\right] \\ &= \frac{-k_\mathrm{B}T}{Z\,(2\pi\hbar)^f} \int dq_1 \ldots \int dq_f \int dp_1 \ldots \int dp_f\ p_i\, \frac{\partial \exp\left[-\beta H(q, p)\right]}{\partial p_i} \end{aligned} \tag{24.34}$$

Wir nehmen an, dass am Rand des Integrationsbereichs von p_i gilt

$$\big(p_i \exp\left[-\beta\, H(q,p)\right]\big)_{p_i\,=\,\pm\infty} = 0 \tag{24.35}$$

Dann können wir (24.34) durch partielle Integration bezüglich p_i auswerten:

$$\overline{p_i\,\frac{\partial H}{\partial p_i}} = \frac{k_\mathrm{B}T}{Z\,(2\pi\hbar)^f}\int dq_1\ldots\int dq_f \int dp_1\ldots\int dp_f\;\exp\big[-\,\beta H(q,p)\big] = k_\mathrm{B}T \tag{24.36}$$

Die gleiche Überlegung lässt sich auch für eine Koordinate q_i anstellen, wenn der Randterm verschwindet, also

$$\Big(q_i \exp\big[\,-\,\beta\, H(q,p)\big]\Big)_{\text{Rand der } q_i\text{-Integration}} = 0 \tag{24.37}$$

Die Grenzen des Integrationsbereichs hängen von der Bedeutung der verallgemeinerten Koordinate ab.

Unter den Voraussetzungen (24.35) und (24.37) erhalten wir die Mittelwerte

$$\overline{p_i\,\frac{\partial H}{\partial p_i}} = k_\mathrm{B}T\,, \qquad \overline{q_i\,\frac{\partial H}{\partial q_i}} = k_\mathrm{B}T \tag{24.38}$$

Diese Aussage wird *Gleichverteilungssatz* genannt. Wir werten sie unter spezielleren Annahmen aus. Der Hamiltonoperator sei von der Form $H = \sum_i (p_i^2/2m + m\,\omega^2 q_j^2/2)$. Dann gilt

$$\overline{p_i\,\frac{\partial H}{\partial p_i}} = \frac{\overline{p_i^2}}{m}\,, \qquad \big[p_i \exp(-\beta\, p_i^2/2m)\big]_{p_i\,=\,\pm\infty} = 0 \tag{24.39}$$

$$\overline{q_j\,\frac{\partial H}{\partial q_j}} = \overline{m\,\omega^2 q_j^2}\,, \qquad \big[q_j \exp(-\beta m\,\omega^2 q_j^2/2)\big]_{q_j\,=\,\pm\infty} = 0 \tag{24.40}$$

und

$$\frac{\overline{p_i^2}}{2m} = \frac{k_\mathrm{B}T}{2}\,, \qquad \frac{\overline{m\,\omega^2 q_j^2}}{2} = \frac{k_\mathrm{B}T}{2} \tag{24.41}$$

Wir formulieren dieses Ergebnis etwas allgemeiner so:

- *Jede Variable, die quadratisch in die Hamiltonfunktion eingeht, liefert einen Beitrag $k_\mathrm{B}T/2$ zur mittleren Energie.*

Dabei wird vorausgesetzt, dass der quadratische Term in H positiv ist. Die Bezeichnung „Gleichverteilungssatz“ wird sowohl für (24.38) wie für diese speziellere Aussage verwendet. Wir diskutieren im Folgenden einige Anwendungen des Gleichverteilungssatzes.

Einatomiges ideales Gas

Unter den allgemeinen Voraussetzungen, die zu Beginn von Kapitel 6 diskutiert wurden, ist der Hamiltonoperator des einatomigen idealen Gases durch

$$H = \sum_{\nu=1}^{N} \frac{\boldsymbol{p}_\nu^{\,2}}{2m} = \sum_{k=1}^{3N} \frac{p_k^{\,2}}{2m} \tag{24.42}$$

gegeben. Aus dem Gleichverteilungssatz folgt hierfür

$$\overline{H} = \frac{3}{2}\, N k_{\mathrm{B}} T = E(T) \tag{24.43}$$

Dies ist die kalorische Zustandsgleichung des einatomigen idealen Gases.

Die verallgemeinerten Koordinaten q_k des Systems (24.42) sind die $3N$ kartesischen Koordinaten. Da H von ihnen unabhängig ist, gilt

$$\overline{q_k \frac{\partial H}{\partial q_k}} = 0 \quad \text{wegen} \quad \frac{\partial H}{\partial q_k} = 0 \tag{24.44}$$

Diese Koordinaten liefern also keinen Beitrag zur Energie $E = \overline{H}$. Dies steht nicht im Widerspruch zum rechten Teil von (24.38), weil die Voraussetzung (24.37) hierfür nicht erfüllt ist.

Die Randterme (24.37) könnten mit Hilfe eines Wandpotenzials (24.16) genauer untersucht werden. Bei Folgerungen, die aus dem Gleichverteilungssatz gezogen werden, ist dem Beitrag des Wandpotenzials besondere Aufmerksamkeit zu schenken. Für auftretende Paradoxa und ihre Auflösung sei auf einen Artikel von Thirring, Z. Physik 235 (1970) 339 verwiesen. Wir beschränken uns auf unproblematische Anwendungen.

Zweiatomiges ideales Gas

Wir betrachten ein ideales Gas aus zweiatomigen Molekülen. Dabei bedeutet *ideal*, dass die Wechselwirkung zwischen den Molekülen vernachlässigt wird. Die Hamiltonfunktion

$$H = \sum_{\nu=1}^{N} h(\nu) \tag{24.45}$$

ist dann eine Summe der Hamiltonfunktionen $h(\nu)$ der einzelnen Moleküle. In $h(\nu)$ steht ν für die Koordinaten und Impulse des ν-ten Moleküls. Die möglichen Bewegungsformen eines einzelnen Moleküls sind:

1. Translationen: Die Translation des Moleküls wird durch seine Schwerpunktkoordinaten x, y und z beschrieben. Der Trägheitsparameter ist die Gesamtmasse M des Moleküls.

2. Rotationen: Die Orientierung der Verbindungsachse wird durch die üblichen Winkel θ und ϕ festgelegt. Diese Winkel sind verallgemeinerte Koordinaten, die die Rotation um die beiden zur Verbindungslinie senkrechten Achsen beschreiben. Das zugehörige Trägheitsmoment sei Θ.

3. Vibrationen: Der Gleichgewichtsabstand der beiden Atome sei R_0. Auslenkungen aus der Gleichgewichtslage führen zu Schwingungen, die durch die Koordinate $\xi(t) = R(t) - R_0$ beschrieben werden. Der Trägheitsparameter ist die reduzierte Masse m_r. Für kleine Auslenkungen erwarten wir harmonische Schwingungen.

Wir nehmen an, dass sich das Trägheitsmoment bei den betrachteten Vibrationen nur wenig ändert, $\Theta \approx$ const.; damit vernachlässigen wir eine mögliche Rotations-Vibrationskopplung. Unter diesen Vereinfachungen lautet die Lagrangefunktion für ein einzelnes Molekül:

$$\mathcal{L} = \frac{M}{2}\left(\dot{x}^2 + \dot{y}^2 + \dot{z}^2\right) + \frac{\Theta}{2}\left(\sin^2\theta\,\dot{\phi}^2 + \dot{\theta}^2\right) + \frac{m_\mathrm{r}}{2}\left(\dot{\xi}^2 - \omega^2\xi^2\right) \tag{24.46}$$

Daraus folgt die Hamiltonfunktion

$$h = \frac{1}{2M}\left(p_x^2 + p_y^2 + p_z^2\right) + \frac{1}{2\Theta}\left(\frac{p_\phi^2}{\sin^2\theta} + p_\theta^2\right) + \left(\frac{p_\xi^2}{2m_\mathrm{r}} + \frac{m_\mathrm{r}\,\omega^2\xi^2}{2}\right) \tag{24.47}$$

Wir wenden den Gleichverteilungssatz auf die Variablen $p_x, p_y, p_z, p_\phi, p_\theta, p_\xi$ und ξ an, die alle quadratisch auftreten. Der Faktor $1/\sin^2\theta$ im Term mit p_ϕ stört nicht, denn auch dieser Term ist gleich $p_\phi\,(\partial H/\partial p_\phi)/2$. Jede der quadratisch auftretenden Variablen in h führt damit im Mittel zur Energie $k_\mathrm{B}T/2$, also

$$\overline{h} = \frac{7}{2}\,k_\mathrm{B}T\,, \qquad \overline{H} = N\,\overline{h} = \frac{7}{2}\,Nk_\mathrm{B}T = E(T) \tag{24.48}$$

Daraus folgt die spezifische Wärme pro Teilchen

$$c_V = \frac{7}{2}\,k_\mathrm{B} \qquad \text{(klassisches zweiatomiges ideales Gas)} \tag{24.49}$$

Reale zweiatomige Gase weichen hiervon mehr oder weniger stark ab. Dies liegt zum einen an der Wechselwirkung zwischen den Molekülen. Zum anderen sind die möglichen Rotations- und Vibrationsenergien quantisiert; sie werden daher nur bei hinreichend hohen Temperaturen angeregt (Kapitel 27).

Brownsche Bewegung

Brownsche Teilchen sind unter dem Mikroskop sichtbare Partikel, die auf der Oberfläche einer Flüssigkeit schwimmen. Sie sind so klein, dass die statistischen Stöße der Flüssigkeitsteilchen zu einer sichtbaren, unregelmäßigen Bewegung führen, also zu einem zweidimensionalen random walk. Die Brownsche Bewegung ist eine direkte Evidenz dafür, dass Wärme die ungeordnete Bewegung der Atome ist.

Das Brownsche Teilchen (Masse m) kann durch ein kanonisches Ensemble mit der Temperatur T beschrieben werden. Die Oberfläche der Flüssigkeit sei die x-y-Ebene. Nach dem Gleichverteilungssatz hat das Brownsche Teilchen dann die mittlere kinetische Energie

$$\frac{m}{2}\,\overline{v^2} = \frac{m}{2}\left(\overline{v_x^2} + \overline{v_y^2}\right) = k_\mathrm{B} T \qquad (24.50)$$

Die ersten Beobachtungen der Brownschen Bewegung wurden von Leuwenhock 1673 und Brown 1828 berichtet. Frühe Deutungsversuche erklärten die Brownsche Bewegung durch Tiere, Lichteinwirkung und Temperaturströmungen.

Aufgaben

24.1 Wärmekapazität im Zweiniveausystem

Ein System besteht aus N unabhängigen, unterscheidbaren Teilchen, die sich in zwei Energiezuständen $\varepsilon_1 = 0$ und $\varepsilon_2 = \varepsilon > 0$ befinden können. Berechnen Sie die Zustandssumme $Z(T, N)$. Wie groß ist bei gegebener Temperatur die mittlere Teilchenzahl im oberen Niveau? Skizzieren Sie die spezifische Wärme des Systems.

*24.2 Wärmekapazität für **N** Teilchen im Oszillator*

Der Hamiltonoperator

$$H = \sum_{\nu=1}^{N} \left[\frac{\boldsymbol{p}_\nu^{\,2}}{2m} + \frac{m\,\omega^2}{2}\, \boldsymbol{r}_\nu^{\,2} \right]$$

beschreibt N unabhängige unterscheidbare Teilchen im harmonischen Oszillator. Die Teilchen haben Kontakt mit einem Wärmebad der Temperatur T. Berechnen Sie die Zustandssumme $Z(T, N)$ und die Energie $E(T, N)$ des Systems. Wie verhält sich die Wärmekapazität $C(T, N)$ für kleine und große Temperaturen?

24.3 Geschwindigkeitsverteilung für $\boldsymbol{v}_x$

Geben Sie die Wahrscheinlichkeitsverteilung für die x-Komponente der Geschwindigkeit eines freien Teilchens bei gegebener Temperatur an. Skizzieren Sie diese Verteilung und vergleichen Sie sie mit der Maxwellverteilung. Berechnen Sie den Mittelwert $\overline{v_x^2}$ und bestimmen Sie daraus $\overline{\boldsymbol{v}^2}$.

24.4 Verschiedene Mittelwerte für Maxwellverteilung

Zeigen Sie für die Maxwellverteilung

$$\overline{v} = \sqrt{\frac{8}{\pi}\,\frac{k_\mathrm{B}T}{m}} \qquad \text{und} \qquad \overline{v^2} = \frac{3\,k_\mathrm{B}T}{m} \tag{24.51}$$

Geben Sie die absoluten Werte für Luft bei Zimmertemperatur ($k_\mathrm{B}T \approx \mathrm{eV}/40$) an. Vergleichen Sie die Ergebnisse mit dem Maximum v_max der Maxwellverteilung.

24.5 Verteilung der Relativgeschwindigkeiten

Die Geschwindigkeiten der Teilchen eines Gases sind isotrop verteilt und genügen der Maxwellverteilung

$$f(v_i) = 4\pi\,(\alpha/\pi)^{3/2}\, v_i^2 \exp\left(-\alpha\, v_i^2\right) \qquad \text{mit} \qquad \alpha = \frac{m}{2\,k_\mathrm{B}T} \tag{24.52}$$

Für zwei herausgegriffene Teilchen ($i = 1, 2$) definieren wir die Schwerpunkt- und die Relativgeschwindigkeit:

$$\boldsymbol{V} = \frac{\boldsymbol{v}_1 + \boldsymbol{v}_2}{2} \qquad \text{und} \qquad \boldsymbol{v} = \boldsymbol{v}_1 - \boldsymbol{v}_2 \tag{24.53}$$

Berechnen Sie die zu (24.52) analoge Verteilung $F(v)$ für die Relativgeschwindigkeiten. Vergleichen Sie $F(v)$ mit $f(v)$.

24.6 Isotopentrennung

In einem Behälter mit dem Volumen V und der konstanten Temperatur T befinden sich zwei Sorten von idealen Gasmolekülen, A und B. Die Moleküle haben unterschiedliche Massen, $m_\mathrm{A} > m_\mathrm{B}$. Durch poröse Wände können Moleküle den Behälter verlassen. Die einzelnen Poren sind groß gegenüber den Molekülabmessungen; ihre Gesamtfläche a ist jedoch klein gegenüber der Fläche der Behälterwände. Berechnen Sie das Konzentrationsverhältnis $c_\mathrm{A}(t)/c_\mathrm{B}(t)$ der Moleküle im Behälter als Funktion der Zeit.

24.7 Konvektives Gleichgewicht

Wind oder Konvektion bedeutet den Austausch von Volumenelementen. Als Modell der Atmosphäre kann man ein Gleichgewicht gegenüber dem adiabatischen quasistatischen Austausch von Luft annehmen. Dann gilt $dS = đQ_\mathrm{q.s.}/T = 0$, und die Entropiedichte $s(\boldsymbol{r})$ hängt nicht vom Ort ab:

$$s(\boldsymbol{r}) = \mathrm{const.}$$

Außerdem kompensiert der Druckgradient $dP/dz = -\varrho g = -m\,g/v$ im Gleichgewicht die Schwerkraft; dabei ist ϱ die Massendichte der Luft, m die Masse eines Luftmoleküls, $\boldsymbol{g} = -g\,\boldsymbol{e}_z$ die Erdbeschleunigung und $v = V/N$. Für die Luft kann das ideale Gasgesetz $v = k_\mathrm{B}T/P$ und $c_P \approx 7k_\mathrm{B}/2$ verwendet werden.

Berechnen Sie die Temperaturverteilung $T(z)$. Welcher Temperaturabfall ergibt sich in einer Höhe von 1 km? Vergleichen Sie den Druckabfall für $\Delta z = 1\,\mathrm{km}$ mit dem der barometrischen Höhenformel.

24.8 Energieschwankung im idealen Gas

In makroskopischen Systemen liegen die Mikrozustände so dicht, dass Mittelwerte als Integrale ausgewertet werden können:

$$\overline{A} = \sum_r A_r\,P_r = \frac{1}{Z}\sum_r A_r\,\exp(-\beta\,E_r) = \int_0^\infty dE\;A(E)\;\omega(E)\;\exp(-\beta\,E)$$

Hierbei ist $\omega(E)$ die Dichte der Zustände. Für ein ideales Gas gilt $\omega(E) \propto E^{3N/2}$. Bestimmen Sie für diesen Fall die Schwankung ΔE der Energie. Entwickeln Sie dazu den Logarithmus von $\omega(E)\,\exp(-\beta\,E)$ bis zur 2. Ordnung um das Maximum herum.

25 Einatomiges ideales Gas

Am Beispiel des einatomigen idealen Gases demonstrieren wir, dass für ein makroskopisches System jedes der eingeführten statistischen Ensembles zu denselben thermodynamischen Relationen führt.

Das grundlegende Postulat besagt, dass der Gleichgewichtszustand eines abgeschlossenen Systems durch das mikrokanonische Ensemble (P_r = const.) repräsentiert wird. Dies war der plausible Ausgangspunkt unserer Betrachtungen in Teil II; daher spielte die mikrokanonische Zustandssumme Ω hier die zentrale Rolle. Für spezielle Systeme (Teil V) sind die kanonische oder die großkanonische Zustandssumme meist einfacher auszuwerten; in Teil V werden daher Z oder Y verwendet. Speziell für das einatomige ideale Gas geben wir in diesem Kapitel alle Zustandssummen an, also Ω, Z und Y.

Der Hamiltonoperator des idealen einatomigen Gases aus N Teilchen wurde in (6.2) angegeben. Wir gehen von der zugehörigen Hamiltonfunktion aus:

$$H = \sum_{\nu=1}^{N} \left(\frac{\boldsymbol{p}_\nu^2}{2m} + U(\boldsymbol{r}_\nu) \right) = \sum_{\nu=1}^{N} h(\nu) \tag{25.1}$$

Dabei ist $U(\boldsymbol{r})$ das Wandpotenzial (24.16). Im Argument von h steht ν für die Orte $\boldsymbol{r}_\nu$ und die Impulse $\boldsymbol{p}_\nu$.

Für alle realen Gase können quantenmechanische Effekte vernachlässigt werden, siehe (6.8) – (6.10) und Kapitel 30. Wir beschränken uns daher auf die klassische Auswertung der Zustandssummen. Die klassischen Mikrozustände des idealen Gases sind durch

$$r = (\boldsymbol{r}_1, ..., \boldsymbol{r}_N, \boldsymbol{p}_1, ..., \boldsymbol{p}_N) = (x_1, ..., x_{3N}, p_1, ..., p_{3N}) \tag{25.2}$$

gegeben. Wir bezeichnen die kartesischen Koordinaten mit x_k und die zugehörigen Impulse mit p_k. Die Energie des Zustands r ist

$$E_r = H(x, p) = \sum_{\nu=1}^{N} \frac{\boldsymbol{p}_\nu^2}{2m} = \sum_{k=1}^{3N} \frac{p_k^2}{2m} \tag{25.3}$$

Für die Summe über r gehen wir von (24.7) aus. Dabei ergibt jede Ortsintegration einen Faktor V. Für Z und Y folgt dies aus (24.17), für Ω aus der Bedingung, dass über alle zugänglichen Zustände zu summieren ist. Außerdem berücksichtigen wir durch einen Faktor $1/N!$, dass durch Vertauschung der Orte und Impulse beliebiger Teilchen in (25.2) kein neuer Zustand entsteht. Für das ideale Gas aus N ununterscheidbaren Teilchen wird (24.7) daher zu

$$\sum_r \ldots = \frac{1}{N!}\,\frac{V^N}{(2\pi\hbar)^{3N}} \int dp_1 \ldots \int dp_{3N} \;\ldots \tag{25.4}$$

Die gesuchten Zustandssummen Ω, Z und Y erhalten wir, wenn wir (25.3) und (25.4) in die Definitionen (23.4) – (23.6) einsetzen.

Wir beginnen mit der mikrokanonischen Zustandssumme:

$$\Omega(E,V,N) = \sum_{r:\,E-\delta E\,\le\, E_r\,\le\, E} 1 = \frac{1}{N!}\,\frac{V^N}{(2\pi\hbar)^{3N}} \underbrace{\int dp_1 \ldots \int dp_{3N}}_{E-\delta E\,\le\,\sum_i p_i^2/2m\,\le\, E} 1$$

$$= c^N \left(\frac{V}{N}\right)^N \left(\frac{E}{N}\right)^{3N/2} \tag{25.5}$$

Dieses Ergebnis wurde bereits in (6.20) angegeben.

Wir berechnen nun die kanonische Zustandssumme. Für eine Hamiltonfunktion der Form $H = \sum_\nu h(\nu)$ gilt

$$Z(T,V,N) = \frac{1}{N!}\sum_{r_1}\ldots\sum_{r_N} \exp\Big(-\beta\big[h(1)+\ldots+h(N)\big]\Big)$$

$$= \frac{1}{N!}\prod_{\nu=1}^{N}\sum_{r_\nu}\exp\big[-\beta h(\nu)\big] = \frac{1}{N!}\,\big[z(T,V)\big]^N \tag{25.6}$$

Dabei steht $r_\nu = (\boldsymbol{r}_\nu, \boldsymbol{p}_\nu)$ für die Orte und Impulse des ν-ten Teilchens, und z bezeichnet die Zustandssumme eines einzelnen Teilchens. Gleichung (25.6) gilt für jede Hamiltonfunktion (oder Hamiltonoperator) der Form $H = \sum_\nu h(\nu)$. Die Reduktion von Z auf z lässt sich noch etwas allgemeiner formulieren: Immer wenn Teilsysteme voneinander unabhängig sind, reduziert sich die Zustandssumme des Gesamtsystems auf die Zustandssummen der Teilsysteme. Der Faktor $1/N!$ ist einzufügen, wenn es sich um identische Teilchen handelt.

In (24.19) wurde die klassische Zustandssumme z für ein Teilchen bereits berechnet, $z = V/\lambda^3$. Daraus erhalten wir für N Teilchen

$$Z(T,V,N) = \frac{[z(T,V)]^N}{N!} = \frac{1}{N!}\,\frac{V^N}{\lambda^{3N}} \tag{25.7}$$

mit der thermischen Wellenlänge

$$\lambda = \frac{2\pi\hbar}{\sqrt{2\pi m k_B T}} \tag{25.8}$$

Für die großkanonische Zustandssumme verwenden wir (22.30):

$$Y(T,V,\mu)=\sum_{N=0}^{\infty} Z(T,V,N)\,\exp(\beta\mu N)=\sum_{N=0}^{\infty}\frac{1}{N!}\,\frac{V^N}{\lambda^{3N}}\,\exp(\beta\mu N) \qquad (25.9)$$

Wir kürzen $(V/\lambda^3)\,\exp(\beta\mu)$ mit y ab und summieren die Reihe auf:

$$Y(T,V,\mu)=\sum_{N=0}^{\infty}\frac{y^N}{N!}=\exp(y)=\exp\left(\frac{V\,\exp(\beta\mu)}{\lambda^3}\right) \qquad (25.10)$$

Wir stellen die Logarithmen aller Zustandssummen zusammen:

$$\ln\Omega(E,V,N) = N\,\ln\left(\frac{V}{N}\right)+\frac{3N}{2}\ln\left(\frac{E}{N}\right)+N\,\ln c \qquad (25.11)$$

$$\ln Z(T,V,N) = N\,\ln\left(\frac{V}{N\lambda^3}\right)+N \qquad (25.12)$$

$$\ln Y(T,V,\mu) = \frac{V}{\lambda^3}\,\exp(\beta\mu) \qquad (25.13)$$

Jedem dieser Logarithmen ist ein thermodynamisches Potenzial oder die Entropie $S(E,V,N)$ zugeordnet; darin ist jeweils die vollständige thermodynamische Information enthalten (Kapitel 17). Wir geben im Überblick an, wie man aus der zugeordneten Größe die Zustandsgleichungen $P=P(T,V,N)$ und $E=E(T,V,N)$ erhält:

1. Aus der mikrokanonischen Zustandssumme folgt die Entropie $S(E,V,N)=k_B\ln\Omega$. Die partielle Ableitung von S nach E führt zu $T=T(E,V,N)$, was nach $E=E(T,V,N)$ aufgelöst werden kann. Die partielle Ableitung nach V ergibt $P=P(E,V,N)$, worin $E=E(T,V,N)$ eingesetzt wird.

2. Aus der kanonischen Zustandssumme folgt die freie Energie $F(T,V,N)=-k_BT\ln Z$. Die partiellen Ableitungen von F nach T und V führen zu $S=S(T,V,N)$ und $P=P(T,V,N)$. Daraus erhält man auch $E(T,V,N)=F(T,V,N)+TS(T,V,N)$.

3. Aus der großkanonischen Zustandssumme folgt das Potenzial $J(T,V,\mu)=-k_BT\ln Y$. Die partiellen Ableitungen von J nach T, V und μ führen zu $S=S(T,V,\mu)$, $P=P(T,V,\mu)$ und $N=N(T,V,\mu)$. Man löst die letzte Beziehung nach $\mu=\mu(T,V,N)$ auf und setzt sie in die anderen beiden ein; dies ergibt $S(T,V,N)$ und $P(T,V,N)$, und damit auch die Energie $E(T,V,N)=J+TS+\mu N$.

Die gewünschten Größen erhält man teilweise direkter (ohne Umweg über das zugeordnete Potenzial) aus den in Kapitel 23 angegebenen partiellen Ableitungen von $\ln Z$ und $\ln Y$. Diese direkteren Wege werden auch im Folgenden benutzt. In der

Tabelle 25.1 Jedes statistische Ensemble entspricht bestimmten physikalischen Randbedingungen. Aus den Energiewerten $E_r(V, N)$ der Mikrozustände wird die jeweilige Zustandssumme berechnet. Jede Zustandssumme ist einem thermodynamischen Potenzial oder $S(E, V, N)$ zugeordnet. In den unteren beiden Zeilen ist angegeben, wie man daraus die thermische und kalorische Zustandsgleichung erhält. Für das mikrokanonische Ensemble wird $E = E(T, V, N)$ aus $T(E, V, N)$ bestimmt und in $P(E, V, N)$ eingesetzt. Für das großkanonische Ensemble wird $\mu = \mu(T, V, N)$ aus $N(T, V, \mu) = -\partial J/\partial\mu$ bestimmt und in $E(T, V, \mu)$ und $P(T, V, \mu)$ eingesetzt.

Ensemble	mikrokanonisch	kanonisch	großkanonisch
Umgebung des Systems	Abgeschlossenes System	Kontakt mit Wärmebad	Kontakt mit Wärme- und Teilchenreservoir
Zustandssumme	$\Omega(E, V, N)$	$Z(T, V, N)$	$Y(T, V, \mu)$
Zugeordnete Größe	$S(E, V, N) = k_B \ln \Omega$	$F(T, V, N) = -k_B T \ln Z$	$J(T, V, \mu) = -k_B T \ln Y$
Kalorische Zustands-gleichung $E(T, V, N)$	$\dfrac{1}{T(E, V, N)} = \dfrac{\partial S}{\partial E}$	$E(T, V, N) = -\dfrac{\partial \ln Z}{\partial \beta}$	$E(T, V, \mu) = -\dfrac{\partial \ln Y}{\partial \beta} + \mu N$
thermische Zustands-gleichung $P(T, V, N)$	$P(E, V, N) = T\,\dfrac{\partial S}{\partial V}$	$P(T, V, N) = -\dfrac{\partial F}{\partial V}$	$P(T, V, \mu) = -\dfrac{J}{V}$

Tabelle 25.1 sind die Zustandssummen und die Ableitung der kalorischen und der thermischen Zustandsgleichung im Überblick dargestellt.

Die diskutierte Bestimmung der kalorischen und thermischen Zustandsgleichung bezieht sich auf beliebige Systeme. Für das ideale Gas führen wir diese Bestimmung für jede der drei Zustandssummen konkret durch.

Aus der mikrokanonischen Zustandssumme (25.11) erhalten wir:

$$P \overset{(10.16)}{=} \frac{1}{\beta}\,\frac{\partial \ln \Omega}{\partial V} = \frac{N k_{\mathrm{B}} T}{V} \tag{25.14}$$

$$\frac{1}{k_{\mathrm{B}} T} \overset{(10.16)}{=} \frac{\partial \ln \Omega}{\partial E} = \frac{3}{2}\,\frac{N}{E} \tag{25.15}$$

Aus der kanonischen Zustandssumme (25.12) erhalten wir:

$$P \overset{(23.14)}{=} \frac{1}{\beta}\,\frac{\partial \ln Z}{\partial V} = \frac{N k_{\mathrm{B}} T}{V} \tag{25.16}$$

$$E \overset{(23.13)}{=} -\frac{\partial \ln Z}{\partial \beta} = N\,\frac{\partial \ln \lambda^3}{\partial \beta} = \frac{3N}{2}\,\frac{\partial \ln \beta}{\partial \beta} = \frac{3}{2}\,N k_{\mathrm{B}} T \tag{25.17}$$

Dabei haben wir $\lambda = \text{const.} \cdot \beta^{1/2}$ benutzt.

Aus der großkanonischen Zustandssumme (25.13) erhalten wir:

$$N \overset{(23.28)}{=} \frac{1}{\beta}\,\frac{\partial \ln Y(\beta, V, \mu)}{\partial \mu} = \frac{V}{\lambda^3}\,\exp(\beta\mu) = \ln Y \tag{25.18}$$

$$P \overset{(23.27)}{=} \frac{1}{\beta}\,\frac{\partial \ln Y}{\partial V} = k_{\mathrm{B}} T\,\underbrace{\frac{\exp(\beta\mu)}{\lambda^3}}_{=N/V} = \frac{N k_{\mathrm{B}} T}{V} \tag{25.19}$$

$$\begin{aligned} E &\overset{(23.26)}{=} -\frac{\partial \ln Y}{\partial \beta} + \mu N = -\frac{\partial}{\partial \beta}\left(\frac{V}{\lambda^3}\,\exp(\beta\mu)\right) + \mu N \\ &= \frac{3}{2\beta}\,\underbrace{\frac{V}{\lambda^3}\,\exp(\beta\mu)}_{=N} - \mu\,\underbrace{\frac{V}{\lambda^3}\,\exp(\beta\mu)}_{=N} + \mu N = \frac{3}{2}\,N k_{\mathrm{B}} T \end{aligned} \tag{25.20}$$

In den letzten beiden Gleichungen wurde μ mit Hilfe von (25.18) eliminiert.

In diesem Kapitel wurde für das ideale einatomige Gas demonstriert, dass jede Zustandssumme zu denselben thermischen und kalorischen Zustandsgleichungen führt. Dies gilt für beliebige makroskopische Systeme. Die Gründe hierfür wurden in Kapitel 22 angegeben: Wird zum Beispiel die Temperatur anstelle der Energie vorgegeben, so führt dies zu Fluktuationen der Energie. Diese Fluktuationen sind aber für makroskopische Systeme so klein, dass sie im Rahmen der Thermodynamik vernachlässigt werden können. Dies gilt entsprechend für alle anderen makroskopischen Größen.

Zur Ableitung der thermodynamischen Relationen sind die verschiedenen Zustandssummen also gleichwertig. Daher benutzen wir im folgenden Teil V jeweils die Zustandssumme, deren Auswertung besonders einfach ist.

Aufgaben

25.1 Gibbs-Paradoxon

Die kanonische Zustandssumme eines idealen einatomigen Gases ist

$$Z(T, V, N) = \frac{\left[z(T, V)\right]^N}{N!} = \frac{1}{N!}\,\frac{V^N}{\lambda^{3N}}\,, \qquad \lambda = \frac{2\pi\hbar}{\sqrt{2\pi m k_B T}} \tag{25.21}$$

Berechnen Sie damit die Änderung ΔF der freien Energie bei folgendem Prozess: Ein thermisch isoliertes Gasvolumen V wird durch seitliches Einschieben einer Zwischenwand in zwei gleiche Volumina geteilt. Berechnen Sie ΔF alternativ aus thermodynamischen Relationen (betrachten Sie dazu die übertragenen Arbeits- und Wärmemengen).

Lassen Sie den Faktor $1/N!$ im Ausdruck für Z weg; dies ergibt einen anderen Ausdruck F^* für die freie Energie. Bestimmen Sie die Änderung ΔF^* bei dem betrachteten Prozess. Der Widerspruch zwischen diesem statistisch berechneten ΔF^* und dem thermodynamisch berechneten ΔF heißt *Gibbs-Paradoxon*. Der Widerspruch wurde durch das Einfügen des Faktors $1/N!$ aufgelöst, und zwar bevor die Quantenmechanik diesen Faktor begründete (Ununterscheidbarkeit von Teilchen).

V Spezielle Systeme

26 Ideales Spinsystem

Im hier beginnenden Teil V werten wir die kanonische oder die großkanonische Zustandssumme für eine Reihe von Modellsystemen aus. In der Diskussion wird der Bezug zu realen Systemen und beobachtbaren physikalischen Effekten hergestellt.

In diesem Kapitel untersuchen wir ein ideales System aus N Spin-1/2 Teilchen. „Ideal" bedeutet, dass keine Wechselwirkungen zwischen den Teilchen berücksichtigt werden; alle Spins stellen sich unabhängig voneinander im äußeren Magnetfeld ein. Dieses Modell erklärt die Temperaturabhängigkeit des Paramagnetismus.

Wir betrachten Teilchen mit der Masse m, der Ladung q und dem Spin $\boldsymbol{s}$. Solche Teilchen haben ein magnetisches Moment $\boldsymbol{\mu} = \mu\, \boldsymbol{s}$ mit $\mu = g\, q\, \hbar/2mc$, wobei g ein numerischer Faktor der Größe 1 ist. Wir betrachten speziell Elektronen mit $q = -e$ und $g \approx 2$ (Wert für freie Elektronen). Mit $g = 2$ erhalten wir

$$\boldsymbol{\mu} = -2\,\mu_{\rm B}\, \boldsymbol{s}\,, \qquad \mu_{\rm B} = \frac{e\hbar}{2m_{\rm e}c} \tag{26.1}$$

Die Größe $\mu_{\rm B}$ ist das *Bohrsche Magneton*. In einem äußeren Magnetfeld $\boldsymbol{B} = B\,\boldsymbol{e}_z$ ist die Energie eines magnetischen Moments gleich $\varepsilon = -\boldsymbol{\mu}\cdot\boldsymbol{B} = -\mu_z B$. Bezogen auf die Messrichtung (hier die Richtung von $\boldsymbol{B}$) kann die Projektion des Spins die Werte $s_z = \pm 1/2$ annehmen (der Faktor $\hbar$ ist $\mu_{\rm B}$ in enthalten). Daher hat ein Elektron die möglichen Energiewerte

$$\varepsilon = -\boldsymbol{\mu}\cdot\boldsymbol{B} = 2\,\mu_{\rm B} B\, s_z = \pm\,\mu_{\rm B} B \tag{26.2}$$

Wir betrachten im Folgenden nur die Spinfreiheitsgrade eines Systems aus N Elektronen; andere Freiheitsgrade werden nicht berücksichtigt. Dieses Spinsystem kann als Modell für die magnetischen Eigenschaften eines Kristalls dienen, in dem jedes Atom ein ungepaartes Elektron mit verschwindendem Bahndrehimpuls hat.

Der Mikrozustand des Spinsystems aus N Teilchen ist durch

$$r = (s_{z,1},\, s_{z,2},\, \ldots,\, s_{z,N})\,, \qquad s_{z,\nu} = \pm 1/2 \tag{26.3}$$

definiert; der Index $\nu = 1,\ldots, N$ zählt die Teilchen ab. Für ein ideales Spinsystem, also ein System ohne Wechselwirkungen zwischen den Spins, ist die Energie die Summe der Einteilchenenergien (26.2):

$$E_r(B, N) = \sum_{\nu=1}^{N} \varepsilon_\nu = \sum_{\nu=1}^{N} 2\,\mu_\mathrm{B} B\, s_{z,\nu} \tag{26.4}$$

Wir werten die Zustandssumme $Z = \sum_r \exp(-\beta E_r(B, N))$ aus:

$$\begin{aligned} Z(T, B, N) &= \sum_{s_{z,1} = \pm 1/2} \cdots \sum_{s_{z,N} = \pm 1/2} \exp(-\beta\varepsilon_1) \cdot \,\ldots\, \cdot \exp(-\beta\varepsilon_N) \\ &= \Big(\sum_{s_z = \pm 1/2} \exp\big(-\, 2\beta\mu_\mathrm{B} B\, s_z\big)\Big)^N = \big[z(T, B)\big]^N \end{aligned} \tag{26.5}$$

Hier ist $z(T, B)$ die Zustandssumme eines Einzelspins,

$$z(T, B) = \sum_{s_z = \pm 1/2} \exp\big(-\, 2\beta\mu_\mathrm{B} B\, s_z\big) = 2 \cosh\big(\beta\mu_\mathrm{B} B\big) \tag{26.6}$$

Ein Faktor $1/N!$ tritt nicht auf, weil die Spins an Gitterplätzen lokalisiert sind, und daher nicht ohne weiteres ausgetauscht werden können.

Mit den Indizes (+) und (−) bezeichnen wir im Folgenden die parallele und antiparallele Einstellung des magnetischen Moments relativ zur Magnetfeldrichtung. Die zugehörigen Wahrscheinlichkeiten sind im kanonischen Ensemble:

$$P_\pm = \frac{\exp\big(\pm\, \beta\mu_\mathrm{B} B\big)}{2 \cosh\big(\beta\mu_\mathrm{B} B\big)} \tag{26.7}$$

Bei paralleler Einstellung des magnetischen Moments (antiparaller Einstellung des Spins) ist die Energie abgesenkt; daher ist $P_+ \geq 1/2$. Das mittlere magnetische Moment $\overline{\mu}$ eines Teilchens ist

$$\overline{\mu} = -2\mu_\mathrm{B}\overline{s_z} = \mu_\mathrm{B}\big(P_+ - P_-\big) \tag{26.8}$$

Zu jedem äußeren Parameter x_i gehört eine äußere Kraft X_i. Die äußeren Parameter sind die makroskopischen Parameter, von denen die Energiewerte E_r abhängen, also B und N in (26.4). Für das Spinsystem ist N konstant und wird daher im Folgenden nicht im Argument aufgeführt. Uns interessiert die zu B gehörige verallgemeinerte Kraft:

$$X_B \overset{(8.2)}{=} -\overline{\frac{\partial E_r}{\partial B}} = -\overline{\sum_{\nu=1}^{N} 2\,\mu_\mathrm{B}\, s_{z,\nu}} = N\,\overline{\mu} = V M \tag{26.9}$$

Dies ist gleich dem mittleren *magnetischen Moment* $N\overline{\mu}$ des Spinsystems. Die Fluktuationen des magnetischen Moments um den Mittelwert sind von der relativen

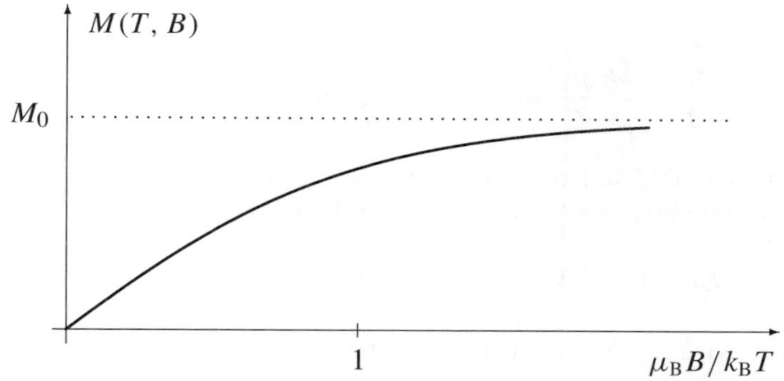

Abbildung 26.1 Die Magnetisierung $M = M_0 \tanh(y)$ ist als Funktion der Größe $y = \mu_B B / k_B T$ skizziert. Dies zeigt die Abhängigkeit vom Magnetfeld B bei fester Temperatur, oder die von $1/T$ bei konstantem Magnetfeld.

Größe $\mathcal{O}(N^{-1/2})$; daher wird $N\overline{\mu}$ auch einfach als magnetisches Moment bezeichnet. Bezogen auf das Volumen ergibt sich die *Magnetisierung*

$$M = \frac{N\overline{\mu}}{V} = n\,\overline{\mu} = \frac{\text{magnetisches Moment}}{\text{Volumen}} \tag{26.10}$$

Dabei ist $n = N/V$ die Teilchendichte. Wir setzen (26.8) mit (26.7) in $M = n\,\overline{\mu}$ ein:

$$\boxed{M(T, B) = M_0 \, \tanh\left(\frac{\mu_B B}{k_B T}\right)} \tag{26.11}$$

Dabei ist $M_0 = n\,\mu_B$ die maximale Magnetisierung. In Abbildung 26.1 ist die Abhängigkeit der Magnetisierung $M = M_0 \tanh(y)$ von der dimensionslosen Größe $y = \beta\mu_B B$ skizziert. Wir entwickeln den tangens hyperbolicus für große und für kleine y:

$$\tanh(y) = \begin{cases} y - y^3/3 \pm \ldots & (y \ll 1) \\ 1 - 2\exp(-2y) \pm \ldots & (y \gg 1) \end{cases} \tag{26.12}$$

Der Wert $y = 1$ definiert eine Temperatur T_m:

$$k_B T_m = \mu_B B \tag{26.13}$$

Für die Magnetisierung erhalten wir aus (26.11, 26.12) die Grenzfälle

$$M(T, B) = M_0 \cdot \begin{cases} \dfrac{\mu_B B}{k_B T} \pm \ldots & (T \gg T_m) \\[2ex] 1 - 2\exp\left(\dfrac{-2\mu_B B}{k_B T}\right) \pm \ldots & (T \ll T_m) \end{cases} \tag{26.14}$$

Für hohe Temperatur oder schwaches Magnetfeld ist die Magnetisierung proportional zum angelegten Feld. Die magnetische Suszeptibilität ist dann unabhängig vom

Feld:

$$\chi_{\rm m} = \frac{\partial M}{\partial B} = \frac{M_0\,\mu_{\rm B}}{k_{\rm B}T} = \frac{\rm const.}{T} \qquad (\text{Curiegesetz}, \; T \gg T_{\rm m}) \qquad (26.15)$$

Diese Temperaturabhängigkeit wird als *Curiegesetz* bezeichnet.

Durch Mittelung über (26.4) erhalten wir die Energie

$$E(T, B) = 2N\mu_{\rm B}\, B\,\overline{s_z} = -N\,\overline{\mu}\,B = -V B M(T, B) \qquad (26.16)$$

Dabei setzen wir N und V als konstant voraus. Für gegebenes T und B lautet die Gleichgewichtsbedingung des Spinsystems

$$F(T, B) = E - TS = -VBM - TS = \text{minimal} \qquad (26.17)$$

Die Tendenz zu einer möglichst kleinen freien Energie bedeutet: Der Term $-VBM$ wirkt daraufhin, M möglichst groß zu machen (also die Spins auszurichten), der Term $-TS$ wirkt daraufhin, S möglichst groß zu machen (also die Spinzustände möglichst gleichmäßig zu besetzen). Die Stärke der ersten Tendenz nimmt mit B, die der zweiten mit T zu. Bei tiefer Temperatur gewinnt das Magnetfeld (die Ordnung), bei hoher Temperatur die Entropie (die Unordnung).

Das ideale Spinsystem ist ein einfaches Modell für paramagnetisches Verhalten ($\chi_{\rm m} > 0$) von Materie. Wenn die Elektronen in einem Atom zum Gesamtspin null gekoppelt sind, tritt kein resultierendes magnetisches Moment auf. Paramagnetismus tritt insbesondere dann auf, wenn es ein zusätzliches Elektron (neben den zu null gekoppelten Elektronen) gibt. Die Spins in (26.3) sind dann die Spins dieser Elektronen; der Index ν läuft über die N Atome des Systems. Unabhängig von dem hier untersuchten paramagnetischen Effekt induziert ein angelegtes Magnetfeld Ströme im Atom, die zu einem diamagnetischen Verhalten ($\chi_{\rm m} < 0$) führen. Sofern Paramagnetismus auftritt, überdeckt er den kleineren (immer vorhandenen) diamagnetischen Effekt.

In realen Systemen gibt es Wechselwirkungen zwischen benachbarten Spins. Das hier beschriebene Modell vernachlässigt diese Wechselwirkungen. Dies ist eine gültige Näherung, wenn $k_{\rm B}T$ groß gegenüber der Wechselwirkungsenergie ist. Durch die Wechselwirkungen benachbarter Spins kann es unterhalb einer bestimmten Übergangstemperatur zu einer spontanen Magnetisierung kommen, also zum Ferromagnetismus (Kapitel 36).

Erzeugung tiefer Temperaturen

Folgendes Verfahren dient der Erzeugung sehr tiefer Temperaturen (wie etwa 10^{-3} K): Auf einem Ausgangsniveau gebe es ein Wärmebad, zum Beispiel mit 1 K. Das Spinsystem habe Kontakt mit dem Wärmebad. Damit kann das Magnetfeld B_a isotherm eingeschaltet werden. Das Feld sei so groß, dass $M \approx M_0$. Im thermisch isolierten System wird nun das äußere Feld abgeschaltet; dann gibt es nur noch ein schwaches internes Restfeld B_b. Unmittelbar nach dem Abschalten ist die Magnetisierung immer noch $M \approx M_0$. Die hohe Magnetisierung bei schwachem Feld bedeutet, dass das System nun eine viel niedrigere Temperatur hat (siehe auch Aufgabe 26.1). Das analoge Verfahren führt dann für die Kernspins (anstelle der hier betrachteten Elektronenspins) zu *sehr* tiefen Temperaturen (wie etwa 10^{-6} K).

Negative (fiktive) Temperatur

Die in Kapitel 9 eingeführte Temperatur kann nicht negativ sein. Aus (26.7) und $T \geq 0$ folgt für einen Gleichgewichtszustand

$$\frac{P_+}{P_-} = \exp\left(2\beta\mu_{\mathrm{B}}B\right) \geq 1 \tag{26.18}$$

Experimentell kann man aber einen Zustand so präparieren, dass $P_+/P_- < 1$; dazu müssen die energetisch oberen Spinzustände stärker besetzt sein als die unteren. Ein solcher Zustand ist ein Nichtgleichgewichtszustand. Daher steht seine mögliche Existenz auch nicht im Widerspruch zur Aussage (26.18).

Wenn man für Zustände mit $P_+/P_- < 1$ nun doch (26.18) verwendet – obschon die Voraussetzungen hierfür nicht erfüllt sind – dann erhält man formal eine *negative* (fiktive) Temperatur. Wenn man zwei Spinsysteme mit invertierten Besetzungszahlen hat, und diese in Kontakt miteinander bringt (ansonsten aber isoliert), dann kann der Kontakt zu einem Quasigleichgewicht dieser beiden Systeme untereinander mit den negativen (fiktiven) Temperaturen $T_1 = T_2$ führen. Insofern kann diese Sprechweise motiviert werden.

Im Rahmen dieses Physikkurses bleibt es bei der in Kapitel 9 eingeführten Temperatur. Diese (absolute) Temperatur kann keine negativen Werte annehmen.

Aufgaben

26.1 Adiabatische Entmagnetisierung

Ein System besteht aus N unabhängigen Spin-1/2 Teilchen (Elektronen) mit dem magnetischen Moment $\mu_{\rm B}$. Die Spins stellen sich in einem homogenen Magnetfeld der Stärke B ein. Gehen Sie von der Zustandssumme $Z(T, B)$ und vom Differenzial

$$dF = -S\,dT - VM\,dB \tag{26.19}$$

der freien Energie $F(T, B) = -k_{\rm B}T \ln Z$ aus ($N = \text{const.}$). Berechnen Sie hieraus die Entropie S und die Magnetisierung M. Was ergibt sich für $T \to 0$ und für $T \to \infty$?

Zu Anfang sei die Temperatur des Systems gleich T_a und das Feld gleich B_a. Nun wird das Feld im thermisch isolierten System langsam abgeschaltet; wegen der internen Wechselwirkung bleibt faktisch ein schwaches Feld B_b bestehen. Welche Temperatur T_b stellt sich dann ein? Skizzieren Sie die Entropie als Funktion der Temperatur für zwei verschiedene Werte (B_a und B_b) des Magnetfelds.

26.2 Spezifische Wärme und Suszeptibilität im idealen Spinsystem

Ein System besteht aus N unabhängigen Spin-1/2 Teilchen (Elektronen) mit dem magnetischen Moment $\mu_{\rm B}$. Es befindet sich in einem äußeren Magnetfeld B. Das System hat die Zustandssumme

$$Z(T, B) = \big(2\cosh x\big)^N \qquad \text{mit} \quad x = \frac{\mu_{\rm B} B}{k_{\rm B} T} = \frac{T_{\rm m}}{T}$$

Die Teilchenzahl N ist konstant. Berechnen Sie die spezifische Wärme $c_{\rm B}(T, B) = (T/N)\, S(T, B)/\partial T$ und die Suszeptibilität $\chi_{\rm m} = \partial M/\partial B$. Spezialisieren Sie die Ergebnisse für $x \gg 1$ und $x \ll 1$.

26.3 Allgemeines ideales Spinsystem

N unabhängige Spinteilchen befinden sich in einem homogenen Magnetfeld $\boldsymbol{B} = B\,\boldsymbol{e}_z$ mit $B > 0$. Der Spin $s > 0$ (hier ohne den Faktor $\hbar$) kann halb- oder ganzzahlig sein; es gibt die Spineinstellungen $s_z = s, s-1, s-2, \ldots, -s$. Das magnetisches Moment ist $\boldsymbol{\mu} = g\,\mu_0\,\boldsymbol{s}$, wobei g der gyromagnetische Faktor ist, und $\mu_0 = q\hbar/(2mc)$. Berechnen Sie die kanonische Zustandssumme (geometrische Reihe!), die freie Energie $F(T, B)$ und die Magnetisierung $M(T, B)$. Geben Sie die Magnetisierung speziell für hohe und für tiefe Temperaturen an.

27 Zweiatomiges ideales Gas

Wir berechnen die Wärmekapazität eines zweiatomigen idealen Gases. Die möglichen Bewegungsformen sind die Translationen, die Rotationen und die Vibrationen. Die Rotationen und die Vibrationen werden quantenmechanisch behandelt. Die zugehörigen spezifischen Wärmen zeigen charakteristische Temperaturabhängigkeiten. Die Austauschsymmetrie kann zu speziellen Effekten (Ortho-, Parawasserstoff) führen.

Hamiltonoperator

Ideal bedeutet, dass die Wechselwirkung zwischen den Gasmolekülen vernachlässigt wird. Der Hamiltonoperator ist daher eine Summe von unabhängigen Hamiltonoperatoren:

$$H = \sum_{\nu=1}^{N} h(\nu) \tag{27.1}$$

Im Argument von h steht ν für alle Koordinaten und Impulsoperatoren des ν-ten Moleküls.

Das zweiatomige ideale Gas kann als Modell für Luft angesehen werden. Luft besteht vorwiegend aus N_2- (etwa 77%) und O_2-Molekülen (etwa 21%).

Unter Normalbedingungen liegt die mittlere freie Weglänge in Luft bei 10^{-7} m, und die mittlere Stoßzeit bei $2 \cdot 10^{-10}$ s. Insofern ist das Modell (27.1), das die Wechselwirkungen zwischen den Molekülen vernachlässigt, unrealistisch. In der *statistischen* Behandlung führen diese Vernachlässigungen aber nicht zwangsläufig zu falschen Resultaten. So kommt es für den Druck nur auf die mittlere Dichte und die mittlere Geschwindigkeit der Gasmoleküle an, nicht aber darauf, ob sich die Teilchen ohne Stöße durch das Gasvolumen bewegen können. Für die Energie kommt es in erster Linie auf die möglichen Anregungen (wie Rotationen, Vibrationen) an, nicht aber darauf, wie sie angeregt werden (etwa durch Stöße). Das ideale Gasmodell ist daher eine mögliche Näherung zur Berechnung der Energie und des Drucks. Dabei ist die vernachlässigte Wechselwirkung umso weniger wichtig, je verdünnter das Gas ist (Kapitel 28).

Der Hamiltonoperator h bestehe aus unabhängigen Anteilen für die Translation, Vibration und Rotation eines Moleküls:

$$h = h_{\text{trans}} + h_{\text{vib}} + h_{\text{rot}} \tag{27.2}$$

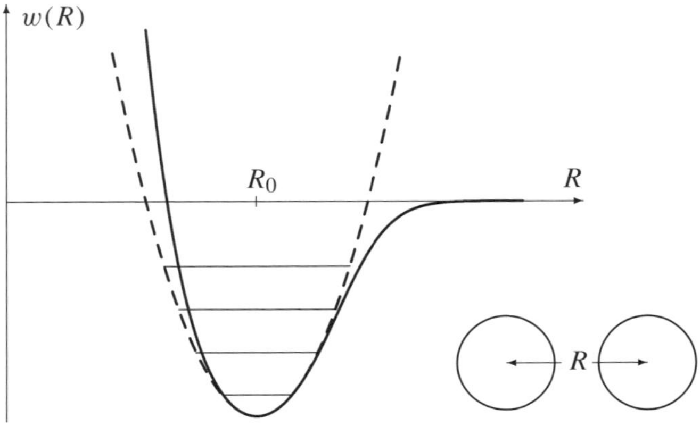

Abbildung 27.1 Schematische Darstellung der potenziellen Energie $w(R)$ von zwei Atomen (rechts unten verkleinert dargestellt) im Abstand R. (Ein realistisches Atom-Atom-Potenzial ist in Abbildung 38.1 skizziert.) In der Nähe des Minimums bei R_0 kann das Potenzial durch einen Oszillator (gestrichelte Kurve) angenähert werden. Die Schwingungszustände im Oszillator sind durch waagerechte Linien angedeutet. Neben Schwingungen werden auch Rotationen thermisch angeregt.

Anregungen der Elektronen sind hierin nicht enthalten. Die zugehörige klassische Hamiltonfunktion wurde bereits in (24.47) angegeben und diskutiert.

Die Schwerpunktbewegung des Moleküls (Masse M) wird durch

$$h_{\text{trans}} = \frac{\boldsymbol{p}_{\text{op}}^2}{2M} = -\frac{\hbar^2}{2M}\,\Delta \tag{27.3}$$

beschrieben; dabei ist $\boldsymbol{p}_{\text{op}} = -\mathrm{i}\hbar\nabla$ der Operator des Schwerpunktimpulses.

Wir kommen nun zu den inneren Freiheitsgraden des Moleküls. In Abbildung 27.1 ist das Potenzial zwischen den beiden Atomen im Molekül (zum Beispiel H_2 oder O_2) skizziert. Den Abstand der beiden Atomkerne bezeichnen wir mit $R = R_0 + \xi$; dabei ist R_0 der klassische Gleichgewichtsabstand. In der Nähe des Minimums nähern wir das Potenzial durch ein harmonisches Potenzial an. Dann werden die Vibrationen durch den Oszillatorhamiltonoperator

$$h_{\text{vib}} = -\frac{\hbar^2}{2m_{\text{r}}}\,\frac{d^2}{d\xi^2} + \frac{m_{\text{r}}}{2}\,\omega^2\xi^2 \tag{27.4}$$

beschrieben. Dabei ist m_{r} die reduzierte Masse der beiden Atome und $m_{\text{r}}\,\omega^2$ gleich der zweiten Ableitung des Potenzials $w(R)$ an der Stelle R_0. Die Annäherung durch einen Oszillator wird mit zunehmender Anregungsenergie schlechter; spätestens an der Dissoziationsgrenze (Energienullpunkt in Abbildung 27.1) bricht diese Näherung zusammen.

Die Masse des Moleküls ist im Wesentlichen in den Atomkernen konzentriert. Daher ist das Trägheitsmoment für eine Drehung um eine zur Verbindungslinie senkrechte Achse (durch den Schwerpunkt) durch

$$\Theta = m_\mathrm{r} R^2 \approx m_\mathrm{r} R_0^2 = \text{const.} \tag{27.5}$$

gegeben. Die hier verwendete Näherung $R = R_0 + \xi \approx R_0$ ist die des *starren Rotators*; durch sie wird die Kopplung zwischen Rotationen und Vibrationen vernachlässigt. Der Hamiltonoperator des starren Rotators lautet

$$h_\mathrm{rot} = \frac{\boldsymbol{\ell}_\mathrm{op}^2}{2\Theta} = -\frac{\hbar^2}{2\Theta}\left(\frac{1}{\sin\theta}\,\frac{\partial}{\partial\theta}\,\sin\theta\,\frac{\partial}{\partial\theta} + \frac{1}{\sin^2\theta}\,\frac{\partial^2}{\partial\phi^2}\right) \tag{27.6}$$

Dabei ist $\boldsymbol{\ell}_\mathrm{op}$ der Drehimpulsoperator; die Winkel θ und ϕ geben die Orientierung der Verbindungslinie der Atome an.

Eine Drehung mit der Verbindungslinie der Moleküle als Drehachse tritt nicht auf, weil die Gesamtwellenfunktion des Moleküls symmetrisch bezüglich einer solchen Drehung ist. Dann gibt es keinen quantenmechanischen Rotationszustand, denn der wäre als Überlagerung aus relativ zueinander gedrehten Wellenfunktionen zu konstruieren. Abgesehen davon wäre das Trägheitsmoment für eine solche Drehung von der Größe $\mathcal{O}(m_\mathrm{r}\,\mathrm{fm}^2)$, also einen Faktor $\mathcal{O}(10^{10})$ kleiner als der Wert $\mathcal{O}(m_\mathrm{r}\,\text{Å}^2)$ von (27.5). Hierfür läge das niedrigste Rotationsniveau so hoch, dass es praktisch nicht angeregt werden könnte.

Die Eigenwerte von $h = h_\mathrm{trans} + h_\mathrm{vib} + h_\mathrm{rot}$ sind

$$\varepsilon = \frac{\pi^2\hbar^2}{2ML^2}\left(n_x^2 + n_y^2 + n_z^2\right) + \hbar\omega\left(n + \frac{1}{2}\right) + \frac{\hbar^2 l(l+1)}{2\Theta} \tag{27.7}$$

Dabei haben wir ein kubisches Volumen $V = L^3$ angenommen. Die Eigenfunktionen der Translation sind $\sin(\pi n_x x/L)$ für die x-Richtung und entsprechend für die y- und z-Richtung. Die Quantenzahlen n_x, n_y und n_z können die Werte $1, 2, \ldots$ annehmen. Die Eigenfunktionen des eindimensionalen Oszillators sind von der Form $H_n(\xi)\,\exp(-\alpha\xi^2)$, wobei die H_n Hermitesche Polynome sind; sie sind durch die Quantenzahl $n = 0, 1, 2, \ldots$ festgelegt. Die Eigenfunktionen von $\boldsymbol{\ell}_\mathrm{op}^2$ sind die Kugelfunktionen $Y_{lm}(\theta, \phi)$; sie hängen von den Quantenzahlen $l = 0, 1, 2, \ldots$ und $m = -l, -l+1, \ldots, l$ ab. Der Zustand des ν-ten Moleküls wird damit durch

$$r_\nu = \left(n_x^\nu, n_y^\nu, n_z^\nu, n_\nu, l_\nu, m_\nu\right) \tag{27.8}$$

festgelegt; von möglichen Spinfreiheitsgraden sehen wir zunächst ab. Der Mikrozustand des Gases ist dann

$$r = (r_1, r_2, \ldots, r_N) \tag{27.9}$$

Die Energie dieses Zustands ist

$$E_r = \sum_{\nu=1}^{N} \varepsilon_{r_\nu} = E_\mathrm{trans} + E_\mathrm{vib} + E_\mathrm{rot} \tag{27.10}$$

wobei ε durch (27.7) gegeben ist.

Quanteneffekte

Folgende Quanteneffekte spielen eine Rolle:

1. Ununterscheidbarkeit der Moleküle: Wir berücksichtigen diesen Effekt durch einen Faktor $1/N!$ in der Zustandssumme

$$\sum_r \ldots \quad \Longrightarrow \quad \frac{1}{N!}\sum_r \ldots = \left(\frac{1}{N!}\sum_{\text{trans}}\right)\sum_{\text{vib}}\sum_{\text{rot}} \ldots \qquad (27.11)$$

   Dieser Faktor tritt bereits beim einatomigen idealen Gas (Kapitel 6 und 25) auf, also unabhängig von Vibrationen oder Rotationen. Wir schreiben diesen Faktor daher zur Zustandssumme der Translationen. Anschließend werten wir diese Zustandssumme klassisch aus.

   Die Ununterscheidbarkeit der Gasmoleküle impliziert eine bestimmte Austauschsymmetrie der Vielteilchenwellenfunktionen und damit Konsequenzen in der Abzählung der Zustände (Kapitel 29). Diese Effekte werden durch den Faktor $1/N!$ nur näherungsweise berücksichtigt. Die zusätzlichen Effekte der exakten quantenmechanischen Behandlung sind für gewöhnliche Gase ohne Bedeutung; sie werden in Kapitel 30 berechnet.

2. Quantisierung der Energieniveaus: Die mittlere Energie pro Freiheitsgrad ist von der Größe $k_{\mathrm{B}}T$. Mit $\Delta\varepsilon$ bezeichnen wir die Größe der Energieabstände für den betrachteten Freiheitsgrad. Die Quantisierung spielt keine Rolle, falls

$$\Delta\varepsilon \ll k_{\mathrm{B}}T \qquad \text{(klassischer Grenzfall)} \qquad (27.12)$$

   Die Translationen können fast immer klassisch behandelt werden (Kapitel 30). Für Rotationen und Vibrationen kann (27.12) aber verletzt sein; diese Anregungen müssen dann quantenmechanisch behandelt werden.

3. Spezielle Symmetrieeffekte: Wenn das Molekül aus zwei gleichen Atomen besteht, kann die Austauschsymmetrie dieser Atome die möglichen Rotationszustände einschränken. Im letzten Abschnitt dieses Kapitels wird dieser Effekt für Wasserstoffmoleküle diskutiert; er führt zur Unterscheidung zwischen Ortho- und Parawasserstoff.

Benachbarte Vibrationszustände haben den Energieabstand $\Delta\varepsilon_{\mathrm{vib}} = \hbar\omega$. Die niedrigste Anregungsenergie im Rotationsspektrum ist $\Delta\varepsilon_{\mathrm{rot}} = \hbar^2/\Theta$. Wir führen die zugehörigen Temperaturen ein:

$$\Delta\varepsilon_{\mathrm{vib}} = \hbar\omega = k_{\mathrm{B}}T_{\mathrm{vib}} \qquad (27.13)$$

$$\Delta\varepsilon_{\mathrm{rot}} = \frac{\hbar^2}{\Theta} = k_{\mathrm{B}}T_{\mathrm{rot}} \qquad (27.14)$$

Für Temperaturen $T \lesssim T_{\mathrm{vib}}$ oder $T \lesssim T_{\mathrm{rot}}$ muss das System quantenmechanisch behandelt werden.

Durch $\Delta\varepsilon_{\rm rot}$ ist der Energieabstand zwischen dem ersten angeregten Rotationszustand mit $l = 1$ und dem Grundzustand mit $l = 0$ gegeben. Wir schätzen $T_{\rm rot}$ für ein H_2-Molekül ab. Die reduzierte Masse ist $m_{\rm r} \approx m_{\rm p}/2$, wobei $m_{\rm p} \approx 1\,{\rm GeV}/c^2$ die Protonmasse ist. Für den Gleichgewichtsabstand setzen wir zweimal den Bohrschen Radius an, $R_0 \approx 2a_{\rm B} \approx 1.06$ Å. Mit dem Trägheitsmoment (27.5) erhalten wir

$$\Delta\varepsilon_{\rm rot} = \frac{\hbar^2}{\Theta} = \frac{2\hbar^2}{m_{\rm p} R_0^2} \approx \frac{2}{1.06^2}\left(\frac{\hbar c}{\text{Å}}\right)^2 \frac{1}{\rm GeV} \approx 83\, k_{\rm B}\,{\rm K} \qquad (\text{für } H_2) \qquad (27.15)$$

Für die numerische Auswertung wurde $\hbar c/\text{Å} = (\hbar c/e^2)(e^2/\text{Å}) \approx 137 \cdot 14.4\,{\rm eV}$ und $300\, k_{\rm B}\,{\rm K} \approx {\rm eV}/40$ verwendet. Der abgeschätzte Wert liegt nahe beim tatsächlichen Wert, $T_{\rm rot} \approx 85.4\,{\rm K}$. Er liegt deutlich über der Temperatur von etwa 20 K, bei der Wasserstoffgas unter Normaldruck kondensiert.

Für Vibrationen ist

$$\Delta\varepsilon_{\rm vib} \approx \frac{\hbar^2}{m_{\rm r}\,\Delta\xi^2} \sim 2000\, k_{\rm B}\,{\rm K} \qquad (\text{für } H_2) \qquad (27.16)$$

wobei $\Delta\xi$ die Breite der quantenmechanischen Grundzustandswellenfunktion angibt (etwa die Breite des untersten waagerechten Strichs in Abbildung 27.1). Für eine numerische Abschätzung haben wir $\Delta\xi \sim 0.2\, R_0$ eingesetzt. Der tatsächliche Wert liegt höher, $T_{\rm vib} \approx 6\,140\,{\rm K}$.

Auswertung der Zustandssumme

Im betrachteten Modell sind die verschiedenen Bewegungsformen voneinander unabhängig. Der Hamiltonoperator ist daher eine Summe unabhängiger Hamiltonoperatoren, (27.1) mit (27.2). Damit zerfällt die kanonische Zustandssumme $Z = \sum_r \exp(-\beta E_r)/N!$ in die entsprechenden Anteile:

$$\begin{aligned} Z &= \frac{1}{N!}\sum_{\rm trans}\sum_{\rm vib}\sum_{\rm rot} \exp\Big(-\beta(E_{\rm trans} + E_{\rm vib} + E_{\rm rot})\Big) \\ &= \underbrace{\frac{1}{N!}\sum_{\rm trans}\exp(-\beta E_{\rm trans})}_{= Z_{\rm trans}}\ \underbrace{\sum_{\rm vib}\exp(-\beta E_{\rm vib})}_{= Z_{\rm vib}}\ \underbrace{\sum_{\rm rot}\exp(-\beta E_{\rm rot})}_{= Z_{\rm rot}} \end{aligned} \qquad (27.17)$$

Wegen

$$\ln Z(T, V, N) = \ln Z_{\rm trans} + \ln Z_{\rm vib} + \ln Z_{\rm rot} \qquad (27.18)$$

lassen sich die Beiträge zum Druck und zur Energie einzeln berechnen:

$$P(T, V, N) = k_{\rm B}T\, \frac{\partial \ln Z(T, V, N)}{\partial V} = P_{\rm trans} \qquad (27.19)$$

$$E(T, V, N) = -\frac{\partial \ln Z(T, V, N)}{\partial \beta} = E_{\rm trans} + E_{\rm vib} + E_{\rm rot} \qquad (27.20)$$

Die Hamiltonoperatoren h_{rot} und h_{vib} hängen nicht vom Volumen $V = L^3$ ab; dies gilt dann auch für Z_{rot} und Z_{vib}. Daher geben diese Zustandssummen keinen Beitrag zum Druck.

Zur Notation ist anzumerken, dass $E_{\text{vib}}(n_1, ..., n_N)$ in (27.10) und (27.17) eine Funktion der Quantenzahlen ist; dagegen ist $E_{\text{vib}}(T, N)$ in (27.20) eine Funktion von T und N. Der Zusammenhang zwischen beiden Größen ist durch

$$E_{\text{vib}}(T, N) = \overline{E_{\text{vib}}(n_1, ..., n_N)} = \overline{\sum_{\nu=1}^{N} \hbar\omega\Big(n_\nu + \frac{1}{2}\Big)} \tag{27.21}$$

gegeben. Wie üblich lassen wir den Balken in der thermodynamischen Größe weg. Diese Notation gilt entsprechend für E_{trans} und E_{rot}.

Translationen

Die Translationen können unter Berücksichtigung des Faktors $1/N!$ klassisch behandelt werden; für gewöhnliche Gase sind die quantenmechanischen Korrekturen hierzu sehr klein (Kapitel 30).

Die Zustandssumme für Translationen übernehmen wir aus (25.7):

$$Z_{\text{trans}} = \frac{1}{N!}\,\frac{V^N}{\lambda^{3N}} \tag{27.22}$$

Hieraus folgt

$$P = P_{\text{trans}} = k_{\text{B}}T\;\frac{\partial \ln Z_{\text{trans}}}{\partial V} = \frac{N k_{\text{B}} T}{V} \tag{27.23}$$

Da die Rotationen und Vibrationen keinen Beitrag zum Druck liefern, ist die thermische Zustandsgleichung unabhängig von der Art der Moleküle des idealen Gases.

Für die kalorische Zustandsgleichung ergeben die Translationen den bekannten Beitrag

$$E_{\text{trans}} = -\frac{\partial \ln Z_{\text{trans}}}{\partial \beta} = \frac{3}{2}\,N k_{\text{B}} T \tag{27.24}$$

Im Folgenden berechnen wir die Beiträge $E_{\text{vib}}(T, N)$ und $E_{\text{rot}}(T, N)$.

Vibrationen

Wir werten die Zustandssumme für die Vibrationen aus. Die Oszillatorquantenzahl n_ν des ν-ten Moleküls kann die Werte 0, 1, 2, ... annehmen:

$$\begin{aligned} Z_{\text{vib}}(T, N) &= \sum_{n_1=0}^{\infty} \cdots \sum_{n_N=0}^{\infty} \exp\big[-\beta\hbar\omega\big(n_1 + 1/2 + \ldots + n_N + 1/2\big)\big] \\ &= \bigg(\sum_{n=0}^{\infty} \exp\big[-\beta\hbar\omega(n + 1/2)\big]\bigg)^N = \big[z_{\text{vib}}(T)\big]^N \end{aligned} \tag{27.25}$$

Immer, wenn die Anregungen der einzelnen Moleküle voneinander unabhängig sind, ist die Zustandssumme das Produkt der einzelnen Zustandssummen. Diese Form gilt daher auch für die Rotationen.

Die Zustandssumme z_{vib} für die Schwingungen eines einzelnen Moleküls ist eine geometrische Reihe, die sich aufsummieren lässt:

$$z_{\text{vib}} = \sum_{n=0}^{\infty} \exp\big[-\beta\hbar\omega(n+1/2)\big] = \frac{\exp(-\beta\hbar\omega/2)}{1-\exp(-\beta\hbar\omega)} \tag{27.26}$$

Hieraus folgt

$$\ln z_{\text{vib}} = -\ln\big[\,1-\exp(-\beta\hbar\omega)\big] - \beta\,\frac{\hbar\omega}{2} \tag{27.27}$$

Die mittlere Energie der Vibrationen ist

$$\begin{aligned} E_{\text{vib}}(T,N) &= -N\,\frac{\partial \ln z_{\text{vib}}}{\partial\beta} = N\hbar\omega\left(\frac{1}{\exp(\beta\hbar\omega)-1}+\frac{1}{2}\right) \\ &= N\hbar\omega\left(\frac{1}{\exp(T_{\text{vib}}/T)-1}+\frac{1}{2}\right) \end{aligned} \tag{27.28}$$

Im letzten Ausdruck wurde die Temperatur $T_{\text{vib}} = \hbar\omega/k_{\text{B}}$ verwendet. Der Vibrationsanteil der Wärmekapazität $C_{\text{vib}} = \partial E_{\text{vib}}/\partial T$ ist dann

$$\boxed{C_{\text{vib}}(T,N) = Nk_{\text{B}}\,\frac{T_{\text{vib}}^2}{T^2}\,\frac{\exp(T_{\text{vib}}/T)}{\big[\exp(T_{\text{vib}}/T)-1\big]^2}} \tag{27.29}$$

Die Funktion $c_{\text{vib}}(T) = C_{\text{vib}}/N$ ist in Abbildung 27.2 skizziert. Da die Zustandssumme der Vibrationen nicht vom Volumen abhängt, trägt der Term C_{vib} gleichermaßen zu C_V und C_P bei; ein Index V oder P erübrigt sich daher.

Nach (27.21) ist die Energie von der Form

$$E_{\text{vib}}(T,N) = \overline{\sum_{\nu=1}^{N} \hbar\omega\left(n_\nu+\frac{1}{2}\right)} = N\hbar\omega\left(\overline{n}+\frac{1}{2}\right) \tag{27.30}$$

Der Vergleich mit (27.28) ergibt die mittlere Oszillatorquantenzahl:

$$\overline{n} = \frac{1}{\exp(\beta\hbar\omega)-1} \approx \begin{cases} \exp\left(-\dfrac{\hbar\omega}{k_{\text{B}}T}\right) & \text{für } k_{\text{B}}T \ll \hbar\omega \\ \dfrac{k_{\text{B}}T}{\hbar\omega} & \text{für } k_{\text{B}}T \gg \hbar\omega \end{cases} \tag{27.31}$$

Für kleine Temperaturen ist die Anregungswahrscheinlichkeit einer Oszillation exponentiell klein; damit wird auch c_{vib} exponentiell klein. Für große Temperaturen stellt sich $\overline{n}$ so ein, dass die mittlere Energie des Oszillators gerade $k_{\text{B}}T$ ist. Dann gilt $c_{\text{vib}} = k_{\text{B}}$; dieser Grenzfall folgt auch aus dem Gleichverteilungssatz.

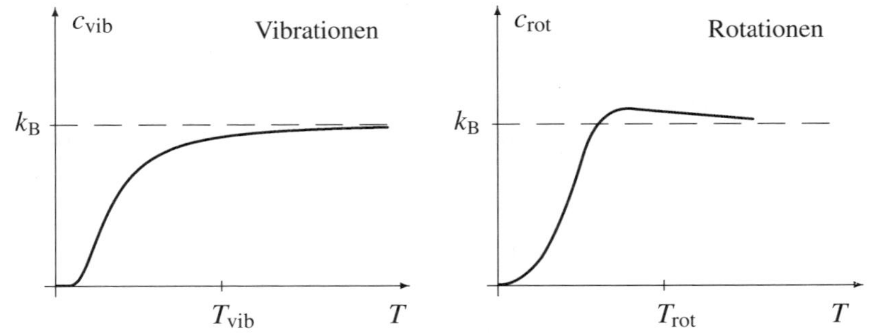

Abbildung 27.2 Temperaturabhängigkeit des Vibrations- und Rotationsanteils der spezifischen Wärme eines zweiatomigen Gases. Im Allgemeinen ist $T_{\rm vib}$ deutlich größer als $T_{\rm rot}$. Im klassischen Grenzfall gilt $c_{\rm vib} = k_{\rm B}$ und $c_{\rm rot} = k_{\rm B}$.

Rotationen

Die Zustandssumme für die Rotationen reduziert sich analog zu (27.25) auf die Zustandssummen der einzelnen Moleküle:

$$Z_{\rm rot}(T,\,N) = \big[z_{\rm rot}(T)\big]^N \tag{27.32}$$

Die Rotationszustände eines Moleküls sind nach (27.8) durch die Quantenzahlen l und m festgelegt; die zugehörige Energie ist der letzte Term in (27.7). Damit erhalten wir

$$z_{\rm rot} = \sum_{l=0}^{\infty}\sum_{m=-l}^{l} \exp\left(-\frac{\hbar^2 l(l+1)}{2\,\Theta k_{\rm B}T}\right) = \sum_{l=0}^{\infty}(2l+1)\,\exp\left(-\frac{T_{\rm rot}\,l(l+1)}{2\,T}\right) \tag{27.33}$$

Die Summe über m ergab den Faktor $2l + 1$. Außerdem wurde die Temperatur $T_{\rm rot} = \hbar^2/(\Theta\, k_{\rm B})$ eingesetzt. Wir betrachten zunächst tiefe Temperaturen, $T \ll T_{\rm rot}$. Hierfür tragen nur die ersten Terme bei

$$z_{\rm rot} = 1 + 3\,\exp\left(-\frac{T_{\rm rot}}{T}\right) + 5\,\exp\left(-\frac{3\,T_{\rm rot}}{T}\right) + \ldots \qquad (T \ll T_{\rm rot}) \tag{27.34}$$

Daraus folgt für die Energie $E = -\partial \ln Z_{\rm rot}/\partial\beta$:

$$\begin{aligned} E_{\rm rot}(T,\,N) &= -N\,\frac{\partial}{\partial\beta}\,\ln\Big(1 + 3\,\exp(-T_{\rm rot}/T) + \ldots\Big) \\ &= 3Nk_{\rm B}T_{\rm rot}\,\exp\left(-\frac{T_{\rm rot}}{T}\right) + \ldots \end{aligned} \tag{27.35}$$

und die Wärmekapazität $C_{\rm rot} = \partial E_{\rm rot}/\partial T$:

$$\boxed{C_{\rm rot} \approx 3Nk_{\rm B}\,\frac{T_{\rm rot}^2}{T^2}\,\exp\left(-\frac{T_{\rm rot}}{T}\right) \qquad (T \ll T_{\rm rot})} \tag{27.36}$$

Für hohe Temperaturen ersetzen wir die Summe (27.33) durch ein Integral und berechnen Korrekturen dazu mit der Eulerschen Summenformel:

$$\sum_{l=l_0}^{l_1} f(l) = \int_{l_0}^{l_1} dl\, f(l) + \frac{f(l_0)+f(l_1)}{2} - \frac{f'(l_0)-f'(l_1)}{12} + \frac{f'''(l_0)-f'''(l_1)}{720} \pm \ldots \tag{27.37}$$

Zur Herleitung der Eulerschen Summenformel sei auf Smirnov, Lehrgang der Höheren Mathematik, Band III/2, verwiesen. Mit

$$f(l) = (2l+1)\,\exp\left(-\frac{T_{\rm rot}\, l(l+1)}{2T}\right), \qquad l_0 = 0, \quad l_1 = \infty \tag{27.38}$$

wird (27.37) zu $z_{\rm rot}$. Wir berechnen die einzelnen Terme. Im Integral des ersten Terms substituieren wir $x^2 = T_{\rm rot}\, l(l+1)/2T$ und $2x\,dx = T_{\rm rot}\,(2l+1)\,dl/2T$:

$$\begin{aligned}\int_{l_0}^{l_1} dl\ f(l) &= \int_0^\infty dl\ (2l+1)\,\exp\left(-\frac{l(l+1)\,T_{\rm rot}}{2T}\right)\\ &= \frac{4T}{T_{\rm rot}}\int_0^\infty dx\ x\ \exp\left(-x^2\right) = \frac{2T}{T_{\rm rot}}\end{aligned} \tag{27.39}$$

Die nächsten Terme ergeben

$$\frac{f(l_0)+f(l_1)}{2} = \frac{f(0)}{2} = \frac{1}{2} \tag{27.40}$$

$$-\frac{f'(l_0)-f'(l_1)}{12} = -\frac{1}{12}\,\frac{df(l)}{dl}\bigg|_{l=0} = -\frac{1}{6} + \frac{T_{\rm rot}}{24\,T} \tag{27.41}$$

$$\frac{f'''(l_0)-f'''(l_1)}{720} = \frac{1}{720}\,\frac{d^3 f(l)}{dl^3}\bigg|_{l=0} = -\frac{T_{\rm rot}}{120\,T} + \mathcal{O}\left(\frac{T_{\rm rot}^2}{T^2}\right) \tag{27.42}$$

Daraus erhalten wir

$$z_{\rm rot} = \frac{2T}{T_{\rm rot}} + \frac{1}{3} + \frac{T_{\rm rot}}{30\,T} + \mathcal{O}\left(\frac{T_{\rm rot}^2}{T^2}\right) \qquad (T \gg T_{\rm rot}) \tag{27.43}$$

und

$$\begin{aligned}\ln Z_{\rm rot} &= N\,\ln z_{\rm rot} \approx N\ \ln\left(\frac{2T}{T_{\rm rot}}\left(1+\frac{T_{\rm rot}}{6T}+\frac{T_{\rm rot}^2}{60\,T^2}\right)\right)\\ &\approx N\ \ln\left(\frac{2T}{T_{\rm rot}}\right) + N\left(\frac{T_{\rm rot}}{6\,T}+\frac{T_{\rm rot}^2}{60\,T^2}-\frac{1}{2}\left(\frac{T_{\rm rot}}{6\,T}\right)^2\right)\end{aligned} \tag{27.44}$$

Der Logarithmus des zweiten Faktors wurde bis zur Ordnung $T_{\rm rot}^2/T^2$ entwickelt. Für die Energie $E_{\rm rot} = -\partial \ln Z_{\rm rot}/\partial\beta$ erhalten wir daraus

$$E_{\rm rot}(T,N) = k_{\rm B}T^2\,\frac{\partial \ln Z_{\rm rot}}{\partial T} \approx N k_{\rm B} T\left(1-\frac{T_{\rm rot}}{6\,T}-\frac{T_{\rm rot}^2}{180\,T^2}\right) \tag{27.45}$$

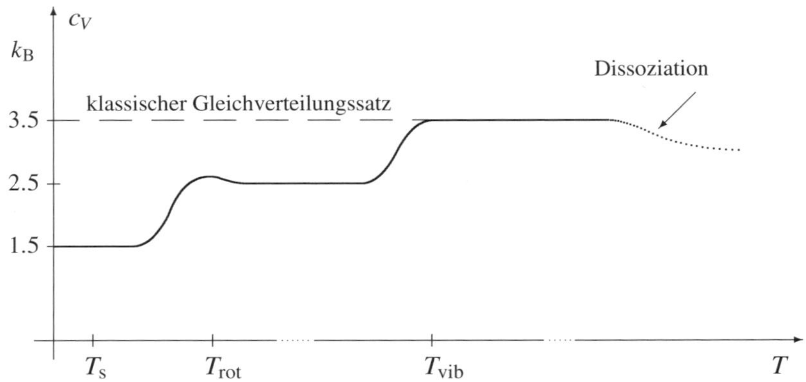

Abbildung 27.3 Temperaturabhängigkeit der spezifischen Wärme c_V eines zweiatomigen idealen Gases. Reale Gase kondensieren (bei gegebenem Druck) unterhalb einer bestimmten Temperatur T_s zu einer Flüssigkeit; dies begrenzt die Anwendbarkeit des Modells für tiefe Temperaturen. Bei hinreichend hohen Temperaturen dissoziieren die Moleküle zu Atomen, die dann wieder als ideales Gas behandelt werden könnten. Die Skizze ist sehr schematisch: Für Wasserstoffgas (H_2-Moleküle) sind die relevanten Temperaturen $T_s \approx 20\,\text{K}$, $T_{rot} \approx 85.4\,\text{K}$ und $T_{vib} \approx 6140\,\text{K}$.

und für die Wärmekapazität

$$\boxed{C_{rot} \approx N k_B \left(1 + \frac{T_{rot}^2}{180\, T^2}\right) \qquad (T \gg T_{rot})} \tag{27.46}$$

Da die Zustandssumme der Rotationen nicht vom Volumen abhängt, trägt der Term C_{rot} gleichermaßen zu C_V und C_P bei; ein Index V oder P erübrigt sich daher.

In Abbildung 27.2 ist $c_{rot}(T) = C_{rot}/N$ als Funktion der Temperatur skizziert. Für $T \gg T_{rot}$ gilt nach dem Gleichverteilungssatz $c_{rot} \approx k_B$. Bei Annäherung an T_{rot} steigt c_{rot} zunächst etwas an, bevor es für $T < T_{rot}$ abfällt und schließlich für $T \to 0$ exponentiell verschwindet.

Für die gesamte spezifische Wärme c_V eines zweiatomigen idealen Gases ergibt sich das in Abbildung 27.3 skizzierte Verhalten. Die spezifische Wärme bei konstantem Druck ist $c_P = c_V + k_B$. Für hinreichend hohe Temperaturen dissoziieren die Moleküle in zwei Atome, von denen jedes den (Translations-) Beitrag $1.5\, k_B$ zu c_V ergibt.

Ortho- und Parawasserstoff

Die Moleküle des zweiatomigen Gases bestehen aus Elektronen, Protonen und Neutronen. Alle diese Teilchen sind Fermionen; die Wellenfunktion muss für jede Fermionensorte antisymmetrisch sein. Diese Symmetrieforderung kann die möglichen Werte des Rotationsdrehimpulses einschränken.

Wir behandeln diese Effekte am Beispiel des Wasserstoffgases, das aus H_2-Molekülen besteht. Dies ist zum einen das einfachste zweiatomige Molekül. Zum anderen liegt $T_{\rm rot}$, (27.15), deutlich über der Siedetemperatur $T_{\rm s} \approx 20\,{\rm K}$.

Im Grundzustand des H_2-Moleküls haben beide Elektronen dieselbe Ortswellenfunktion; die Verteilung dieser Wellenfunktion über beide Atome führt zu einer Energieabsenkung und damit zur Bindung. Der Spin der beiden Elektronen ist zu $S_{\rm el} = 0$ gekoppelt. Damit ist ihre Gesamtwellenfunktion im Ort symmetrisch und im Spin antisymmetrisch, also insgesamt antisymmetrisch. Bei den zu diskutierenden Rotationen bleibe die Struktur der Elektronen ungeändert.

Die Wellenfunktion der beiden Protonen (1 und 2) ist von der Form (siehe auch Teil VIII in [3]):

$$\Psi(1,2) = \psi_0(R)\; Y_{lm}(\theta,\phi)\; |S S_z\rangle \tag{27.47}$$

Die Relativkoordinate $\boldsymbol{R} = \boldsymbol{R}_1 - \boldsymbol{R}_2$ wird durch R, θ und ϕ dargestellt. Die radiale Relativbewegung wird durch die Oszillatorgrundzustands-Wellenfunktion $\psi_0(R) \propto \exp(-\gamma\,(R-R_0)^2)$ beschrieben werden; die Lage dieses Zustands ist in Abbildung 27.1 angedeutet. Vibrationen lassen wir nicht zu; für $T \sim T_{\rm rot}$ werden sie im statistischen Mittel auch kaum angeregt. Die Wellenfunktion Y_{lm} beschreibt die Rotationen. Die beiden Protonenspins koppeln zum Zustand $|S S_z\rangle$.

Die Vertauschung der beiden Protonen durch den Operator P_{12} impliziert

$$\boldsymbol{R} \stackrel{P_{12}}{\longrightarrow} -\boldsymbol{R}\,, \qquad \theta \stackrel{P_{12}}{\longrightarrow} \pi-\theta\,, \qquad \phi \stackrel{P_{12}}{\longrightarrow} \pi+\phi\,, \qquad |S S_z\rangle \stackrel{P_{12}}{\longrightarrow} (-)^{S+1}|S S_z\rangle \tag{27.48}$$

Dabei ist $\boldsymbol{R} = \boldsymbol{R}_1 - \boldsymbol{R}_2 := (R,\theta,\phi)$. Wegen $Y_{lm}(\pi-\theta,\phi+\pi) = (-)^l\; Y_{lm}(\theta,\phi)$ erhalten wir insgesamt

$$P_{12}\;\Psi(1,2) = P_{12}\;\psi_0\,Y_{lm}\,|S S_z\rangle = (-)^{l+S+1}\;\Psi(1,2) \stackrel{!}{=} -\,\Psi(1,2) \tag{27.49}$$

Da die Protonen Fermionen sind, muss $\Psi(1,2)$ antisymmetrisch sein. Also muss $l+S$ gerade sein. Daher sind nur folgende Kombinationen der Quantenzahlen l und S möglich:

$$\begin{array}{lll} S=0: & l = 0,2,4,\ldots & \text{(Parawasserstoff)} \\ S=1: & l = 1,3,5,\ldots & \text{(Orthowasserstoff)} \end{array} \tag{27.50}$$

Dieser Zusammenhang hat Auswirkungen auf den Beitrag der Rotationen zur spezifischen Wärme:

1. Für jeden ungeraden l-Wert gibt es drei Spinzustände, $S_z = 0, \pm 1$; für jeden geraden l-Wert gibt es nur einen Spinzustand. Daher erhalten die ungeraden l-Werte in der Zustandssumme das dreifache Gewicht.

2. Bei Temperaturen $T \gg T_{\rm rot}$ sind etwa gleich viele gerade und ungerade l-Werte zugänglich. Wegen der dreifachen Entartung der ungeraden Drehimpulszustände ist das Verhältnis von Ortho- zu Parawasserstoff dann 3 zu 1. Für $T \ll T_{\rm rot}$ wird überwiegend der Grundzustand ($l = 0$) besetzt. Bei $T = 0$ liegt im Gleichgewicht reiner Parawasserstoff vor.

3. Besondere (verblüffende) Effekte ergeben sich daraus, dass die Einstellung des zu einer bestimmten Temperatur gehörenden Verhältnisses (Ortho- zu Parawasserstoff) sehr lange dauert; die Relaxationszeiten sind von der Größenordnung eines Jahres. Daher hängt die gemessene spezifische Wärme davon ab, bei welcher Temperatur die Probe zuvor gelagert wurde. Das System hat also eine Art Langzeitgedächtnis.

Der Einfluss der Spineinstellung beruht auf den Symmetriebedingungen für die Wellenfunktion des Moleküls. Die Spins liefern dagegen keinen wesentlichen direkten Beitrag zur Energie; die sehr kleine Wechselwirkung zwischen den mit dem Spin verbundenen magnetischen Dipolen ist von der Größe $\delta E \approx 10^{-6}\, k_{\text{B}}\, \text{K}$.

Wir geben die diskutierten Effekte noch quantitativ an. Dazu schreiben wir die Zustandssumme der Rotationen eines Moleküls im Parawasserstoff

$$z_{\text{para}} = \sum_{l=0,2,4,\ldots} (2l+1) \exp\left(-\frac{l(l+1)\, T_{\text{rot}}}{2T}\right) = 1 + 5 \exp\left(-\frac{3\, T_{\text{rot}}}{T}\right) + \ldots \tag{27.51}$$

und im Orthowasserstoff an:

$$z_{\text{ortho}} = \sum_{l=1,3,5,\ldots} (2l+1) \exp\left(-\frac{l(l+1)\, T_{\text{rot}}}{2T}\right) = 3 \exp\left(-\frac{T_{\text{rot}}}{T}\right) + \ldots \tag{27.52}$$

In dem Gleichgewicht, das sich nach hinreichend langer Zeit einstellt, ist die Zustandssumme der Rotationen eines Moleküls dann

$$z_{\text{rot}} = \sum_{l=0}^{\infty} \sum_{m=-l}^{l} \sum_{S_z=-S}^{S} \exp\left(-\frac{l(l+1)\, T_{\text{rot}}}{2T}\right) = 3\, z_{\text{ortho}} + z_{\text{para}} \tag{27.53}$$

Die Zustandssumme läuft über alle Quantenzahlen des Mikrozustands, in dem betrachteten Fall also auch über S_z.

Wir bestimmen das Verhältnis η von Ortho- zu Parazuständen im Gleichgewicht. Dazu bilden wir die Summe der Wahrscheinlichkeiten für Orthozustände und teilen sie durch die Summe der Wahrscheinlichkeiten für Parazustände, also

$$\eta(T) = \frac{3\, z_{\text{ortho}}(T)}{z_{\text{para}}(T)} \approx \begin{cases} 3 & \text{für } T \gg T_{\text{rot}} \\ 9 \exp(-T_{\text{rot}}/T) & \text{für } T \ll T_{\text{rot}} \end{cases} \tag{27.54}$$

Dabei haben wir für hohe Temperaturen $z_{\text{ortho}} \approx z_{\text{para}}$ eingesetzt, und für tiefe Temperaturen die Entwicklungen (27.51) und (27.52).

Für eine Probe, die man hinreichend lange bei der Temperatur T_0 gelagert hat, ergibt sich die spezifische Wärme

$$c_{\text{rot}}(T;\, T_0) = \frac{\eta(T_0)}{1+\eta(T_0)}\, c_{\text{ortho}}(T) + \frac{1}{1+\eta(T_0)}\, c_{\text{para}}(T) \tag{27.55}$$

Aufgaben

27.1 Vibrationsanteil für hohe und tiefe Temperaturen

Für N unabhängige Oszillatoren erhält man die Wärmekapazität:

$$C_{\rm vib}(T,N) = N k_{\rm B}\,\frac{T_{\rm vib}^2}{T^2}\,\frac{\exp(T_{\rm vib}/T)}{\big[\exp(T_{\rm vib}/T)-1\big]^2}$$

Bestimmen Sie die führenden temperaturabhängigen Terme für tiefe ($T \ll T_{\rm vib}$) und hohe ($T \gg T_{\rm vib}$) Temperaturen.

27.2 Anharmonische Korrekturen im Vibrationsanteil

Die Energien der Vibrationszustände eines zweiatomigen Moleküls sind

$$\varepsilon_n = \hbar\omega\left[\left(n+\frac{1}{2}\right) - \delta\left(n+\frac{1}{2}\right)^2\right]$$

Die folgenden Berechnungen sollen bis zur ersten Ordnung in der kleinen Größe δ durchgeführt werden. Bestimmen Sie die Zustandssumme $z_{\rm vib}$ für ein einzelnes Molekül. Berechnen Sie daraus die Vibrationsenergie $E_{\rm vib}$ für N unabhängige Moleküle. Geben Sie die führenden Beiträge zur Wärmekapazität für tiefe und hohe Temperaturen an.

27.3 Rotationsanteil für die Moleküle H_2, D_2 und HD

Es werden die drei wasserstoffartigen Gase betrachtet, die jeweils aus den Molekülen H_2, D_2 oder HD bestehen. Geben Sie die Zustandssummen für Rotationen unter Berücksichtigung der Austauschsymmetrie an. Welches Verhältnis $\eta(T_0)$ erhält man für gerade und ungerade l-Werte, wenn die Proben hinreichend lange bei einer hohen Temperatur $T_0 \gg T_{\rm rot}$ gelagert wurden? Geben Sie die spezifische Wärme $c_{\rm rot}$ dieser Proben für tiefe Temperaturen ($T \ll T_{\rm rot}$) an.

Hinweise: Mit D wird Deuterium bezeichnet, also ein Wasserstoffatom mit einem Deuteron (Proton + Neutron) als Kern. Das Deuteron hat den Spin 1; im D_2-Molekül können diese Spins zu $S = 0$, 1 oder 2 koppeln.

27.4 Massenwirkungsgesetz

Es wird das chemische Reaktionsgleichgewicht

$$2\,\mathrm{O} \rightleftharpoons \mathrm{O}_2$$

zwischen mono- und diatomarem Sauerstoff in einem Gasgemisch betrachtet. Der Druck P und die Temperatur T sind vorgegeben. Das Atom-Atom-Potenzial wird um das Minimum bei R_0 herum entwickelt, $V(R) \approx -\varepsilon + \mu\omega^2(R-R_0)^2/2$.

Die Temperatur ist so groß, dass die Rotationen und Vibrationen des O_2-Moleküls (Trägheitsmoment $\Theta = \mu R_0^2$) angeregt sind:

$$\frac{\hbar^2}{\Theta} \ll \hbar\omega \ll k_B T \ll \varepsilon \tag{27.56}$$

Andererseits ist die Temperatur so klein, dass die harmonischen Näherung im Potenzial gerechtfertigt ist. Behandeln Sie das System als ideales Gasgemisch. Geben Sie die freien Energien der beiden Gase des Gemisches an. Verwenden Sie dabei die Hochtemperaturnäherung für die Vibrationen und Rotationen (im O_2-Molekül gibt es nur Rotationszustände mit geradem l). Berechnen Sie hieraus die chemischen Potenziale als Funktion der Temperatur T, des Drucks P und der jeweiligen Konzentration $c_i = N_i/N$. Leiten Sie aus der Gleichgewichtsbedingung für die chemischen Potenziale das *Massenwirkungsgesetz*

$$\frac{c_1^2}{c_2} = \frac{K(T)}{P} \tag{27.57}$$

ab. Diskutieren Sie die Temperaturabhängigkeit der Funktion $K(T)$.

28 Verdünntes klassisches Gas

Wir untersuchen den Einfluss der Wechselwirkung zwischen den Atomen eines verdünnten Gases auf die kalorische und thermische Zustandsgleichung. Dies führt zu einer Begründung der van der Waals-Gleichung.

Wir betrachten ein einatomiges Gas mit der Hamiltonfunktion

$$H = \sum_{\nu=1}^{N} \frac{\boldsymbol{p}_\nu^{\,2}}{2m} + \sum_{\nu=2}^{N} \sum_{\nu'=1}^{\nu-1} w(|\boldsymbol{r}_\nu - \boldsymbol{r}_{\nu'}|) \tag{28.1}$$

Das Potenzial w soll nur vom Abstand $|\boldsymbol{r}_\nu - \boldsymbol{r}_{\nu'}|$ der jeweiligen Atome abhängen. Das Potenzial könnte die in Abbildung 38.1 skizzierte Form haben. Der attraktive Teil von w soll so schwach sein, dass es nicht zur Molekülbindung kommt. Dies gilt für Edelgase, oder wenn die Stärke des attraktiven Teils klein gegenüber $k_\mathrm{B}T$ ist.

Für (28.1) werten wir die klassische Zustandssumme für ein verdünntes Gas aus. Als Ergebnis erhalten wir eine Verbindung zwischen der Wechselwirkung in (28.1) und den Korrekturen zum idealen Gasgesetz. Die *klassische* Behandlung der Translationsbewegung ist für ein gewöhnliches Gas keine wesentliche Einschränkung. Wir bezeichnen ein Gas als *verdünnt*, wenn das Volumen pro Atom groß gegenüber dem Eigenvolumen eines Atoms ist.

Wir betrachten zunächst die Zustandssummen $Z(1) = Z(T, V, 1)$ und $Z(2) = Z(T, V, 2)$ für ein und für zwei Teilchen im Volumen V. Für ein Teilchen erhalten wir das aus (25.7) bekannte Ergebnis

$$Z(1) = \frac{1}{(2\pi\hbar)^3} \int_V d^3r \int d^3p \ \exp\left(-\frac{p^2}{2m\,k_\mathrm{B}T}\right) = \frac{V}{\lambda^3} \tag{28.2}$$

Dabei ist $\lambda = 2\pi\hbar/\sqrt{2\pi m k_\mathrm{B}T}$. Für zwei Teilchen tritt die Wechselwirkung $w(r_{12}) = w(|\boldsymbol{r}_1 - \boldsymbol{r}_2|)$ auf:

$$\begin{aligned} Z(2) &= \frac{1/2!}{(2\pi\hbar)^6} \int_V d^3r_1 \int_V d^3r_2 \int d^3p_1 \int d^3p_2 \, \exp\left(-\,\frac{\dfrac{p_1^{\,2}+p_2^{\,2}}{2m} + w(r_{12})}{k_\mathrm{B}T}\right) \\ &= \frac{1}{2!}\,\frac{1}{\lambda^6} \int_V d^3r_1 \int_V d^3r_2 \ \exp\big[-\,\beta\, w(r_{12})\big] \end{aligned} \tag{28.3}$$

Zur Behandlung des verdünnten Gases gehen wir von folgender Überlegung aus: Im idealen Gas lässt sich die Zustandssumme von N Teilchen auf diejenige eines

Teilchens reduzieren; nach (25.7) gilt ja $Z_{\rm id}(N) = Z(1)^N/N!$. Wenn man nun nur die Wechselwirkung zwischen jeweils zwei Atomen berücksichtigt, sollte es analog dazu möglich sein, $Z(N)$ auf $Z(2)$ und $Z(1)$ zu reduzieren. In der nächsten Ordnung werden dann mit $Z(3)$ Dreiteilcheneffekte berücksichtigt; sie entstehen etwa durch den Einfluss eines dritten Atoms auf die Wechselwirkung der ersten beiden. Im hinreichend verdünnten Gas sind diese Effekte aber klein; denn die Wahrscheinlichkeit, dass drei Atome nahe beieinander sind, ist gering.

Wir entwickeln einen Formalismus zur quantitativen Auswertung dieser Idee. Dazu gehen wir von der großkanonischen Zustandssumme und ihrer Beziehung (22.30) zur kanonischen Zustandssumme aus:

$$Y(T,V,\mu) = \sum_{N=0}^{\infty} Z(T,V,N)\, \exp(\beta\mu N) = \sum_{N=0}^{\infty} Z(N)\, \exp(\beta\mu N) \qquad (28.4)$$

Wie oben gilt $Z(N) = Z(T,V,N)$. Die ersten Terme dieser Summe lauten

$$Y(T,V,\mu) = 1 + Z(1)\, \exp(\beta\mu) + Z(2)\, \exp(2\beta\mu) + \ldots \qquad (28.5)$$

Für das ideale Gas (also für $w = 0$) gilt nach (25.18)

$$\exp(\beta\mu) = \frac{\lambda^3}{v} \ll 1 \qquad (w = 0) \qquad (28.6)$$

Die letzte Ungleichung gilt speziell für ein verdünntes Gas mit $v \gg \lambda^3$. Man könnte nun vermuten, dass (28.5) als Entwicklung nach Potenzen von $\exp(\beta\mu) \ll 1$ brauchbar ist. Tatsächlich wachsen aber die Koeffizienten exponentiell an; so gilt für das ideale Gas $Z_{\rm id}(N) = Z(1)^N/N!$, (25.7). Anders sieht es dagegen für die analoge Entwicklung $\ln Y$ aus:

$$\ln Y = Z(1)\, \exp(\beta\mu) + \left[Z(2) - \frac{Z(1)^2}{2} \right] \exp(2\beta\mu) + \ldots \qquad (28.7)$$

Dabei wurde (28.5) als $Y = 1 + x$ geschrieben und $\ln Y \approx x - x^2/2$ verwendet. Wegen $Z_{\rm id}(N) = Z(1)^N/N!$ verschwindet der Klammerausdruck für $w = 0$; dies gilt auch für die folgenden Terme. Die höheren Koeffizienten verschwinden also für $w \to 0$ und sind daher bei schwacher Wechselwirkung klein. Damit ist (28.7) ein geeigneter Ausgangspunkt zur quantitativen Behandlung des verdünnten Gases.

Der erste Term auf der rechten Seite in (28.7) beschreibt das ideale Gas. Der zweite berücksichtigt die Wechselwirkung zwischen jeweils nur zwei Atomen. Der dritte, nicht angegebene Term mit $Z(3)$ berücksichtigt die Wechselwirkung zwischen drei Atomen, sofern sie sich nicht auf die Wechselwirkung zwischen jeweils zwei Atomen reduziert.

Aus (23.32) und (23.28) folgt

$$P = P(T,V,\mu) = \frac{k_{\rm B}T}{V}\, \ln Y(T,V,\mu) \qquad (28.8)$$

$$N = N(T,V,\mu) = \frac{1}{\beta}\, \frac{\partial \ln Y(T,V,\mu)}{\partial\mu} \qquad (28.9)$$

Durch Elimination von μ erhält man hieraus die thermische Zustandsgleichung $P = P(T, V, N)$.

Wir benutzen die Abkürzungen

$$Z_1 = Z(1) = \frac{V}{\lambda^3} \qquad \text{und} \qquad Z_2 = Z(2) - \frac{Z(1)^2}{2} \tag{28.10}$$

Dann wird (28.8) und (28.9) mit (28.7) zu

$$\frac{PV}{k_B T} = \ln Y = Z_1 \exp(\beta\mu) + Z_2 \exp(2\beta\mu) + \ldots \tag{28.11}$$

$$N = \frac{1}{\beta}\frac{\partial \ln Y}{\partial \mu} = Z_1 \exp(\beta\mu) + 2Z_2 \exp(2\beta\mu) + \ldots \tag{28.12}$$

Aus diesen beiden Gleichungen folgt

$$\ln Y = N - Z_2 \exp(2\beta\mu) + \ldots \tag{28.13}$$

$$\exp(\beta\mu) = \frac{N}{Z_1} - \frac{2Z_2}{Z_1} \exp(2\beta\mu) + \ldots \tag{28.14}$$

Berücksichtigt man jeweils nur den ersten Term auf der rechten Seite, so erhält man die Ergebnisse des idealen Gases, (28.7). Der zweite Term ist der führende Korrekturterm; im Folgenden vernachlässigen wir alle höheren Terme. Dann genügt es, die niedrigste Näherung von (28.14)

$$\exp(\beta\mu) \approx \frac{N}{Z_1} = \frac{N}{V/\lambda^3} = n\lambda^3 \qquad \text{(niedrigste Ordnung)} \tag{28.15}$$

in den Korrekturterm in (28.13) einzusetzen:

$$\frac{PV}{k_B T} = \ln Y \approx N - Z_2 \left(\frac{N}{Z_1}\right)^2 = N\Big(1 - \frac{VZ_2}{Z_1^2}\, n\Big) = N\Big(1 + n\, B(T)\Big) \tag{28.16}$$

Wegen (28.15) ist (28.7) effektiv eine Entwicklung nach Potenzen der Teilchendichte $n = N/V$. Wenn man weitere Potenzen von $\exp(\beta\,\mu)$ in (28.7) und der folgenden Ableitung berücksichtigt, erhält man

$$\frac{PV}{Nk_B T} = 1 + n\, B(T) + n^2\, B_2(T) + \ldots \tag{28.17}$$

Diese Entwicklung heißt *Virialentwicklung*. Durch (28.16) haben wir den ersten Virialkoeffizienten $B(T)$ bestimmt:

$$\begin{aligned} B(T) &= -\frac{VZ_2}{Z_1^2} = -\frac{V}{Z(1)^2}\left(Z(2) - \frac{Z(1)^2}{2}\right) \\ &= -\frac{1}{2V}\left(\int_V d^3r_1 \int_V d^3r_2\, \exp\left[-\beta\, w(r_{12})\right] - \int_V d^3r_1 \int_V d^3r_2\, 1\right) \end{aligned} \tag{28.18}$$

Dabei haben wir (28.2) und (28.3) eingesetzt und V^2 durch Ortsintegrale ausgedrückt. Die Transformation zu Relativ- und Schwerpunktkoordinaten

$$\boldsymbol{R} = \frac{\boldsymbol{r}_1 + \boldsymbol{r}_2}{2}, \qquad \boldsymbol{r} = \boldsymbol{r}_2 - \boldsymbol{r}_1, \qquad \int_V d^3r_1 \int_V d^3r_2 \ldots = \int_V d^3R \int d^3r \ldots \quad (28.19)$$

ergibt

$$B(T) = -\frac{1}{2V} \int_V d^3R \int d^3r \Big(\exp\big[-\beta\, w(r)\big] - 1 \Big) \qquad (28.20)$$

Der Integrand $(\exp[-\beta\, w(r)] - 1)$ ist nur in einer Umgebung von einigen Ångström um $r = 0$ herum ungleich null. Daher kann die $\boldsymbol{r}$–Integration auf den ganzen Raum ausgedehnt werden. (Abweichend hiervon ist die $\boldsymbol{r}$–Integration begrenzt, wenn $\boldsymbol{R}$ nahe – im Bereich einiger Ångström – beim Rand von V liegt. Diese Abweichungen können aber für ein makroskopisches Volumen V vernachlässigt werden). Da w nur von $r = |\boldsymbol{r}|$ abhängt, gilt $d^3r = 4\pi r^2 dr$. Die $\boldsymbol{R}$-Integration ergibt den Faktor V. Damit erhalten wir

$$\boxed{B(T) = -2\pi \int_0^\infty dr\, r^2 \Big(\exp\big[-\beta\, w(r)\big] - 1 \Big)} \qquad (28.21)$$

In diesem zentralen Ergebnis steht auf der einen Seite der *makroskopisch messbare* Virialkoeffizient $B(T)$ und auf der anderen Seite die *mikroskopische* Wechselwirkung $w(r)$ zwischen zwei Atomen. Damit können aus der Messung von $B(T)$ Rückschlüsse auf $w(r)$ gezogen werden.

Eine alternative Methode zur Bestimmung von $w(r)$ wäre ein Streuexperiment. Für gekreuzte Gasstrahlen kann man etwa den Wirkungsquerschnitt für elastische Streuung als Funktion des Winkels bestimmen; in Bornscher Näherung erhält man daraus die Fouriertransformierte von $w(r)$. Das Streuexperiment ist aber viel aufwändiger als die Messung von $B(T)$, die über (28.16) erfolgt.

Van der Waals-Gleichung

Die Bestimmung von $w(r)$ aus dem gemessenen $B(T)$ erfolgt praktisch so: Man macht einen Ansatz für das Potenzial, der von einigen Parametern abhängt. Damit berechnet man $B(T)$. Dann passt man die Parameter so an, dass das berechnete $B(T)$ näherungsweise mit dem gemessenen übereinstimmt. Wir führen dies für ein Potenzial durch, das durch zwei Parameter charakterisiert wird.

Der Durchmesser d der Atome beträgt wenige Ångström. Für Abstände $r < d$ wird das Potenzial $w(r)$ repulsiv. Versucht man nämlich, zwei Atome näher aneinander zu schieben, dann müssen die Elektronen wegen des Pauliprinzips in höhere Zustände ausweichen. Dies erfordert eine Energie von einigen Elektronenvolt pro Elektron; wegen $\text{eV} \approx 10^4\, k_\text{B}\text{K}$ ist diese Repulsion praktisch unendlich groß (im Vergleich zu $k_\text{B}T$). Im Bereich $r > d$ wird das Potenzial $w(r)$ dagegen negativ; für neutrale Atome entsteht durch induzierte elektrische Dipole eine Attraktion. Der

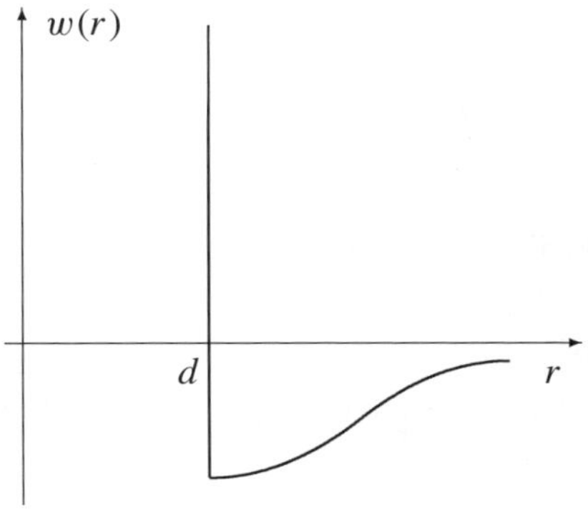

Abbildung 28.1 Zur Auswertung von (28.21) wird das skizzierte Atom-Atom-Potenzial verwendet. Es hat einen hard core, also $w = \infty$ für $r < d$. Die Stärke des attraktiven Teils ($w < 0$) soll klein gegenüber $k_{\mathrm{B}}T$ sein.

attraktive Teil hat eine Reichweite von einigen Ångström. Diese Diskussion macht folgenden Ansatz für $w(r)$ plausibel:

$$w(r) \begin{cases} = \infty & & r < d \\ < 0 & \text{für} & r \gtrsim d \\ \approx 0 & & r \gg d \end{cases} \tag{28.22}$$

Ein solches Potenzial ist in Abbildung 28.1 skizziert. Mögliche Potenzialansätze sind (28.39) und (28.40).

Phänomenologisch macht sich die Attraktivität des Potenzials dadurch bemerkbar, dass alle Gase für hinreichend tiefe Temperaturen zu Flüssigkeiten werden. Zu diesem Phasenübergang kommt es, wenn $k_{\mathrm{B}}T$ vergleichbar mit der Stärke des attraktiven Potenzials ist. Für das verdünnte Gas verlangen wir daher

$$\frac{|w(r)|}{k_{\mathrm{B}}T} \ll 1 \qquad \text{für } r > d \tag{28.23}$$

Hierfür gilt

$$\exp\big(-\beta\, w(r)\big) - 1 = \begin{cases} -1 & (r < d) \\ -\beta\, w(r) + \mathcal{O}(\beta^2 w^2) & (r > d) \end{cases} \tag{28.24}$$

Daraus erhalten wir

$$B(T) \approx 2\pi \int_0^d dr\; r^2 + 2\pi\beta \int_d^\infty dr\; r^2\, w(r) = b - \frac{a}{k_{\mathrm{B}}T} \tag{28.25}$$

mit den positiven Konstanten

$$b = \frac{2\pi d^3}{3}\,, \qquad a = -2\pi \int_d^\infty dr\; r^2\, w(r) \tag{28.26}$$

Mit diesem $B(T)$ wird (28.16) zu

$$P = \frac{k_{\mathrm{B}}T}{v}\Big(1 + n\, B(T)\Big) = \frac{k_{\mathrm{B}}T}{v}\Big(1 + \frac{b}{v}\Big) - \frac{a}{v^2} \tag{28.27}$$

Dabei ist $v = V/N$. Wir setzen noch

$$1 + \frac{b}{v} = \frac{1}{1 - b/v} + \mathcal{O}\left(\frac{b^2}{v^2}\right) \tag{28.28}$$

in (28.27) ein und lassen wie schon in (28.16) die Terme der Ordnung $b^2/v^2 = n^2 b^2$ weg. Damit erhalten wir die *van der Waals-Gleichung*:

$$\boxed{P + \frac{a}{v^2} = \frac{k_\mathrm{B} T}{v - b} \qquad \text{van der Waals-Gleichung}} \tag{28.29}$$

Die Korrekturen zum idealen Gasgesetz können wir so verstehen: Aufgrund der endlichen Größe der Atome ist das pro Teilchen zur Verfügung stehende Volumen v um b verringert. Der attraktive Teil der Wechselwirkung hat die Tendenz, die Teilchen zusammenzuhalten und verringert den Druck auf die Gefäßwände um $-a/v^2$.

Für $v \gg b$ sind die Gleichungen (28.27) und (28.29) äquivalent. Wenn man die Zustandsgleichung außerhalb des Bereichs der hier gegebenen Ableitung verwenden will, dann ist (28.29) die adäquate Form, denn die van der Waals-Gleichung ergibt das sinnvolle Verhalten $P \to \infty$ für $v \to b$. Dies entspricht dem Verhalten $P \to \infty$ für $v \to 0$ des idealen Gases.

Gültigkeitsbereich

Eine notwendige Bedingung für den Abbruch der Entwicklung (28.17) beim ersten Korrekturterm ist

$$n\, B(T) \ll 1 \tag{28.30}$$

Mit (28.25) wird dies zu

$$\frac{b}{v} \ll 1 \qquad \text{und} \qquad \frac{a}{v\, k_\mathrm{B} T} = \frac{\mathcal{O}\big(\langle |w_\mathrm{a}| \rangle\, b\big)}{v\, k_\mathrm{B} T} \ll 1 \tag{28.31}$$

Das Integral a aus (28.26) kann durch das Produkt aus einem Mittelwert $\langle |w_\mathrm{a}| \rangle$ des attraktiven Potenzials und dem zugehörigen Volumen abgeschätzt werden; das Volumen des attraktiven Bereichs ist von derselben Größenordnung wie b. Die zweite Bedingung in (28.31) folgt aus der ersten und aus (28.23). Damit verbleiben die Bedingungen

$$v \gg b \qquad \text{und} \qquad k_\mathrm{B} T \gg \langle |w_\mathrm{a}(r)| \rangle \tag{28.32}$$

Die erste Bedingung bedeutet, dass das pro Atom zur Verfügung stehende Volumen v groß gegenüber dem Eigenvolumen $(4\pi/3)\,(d/2)^3 = b/4$ der Atome sein muss. Wenn die zweite Bedingung verletzt wäre, würden die Gasatome dazu neigen, sich zu einer Flüssigkeit zusammenzuklumpen. Experimentell ist (28.32) durch niedrigen Druck und hohe Temperatur zu erfüllen.

Nachdem wir von der Entwicklung (28.7) nach Potenzen von $\exp(\beta\mu)$ ausgegangen sind, könnte man denken, dass es genügt, wenn $\exp(\beta\mu) \ll 1$ gilt. Wegen

(28.15) ist diese Bedingung äquivalent zu $v \gg \lambda^3$. Die Forderung $v \gg \lambda^3$ ist aber wesentlich schwächer als $v \gg b$; sie ist praktisch immer erfüllt, auch wenn das System sich der Flüssigkeitsphase annähert. Die Bedingung $\exp(\beta\mu) \ll 1$ ist daher unzureichend; dies liegt am Verhalten der Koeffizienten in (28.7).

Die van der Waals-Gleichung erlaubt die Beschreibung realer Gase. Tatsächlich kann sie über den angegebenen Gültigkeitsbereich hinaus benutzt werden, wenn sie als phänomenologische Gleichung mit empirischen Parametern a und b aufgefasst wird. Gleichung (28.26) kann dann als Abschätzung für diese Parameter betrachtet werden. Als phänomenologische Gleichung führt die van der Waals-Gleichung zu einer Beschreibung des Phasenübergangs zur Flüssigkeit (Kapitel 37).

Energie

Wir bestimmen noch die kalorische Zustandsgleichung des verdünnten, klassischen Gases:

$$\begin{aligned} E &= -\frac{\partial \ln Y}{\partial \beta} + \mu N = -\frac{\partial}{\partial \beta}\Big(Z_1 \exp(\beta\mu) + Z_2 \exp(2\beta\mu)\Big) + \mu N \\ &= -\mu\Big(Z_1 \exp(\beta\mu) + 2 Z_2 \exp(2\beta\mu)\Big) - \frac{\partial Z_1}{\partial \beta}\exp(\beta\mu) \\ &\quad - \frac{\partial Z_2}{\partial \beta}\exp(2\beta\mu) + \mu N = -\frac{\partial Z_1}{\partial \beta}\exp(\beta\mu) - \frac{\partial Z_2}{\partial \beta}\exp(2\beta\mu) \end{aligned} \tag{28.33}$$

Dabei wurde (28.11) und (28.12) verwendet. Aus

$$Z_1 = \frac{V}{\lambda^3} \propto \beta^{-3/2}\,, \qquad Z_2 \overset{(28.18)}{=} -\frac{Z_1^2}{V}\,B(T) = -\frac{V}{\lambda^6}\,B(T) \tag{28.34}$$

folgen die partiellen Ableitungen

$$\frac{\partial Z_1}{\partial \beta} = -\frac{3}{2\beta}\,Z_1\,, \qquad \frac{\partial Z_2}{\partial \beta} = -\frac{3}{\beta}\,Z_2 - \frac{V}{\lambda^6}\,\frac{\partial B(T)}{\partial \beta} \tag{28.35}$$

Wir setzen dies in (28.33) ein:

$$E = \frac{3}{2\beta}\,\underbrace{\Big(Z_1 \exp(\beta\mu) + 2 Z_2 \exp(2\beta\mu)\Big)}_{=\,N} + \underbrace{\exp(2\beta\mu)}_{\approx\,\lambda^6/v^2}\,\frac{V}{\lambda^6}\,\underbrace{\frac{\partial B(T)}{\partial \beta}}_{\approx\,-\,a} \tag{28.36}$$

Im ersten Term benutzen wir (28.12), im zweiten (28.15) und (28.25). Damit erhalten wir

$$E = E(T, V, N) = N\left(\frac{3}{2}\,k_{\mathrm{B}}T - \frac{a}{v}\right) \tag{28.37}$$

Nach (28.31) ist $a/v \sim \langle |w_{\mathrm{a}}(r)| \rangle\,(b/v)$. Dies ist die Stärke der attraktiven Wechselwirkung $\langle |w_{\mathrm{a}}| \rangle$, multipliziert mit der Wahrscheinlichkeit $\mathcal{O}(b/v)$, dass sich zwei Teilchen im Wechselwirkungsbereich aufhalten. Der repulsive Anteil des Potenzials $w(r)$ trägt nicht zur Energie bei, weil die Aufenthaltswahrscheinlichkeit in diesem Bereich null ist.

Aufgaben

28.1 Van der Waals-Gleichung auf Molzahl bezogen

Gehen Sie von der van der Waals-Gleichung

$$P + \frac{a}{v^2} = \frac{k_B T}{v - b} \qquad \text{mit} \quad v = V/N \tag{28.38}$$

aus. Leiten Sie daraus formal die analoge Gleichung ab, in der das Volumen $v' = V/\nu$ auf die Molzahl (anstelle der Teilchenzahl) bezogen ist.

28.2 Virialkoeffizienten aus Potenzial

Gegeben ist das Atom-Atom-Potenzial

$$w(r) = \begin{cases} \infty & r \leq \sigma \\ -\varepsilon \left[1 - r^3/(8\sigma^3) \right] & \sigma < r < 2\sigma \\ 0 & r \geq 2\sigma \end{cases} \tag{28.39}$$

Skizzieren Sie das Potenzial und berechnen Sie den Virialkoeffizienten $B(T)$ bis zur ersten Ordnung in $1/(k_B T)$. Bestimmen Sie damit die Parameter a und b der van der Waals-Gleichung (28.38).

28.3 Virialkoeffizienten für Lennard-Jones-Potenzial

Ein üblicher und realistischer Ansatz für das Atom-Atom-Potenzial ist das Lennard-Jones-Potenzial:

$$w(r) = 4\varepsilon \left(\frac{\sigma^{12}}{r^{12}} - \frac{\sigma^6}{r^6} \right) = \varepsilon \left(\frac{r_0^{12}}{r^{12}} - 2\,\frac{r_0^6}{r^6} \right) \tag{28.40}$$

Die beiden angegebenen Formen sind äquivalent. Die $1/r^6$–Potenz des attraktiven Teils entspricht einer induzierten Dipol-Dipol-Wechselwirkung. Die $1/r^{12}$–Potenz ist ein phänomenologischer Ansatz für die starke Repulsion bei kleineren Abständen. Realistische Parameter für ^{4}He-Atome sind $\varepsilon = 10.2\, k_B$K und $r_0 = 2.87$ Å.

Skizzieren Sie das Potenzial. Wo liegen die Nullstelle und das Minimum des Potenzials? Berechnen Sie den Virialkoeffizienten $B(T)$ unter Verwendung von $|\beta w| \ll 1$ im attraktiven Bereich des Potenzials und von $\exp(-\beta w) \approx 0$ im Bereich $r \leq \sigma$. Geben Sie die Parameter a und b der van der Waals-Gleichung (28.38) an.

29 Ideales Quantengas

Wir geben die quantenmechanische Auswertung der Zustandssumme für ein ideales Gas an. Dabei kann es sich um ein Gas aus Teilchen (etwa Atomen oder Elektronen) oder um ein Gas aus Quasiteilchen (etwa Phononen oder Photonen) handeln.

Grundlagen

Wir diskutieren zunächst die Austauschsymmetrie einer Wellenfunktion für N Teilchen (zum Beispiel Atome). Aus dieser Symmetrie folgt, wie die Zustände eines idealen Vielteilchensystems abzuzählen sind.

Für ein *ideales* Gas aus N Teilchen ist der Hamiltonoperator H eine Summe von Einteilchen-Hamiltonoperatoren h:

$$H = \sum_{\nu=1}^{N} h(\nu) \tag{29.1}$$

Im Argument von $h(\nu)$ steht ν für alle Koordinaten (Ort, Spin) und Impulsoperatoren des ν-ten Teilchens. Für nichtrelativistische Teilchen (Masse m) sei der Hamiltonoperator eines Teilchens von der Form

$$h(\nu) = -\frac{\hbar^2}{2m}\,\Delta_\nu + U(\boldsymbol{r}_\nu) \tag{29.2}$$

Dabei ist U das Wandpotenzial (24.16), das die Bewegung auf das zur Verfügung stehende Volumen V beschränkt. In einem kubischen Volumen $V = L^3$ sind nur die diskreten Impulse

$$\boldsymbol{p} := (p_1, p_2, p_3)\,, \qquad p_i = \frac{\pi\hbar}{L}\,n_i = \Delta p\; n_i \qquad (n_i = 1, 2, \ldots.) \tag{29.3}$$

des Teilchens möglich. Für eine vollständige Angabe des Zustands eines Teilchens muss auch der Spin angegeben werden; dies entfällt bei Teilchen ohne Spin. Der Spinzustand eines Teilchens mit Spin s kann durch die Spinkomponente in einer beliebigen Richtung festgelegt werden; üblicherweise nimmt man hierfür die z-Komponente s_z. Ein Einteilchenzustand ist dann durch die Impulsquantenzahlen $\boldsymbol{p}$ (oder n_1, n_2, n_3) und die Spinquantenzahl s_z definiert. Wir fassen diese Quantenzahlen zusammen:

$$a = (\boldsymbol{p}, s_z) \qquad (s_z = -s, -s+1, \ldots, s) \tag{29.4}$$

Die zugehörige Wellenfunktion ist ein Produkt

$$\psi_a = \varphi_{\boldsymbol{p}}(\boldsymbol{r})\, \chi_{s_z} \tag{29.5}$$

aus der Ortswellenfunktion $\varphi_{\boldsymbol{p}}$ und der Spinfunktion χ_{s_z}. Im kubischen Kasten ist die Ortswellenfunktion proportional zu $\sin(p_1 x_1/\hbar)\, \sin(p_2 x_2/\hbar)\, \sin(p_3 x_3/\hbar)$. Der Spinanteil könnte in der Form $|\theta_s, \phi_s\rangle$ angegeben werden oder auch in der Matrixdarstellung (Kapitel 37 in [3]). Die Wellenfunktion (29.5) ist Lösung des Einteilchen-Hamiltonoperators:

$$h(\nu)\, \psi_a(\nu) = \varepsilon_a\, \psi_a(\nu) \tag{29.6}$$

In $\psi_a(\nu)$ steht ν für die Orts- und Spinkoordinaten des ν-ten Teilchens. Für $h(\nu)$ aus (29.2) hängen die Einteilchenenergien nur vom Impuls ab $\varepsilon_a = p^2/2m$. In einem äußeren Magnetfeld B könnte sich dagegen $\varepsilon_a = p^2/2m - 2\mu_0 B\, s_z$ ergeben, (26.2).

Der wesentliche quantenmechanische Effekt in einem idealen Quantengas ist die Austauschsymmetrie der Vielteilchenzustände. (Die Quantisierung der Impulse spielt dagegen keine Rolle; denn Δp ist im Grenzfall $V \to \infty$ beliebig klein.) Wir betrachten zunächst $N = 2$ Teilchen mit den Eigenfunktionen ψ_a und ψ_b. Dann ist jede Linearkombination der Form

$$\Psi(1,2) = \alpha\, \psi_a(1)\, \psi_b(2) + \beta\, \psi_a(2)\, \psi_b(1) \tag{29.7}$$

eine Eigenfunktion von H:

$$H(1,2)\, \Psi(1,2) = \Big(h(1) + h(2)\Big)\, \Psi(1,2) = (\varepsilon_a + \varepsilon_b)\, \Psi(1,2) \tag{29.8}$$

Es stellt sich nun die Frage, welche der Linearkombinationen (29.7) zu nehmen ist. Dazu stellen wir zunächst fest, dass der Hamiltonoperator H symmetrisch unter Vertauschung der beiden Teilchen ist:

$$\big[H,\, P_{12}\big] = 0 \tag{29.9}$$

Der Vertauschungsoperator P_{12} ist dadurch definiert, dass für beliebige Wellenfunktionen $\Psi(1,2)$ gilt

$$P_{12}\, \Psi(1,2) = \Psi(2,1) \tag{29.10}$$

Wegen (29.9) kann man simultane Eigenfunktionen von H und P_{12} finden (siehe Kapitel 17 in [3]). Die Eigenwertgleichung von P_{12} lautet

$$P_{12}\, \Psi_\lambda(1,2) = \lambda\, \Psi_\lambda(1,2) \tag{29.11}$$

Wendet man auf beide Seiten noch einmal P_{12} an und berücksichtigt $P_{12}^2 = 1$ (folgt aus der Definition), so findet man $\lambda^2 = 1$ oder $\lambda = \pm 1$. Die zugehörigen Eigenfunktionen nennen wir *antisymmetrisch* für $\lambda = -1$ und *symmetrisch* für $\lambda = 1$. Wir geben die Eigenfunktionen (29.7) von H so an, dass sie simultane Eigenfunktionen von P_{12} sind:

$$\Psi_\pm(1,2) = C\, \Big(\psi_a(1)\, \psi_b(2) \pm \psi_a(2)\, \psi_b(1)\Big) \tag{29.12}$$

Dabei ist C eine Normierungskonstante. Aus zahlreichen Experimenten ergibt sich nun, dass in Abhängigkeit von der Teilchensorte nur antisymmetrische oder symmetrische Wellenfunktionen auftreten, und zwar:

- Für Teilchen mit halbzahligem Spin ist die Wellenfunktion antisymmetrisch beim Austausch zweier beliebiger Teilchen. Diese Teilchen heißen *Fermionen*.

- Für Teilchen mit ganzzahligem Spin ist die Wellenfunktion symmetrisch beim Austausch zweier beliebiger Teilchen. Diese Teilchen heißen *Bosonen*.

Zu den Fermionen gehören insbesondere Elektronen, Neutronen und Protonen. Gebundene Systeme aus einer ungeraden Anzahl von Fermionen (etwa ^{3}He-Atome) sind dann ebenfalls Fermionen, Systeme mit einer geraden Anzahl (etwa ^{4}He-Atome) sind Bosonen; die so zusammengesetzten Teilchen werden dabei als elementare Teilchen behandelt. Zu den Bosonen gehören auch die Photonen, die Spin 1 haben.

Die Symmetrieforderung gilt für beliebige Teilchenzahl. Es sind also nur Vielteilchenwellenfunktionen $\Psi_\pm$ zugelassen, für die

$$P_{\nu\mu}\,\Psi_\pm(1,..,\nu,..,\mu,..,N) = \Psi_\pm(1,..,\mu,..,\nu,..,N) = \pm\Psi_\pm(1,..,\nu,..,\mu,..,N) \tag{29.13}$$

gilt. Hierbei steht ν für die Orts- und Spinkoordinate des ν-ten Teilchens. Eine solche Wellenfunktion $\Psi_\pm$ nennen wir auch total symmetrisch oder total antisymmetrisch.

Aus der Antisymmetrie der Wellenfunktion folgt unmittelbar das *Pauliprinzip*. So gilt für (29.12):

$$a = b \quad\Longrightarrow\quad \Psi_-(1,2) \equiv 0 \tag{29.14}$$

Dies gilt auch für (29.13): Sind die Teilchen mit den Koordinaten ν und μ im gleichen Einteilchenzustand, dann ist $\Psi_-(...,\nu,...,\mu,...) = \Psi_-(...,\mu,...,\nu,...)$. Andererseits bedingt die Antisymmetrie $\Psi_-(...,\nu,...,\mu,...) = -\Psi_-(...,\mu,...,\nu,...)$. Daraus folgt $\Psi_- \equiv 0$.

Das Pauliprinzip ist entscheidend für den Aufbau der Atomhülle (Periodisches System) und des Atomkerns. Das einfachste Modell für diese Systeme ist das Schalenmodell, in dem angenommen wird, dass die Teilchen sich ohne gegenseitige Wechselwirkung in einem Potenzial bewegen. Der Hamiltonoperator des Schalenmodells ist damit ebenfalls von der Form (29.1). Das Schalenmodell gehört daher zur Klasse der idealen Quantengase (siehe Teil VIII von [3]). Die statistische Physik untersucht meist Systeme mit *sehr* vielen Teilchen, zum Beispiel mit $N > 10^{10}$ Teilchen. Deshalb werden die erwähnten Schalenmodelle hier nicht behandelt.

Im Gegensatz zu Fermionen können beliebig viele Bosonen im gleichen Einteilchenzustand sein. Damit ergeben sich gravierende Unterschiede bei der Abzählung der möglichen Zustände des Systems, also bei der Berechnung der Zustandssumme. Dies führt zu qualitativen Unterschieden im beobachtbaren Verhalten von Bose- und Fermisystemen.

Aus der Symmetrie der Wellenfunktion folgt die *Ununterscheidbarkeit* der Teilchen. Damit ist Folgendes gemeint: In einem System mit der Wellenfunktion (29.12) ist ein Teilchen im Zustand a und ein Teilchen im Zustand b. Offensichtlich kann man aber in (29.12) nicht sagen, welches Teilchen in welchem Zustand ist. In diesem Sinn sind die durch eine symmetrische oder antisymmetrische Wellenfunktion beschriebenen Teilchen *ununterscheidbar*. Dies ist mehr als gleichartig: Die Gleichartigkeit wird formal durch die Symmetrie (29.9) des Hamiltonoperators beschrieben; diese Symmetrie gilt aber auch für die entsprechende klassische Hamiltonfunktion. Es ist die zusätzliche Einschränkung auf total symmetrische oder antisymmetrische Wellenfunktionen, die aus gleichartigen Teilchen ununterscheidbare macht.

Statistik

Aus der quantenmechanischen Beschreibung der Vielteilchensysteme folgt die Art der Statistik. Unter *Statistik* verstehen wir in diesem Zusammenhang speziell die Abzählung der Möglichkeiten, elementare Teilchen auf Einteilchenzustände zu verteilen.

Nach der Diskretisierung (29.3) der Impulse können die Einteilchenzustände in eine abzählbare Reihenfolge gebracht werden, $(\boldsymbol{p}_1, s_{z,1}), (\boldsymbol{p}_2, s_{z,2}), (\boldsymbol{p}_3, s_{z,3}), \ldots$, wobei man mit den niedrigsten Impulsen beginnt. Die Ununterscheidbarkeit bedeutet, dass wir nur angeben können, wieviele Teilchen in einem bestimmten Einteilchenzustand sind, nicht aber welche Teilchen. Ein Mikrozustand r des Quantengases wird daher durch die Angabe der Anzahl der Teilchen in jedem Einteilchenzustand definiert:

$$r = \left(n_{\boldsymbol{p}_1}^{s_{z,1}}, n_{\boldsymbol{p}_2}^{s_{z,2}}, n_{\boldsymbol{p}_3}^{s_{z,3}}, \ldots \right) = \left\{ n_{\boldsymbol{p}}^{s_z} \right\} \tag{29.15}$$

Für die *Besetzungszahlen* $n_{\boldsymbol{p}}^{s_z}$ sind folgende Werte möglich:

$$n_{\boldsymbol{p}}^{s_z} = \begin{cases} 0 \text{ oder } 1 & \text{Fermionen} \\ 0, 1, 2, 3, \ldots & \text{Bosonen} \end{cases} \tag{29.16}$$

Die Energie des Mikrozustands r ist

$$E_r = \sum_{s_z,\, \boldsymbol{p}} \varepsilon_{\boldsymbol{p}}^{s_z}\, n_{\boldsymbol{p}}^{s_z} = \sum_{s_z,\, \boldsymbol{p}} \varepsilon_p\, n_{\boldsymbol{p}}^{s_z} \tag{29.17}$$

Im Folgenden nehmen wir $\varepsilon_{\boldsymbol{p}}^{s_z} = \varepsilon_p$ an; die Einteilchenenergie soll also nur vom Betrag des Impulses abhängen.

Für den Mikrozustand (29.15) ergibt sich die Gesamtteilchenzahl

$$N_r = \sum_{s_z,\, \boldsymbol{p}} n_{\boldsymbol{p}}^{s_z} \tag{29.18}$$

Der Mikrozustand kann auch durch

$$r = \big(r',\, N_r\big) \tag{29.19}$$

gekennzeichnet werden, wobei r' die Festlegungen enthält, die neben N_r in r enthalten sind. Für einige Quantengase kann man die Teilchenzahl experimentell vorgeben, für andere nicht. Ein gewöhnliches Gas gehört zum ersten Fall, ein Gas aus Photonen zum zweiten.

Wenn die Teilchenzahl N vorgegeben ist, gibt es zwei Möglichkeiten der statistischen Behandlung. Zum einen kann man sich auf Mikrozustände mit $N_r = N$ beschränken und die kanonische Zustandssumme berechnen:

$$N_r = N\,, \qquad E_{r'} = E_{r'}(V,N)\,, \qquad Z(T,V,N) = \sum_{r'} \exp\big(-\beta\, E_{r'}(V,N)\big) \tag{29.20}$$

Zum anderen kann man die Teilchenzahl N_r zunächst offen lassen und die großkanonische Zustandssumme berechnen:

$$Y(T,V,\mu) = \sum_r \exp\Big(-\beta\big[\,E_r(V,N_r) - \mu N_r\,\big]\Big)\,, \qquad N = \overline{N_r} \tag{29.21}$$

In diesem Fall ist μ so zu wählen, dass der Mittelwert von N_r gleich N ist.

Es gibt Quantengase, in denen die Teilchenzahl N nicht vorgegeben ist. So liegt zum Beispiel in einem Plasma die Anzahl der Photonen nicht fest; sie ist vielmehr eine Funktion der Temperatur. In diesem Fall kommt N nicht im Hamiltonoperator vor, und die Energieeigenwerte sind von N unabhängig, $E_r(V,N) = E_r(V)$. Damit verschwindet die zu diesem äußeren Parameter gehörige verallgemeinerte Kraft:

$$\mu = \overline{\frac{\partial E_r(V)}{\partial N}} \equiv 0 \qquad \text{(Teilchenzahl nicht vorgegeben)} \tag{29.22}$$

Dann stimmen die kanonische und großkanonische Zustandssumme überein:

$$Z(T,V) = \sum_r \exp\Big(-\beta\, E_r(V)\Big) = Y(T,V,\ \mu = 0) \tag{29.23}$$

Wir werden alle idealen Quantengase mit der Zustandssumme Y behandeln, und gegebenenfalls $\mu \equiv 0$ benutzen.

Durch (29.15) – (29.18) sind die Voraussetzungen für die Berechnung der Zustandssumme gegeben. Die Eigenschaften des Quantengases gehen über die Einteilchenenergien ε_p und den Spin ein. Der Spin legt fest, welche der beiden Möglichkeiten von (29.16) zu nehmen ist; außerdem ist er bei der Summation über die Zustände zu berücksichtigen.

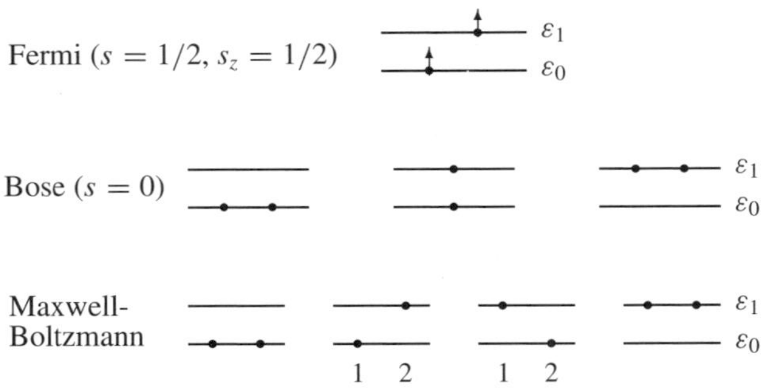

Abbildung 29.1 Zur Illustration der Quantenstatistik werden zwei Teilchen in zwei Energieniveaus betrachtet. Im Fall der Fermistatistik sollen die Spins der beiden Teilchen parallel stehen, in den anderen Fällen seien die Teilchen spinlos.

Beispiel

Als Beispiel betrachten wir ein System mit zwei Einteilchenzuständen, die die Energien $\varepsilon_0 = 0$ und $\varepsilon_1 = \varepsilon$ haben. In diesem System gebe es zwei Teilchen. Sofern sie Spin haben, lassen wir nur Teilchen mit ausgerichtetem Spin ($s_z = s$) zu. Die dann jeweils möglichen Zustände sind in Abbildung 29.1 graphisch dargestellt. Daraus ergeben sich die folgenden kanonischen Zustandssummen:

$$\begin{aligned} &\text{Fermi-Dirac-Statistik:} && Z = \exp(-\beta\,\varepsilon) \\ &\text{Bose-Einstein-Statistik:} && Z = 1 + \exp(-\beta\,\varepsilon) + \exp(-2\beta\,\varepsilon) \\ &\text{Maxwell-Boltzmann-Statistik:} && Z = \frac{1 + 2\exp(-\beta\,\varepsilon) + \exp(-2\beta\,\varepsilon)}{2} \end{aligned} \qquad (29.24)$$

Als kürzere Bezeichnungen sind Bose-, Fermi- und Boltzmannstatistik üblich. Die Boltzmannstatistik ist die bisher verwendete klassische Statistik mit dem zusätzlichen Faktor $1/N!$.

Dieses Beispiel zeigt, dass die Art der Abzählung von Zuständen Einfluss auf die Zustandssumme und damit auf die thermodynamischen Eigenschaften des Systems hat. Es macht zugleich klar, dass der Faktor $1/N!$ in der klassischen Statistik des idealen Gases (Kapitel 6 und 25) die Ununterscheidbarkeit der Teilchen nicht voll berücksichtigt.

Anwendungsbereich

Um die Zustandssumme auszuwerten, müssen wir den Spin und die Einteilchenenergie ε_p der betrachteten Teilchen angeben. Der Anwendungsbereich für Quantengase umfasst alle Systeme, in denen es *Anregungen* mit bestimmtem Spin (also Fermionen oder Bosonen) gibt, die durch einen Impuls $\boldsymbol{p}$ und eine Energie ε_p charakterisiert sind. Dies geht weit über den Bereich gewöhnlicher Gase hinaus.

In (29.2) haben wir nichtrelativistische Teilchen mit der Energie-Impuls-Beziehung $\varepsilon_p = p^2/2m$ vorausgesetzt. Die allgemeine relativistische Energie-Impuls-Relation lautet dagegen

$$\varepsilon_p = \sqrt{m^2c^4 + c^2p^2} \approx \begin{cases} mc^2 + \dfrac{p^2}{2m} & \text{(nichtrelativistisch)} \\ cp & \text{(hoch relativistisch)} \end{cases} \tag{29.25}$$

Im nichtrelativistischen Fall ist die Konstante mc^2 ohne Belang und kann daher weggelassen werden. Der relativistische Grenzfall gilt exakt für Teilchen mit Masse null, also für Photonen.

Wir führen im Folgenden einige Beispiele auf, die wir als ideale Gase aus Teilchen mit der Energie ε_p gemäß (29.15) – (29.23) behandeln können:

- *Elektronen im Metall*: In einem Metall kann sich ein Elektron pro Atom oder Gitterplatz näherungsweise frei bewegen; seine Energie ist $\varepsilon_p \approx p^2/2m$ mit einer effektiven Masse m. Die statistische Behandlung des Elektronengases führt zu einem Beitrag zur spezifischen Wärme, der proportional zu T ist.

- *Phononen im Kristall*: Die Schwingungen der Gitteratome um ihre Ruhelage führen zu Wellen (unter anderem Schallwellen). Für Wellen gibt die Dispersionsrelation $\omega = \omega(k)$ den Zusammenhang zwischen der Frequenz ω und der Wellenzahl k an. Die quantisierten Anregungen (mit $\varepsilon_p = \hbar\omega$ und $p = \hbar k$) der Welle heißen Phononen. Eine Schwingungsmode kann mehrere Anregungsquanten enthalten; die Phononen sind daher Bosonen. Für niedrige Temperaturen geben die Phononen einen Beitrag zur spezifischen Wärme, der proportional zu T^3 ist.

- *Photonen im Strahlungshohlraum*: Photonen sind die Quanten des elektromagnetischen Feldes. Sie haben Spin 1 und sind daher Bosonen. Ihre Energie ist $\varepsilon_p = cp = 2\pi\hbar c/\lambda$. Die statistische Behandlung als ideales Bosegas führt zu Plancks Strahlungsgesetz und zum Stefan-Boltzmann-Gesetz.

- *Flüssiges Helium*: Heliumatome kommen als ^{4}He (Bosonen) oder ^{3}He (Fermionen) vor. In grober Näherung kann man auch eine Heliumflüssigkeit als ideales Gas mit $\varepsilon_p = p^2/2m$ behandeln. Die Unterschiede zwischen dem idealen Fermi- und Bosegas spiegeln sich im Verhalten der realen ^{3}He- und ^{4}He-Flüssigkeit wider.

- *Magnonen im Ferromagneten*: So wie Auslenkungen der Gitteratome aus ihrer Mittellage zu Schallwellen führen, so ergeben Auslenkungen von Gitterspins aus ihrer ausgerichteten Lage Spinwellen. Die Quanten der Spinwellen sind Bosonen mit dem Namen Magnonen. Die Magnonen ergeben einen Beitrag zur spezifischen Wärme, der proportional zu $T^{3/2}$ ist.

In diesen Anwendungen entspricht die Energie ε_p entweder den durch die Wechselwirkung mehr oder weniger modifizierten Energieniveaus eines Teilchens, oder einer Anregung, die keinem materiellen Teilchen zuzuordnen ist (quantisierte Gitterschwingung, quantisierte elektromagnetische Schwingung).

Nach Landau bezeichnen wir die Teilchen oder die quantisierten Anregungen als *Quasiteilchen*; die Quasiteilchen sind die quantisierten elementaren Anregungen des Systems. Das System aus vielen Quasiteilchen kann oft in guter Näherung als ideales Gas behandelt werden.

Fermistatistik

Wir werten die großkanonische Zustandssumme

$$Y(T, V, \mu) = \sum_r \exp\Big(-\beta\big(E_r - \mu N_r\big)\Big) \tag{29.26}$$

für ein System aus Fermionen mit Spin 1/2 aus. Ein Mikrozustand r ist durch

$$r = \Big\{n_{\boldsymbol{p}}^{s_z}\Big\} = \Big(n_{\boldsymbol{p}_1}^{\uparrow}, n_{\boldsymbol{p}_1}^{\downarrow}, n_{\boldsymbol{p}_2}^{\uparrow}, n_{\boldsymbol{p}_2}^{\downarrow}, n_{\boldsymbol{p}_3}^{\uparrow}, \ldots\Big) \tag{29.27}$$

gegeben; dabei verwenden wir Pfeile anstelle von $s_z = \pm 1/2$. Hiermit erhalten wir

$$\begin{aligned} Y &= \sum_{n_{\boldsymbol{p}_1}^{\uparrow}=0}^{1} \sum_{n_{\boldsymbol{p}_1}^{\downarrow}=0}^{1} \ldots \exp\Big(-\beta\,(\varepsilon_{p_1} - \mu)\, n_{\boldsymbol{p}_1}^{\uparrow}\Big) \exp\Big(-\beta\,(\varepsilon_{p_1} - \mu)\, n_{\boldsymbol{p}_1}^{\downarrow}\Big) \cdot \ldots \\ &= \Big(1 + \exp\big[-\beta\,(\varepsilon_{p_1} - \mu)\big]\Big)^2 \Big(1 + \exp\big[-\beta\,(\varepsilon_{p_2} - \mu)\big]\Big)^2 \cdot \ldots \end{aligned} \tag{29.28}$$

also

$$Y(T, V, \mu) = \prod_{\boldsymbol{p}} \Big(1 + \exp\big[-\beta\,(\varepsilon_p - \mu)\big]\Big)^2 \tag{29.29}$$

Wir berechnen nun den Mittelwert von $n_{\boldsymbol{p}}{}^{s_z}$. Dazu greifen wir einen bestimmten diskreten Impulswert $\boldsymbol{p}_i$ und $s_z = 1/2$ heraus. Gegenüber (29.28) tritt in der Summe der zusätzliche Faktor $n_{\boldsymbol{p}_i}^{\uparrow}$ auf:

$$\begin{aligned} \overline{n_{\boldsymbol{p}_i}^{\uparrow}} &= \sum_r P_r\, n_{\boldsymbol{p}_i}^{\uparrow} = \frac{1}{Y} \sum_r n_{\boldsymbol{p}_i}^{\uparrow} \exp\big[-\beta\,(E_r - \mu N_r)\big] \\ &= \frac{1}{Y} \cdot \ldots \cdot \sum_{n_{\boldsymbol{p}_i}^{\uparrow}=0}^{1} n_{\boldsymbol{p}_i}^{\uparrow} \exp\Big(-\beta\,(\varepsilon_{p_i} - \mu)\, n_{\boldsymbol{p}_i}^{\uparrow}\Big) \cdot \ldots \\ &= \frac{1}{Y} \cdot \ldots \cdot \exp\big[-\beta\,(\varepsilon_{p_i} - \mu)\big] \cdot \ldots = \frac{\exp\big[-\beta\,(\varepsilon_{p_i} - \mu)\big]}{1 + \exp\big[-\beta\,(\varepsilon_{p_i} - \mu)\big]} \\ &= \frac{1}{\exp\big[\beta\,(\varepsilon_{p_i} - \mu)\big] + 1} \end{aligned} \tag{29.30}$$

Hierin könnte ε_p durch $\varepsilon_{\boldsymbol{p}}^{s_z}$ ersetzt werden. Wenn die Einteilchenenergien – wie angenommen – nur vom Betrag $p = |\boldsymbol{p}|$ des Impulses abhängen, dann gilt dies auch für die *mittlere Besetzungszahl*:

$$\boxed{\overline{n_{\boldsymbol{p}}^{s_z}} = \overline{n_p} = \frac{1}{\exp\left[\beta\left(\varepsilon_p - \mu\right)\right] + 1}} \tag{29.31}$$

Zur Berechnung der thermodynamischen Größen gehen wir von

$$\ln Y(T, V, \mu) = 2 \sum_{\boldsymbol{p}} \ln\Big(1 + \exp\big[-\beta(\varepsilon_p - \mu)\big]\Big) \tag{29.32}$$

aus. Dabei ist zu beachten, dass der Summenindex $\boldsymbol{p}$ und nicht p ist; es ist ja über alle nach (29.3) möglichen Werte der Komponenten zu summieren. Aus den Ableitungen von $\ln Y$ erhält man

$$N(T, V, \mu) = \frac{1}{\beta}\frac{\partial \ln Y}{\partial \mu} = 2 \sum_{\boldsymbol{p}} \overline{n_p} \tag{29.33}$$

$$E(T, V, \mu) = -\frac{\partial \ln Y}{\partial \beta} + \mu N = 2 \sum_{\boldsymbol{p}} \varepsilon_p\, \overline{n_p} \tag{29.34}$$

Für Systeme mit vorgegebener Teilchenzahl N ist μ in (29.33) so zu wählen, dass $N(T, V, \mu)$ gleich N ist. In diesem Sinn kann μ als *Normierungskonstante* der mittleren Besetzungszahlen (29.31) aufgefasst werden. Löst man $N = N(T, V, \mu)$ nach $\mu = \mu(T, V, N)$ auf, und setzt dieses μ in $E = E(T, V, \mu)$ ein, so erhält man die Energie in der Form $E = E(T, V, N)$, also die kalorische Zustandsgleichung. Die thermische Zustandsgleichung $P = P(T, V, N)$ erhält man, wenn man $\mu(T, V, N)$ in $P(T, V, \mu) = k_{\mathrm{B}} T \ln Y / V$ einsetzt.

Bosestatistik

Für ein System aus Bosonen mit Spin null ist ein Mikrozustand durch

$$r = \left\{n_{\boldsymbol{p}}\right\} = (n_{\boldsymbol{p}_1}, n_{\boldsymbol{p}_2}, n_{\boldsymbol{p}_3}, \ldots) \tag{29.35}$$

gegeben. Hierfür berechnen wir die großkanonische Zustandssumme

$$\begin{aligned} Y &= \sum_r \exp\left[-\beta(E_r - \mu N_r)\right] \\ &= \sum_{n_{\boldsymbol{p}_1}=0}^{\infty} \exp\left[-\beta\left(\varepsilon_{p_1} - \mu\right) n_{\boldsymbol{p}_1}\right] \cdot \sum_{n_{\boldsymbol{p}_2}=0}^{\infty} \exp\left[-\beta\left(\varepsilon_{p_2} - \mu\right) n_{\boldsymbol{p}_2}\right] \cdot \ldots \\ &= \frac{1}{1 - \exp\left[-\beta\left(\varepsilon_{p_1} - \mu\right)\right]} \cdot \frac{1}{1 - \exp\left[-\beta\left(\varepsilon_{p_2} - \mu\right)\right]} \cdot \ldots \end{aligned} \tag{29.36}$$

Dies ergibt

$$Y(T, V, \mu) = \prod_{p} \frac{1}{1 - \exp\left[-\beta(\varepsilon_p - \mu)\right]} \tag{29.37}$$

Wir berechnen auch hier wieder die mittlere Besetzungszahl:

$$\begin{aligned}
\overline{n_{p_i}} &= \frac{1}{Y} \sum_r n_{p_i} \exp\left[-\beta\big(E_r - \mu N_r\big)\right] \\
&= \frac{1}{Y} \sum_{n_{p_1}=0}^{\infty} \cdots \sum_{n_{p_i}=0}^{\infty} \ldots n_{p_i} \exp\left[-\beta(\varepsilon_{p_i} - \mu)\, n_{p_i}\right] \ldots \\
&= \frac{1}{Y} \sum_{n_{p_1}=0}^{\infty} \cdots \left(\frac{1}{\beta}\frac{\partial}{\partial\mu} \sum_{n_{p_i}=0}^{\infty} \exp\left[-\beta(\varepsilon_{p_i} - \mu)\, n_{p_i}\right]\right) \ldots \\
&= \frac{1}{Y} \sum_{n_{p_1}=0}^{\infty} \cdots \left(\frac{1}{\beta}\frac{\partial}{\partial\mu} \frac{1}{1 - \exp\left[-\beta(\varepsilon_{p_i} - \mu)\right]}\right) \ldots \\
&= \frac{\exp[-\beta(\varepsilon_{p_i} - \mu)]}{1 - \exp[-\beta(\varepsilon_{p_i} - \mu)]} = \frac{1}{\exp\left[\beta(\varepsilon_{p_i} - \mu)\right] - 1}
\end{aligned} \tag{29.38}$$

Das Ergebnis unterscheidet sich von dem für Fermionen (29.31) durch ein Vorzeichen im Nenner:

$$\boxed{\overline{n_{\boldsymbol{p}}} = \overline{n_p} = \frac{1}{\exp\left[\beta(\varepsilon_p - \mu)\right] - 1}} \tag{29.39}$$

Dieses Vorzeichen führt zu entscheidenden Unterschieden zwischen Fermi- und Bosesystemen. Falls die Einteilchenenergien von der Richtung des Impulses oder des Spins (etwa für Teilchen mit $s = 1$) abhängen, ist ε_p in (29.39) durch $\varepsilon_{\boldsymbol{p}}^{s_z}$ zu ersetzen.

Aus

$$\ln Y(T, V, \mu) = -\sum_p \ln\Big(1 - \exp\big[-\beta(\varepsilon_p - \mu)\big]\Big) \tag{29.40}$$

folgen die Energie und die Teilchenzahl. Unmittelbar aus (29.39) erhalten wir hierfür die Form

$$E(T, V, \mu) = \sum_p \varepsilon_p \, \overline{n_p}\,, \qquad N(T, V, \mu) = \sum_p \overline{n_p} \tag{29.41}$$

Für $s \neq 0$ ist die Summe über s_z hinzuzufügen. Das chemische Potenzial μ kann wieder als Normierungskonstante der mittleren Besetzungszahlen $\overline{n_p}$ aufgefasst werden. Die Elimination von μ aus $N(T, V, \mu)$, $E(T, V, \mu)$ und $P(T, V, \mu) = k_{\mathrm{B}} T \ln Y / V$ führt zur kalorischen und thermischen Zustandsgleichung.

Druck

Wenn die Energiewerte von der Form $E_r = \sum \varepsilon_p \, n_p$ sind (ideales Gas) und wenn ε_p proportional zu einer Potenz von p ist, dann kann man einen einfachen Zusammenhang zwischen der Energie E und dem Druck P angeben.

Wir gehen von der Definition (8.8) des Drucks

$$P = -\overline{\frac{\partial E_r}{\partial V}} = -\sum_{s_z,\, \boldsymbol{p}} \frac{\partial \varepsilon_p}{\partial V} \, \overline{n_p} \tag{29.42}$$

aus. Bei der vorausgesetzten quasistatischen Änderung von V bleiben die Wahrscheinlichkeiten P_r und damit die $\overline{n_p}$ unverändert; die Ableitung nach V wirkt daher nur auf ε_p.

In der quantenmechanischen Behandlung werden die Teilchen (zum Beispiel Elektronen oder Photonen) durch Wellen beschrieben. Die Randbedingungen erzwingen diskrete Wellenzahlen, etwa $k_i = i\,\pi/L$ für eine Welle im Intervall $[0,\, L]$. Hieraus folgt die Volumenabhängigkeit $p_i = \hbar\, k_i \propto V^{-1/3}$ der Impulse. Die Aussage $p_i \propto V^{-1/3}$ gilt unabhängig davon, ob es sich um relativistische Teilchen handelt oder nicht.

Wir betrachten zwei Grenzfälle der Energie-Impuls-Beziehung:

$$\varepsilon_p = \begin{cases} p^2/2m & \propto \quad V^{-2/3} \\ c\,p & \propto \quad V^{-1/3} \end{cases} \tag{29.43}$$

Der erste Fall gilt für ein nichtrelativistisches Gas aus Teilchen der Masse m (etwa Gas aus Atomen oder Elektronen), der zweite Fall gilt für Photonen, Phononen oder hoch relativistische ($p \gg mc$) Teilchen. Die Ableitung nach V ergibt im ersten Fall $(-2/3)\,\varepsilon_p/V$, im zweiten Fall $(-1/3)\,\varepsilon_p/V$. Wir setzen dies in (29.42) ein:

$$P = \begin{cases} \dfrac{2}{3}\,\dfrac{E}{V} & \quad \left(\varepsilon_p \propto p^2\right) \\[2ex] \dfrac{1}{3}\,\dfrac{E}{V} & \quad \left(\varepsilon_p \propto p\right) \end{cases} \tag{29.44}$$

In diesen Fällen kann man die thermische Zustandsgleichung $P = P(T,\, V,\, N)$ unmittelbar aus der Energie $E(T,\, V,\, N)$ erhalten.

Der Zusammenhang (29.44) zwischen E und P hängt nicht von der Statistik ab, sondern nur von der Impulsabhängigkeit der Einteilchenenergien. Voraussetzung hierfür ist, dass die Energie gleich der Summe über die Einteilchenenergie ist (ideales Gas). Für ein mehratomiges ideales Gas ist für E der Translationsanteil E_{trans} der Energie einzusetzen.

Aufgaben

29.1 Quantenzahlen im unendlichen Potenzialkasten

Der Hamiltonoperator eines Teilchens im unendlich hohen Kasten lautet

$$h = -\frac{\hbar^2}{2m}\,\Delta + U(\boldsymbol{r}) \qquad \text{mit} \qquad U(\boldsymbol{r}) = \begin{cases} 0 & \boldsymbol{r} \in V \\ \infty & \boldsymbol{r} \notin V \end{cases}$$

Das Volumen V des Kastens sei kubisch.

Geben Sie die normierten Eigenfunktionen $\varphi_{\boldsymbol{p}}(\boldsymbol{r})$ an. Welche Werte kann $\boldsymbol{p}$ annehmen?

29.2 Zustandssummen für drei Teilchen

Drei Teilchen befinden sich in zwei Niveaus (mit den Energien ε_0 und ε_1). Es handelt sich um (i) klassische, unterscheidbare Teilchen, (ii) Bosonen mit Spin 0 und (iii) Fermionen mit Spin $1/2$. Geben Sie die jeweiligen Zustandssummen an.

29.3 Schwankung der Besetzungszahlen im Quantengas

Leiten Sie

$$\left(\Delta n_j\right)^2 = -\,k_{\mathrm{B}} T\,\frac{\partial\,\overline{n_j}}{\partial \varepsilon_j}$$

für die Schwankung Δn_j der Besetzungszahlen n_j eines idealen Quantengases ab. Dabei steht $j = (\boldsymbol{p}, s_z)$ für die Quantenzahlen eines Einteilchenzustands. Bestimmen Sie die relative Schwankung $(\Delta n_j)^2 / \overline{n_j}^{\,2}$ für ein Fermi- und ein Bosegas.

30 Verdünntes Quantengas

Für ein verdünntes, ideales Gas aus N Teilchen berechnen wir die quantenmechanischen Korrekturen, die sich gegenüber der klassischen Behandlung ergeben. Die Größe der Quantenkorrekturen ist durch das Verhältnis der thermischen Wellenlänge zum mittleren Teilchenabstand bestimmt.

Die Einteilchenenergien seien von der Form $\varepsilon_p = p^2/2m$. Unter der Voraussetzung

$$\exp(-\beta\mu) \gg 1 \tag{30.1}$$

können die Unterschiede zwischen der Fermi- und Bosestatistik näherungsweise vernachlässigt werden:

$$\overline{n_p} = \frac{1}{\exp\left[\beta(\varepsilon_p - \mu)\right] \pm 1} \approx \text{const.} \cdot \exp(-\beta\varepsilon_p) \tag{30.2}$$

Wegen (30.1) und wegen $\exp(\beta\varepsilon_p) \geq 1$ ist der erste Term im Nenner viel größer als 1. Dann kann der zweite Term (± 1) näherungsweise vernachlässigt werden. Im Ergebnis wurde die Größe $\exp(\beta\mu)$ als „const." (unabhängig von p) geschrieben. Das Ergebnis entspricht der Maxwellverteilung, also dem idealen klassischen Gas.

Sofern die Quantenkorrekturen klein sind, gilt näherungsweise das klassische Resultat $\exp(\beta\mu) = \lambda^3/v = \lambda^3/(V/N)$, (25.18). Damit wird (30.1) zu

$$\lambda^3 \ll v \qquad \text{(verdünntes Gas)} \tag{30.3}$$

Bei gegebener Temperatur liegt die thermische Wellenlänge λ fest. Die Bedingung (30.3) ist dann für ein hinreichend *verdünntes* Gas erfüllt. Im Folgenden bestimmen wir die führende *quantenmechanische Korrektur* zum klassischen idealen Gas.

Für das Fermigas mit $s = 1/2$ entwickeln wir $\ln Y$ aus (29.32) nach Potenzen von $\exp(\beta\mu)$:

$$\begin{aligned}\ln Y_{\text{Fermi}} &= 2\sum_p \ln\Big(1 + \exp\left[-\beta(\varepsilon_p - \mu)\right]\Big) \\ &= 2\sum_p \Big(\exp\left[-\beta(\varepsilon_p - \mu)\right] - \frac{1}{2}\exp\left[-2\beta(\varepsilon_p - \mu)\right] + \ldots\Big)\end{aligned} \tag{30.4}$$

Für das Bosegas mit $s = 0$ entwickeln wir $\ln Y$ aus (29.40) entsprechend:

$$\begin{aligned} \ln Y_{\text{Bose}} &= -\sum_p \ln\Big(1 - \exp\big[-\beta(\varepsilon_p - \mu)\big]\Big) \\ &= \sum_p \Big(\exp\big[-\beta(\varepsilon_p - \mu)\big] + \frac{1}{2}\exp\big[-2\beta(\varepsilon_p - \mu)\big] + \ldots\Big) \end{aligned} \tag{30.5}$$

In der Form

$$\ln Y = (2s+1)\sum_p \Big(\exp\big[-\beta(\varepsilon_p - \mu)\big] \mp \frac{1}{2}\exp\big[-2\beta(\varepsilon_p - \mu)\big] + \ldots\Big) \tag{30.6}$$

können wir beide Fälle zusammenfassen. Das obere Vorzeichen gilt für das Fermigas, das untere für das Bosegas. Wenn die Einteilchenenergien nicht vom Spin abhängen, ergibt die Summe über die Spinzustände den Faktor $2s + 1$.

Zur Auswertung der Summe über die Impulse betrachten wir ein kubisches Volumen $V = L^3$. Wie in (29.3) angegeben, können die kartesischen Impulskomponenten die Werte $p_i = \Delta p\, n_i$ annehmen, wobei $n_i = 1, 2, \ldots$. Die Abstände $\Delta p = \pi\hbar/L$ zwischen benachbarten Impulsen sind in einem makroskopischen Volumen V sehr klein gegenüber den mittleren Impulsen,

$$\Delta p \ll \overline{p} \tag{30.7}$$

Da die Impulswerte praktisch dicht liegen, kann die Summe über einen Impuls $\boldsymbol{p}$ durch Integrale ersetzt werden:

$$\begin{aligned} \sum_p \ldots &= \sum_{n_1=1}^{\infty}\sum_{n_2=1}^{\infty}\sum_{n_3=1}^{\infty} \ldots = \int_0^{\infty} dn_1 \int_0^{\infty} dn_2 \int_0^{\infty} dn_3 \ldots \\ &= \frac{1}{(\Delta p)^3}\int_0^{\infty} dp_1 \int_0^{\infty} dp_2 \int_0^{\infty} dp_3 \ldots \\ &= \frac{L^3}{(2\pi\hbar)^3}\int_{-\infty}^{\infty} dp_1 \int_{-\infty}^{\infty} dp_2 \int_{-\infty}^{\infty} dp_3 \ldots = \frac{V}{(2\pi\hbar)^3}\int d^3p \ldots \end{aligned} \tag{30.8}$$

Es wurde angenommen, dass der Integrand symmetrisch bezüglich der Operation $p_i \leftrightarrow -p_i$ ist. Die Quantisierung der Impulswerte mit $\Delta p = \pi\hbar/L$ bestimmt den Vorfaktor des Integrals in (30.8). Im Ergebnis spielt die Form des Volumens V keine Rolle. Die Ersetzung der Summe durch das Integral hat nichts mit der zentralen Näherung (30.1) dieses Kapitels zu tun; diese Ersetzung wird daher auch in den folgenden Kapiteln verwendet.

Wir werten zunächst den führenden Term in (30.6) aus, indem wir die Summe über die diskreten Impulse gemäß (30.8) durch ein Integral ersetzen:

$$\ln Y = (2s+1)\,\frac{V}{(2\pi\hbar)^3}\int d^3p\, \exp\left(-\frac{p^2}{2m k_{\text{B}} T}\right) \exp(\beta\mu) \qquad \text{(0. Ordnung)} \tag{30.9}$$

Die Integration ergibt

$$\ln Y = (2s+1)\,\frac{V}{\lambda^3}\,\exp(\beta\mu) \qquad \text{(0. Ordnung)} \tag{30.10}$$

In dieser nullten Ordnung erhalten wir das ideale Gasgesetz

$$N = \frac{1}{\beta}\,\frac{\partial \ln Y}{\partial \mu} = (2s+1)\,\frac{V}{\lambda^3}\,\exp(\beta\mu) = \ln Y = \frac{PV}{k_\mathrm{B}T} \qquad \text{(0. Ordnung)} \tag{30.11}$$

Hieraus folgt auch

$$\exp(\beta\mu) = \frac{1}{2s+1}\,\frac{\lambda^3}{v} \qquad \text{(0. Ordnung)} \tag{30.12}$$

Dies zeigt, dass (30.6) eine Entwicklung nach Potenzen von λ^3/v ist. Eine solche Entwicklung ist für hinreichend kleine Dichten (v groß) oder hohe Temperaturen (λ klein) gültig. Im Grenzfall $\lambda^3/v \to 0$ gilt $\mu \to -\infty$.

Wir werten nun den Korrekturterm in (30.6) aus. Im Exponenten steht bei $\varepsilon = p^2/2m$ ein zusätzlicher Faktor 2; verglichen mit (30.9) führt dies bei der Integration mit d^3p zu einem Faktor $2^{-3/2}$. In 1. Ordnung erhalten wir daher

$$\ln Y = (2s+1)\,\frac{V}{\lambda^3}\left(\exp(\beta\mu) \mp \frac{1}{2^{5/2}}\,\exp(2\beta\mu)\right) \tag{30.13}$$

Höhere Terme werden hier und im Folgenden vernachlässigt. Aus (30.13) folgt

$$N = \frac{1}{\beta}\,\frac{\partial \ln Y}{\partial \mu} = (2s+1)\,\frac{V}{\lambda^3}\left(\exp(\beta\mu) \mp \frac{1}{2^{3/2}}\,\exp(2\beta\mu)\right) \tag{30.14}$$

Die letzten beiden Gleichungen ergeben

$$\ln Y = N \pm \frac{2s+1}{2^{5/2}}\,\frac{V}{\lambda^3}\,\exp(2\beta\mu) \tag{30.15}$$

Der zweite Term auf der rechten Seite ist ein Term 1. Ordnung. In ihm können wir daher $\exp(\beta\mu)$ in 0. Ordnung einsetzen, also (30.12):

$$\ln Y = N \pm \frac{1}{2^{5/2}}\,\frac{1}{2s+1}\,\frac{\lambda^3}{V}\,N^2 \tag{30.16}$$

Mit $\ln Y = -J/k_\mathrm{B}T = PV/k_\mathrm{B}T$ schreiben wir dies in der Form

$$\boxed{\frac{PV}{Nk_\mathrm{B}T} = 1 + \frac{B_\mathrm{qm}(T)}{v} \qquad \text{verdünntes Quantengas}} \tag{30.17}$$

mit dem *quantenmechanischen Virialkoeffizienten*

$$B_\mathrm{qm}(T) = \begin{cases} +\dfrac{\lambda^3}{2^{7/2}} & \text{Fermigas } (s = 1/2) \\[2ex] -\dfrac{\lambda^3}{2^{5/2}} & \text{Bosegas } (s = 0) \end{cases} \tag{30.18}$$

Nach (29.44) erhalten wir für die Energie

$$E = \frac{3}{2}\,PV = \frac{3}{2}\,Nk_{\mathrm{B}}T\left(1 + \frac{B_{\mathrm{qm}}(T)}{v}\right) \qquad (30.19)$$

Damit haben wir die quantenmechanischen Korrekturen zum idealen Gas abgeleitet.

Diskussion

Wegen $\exp(\beta\mu) \sim \lambda^3/v$ ist (30.6) eine Entwicklung nach Potenzen von λ^3/v. Wir diskutieren zunächst die Voraussetzung $\lambda^3/v \ll 1$ für konkrete Systeme.

Die thermische Wellenlänge λ ist die quantenmechanische Wellenlänge eines Teilchens mit einer kinetischen Energie der Größe $k_{\mathrm{B}}T$:

$$\lambda = \frac{2\pi\hbar}{\sqrt{2\pi m\,k_{\mathrm{B}}T}} \qquad \Longrightarrow \qquad \frac{\hbar^2}{2m}\left(\frac{2\pi}{\lambda}\right)^2 = \pi\,k_{\mathrm{B}}T \qquad (30.20)$$

Bis auf einen numerischen Faktor ist $v^{1/3}$ gleich dem mittleren Abstand zweier Gasteilchen. Die Größe der Korrektur zum idealen Gasgesetz ist bestimmt durch das Verhältnis

$$\frac{\lambda}{v^{1/3}} \approx \frac{\text{thermische Wellenlänge}}{\text{mittlerer Teilchenabstand}} \qquad (30.21)$$

Für hinreichend tiefe Temperaturen wird $\lambda \propto 1/\sqrt{T}$ schließlich vergleichbar mit $v^{1/3}$; dann sind die Quantenkorrekturen nicht mehr klein. Die zugehörige Temperatur T_{trans} ist durch

$$\Delta\varepsilon_{\mathrm{trans}} = \frac{\hbar^2}{m\,v^{2/3}} = k_{\mathrm{B}}\,T_{\mathrm{trans}} \qquad (30.22)$$

gegeben. Wir werten dies für Luft numerisch aus. Die Luftmoleküle (O_2 oder N_2) haben die Masse $m \approx 30\ \mathrm{GeV}/c^2$ (eine Nukleonmasse ist etwa gleich $1\,\mathrm{GeV}/c^2$). Die Temperatur T_{trans} ist maximal für minimales $v = V/N$. Das Volumen pro Teilchen muss mindestens gleich dem Eigenvolumen der Moleküle sein. Als unteren Wert setzen wir daher $v^{1/3} = 4\ \text{Å}$ an:

$$\Delta\varepsilon_{\mathrm{trans}} \lesssim \frac{\hbar^2}{30\,\mathrm{GeV/c^2}\cdot(4\,\text{Å})^2} \approx 10^{-5}\,\mathrm{eV} \approx 0.1\,k_{\mathrm{B}}\mathrm{K} \qquad (\text{für } N_2) \qquad (30.23)$$

Dabei wurde $\hbar c/\text{Å} = (\hbar c/e^2)(e^2/\text{Å}) \approx 137\cdot 14.4\ \mathrm{eV}$ verwendet.

Wir behandeln hier nur die Freiheitsgrade der Translation. Die Skala $\Delta\varepsilon_{\mathrm{trans}} = k_{\mathrm{B}}T_{\mathrm{trans}}$ für Quanteneffekte der Translation ist keine Folge der Impulsquantisierung mit $\Delta p = \pi\hbar/V^{1/3}$. Die Impulsquantisierung führt nur zu sehr kleinen Energieabständen:

$$\Delta\varepsilon' = \frac{(\Delta p)^2}{2m} \approx \frac{\hbar^2}{m\,V^{2/3}} = \frac{\Delta\varepsilon_{\mathrm{trans}}}{N^{2/3}} \ll \Delta\varepsilon_{\mathrm{trans}} \qquad (30.24)$$

Die Quantisierung $\Delta\varepsilon'$ spielt für ein makroskopisches System also keine Rolle. Die durch $B_{\rm qm}$ beschriebenen Quantenkorrekturen beruhen vielmehr auf der Austauschsymmetrie der Teilchen, die zu Unterschieden bei der Abzählung der Zustände führt (vergleiche Abbildung 29.1).

Nach (30.23) werden Quanteneffekte für die Translation erst bei Temperaturen ($T_{\rm trans} \lesssim 0.1\,$K) wesentlich, bei denen gewöhnliche Gase in der festen Phase vorliegen. In der Gasphase sind die berechneten Quanteneffekte daher sehr kleine Korrekturen.

Eine Ausnahmestellung nehmen die Edelgase ^{3}He und ^{4}He ein. Sie kondensieren bei etwa 5 K, werden aber bei Normaldruck auch für $T \to 0$ nicht fest. Daher bleiben die hier behandelten Freiheitsgrade der Translation erhalten, auch wenn erhebliche Modifikationen durch die Wechselwirkung in der Flüssigkeit zu erwarten sind. Wenn wir in der Abschätzung (30.23) die kleinere Masse $m \approx 4\,\mathrm{GeV/c^2}$ der Heliumatome und den Wert $v^{1/3} \approx 3.6\,$Å für flüssiges Helium einsetzen, ergibt sich

$$\Delta\varepsilon_{\rm trans} = \frac{\hbar^2}{m\,v^{2/3}} \approx 1\,k_{\rm B}\,\mathrm{K} \qquad \text{(für He)} \tag{30.25}$$

In der Tat kommt es in der Nähe von 2 K zu dramatischen Unterschieden im Verhalten der realen ^{3}He- und ^{4}He-Flüssigkeiten. Der Grund hierfür ist die unterschiedliche Austauschsymmetrie für Bosonen (^{4}He-Atome) und Fermionen (^{3}He-Atome). Die realen Flüssigkeiten zeigen qualitative Ähnlichkeiten mit den entsprechenden idealen Quantengasen (Kapitel 31 und 32).

Für reale Gase aus Atomen oder Molekülen wird die quantenmechanische Korrektur $\mathcal{O}(\lambda^3/v)$ von Effekten der Wechselwirkung überlagert. Für das verdünnte, wechselwirkende klassische Gas hatten wir Korrekturen der Größe

$$B(T) \sim b \;\gg\; B_{\rm qm}(T) \sim \lambda^3 \tag{30.26}$$

erhalten; dabei ist $B(T)$ der Virialkoeffizient aus (28.21) und b das vierfache Eigenvolumen der Atome. Wegen $\lambda^3 \ll b$ ist die quantenmechanische Korrektur praktisch immer vernachlässigbar klein. Außerdem wären quantenmechanische Effekte zunächst bei der Auswertung der Zustandssumme $Z(2)$ in (28.3) zu berücksichtigen: Damit das attraktive Potenzial wirken kann, muss ein Gasteilchen seine Position auf den Bereich $\mathcal{O}(b)$ einschränken. Dies bedingt eine kinetische Energie der Größe $\hbar^2/(m\,b^{2/3})$; hierdurch wird der Effekt der attraktiven Wechselwirkung verringert. Diese quantenmechanische Korrektur ist von der Größe $\hbar^2/(m\,b^{2/3}) = \mathcal{O}(\hbar^2)$; sie ist daher noch vor $B_{\rm qm} = \mathcal{O}(\hbar^3)$ zu berücksichtigen.

Für das Elektronengas im Metall genügen die berechneten quantenmechanischen Korrekturen nicht. Wegen der viel kleineren Masse $m_{\rm e} \approx 0.5\,\mathrm{MeV/c^2}$ ergibt sich ein um einen Faktor $\mathcal{O}(10^4)$ größeres $T_{\rm trans}$ als in (30.25). Das Elektronengas muss daher quantenmechanisch behandelt werden (Kapitel 32).

31 Ideales Bosegas

Wir untersuchen das ideale Bosegas mit fester Teilchenzahl. Das ideale Bosegas ist ein bemerkenswertes Modell, weil es zu einem exakt berechenbaren Phasenübergang führt, der so genannten Bose-Einstein-Kondensation. Die enge Beziehung dieses Phasenübergangs zum λ-Übergang in der realen ^{4}He-Flüssigkeit wird in Kapitel 38 erörtert.

Wir gehen von nichtrelativistischen Bosonen mit dem Spin 0 und der Masse m aus. Die Einteilchenzustände mit dem Impuls $\boldsymbol{p}$ haben die Energie

$$\varepsilon_p = \frac{p^2}{2m} \tag{31.1}$$

Nach (29.39) ist die mittlere Anzahl von Bosonen in einem Einteilchenzustand

$$\overline{n_p} = \frac{1}{\exp\left[\beta(\varepsilon_p - \mu)\right] - 1} \tag{31.2}$$

Die thermodynamische Energie und Teilchenzahl sind durch

$$E(T, V, \mu) = \sum_{\boldsymbol{p}} \varepsilon_p \, \overline{n_p}\,, \qquad N(T, V, \mu) = \sum_{\boldsymbol{p}} \overline{n_p} \tag{31.3}$$

gegeben. Nach (30.8) kann die Summe über die diskreten Impulse als Integral ausgeführt werden:

$$\sum_{\boldsymbol{p}} \ldots = \frac{V}{(2\pi\hbar)^3} \int d^3p \ \ldots \tag{31.4}$$

Durch (31.1) – (31.4) ist das *ideale Bosegas* definiert. Aus (31.3) erhalten wir durch Elimination von μ die Energie $E(T, V, N)$. Aus $E(T, V, N)$ folgen dann die spezifische Wärme c_V und der Druck (29.44), und damit auch alle anderen thermodynamischen Größen.

Für die mittlere Besetzungszahl (31.2) gilt

$$\overline{n_p} \ \stackrel{\varepsilon_p - \mu \to 0}{\longrightarrow} \ \infty \tag{31.5}$$

Für positives μ wäre die mittlere Besetzungszahl also bei $\varepsilon_p = \mu$ singulär, $\overline{n_p} \propto 1/(\varepsilon_p - \mu)$. Dann würde das Integral (31.4) über $\overline{n_p}$ divergieren. Daher muss

$$\mu \le 0 \tag{31.6}$$

gelten und damit $\varepsilon_p - \mu \geq 0$. Für $\varepsilon_p - \mu > 0$ können wir $\overline{n_p}$ nach Potenzen von $\exp(-\beta(\varepsilon_p - \mu)) < 1$ entwickeln:

$$N = \sum_p \overline{n_p} = \sum_p \frac{\exp(-\beta(\varepsilon_p - \mu))}{1 - \exp(-\beta(\varepsilon_p - \mu))} = \sum_p \sum_{l=1}^{\infty} \Big(\exp[-\beta(\varepsilon_p - \mu)] \Big)^l$$

$$= \frac{V}{(2\pi\hbar)^3} \sum_{l=1}^{\infty} \exp(\beta\mu l) \int d^3p \, \exp\left(-\frac{p^2 l}{2m k_B T}\right) \tag{31.7}$$

Für $l = 1$ ist das Integral bereits aus (24.19) und (24.20) bekannt,

$$\frac{1}{(2\pi\hbar)^3} \int d^3p \, \exp\left(-\frac{p^2}{2m k_B T}\right) = \frac{1}{\lambda^3} \quad \text{mit} \quad \lambda = \frac{2\pi\hbar}{\sqrt{2\pi m k_B T}} \tag{31.8}$$

Im Integral in (31.7) substituieren wir $p^2 l \to p'^2$ und $d^3p \to d^3p'/l^{3/2}$. Verglichen mit (31.8) ergibt sich ein zusätzlicher Faktor $1/l^{3/2}$, also

$$N(T, V, \mu) = \frac{V}{\lambda^3} \sum_{l=1}^{\infty} \frac{\exp(\beta\mu l)}{l^{3/2}} = \frac{V}{\lambda^3}\, g_{3/2}(z) \tag{31.9}$$

Im letzten Schritt haben wir die verallgemeinerte Riemannsche Zetafunktion

$$g_\nu(z) \equiv \sum_{l=1}^{\infty} \frac{z^l}{l^\nu} \tag{31.10}$$

mit dem Argument

$$z = \exp(\beta\mu) \tag{31.11}$$

eingeführt. Bei gegebenem $v = V/N$ und T bestimmt (31.9) das chemische Potenzial $\mu = \mu(T, v)$. Zur Temperaturabhängigkeit von $\mu(T, v)$ (Abbildung 31.1) stellen wir fest: Für $T \to \infty$ gilt $\lambda^3 \to 0$, daher muss $g_{3/2}(z)$ in (31.9) gegen null gehen, und damit $z \to 0$ und $\mu \to -\infty$. Bei abnehmender Temperatur wächst λ^3, und damit auch $g_{3/2}(z)$ in (31.9). Da $g_{3/2}(z)$ eine monotone Funktion von z ist, muss z dann größer werden. Nach (31.6) gilt $\mu \leq 0$, und damit $z \leq 1$. Die Lösung für den maximalen Wert $\mu = 0$ oder $z = 1$ kennzeichnen wir mit einem Index c:

$$\frac{\lambda_c^3}{v} = g_{3/2}(1) = \zeta(3/2) \tag{31.12}$$

Die verallgemeinerte Riemannsche Zetafunktion $g_\nu(z)$ reduziert sich dabei zur Riemannschen Zetafunktion $\zeta(\nu)$:

$$g_\nu(1) = \zeta(\nu) \equiv \sum_{l=1}^{\infty} \frac{1}{l^\nu} \approx \begin{cases} \infty & (\nu = 1/2) \\ 2.6124 & (\nu = 3/2) \\ 1.3415 & (\nu = 5/2) \end{cases} \tag{31.13}$$

Wir haben hier die später benötigten numerischen Werte angegeben. Aus (31.12) folgt die zu $\mu = 0$ gehörige Temperatur T_c:

$$k_B T_c = \frac{2\pi}{[\zeta(3/2)]^{2/3}} \frac{\hbar^2}{m\, v^{2/3}} \qquad \text{Übergangstemperatur} \tag{31.14}$$

Wie wir sehen werden, ist hierdurch die Übergangstemperatur T_c eines Phasenübergangs definiert. Für $T \sim T_c$ ist die quantenmechanische Wellenlänge eines thermisch bewegten Teilchens gleich dem mittleren Teilchenabstand. Für die Parameter von flüssigem ^{4}He erhalten wir

$$T_c = 3.13\,\text{K} \qquad \left(^4\text{He},\ v = 46\,\text{Å}^3\right) \tag{31.15}$$

Bisher haben wir gesehen, dass μ von $-\infty$ bei $T \to \infty$ mit abnehmender Temperatur auf $\mu = 0$ für $T \to T_c$ wächst. Für $\mu > 0$ hat (31.9) keine Lösung. Hieraus folgt eine Einschränkung des Temperaturbereichs:

$$\mu \le 0 \quad \overset{(31.9)}{\Longrightarrow} \quad \frac{\lambda^3}{v} \le \zeta(3/2) \quad \text{oder} \quad T \ge T_c \tag{31.16}$$

Nun müssen sich die vorhandenen Teilchen aber auch für $T \le T_c$ irgendwie über die zur Verfügung stehenden Niveaus verteilen. Das heißt, die Gleichung $N = \sum \overline{n_p}$ *muss* eine Lösung haben; aus ihr darf nicht, wie in (31.16), die Beschränkung $T \ge T_c$ folgen. Damit weist (31.16) auf einen Fehler in der Auswertung der Teilchenzahlbedingung (31.7) hin.

Bei vorgegebener Dichte N/V folgt aus Gleichung (31.9)

$$\mu \overset{T \to T_c{}^+}{\longrightarrow} 0^- \tag{31.17}$$

Die Indizes + und − sollen anzeigen, von welcher Seite aus man sich dem Grenzwert nähert. Mit $\mu \to 0^-$ wird die mittlere Besetzungszahl des niedrigsten Niveaus mit $\varepsilon_0 = 0$ beliebig groß:

$$N_0 = \overline{n_0} \overset{\mu \to 0^-}{\longrightarrow} \infty \tag{31.18}$$

Im Folgenden bezeichnen wir die Anzahl der Teilchen im untersten Niveau mit N_0. In Abbildung 31.2 sind die Besetzungszahlen für $T < T_c$ skizziert, wie sie sich aus (31.2) mit $\mu = 0$ und aus der folgenden Diskussion ergeben.

Der Beitrag der N_0 Teilchen ging beim Übergang von der Summe zum Integral in (31.7) verloren: Für $\mu = 0$ und $p \to 0$ ist $\overline{n_p} \propto 1/p^2$. Dies ergibt in der Integration $d^3p = 4\pi\, p^2\, dp$ nur einen Beitrag proportional zu dp, also einen verschwindenden Beitrag in einer infinitesimalen Umgebung von $p = 0$. Da der Beitrag mit $\overline{n_0}$ nicht im Integral enthalten ist, muss er bei der Ersetzung $\sum_p \to \int d^3p$ gesondert berücksichtigt werden:

$$N = \overline{n_0} + \sum_{p \ne 0} \overline{n_p} = \overline{n_0} + \frac{V}{(2\pi\hbar)^3} \int d^3p\ \overline{n_p} = N_0 + \frac{V}{\lambda^3}\, g_{3/2}(z) \tag{31.19}$$

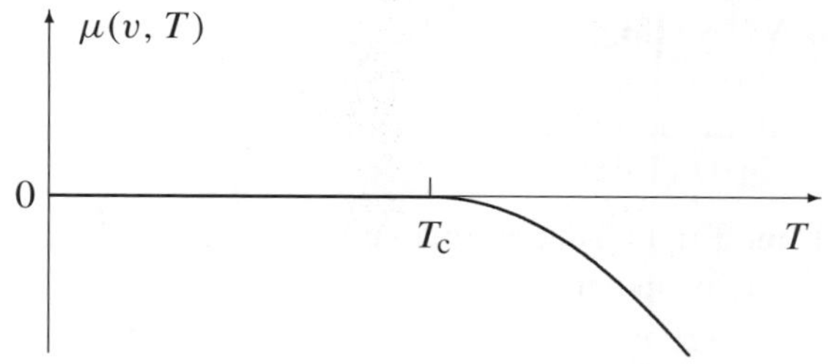

Abbildung 31.1 Chemisches Potenzial des idealen Bosegases als Funktion der Temperatur (v = const.).

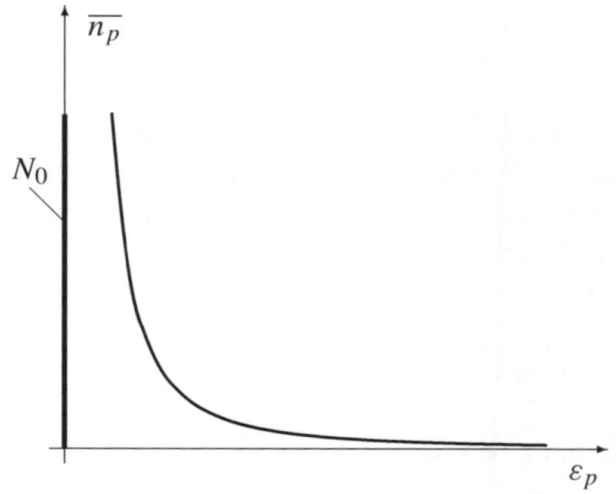

Abbildung 31.2 Besetzungszahlen des idealen Bosegases für $T < T_c$. Der dicke Balken soll die makroskopische Besetzung des untersten Einteilchenniveaus für $T < T_c$ darstellen, $N_0 = \overline{n_0} = \mathcal{O}(N)$.

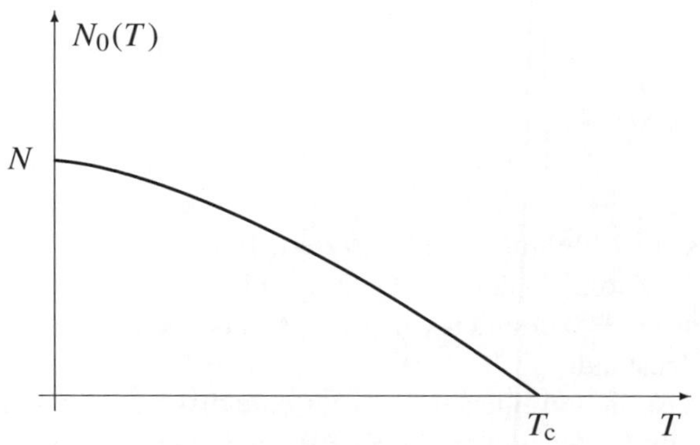

Abbildung 31.3 Anzahl N_0 der kondensierten Teilchen im idealen Bosegas als Funktion von T.

Für $T > T_c$ ist $\overline{n_0} = \mathcal{O}(1)$ und kann weggelassen werden; damit bleibt (31.9) für $T > T_c$ gültig. Für $N_0 \gg 1$ folgt aus (31.2)

$$1 \ll N_0 = \frac{1}{\exp\left[\beta(\varepsilon_0 - \mu)\right] - 1} \approx \frac{k_B T}{\varepsilon_0 - \mu} \overset{V\to\infty}{=} \frac{k_B T}{-\mu} \tag{31.20}$$

Wir untersuchen keine Effekte, die auf der endlichen Größe des Systems beruhen. Daher betrachten wir den Grenzfall

$$N \to \infty\,, \qquad V \to \infty\,, \qquad v = \frac{V}{N} = \text{const.} \tag{31.21}$$

In diesem Limes geht die Energie des untersten Einteilchenniveaus gegen null, $\varepsilon_0 \approx \hbar^2/(m\,V^{2/3}) \to 0$. Dies gilt auch für das chemische Potenzial unterhalb von T_c:

$$\mu = -\frac{k_B T}{N_0} = -\frac{k_B T}{\mathcal{O}(N)} \overset{N\to\infty}{=} 0^- \qquad (T \le T_c\,,\ N \to \infty) \tag{31.22}$$

Der Grenzfall (31.21) wird *thermodynamischer Limes* genannt. Die Endlichkeit eines konkreten makroskopischen Systems spielt wegen der großen Teilchenzahl (etwa $N = 10^{24}$) im Allgemeinen keine Rolle. In der theoretischen Behandlung wird daher der thermodynamische Limes verwendet.

Wir setzen $\mu = 0$ in (31.19) ein:

$$N = N_0 + \frac{V}{\lambda^3}\,\zeta(3/2) \qquad (T \le T_c) \tag{31.23}$$

Für den zweiten Term schreiben wir

$$\frac{V}{\lambda^3}\,\zeta(3/2) = \frac{\lambda_c^3}{\lambda^3}\,\frac{V}{\lambda_c^3}\,\zeta(3/2) = \left(\frac{T}{T_c}\right)^{3/2} \frac{V}{\lambda_c^3}\,\zeta(3/2) \overset{(31.12)}{=} N\left(\frac{T}{T_c}\right)^{3/2} \tag{31.24}$$

Damit liegt die Temperaturabhängigkeit von $N_0(T)$ fest:

$$\frac{N_0}{N} = \begin{cases} 1 - \left(\dfrac{T}{T_c}\right)^{3/2} & (T \le T_c) \\[2ex] \mathcal{O}\left(\dfrac{1}{N}\right) \approx 0 & (T > T_c) \end{cases} \tag{31.25}$$

Dieses Ergebnis ist in Abbildung 31.3 skizziert. Für $T < T_c$ geht ein endlicher Bruchteil N_0/N aller Atome in den tiefsten Zustand. Man spricht auch von kondensierten Teilchen. Für $T = 0$ erhalten wir $N_0 = N$, also den quantenmechanisch zu erwartenden Grundzustand.

Die Tatsache, dass sich im idealen Bosegas eine diskrete Übergangstemperatur T_c ergibt und dass für $T \le T_c$ ein endlicher Bruchteil aller Teilchen in den tiefsten Zustand geht, wird als *Bose-Einstein-Kondensation* bezeichnet. Dieser Effekt wurde 1924 von Einstein gefunden, der das ideale Gas mit der von Bose eingeführten

Statistik untersuchte. Die Bezeichnung als Kondensation rührt daher, dass ebenso wie beim Übergang gasförmig-flüssig die kondensierten Teilchen nicht mehr zum Gasdruck beitragen.

Das ideale Bosegas hat damit einen Phasenübergang; das heißt bei einer bestimmten Temperatur T_c ändert sich das Verhalten des Systems qualitativ. Wir werden Phasenübergänge in Teil VI noch näher diskutieren und dabei auch auf die Bose-Einstein-Kondensation zurückkommen.

Wir berechnen die Energie des idealen Bosegases:

$$\begin{aligned}\sum_p \varepsilon_p\, \overline{n_p} &= \frac{V}{(2\pi\hbar)^3} \sum_{l=1}^{\infty} \exp(\beta\mu l) \int d^3p\, \frac{p^2}{2m}\, \exp\left(-\frac{p^2 l}{2m k_\mathrm{B} T}\right) \\ &= \frac{V}{(2\pi\hbar)^3} \sum_{l=1}^{\infty} \exp(\beta\mu l) \left(-\frac{1}{\beta}\frac{\partial}{\partial l}\right) \int d^3p\, \exp\left(-\frac{p^2 l}{2m k_\mathrm{B} T}\right)\end{aligned} \tag{31.26}$$

Wie in (31.7) ist das Integral inklusive des Vorfaktors $1/(2\pi\hbar)^3$ gleich $1/(\lambda^3\, l^{3/2})$. Die Ableitung $\partial/\partial l$ ergibt dann $-(3/2)/(\lambda^3\, l^{5/2})$, also

$$E(T, V, \mu) = \frac{3}{2}\, k_\mathrm{B} T\, \frac{V}{\lambda^3} \sum_{l=1}^{\infty} \frac{\exp(\beta\mu l)}{l^{5/2}} = \frac{3}{2}\, k_\mathrm{B} T\, \frac{V}{\lambda^3}\, g_{5/2}(z) \tag{31.27}$$

Dies gilt auch für $T < T_\mathrm{c}$, denn der Zusatzterm $N_0\, \varepsilon_0$ vom niedrigsten Niveau verschwindet wegen $\varepsilon_0 = 0$.

Wir berechnen die spezifische Wärme c_V. Wir beginnen mit dem Fall $T \le T_\mathrm{c}$ (also $\mu = 0$ und $z = 1$) und erhalten hierfür

$$\frac{c_V(T)}{k_\mathrm{B}} = \frac{1}{N k_\mathrm{B}} \left(\frac{\partial E}{\partial T}\right)_{V,N} = \frac{15}{4}\, \frac{v}{\lambda^3}\, g_{5/2}(1) = \frac{15}{4}\, \frac{\zeta(5/2)}{\zeta(3/2)} \left(\frac{T}{T_\mathrm{c}}\right)^{3/2} \qquad (T \le T_\mathrm{c}) \tag{31.28}$$

Bei der Differenziation ergab sich wegen $T/\lambda^3 \propto T^{5/2}$ ein Faktor 5/2. Im letzten Schritt wurde (31.24) verwendet. Dieses Ergebnis ist so zu interpretieren, dass die $N\,(T/T_\mathrm{c})^{3/2}$ nichtkondensierten Teilchen einen Beitrag der Größe $\mathcal{O}(k_\mathrm{B})$ zur spezifischen Wärme liefern; die kondensierten Teilchen tragen dagegen nicht bei.

Wir betrachten nun den Fall $T \ge T_\mathrm{c}$, in dem μ und z Funktionen von T und v sind. Aus (31.27) erhalten wir dann

$$\frac{c_V(T)}{k_\mathrm{B}} = \frac{1}{N k_\mathrm{B}} \left(\frac{\partial E}{\partial T}\right)_{V,N} = \frac{15}{4}\, \frac{v}{\lambda^3}\, g_{5/2}(z) + \frac{3}{2}\, \frac{v}{\lambda^3}\, T\, g'_{5/2}(z) \left(\frac{\partial z}{\partial T}\right)_v \tag{31.29}$$

Für $T > T_\mathrm{c}$ folgt das chemische Potenzial aus der Teilchenzahlbedingung (31.9):

$$1 = \frac{v}{\lambda^3}\, g_{3/2}(z) \qquad (T > T_\mathrm{c}) \tag{31.30}$$

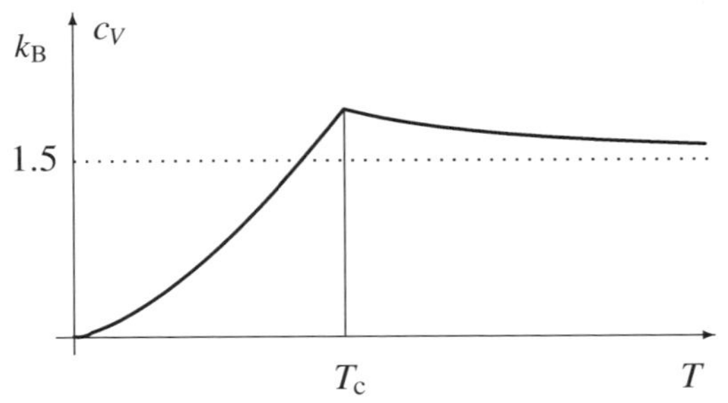

Abbildung 31.4 Spezifische Wärme des idealen Bosegases als Funktion der Temperatur.

Wir leiten dies nach der Temperatur ab (für v = const.) und kürzen den Faktor v/λ^3:

$$0 = \frac{3}{2T}\, g_{3/2}(z) + g'_{3/2}(z) \left(\frac{\partial z}{\partial T}\right)_v \tag{31.31}$$

Hieraus bestimmen wir die partielle Ableitung $(\partial z/\partial T)_v$. Wir setzen diese Ableitung in (31.29) ein, wobei wir auch (31.30) verwenden:

$$\frac{c_V(T)}{k_B} = \frac{15}{4}\frac{g_{5/2}(z)}{g_{3/2}(z)} - \frac{9}{4}\frac{g'_{5/2}(z)}{g'_{3/2}(z)} = \frac{15}{4}\frac{g_{5/2}(z)}{g_{3/2}(z)} - \frac{9}{4}\frac{g_{3/2}(z)}{g_{1/2}(z)} \qquad (T \geq T_c) \tag{31.32}$$

Im letzten Schritt wurde $z\, g'_\nu(z) = g_{\nu-1}(z)$ benutzt; dies folgt sofort aus der Definition (31.10).

Für hohe Temperaturen ($\lambda^3/v \ll 1$) gilt $z = \exp(\beta\mu) \ll 1$. Mit der Näherung $g_\nu(z) \approx z + z^2/2^\nu$ berechnen wir (31.32) in erster Ordnung in z:

$$\frac{c_V(T)}{k_B} \approx \frac{3}{2}\left(1 + \frac{z}{2^{7/2}}\right) \approx \frac{3}{2}\left[1 + \frac{\zeta(3/2)}{2^{7/2}}\left(\frac{T_c}{T}\right)^{3/2}\right] \qquad (T \gg T_c) \tag{31.33}$$

Der führende Beitrag $c_V(T) = 3k_B/2$ ist der klassische Grenzfall. Im Korrekturterm mit $z/2^{7/2}$ wurde (31.30) in der führenden Ordnung, $z \approx \lambda^3/v$, und (31.24) verwendet. Das Ergebnis (31.33) erhält man auch aus (30.17).

Aus (31.28) und (31.32) (man beachte $g_{1/2}(1) = \infty$) folgt derselbe Wert für $T = T_c$:

$$\frac{c_V(T)}{k_B} = \frac{15}{4}\frac{\zeta(5/2)}{\zeta(3/2)} \approx 1.925 \qquad (T = T_c^{\pm}) \tag{31.34}$$

Ebenso wie $N_0(T)$ ist die spezifische Wärme $c_V(T)$ bei $T = T_c$ stetig, hat aber einen Knick. Die Näherung (31.33) ergibt $c_V(T_c) \approx 1.846\, k_B$; sie ist damit auch über den Bereich $T \gg T_c$ hinaus brauchbar. Aus (31.28), (31.33) und (31.34) ergibt sich das in Abbildung 31.4 skizzierte Verhalten der spezifischen Wärme.

In (31.15) haben wir aus der Dichte von flüssigem ^{4}He eine Übergangstemperatur von 3.13 K erhalten. Tatsächlich zeigt nun flüssiges ^{4}He bei $T_c = 2.17$ K einen Phasenübergang, den so genannten λ-Übergang. Da flüssiges ^{3}He keinen solchen Übergang zeigt, muss dieser Übergang mit der Austauschsymmetrie verknüpft sein; denn die Wechselwirkung zwischen den Atomen ist für ^{4}He und ^{3}He praktisch gleich. Da die Austauschsymmetrie und nicht die Wechselwirkung für den λ–Übergang entscheidend ist, ist es sinnvoll, als einfachstes Modell das ideale Bosegas für ^{4}He zu betrachten und die Bose-Einstein-Kondensation mit dem λ-Übergang zu vergleichen (Kapitel 38).

Zustandsgleichung

Aus (29.44) erhalten wir für die thermische Zustandsgleichung

$$P(T, V, N) = \frac{2}{3}\,\frac{E(T, V, N)}{V} \tag{31.35}$$

Die Energie $E(T, V, N)$ ergibt sich für $T > T_{\rm c}$ aus $E(T, V, \mu)$ und $N(T, V, \mu)$, (31.19) und (31.27), durch Elimination von μ. Für $T < T_{\rm c}$ genügt es, $\mu(T, v) = 0$ in $E(T, V, \mu)$ einzusetzen.

Wir diskutieren noch einige Besonderheiten der Zustandsgleichung für $T < T_{\rm c}$. Zunächst wird (31.35) zu

$$P(T) = \frac{2}{3}\,\frac{E(T, V, \mu = 0)}{V} \overset{(31.27)}{=} \frac{k_{\rm B}T}{\lambda^3}\,\xi(5/2) \tag{31.36}$$

Erstaunlicherweise hängt dieser Druck nicht vom Volumen V (oder von V/N) ab, sondern nur von der Temperatur. Wegen $(\partial P/\partial V)_T = 0$ setzt das System einer Volumenverringerung keinen Widerstand entgegen. Vielmehr werden bei einer Volumenverringerung einfach mehr Teilchen ins Kondensat gedrängt.

Im P-V-Diagramm bedeutet $(\partial P/\partial V)_T = 0$ eine horizontale Isotherme (für $T < T_{\rm c}$). Dies kann mit der horizontalen Isothermen des van der Waals-Gases (Abbildung 37.2) verglichen werden. Entlang dieser Horizontalen erfolgt der Übergang zwischen zwei Phasen (flüssig zu gasförmig in Abbildung 37.2, kondensiert zu nichtkondensiert hier).

Für $T < T_{\rm c}$ gilt $\mu(v, T) = 0$. Hieraus folgt aber nicht, dass auch $s = (\partial\mu/\partial T)_P$ verschwindet (was im Widerspruch zu (31.28) stünde). Um s so zu berechnen, müsste man erst $v(T, P)$ in $\mu(T, v)$ einsetzen. Dann scheitert das weitere Vorgehen: Zunächst gilt $(\partial\mu/\partial T)_P = (\partial\mu/\partial v)_T(\partial v/\partial T)_P + (\partial\mu/\partial T)_v$. Nun ist $(\partial v/\partial T)_P = (\partial P/\partial T)_v/(\partial P/\partial v)_T$ aber unendlich (wegen $(\partial P/\partial v)_T = 0$). Die thermodynamischen Beziehungen führen hier also zu einem unbestimmten Ausdruck (der Form null/null). Die Größe μ sollte daher bevorzugt als die Normierungskonstante in den Besetzungszahlen (31.2) angesehen werden.

Die Aussage $\partial P/\partial V = 0$ für $T < T_{\rm c}$ ist in zweierlei Hinsicht zu modifizieren. Zum einen haben die kondensierten Teilchen in einem endlichen Volumen eine nichtverschwindende Nullpunktenergie. Damit ergeben auch sie einen endlichen Beitrag zur Energie und zum Druck. Dieser Beitrag verschwindet erst im thermodynamischen Limes (31.21); jedes reale System hat aber ein endliches Volumen. Zum anderen gibt es im realen System (etwa in flüssigem Helium, das in Kapitel 38 noch näher diskutiert wird) Wechselwirkungen, die dann einen endlichen Wert von $\partial P/\partial V = 0$ ergeben.

Ideales Bosegas in einem Oszillator

Wir übertragen einige Ergebnisse auf den Fall eines idealen Bosegases in einem Oszillatorpotenzial. Die Einteilchenenergien im sphärischen Oszillator sind $\varepsilon_{n_x n_y n_z} = \hbar\omega\,(n_x + n_y + n_z + 3/2)$. Die Teilchenzahlbedingung

$$N = \sum_{n_x=0}^{\infty} \sum_{n_y=0}^{\infty} \sum_{n_z=0}^{\infty} \frac{1}{\exp[\beta\,(\varepsilon_{n_x n_y n_z} - \mu)] - 1} \tag{31.37}$$

legt das chemische Potenzial μ fest; der Summand ist die mittlere Besetzungszahl für das Oszillatorniveau mit den Quantenzahlen n_x, n_y und n_z. Das unterste Niveau hat die Energie $\varepsilon_{000} = 3\hbar\omega/2$ (anstelle von $\varepsilon_0 \to 0$ für $V \to \infty$). Der Übergangspunkt, bei dem die makroskopische Besetzung des Grundzustands erfolgt, ergibt sich daher aus

$$\mu \to \mu_{\rm c} = \frac{3}{2}\,\hbar\omega \tag{31.38}$$

Für $T \le T_{\rm c}$ gelten $\mu = \mu_{\rm c}$ und $\varepsilon_{n_x n_y n_z} - \mu = \hbar\omega(n_x + n_y + n_z)$. Wegen $k_{\rm B}T \gg \hbar\omega$ kann die Summe in (31.37) als Integral ausgewertet werden. Dabei muss aber die Besetzungszahl N_0 des Oszillatorgrundzustands gesondert angeschrieben werden:

$$N = N_0 + \int_0^{\infty} dn_x \int_0^{\infty} dn_y \int_0^{\infty} dn_z \, \frac{1}{\exp[\beta\hbar\omega(n_x + n_y + n_z)] - 1} \qquad (T \le T_{\rm c}) \tag{31.39}$$

Der Integrand lässt sich als geometrische Reihe $\sum_{l=1}^{\infty} \exp(-[...]\,l)$ schreiben; die einzelnen Integrale können dann elementar ausgeführt werden. Dies ergibt

$$N = N_0 + \zeta(3) \left(\frac{k_{\rm B}T}{\hbar\omega}\right)^3 \qquad (T \le T_{\rm c}) \tag{31.40}$$

wobei $\zeta(3) = \sum_{l=1}^{\infty} l^{-3} \approx 1.202$ ist. Die kritische Temperatur ergibt sich aus $N_0 \to 0$, also

$$k_{\rm B}T_{\rm c} = \hbar\omega \left(\frac{N}{\zeta(3)}\right)^{1/3} \approx 0.94\,\hbar\omega N^{1/3} \tag{31.41}$$

Damit wird (31.40) zu

$$\frac{N_0}{N} = 1 - \left(\frac{T}{T_{\rm c}}\right)^3 \qquad (T \le T_{\rm c}) \tag{31.42}$$

Dies ist mit (31.25) zu vergleichen. Das Kondensat besteht aus allen Atomen, die im Oszillatorgrundzustand sind.

Der thermodynamische Limes (31.21) verlangt eine endliche Dichte, $V/N =$ const. Das Volumen des jetzt betrachteten Systems ist proportional zu b^3, wobei $b = \hbar/m\omega$ die Oszillatorlänge ist. Der thermodynamische Limes lautet daher

$$N \to \infty\,, \qquad \hbar\omega \to 0\,, \qquad N\,(\hbar\omega)^3 = \text{const.} \tag{31.43}$$

Damit ergibt (31.41) einen endlichen Wert für die Übergangstemperatur $T_{\rm c}$.

Reales Bosegas in einer Atomfalle

Atome mit einer insgesamt geraden Anzahl von Fermionen, wie etwa ein Wasserstoffatom (1 Proton, 1 Elektron) oder ein Lithiumatom (7 Nukleonen, 3 Elektronen), haben ganzzahligen Spin und sind daher Bosonen. Wir betrachten speziell Atome mit einer ungeraden Zahl von Elektronen. Solche Atome haben ein magnetisches Moment von der Größe des Bohrschen Magnetons. Man kann nun einige 10^3 bis etwa 10^7 dieser Atome in einer magnetischen Falle zusammen halten und auf tiefe Temperaturen (unter 10^{-6} K) bringen. In einer solchen Anordnung wurde erstmals 1995 für ^{87}Rb- und ^{23}Na-Atome eine Bose-Einstein-Kondensation beobachtet.[1] Alternativ werden optische Atomfallen verwendet, in denen die Wechselwirkung über (durch Laserlicht) induzierte elektrische Dipolmoment der Atome verläuft.

Die Kräfte in einer Atomfalle lassen sich durch ein Oszillatorpotenzial annähern. Wenn wir die Wechselwirkungen zwischen den Atomen vernachlässigen, können wir die Ergebnisse des vorigen Abschnitts anwenden. Aus (31.41) erhalten wir

$$T_c \sim 3 \cdot 10^{-7}\,\mathrm{K} \qquad \big(\text{für } \hbar\omega \approx 10^{-8}\, k_B \mathrm{K} \text{ und } N = 4 \cdot 10^4\big) \tag{31.44}$$

als einen typischen Wert für die Übergangstemperatur. Wegen der endlichen Anzahl der Atome ist der thermodynamische Limes (31.43) nur näherungsweise zu erreichen. Dies führt dann dazu, dass der Übergang nicht völlig scharf ist; ein Knick wie der bei T_c in Abbildung 31.4 wird daher etwas ausgeschmiert.

Das Kondensat besteht aus den Atomen, die im Oszillatorgrundzustand sind. Im Impulsraum bildet das Kondensat einen überhöhten Anteil mit kleineren Impulsen (entsprechend dem Oszillatorgrundzustand), der sich neben der breiteren Impulsverteilung der anderen Teilchen deutlich abhebt. Schaltet man das Magnetfeld der Falle ab, dann laufen die Atome gemäß ihrer Anfangsimpulsverteilung frei auseinander; die Dichte dieser expandierenden Wolke aus Atomen kann durch Lichtabsorption bestimmt werden.

Im unendlichen System ist das Kondensat von den anderen Teilchen räumlich nicht zu trennen. Dies ist bei der Bose-Einstein-Kondensation in der Atomfalle anders: Die räumliche Dichteverteilung besteht aus einer breiten Verteilung und zusätzlich einer überhöhten, schmalen Gaußverteilung, die proportional zum Quadrat der Oszillatorgrundzustandswellenfunktion ist (und die Breite $b = \hbar/m\omega \sim 10^{-6}$ m hat). Diese Dichteverteilung kann durch Lichtstreuung gemessen werden. Durch solche Experimente wurde die Bose-Einstein-Kondensation sowohl im Orts- wie im Impulsraum nachgewiesen.

Die Dichte n des Gases in der magnetischen Falle ist sehr klein:

$$n\,|a|^3 < 10^{-3} \tag{31.45}$$

Hierbei ist a die Streulänge der s-Welle; es gilt $a = (m/4\pi\hbar^2)\int d^3r\; V(r)$ mit dem Atom-Atom-Potenzial $V(r)$. Unter den betrachteten Bedingungen (Tempera-

[1] Für eine kurze Einführung in die Experimente sei auf W. Petrich, Physikalische Blätter 52 (1996) 345 verwiesen, für einen ausführlichen Überblick über die Theorie auf den E-Print *Theory of trapped Bose-condensed gases* von F. Dalfovo et al., cond-mat/9806038 im Archiv www.arxiv.org.

tur $T \lesssim T_c$ und Normaldruck) ist der thermodynamische Gleichgewichtszustand des Systems eigentlich ein fester Körper. Wegen (31.45) sind Kollisionen aber so selten, dass der (metastabile) Gaszustand hinreichend lange stabil ist.

Bisher haben wir die Atome in der Falle als ideales Gas behandelt. Die Vernachlässigung der Wechselwirkung zwischen den Atomen setzt voraus, dass ihr Energiebeitrag E_{int} klein gegenüber der kinetischen Energie E_{kin} ist. Für das Verhältnis dieser Energien erhält man

$$\frac{E_{\text{int}}}{E_{\text{kin}}} = \frac{N\,|a|}{b} \tag{31.46}$$

Dabei ist a die Streulänge und $b = \hbar/m\omega$ die Oszillatorlänge. Das Verhältnis (31.46) kann viel größer als 1 sein, auch wenn das Gas sehr verdünnt (31.45) ist. Dies führt zu Abweichungen vom idealen Verhalten; die Übergangstemperatur bleibt aber etwa gleich.

Aufgaben

31.1 Spezifische Wärme des Bosegases für hohe Temperaturen

Für die spezifische Wärme des idealen Bosegases erhält man

$$\frac{c_V(T)}{k_B} = \frac{15}{4}\frac{g_{5/2}(z)}{g_{3/2}(z)} - \frac{9}{4}\frac{g_{3/2}(z)}{g_{1/2}(z)} \qquad (T \geq T_c)$$

Hierbei ist $g_\nu(z)$ die verallgemeinerte Riemannsche Zetafunktion, $z = \exp(\beta\mu)$, und T_c ist die Übergangstemperatur. Bestimmen Sie die beiden führenden Terme der spezifischen Wärme für $T \gg T_c$.

31.2 Bosegas im Oszillator

Das Kondensat eines idealen Bosegases im harmonischen Oszillator besteht aus den N_0 Teilchen im Grundzustand. Wenn ein Kondensat vorliegt, dann lautet die Teilchenzahlbedingung

$$N = N_0 + \int_0^\infty dn_x \int_0^\infty dn_y \int_0^\infty dn_z \, \frac{1}{\exp[\beta\hbar\omega(n_x + n_y + n_z)] - 1} \qquad (31.47)$$

Die Oszillatorenergien sind $\varepsilon = \hbar\omega(n_x + n_y + n_z + 3/2)$. In den Ausdruck für die mittleren Teilchenzahlen wurde $\mu = 3\hbar\omega/2$ eingesetzt; dies gilt, wenn ein endlicher Bruchteil aller Teilchen im Grundzustand ist.

Schreiben Sie den Integranden als geometrische Reihe $\sum_{l=1}^{\infty} \exp(-[...]l)$ und führen Sie die Integration aus. Bestimmen Sie N_0 als Funktion der Temperatur.

31.3 Bosegas in zwei Dimensionen

Zeigen Sie, dass es in einem idealen Bosegas in zwei Dimensionen keine Bose-Einstein-Kondensation gibt. Werten Sie dazu den Zusammenhang zwischen der Teilchenzahl N und dem chemischen Potenzial μ aus und diskutieren Sie das Ergebnis für $\mu \to 0$.

32 Ideales Fermigas

Wir untersuchen das ideale Fermigas für tiefe Temperaturen. Dieses Modell wird auf die beweglichen Elektronen in einem Metall angewendet. Die Elektronen liefern einen Beitrag zur spezifischen Wärme, der linear mit der Temperatur ansteigt.

Wir gehen von nichtrelativistischen Fermionen mit dem Spin 1/2 und der Masse m aus. Die Einteilchenzustände sind durch den Impuls $\boldsymbol{p}$ und die Spinprojektion s_z festgelegt. Sie haben die Energie

$$\varepsilon_p = \frac{p^2}{2m} \tag{32.1}$$

Nach (29.31) ist die mittlere Anzahl von Fermionen in einem Einteilchenzustand

$$\overline{n_p} = \frac{1}{\exp\left[\beta(\varepsilon_p - \mu)\right] + 1} \tag{32.2}$$

Die thermodynamische Energie und Teilchenzahl sind durch

$$E(T, V, \mu) = \sum_{s_z,\, \boldsymbol{p}} \varepsilon_p\, \overline{n_p}\,, \qquad N(T, V, \mu) = \sum_{s_z,\, \boldsymbol{p}} \overline{n_p} \tag{32.3}$$

gegeben. Nach (30.8) kann die Summe über die diskreten Impulse als Integral ausgeführt werden:

$$\sum_{s_z,\, \boldsymbol{p}} \ldots = \frac{2V}{(2\pi\hbar)^3} \int d^3p \ \ldots \tag{32.4}$$

Die Summe über s_z ergibt den Faktor 2. Durch (32.1) – (32.4) ist das *ideale Fermigas* definiert. Aus (32.3) erhalten wir durch Elimination des chemischen Potenzials μ die Energie $E(T, V, N)$. Aus $E(T, V, N)$ folgen dann die spezifische Wärme c_V und der Druck (29.44), und damit auch alle anderen thermodynamischen Größen.

Im Integral (32.4) gehen wir von der Variablen p zu $\varepsilon = \varepsilon_p = p^2/2m$ über:

$$\frac{2V}{(2\pi\hbar)^3} \int d^3p \ldots = \frac{2V}{(2\pi\hbar)^3} \int_0^\infty d\varepsilon\; 4\pi \sqrt{2m\,\varepsilon}\; m \ldots = N \int_0^\infty d\varepsilon\; z(\varepsilon) \ldots \tag{32.5}$$

Die Zustandsdichte

$$z(\varepsilon) = \text{const.} \cdot \frac{V}{N} \sqrt{\varepsilon} \tag{32.6}$$

gibt die Anzahl der Einteilchenzustände pro Energieintervall an. Die Konstante enthält numerische Faktoren und die Masse m. Wir führen die folgenden Rechnungen zunächst für eine nicht spezifizierte Zustandsdichte $z(\varepsilon)$ durch. Die Wechselwirkungen im realen System (etwa die Elektron-Gitter-Wechselwirkung) können zum Teil dadurch berücksichtigt werden, dass man in (32.1) eine effektive, energieabhängige Masse verwendet. Dies führt dann zu Abweichungen von (32.6).

Nach Einführung der Zustandsdichte $z(\varepsilon)$ sind (32.2) – (32.4) in folgender Form auszuwerten:

$$\overline{n(\varepsilon)} = \frac{1}{\exp\left[\beta(\varepsilon-\mu)\right]+1} \tag{32.7}$$

$$1 = \int_0^\infty d\varepsilon\; z(\varepsilon)\; \overline{n(\varepsilon)} \tag{32.8}$$

$$\frac{E}{N} = \int_0^\infty d\varepsilon\; z(\varepsilon)\; \varepsilon\; \overline{n(\varepsilon)} \tag{32.9}$$

Gleichung (32.8) bestimmt das chemische Potenzial $\mu(T, v)$; es hängt über $\overline{n(\varepsilon)}$ von T und über $z(\varepsilon)$ von $v = V/N$ ab. Setzt man $\mu(T, v)$ in (32.9) ein, so erhält man $E(T, V, N)$.

Für $T \to 0$ oder $\beta \to \infty$ ist die Exponentialfunktion im Nenner von (32.7) je nach Vorzeichen von $\varepsilon - \mu$ gleich null oder unendlich. Daraus folgt

$$\overline{n(\varepsilon)} \stackrel{T\to 0}{\longrightarrow} \Theta(\mu-\varepsilon) = \begin{cases} 1 & \text{für} \quad \varepsilon < \mu(0, v) \\ 0 & \text{für} \quad \varepsilon > \mu(0, v) \end{cases} \tag{32.10}$$

Diese Gleichung gilt für den Bereich $\varepsilon \geq 0$. Die Funktion $\Theta(x)$ wird Stufen- oder Thetafunktion genannt. Den Wert von μ bei $T = 0$ bezeichnen wir als *Fermienergie*:

$$\varepsilon_{\rm F} = \frac{p_{\rm F}^2}{2m} = \mu(0, v) \qquad \text{(Fermienergie)} \tag{32.11}$$

In Abbildung 32.1 links sind die Besetzungszahlen (32.10) als Funktion der Energie skizziert. Man spricht bildhaft von einem Fermisee, in dem alle Niveaus unterhalb von $\varepsilon_{\rm F}$ besetzt sind, während die oberhalb von $\varepsilon_{\rm F}$ frei sind. Im Impulsraum sind dann alle Einteilchenzustände mit $|\boldsymbol{p}| \leq p_{\rm F}$ besetzt.

Das Ergebnis (32.10) bedeutet, dass für $T \to 0$ das System in den tiefsten Energiezustand geht. Da für Fermionen das Pauliprinzip gilt, sind die untersten Einteilchenniveaus mit jeweils einem Teilchen besetzt. Bei vorgegebener Teilchenzahl N ergibt sich hieraus eine Besetzungsgrenze $p_{\rm F}$ zwischen besetzten und unbesetzten Niveaus. Wir berechnen diesen Fermiimpuls $p_{\rm F}$ aus der Bedingung, dass in den Zuständen $|\boldsymbol{p}| \leq p_{\rm F}$ gerade N Teilchen Platz haben:

$$N = \sum_{s_z = \pm 1/2} \; \sum_{|\boldsymbol{p}| \leq p_{\rm F}} 1 = \frac{2V}{(2\pi\hbar)^3} \int_{|\boldsymbol{p}| \leq p_{\rm F}} d^3p = \frac{2V}{(2\pi\hbar)^3}\, \frac{4\pi}{3}\, p_{\rm F}^3 \tag{32.12}$$

Dies ergibt

$$p_{\mathrm{F}} = \left(3\pi^2\right)^{1/3} \frac{\hbar}{v^{1/3}}\,, \qquad \varepsilon_{\mathrm{F}} = \left(3\pi^2\right)^{2/3} \frac{\hbar^2}{2m\,v^{2/3}} \tag{32.13}$$

Das ideale Fermigas kann als Modell für folgende Systeme dienen:

- Atom: Elektronen der Hülle.
- Atomkern: Nukleonen.
- Metall: Elektronen im Leitungsband.
- Heliumflüssigkeit: ^{3}He-Atome.
- Weißer Zwerg: Elektronen.

Die ersten beiden Fälle sind als Schalenmodell (des Atoms, des Atomkerns) bekannt. Wegen der geringen Teilchenzahl ist eine statistische Behandlung hier nur eingeschränkt möglich. Die bisherige Diskussion betraf aber $T = 0$, also den Grundzustand; sie gilt damit auch für das Atom oder den Atomkern.

Für die angeführten Systeme geben wir die Größe der Fermienergie an:

$$\varepsilon_{\mathrm{F}} = \frac{p_{\mathrm{F}}^2}{2m} \approx \begin{cases} 10\,\mathrm{eV} & \text{Atom, Metall } (10^{-8}\,\mathrm{cm}) \\ 10^{-4}\,\mathrm{eV} & {}^3\text{He–Flüssigkeit } (4 \cdot 10^{-8}\,\mathrm{cm}) \\ 35\,\mathrm{MeV} & \text{Atomkern } (10^{-13}\,\mathrm{cm}) \\ 10^{6}\,\mathrm{eV} & \text{Weißer Zwerg } (10^{-11}\,\mathrm{cm}) \end{cases} \tag{32.14}$$

Dabei wurde für m die jeweilige Masse (Elektron, ^{3}He-Atom, Nukleon) eingesetzt. In der Klammer ist die Größenordnung von $v^{1/3}$ angegeben.

Das jeweils am schwächsten gebundene Elektron der Atome, die das Kristallgitter eines Metalls bilden, ist nicht mehr an das Atom gebunden. Diese Elektronen kann man näherungsweise als ideales Fermigas beschreiben. Für Kupfer mit $v = V/N = 12\,\mathrm{\AA}^3$ schätzen wir die Fermienergie ab:

$$\varepsilon_{\mathrm{F}} = \left(3\pi^2\right)^{2/3} \frac{\hbar^2}{2m_{\mathrm{e}}\,v^{2/3}} \approx 7\,\mathrm{eV} \approx 8 \cdot 10^4\,k_{\mathrm{B}}\,\mathrm{K} \tag{32.15}$$

Hierbei wurde $\hbar^2/(m_{\mathrm{e}}\mathrm{\AA}^2) \approx 7.6\,\mathrm{eV}$ verwendet.

Um ein Elektron aus dem Metall herauszulösen, muss man eine Austrittsarbeit W von etwa 2 bis 3 eV aufwenden. Die Energie eines Elektrons an der Fermikante ist daher negativ (relativ zu einem Elektron außerhalb des Metalls). Dies kann durch ein Potenzial U für die Elektronen beschrieben werden, das im Metall konstant und negativ ist, $U = -\varepsilon_{\mathrm{F}} - W \approx -10\,\mathrm{eV}$, und das außerhalb des Metalls verschwindet. Würde man ein solches Potenzial in ε in (32.1) berücksichtigen, ergäbe dies nur eine unwesentliche Verschiebung von μ.

Wir beziehen uns im Folgenden auf das ideale Fermigas als Modell für die Elektronen im Leitungsband eines Metalls. Hierfür gilt für alle in Frage kommenden Temperaturen

$$k_{\mathrm{B}}T \ll \varepsilon_{\mathrm{F}} \sim 10^5\,k_{\mathrm{B}}\,\mathrm{K} \qquad \text{(Metall)} \tag{32.16}$$

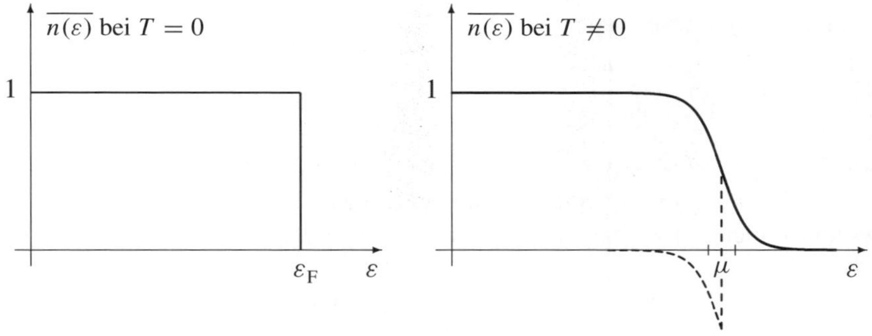

Abbildung 32.1 Besetzungszahlen $\overline{n(\varepsilon)}$ des idealen Fermigases für $T = 0$ und $T \neq 0$. Für $T = 0$ befindet sich das System im quantenmechanischen Grundzustand. Für $T \neq 0$ erfolgt der Übergang von $\overline{n} \approx 1$ zu $\overline{n} \approx 0$ in einen Bereich von einigen $k_B T$ bei $\mu \approx \varepsilon_F$. Für die Elektronen im Metall wäre diese „Aufweichung der Fermikante" in einer maßstäblichen Abbildung wegen $k_B T/\varepsilon_F < 10^{-2}$ kaum sichtbar. Im rechten Teil ist auch noch die Differenz $\eta(x)$ zwischen der Besetzungszahl und der Thetafunktion $\Theta(\mu - \varepsilon)$ eingezeichnet (als gestrichelte Linie, die für $\varepsilon \geq \mu$ mit der durchgezogenen zusammenfällt). Diese Funktion ist nur in einer Umgebung von $\varepsilon = \mu$ ungleich null, und sie ist bezüglich des Punkts $\varepsilon = \mu$ ungerade. Die Markierungen neben der Stelle $\varepsilon = \mu$ liegen bei $\varepsilon = \mu \pm k_B T$.

Der Fall $k_B T \sim \varepsilon_F$ kann dagegen bei der Anwendung auf eine ^{3}He–Flüssigkeit in Frage kommen.

Für $k_B T \ll \varepsilon_F$ ist die mittlere Besetzungszahl in Abbildung 32.1 rechts skizziert; durch die endliche Temperatur wird die Fermikante „aufgeweicht". Der Übergang zwischen $\overline{n} = 1$ und $\overline{n} = 0$ erfolgt in einem Bereich der Größe $k_B T$, wie man leicht an einigen konkreten Werten sieht:

$$\overline{n(\varepsilon)} = \begin{cases} 0.50 & \varepsilon = \mu \\ 0.50 \pm 0.23 & \varepsilon = \mu \mp k_B T \\ 0.50 \pm 0.45 & \varepsilon = \mu \mp 3 k_B T \end{cases} \tag{32.17}$$

Die Größe μ hängt selbst von der Temperatur ab; diese Abhängigkeit wird unten angegeben. Für $k_B T \ll \varepsilon_F$ gilt aber $\mu \approx \varepsilon_F$.

Wir betrachten die Differenz $\eta(x)$ zwischen der mittleren Besetzungszahl bei endlicher Temperatur der Thetafunktion $\Theta(\mu - \varepsilon)$, also

$$\eta(x) = \overline{n(\varepsilon)} - \Theta(\mu - \varepsilon) = \frac{1}{\exp(x) + 1} - \Theta(-x)\,, \qquad x = \beta(\varepsilon - \mu) \tag{32.18}$$

Man zeigt leicht, dass diese Funktion (siehe auch Abbildung 32.1 rechts) ungerade ist:

$$\eta(-x) = -\eta(x) \tag{32.19}$$

Wir berechnen im Folgenden die spezifische Wärme mit einer von Sommerfeld angegebenen Methode, der Sommerfeldtechnik. Wir spalten zunächst die Integrale

(32.8) und (32.9) in zwei Teile auf,

$$\int_0^\infty d\varepsilon\ f(\varepsilon)\ \overline{n(\varepsilon)} = \int_0^\mu d\varepsilon\ f(\varepsilon) + \int_0^\infty d\varepsilon\ f(\varepsilon) \left(\overline{n(\varepsilon)} - \Theta(\mu - \varepsilon)\right) \qquad (32.20)$$

Wegen (32.16) ist $\overline{n(\varepsilon)} - \Theta(\mu - \varepsilon)$ nur in einem sehr kleinen Bereich um μ herum ungleich null. Die in Frage kommenden Funktionen $f(\varepsilon)$ (wie $\varepsilon^{1/2}$ oder $\varepsilon^{3/2}$) sind in diesem Bereich schwach veränderlich und können daher entwickelt werden:

$$f(\varepsilon) = f(\mu) + f'(\mu)\ (\varepsilon - \mu) + \frac{f''(\mu)}{2}\ (\varepsilon - \mu)^2 + \ldots \qquad (32.21)$$

Wir setzen diese Entwicklung in (32.20) ein, wobei wir die dimensionslose Variable $x = \beta(\varepsilon - \mu)$ und die Funktion $\eta(x)$ aus (32.18) verwenden:

$$\int_0^\infty d\varepsilon\ f(\varepsilon)\ \overline{n(\varepsilon)} = \int_0^\mu d\varepsilon\ f(\varepsilon) + \frac{1}{\beta} \int_{-\beta\mu}^\infty dx \left(f(\mu) + f'(\mu)\ \frac{x}{\beta} + \ldots \right) \eta(x) \qquad (32.22)$$

Wegen $\beta\mu \gg 1$ kann die untere Grenze des zweiten Integrals durch $-\infty$ ersetzt werden; die Beiträge von diesem Bereich sind exponentiell klein. Wegen $\eta(-x) = -\eta(x)$ verschwindet dann das Integral über die geraden Potenzen von x; der nächste Beitrag in (32.22) käme also vom Term mit $f'''(\mu)\ x^3/\beta^3$. Damit erhalten wir

$$\int_0^\infty d\varepsilon\ f(\varepsilon)\ \overline{n(\varepsilon)} = \int_0^\mu d\varepsilon\ f(\varepsilon) + \frac{f'(\mu)}{\beta^2} \int_{-\infty}^\infty dx\ x\ \eta(x) + \mathcal{O}\big(T^4\big) \qquad (32.23)$$

Der Term $\mathcal{O}(T^4)$ hat relativ zum vorhergehenden die Größe $(k_B T/\varepsilon_F)^2$, also etwa 10^{-5} für (32.15) und Zimmertemperatur. Wir vernachlässigen im Folgenden die höheren Terme. Mit

$$\int_{-\infty}^{+\infty} dx\ x\ \eta(x) \stackrel{(32.19)}{=} 2 \int_0^{+\infty} dx\ x\ \eta(x) = 2 \int_0^{+\infty} \frac{x}{\exp(x) + 1} = \frac{\pi^2}{6} \qquad (32.24)$$

erhalten wir

$$\int_0^\infty d\varepsilon\ f(\varepsilon)\ \overline{n(\varepsilon)} = \int_0^\mu d\varepsilon\ f(\varepsilon)\ + \ \frac{\pi^2}{6\beta^2}\ f'(\mu) \qquad (k_B T \ll \varepsilon_F) \qquad (32.25)$$

Hiermit werten wir (32.8) und (32.9) aus:

$$1 \ = \ \int_0^\mu d\varepsilon\ z(\varepsilon) + \frac{\pi^2}{6\beta^2}\ z'(\mu) \qquad (32.26)$$

$$\frac{E}{N} \ = \ \int_0^\mu d\varepsilon\ z(\varepsilon)\ \varepsilon + \frac{\pi^2}{6\beta^2} \Big(\mu\, z'(\mu) + z(\mu)\Big) \qquad (32.27)$$

Für das Integral in (32.26) schreiben wir

$$\int_0^\mu d\varepsilon\ z(\varepsilon) = \int_0^{\varepsilon_F} d\varepsilon\ z(\varepsilon) + \int_{\varepsilon_F}^\mu d\varepsilon\ z(\varepsilon) = 1 + (\mu - \varepsilon_F)\ z(\widetilde{\varepsilon}\,) \qquad (32.28)$$

Der Wert 1 für das erste Integral folgt aus (32.26) mit $T = 0$. Für das zweite Integral wurde der Mittelwertsatz benutzt; daher ist $\widetilde{\varepsilon}$ irgendein Wert zwischen μ und $\varepsilon_{\rm F}$. Wenn wir (32.28) in (32.26) einsetzen, sehen wir

$$\mu = \varepsilon_{\rm F} + \mathcal{O}\big(T^2\big) \qquad (k_{\rm B}T \ll \varepsilon_{\rm F}) \tag{32.29}$$

Daher können wir in die Korrekturterme von (32.26) – (32.28) die Näherungen $\mu \approx \varepsilon_{\rm F}$ und $\widetilde{\varepsilon} \approx \varepsilon_{\rm F}$ einsetzen; denn Korrekturen hierzu ergäben Terme der Ordnung $\mathcal{O}(T^4)$, die wir nicht berücksichtigen. Damit erhalten wir aus (32.26) und (32.28)

$$\mu - \varepsilon_{\rm F} = -\,\frac{\pi^2}{6\beta^2}\,\frac{z'(\varepsilon_{\rm F})}{z(\varepsilon_{\rm F})} \tag{32.30}$$

Speziell für (32.6) gilt $z'(\varepsilon_{\rm F})/z(\varepsilon_{\rm F}) = 1/(2\varepsilon_{\rm F})$. Damit ergibt sich

$$\mu = \varepsilon_{\rm F}\left[1 - \frac{\pi^2}{12}\left(\frac{k_{\rm B}T}{\varepsilon_{\rm F}}\right)^2\right] \qquad (k_{\rm B}T \ll \varepsilon_{\rm F}) \tag{32.31}$$

Aus (30.12) folgt $\mu \to -\infty$ für $T \to \infty$. Die Temperaturabhängigkeit von $\mu(T, v)$ ist in Abbildung 32.2 skizziert.

Wir werten die Energie (32.27) aus, wobei wir das Integral wie in (32.28) berechnen und in den Korrekturtermen die Näherungen $\mu \approx \varepsilon_{\rm F}$ und $\widetilde{\varepsilon} \approx \varepsilon_{\rm F}$ verwenden:

$$\frac{E}{N} = \underbrace{\int_0^{\varepsilon_{\rm F}} d\varepsilon\;\varepsilon\; z(\varepsilon)}_{=\,E_0/N} + (\mu - \varepsilon_{\rm F})\,\varepsilon_{\rm F}\, z(\varepsilon_{\rm F}) + \frac{\pi^2}{6\beta^2}\Big(\varepsilon_{\rm F}\, z'(\varepsilon_{\rm F}) + z(\varepsilon_{\rm F})\Big) \tag{32.32}$$

Hierin setzen wir (32.30) ein:

$$E(T, V, N) = E_0 + \frac{\pi^2}{6}\, N\,\frac{z(\varepsilon_{\rm F})}{\beta^2} = E_0(V, N) + \frac{\pi^2}{6}\, N\,(k_{\rm B}T)^2\, z(\varepsilon_{\rm F}) \tag{32.33}$$

Damit wächst die spezifische Wärme linear mit der Temperatur an:

$$c_V(T) = \frac{1}{N}\,\frac{\partial E(T, V, N)}{\partial T} = \frac{\pi^2}{3}\, k_{\rm B}^2\, T\, z(\varepsilon_{\rm F}) \tag{32.34}$$

Wir werten die Ergebnisse speziell für die Zustandsdichte (32.6) aus. Dazu setzen wir $z(\varepsilon) = A\,\varepsilon^{1/2}$ zunächst in die Teilchenzahlbedingung bei $T = 0$ ein:

$$1 = \int_0^{\varepsilon_{\rm F}} d\varepsilon\; z(\varepsilon) = A\int_0^{\varepsilon_{\rm F}} d\varepsilon\;\sqrt{\varepsilon} = \frac{2}{3}\, A\,\varepsilon_{\rm F}^{3/2} = \frac{2}{3}\, z(\varepsilon_{\rm F})\;\varepsilon_{\rm F} \tag{32.35}$$

Daraus folgt

$$z(\varepsilon) = \frac{3}{2\,\varepsilon_{\rm F}}\sqrt{\frac{\varepsilon}{\varepsilon_{\rm F}}} \quad \text{und} \quad z(\varepsilon_{\rm F}) = \frac{3}{2\,\varepsilon_{\rm F}} \tag{32.36}$$

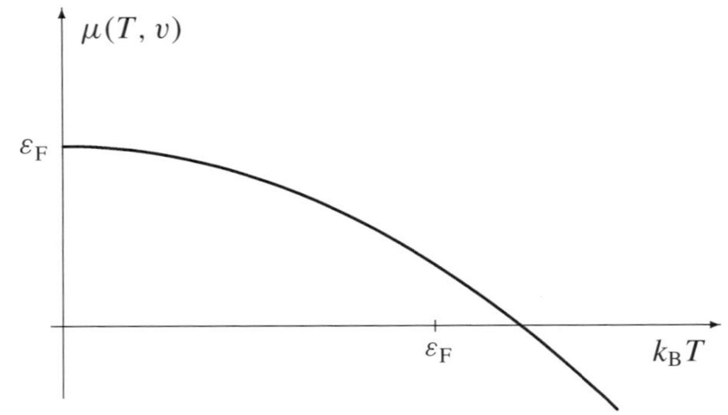

Abbildung 32.2 Chemisches Potenzial des idealen Fermigases in Abhängigkeit von der Temperatur ($v = \text{const.}$).

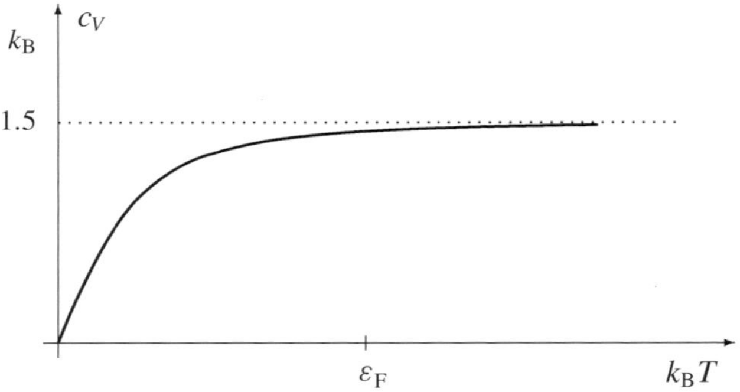

Abbildung 32.3 Temperaturabhängigkeit der spezifischen Wärme des idealen Fermigases. Für die Anwendung auf die Metallelektronen ist nur der Bereich $k_B T \ll \varepsilon_F$ relevant.

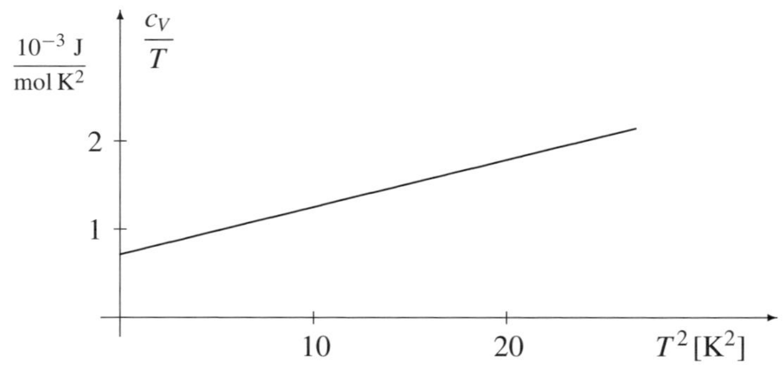

Abbildung 32.4 Beispiel für die spezifische Wärme eines Metalls. In einem Plot von c_V/T über T^2 ergibt die Form (32.39) eine Gerade. Indem man die Messergebnisse mit einer solchen Geraden fittet, erhält man experimentelle Werte für α und γ.

Wir setzen dies in (32.33) und (32.34) ein:

$$E = E_0 + \frac{\pi^2}{4} \frac{k_B T}{\varepsilon_F} N k_B T \tag{32.37}$$

$$\boxed{c_V = \frac{\pi^2}{2} \frac{k_B T}{\varepsilon_F} k_B} \tag{32.38}$$

Dieses Ergebnis kann anhand von Abbildung 32.1 leicht verstanden werden: Wegen $k_B T \ll \varepsilon_F$ kann nur ein Bruchteil $\mathcal{O}(k_B T/\varepsilon_F)$ aller Teilchen thermisch angeregt werden. Diese angeregten Teilchen erhalten im Mittel eine Energie $\mathcal{O}(k_B T)$. Dies erklärt (32.37) und (32.38) bis auf die numerischen Faktoren. Insbesondere enthält die spezifische Wärme gegenüber der klassischen Erwartung $c_V = \mathcal{O}(k_B)$ einen Faktor $k_B T/\varepsilon_F$.

Für hohe Temperaturen ($k_B T \gg \varepsilon_F$) muss sich das klassische Resultat $c_V = 3k_B/2$ ergeben. Insgesamt ergibt sich dann der in Abbildung 32.3 gezeigte Verlauf. Bei der Anwendung auf das Metall kommt aber nur der Bereich $k_B T \ll \varepsilon_F$ in Frage.

Um das Ergebnis (32.38) experimentell zu überprüfen, wird man die spezifische Wärme eines Metalls messen. Dabei tragen aber auch die Gitterschwingungen des Kristalls zu c_V bei; für nicht zu hohe Temperaturen ist dieser Beitrag proportional zu T^3 (Kapitel 33). Man passt nun eine Kurve der Form

$$c_V = \alpha\, T^3 + \gamma\, T \tag{32.39}$$

an die gemessene spezifische Wärme an (Abbildung 32.4); daraus ergeben sich experimentelle Werte für α und γ. Aus dem Wert für γ kann nach (32.38) die Fermienergie ε_F bestimmt werden, oder nach (32.34) die Zustandsdichte $z(\varepsilon_F)$ an der Fermikante.

Fermidruck

Nach (29.44) ist der Druck des nichtrelativistischen Fermigases

$$P(T, V, N) = \frac{2\, E(T, V, N)}{3\, V} = \frac{2\, E_0(V, N)}{3\, V} + \frac{\pi^2}{6} \frac{N k_B T}{V} \frac{k_B T}{\varepsilon_F} \tag{32.40}$$

Mit (32.36) erhalten wir für die in (32.32) eingeführte Grundzustandsenergie

$$\frac{E_0(V, N)}{N} = \int_0^{\varepsilon_F} d\varepsilon\; z(\varepsilon)\; \varepsilon = \frac{3}{5}\, \varepsilon_F \tag{32.41}$$

Im Gegensatz zum idealen klassischen Gas oder zum idealen Bosegas geht der Druck des Fermigases für $T \to 0$ nicht gegen null, sondern gegen den endlichen Wert

$$P_{\text{Fermi}} = P(0, V, N) = \frac{2}{5} \frac{N}{V}\, \varepsilon_F = \frac{(3\pi^2)^{2/3}}{5} \frac{\hbar^2}{m\, v^{5/3}} \tag{32.42}$$

Dieser *Fermidruck* ist der Grund für die relative *Inkompressibilität* gewöhnlicher fester oder flüssiger Materie. Zwar ist die interne Struktur dieser Materie sehr verschieden von einem idealen Fermigas aus Elektronen. Die entscheidenden Voraussetzungen für (32.42) sind jedoch die *Unschärferelation* und das *Pauliprinzip*. Diese führen unabhängig von der speziellen Struktur der kondensierten Materie (Flüssigkeit oder Festkörper) zu einem Fermidruck dieser Größenordnung. Vereinfacht dargestellt steht einem Elektron wegen des Pauliprinzips effektiv nur das Volumen $v = V/N$ zur Verfügung. Wegen der Unschärferelation hat es dann eine Mindestenergie der Größe $\hbar^2/(m\, v^{2/3})$. Um das Volumen kondensierter Materie zu halbieren ($v \to v/2$), muss diese kinetische Energie der Elektronen um etwa 60% erhöht werden. Nach (32.15) erfordert dies eine Energie von etwa $4\,\text{eV}\,(Z_1 + Z_2 + \ldots)$ pro Molekül, wobei Z_1, Z_2,... die Ordnungszahlen der Atome des Moleküls sind. Diese Energie übersteigt die bei einer explosiven chemischen Reaktion umgesetzte Energie (z. B. etwa 1 eV pro Molekül bei Knallgas) um ein Vielfaches. Es ist daher relativ schwer (energieaufwändig), kondensierte Materie zu komprimieren.

Abschließend sei noch erwähnt, dass der Fermidruck in einigen Sternmodellen eine zentrale Rolle spielt. In einem Sterngleichgewicht muss der Materiedruck dem Gravitationsdruck die Waage halten. Wir stellen kurz einige Sterngleichgewichte vor:

- Für unsere Erde ist es die eben beschriebene Inkompressibilität gewöhnlicher Materie, die verhindert, dass sie aufgrund der Gravitation zusammengedrückt wird.

- In unserer Sonne hält der kinetische Druck des Plasmas dem Gravitationsdruck die Waage. Dieser kinetische Druck kann durch $P = Nk_\text{B}T/V$ beschrieben werden; dabei ist $T \approx 5 \cdot 10^7$ K im Inneren der Sonne. Diese Temperatur wird durch die Fusion von Wasserstoff zu Helium aufrechterhalten. Der Fermidruck spielt für dieses Sterngleichgewicht keine Rolle.

- Das Endstadium der Sonne (Masse $M_\odot$, Radius $R_\odot$) könnte ein Stern aus Helium sein, in dem der Fermidruck der Elektronen dem Gravitationsdruck die Waage hält. Dies ist das Sternmodell des *Weißen Zwergs* (siehe Kapitel 47 in [3]). Für eine Masse $M \approx M_\odot$ ergibt sich aus der Gleichgewichtsbedingung ein (Zwerg-) Radius $R \approx 10^{-2}\, R_\odot$. Solche Sterne haben oft Temperaturen im Bereich $10^4 \ldots 10^5$ K und damit ein „weißes" Spektrum. Wegen $k_\text{B}T \ll \varepsilon_\text{F}$ spielt die Temperatur für das Sterngleichgewicht aber praktisch keine Rolle.

- Ein Stern kann so massereich und damit so kompakt sein, dass die kinetische Energie der Elektronen $1.5\, m_\text{e} c^2$ übersteigt. Dann ist die Umwandlung in Neutronen gemäß der Reaktion $\text{p} + \text{e}^- \to \text{n} + \nu_\text{e}$ energetisch bevorzugt. Der resultierende *Neutronenstern* kann in einfacher Näherung als Gleichgewicht zwischen dem Fermidruck der Neutronen und dem Gravitationsdruck verstanden werden. Neutronensterne werden als *Pulsare* beobachtet; für eine Masse $M \approx M_\odot$ haben sie einen Radius R von etwa 5 bis 10 km.

Aufgaben

32.1 Geschwindigkeits-Mittelwerte im Fermigas

Berechnen Sie die Geschwindigkeits-Mittelwerte $\overline{v}$ und $\overline{v^2}$ für das ideale Fermigas bei $T = 0$.

32.2 Relativistisches ideales Fermigas

Die Dichte eines idealen Fermigases sei so hoch, dass $\hbar/(V/N)^{1/3} \gg mc$ gilt. Dann sind die meisten Impulse hochrelativistisch, $p \gg mc$, und man kann näherungsweise die Beziehung $\varepsilon \approx cp$ verwenden. Bestimmen Sie für diesen Fall den Fermiimpuls und die Fermienergie. Welche Energie $E_0(V, N)$ und welchen Druck $P(V, N)$ hat das System für $T \approx 0$?

32.3 Strom aus Glühkathode

Um aus einem Metall auszutreten, müssen Elektronen eine Potenzialbarriere der Höhe V_0 (relativ zur Fermienergie ε_{F}) überwinden. Die Elektronen sollen als ideales Fermigas behandelt werden. Berechnen Sie die Stromdichte der austretenden Elektronen bei der Temperatur T. Diese Emission von Elektronen wird auch Richardsoneffekt genannt.

32.4 Paulischer Paramagnetismus

Die Elektronen eines Metalls werden als ideales Fermigas mit der Zustandsdichte $z(\varepsilon)$ behandelt. In einem äußeren Magnetfeld B sind die Einteilchenenergien

$$\varepsilon_{\pm} = \varepsilon \mp \mu_{\mathrm{B}} B$$

wobei das obere Vorzeichen gilt, wenn das magnetische Moment parallel zum Feld ist. Es wird $\mu_{\mathrm{B}} B \ll \varepsilon_{\mathrm{F}}$ vorausgesetzt. Berechnen Sie die Anzahl der parallel (+) und antiparallel (−) eingestellten magnetischen Momente,

$$N_{\pm} = \sum \overline{n_{\pm}(\varepsilon)}$$

für $T \approx 0$. Für $T \approx 0$ werden die mittleren Besetzungszahlen $\overline{n_{\pm}(\varepsilon)}$ zu Θ-Funktionen. Bestimmen Sie die Magnetisierung $M(B) = \mu_{\mathrm{B}}(N_{+} - N_{-})/V$.

32.5 Temperaturabhängige Korrektur zum Paramagnetismus

Die Elektronen eines idealen Fermigases haben im Magnetfeld B die Energien $\varepsilon_{\pm} = p^2/(2m) \mp \mu_{\mathrm{B}} B$. Schlagen Sie den Term $\mu_{\mathrm{B}} B$ zum chemischen Potenzial,

$$\mu_{\pm} = \mu \pm \mu_{\mathrm{B}} B$$

Berechnen Sie nunmehr die Anzahl $N_{\pm}$ der parallel (+) und antiparallel (−) zum Feld eingestellten magnetischen Momente *mit Hilfe der Sommerfeldtechnik bis zur Ordnung* T^2; es gelten $k_\mathrm{B}T \ll \varepsilon_\mathrm{F}$ und $\mu_\mathrm{B}B \ll \varepsilon_\mathrm{F}$. Geben Sie die Magnetisierung $M(T, B) = \mu_\mathrm{B}(N_+ - N_-)/V$ an.

33 Phononengas

Im Kristallgitter eines Festkörper treten anstelle der Translationen der Atome ihre Auslenkungen aus der Gleichgewichtslage. Die Atome werden dann um ihre Gleichgewichtslage schwingen; die Koppelung dieser Schwingungen führt zu Gitterwellen. Die quantisierten Anregungen der Gitterwellen heißen Phononen. Die statistische Behandlung des Phononengases führt zu einer charakteristischen Temperaturabhängigkeit der spezifischen Wärme. Für kleine Temperaturen steigt die spezifische Wärme mit der dritten Potenz der Temperatur an.

Lineare Kette

Die Schwingung eines Gitteratoms ist mit den Schwingungen der Nachbaratome gekoppelt. Der erste Schritt besteht daher in der Bestimmung der Eigenschwingungen des gekoppelten Systems. Hierzu gehen wir von einem eindimensionalen Kristallmodell aus, der in Abbildung 33.1 skizzierten linearen Kette. Die Gleichgewichtslagen der Atome seien $x_n = a \cdot n$; dabei bezeichnet a die Gitterkonstante. Wir beschränken die Auslenkungen zunächst auf die x-Richtung. Die Auslenkung des n-ten Atoms aus seiner Gleichgewichtslage sei $q_n(t)$. Für kleine Auslenkungen ist die Rückstellkraft proportional zur relativen Auslenkung $q_{n+1} - q_n$ zwischen zwei benachbarten Atomen. Damit wirkt auf das n-te Atom die Kraft

$$F_n = f\left(q_{n+1} - q_n\right) - f\left(q_n - q_{n-1}\right) \tag{33.1}$$

mit einer (Feder-) Konstanten f. Zur Lösung der Bewegungsgleichungen

$$m\,\ddot{q}_n = F_n = f\left(q_{n+1} + q_{n-1} - 2q_n\right) \tag{33.2}$$

verwenden wir den Ansatz

$$q_n(t) = A\,\exp\left[\mathrm{i}(\omega t + kna)\right] \tag{33.3}$$

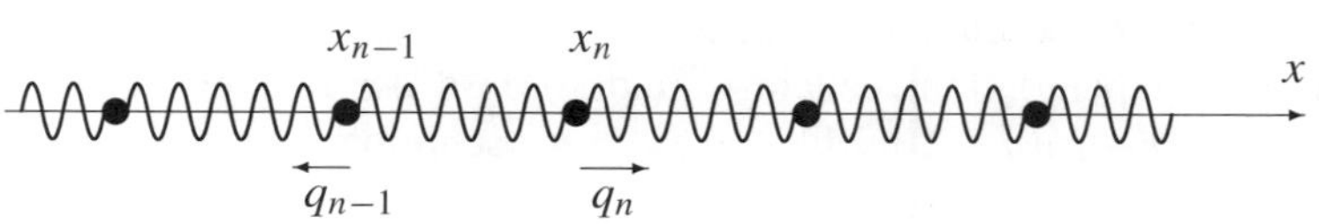

Abbildung 33.1 Die eindimensionale Kette als Modell für Gitterschwingungen. Die Atome mit der Masse m haben die Gleichgewichtslagen $x_n = a \cdot n$; die Länge a entspricht der Gitterkonstanten eines Kristalls. Die Kräfte zwischen den Atomen seien harmonisch.

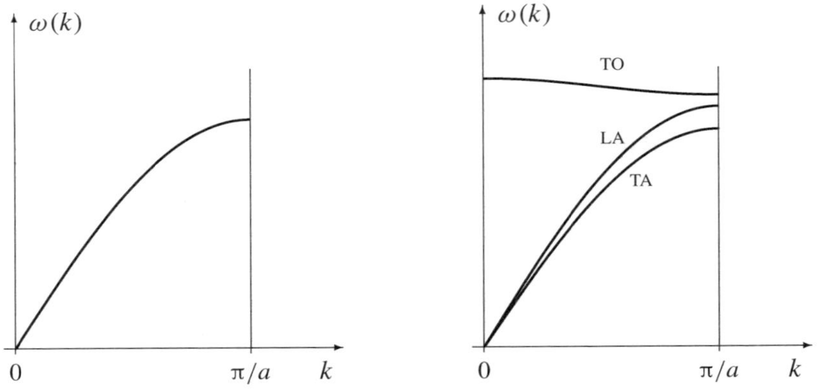

Abbildung 33.2 Dispersionsrelation $\omega = \omega(k)$ der linearen Kette (links). Im realen Kristall ergeben sich hiervon Abweichungen, wie sie etwa im rechten Teil skizziert sind. Transversale und longitudinale Wellen (TA und LA) haben etwas unterschiedliche Dispersionsrelationen. In einem Ionenkristall gibt es auch noch transversale optische Wellen (TO) mit endlichem $\omega(0)$.

Dabei lassen wir eine komplexe Amplitude A zu mit der Maßgabe, dass die physikalische Lösung gleich dem Realteil von (33.3) ist. Die Parameter k und ω sind reell. Wir setzen (33.3) in (33.2) ein:

$$-m\,\omega^2 = f\left[\,\exp(\mathrm{i}ka) + \exp(-\mathrm{i}ka) - 2\,\right] = -4f\,\sin^2\left(\frac{ka}{2}\right) \tag{33.4}$$

Dies ergibt die *Dispersionsrelation*

$$\omega = \omega(k) = \sqrt{\frac{4f}{m}}\,\sin\left(\frac{|k|\,a}{2}\right) \tag{33.5}$$

Wir beschränken die Frequenz auf positive Werte, $\omega > 0$. In (33.3) ergeben k und $k + 2\pi/a$ dieselbe Lösung. Deshalb können wir die Wellenzahl k durch

$$-\frac{\pi}{a} < k \le \frac{\pi}{a} \tag{33.6}$$

begrenzen. In Abbildung 33.2 ist die Dispersionsrelation der linearen Kette und eines realen Kristalls skizziert; wegen $\omega(-k) = \omega(k)$ kann der Graph auf den Bereich $0 \le k \le \pi/a$ beschränkt werden.

Mit $A = C\exp(\mathrm{i}\varphi)$ (mit reellem C und φ) wird der Realteil von (33.3) zu $q_n(t) = C\,\cos(\omega t + kna + \varphi)$. Mit $x = x_n = na$ schreiben wir dies als Funktion von x und t:

$$q(x,t) = q_n(t) = C\,\cos(\omega t + kx + \varphi) \tag{33.7}$$

Hieran sieht man, das die Eigenschwingungen $q_n(t)$ als *Wellen* $q(x,t)$ aufgefasst werden können. Die Wellenzahl $k = 2\pi/\lambda$ legt die Wellenlänge λ fest. Für große

Wellenlängen ($\lambda \gg a$) schwingen jeweils viele benachbarte Atome in die gleiche Richtung, also gleichphasig. Bei der kleinsten Wellenlänge $\lambda_{\text{min}} = 2\pi / k_{\text{max}}$ schwingen benachbarte Atome gegenphasig; denn für $k_{\text{max}}\, a = \pi$ folgt $q_{n+1}/q_n = -1$ aus (33.7).

Wir betrachten nun eine *endliche* Kette der Länge $L = Ma$ aus $M \gg 1$ Atomen. Für die endliche Kette müssen wir Randbedingungen angeben. Am einfachsten ist die periodische Randbedingung

$$q_1 = q_{1+M} \tag{33.8}$$

Dazu kann man sich vorstellen, dass die Kette zu einem Kreis geschlossen wird, so dass das $(M+1)$-te Atom wieder das erste ist. Aus dieser Bedingung und (33.3) folgt $\exp(\mathrm{i}kaM) = 1$ oder

$$k_i = \frac{2\pi}{aM}\, i \qquad i = 0, \pm 1, \pm 2, \,\ldots\, , \pm\frac{M-2}{2}, +\frac{M}{2} \tag{33.9}$$

Unter Berücksichtigung der Beschränkung (33.6) erhalten wir gerade M diskrete k-Werte. Da das System M Freiheitsgrade hat, muss es auch M Eigenschwingungen geben. Der Wert $k_i = 0$ bedeutet eine Translation der gesamten Kette und kann daher weggelassen werden; in der statistischen Abzählung spielt dies wegen $M \gg 1$ keine Rolle. Aus (33.9) entnehmen wir, dass die möglichen Eigenschwingungen äquidistante k–Werte mit dem Abstand

$$\Delta k = \frac{2\pi}{L} \tag{33.10}$$

haben. Auch wenn (33.8) durch eine physikalische Randbedingung ersetzt wird, ergeben sich M äquidistante k-Werte (Aufgabe 33.1).

Kristallgitter

Wir verallgemeinern die bisherigen Resultate auf ein dreidimensionales Kristallgitter. Dazu denken wir uns jedes Atom der linearen Kette durch eine y-z-Ebene mit einem zweidimensionalen Gitter von Atomen ergänzt. Dann beschreibt die Lösung (33.7) eine Auslenkung dieser y-z-Ebene in x-Richtung. In dem dreidimensionalen Kristall ist dies eine Dichtewelle oder *Schallwelle*. Durch den Schritt von der Kette zum Kristall ändert sich die Dispersionsrelation nicht. Man könnte nun zwar m und f in (33.5) als Masse und Federkonstante der einzelnen Ebenen ansehen; dies ergibt aber das gleiche Verhältnis f/m.

Die Gruppengeschwindigkeit der Welle für kleine Frequenzen definiert die *Schallgeschwindigkeit*

$$c_{\text{S}} = \left.\frac{d\omega}{dk}\right|_{k=0} = \sqrt{\frac{f}{m}}\; a \tag{33.11}$$

Für gewöhnlichen Schall befindet man sich immer im Bereich $k \ll k_{\text{max}} = \pi/a \sim 1/\text{Å}$. Zum Beispiel ergibt sich aus $c_{\text{S}} = 5000\,\text{m/s}$ (für Eisen) und $\nu = \omega/2\pi = 5\,\text{kHz}$ die Wellenlänge $\lambda = 1\,\text{m}$, also $k \sim 10^{-10}\, k_{\text{max}}$.

Eine allgemeine Welle ist von der Form $A \exp[\mathrm{i}(\boldsymbol{k} \cdot \boldsymbol{r} - \omega t)]$. Mit $\boldsymbol{k} = k\boldsymbol{e}_x$ erhalten wir hieraus die Welle (33.7); der Wellenvektor $\boldsymbol{k}$ zeigt also in x-Richtung. Die durch $q(x, t)$ beschriebenen Auslenkungen zeigen ebenfalls in x-Richtung. Eine Welle, bei der Wellenvektor und Auslenkung parallel sind, heißt *longitudinal*.

Für die Kette in Abbildung 33.1 können wir neben den Auslenkungen in x-Richtung auch Auslenkungen in zwei dazu senkrechten Richtungen betrachten. Auch dies führt zu Wellenlösungen der Art (33.7), wobei die Auslenkungen q_n senkrecht zum Wellenvektor $\boldsymbol{k} = k\boldsymbol{e}_x$ stehen; diese Welle heißt daher *transversal*. Auch für diese Schwingungen kann die lineare Kette zum dreidimensionalen Kristall ergänzt werden. Im dreidimensionalen Kristall sind alle Richtungen des Wellenvektors $\boldsymbol{k}$ möglich. Zu jedem $\boldsymbol{k}$-Wert gibt es eine longitudinale und zwei transversale Wellen; diese Spezifikation bezeichnen wir auch als *Polarisation* der Welle.

Wir gehen von einem kubischen Gitter mit der Gitterkonstanten a aus; das Volumen sei $V = L^3$. Wir berücksichtigen die drei Polarisationsrichtungen, die Abstände $\Delta k = 2\pi/L$ und das Maximum π/a der möglichen $|k|$-Werte. Dann erhalten wir für die Anzahl der Schwingungsmoden

$$\sum_{\text{Pol}} \sum_{\boldsymbol{k}} 1 = 3 \int_{-\pi/a}^{\pi/a} \frac{dk_x}{\Delta k} \int_{-\pi/a}^{\pi/a} \frac{dk_y}{\Delta k} \int_{-\pi/a}^{\pi/a} \frac{dk_z}{\Delta k}\, 1 = \frac{3V}{a^3} = 3N \tag{33.12}$$

Da die N Atome in drei Richtungen ausgelenkt werden können, hat das System $3N$ Freiheitsgrade und damit $3N$ Eigenschwingungen.

Wir vereinfachen die Abzählung (33.12) der Eigenmoden, indem wir die Dispersionsrelation durch

$$\omega = \omega(k) \approx c_{\mathrm{S}}\, |\boldsymbol{k}|\,, \qquad c_{\mathrm{S}} = c_{\mathrm{l}} \approx c_{\mathrm{t}} \tag{33.13}$$

annähern. Die tatsächlichen Dispersionsrelationen weichen hiervon vor allem im oberen Bereich ab (Abbildung 33.2); außerdem sind die Steigungen c_{l} und c_{t} des longitudinalen und transversalen Zweigs im realen Kristall etwas verschieden. Wir nehmen ferner an, dass alle $\boldsymbol{k}$-Richtungen gleichberechtigt sind. Dann wird aus der Begrenzung (33.6) für kartesische Komponenten die Bedingung $|\boldsymbol{k}| \le k_{\max}$ mit einem noch zu bestimmenden $k_{\max} = \mathcal{O}(\pi/a)$. Die Anzahl der Eigenschwingungen ergibt sich nunmehr aus

$$3N = \sum_{\text{Pol}} \int \frac{d^3k}{\Delta k^3} = \frac{3V}{(2\pi)^3} \int_0^{k_{\max}} 4\pi k^2\, dk = \frac{3V}{2\pi^2}\, \frac{1}{c_{\mathrm{S}}^3} \int_0^{\omega_{\mathrm{D}}} d\omega\, \omega^2 = \frac{V}{2\pi^2 c_{\mathrm{S}}^3}\, \omega_{\mathrm{D}}^3 \tag{33.14}$$

Die Integralgrenze ist die *Debye-Frequenz*

$$\omega_{\mathrm{D}} = c_{\mathrm{S}}\, k_{\max} = c_{\mathrm{S}} \left(\frac{6\pi^2}{v}\right)^{1/3} \approx 3.9\, \frac{c_{\mathrm{S}}}{a} \tag{33.15}$$

Als Beispiel setzen wir $c_{\mathrm{S}} = 5 \cdot 10^3\,\mathrm{m/s}$ und $a = 2 \cdot 10^{-8}\,\mathrm{cm}$ ein und erhalten $\omega_{\mathrm{D}} \approx 10^{14}\,\mathrm{s}^{-1}$. Die Frequenzen $\omega \le \omega_{\mathrm{D}}$ der Gitterschwingungen liegen also im infraroten Bereich und darunter.

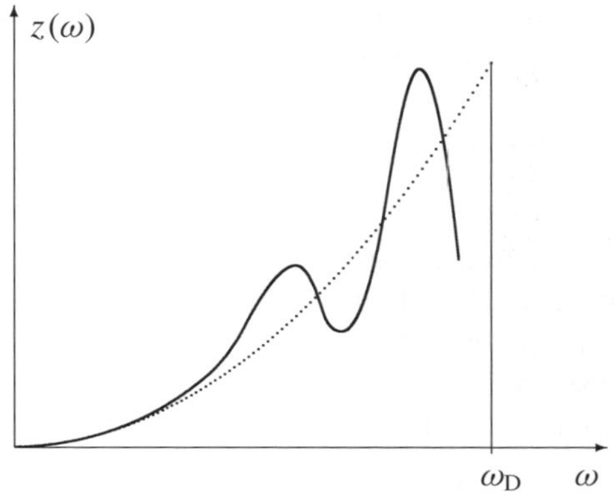

Abbildung 33.3 Mögliche Form des Frequenzspektrums $z(\omega)$ der Gitterschwingungen eines realen Kristalls. Das Debye-Modell mit $z_D \propto \omega^2$ (gepunktet) beruht auf der vereinfachten Dispersionsrelation $\omega = c_S\, k$.

Nach (33.14) können wir die in der statistischen Behandlung auftretenden Summen über die diskreten $\boldsymbol{k}$-Werte und Polarisationsrichtungen in der Form

$$\sum_{\text{Pol}} \sum_{\boldsymbol{k}} \ldots = \frac{9N}{\omega_D^3} \int_0^{\omega_D} d\omega\, \omega^2 \ldots = 3N \int_0^{\infty} d\omega\, z_D(\omega) \ldots \qquad (33.16)$$

schreiben. Das betrachtete Modell heißt *Debye-Modell*. Es ist durch das *Frequenzspektrum*

$$z_D(\omega) = \begin{cases} \dfrac{3\,\omega^2}{\omega_D^3} & \omega \le \omega_D \\ 0 & \omega > \omega_D \end{cases} \qquad \text{(Debye-Modell)} \qquad (33.17)$$

definiert. Das Frequenzspektrum $z(\omega)$ ist die Zustandsdichte der Eigenschwingungen, also die Anzahl der Moden pro ω-Intervall.

Die Dispersionsrelation (33.5) ergibt – verglichen mit (33.13) – eine Absenkung der maximalen Frequenz ω_D. Für (33.5) liegen außerdem die möglichen ω-Werte in der Nähe von ω_D dichter (die k-Werte sind äquidistant). Dadurch ist $z(\omega)$ größer als in (33.17). In einem realen Kristall zeigen sich aber andere Abweichungen vom Debye-Modell, wie sie etwa in Abbildung 33.3 skizziert sind. Die Funktion $z(\omega)$ ist aber in jedem Fall normiert, $\int d\omega\, z(\omega) = 1$, da die Anzahl $3N$ der Freiheitsgrade oder Eigenschwingungen festliegt.

Phononen

Jede der $3N$ Eigenschwingungen eines Kristallgitters ist durch die Angabe des Wellenvektors und der Polarisation festgelegt:

$$j = (\boldsymbol{k}, \text{Pol}) = (\boldsymbol{k}, m)\,, \qquad j = 1, 2, \ldots, 3N \qquad (33.18)$$

Die drei möglichen Polarisationsrichtungen (eine longitudinale und zwei transversale Wellen) zählen wir mit $m = 1, 2, 3$ ab. Die zugehörigen Eigenfrequenzen nähern wir durch $\omega = c_S\,|\boldsymbol{k}|$ an. Für das Spektrum der Eigenfrequenzen nehmen wir (33.17) an.

Klassisch kann die Energie einer Eigenschwingung des Gitters beliebige Werte annehmen. Quantenmechanisch sind dagegen nur diskrete Energiewerte möglich:

$$e_j = \hbar\,\omega_j \left(n_j + \frac{1}{2}\right) = \hbar\,\omega(k) \left(n_{\boldsymbol{k}}^m + \frac{1}{2}\right) \qquad (33.19)$$

Die Quantenzahlen $n_j = n_{\boldsymbol{k}}^m$ können die Werte $0, 1, 2, \ldots$ annehmen. Die Annahme (33.1) harmonischer Rückstellkräfte ist allerdings nur für kleine Auslenkungen aus der Ruhelage gültig, und damit nur für nicht zu hohe Quantenzahlen n_j. Der reale Kristall löst sich bei zu großen Schwingungsenergien auf; konkret geht er bei steigender Temperatur in die flüssige Phase über.

Ein Mikrozustand r des Gitters ist nun durch die Schwingungsquantenzahlen $n_j = n_{\boldsymbol{k}}^m$ festgelegt:

$$r = (n_1, n_2, \ldots, n_{3N}) = \left\{n_{\boldsymbol{k}}^m\right\} \qquad (33.20)$$

Da die Eigenschwingungen voneinander unabhängig sind, ist die Energie dieses Mikrozustands gleich

$$E_r = \sum_{j=1}^{3N} e_j = \sum_{m,\boldsymbol{k}} \hbar\,\omega(k) \left(n_{\boldsymbol{k}}^m + \frac{1}{2}\right) = E_0(V) + \sum_{m,\boldsymbol{k}} \varepsilon_k\, n_{\boldsymbol{k}}^m \qquad (33.21)$$

Dabei haben wir mit

$$\varepsilon_k = \hbar\,\omega(k) \qquad (33.22)$$

die Energie eines Schwingungsquants eingeführt. Im Volumen $V = L^3$ sind die k-Werte ein Vielfaches von $\Delta k = 2\pi/L$; daraus folgt $\varepsilon_k \approx \hbar c_{\mathrm{S}} k \propto V^{-1/3}$.

In (33.21) wurde die Energie E_0 der Nullpunktschwingungen vor die Summe geschrieben. In diese Größe können wir andere, hier nicht betrachtete Energieanteile aufnehmen; dann ist $E_0(V) = E(T = 0, V)$ die Grundzustandsenergie des Gitters. In einer realistischen Beschreibung ist die Volumenabhängigkeit von $E_0(V)$ für die (relative) Inkompressibilität des Gitters verantwortlich. Der zweite Teil in (33.21) hängt ebenfalls von V ab; er führt daher zu einem temperaturabhängigen Anteil des Drucks.

Da die Gesamtanzahl der Eigenschwingungen $3N$ ist, wird N im Ergebnis auftreten. Die Anzahl N der Atome des Kristalls ist aber kein äußerer (variabler) Parameter wie etwa das Volumen.

Bis auf den Beitrag E_0 ist (33.21) von der Form (29.17) eines idealen Quantengases. Wegen

$$n_{\boldsymbol{k}}^m = 0, 1, 2, \ldots \qquad (33.23)$$

handelt es sich um ein *ideales Bosegas*. In dieser Betrachtungsweise sprechen wir dann nicht mehr von $n_{\boldsymbol{k}}^m$ Schwingungsquanten des Oszillators, sondern von $n_{\boldsymbol{k}}^m$ Bosonen im Einteilchenzustand $j = (\boldsymbol{k}, m)$ mit der Energie ε_k. Diese Bosonen werden *Phononen* genannt; sie stellen quantisierte Wellen des Gitters dar. Der Vergleich mit (29.17) zeigt, dass die drei Polarisationen $m = 1, 2, 3$ den drei Spinquantenzahlen $s_z = 0, \pm 1$ entsprechen. Den Phononen kann daher neben der Energie ε_k und dem Impuls $\boldsymbol{p} = \hbar\,\boldsymbol{k}$ der Spin 1 zugeordnet werden.

Das System der Gitterschwingungen kann also als ideales Bosegas aufgefasst werden. Diese Art der Betrachtungsweise ist von Vorteil, weil wir das System dann analog zu den anderen Quantengasen behandeln können. Sie ist auch der Ausgangspunkt für die Behandlung komplizierterer Prozesse wie etwa der Elektron-Phonon-Streuung.

Im Gegensatz zum Bosegas aus ^{4}He-Atomen liegt die Gesamtzahl der Phononen nicht fest:

$$N_{\text{ph}} = \sum_{m,\boldsymbol{k}} n_{\boldsymbol{k}}^m \neq \text{const.} \tag{33.24}$$

Die mittlere Anzahl $\overline{N_{\text{ph}}}$ stellt sich als Funktion der Temperatur ein, Aufgabe 33.3. Da die Energieeigenwerte $E_r(V)$ nicht von N_{ph} abhängen, verschwindet das chemische Potenzial der Phononen:

$$\mu = \overline{\frac{\partial E_r(V)}{\partial N_{\text{ph}}}} = 0 \qquad \text{(Phononen)} \tag{33.25}$$

Hiermit wird die mittlere Besetzungszahl (29.39) zu

$$\overline{n_{\boldsymbol{k}}^m} = \overline{n_k} = \frac{1}{\exp(\beta\, \varepsilon_k) - 1} \tag{33.26}$$

Daraus erhalten wir die Energie

$$E(T, V) = \overline{E_r} = E_0(V) + \sum_{m,\boldsymbol{k}} \varepsilon_k\, \overline{n_k} \tag{33.27}$$

Hierin setzen wir (33.16), (33.17) und $\varepsilon_k = \hbar\,\omega(k)$ ein:

$$\begin{aligned} E(T, V) &= E_0(V) + 3N \int_0^{\omega_{\text{D}}} d\omega\, \frac{3\,\omega^2}{\omega_{\text{D}}^3}\, \frac{\hbar\omega}{\exp(\beta\hbar\omega) - 1} \\ &= E_0(V) + \frac{9N}{(\hbar\,\omega_{\text{D}})^3}\, (k_{\text{B}}T)^4 \int_0^{x_{\text{D}}} dx\, \frac{x^3}{\exp(x) - 1} \end{aligned} \tag{33.28}$$

Wir verwenden die dimensionslosen Größen

$$x = \frac{\hbar\omega}{k_{\text{B}}T} \quad \text{und} \quad x_{\text{D}} = \frac{\hbar\,\omega_{\text{D}}}{k_{\text{B}}T} = \frac{T_{\text{D}}}{T} \tag{33.29}$$

und die Debye-Temperatur $T_{\text{D}} = \hbar\,\omega_{\text{D}}/k_{\text{B}}$. Für $x_{\text{D}} \ll 1$ entwickeln wir den Integranden:

$$\begin{aligned} E(T, V) &= E_0(V) + \frac{9Nk_{\text{B}}T}{x_{\text{D}}^3} \int_0^{x_{\text{D}}} dx\, x^3 \left(\frac{1}{x} - \frac{1}{2} + \frac{x}{12} + \ldots \right) \\ &= E_0(V) + 3Nk_{\text{B}}T \left(1 - \frac{3}{8}\frac{T_{\text{D}}}{T} + \frac{1}{20}\frac{T_{\text{D}}^2}{T^2} + \ldots \right) \end{aligned} \tag{33.30}$$

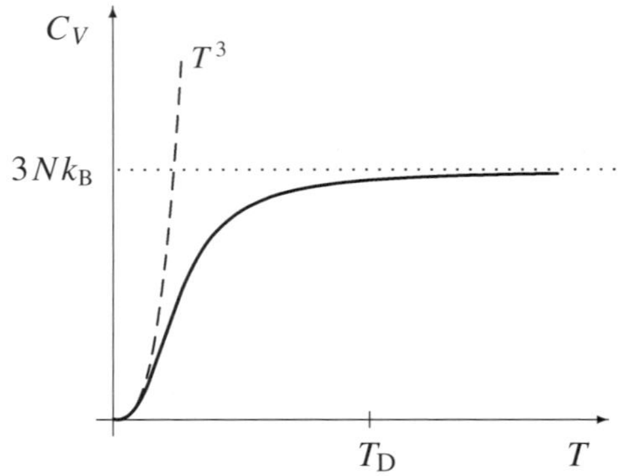

Abbildung 33.4 Der Gitteranteil der spezifischen Wärme in Abhängigkeit von der Temperatur. Die Grenzfälle für tiefe (gestrichelt) und hohe (gepunktet) Temperaturen sind ebenfalls eingezeichnet.

Hieraus folgt die Wärmekapazität des Debye-Modells für tiefe Temperaturen:

$$C_V = \frac{\partial E(T,V)}{\partial T} = 3Nk_B\left(1 - \frac{1}{20}\frac{T_D^2}{T^2}\right) \qquad (T \gg T_D) \tag{33.31}$$

Der klassische Grenzfall $C_V = 3Nk_B$ wird *Dulong-Petit-Gesetz* genannt. Nach dem Gleichverteilungssatz erhält ja jede kanonische Variable, die in der Hamiltonfunktion quadratisch auftritt, die mittlere Energie $k_BT/2$. Ein Oszillator hat zwei solche kanonische Variable, er ergibt also den Beitrag k_B zur Wärmekapazität. Im Kristall gibt es $3N$ unabhängige Eigenschwingungen (oder Oszillatoren), also $C_V = 3Nk_B$.

Für $x_D \gg 1$ kann die obere Grenze des Integrals unendlich gesetzt werden. Mit

$$\int_0^\infty dx\, \frac{x^3}{\exp(x)-1} = \sum_{n=1}^\infty \int_0^\infty dx\, x^3 \exp(-nx) = 6\sum_{n=1}^\infty \frac{1}{n^4} = \frac{\pi^4}{15} \tag{33.32}$$

erhalten wir

$$E(T,V) = E_0(V) + \frac{3\pi^4}{5}\frac{N(k_BT)^4}{(\hbar\omega_D)^3} \qquad (T \ll T_D) \tag{33.33}$$

Hieraus folgt die Wärmekapazität des Debye-Modells für tiefe Temperaturen:

$$\boxed{C_V = \frac{\partial E(T,V)}{\partial T} = \frac{12\pi^4}{5}Nk_B\frac{T^3}{T_D^3} \qquad (T \ll T_D)} \tag{33.34}$$

Das T^3–Verhalten ist so zu verstehen: Für tiefe Temperaturen sind alle Moden mit $\hbar\omega \lesssim k_BT$ angeregt. Die Anzahl dieser Moden ist proportional zu $\int d^3k \propto k^3 \propto \omega^3 \propto T^3$. Jede Mode gibt einen Beitrag der Größe $\mathcal{O}(k_B)$ zur Wärmekapazität.

Der gesamte Verlauf der spezifischen Wärme, wie sie sich aus (33.28) ergibt, ist in Abbildung 33.4 skizziert. Der Übergang zwischen dem T^3–Verhalten und dem klassischen Grenzwert erfolgt bei Temperaturen im Bereich von T_D.

Im Prinzip haben wir ω_D mit mikroskopischen Größen verknüpft (33.15, 33.11); die Kraftkonstante f wird durch das Potenzial zwischen den Atomen des Kristalls bestimmt. Praktisch wird man T_D in (33.34) als Parameter betrachten, der an das Experiment angepasst wird. Hierfür erhält man zum Beispiel

$$T_D = \begin{cases} 105\,\mathrm{K} \\ 343\,\mathrm{K} \end{cases} \qquad T_S = \begin{cases} 601\,\mathrm{K} & \text{für Blei} \\ 1357\,\mathrm{K} & \text{für Kupfer} \end{cases} \tag{33.35}$$

Zusätzlich ist noch die Schmelztemperatur T_S angegeben. Blei ist verglichen mit Kupfer ein weiches Metall; dies kommt in den niedrigeren Temperaturen zum Ausdruck. Für $T \to T_S$ sind die Gitterschwingungen so stark, dass sie den Kristallverband auflösen; das vorgestellte Modell wird spätestens hier ungültig. Wie in Abbildung 33.4 zu sehen, ist der klassische Grenzfall $c_V = 3k_B$ bei T_D bereits nahezu erreicht. Die Näherung (33.31) kann daher auch für $T \sim T_D$ verwendet werden, also über den angegebenen Gültigkeitsbereich hinaus.

Das für unsere Rechnung verwendete Debye-Modell gibt zwei Aspekte korrekt wieder: Die Gesamtanzahl der möglichen Moden ist $3N$, und für kleine ω gilt $z(\omega) \propto \omega^2$. Insofern sind die angegebenen Grenzfälle (33.31) und (33.34) realistisch. Im Bereich zwischen diesen Grenzwerten werden sich im Allgemeinen Abweichungen zwischen dem berechneten und gemessenen $c_V(T)$ ergeben. Diese Abweichungen erlauben dann Rückschlüsse auf die Abweichung des Frequenzspektrums $z(\omega)$ vom Debye-Modell (Abbildung 33.3).

Die hier betrachteten longitudinalen und transversalen Wellen heißen auch *akustisch*; das Verhältnis $d\omega/dk$ für $k \to 0$ ist die Schallgeschwindigkeit. Daneben gibt es noch so genannte *optische* Schwingungen, die durch elektromagnetische Felder (Licht) angeregt werden können. Eine optische Schwingung besteht darin, dass in einem Ionengitter (zum Beispiel Kochsalz, NaCl) die positiven und negativen Ionen gegeneinander schwingen (hierfür wird das Debye-Modell zum Einsteinmodell verallgemeinert, Aufgabe 33.4). Im Gegensatz zu den akustischen Schwingungen haben die optischen Schwingungen für $k \to 0$ eine endliche Energie. In Abbildung 33.2 rechts sind schematisch die akustischen Zweige und der optische Zweig der Dispersionsrelation eingezeichnet. In diesem Fall ist das Frequenzspektrum entsprechend zu modifizieren, (33.37).

Aufgaben

33.1 Schwingungsmoden der linearen Kette

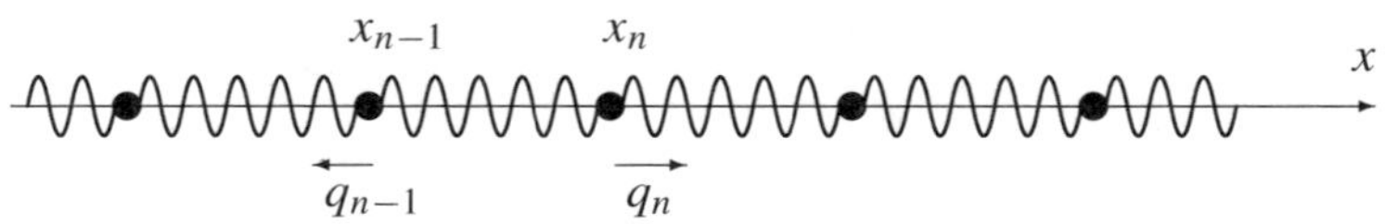

Die Ruhpositionen der Massen einer linearen Kette sind $x_n = n\,a$. Für die Auslenkungen $q_n(t) = q(x_n, t)$ gilt die Bewegungsgleichung $m\,\ddot{q}_n = f\,(q_{n+1} + q_{n-1} - 2q_n)$. Die Kette soll aus N Massen bestehen ($N \gg 1$). Geben Sie die möglichen diskreten k-Werte der Lösung an für

- Periodische Randbedingungen $q(x + L, t) = q(x, t)$ mit $L = N\,a$
- Physikalische Randbedingungen $q(x + L, t) = q(x, t) = 0$ mit $L = (N + 1)\,a$.

Begründen Sie, dass es für die statistische Abzählung von Zuständen keine Rolle spielt, welche dieser Randbedingungen verwendet werden.

33.2 Spezifische Wärme des Phononengases für tiefe Temperaturen

Für die Gitterschwingungen eines Kristalls erhält man die Energie

$$E(T, V) = E_0(V) + \frac{9N}{(\hbar\,\omega_{\rm D})^3}\,(k_{\rm B}T)^4 \int_0^{x_{\rm D}} dx\;\frac{x^3}{\exp(x) - 1} \tag{33.36}$$

wobei $x_{\rm D} = \hbar\,\omega_{\rm D}/(k_{\rm B}T) = T_{\rm D}/T$. Für tiefe Temperaturen, $T \ll T_{\rm D}$, erhält man das bekannte Verhalten $C_V \propto T^3$. Berechnen Sie die führende Korrektur hierzu.

33.3 Mittlere Phononenzahl im Debye-Modell

Geben Sie die mittlere Phononenzahl für das Debye-Modell an (als Integral). Werten Sie das Ergebnis für hohe und tiefe Temperaturen aus.

33.4 Einstein-Modell

1. Berechnen Sie die spezifische Wärme von Gitterschwingungen mit dem Ansatz $z_{\rm E}(\omega) = \delta(\omega - \omega_{\rm E})$ für das Frequenzspektrum. Mit einer geeignet gewählten Frequenz $\omega_{\rm E}$ liefert dieses *Einstein-Modell* eine Näherung für den Beitrag der optischen Phononen.

2. Für einen NaCl-Kristall (mit je N Natrium- und Chlor-Atomen) kann das Phononenspektrum durch

$$z(\omega) = z_{\rm D}(\omega) + \delta(\omega - 2\,\omega_{\rm D}) \tag{33.37}$$

angenähert werden, also durch ein Debye-Spektrum für die akustischen Phononen und einen Einstein-Term für die optischen Phononen. Berechnen Sie die spezifische Wärme für tiefe und für hohe Temperaturen.

34 Photonengas

Wir untersuchen Systeme, in denen Materie der Temperatur T mit elektromagnetischer Strahlung im Gleichgewicht ist. Ein solches System ist zum Beispiel das Plasma der Sonnenoberfläche. Diese elektromagnetische Strahlung kann als ideales Photonengas behandelt werden. Dieses Modell führt zur Planckschen Strahlungsverteilung und zum Stefan-Boltzmann-Gesetz. Die spezifische Wärme des Photonengases steigt mit der dritten Potenz der Temperatur an.

Für die theoretische Behandlung gehen wir von einem Hohlraumresonator aus, in dem stehende elektromagnetische Wellen angeregt werden können. Jede solche Welle stellt eine unabhängige Schwingungsmode des Systems dar, die als Oszillator quantisiert werden kann. Die Quanten dieser Wellen heißen Photonen. Wir bestimmen, wieviele Quanten in den einzelnen Schwingungsmoden im statistischen Gleichgewicht angeregt sind. Daraus kann die thermodynamische Energie des Photonengases berechnet werden.

Die elektromagnetischen Wellen sind Lösungen der Maxwellgleichungen im quellfreien Raum. Wenn man in diesen Gleichungen das Magnetfeld $\boldsymbol{B}(\boldsymbol{r}, t)$ eliminiert, erhält man die Wellengleichung

$$\left(\Delta - \frac{1}{c^2}\frac{\partial^2}{\partial t^2}\right)\boldsymbol{E}(\boldsymbol{r}, t) = 0 \tag{34.1}$$

für das elektrische Feld $\boldsymbol{E}(\boldsymbol{r}, t)$. Der Ansatz

$$\boldsymbol{E}(\boldsymbol{r}, t) = \boldsymbol{E}_0 \sin(\boldsymbol{k}\cdot\boldsymbol{r} + \varphi)\,\sin(\omega t + \psi) \tag{34.2}$$

ergibt die Dispersionsrelation

$$\omega^2 = c^2\boldsymbol{k}^2 \quad \text{oder} \quad \omega = \omega(k) = c\,|\boldsymbol{k}| = ck \tag{34.3}$$

Dabei ist c die Lichtgeschwindigkeit. Das elektrische Feld (34.2) stellt eine stehende Welle dar; das Magnetfeld folgt aus der Maxwellgleichung $\partial\boldsymbol{B}/\partial t = -c\ \mathrm{rot}\,\boldsymbol{E}$. Die allgemeine Lösung der freien Maxwellgleichungen lässt sich als Überlagerung dieser Lösungen darstellen.

Aus der Maxwellgleichung $\mathrm{div}\,\boldsymbol{E} = 0$ folgt die Einschränkung

$$\boldsymbol{E}_0\cdot\boldsymbol{k} = 0 \quad \text{oder} \quad \boldsymbol{E}_0 \perp \boldsymbol{k} \tag{34.4}$$

Speziell für $\boldsymbol{k} = k\,\boldsymbol{e}_z$ lautet (34.2) dann

$$\boldsymbol{E}(z,t) = (E_{0x}\,\boldsymbol{e}_x + E_{0y}\,\boldsymbol{e}_y)\,\sin(kz+\varphi)\,\sin(\omega t+\psi) \qquad (34.5)$$

wobei $\omega = ck$. Dies bedeutet, dass es zwei Polarisationen der Welle gibt. Für $E_{0y} = 0$ erhält man eine in x-Richtung linear polarisierte Welle, für die $\boldsymbol{E}$ in x- und $\boldsymbol{B}$ in y-Richtung zeigt. Da die Vektoren $\boldsymbol{E}$ und $\boldsymbol{B}$ senkrecht zum Wellenvektor $\boldsymbol{k}$ stehen, sind die elektromagnetischen Wellen *transversal*. Im Gegensatz zu den Gitterwellen des vorigen Kapitels gibt es keine longitudinalen Wellen.

Wir betrachten nun elektromagnetische Wellen im Inneren eines Hohlraums. Der Hohlraum habe das kubische Volumen $V = L^3$; seine Wände seien aus Metall. An den Wänden muss die Tangentialkomponente des elektrischen Feldes verschwinden. Für (34.5) heißt das $\boldsymbol{E}(0,t) = \boldsymbol{E}(L,t) = 0$. Daraus folgt $\varphi = 0$ und $kL = i\,\pi$, also die diskreten k-Werte

$$k_i = \frac{\pi}{L}\,i \quad \text{mit} \quad i = 1, 2, 3, ... \qquad (34.6)$$

Für die Abzählung der Moden beschränken wir i auf positive Werte, weil $\sin(kz)$ und $\sin(-kz)$ dieselbe Lösung ergeben. Die Summe über die k_i-Werte kann durch ein Integral ersetzt werden:

$$\sum_{k_i} \ldots = \frac{L}{\pi}\int_0^\infty dk \ldots = \frac{L}{2\pi}\int_{-\infty}^\infty dk \ldots = \frac{1}{\Delta k}\int_{-\infty}^\infty dk \ldots \qquad (34.7)$$

mit

$$\Delta k = \frac{2\pi}{L} \qquad (34.8)$$

Dabei haben wir angenommen, dass der Integrand nur von $|k|$ abhängt. Wir gehen nun zum Vektor $\boldsymbol{k}$ über und betrachten die Summe über alle möglichen Impulsrichtungen:

$$\sum_{m=1}^{2}\sum_{\boldsymbol{k}} \ldots = 2\int_{-\infty}^\infty \frac{dk_x}{\Delta k}\int_{-\infty}^\infty \frac{dk_y}{\Delta k}\int_{-\infty}^\infty \frac{dk_z}{\Delta k} \ldots = \frac{2V}{(2\pi)^3}\int d^3k \ldots \qquad (34.9)$$

Im Ergebnis spielt die Form des Volumens V keine Rolle. Die Abzählung erfolgt damit wie in (30.8). Im Unterschied zu Gitterwellen ist die Anzahl der elektromagnetischen Moden nicht endlich; es gibt keine maximale Wellenzahl. Die Summe über m steht für die beiden möglichen Polarisationsrichtungen der Welle.

Der Hohlraum dient lediglich als Hilfsmittel, um die Anzahl der Schwingungsmoden abzuzählen. Wir haben deshalb hier auch keine vollständige Hohlraumschwingung angegeben; dazu sei auf die Elektrodynamik (Kapitel 21 in [2]) verwiesen. Für die statistisch relevanten Anregungen $\hbar\omega \sim k_{\rm B}T$ sind die Wände des Hohlraums wegen $\overline{k} \gg k_{\rm min} = \Delta k$ faktisch unwesentlich. Im Ergebnis kommt es nur auf das zur Verfügung stehende Volumen V an.

Als Lösungen der freien Maxwellgleichungen sind die elektromagnetischen Schwingungen harmonisch und voneinander entkoppelt. Jede Mode stellt einen klassischen harmonischen Oszillator dar. Wir berücksichtigen nun die Quantenmechanik, indem wir nur die quantisierten Energiewerte

$$e_j = \hbar\,\omega(k)\left(n_{\boldsymbol{k}}^m + \frac{1}{2}\right), \qquad j = (\boldsymbol{k}, m) \tag{34.10}$$

für die einzelnen Schwingungen zulassen; dabei ist $\omega = ck$.

Wir skizzieren kurz den formalen Weg, der zu dieser Quantisierung führt. Für das klassische Feld können die zeitabhängigen Amplituden $A_j(t)$ der einzelnen Schwingungsmoden als verallgemeinerte Koordinaten der Lagrangefunktion gewählt werden; in (34.5) stellt $A(t) = E_{0x}\,\sin(\omega t + \psi)$ eine solche Amplitude dar. Aus der Lagrangefunktion

$$L(A_1, A_2,\ldots, \dot{A}_1, \dot{A}_2,\ldots) = \text{const.} \cdot \sum_j \left(\dot{A}_j^2 - \omega_j^2 A_j^2\right) \tag{34.11}$$

folgen die Bewegungsgleichungen $\ddot{A}_j = -\omega_j^2 A_j$ mit den Lösungen $A_j(t) = a_j\,\sin(\omega_j t + \psi_j)$. Aus der Lagrangefunktion L bestimmt man die Hamiltonfunktion $H(A_1, A_2,\ldots, P_{A_1}, P_{A_2},\ldots)$; dabei kann man die Konstante in (34.11) so festlegen, dass H gleich der aus der Elektrodynamik bekannten Energie der Hohlraumschwingung ist. Dann geht man von der Hamiltonfunktion zum Hamiltonoperator über. Der Hamiltonoperator beschreibt unabhängige Oszillatoren und hat daher die Energieeigenwerte $E_r = \sum e_j$ mit den e_j aus (34.10).

Ein Mikrozustand r des Hohlraums ist dadurch definiert, dass wir die Schwingungsquantenzahlen $n_j = n_{\boldsymbol{k}}^m$ aller stehenden Wellen angeben:

$$r = (n_1, n_2, n_3 \ldots) = \left\{n_{\boldsymbol{k}}^m\right\} \tag{34.12}$$

Die Quantenzahlen $n_j = n_{\boldsymbol{k}}^m$ können die Werte 0, 1, 2, ... annehmen. Da die Eigenschwingungen (die stehenden Wellen) voneinander unabhängig sind, ist die Energie des Mikrozustands gleich

$$E_r(V) = \sum_{j=1}^{\infty} e_j = \sum_{m,\boldsymbol{k}} \hbar\,\omega(k)\left(n_{\boldsymbol{k}}^m + \frac{1}{2}\right) = E_0 + \sum_{m,\boldsymbol{k}} \varepsilon_k\, n_{\boldsymbol{k}}^m \tag{34.13}$$

Dabei haben wir mit

$$\varepsilon_k = \hbar\,\omega(k) \tag{34.14}$$

die Energie eines Schwingungsquants eingeführt. Im Volumen $V = L^3$ sind die k-Werte ein Vielfaches $\Delta k = 2\pi/L$; daraus folgt $\varepsilon_k = \hbar c k \propto V^{-1/3}$.

Bis auf die Energie E_0 der Nullpunktschwingungen ist (34.13) von der Form (29.17) des idealen Quantengases. Wegen

$$n_{\boldsymbol{k}}^m = 0, 1, 2, \ldots \tag{34.15}$$

handelt es sich um ein *ideales Bosegas*. In dieser Betrachtungsweise sprechen wir dann nicht mehr von $n_{\boldsymbol{k}}^m$ Schwingungsquanten des Oszillators, sondern von $n_{\boldsymbol{k}}^m$ Bosonen im Einteilchenzustand $j = (\boldsymbol{k}, m)$ mit der Energie ε_k. Diese Bosonen werden *Photonen* genannt; sie stellen quantisierte elektromagnetische Wellen dar. Diesen Photonen kann der Impuls $\boldsymbol{p} = \hbar\,\boldsymbol{k}$ und der Spin 1 zugeordnet werden. Die beiden Polarisationsmöglichkeiten entsprechen den Spinprojektionen $\pm\hbar$ in Richtung von $\boldsymbol{k}$; eine andere Einstellung des Spins ist für Photonen nicht möglich.

Die Photonen könnten lediglich eine begriffliche Konstruktion oder Sprechweise sein, die durch die Struktur (34.12) – (34.15) nahegelegt wird. Viele Experimente (etwa der Comptoneffekt) zeigen jedoch, dass Photonen reale Teilchen mit bestimmten Werten von Energie, Impuls und Spin sind.

Die Anzahl der Photonen im Strahlungshohlraum liegt nicht fest,

$$N_{\text{ph}} = \sum_{m,\boldsymbol{k}} n_{\boldsymbol{k}}^m \neq \text{const.} \tag{34.16}$$

Die mittlere Anzahl $\overline{N_{\text{ph}}}$ stellt sich als Funktion der Temperatur ein, Aufgabe 34.1. Da der Hamiltonoperator und die Energieeigenwerte $E_r(V)$ nicht von N_{ph} abhängen, verschwindet das chemische Potenzial,

$$\mu = \overline{\frac{\partial E_r(V)}{\partial N_{\text{ph}}}} = 0 \qquad \text{(Photonen)} \tag{34.17}$$

Hiermit wird die mittlere Besetzungszahl (29.39) zu

$$\overline{n_{\boldsymbol{k}}^m} = \overline{n_k} = \frac{1}{\exp(\beta\varepsilon_k) - 1} \tag{34.18}$$

Die in (34.13) eingeführte Größe $E_0 = \sum \hbar\,\omega(k)/2$ ist unendlich, da die Anzahl der Schwingungsmoden nicht begrenzt ist. Man betrachtet daher nur die tatsächlich messbare Energiedifferenz

$$E'(T,V) = \overline{E_r} - E_0 = E(T,V) - E(0,V) = \sum_{m,\boldsymbol{k}} \varepsilon_k\,\overline{n_k} \tag{34.19}$$

Die Differenzbildung ist eine Vorschrift, um aus dem unendlichen Resultat für $E(T,V)$ ein physikalisch sinnvolles Ergebnis zu erhalten. Das Verfahren ist an sich fragwürdig; denn es besteht ja darin, zwei unendliche Größen, $E(T,V)$ und $E_0 = E(0,V)$, voneinander abzuziehen. In der Quantenelektrodynamik ist dies aber ein übliches und erfolgreiches Verfahren, das wir hier in besonders einfacher Form kennenlernen.

Obschon die Hohlraumschwingungen ein ganz anderes physikalisches System darstellen, sind die auftretenden Strukturen weitgehend analog zu den Gitterschwingungen. Wir stellen einige Punkte zum Vergleich zwischen Phononen- und Photonengas zusammen:

- Die Wellengeschwindigkeit ist in einem Fall die Schallgeschwindigkeit (Phononen), im anderen die Lichtgeschwindigkeit (Photonen).
- Für Photonen ist die Dispersionsrelation exakt linear ($\omega \propto k$). Für Phononen gilt dies nur näherungsweise; außerdem ist die Dispersionsrelation durch einen maximalen Wert ω_D begrenzt. Die Relation $E \propto T^4$ gilt daher für das Photonengas generell, für das Phononengas nur bei tiefen Temperaturen.
- Für Photonen sind beliebig große $n_{\boldsymbol{k}}$ möglich, für Phononen löst sich der Kristall bei zu großer Anregung auf. Anders ausgedrückt, die Harmonizität der Schwingung gilt exakt für das elektromagnetische Feld, aber nur näherungsweise für Gitterwellen.
- Es gibt eine longitudinale und zwei transversale Gitterwellen, aber nur zwei transversale elektromagnetische Wellen. Im Teilchenbild bedeutet dies, dass der Spin 1 des Phonons drei Einstellmöglichkeiten hat, der Spin 1 des Photons aber nur zwei.
- Die Energie der Nullpunktschwingungen ist für Phononen endlich, für Photonen ist E_0 dagegen unendlich.

Wir berechnen die Energie E':

$$E'(T, V) = \sum_{m,\boldsymbol{k}} \varepsilon_k \overline{n_k} \stackrel{(34.9)}{=} \frac{2V}{(2\pi)^3} \int d^3k \, \frac{\hbar c k}{\exp(\beta \hbar c k) - 1}$$

$$= \frac{V}{\pi^2 \beta^4 \hbar^3 c^3} \int_0^\infty dx \, \frac{x^3}{\exp(x) - 1} \stackrel{(33.32)}{=} \frac{\pi^2 \, V \, (k_B T)^4}{15 \, \hbar^3 c^3} \tag{34.20}$$

Mit der Stefan-Boltzmann-Konstante

$$\sigma = \frac{\pi^2 k_B^4}{60 \, \hbar^3 c^2} = 5.67 \cdot 10^{-8} \, \frac{\mathrm{W}}{\mathrm{m}^2 \, \mathrm{K}^4} \tag{34.21}$$

lautet das Resultat

$$E'(T, V) = \frac{4\sigma}{c} \, V T^4 \tag{34.22}$$

Die Wärmekapazität eines Hohlraums mit dem Volumen V ist dann

$$\boxed{C_V = \frac{16\,\sigma}{c} \, V \, T^3} \tag{34.23}$$

Plancks Strahlungsverteilung

Die Energie (34.20) kann als Integral über die Frequenzen ω geschrieben werden,

$$\frac{E'(T, V)}{V} = \int_0^\infty d\omega \, u(\omega) \tag{34.24}$$

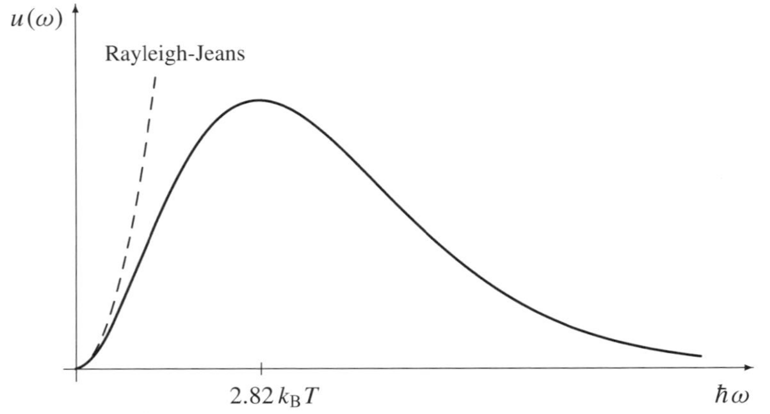

Abbildung 34.1 Plancksche Strahlungsverteilung: Wenn Materie der Temperatur T mit elektromagnetischer Strahlung im Gleichgewicht ist, geht von ihr Strahlung mit dieser Frequenzverteilung aus.

Der Vergleich mit (34.20) definiert die spektrale Verteilung $u(\omega)$ der Energiedichte,

$$u(\omega) = \frac{\hbar}{\pi^2 c^3} \frac{\omega^3}{\exp(\hbar\omega/k_B T) - 1} \qquad \text{Plancks Strahlungsverteilung} \tag{34.25}$$

Dies ist auch die Strahlungsverteilung eines *schwarzen Körpers*. Wenn man den Hohlraumresonator mit einem kleinen Loch versieht, so entweicht hieraus Strahlung mit der Verteilung $u(\omega)$. Das Loch soll klein sein, damit die dadurch verursachte Störung des Gleichgewichts zu vernachlässigen ist. Die Bezeichnung „schwarz" rührt daher, dass ein solches Loch von außen schwarz erscheint.

Die Plancksche Verteilung ist in Abbildung 34.1 skizziert. Für kleine ω steigt $u(\omega)$ proportional zu ω^2 an, für große ω nimmt $u(\omega)$ exponentiell ab. Der Anstieg $u(\omega) \propto \omega^2$ ist durch die Anzahl der möglichen Moden bestimmt, also durch den Faktor k^2 in $d^3k = 4\pi k^2\, dk$. Für hohe ω dominiert die Exponentialfunktion im Nenner von (34.25); also $u(\omega) \propto \exp(-\hbar\omega/k_B T)$. Die Plancksche Verteilung hat ein Maximum, das sich aus

$$\frac{du(\omega)}{d\omega} = 0 \quad \Longrightarrow \quad \beta\hbar\omega = 3\big[1 - \exp(-\beta\hbar\omega)\big] \tag{34.26}$$

ergibt. Die numerische Lösung der Gleichung $x/3 = 1 - \exp(-x)$ ist $x \approx 2.82$, also

$$\hbar\,\omega_{\text{max}} = 2.82\,k_B T \qquad \text{(Wiens Verschiebungsgesetz)} \tag{34.27}$$

Diese Relation gibt an, wie sich das Maximum der Strahlungsverteilung mit der Temperatur verschiebt.

Plancks Strahlungsverteilung war von besonderer Bedeutung in der Entwicklung der Quantenphysik. Das Resultat einer klassischen statistischen Behandlung erhält man aus dem Gleichverteilungssatz oder formal aus (34.25) durch den Grenzübergang „$\hbar \to 0$“:

$$u(\omega) = \frac{\hbar}{\pi^2 c^3} \frac{\omega^3}{\exp(\beta \hbar\omega) - 1} \quad \stackrel{\hbar \to 0}{\longrightarrow} \quad u_{\mathrm{RJ}}(\omega) = \frac{k_{\mathrm{B}} T\, \omega^2}{\pi^2 c^3} \tag{34.28}$$

Dieses Ergebnis ist als Rayleigh-Jeans-Gesetz bekannt. Es impliziert eine „Ultraviolettkatastrophe“: Jede klassisch mögliche Oszillation, auch die mit sehr hoher Frequenz oder kleiner Wellenlänge, bekommt nach dem Gleichverteilungssatz die mittlere Energie $k_{\mathrm{B}}T$. Da die Dichte der möglichen Oszillationen mit ω^2 ansteigt, führen die hohen Frequenzen (ultraviolett) zu einer unendlichen Gesamtenergie, $\int d\omega\, u_{\mathrm{RJ}} = \infty$. Dieses unendliche Resultat betrifft die messbare Energiedifferenz zwischen T und $T = 0$. Ein solches Ergebnis ist physikalisch unsinnig; es steht natürlich auch im Widerspruch zur beobachteten Verteilung. Diese Situation veranlasste Planck zur ad hoc-Annahme, dass die Energie jeder Schwingung nur in diskreten Einheiten (also Quanten) vorkommen kann, die proportional zur Frequenz sind. Die Proportionalitätskonstante $\hbar$ der Energiequanten $\hbar\omega$ konnte dann aus dem Vergleich von (34.25) mit gemessenen Strahlungsverteilungen bestimmt werden.

Stefan-Boltzmann-Gesetz

Wir berechnen die Strahlungsleistung eines schwarzen Körpers. Die Größe

$$\frac{E'c}{V} = \frac{\text{Energie}}{\text{Fläche} \cdot \text{Zeit}} \tag{34.29}$$

ist eine Energiestromdichte. Geht diese Stromdichte durch die Fläche f, so ist die durchgehende Leistung gleich $f c E'/V$. In der Hohlraumwand sei nun eine Öffnung mit der Fläche f. Durch dieses Loch tritt nur ein Teil der Leistung $f c E'/V$, weil die Energiedichte E'/V aus Photonen mit statistisch verteilten Richtungen der Geschwindigkeit $\boldsymbol{v}$ besteht (mit $|\boldsymbol{v}| = c$). Von den Photonen unmittelbar vor der Öffnung tragen nur diejenigen zum auslaufenden Strom bei, für die $\theta = \arccos(\boldsymbol{v} \cdot \boldsymbol{n}/v)$ zwischen 0 und $\pi/2$ liegt; dabei ist $\boldsymbol{n}$ die Normale auf die Öffnung. Für die Strahlungsleistung (Energie/Zeit) ist die Geschwindigkeitskomponente senkrecht zur Fläche f der Öffnung maßgebend, also $\boldsymbol{v} \cdot \boldsymbol{n} = c \cos\theta$. Damit wird durch die Öffnung mit der Fläche f die elektromagnetische Leistung

$$P_{\mathrm{em}} = \frac{E'c}{V}\, f\, \frac{1}{4\pi} \int_0^{2\pi} d\phi \int_0^1 d(\cos\theta)\, \cos\theta = \frac{E'c f}{4V} \tag{34.30}$$

abgestrahlt. Mit (34.22) wird (34.30) zum *Stefan-Boltzmann-Gesetz*

$$\boxed{P_{\mathrm{em}} = \sigma\, f\, T^4 \qquad \text{Stefan-Boltzmann-Gesetz}} \tag{34.31}$$

Dies ist die Leistung (Energie/Zeit), die vom schwarzen Körper abgestrahlt wird.

Anwendungen

In der Ableitung haben wir uns auf einen Hohlraumresonator bezogen, weil dort die physikalischen Bedingungen besonders einfach zu formulieren sind. So gelten im Vakuum die freien Maxwellgleichungen exakt; der Resonator wird durch besonders einfache Randbedingungen definiert. Auch für die Berechnung der Abstrahlung wurden vereinfachende Annahmen gemacht (kleines Loch im Hohlraum). Der tatsächliche Anwendungsbereich der Ergebnisse geht aber weit über dieses eher künstliche Szenario hinaus. Immer wenn Materie mit elektromagnetischer Strahlung im Gleichgewicht ist, kann man die Strahlung durch ein Photonengas beschreiben. Die Materie kann zu Abweichungen von Plancks Verteilung führen (zum Beispiel zu Absorptionslinien); physikalisch ist die Anwesenheit von Materie aber normalerweise notwendig, um eine Temperatur vorzugeben.

In die Behandlung des Photonengases gingen nur die Eigenschaften elektromagnetischer Wellen und grundlegende statistische Annahmen ein. Wegen der Allgemeinheit dieser Annahmen ist die Plancksche Verteilung und das Stefan-Boltzmann-Gesetz auf sehr viele Systeme anwendbar. Wir geben einige Beispiele an:

- Erhitzt man Eisen von 1 000 K auf 2 000 K, so erscheint es zunächst rotglühend und dann weißglühend. Der sichtbare Teil des Strahlungsspektrums liegt in beiden Fällen deutlich über dem Maximum der Planckschen Strahlungsverteilung.

- Im Bereich der Sonnenoberfläche ist das Plasma im Gleichgewicht mit elektromagnetischer Strahlung. Die Messung des Strahlungsspektrums bestimmt die Oberflächentemperatur der Sonne (etwa 5 800 K). Mit dieser Methode bestimmt man auch die Oberflächentemperatur anderer Sterne.

- Die Energieflussdichte der Sonnenstrahlung am Ort der Erde beträgt etwa $1.37\,\mathrm{kW/m^2}$; diese Größe heißt Solarkonstante.

  Zeitlich (Tag-Nacht) und räumlich (geografische Breite) gemittelt beträgt diese Energieflussdichte, die die Erdoberfläche erreicht (Atmosphäre, Wolken), noch etwa $I_0 = 340\,\mathrm{W/m^2}$. Diese Energie wird als Wärmestrahlung gemäß (34.31) wieder in den Weltraum abgestrahlt; die Erdwärme kann in dieser Bilanz näherungsweise vernachlässigt werden. Aus dem Stefan-Boltzmann-Gesetz $I_0 = \sigma\, {T_0}^4$ ergibt sich ein erster, grober Schätzwert T_0 für die mittlere Temperatur T_E der Erdoberfläche. Der natürliche Treibhauseffekt, der durch die (nicht verunreinigte) Atmosphäre bewirkt wird, erhöht die Temperatur T_0 um etwa 30 Grad.

- Treibhauseffekt: Durch Verbrennung fossiler Brennstoffe steigt der CO_2-Gehalt der Atmosphäre an. Kohlendioxid absorbiert Licht im infraroten Bereich stärker als im sichtbaren. Dies bedeutet qualitativ

$$\text{Absorption durch } \mathrm{CO_2} = \begin{cases} \text{groß} & \hbar\omega \sim 1\,000\,k_\mathrm{B}\mathrm{K} \\ \text{klein} & \hbar\omega \sim 16\,000\,k_\mathrm{B}\mathrm{K} \end{cases} \tag{34.32}$$

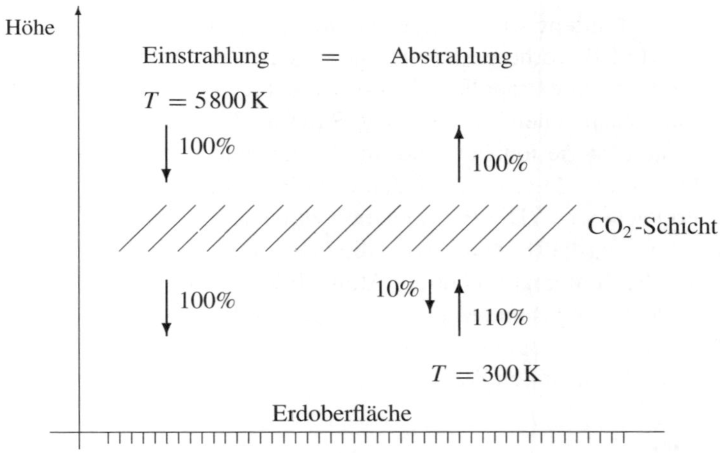

Abbildung 34.2 Bilanzschema der Strahlungsleistung bei teilweiser Reflexion. Nach außen muss die Strahlungsbilanz im Mittel ausgeglichen sein; die eingestrahlte Leistung muss gleich der abgestrahlten sein. Ein Treibhauseffekt entsteht durch eine Gasschicht, die Sonnenstrahlung (5800 K) weniger, Wärmestrahlung (300 K) dagegen stärker absorbiert. Ein Treibhaus funktioniert nach demselben Prinzip, wobei Glas anstelle der Gasschicht tritt.

Die Erde hat eine Temperatur T_E von etwa 300 K, so dass das Maximum der Wärmeabstrahlung bei $\hbar\,\omega_\mathrm{max} \sim 1000\,k_\mathrm{B}\mathrm{K}$ liegt. Die Sonnenoberfläche hat eine Temperatur von etwa 5 800 K, so dass das Maximum der Wärmeabstrahlung bei $\hbar\,\omega_\mathrm{max} \sim 16\,000\,k_\mathrm{B}\mathrm{K}$ liegt.

Das in der CO_2-Schicht absorbierte Licht wird in andere Richtungen wieder abgestrahlt. Dadurch ergibt sich effektiv eine teilweise Rückstrahlung oder Reflexion. Wenn durch die CO_2-Schicht 10% der Wärmestrahlung der Erde reflektiert wird, dann muss die Erdoberfläche im Gleichgewicht 10% mehr Wärme abstrahlen (Abbildung 34.2). Nach (34.31) steigt dann die vierte Potenz der Erdtemperatur T_E um 10%, also T_E um etwa 2.5% oder $\Delta T_\mathrm{E} \approx 7.5$ K.

Andere Spurengase (wie zum Beispiel Methan) verstärken diesen Treibhauseffekt. Glas bewirkt wegen ähnlicher Absorptionseigenschaften eine Temperatursteigerung im Inneren eines Treibhauses.

- Kosmische Hintergrundstrahlung: Der gesamte Kosmos ist von einer Hohlraumstrahlung erfüllt, die zur Temperatur 2.73 K gehört. Penzias und Wilson maßen 1965 die Intensität dieser Strahlung bei einer bestimmten Wellenlänge und leiteten daraus eine Temperatur ab. In den Jahren danach wurde in einem größeren Wellenlängenbereich ($\lambda = 70\,\mathrm{cm} \ldots 0.1\,\mathrm{cm}$) experimentell bestätigt, dass es sich um eine Plancksche Strahlungsverteilung handelt. Ebenfalls nachgewiesen wurde die Isotropie der Strahlung, die das Photonengas gegenüber der Strahlung bestimmter Quellen auszeichnet.

Eine solche Strahlung wurde Ende der vierziger Jahre aufgrund eines kosmologischen Modells vorhergesagt, das die gegenwärtige Expansion des Kosmos auf frühere Zeiten extrapoliert. Danach war die Materie im Kosmos früher dichter und entsprechend wärmer. Die Strahlung ist ein Überbleibsel aus der Zeit, als die Materie ionisiert und im Gleichgewicht mit der Strahlung war. Dies war etwa zur Zeit $t \approx 4 \cdot 10^5$ Jahre der Fall, was mit $t_{\text{heute}} \approx 2 \cdot 10^{10}$ Jahre zu vergleichen ist. (Die Extrapolation zu früheren Zeiten führt schließlich zu einer Singularität (big bang), für die $t = 0$ gesetzt wird.) Als die Materie mit sinkender Temperatur neutrale Atome bildete, kam es zu einer Entkopplung von Photonengas und Materie. Im weiteren Verlauf sank die Temperatur der Planckschen Verteilung dieses Photonengases parallel zur Expansion des Kosmos auf den heutigen Wert.

Strahlungsdruck

Wegen (34.6) gilt $\varepsilon_k = ck \propto V^{-1/3}$. Aus $E_r'(V) = \sum \varepsilon_k(V)\, n_k$ erhalten wir dann für den Druck

$$P = -\overline{\frac{\partial E_r'(V)}{\partial V}} = \frac{E'}{3V} \tag{34.33}$$

In einer kinetischen Betrachtungsweise wird der Druck durch die Impulsüberträge der reflektierten Gasteilchen erklärt; dieses Bild kann auch für ein Photonengas angewendet werden.

Als numerisches Beispiel bestimmen wir den Druck einer Strahlung mit der Energiestromdichte $j = c\,E'/V = 1\,\text{kW/m}^2$:

$$P \sim \frac{j}{c} = \frac{1000\,\text{W}}{\text{m}^2}\;\frac{1}{3 \cdot 10^8\,\text{m/s}} \approx 3 \cdot 10^{-6}\,\frac{\text{N}}{\text{m}^2} = 3 \cdot 10^{-11}\,\text{bar} \tag{34.34}$$

Der Druck der Sonnenstrahlung ist von dieser Größe. Die Formel (34.33) gilt allerdings für den isotropen Druck eines Strahlungsgleichgewichts. Der Druck von gerichteter Strahlung (wie die Sonnenstrahlung) unterscheidet sich davon um numerische Faktoren.

Dispersionsrelation und spezifische Wärme

Der Grund für die T^3-Abhängigkeit der spezifischen Wärme beim Phononen- und Photonengas liegt in der gemeinsamen Dispersionsrelation $\varepsilon_k \propto k$. Wir stellen diesen Zusammenhang allgemein für Bosonen mit $\mu = 0$ dar.

Dazu gehen wir von einer Dispersionsrelation der Form

$$\varepsilon_k = \hbar\omega = a k^\nu \qquad (k \to 0,\ \nu > 0) \tag{34.35}$$

aus, also von einem bestimmten Potenzverhalten für $k \to 0$. Für Bosonen mit $\mu = 0$ und für kleine Temperaturen gilt

$$E = \sum_{m,\boldsymbol{k}} \varepsilon_k\, \overline{n_k} \;\propto\; \int_0^\infty dk\, k^2\, \frac{a k^\nu}{\exp(\beta a k^\nu) - 1} \tag{34.36}$$

Für $T \to 0$ tragen nur die untersten Energiezustände bei; daher kann unbeschadet des Gültigkeitsbereichs der Dispersionsrelation die obere Integralgrenze gleich unendlich gewählt werden. Wir führen die dimensionslose Variable x ein:

$$x = \beta a k^{\nu}\,, \qquad k \propto (x\,T)^{1/\nu}\,, \qquad dk \propto T^{\,1/\nu}\, x^{1/\nu-1}\, dx \tag{34.37}$$

Damit wird die Energie zu

$$E \propto T^{\,3/\nu+1} \int_0^{\infty} dx\, \frac{x^{3/\nu}}{\exp(x)-1} \tag{34.38}$$

Das Integral ergibt eine dimensionslose Zahl, so dass

$$E \propto T^{\,3/\nu+1} \quad \text{und} \quad C_V \propto T^{\,3/\nu} \tag{34.39}$$

Einige Beispiele hierfür haben wir kennengelernt, und zwar (i) das ideale Bosegas mit $\nu = 2$ und $C_V \propto T^{\,3/2}$ und (ii) das Phononengas (für tiefe Temperaturen) und das Photonengas, beide mit $\nu = 1$ und $C_V \propto T^{\,3}$.

Wenn die relevanten Anregungen für $k \to 0$ eine endliche Energie Δ haben (etwa die optischen Phononen in Abbildung 33.2), dann dominiert der Exponentialfaktor in $\overline{n}$ das Verhalten für $T \to 0$. Daraus folgt

$$C_V \;\propto\; \exp(-\Delta/k_{\text{B}}T) \qquad \big(T \to 0,\; \hbar\omega \stackrel{k\to 0}{\longrightarrow} \Delta\big) \tag{34.40}$$

Einen Beitrag dieser Form ergeben zum Beispiel die Vibrationen in einem zweiatomigen Gas oder die optischen Phononen in einem Ionenkristall.

Aufgaben

34.1 Mittlere Photonenzahl im Strahlungshohlraum

Geben Sie die mittlere Zahl der Photonen in einem gegebenen Strahlungshohlraum (Volumen V, Temperatur T) an.

34.2 Temperaturunterschied Europa–Äquator

Schätzen Sie den Temperaturunterschied zwischen mittleren Breiten (45°) und den Tropen (0°) ab, der sich aus dem geometrisch bedingten Unterschied in der Sonneneinstrahlung ergibt.

34.3 Bereich des sichtbaren Lichts in der Planckverteilung

Sichtbares Licht hat Wellenlängen im Bereich von $\lambda = 3\,800\,\text{Å}$ bis $7\,800\,\text{Å}$. Um welchen Faktor liegen die zugehörigen Frequenzen über dem Maximum ω_{max} der Verteilung von rotglühendem ($T \approx 1\,000$ K) oder weißglühendem ($T \approx 2\,000$ K) Eisen?

34.4 Oberflächentemperatur der Sonne

Die Solarkonstante $I_{\text{S}} = 1.37\,\text{kW/m}^2$ gibt die Intensität der Sonnenstrahlung am Ort der Erde an. Die Entfernung Erde–Sonne beträgt etwa acht Lichtminuten, und der Radius der Sonne ist $R_{\odot} \approx 7 \cdot 10^5$ km. Welche Temperatur $T_{\odot}$ hat die Oberfläche der Sonne?

VI Phasenübergänge

35 Klassifizierung

In dem hier beginnenden Teil VI befassen wir uns mit Phasenübergängen. Nach einer Einführung in diesem Kapitel behandeln wir einfache Modelle zum Ferromagnetismus, zum Phasenübergang gasförmig–flüssig und zum λ-Übergang von flüssigem Helium. Schließlich untersuchen wir kritische Phänomene im Rahmen der Landau-Theorie und leiten Relationen zwischen kritischen Exponenten ab.

Überblick

In Abbildung 35.1 sind einige in der Natur vorkommende Phasen aufgeführt. Dabei betrachten wir homogene Stoffe, also Stoffe aus einer bestimmten Atom- oder Molekülsorte; inhomogene Stoffe wie etwa Holz schließen wir aus. Die augenfälligen Phasen bei Zimmertemperatur sind Gas, Flüssigkeit und Festkörper. Für hohe Temperaturen wird ein Gas ionisiert, es entsteht ein Plasma aus Ionen und freien Elektronen. Darüber hinaus gibt es noch zahlreiche weitere Phasenübergänge, zum Beispiel die Übergänge Graphit–Diamant, weißes Zinn–graues Zinn, Paramagnet–Ferromagnet, Flüssigkeit–Suprafüssigkeit und Normalleiter–Supraleiter.

Die drei Phasen gasförmig, flüssig und fest können durch die relative räumliche Lage der Moleküle charakterisiert werden. Im gasförmigen Zustand ist der mittlere Abstand zwischen einem Molekül und dem nächsten groß gegenüber der Ausdehnung eines Moleküls. Der Abstand ist dann auch groß gegenüber der Reichweite der Wechselwirkung; die Wechselwirkung spielt nur eine untergeordnete Rolle. Im flüssigen Zustand ist der mittlere Abstand vergleichbar mit der Reichweite der attraktiven Wechselwirkung zwischen den Molekülen. Die Wechselwirkung kann nicht mehr als kleine Störung angesehen werden; die Moleküle sind jedoch gegeneinander (auch über größere Wege hinweg) beweglich und verschiebbar. Der Gleichgewichtszustand eines Festkörpers ist im Allgemeinen ein Kristall, also eine räumlich periodische Anordnung der Moleküle. Die einzelnen Moleküle können im Kristallgitter um ihre Gleichgewichtspositionen herum schwingen.

Einige Stoffe haben Phasen, die sich nicht ohne weiteres in dieses Schema einordnen lassen. So ist zum Beispiel gewöhnliches Glas fest und homogen, aber tatsächlich ohne Kristallstruktur; es handelt sich um eine „eingefrorene Flüssigkeit“ (auch im Sinne des Herstellungsprozesses wörtlich zu nehmen). Dies bedeutet,

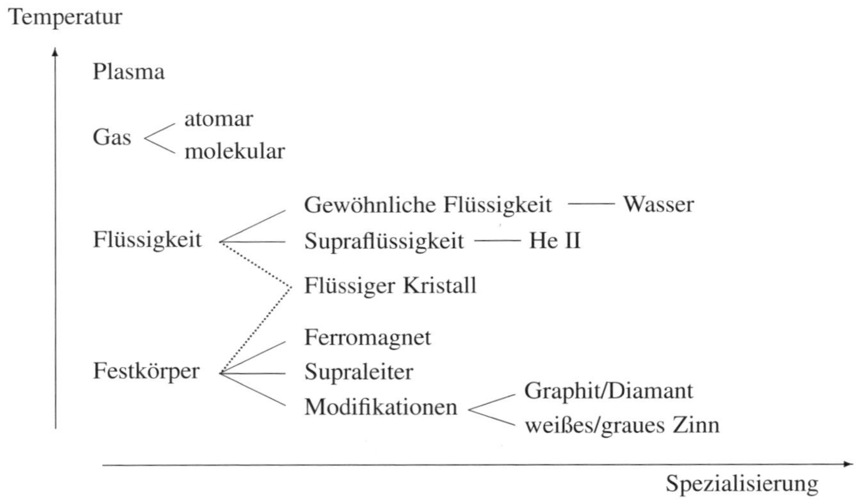

Abbildung 35.1 Übersicht über einige ausgewählte Phasen, die in der Natur auftreten. Die qualitative Temperaturskala bezieht sich nur auf die links angeführten Phasen.

dass die Moleküle eine räumliche Verteilung wie in einer Flüssigkeit (zu einem bestimmten Zeitpunkt) haben. Eine andere bekannte Struktur, die nicht in das einfache Schema flüssig-fest passt, ist die der flüssigen Kristalle. Hier liegt bezüglich der Verformbarkeit des Materials eine Flüssigkeit vor; über Bereiche von sehr vielen Molekülabständen gibt es aber eine räumlich periodische Struktur.

Bei gegebenem P und T liegt im Gleichgewicht jeweils die Phase mit dem niedrigsten chemischen Potenzial $\mu(T, P)$ vor (20.17). Die *Einstellung* des Gleichgewichts, also des Zustands mit minimalem μ, kann aber sehr lange, eventuell sogar beliebig lange dauern. Daher können Systeme stabil in Phasen existieren, die nicht die Gleichgewichtsphasen sind. Einen solchen Zustand bezeichnen wir als *Quasigleichgewicht*; es ist ein partieller Gleichgewichtszustand, in dem die Freiheitsgrade mit endlicher Relaxationszeit (zum Beispiel die Gitterschwingungen) im Gleichgewicht sind. Ein Quasigleichgewichtszustand ist nur *metastabil*, da er nicht dem absoluten Minimum von $G = N\mu(T, P)$ entspricht. Der Übergang zum absoluten Minimum ist durch Energiebarrieren behindert. Diese Barrieren können durch die thermisch zur Verfügung stehende Energie nicht oder nur mit geringer Wahrscheinlichkeit überwunden werden. Wir geben einige Beispiele für Quasigleichgewichtszustände an:

- Bei Normalbedingungen ist Graphit der eigentliche Gleichgewichtszustand von Kohlenstoff. Trotzdem muss niemand befürchten, dass sich seine Diamanten von selbst in Graphit umwandeln; die metastabile Diamantphase ist vielmehr stabil. Eine andere weitgehend stabile Modifikation von Kohlenstoff stellen die Fullerene dar (Moleküle aus sehr vielen Kohlenstoffatomen wie C_{60}).

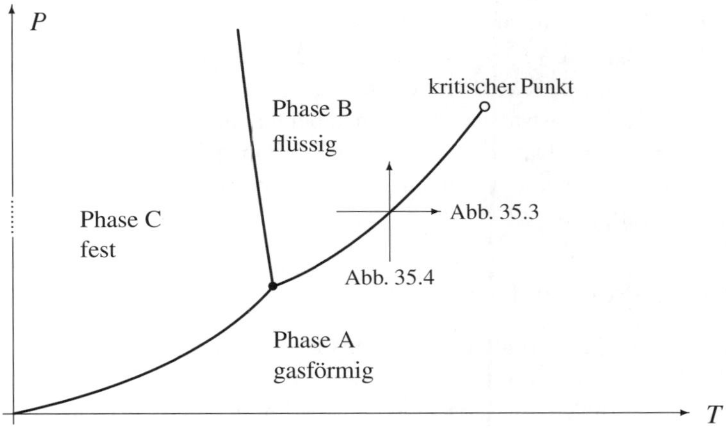

Abbildung 35.2 Phasendiagramm eines einfachen Stoffes. In den Abbildungen 35.3 und 35.4 ist das Verhalten von μ beim Überqueren der Dampfdruckkurve (Pfeile) bei konstantem Druck oder bei konstanter Temperatur skizziert.

- Oberhalb von 13.2 °C ist Zinn in der β-Phase als silbrig glänzendes Metall im Gleichgewicht, darunter als graues Zinn (α-Zinn, pulverig). Praktisch ist aber die weiße Form auch bei tiefen Temperaturen stabil; Stanniol (Zinnfolie) bleibt auch im Kühlschrank zunächst weißglänzend. Der Übergang zwischen diesen Modifikationen ist experimentell leicht möglich, im Gegensatz zur Herstellung von Diamanten aus Graphit.
- Die „eingefrorene Flüssigkeit" Glas ist nicht im tiefsten (kristallinen) Zustand, trotzdem aber ziemlich stabil.
- Festkörper liegen meist in (stabiler) polykristalliner Form vor, und nicht in dem eigentlichen Gleichgewichtszustand des fehlerlosen Einkristalls.

Der Übergang zwischen zwei Phasen kann diskret oder kontinuierlich erfolgen. Dazu beziehen wir uns auf das einfache Phasendiagramm (auch Zustandsdiagramm genannt) in Abbildung 35.2. Dieses Diagramm ist insofern typisch, dass die gezeigte Struktur für fast alle reinen Stoffe auftritt; oft gibt es aber zusätzliche Unterteilungen. In Kapitel 14 und 21 wurde Abbildung 35.2 als Phasendiagramm für Wasser angegeben. Tatsächlich ist dies eine Vereinfachung, denn es gibt mehrere Modifikationen (Kristallformen) von Eis, die durch Linien im Phasendiagramm voneinander abgegrenzt werden können.

Wenn der Phasenübergang diskret ist, dann sind die Phasen durch eine Linie im Phasendiagramm getrennt; dieser Fall wird im Folgenden diskutiert. Die gasförmige und flüssige Phase sind durch die Dampfdruckkurve getrennt, die für jeden Stoff in einem *kritischen Punkt* endet. Dies impliziert, dass es auch die Möglichkeit eines kontinuierlichen Übergangs zwischen diesen beiden Phasen gibt. Beliebige Zustände im Bereich flüssig und gasförmig können auf einem Weg, der um den kritischen

Punkt herumführt, miteinander verbunden werden. Im Bereich hoher Temperaturen und hoher Drücke ($T > T_{kr}$ oder $P > P_{kr}$) ist die Unterscheidung zwischen gasförmig und flüssig nicht länger definiert.

Längs der Kurve fest-flüssig findet man bei technisch erreichbaren Drücken keinen kritischen Punkt. Da sich bei hinreichend hohen Drücken die Atomstrukturen auflösen (wie etwa in einem Weißen Zwerg), setzt sich aber auch diese Kurve nicht beliebig weit fort.

Chemisches Potenzial

Wir untersuchen das Verhalten des chemischen Potenzials an der diskreten Grenzlinie zwischen zwei Phasen. Einige Eigenschaften wurden bereits in Kapitel 21 diskutiert, insbesondere die Gleichgewichtsbedingung und die Clausius-Clapeyron-Gleichung.

Wir betrachten ein System mit zwei möglichen Phasen, A und B. Es bestehe Gleichgewicht gegenüber Wärme- und Volumenaustausch, also $T = \text{const.}$ und $P = \text{const.}$ in der gesamten Stoffprobe. Wir bezeichnen die chemischen Potenziale beiden Phasen mit μ_A und μ_B. Da die Struktur der beiden Phasen verschieden ist, sind $\mu_A(T, P)$ und $\mu_B(T, P)$ unterschiedliche Funktionen.

Im Gleichgewicht ist das chemische Potenzial $\mu(T, P)$ minimal, (20.17). Unter zwei möglichen Phasen stellt sich daher die mit dem kleineren chemischen Potenzial ein:

$$\mu(T, P) = \begin{cases} \mu_A(T, P) & \text{falls } \mu_A \leq \mu_B \\ \mu_B(T, P) & \text{falls } \mu_B \leq \mu_A \end{cases} \tag{35.1}$$

Diese Alternative trennt Gebiete der T-P-Ebene voneinander. Die Grenzlinie ergibt sich aus

$$\boxed{\mu_A(T, P) = \mu_B(T, P) \quad \Longrightarrow \quad \text{Übergangskurve } P = P(T)} \tag{35.2}$$

Diese Relation macht die Existenz diskreter Übergangskurven plausibel. Auf der Übergangskurve ist die Gleichgewichtsbedingung (20.21) für Teilchenaustausch erfüllt. Dies bedeutet, dass die beiden Phasen koexistieren können. Zur Diskussion des Tripelpunkts sei auf Kapitel 14 und 21 verwiesen.

Wir untersuchen näher, wie sich μ beim Phasenübergang A $\leftrightarrow$ B ändert. In Abbildung 35.2 sind durch Pfeile zwei einfache Möglichkeiten angegeben, wie man die Grenzlinie zwischen den Phasen überqueren kann: Man ändert die Temperatur bei konstantem Druck oder den Druck bei konstanter Temperatur. An der Übergangslinie sind die chemischen Potenziale definitionsgemäß gleich; in der Regel wird dies dann für die Ableitung (längs des gewählten Weges) nicht gelten. Man kann also einen Sprung in der Ableitung von $\mu(T, P)$ erwarten:

$$\left(\frac{\partial \mu_A}{\partial T}\right)_P \neq \left(\frac{\partial \mu_B}{\partial T}\right)_P \qquad \text{oder} \qquad \left.\frac{\partial \mu}{\partial T}\right|_{T_c^+} \neq \left.\frac{\partial \mu}{\partial T}\right|_{T_c^-} \tag{35.3}$$

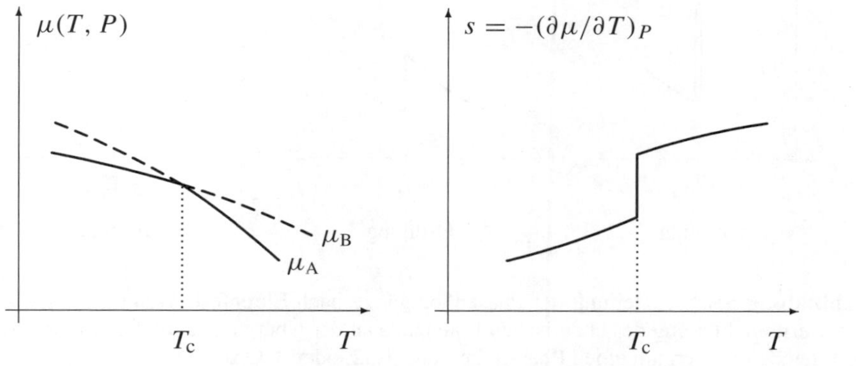

Abbildung 35.3 Die chemischen Potenziale der Phasen A und B als Funktion der Temperatur (links). Im Gleichgewicht ist das System in der Phase mit dem niedrigeren Potenzial, die durchgezogene Linie ist daher das tatsächliche μ. Durch Temperaturerhöhung bei konstantem Druck kommt es zum Übergang B $\to$ A (waagerechter Pfeil in Abbildung 35.2). Wenn die Steigungen von μ_A und μ_B am Übergangspunkt verschieden sind, dann hat die Entropie einen Sprung (rechts). Der Sprung in der Entropie bedeutet eine endliche Umwandlungsenthalpie und ein δ-funktionsartiges Verhalten von c_P (Abbildung 35.5 links).

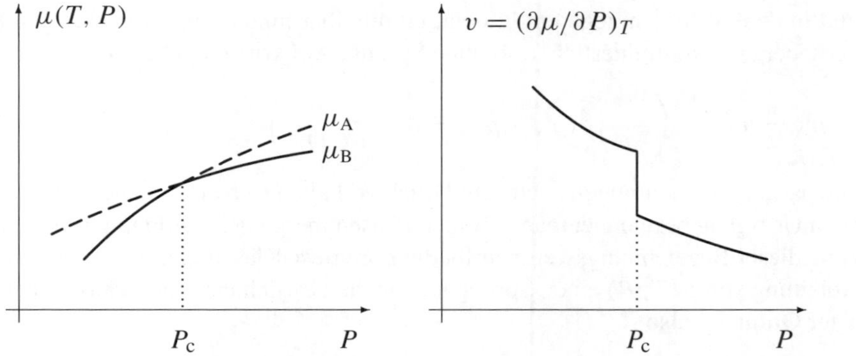

Abbildung 35.4 Die chemischen Potenziale der Phasen A und B als Funktion des Drucks (links). Im Gleichgewicht ist das System in der Phase mit dem niedrigeren Potenzial, die durchgezogene Linie ist daher das tatsächliche μ. Durch Druckerhöhung bei konstanter Temperatur kommt es zum Übergang A $\to$ B (senkrechter Pfeil in Abbildung 35.2). Wenn die Steigungen von μ_B und μ_A am Übergangspunkt verschieden sind, dann hat das Volumen einen Sprung (rechts).

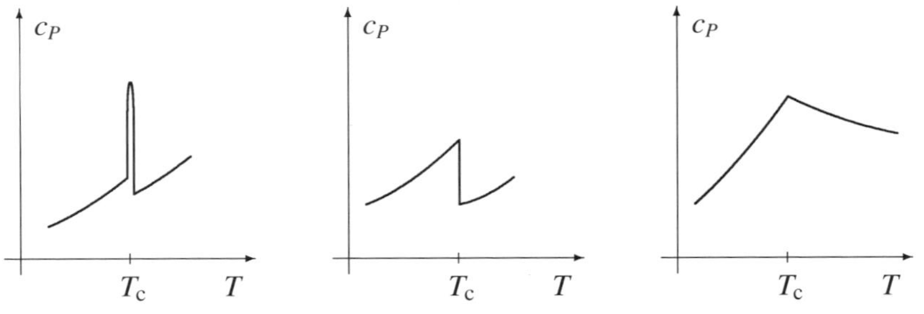

Abbildung 35.5 Einteilung der Phasenübergänge nach Ehrenfest: Wenn die erste, zweite oder dritte Ableitung des chemischen Potenzials an der Übergangstemperatur einen Sprung hat, handelt es sich um einen Phasenübergang 1., 2. oder 3. Ordnung.

Dabei bezeichnet $T_c^{\pm}$ eine Temperatur unmittelbar über oder unter der Übergangstemperatur. Der Sprung in $\partial\mu/\partial T$ impliziert einen Sprung $\Delta s = s(T_c^+, P) - s(T_c^-, P)$ in der Entropie, Abbildung 35.3, also eine Umwandlungsenthalpie. Bei einem Phasenübergang durch Druckerhöhung (senkrechter Pfeil in Abbildung 35.2) ergibt sich analog ein Sprung im Volumen (Abbildung 35.4). Ein Übergang mit einem Sprung in der ersten partiellen Ableitung von μ wird als Phasenübergang 1. Ordnung bezeichnet. Das diskutierte qualitative Verhalten gilt auch für Übergänge fest-flüssig und fest-gasförmig.

Wenn wir den betrachteten Übergangspunkt (Schnittpunkt der Pfeile in Abbildung 35.2) zum kritischen Punkt hin verschieben, gehen die Sprünge in der Entropie und in dem Volumen gegen null; denn unmittelbar hinter dem kritischen Punkt ist der Übergang kontinuierlich, also ohne Sprung. Am kritischen Punkt gilt dann

$$\mu_A = \mu_B\,, \qquad \left(\frac{\partial}{\partial T}\right)_P (\mu_A - \mu_B) = 0\,, \qquad \left(\frac{\partial^2}{\partial T^2}\right)_P (\mu_A - \mu_B) \neq 0 \tag{35.4}$$

Die partiellen Ableitungen nach dem Druck verhalten sich entsprechend. Einen solchen Übergang bezeichnet man als einen Phasenübergang 2. Ordnung. Eine Fortsetzung dieser Bezeichnungsweise ergibt die Ehrenfest-Klassifizierung: Wenn die n-te Ableitung von $\mu(T, P)$ einen Sprung hat, handelt es sich um einen Phasenübergang n-ter Ordnung, also

$$\left(\frac{\partial^m}{\partial T^m}\right)_P (\mu_A - \mu_B) \begin{cases} = 0 & (m < n) \\ \neq 0 & (m = n) \end{cases} \qquad \text{(Übergang n-ter Ordnung nach Ehrenfest)} \tag{35.5}$$

Für $n = 1$, 2 und 3 ist das zugehörige Verhalten der spezifischen Wärme in Abbildung 35.5 skizziert.

Die theoretische Behandlung des Übergangs beginnt üblicherweise mit der Wahl einer makroskopischen Größe, die sich in charakteristischer Weise am Übergangspunkt ändert. Dies kann etwa das Volumen für den Übergang flüssig–gasförmig sein, oder die Magnetisierung für den ferromagnetischen Übergang. Dieser (geeignet zu wählende) Parameter wird *Ordnungsparameter* (Kapitel 39) genannt. Phasenübergänge benennt man heute nach dem Verhalten dieses Ordnungsparameters ψ beim Übergang:

$$\overline{\psi} = \begin{cases} \text{unstetig} & \text{Übergang 1. Ordnung} \\ \text{stetig} & \text{Übergang 2. Ordnung} \end{cases} \tag{35.6}$$

Für die oben diskutierten Übergänge (flüssig-gasförmig und Übergang am kritischen Punkt) stimmt diese Einteilung mit der Ehrenfest-Klassifikation überein (1. und 2. Ordnung). Bei der Bose-Einstein-Kondensation ändert sich der Ordnungsparameter (Kondensatanteil N_0/N in Abbildung 31.3) stetig; nach (35.6) handelt es sich daher um einen Phasenübergang 2. Ordnung.

Mikroskopische Berechnung

Wir diskutieren die Möglichkeit, die Phasen eines Stoffes mikroskopisch zu berechnen. Das prinzipielle Vorgehen ist klar: Ausgehend vom Hamiltonoperator $H(V, N)$ des Systems bestimmt man die Energieeigenwerte E_r der Mikrozustände r, und daraus die Zustandssumme

$$Z(T, V, N) = \sum_r \exp\left(-\frac{E_r(V, N)}{k_B T}\right) \tag{35.7}$$

Damit liegen die freie Energie $F = -k_B T \ln Z$ und alle anderen thermodynamischen Größen fest. Aus $F(T, V, N)$ folgen insbesondere auch die freie Enthalpie $G = N\mu(T, P)$ und das chemische Potenzial μ. Die Übergangslinien des Phasendiagramms sind dann dadurch bestimmt, dass das berechnete μ unstetige erste (oder höhere) Ableitungen hat. Damit ist im Prinzip klar, wie die Existenz der Phasen und ihre Lage im P-T-Diagramm aus dem Hamiltonoperator des Systems abzuleiten sind.

Wenn die erste (oder eine höhere) Ableitung von μ unstetig ist, gilt dies auch für die erste (oder eine höhere) Ableitung von F; speziell für einen Phasenübergang 1. Ordnung hat $S = -\partial F/\partial T$ einen Sprung. Also muss am Übergangspunkt die erste (oder eine höhere) Ableitung von $Z(T, V, N)$ unstetig sein; die nächsthöhere Ableitung ist dann singulär.

Aus der prinzipiellen Bestimmbarkeit der Phasenübergänge aus (35.7) ergibt sich nun folgendes Problem: Jeder Term auf der rechten Seite von (35.7) ist eine analytische Funktion, die beliebig oft nach T differenzierbar ist (für $T \neq 0$). Sollte dies dann nicht auch für eine Summe solcher Terme gelten? In diesem Fall könnten sich keine Singularitäten in den höheren Ableitungen von Z ergeben, also keine Phasenübergänge. Dann wäre die Möglichkeit der statistischen Behandlung von Gleichgewichtszuständen über (35.7) generell in Frage gestellt.

Die Lösung dieses Problems ist, dass eine *unendliche* Summe über analytische Funktionen eine singuläre Funktion ergeben kann. Wir demonstrieren diese Möglichkeit an einem einfachen Beispiel. Die Funktion

$$f_\nu(x) = \sum_{n=1}^{\infty} \frac{\exp(-x\,n)}{n^\nu} \tag{35.8}$$

hängt vom Argument x und von einem Parameter ν ab. In Aufgabe 35.1 wird gezeigt, dass $f_{1/2}$ sich für $x \to 0$ wie

$$f_{1/2} = \sqrt{\frac{\pi}{x}} + (\text{Terme, die für } x \to 0 \text{ endlich sind}) \tag{35.9}$$

verhält. Zu diesem Beispiel sei angemerkt:

- Jeder einzelne Term auf der rechten Seite von (35.8) ist beliebig oft nach x differenzierbar. Dies gilt dann auch für eine endliche Summe solcher Terme. Für $\nu = 1/2$ ergibt die unendliche Summe aber eine bei $x = 0$ singuläre Funktion.

- Die Funktionen f_ν mit $\nu = m + 1/2$ haben eine Singularität in der m-ten Ableitung. Dies folgt aus $f_\nu' = -f_{\nu-1}$.

- Die Behandlung des idealen Bosegases führte auf die Funktionen $f_\nu(x)$ mit $x = -\beta\mu$; mit $z = \exp(-x)$ als Argument wird $f_\nu(x)$ zur verallgemeinerten Riemannschen Funktion $g_\nu(z)$, (31.10). Die Ableitung von $g_{3/2}(z) = f_{3/2}(x)$ ergibt eine bei $\mu = 0$ singuläre Funktion; an dieser Stelle tritt der Phasenübergang im idealen Bosegas ein. Das betrachtete Beispiel ist also für diesen speziellen Phasenübergang relevant.

Für die Singularitätseigenschaften ist wesentlich, dass (35.7) und (35.8) *unendliche* Summen sind. Dies impliziert:

1. Die Zustandssumme kann nicht durch eine endliche Summe angenähert werden.

2. Ein Phasenübergang kann sich nur in einem unendlichen System ergeben.

Unter einem unendlichen System versteht man dabei den *thermodynamischen Limes*

$$N \to \infty\,, \qquad V \to \infty\,, \qquad v = \frac{V}{N} = \text{const.} \tag{35.10}$$

Hierauf haben wir uns bereits bei der Bose-Einstein-Kondensation im idealen Bosegas bezogen (Kapitel 31).

Für ein endliches System werden die Singularitäten (wie die δ-Funktion, der Sprung oder der Knick in Abbildung 35.5) verschmiert oder abgerundet. Jedes konkrete System ist endlich; für $N = \mathcal{O}(10^{24})$ ist die Breite der Verschmierung der Singularität aber kleiner als die Messgenauigkeit.

Könnten wir für ein reales System die Zustandssumme (35.7) hinreichend exakt berechnen, so ergäbe sich daraus die Existenz des Phasenübergangs und seine Eigenschaften. Aufgrund der unterschiedlichen Struktur der Phasen kann man erwarten, dass die Phasen verschiedenen Lösungstypen (Klassen von Mikrozuständen) entsprechen. In (35.7) ist zwar über alle möglichen Lösungen (Mikrozustände) zu summieren; je nach dem Wert von T und V können aber verschiedene Lösungstypen die Zustandssumme mehr oder weniger stark bestimmen.

Die Berechnung der Existenz und der Eigenschaften der Phasen aus (35.7) ist ein sehr schwieriges, nicht generell lösbares Problem; die Diskussion über das Entstehen der Singularitäten deutet dies bereits an. Es gibt allerdings spezielle Modelle, die exakt lösbar sind, und deren Lösung einen Phasenübergang enthält. Das ideale Bosegas aus Kapitel 31 ist ein solches Modell; der Phasenübergang war hier die Bose-Einstein-Kondensation. In den folgenden Kapiteln befassen wir uns mit Modellen, die einerseits Phasenübergänge beschreiben können, die sich aber andererseits nicht oder nicht vollständig mikroskopisch begründen lassen. Dazu gehören das Weisssche Modell des Ferromagnetismus und das van der Waals-Gas.

Aufgaben

35.1 Singularität durch unendliche Summe

Leiten Sie das Verhalten der Funktion $g(x)$ für $x \to 0^+$ ab:

$$g(x) \equiv \sum_{n=1}^{\infty} \frac{\exp(-x\,n)}{\sqrt{n}} \quad \stackrel{x\to 0^+}{\longrightarrow} \quad \sqrt{\frac{\pi}{x}} \qquad (x > 0)$$

Dies ist ein Beispiel dafür, dass eine unendliche Summe analytischer Terme singulär sein kann. Verwenden Sie zur Lösung die Eulersche Summenformel

$$\sum_{n=n_0}^{n_1} f(n) = \int_{n_0}^{n_1} dn\, f(n) + \frac{f(n_0) + f(n_1)}{2} - \frac{f'(n_0) - f'(n_1)}{12} \pm \ldots$$

und die Substitution $y^2 = x\,n$.

36 Ferromagnetismus

Für ein ideales Spinsystem ist die Magnetisierung proportional zum äußeren Magnetfeld; das System ist paramagnetisch (Kapitel 26). In realen Systemen kann die Wechselwirkung zwischen den Spins dazu führen, dass sich auch ohne äußeres Feld eine Magnetisierung einstellt; dann bezeichnet man den Stoff als ferromagnetisch. Für hohe Temperaturen wird ein ferromagnetischer Stoff wieder paramagnetisch. Der Phasenübergang paramagnetisch–ferromagnetisch erfolgt bei einer diskreten Temperatur T_c. Unterhalb von T_c ergibt sich eine spontane Magnetisierung. Wir stellen die freie Energie als Funktion der Temperatur, des äußeren Felds und der Magnetisierung auf.

Die Diskussion von Spinsystemen hat Modellcharakter für die Behandlung von Phasenübergängen.

Weisssches Modell

Wir konstruieren ein einfaches Modell zur Beschreibung des Ferromagnetismus. In einem Kristall gebe es an jedem Gitterplatz ein ungepaartes Elektron mit dem magnetischen Moment $\boldsymbol{\mu} = -g\,\mu_B\,\boldsymbol{s}$. Dabei ist $\mu_B = e\hbar/2m_e c$ das Bohrsche Magneton[1]. Für den g-Faktor verwenden wir den Wert für freie Elektronen, $g \approx 2$. Die z-Komponente eines Spins kann die Werte $s_z = \pm 1/2$ annehmen (der Faktor $\hbar$ ist in μ_B enthalten). Als Modellsystem betrachten wir $i = 1, 2, \ldots, N$ unabhängige Spins. In einem äußeren Magnetfeld $\boldsymbol{B}$ lautet der Hamiltonoperator dieses idealen Spinsystems dann

$$H_0 = -\sum_i \boldsymbol{\mu}_i \cdot \boldsymbol{B} = 2\sum_i \mu_B\,\hat{\boldsymbol{s}}_i \cdot \boldsymbol{B} \tag{36.1}$$

Für $\boldsymbol{B} = B\,\boldsymbol{e}_z$ ergeben sich die Energieeigenwerte E_r, wenn die Spinoperatoren $\hat{s}_{z,i}$ durch die Quantenzahlen $s_{z,i}$ ersetzt werden, also $r = (s_{z,1}, \ldots, s_{z,N})$, also $r = (\pm 1/2, \ldots, \pm 1/2)$.

In einem realen Kristall wechselwirken die Spins dieser Elektronen miteinander. Der wesentliche Beitrag ist dabei nicht die magnetische Dipol-Dipol-Wechselwirkung, sondern die Coulombwechselwirkung im Zusammenspiel mit der *Austauschsymmetrie*. Dies wird im Folgenden erläutert; dabei wird ein Hamiltonoperator für das wechselwirkende System aufgestellt.

[1] Das chemische Potenzial μ_B einer Phase B wird in diesem Kapitel nicht verwendet.

Die reellen Ortswellenfunktionen zweier benachbarter Elektronen werden mit $\phi_a(\boldsymbol{r}_1)$ und $\phi_b(\boldsymbol{r}_2)$ bezeichnet; ϕ_a und ϕ_b sind an benachbarten Gitterplätzen lokalisierte Funktionen. Der Spinzustand $|SS_z\rangle$ für den Gesamtspin $\boldsymbol{S}$ der beiden Elektronen kann symmetrisch ($S = 1$) oder antisymmetrisch ($S = 0$) sein. Die Wellenfunktion $\Psi(1, 2)$ der beiden Elektronen muss insgesamt antisymmetrisch sein, also

$$\Psi = \psi(\boldsymbol{r}_1, \boldsymbol{r}_2)\,|SS_z\rangle = \frac{1}{\sqrt{2}} \cdot \begin{cases} \big[\phi_a(\boldsymbol{r}_1)\,\phi_b(\boldsymbol{r}_2) + \phi_a(\boldsymbol{r}_2)\,\phi_b(\boldsymbol{r}_1)\big]\,\big|00\big\rangle \\ \big[\phi_a(\boldsymbol{r}_1)\,\phi_b(\boldsymbol{r}_2) - \phi_a(\boldsymbol{r}_2)\,\phi_b(\boldsymbol{r}_1)\big]\,\big|1S_z\big\rangle \end{cases} \tag{36.2}$$

Für die Normierung haben wir $\langle\phi_a|\phi_b\rangle \approx 0$ angenommen. Wir berechnen die Coulombenergie E_C der beiden Elektronen:

$$E_\text{C} = \Big\langle \Psi \,\Big|\, \frac{e^2}{r_{12}} \,\Big|\, \Psi \Big\rangle = \underbrace{\int d^3r_1 \int d^3r_2\, \big|\phi_a(\boldsymbol{r}_1)\big|^2\, \big|\phi_b(\boldsymbol{r}_2)\big|^2 \frac{e^2}{r_{12}}}_{=\,I_0}$$
$$\pm \underbrace{\int d^3r_1 \int d^3r_2\, \phi_a(\boldsymbol{r}_1)\,\phi_b(\boldsymbol{r}_1)\,\phi_a(\boldsymbol{r}_2)\,\phi_b(\boldsymbol{r}_2)\, \frac{e^2}{r_{12}}}_{=\,I/2} \tag{36.3}$$

Das erste Integral I_0 ist die direkte Coulombenergie, das zweite wird als *Austauschintegral* bezeichnet. Das Austauschintegral ist positiv und von der Größe $I/2 = \mathcal{O}(\text{eV}/10) = \mathcal{O}(10^3\, k_\text{B}\text{K})$. In Abhängigkeit vom Gesamtspin lautet das Resultat

$$E_\text{C} = \begin{cases} I_0 + I/2 & (S = 0) \\ I_0 - I/2 & (S = 1) \end{cases} \tag{36.4}$$

Aus $\hat{\boldsymbol{S}}^2 = (\hat{\boldsymbol{s}}_1 + \hat{\boldsymbol{s}}_2)^2 = \hat{\boldsymbol{s}}_1^{\,2} + \hat{\boldsymbol{s}}_2^{\,2} + 2\,\hat{\boldsymbol{s}}_1 \cdot \hat{\boldsymbol{s}}_2$ folgt

$$\big\langle SS_z \big|\, \hat{\boldsymbol{S}}^2 \big| SS_z \big\rangle = S(S+1) = 2s\,(s+1) + 2\big\langle SS_z \big|\, \hat{\boldsymbol{s}}_1 \cdot \hat{\boldsymbol{s}}_2 \,\big| SS_z \big\rangle \tag{36.5}$$

Wegen $s = 1/2$ gilt dann

$$\big\langle 00 \big|\, \hat{\boldsymbol{s}}_1 \cdot \hat{\boldsymbol{s}}_2 \,\big| 00 \big\rangle = -\frac{3}{4} \quad \text{und} \quad \big\langle 1\,S_z \big|\, \hat{\boldsymbol{s}}_1 \cdot \hat{\boldsymbol{s}}_2 \,\big| 1\,S_z \big\rangle = \frac{1}{4} \tag{36.6}$$

Damit können wir die Coulombenergie (36.4) auch in der Form

$$E_\text{C} = I_0 - I\left(\big\langle\, \hat{\boldsymbol{s}}_1 \cdot \hat{\boldsymbol{s}}_2 \big\rangle + \frac{1}{4}\right) \tag{36.7}$$

schreiben. Die Klammern $\langle ... \rangle$ bezeichnen die quantenmechanischen Erwartungswerte (36.6). Den Energiebeitrag (36.7) erhalten wir für beliebige benachbarte Spins. Wir berücksichtigen diese Spin-Spin-Wechselwirkung durch einen Zusatzterm zum Hamiltonoperator (36.1),

$$H = 2 \sum_i \mu_\text{B}\, \hat{\boldsymbol{s}}_i \cdot \boldsymbol{B} - I \sum_{\{i,\,j\}} \hat{\boldsymbol{s}}_i \cdot \hat{\boldsymbol{s}}_j \qquad \text{Heisenbergmodell} \tag{36.8}$$

Die konstanten Beiträge in (36.7) spielen keine Rolle. Der Index $\{i, j\}$ bedeutet, dass über alle Nachbarpaare zu summieren ist, wobei jedes Paar einmal gezählt wird. Die lokalisierten Ortswellenfunktionen ϕ_a und ϕ_b haben einen nennenswerten Überlapp nur für benachbarte Gitterplätze; daher werden nur diese Beiträge berücksichtigt.

Der Hamiltonoperator (36.8) definiert das *Heisenbergmodell*. Wenn man $\hat{\boldsymbol{s}}_i \cdot \hat{\boldsymbol{s}}_j$ durch $\hat{s}_{z,i}\, \hat{s}_{z,j}$ ersetzt, ergibt sich das *Isingmodell*. Das Isingmodell ist Ausgangspunkt vieler Untersuchungen über Phasenübergänge. Im ein- und zweidimensionalen Gitter kann es analytisch gelöst werden, im dreidimensionalen numerisch.

Wir lösen das Heisenbergmodell in der Weissschen Näherung. Hierbei wird die Summe über die Spinoperatoren $\hat{\boldsymbol{s}}_j$ der Nachbarn eines beliebigen Gitterplatzes durch den Mittelwert aller Spins angenähert:

$$\sum_{\{i,j\}} \hat{\boldsymbol{s}}_i \cdot \hat{\boldsymbol{s}}_j = \sum_i \hat{\boldsymbol{s}}_i \cdot \sum_{j:\,\text{Nachbarn von } i} \hat{\boldsymbol{s}}_j \approx \Big(\sum_i \hat{\boldsymbol{s}}_i \Big) \cdot \nu\, \overline{\boldsymbol{s}} \qquad (36.9)$$

Dabei steht ν für die Anzahl der nächsten Nachbarn, zum Beispiel $\nu = 6$ im kubischen Gitter. Formal ist $\overline{\boldsymbol{s}}$ der statistische Mittelwert des quantenmechanischen Erwartungswerts $\langle\, \hat{\boldsymbol{s}}_j \rangle$. In der *Molekularfeldnäherung* (36.9) werden die Wechselwirkungen der anderen Teilchen auf ein herausgegriffenes Teilchen durch ein mittleres effektives Feld ersetzt. In dieser Näherung erhalten wir $H \approx H_{\text{eff}}$ mit dem effektiven Hamiltonoperator

$$H_{\text{eff}} = 2 \sum_i \mu_{\text{B}}\, \hat{\boldsymbol{s}}_i \cdot \Big(\boldsymbol{B} - \frac{\nu I\, \overline{\boldsymbol{s}}}{2\mu_{\text{B}}} \Big) = 2 \sum_i \mu_{\text{B}}\, \hat{\boldsymbol{s}}_i \cdot \boldsymbol{B}_{\text{eff}} \qquad (36.10)$$

Im effektiven Feld

$$\boldsymbol{B}_{\text{eff}} = \boldsymbol{B} - \frac{\nu I\, \overline{\boldsymbol{s}}}{2\mu_{\text{B}}} = \boldsymbol{B} + W \boldsymbol{M} \qquad (36.11)$$

tritt die Magnetisierung $\boldsymbol{M}$ und ein numerischer Faktor W auf:

$$\boldsymbol{M} = \frac{N}{V}\, \overline{\boldsymbol{\mu}} = -2n\, \mu_{\text{B}}\, \overline{\boldsymbol{s}}\,, \qquad W = \frac{\nu I}{4n\, \mu_{\text{B}}^2} \qquad (36.12)$$

Mit $I/2 = \mathcal{O}(\text{eV}/10)$, $\nu = 6$, $\mu_{\text{B}} = e\hbar/(2m_{\text{e}}c)$ und $n = (3\,\text{Å})^{-3}$ schätzen wir die Größenordnung von W ab:

$$W = \frac{\nu I}{4n\mu_{\text{B}}^2} \approx \frac{6 \cdot \mathcal{O}(\text{eV}/10)}{\text{magnetische Wechselwirkung}} \sim 10^3 \qquad (36.13)$$

Das Ergebnis $W \gg 1$ bedeutet, dass die Austauschwechselwirkung $\pm I/2$ in (36.3) viel stärker als die magnetische Wechselwirkung ($\sim 2n\mu_{\text{B}}^2$) zwischen benachbarten magnetischen Momenten ist.

Magnetisierung

Der effektive Hamiltonoperator H_{eff} hat dieselbe Form wie der Hamiltonoperator (36.1) für N unabhängige Spins. Daher kann die Zustandssumme genauso wie in Kapitel 26 berechnet werden; in den Formeln ist lediglich $\boldsymbol{B}$ durch $\boldsymbol{B}_{\text{eff}}$ zu ersetzen. Der Einfachheit halber legen wir $\boldsymbol{B}$ in z-Richtung; dann gilt auch $\boldsymbol{M} = M\,\boldsymbol{e}_z$. Das Ergebnis für die Magnetisierung M übernehmen wir aus (26.11):

$$M = n\,\mu_{\text{B}} \tanh\big(\beta\mu_{\text{B}} B_{\text{eff}}\big) = M_0 \tanh\big[\,\beta\mu_{\text{B}}(B + WM)\big] \qquad (36.14)$$

Dies ist eine *implizite* Lösung; denn die zu berechnende Magnetisierung M geht in das effektive Feld B_{eff} ein. In dieser Weise berücksichtigt das Weisssche Modell die gegenseitige Wechselwirkung der Spins.

Zur Diskussion von (36.14) betrachten wir zwei Grenzfälle. Für ein starkes äußeres Feld B nähert sich die Magnetisierung exponentiell dem maximalen Wert M_0 an:

$$\frac{M}{M_0} \approx 1 - 2\,\exp(-2\beta\mu_{\text{B}}B) \qquad (B \gg WM) \qquad (36.15)$$

Für $M = M_0 = n\,\mu_{\text{B}}$ sind alle Spins ausgerichtet. Für $M \ll M_0$ entwickeln wir (36.14):

$$\frac{\mu_{\text{B}}}{k_{\text{B}}T}\,(B + WM) = \operatorname{artanh}\left(\frac{M}{M_0}\right) = \frac{M}{M_0} + \frac{1}{3}\left(\frac{M}{M_0}\right)^3 + \ldots \qquad (36.16)$$

Wir vernachlässigen die höheren Terme und lösen die Beziehung nach B auf:

$$B = W\left(\frac{T}{T_{\text{c}}} - 1\right)M + \frac{k_{\text{B}}T}{3\,\mu_{\text{B}}}\left(\frac{M}{M_0}\right)^3 \qquad (M \ll M_0) \qquad (36.17)$$

Dabei haben wir die kritische Temperatur T_{c} eingeführt:

$$k_{\text{B}}T_{\text{c}} = \mu_{\text{B}}^2\,n\,W \overset{(36.13)}{=} \frac{\nu I}{4} \sim 10^3\,k_{\text{B}}\,\text{K} \qquad (36.18)$$

In Abbildung 36.1 ist der Zusammenhang zwischen B und M graphisch dargestellt. Für $T > T_{\text{c}}$ ist M zunächst proportional zu B; für $B \to \infty$ geht M gegen den Sättigungswert M_0. Dieses paramagnetische Verhalten gleicht dem von unabhängigen Spins. Diese Situation ändert sich qualitativ für $T < T_{\text{c}}$. Hierfür gibt es B-Werte mit drei Lösungen; sie ergeben sich in Abbildung 36.1 als Schnittpunkte einer Horizontalen $B = \text{const.}$ mit der kubischen Kurve (36.17). Wegen $\boldsymbol{M} \parallel \boldsymbol{B}$ kommen in Abbildung 36.1 nur Lösungen im ersten und dritten Quadranten als Gleichgewichtslösungen in Frage. Die Lösungskurve im ersten Quadranten endet bei $B = 0$ bei einem endlichen M-Wert, den wir als *spontane Magnetisierung* M_{S} bezeichnen. Diese Magnetisierung tritt unterhalb von T_{c} ohne äußeres Feld auf, also gewissermaßen von selbst oder spontan. Ein solches Verhalten wird als *Ferromagnetismus* bezeichnet. Die Lösung im dritten Quadranten endet entsprechend bei $-M_{\text{S}}$.

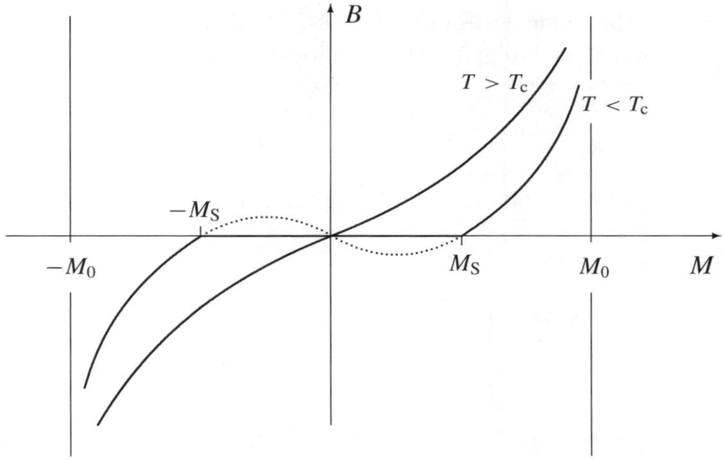

Abbildung 36.1 Zusammenhang zwischen der Magnetisierung M und dem angelegten Magnetfeld B im Weissschen Modell. Wegen $\boldsymbol{M} \parallel \boldsymbol{B}$ kommen die gepunkteten Teile der Kurve nicht als Lösung in Frage.

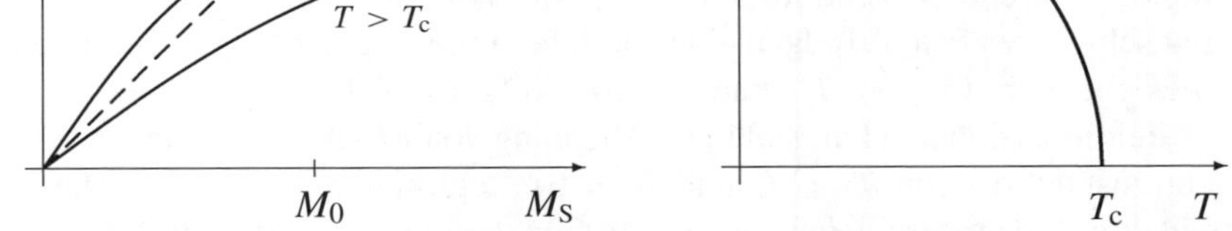

Abbildung 36.2 Im linken Teil sind die beiden Seiten von (36.19) dargestellt. Der Schnittpunkt ist die gesuchte Lösung $M_S(T)$, die rechts gezeigt ist.

Für $B = 0$ ist keine Richtung ausgezeichnet, so dass dann alle Richtungen von $\boldsymbol{M}_\mathrm{s}$ (mit festem $|\boldsymbol{M}_\mathrm{s}|$) möglich sind. Dabei kann die Projektion $\boldsymbol{M}_\mathrm{s}\cdot\boldsymbol{e}_z$ alle möglichen Werte zwischen $-M_\mathrm{S}$ und M_S annehmen; die beiden Lösungen $-M_\mathrm{S}$ und $+M_\mathrm{S}$ können daher in Abbildung 36.1 durch eine horizontale Gerade verbunden werden.

Aus (36.14) mit $B = 0$ folgt die Stärke der spontanen Magnetisierung:

$$\boxed{\frac{M_\mathrm{S}}{M_0} = \tanh\left(\frac{T_\mathrm{c}\, M_\mathrm{S}}{T\, M_0}\right) \qquad \text{spontane Magnetisierung}} \tag{36.19}$$

Diese Gleichung wird in Abbildung 36.2 graphisch gelöst. Es gilt

$$M_\mathrm{S} = M_\mathrm{S}(T) \approx M_0 \cdot \begin{cases} 0 & (T \geq T_\mathrm{c}) \\ \sqrt{\dfrac{3\,(T_\mathrm{c} - T)}{T_\mathrm{c}}} & (T \to T_\mathrm{c}^-) \\ 1 - 2\,\exp\left(-\dfrac{2\,T_\mathrm{c}}{T}\right) & (T \ll T_\mathrm{c}) \end{cases} \tag{36.20}$$

Für $T \approx T_\mathrm{c}$ ergibt sich die Lösung aus (36.17) mit $B = 0$. Die spontane Magnetisierung ist in Abbildung 36.2 rechts als Funktion der Temperatur skizziert. Oberhalb von T_c ist M_S gleich null, unterhalb ungleich null. Das Verhalten des Systems ändert sich qualitativ bei der Temperatur T_c; es handelt sich daher um einen diskreten Phasenübergang. Die Größe M_S ist der naheliegende Ordnungsparameter zur Charakterisierung dieses Übergangs. Da der Ordnungsparameter sich bei T_c kontinuierlich ändert, handelt es sich um einen Phasenübergang 2. Art.

Das magnetische Verhalten wird durch den Materialparameter *magnetische Suszeptibilität* $\chi_\mathrm{m} = (\partial M/\partial B)_T$ beschrieben. Für $B \to 0$ und $T > T_\mathrm{c}$ gilt auch $M \to 0$, so dass χ_m aus dem linearen Term in (36.17) zu berechnen ist:

$$\chi_\mathrm{m} = \left(\frac{\partial M}{\partial B}\right)_T \overset{B\to 0}{=} \frac{T_\mathrm{c}/W}{T - T_\mathrm{c}} \qquad (\text{Curie-Weiss-Gesetz, } T \geq T_\mathrm{c}) \tag{36.21}$$

Dieses Curie-Weiss-Gesetz gilt für einen Ferromagneten; es entspricht dem Curie-Gesetz (26.15) eines Paramagneten. Für paramagnetische Materialien ist χ_m bei Zimmertemperatur etwa von der Größe 10^{-4}; dagegen ist (36.21) für $T - T_\mathrm{c} = 1\,\mathrm{K}$ von der Größe 1.

Die magnetische Suszeptibilität (36.21) wird am Übergangspunkt singulär; ein beliebig schwaches Feld ruft dann eine endliche Änderung der Magnetisierung hervor. Dies gilt auch für $T \to T_\mathrm{c}^-$ und $\boldsymbol{B} \parallel \boldsymbol{M}$ (Aufgabe 36.1).

Im dreidimensionalen Fall stellt jede Richtung von $\boldsymbol{M}_\mathrm{s}$ einen möglichen Gleichgewichtszustand dar (für $T < T_\mathrm{c}$ und $\boldsymbol{B} = 0$). Legt man nun ein schwaches Magnetfeld $\boldsymbol{B}$ an, so ist der Gleichgewichtszustand derjenige mit $\boldsymbol{M}_\mathrm{s} \parallel \boldsymbol{B}$. Damit kann für $T < T_\mathrm{c}$ ein schwaches Feld eine endliche Änderung der Magnetisierung hervorrufen. Insofern ist die Suszeptibilität im Dreidimensionalen für $T < T_\mathrm{c}$ unendlich. Dies ist allerdings nur in unserem Modell so. Ein realer Ferromagnet setzt einer Richtungsänderung von $\boldsymbol{M}_\mathrm{s}$ einen Widerstand entgegen, so dass die Suszeptibilität endlich ist.

Weisssche Bezirke

Das bekannteste Beispiel für einen Ferromagneten ist Eisen mit der Übergangstemperatur $T_c = 1041\,\mathrm{K}$. Kühlt man Eisen unter T_c bei $\boldsymbol{B} = 0$ ab, so stellt sich in endlichen Bereichen, den *Weissschen Bezirken*, eine spontane Magnetisierung ein. Ihre Temperaturabhängigkeit verläuft ähnlich wie die in Abbildung 36.2 rechts gezeigte. Die globale, über mehrere Weisssche Bezirke gemittelte Magnetisierung $\langle \boldsymbol{M} \rangle$ kann aber verschwinden; das Eisen erscheint dann trotz $T < T_c$ unmagnetisiert. Durch ein äußeres Magnetfeld können die Magnetisierungsrichtungen verschiedener Weissscher Bezirke ausgerichtet werden. Für schwache Felder ist diese Ausrichtung und die daraus resultierende globale Magnetisierung näherungsweise proportional zum Feld:

$$\langle \boldsymbol{M} \rangle \approx \chi_{\text{ferro}}\, \boldsymbol{B} \tag{36.22}$$

Hierbei kann die Suszeptibilität große Werte annehmen, etwa $\chi_{\text{ferro}} \sim 10^6$. Für starke Felder stellt sich eine Sättigungsmagnetisierung M_0 ein. Die Ausrichtung der Weissschen Bezirke erfordert einen endlichen Energieaufwand. Daher entsteht aus unmagnetisiertem Eisen durch Anlegen eines starken Magnetfelds ein Dauermagnet. Außerdem führen die Weissschen Bezirke zu Hysterese-Effekten.

Freie Energie

Wir wollen noch das Verhalten der spezifischen Wärme am Phasenübergang untersuchen. Dazu bestimmen wir zunächst die freie Energie des Systems.

Das Magnetfeld ist ein äußerer Parameter $x = B = \boldsymbol{B}\,\boldsymbol{e}_z$ des Hamiltonoperators (36.8). Im Folgenden nehmen wir an, dass andere äußere Parameter keine Rolle spielen; insbesondere soll das Volumen V konstant sein. Die zu $x = B$ gehörige verallgemeinerte Kraft X ist gleich dem magnetischen Moment VM:

$$X = -\overline{\frac{\partial E_r(B)}{\partial B}} = -2\mu_B \sum_i \overline{s_{z,i}} = N\,\overline{\mu} = VM \tag{36.23}$$

Hierfür sind die Energieeigenwerte des Hamiltonoperators (36.8) zu verwenden (nicht aber die des effektiven Hamiltonoperators (36.10)). Nach dem 1. und 2. Hauptsatz gilt $dE = T dS - \sum_i X_i\, dx_i = dE_0 - VMdB$. Gegenüber dem Fall ohne Magnetfeld (dE_0) erhalten dE und damit alle anderen thermodynamischen Potenziale den Zusatzterm $-VMdB$. Die freie Energie kann dann in der Form

$$dF = dF_0 - VMdB = dF_0 - Vd(BM) + VBdM \tag{36.24}$$

geschrieben werden. Dies ergibt $F = F_0 - VBM + V \int BdM$. In dieses Integral setzen wir $B = B(M)$ aus (36.17) ein und führen die Integration aus:

$$\begin{aligned}\mathcal{F}(T, B, M) &= F_0(T) - VMB + \frac{VW}{2}\,\frac{T - T_c}{T_c}\,M^2 + \frac{V k_B T}{12\,\mu_B}\,\frac{M^4}{M_0^3} \\ &= F_0(T) + V\Big[a\,(T - T_c)\,M^2 + u\,M^4 - MB\Big]\end{aligned} \tag{36.25}$$

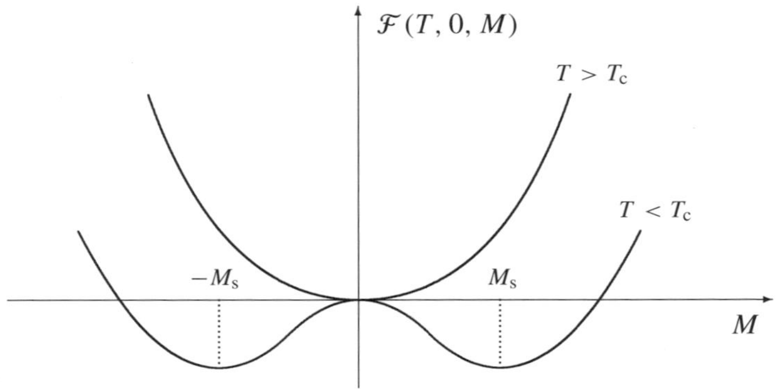

Abbildung 36.3 Freie Energie $\mathcal{F}(T, B, M)$ des Weissschen Modells als Funktion von M für $B = 0$. Bei T_c ändert sich das Vorzeichen des quadratischen Terms. Für $T > T_c$ liegt das Minimum bei $M = 0$, für $T < T_c$ liegt es dagegen bei einem endlichen Wert $M = M_s$.

Im Gleichgewichtszustand hängt die freie Energie von T und B ab. Diese freie Energie erhält man, wenn man den Gleichgewichtswert $M = M(T, B)$ in $\mathcal{F}(T, B, M)$ einsetzt. Sofern wir wie hier als Argumente T, B *und* M zulassen, haben wir einen allgemeineren (Nichtgleichgewichts-) Ausdruck für die freie Energie. Um diesen Aspekt zu betonen, wurde der Buchstabe $\mathcal{F}$ anstelle von F verwendet.

Das Magnetfeld soll ohne Einfluss auf die hier nicht explizit behandelten Freiheitsgrade sein; dann hängt F_0 nicht von B ab. Bei der Ausführung von $\int B\,dM$ wird die Temperatur konstant gehalten, denn die Änderung von F bei Temperaturänderung ist in dF_0 berücksichtigt. In der Umgebung von T_c können die Größen a und u in (36.25) näherungsweise als Konstanten betrachtet werden.

Für (36.25) wurde die Gleichung (36.17) verwendet, die nur unter der Voraussetzung $M \ll M_0$ gilt. Damit ist die folgende Diskussion auf Temperaturen nahe bei T_c beschränkt, und auf ein schwaches Magnetfeld. Die erreichte Form (36.25) hat Modellcharakter (Kapitel 39) für Phasenübergänge.

In der freien Energie $\mathcal{F}(T, B, M)$ sind zunächst beliebige Werte der Magnetisierung M zugelassen. Bei gegebenem T und x (hier $x = B$) ist die freie Energie im Gleichgewicht minimal (Kapitel 17). Daraus folgt die Bedingung für den Gleichgewichtswert $M(T, B)$ der Magnetisierung:

$$\mathcal{F} = \text{minimal} \quad \longrightarrow \quad \left(\frac{\partial \mathcal{F}}{\partial M}\right)_{T,B} = 0 \quad \longrightarrow \quad M = M(T, B) \tag{36.26}$$

In Abbildung 36.3 ist $\mathcal{F}$ für $B = 0$ in Abhängigkeit von M skizziert. Für $T > T_c$ hat $\mathcal{F}$ nur ein Minimum bei $M = 0$. Für $T < T_c$ dreht sich das Vorzeichen des quadratischen Terms in (36.25) um, und für kleine M dominiert zunächst dieser Term über den mit M^4. Daher ergeben sich zwei Minima, und zwar bei $M = M(T, 0) = \pm M_S(T)$. Die Minima entsprechen den möglichen Gleichgewichtszuständen des Systems; ohne die Beschränkung auf die z-Richtung hat man ein Kontinuum von Minima (alle Richtungen von $\boldsymbol{M}_\text{s}$). Am Minimum liegen die Gleichgewichtswerte der Magnetisierung und der freien Energie vor. Für $B \neq 0$ würde sich das eine Minimum in Abbildung 36.3 nach unten, das andere nach oben verschieben. Der Gleichgewichtszustand ist dann der des absoluten Minimums.

Durch Einsetzung $M = M(T, B)$ in die freie Energie (36.25) erhalten wir den Gleichgewichtswert:

$$F(T, B) = \mathcal{F}\big(T, B, M(T, B)\big) \tag{36.27}$$

Die Funktion $\mathcal{F}(T, B, M)$ ist analytisch in allen Variablen (alle Ableitungen sind stetig). Die Funktion $F(T, B)$ ist dagegen nicht analytisch bei $T = T_\text{c}$: So hat etwa $M(T, 0) = M_\text{S}(T)$ bei T_c einen Knick. Beim Einsetzen von $M(T, B)$ in $\mathcal{F}$ ergibt sich daher eine Funktion F, die bei T_c einen Sprung in der zweiten Ableitung hat, (36.30).

Spontane Symmetriebrechung

Die Lösung von $\mathcal{F}$ = minimal stellt für $T < T_\text{c}$ eine *spontane Symmetriebrechung* dar. Das bedeutet, dass dieser Lösung eine bestimmte Symmetrie fehlt, die der Hamiltonoperator des Systems besitzt. Der Hamiltonoperator (36.8) ist invariant gegenüber Drehungen; er zeichnet keine Richtung aus. Der Gleichgewichtszustand für $T > T_\text{c}$ hat diese Symmetrie; für ihn ist keine Richtung ausgezeichnet. Für $T < T_\text{c}$ zeichnet dagegen die tatsächliche Lösung $\boldsymbol{M}_\text{s}$ eine Richtung aus. Durch diese Richtung ist die Drehsymmetrie *gebrochen*; die Brechung erfolgt *spontan*, das heißt ohne dass von außen die Richtung von $\boldsymbol{M}_\text{s}$ vorgegeben wird. Die Symmetrieoperationen (hier Drehungen) führen die möglichen Lösungen, also die Richtungen von $\boldsymbol{M}_\text{s}$, ineinander über.

Landau entwickelte eine allgemeine Theorie (Kapitel 39) für Phasenübergänge zweiter Art, indem er von einer zu (36.25) analogen Entwicklung der freien Energie $\mathcal{F}$ nach einem Ordnungsparameter (hier M) ausging.

Spezifische Wärme

Für $B = 0$ und $T \approx T_\text{c}$ setzen wir die Gleichgewichtslösung (36.20),

$$M(T, 0) = M_\text{S}(T) = M_0 \cdot \begin{cases} 0 & (T \geq T_\text{c}) \\ \sqrt{3(T_\text{c} - T)/T_\text{c}} & (T \to T_\text{c}^-) \end{cases} \tag{36.28}$$

in $\mathcal{F}$ aus (36.25) ein:

$$F(T, B = 0) = \mathcal{F}(T, 0, M_\text{S}(T)) = F_0(T) + \begin{cases} 0 \\ -K\left(T - T_\text{c}\right)^2 \end{cases} \tag{36.29}$$

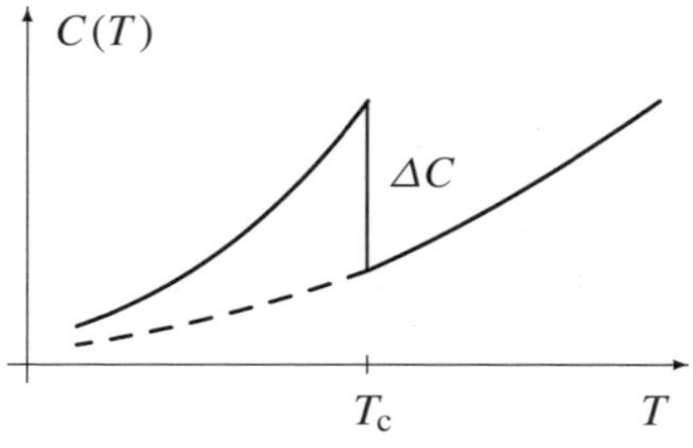

Abbildung 36.4 Im Weissschen Modell hat die Wärmekapazität an der Übergangstemperatur einen Sprung.

Die obere Zeile gilt für $T \geq T_c$, die untere für $T \to T_c^-$. Die Konstante K wird in Aufgabe 36.2 berechnet. Wir berechnen die Wärmekapazität bei konstantem, verschwindendem Feld B:

$$C_B(T) = -T \left(\frac{\partial^2 F}{\partial T^2}\right)_B \stackrel{(B=0)}{=} C_0(T) + \begin{cases} 0 & (T \geq T_c) \\ 2K\,T_c & (T \to T_c^-) \end{cases} \tag{36.30}$$

Diese Wärmekapazität ist in Abbildung 36.4 skizziert; sie hat bei T_c einen Sprung. Die exakte Lösung des Heisenbergmodells (36.8) hat dagegen eine divergierende Wärmekapazität; die Weisssche Näherung ist insofern unzureichend. Für Eisen divergiert die spezifische Wärme am Übergangspunkt logarithmisch.

Aufgaben

36.1 Freie Energie im Weissschen Modell

Im Weissschen Modell kann die freie Energie in der Form

$$\mathcal{F}(T, B, M) = F_0(T) + V\left[a\,(T - T_c)\,M^2 + u\,M^4 - M\,B\right]$$

geschrieben werden. Aus der Bedingung $\partial\mathcal{F}/\partial M = 0$ erhält man die Gleichgewichtsmagnetisierung $\overline{M}$. Bestimmen Sie $\overline{M_0}$ für $B = 0$, und $\overline{M_0} + \delta M$ für ein schwaches Feld $B = \delta B$. Berechnen Sie (in linearer Näherung in den kleinen Größen) die magnetische Suszeptibilität $\chi_m = \delta M/\delta B$ für $T > T_c$ und $T < T_c$.

36.2 Spezifische Wärme im Weissschen Modell

Im Weissschen Modell erhält man für die freie Energie $\mathcal{F}(T, B, M)$ den Ausdruck

$$\mathcal{F}(T, B, M) = F_0(T) - V M B + \frac{V W}{2}\,\frac{T - T_c}{T_c}\,M^2 + \frac{V k_B T}{12\,\mu_B}\,\frac{M^4}{M_0^3}$$

Dabei ist W der Weisssche Faktor, durch $k_B T_c = \mu_B^2\,n\,W$ ist die kritische Temperatur gegeben, $M_0 = N\mu_B/V$ ist die Sättigungsmagnetisierung, und $F_0(T)$ enthält die nichtmagnetischen Anteile. Drücken Sie zunächst alle Parameter in $\mathcal{F} - F_0(T)$ durch k_B, T_c und M_0 aus. Bestimmen Sie dann für $B = 0$ und $T \approx T_c$ den Gleichgewichtswert $M_S(T)$ und das Verhalten (Sprung!) der Wärmekapazität.

37 Van der Waals-Gas

Das van der Waals-Gas wird als ein Modell für den Phasenübergang gasförmig–flüssig vorgestellt und untersucht. Van der Waals hat dieses Modell 1873 in seiner Doktorarbeit eingeführt. Die thermische Zustandsgleichung wird durch die so genannte Maxwellkonstruktion ergänzt. Dann erklärt das van der Waals-Modell die Existenz einer Dampfdruckkurve $P_d(T)$, die in einem kritischen Punkt endet, und eine Reihe von Eigenschaften des Phasenübergangs gasförmig–flüssig.

Die Eigenschaften des *van der Waals-Gases* sind durch die Zustandsgleichungen

$$P = P(T, v) = \frac{k_B T}{v - b} - \frac{a}{v^2} \tag{37.1}$$

$$E = E(T, V, N) = N\, e(T) - N\, \frac{a}{v} \tag{37.2}$$

gegeben. Hierbei ist $v = V/N$, und a und b sind positive Parameter. Wir übernehmen die thermische Zustandsgleichung (auch van der Waals-Gleichung genannt) aus (28.29). In der kalorischen Zustandsgleichung (28.37) haben wir den volumenunabhängigen Term $3Nk_B T/2$ durch $N\,e(t)$ ersetzt; damit lassen wir mögliche Rotations- oder Vibrationsbeiträge mehratomiger Moleküle zu.

Wir hatten die Gleichungen (37.1) und (37.2) in Kapitel 28 für ein verdünntes klassisches Gas abgeleitet. Dabei wurden die Parameter a und b mit der mikroskopischen Wechselwirkung $w(r)$ verknüpft. Die Absenkung des Drucks um a/v^2 wird durch den attraktiven Teil der Wechselwirkung verursacht. Das endliche Eigenvolumen der Atome (also der repulsive Teil der Wechselwirkung) führt dazu, dass pro Teilchen effektiv nur das Volumen $v - b$ zur Verfügung steht.

Die Ableitung in Kapitel 28 war an die Voraussetzung hinreichender Verdünnung (insbesondere $v \gg b$) gebunden. Wir sehen jetzt von dieser Voraussetzung ab, betrachten (37.1) und (37.2) als phänomenologische Gleichungen und diskutieren sie für alle möglichen Werte von T und v. Für mäßige Verdünnung kann die mikroskopische Ableitung aus Kapitel 28 als Plausibilitätsargument für die Zustandsgleichungen angesehen werden. Im Grenzfall $v \to b$ werden die Voraussetzungen dieser Ableitung eklatant verletzt. Die Gleichung (37.1) ist aber so konstruiert, dass sie für $v \to b$ ein plausibles Verhalten (nämlich $P \to \infty$) zeigt. Unter Berücksichtigung des endlichen Eigenvolumens der Atome entspricht dies dem Verhalten des idealen Gases ($P = k_B T/v \to \infty$ für $v \to 0$).

In Abbildung 37.1 sind verschiedene Isothermen im P-v-Diagramm skizziert. Gegenüber dem idealen Gas mit $P = k_B T/v$ sind die Isothermen um b nach rechts

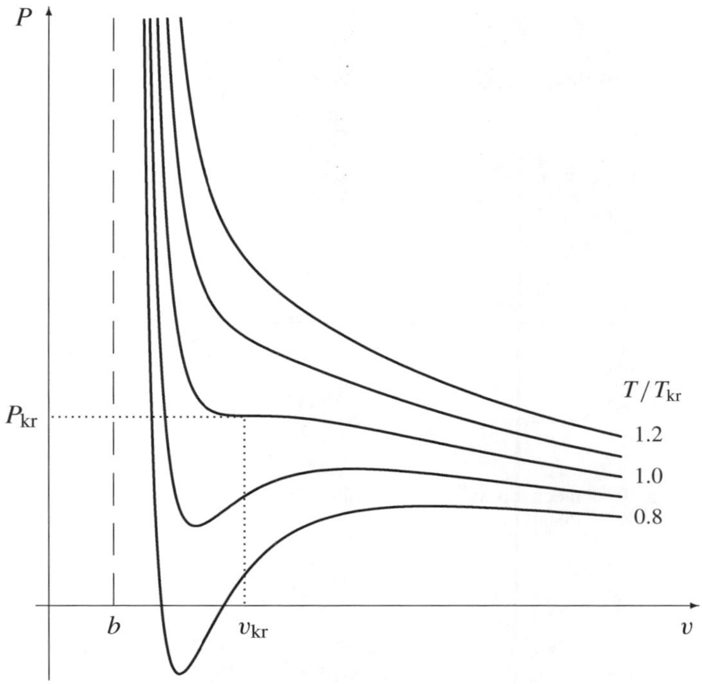

Abbildung 37.1 Isothermen des van der Waals-Gases für einige Werte von T/T_{kr}. Für $T > T_{kr}$ fallen die Isothermen monoton ab, für $T < T_{kr}$ haben sie ein Minimum und ein Maximum.

verschoben, $k_B T/v \to k_B T/(v - b)$. Außerdem führt der Term $-a/v^2$ zu einer Absenkung des Drucks. Für hohe Temperaturen ist dieser Term klein gegenüber $k_B T/(v - b)$ und es kommt nur zu einer geringen Verformung der monoton abfallenden Isotherme. Für niedrige Temperaturen führt der Term $-a/v^2$ dagegen zu einem Umbiegen der Isotherme bei sinkendem v; die Isotherme hat ein Maximum. Wegen $P \to \infty$ für $v \to b$ muss die Isotherme schließlich wieder nach oben gehen; zwischen dem Maximum und $v = b$ hat sie daher ein Minimum.

Da die Isothermen stetig ineinander übergehen, gibt es genau eine Isotherme, für die das Minimum und Maximum zusammenfallen, bevor sich für höhere Temperaturen der monoton abfallende Verlauf ergibt. Diese Isotherme hat dann einen waagerechten Wendepunkt. Die Temperatur dieser Isotherme wird mit T_{kr} bezeichnet, die Koordinaten des Wendepunkts mit P_{kr} und v_{kr}.

Üblicherweise sind experimentell der Druck P und die Temperatur T vorgegeben. Das Volumen $v(T, P)$ des van der Waals-Gases ergibt sich in Abbildung 37.1 als Schnittpunkt der Horizontalen $P = \text{const.}$ mit der Isothermen T. Für eine Isotherme mit Minimum und Maximum kann es drei Schnittpunkte geben, also drei Lösungen für v. Damit stellt sich die Frage, was diese Lösungen bedeuten und welche Lösung im Gleichgewichtszustand tatsächlich vorliegt.

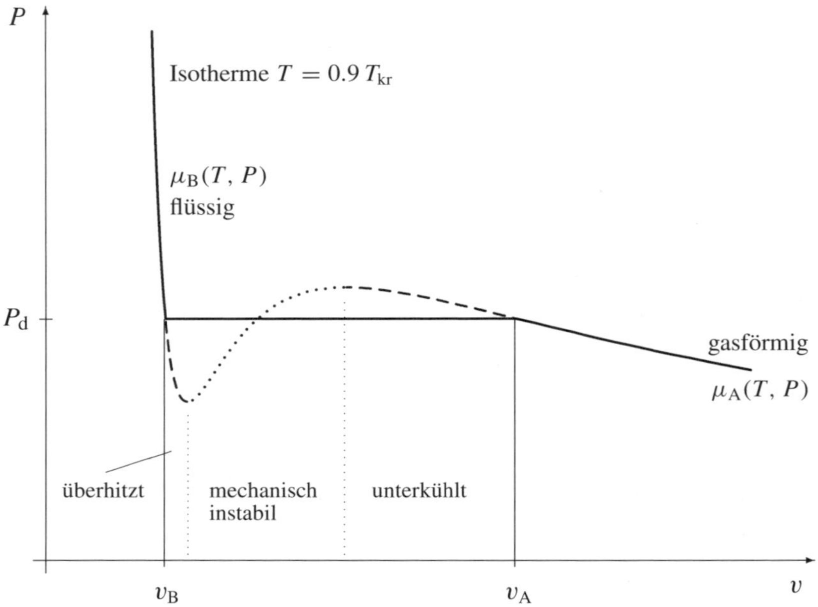

Abbildung 37.2 Phasenübergang im van der Waals-Modell: Der linke Teil der Isotherme entspricht der flüssigen Phase, der rechte der gasförmigen. Der horizontale Teil beschreibt den Übergang von der flüssigen zur gasförmigen Phase; längs der Horizontalen wächst der Gasanteil von 0% auf 100%. Die Lage der Horizontalen ist dadurch bestimmt, dass die mit der theoretischen Isothermen (gestrichelt und gepunktet eingezeichnet) eingeschlossenen Flächen gleich groß sind.

Maxwellkonstruktion

Die Kompressibilität muss immer positiv sein:

$$\kappa_T = -\frac{1}{V}\left(\frac{\partial V}{\partial P}\right)_T > 0\,, \quad \text{also} \quad \left(\frac{\partial P}{\partial V}\right)_T < 0 \tag{37.3}$$

Ein System mit $\kappa_T < 0$ wäre mechanisch instabil, weil es für eine kleine Volumenschwankung keine rücktreibende Kraft gibt. Daher schließen wir in Abbildung 37.1 alle Isothermenabschnitte mit positiver Steigung als unphysikalisch aus.

In Abbildung 37.2 ist eine einzelne Isotherme im P-v-Diagramm gezeigt. Wenn wir den Bereich mit positiver Steigung (gepunktet) ausschließen, hat eine Horizontale zwischen Minimum und Maximum immer noch zwei Schnittpunkte. Die linke Lösung bezeichnen wir mit $v_B(T, P)$ und die rechte mit $v_A(T, P)$. Auf den beiden Teilen der Isotherme bezeichnen wir das chemische Potenzial gemäß

$$\mu_A(T, P) = \mu(v_A(T, P), T)\,, \qquad \mu_B(T, P) = \mu(v_B(T, P), T) \tag{37.4}$$

Für hinreichend niedrigen Druck gibt es in Abbildung 37.2 nur eine Lösung, nämlich die mit μ_A. Hier unterscheidet sich die Isotherme nur wenig von der des idealen

Gases; dieser Teil der Lösung beschreibt daher die gasförmige Phase. Für hinreichend hohen Druck gibt es ebenfalls nur eine Lösung, und zwar die mit μ_{B}. Für diesen Teil der Isotherme gilt $v = \mathcal{O}(b)$; dies kennzeichnet die flüssige Phase, in der das Volumen pro Teilchen von der Größenordnung des Eigenvolumens ist. Wir können die beiden Zweige der Isotherme also den Phasen *gasförmig* und *flüssig* zuordnen.

Für eine Isotherme mit Maximum und Minimum zeigen wir, dass die Gleichung

$$\mu_{\mathrm{A}}(T, P_{\mathrm{d}}) = \mu_{\mathrm{B}}(T, P_{\mathrm{d}}) \qquad (37.5)$$

genau eine Lösung hat. Dies bedeutet, dass es einen bestimmten Druck $P = P_{\mathrm{d}}(T)$ gibt, an dem die beiden Phasen im Gleichgewicht sind.

Wir verwenden die Relation $\mu = G/N = F/N + PV/N = f + Pv$; dabei ist $f = F/N$ die freie Energie pro Teilchen. Hiermit wird (37.5) zu

$$f_{\mathrm{B}} - f_{\mathrm{A}} = P_{\mathrm{d}}\,(v_{\mathrm{A}} - v_{\mathrm{B}}) \qquad (37.6)$$

Die Differenz $f_{\mathrm{B}} - f_{\mathrm{A}}$ kann alternativ auch durch Integration entlang der Isotherme bestimmt werden:

$$f_{\mathrm{B}} - f_{\mathrm{A}} = f(T, v_{\mathrm{B}}) - f(T, v_{\mathrm{A}}) = \int_{v_{\mathrm{A}}}^{v_{\mathrm{B}}} dv\, \frac{\partial f(T, v)}{\partial v} = \int_{v_{\mathrm{B}}}^{v_{\mathrm{A}}} dv\; P(T, v) \qquad (37.7)$$

Dabei ist $P(T, v)$ aus (37.1) einzusetzen, also die gestrichelte und gepunktete Kurve in Abbildung 37.2. Diese Kurve beschreibt keine Gleichgewichtszustände, sie kann aber dazu benutzt werden, um die Differenz der freien Energien zwischen Gleichgewichtszuständen zu berechnen. Aus den letzten beiden Gleichungen folgt

$$P_{\mathrm{d}}\,(v_{\mathrm{A}} - v_{\mathrm{B}}) = \int_{v_{\mathrm{B}}}^{v_{\mathrm{A}}} dv\; P(T, v) \qquad (37.8)$$

Im P-v-Diagramm von Abbildung 37.2 ist die linke Seite die Rechteckfläche unter der Horizontalen $P = P_{\mathrm{d}}(T)$. Die rechte Seite ist dagegen die Fläche unter der Isotherme $P(T, v)$ (gestrichelte und gepunktete Kurve). Damit müssen die beiden Flächenstücke, die die Isotherme mit der Horizontalen einschließt, gleich groß sein. Für eine Isotherme mit einem Maximum und einem Minimum legt diese *Maxwellkonstruktion* die Lage der Horizontalen $P = P_{\mathrm{d}}(T)$ eindeutig fest.

Für $P = P_{\mathrm{d}}$ gilt $\mu_{\mathrm{A}} = \mu_{\mathrm{B}}$. Das Verhalten der chemischen Potenziale in der Umgebung dieser Stelle folgt aus der Duhem-Gibbs-Relation (20.15),

$$\frac{\partial \mu_{\mathrm{A}}(T, P)}{\partial P} = v_{\mathrm{A}} = v_{\mathrm{gas}} \quad \text{und} \quad \frac{\partial \mu_{\mathrm{B}}(T, P)}{\partial P} = v_{\mathrm{B}} = v_{\mathrm{flüss}} \qquad (37.9)$$

Wegen $v_{\mathrm{gas}} > v_{\mathrm{flüss}}$ ist die Steigung von μ_{A} größer als die von μ_{B}. Dies erklärt das in Abbildung 37.3 links gezeigte Verhalten. Das zugehörige Verhalten von $v(T, P)$ ergibt sich aus dem Sprung um $v_{\mathrm{gas}} - v_{\mathrm{flüss}}$ und der Bedingung $\partial v/\partial P < 0$, Abbildung 37.3 rechts.

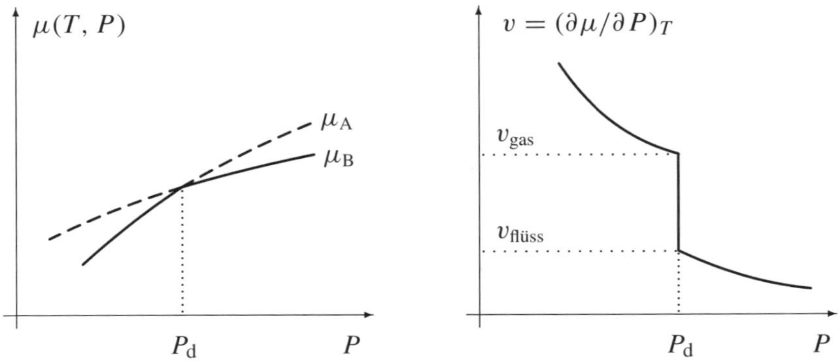

Abbildung 37.3 Am Übergangspunkt sind die chemischen Potenziale der beiden Phasen gleich groß, sie haben aber verschiedene Steigungen als Funktion vom Druck (links). Im Gleichgewicht liegt jeweils die Phase mit dem niedrigeren μ vor. Die Ableitung des chemischen Potenzials (durchgezogene Linie im linken Teil) ergibt das im rechten Teil gezeigte Volumen v. Der rechte Teil entspricht Abbildung 37.2 mit vertauschtem P und v.

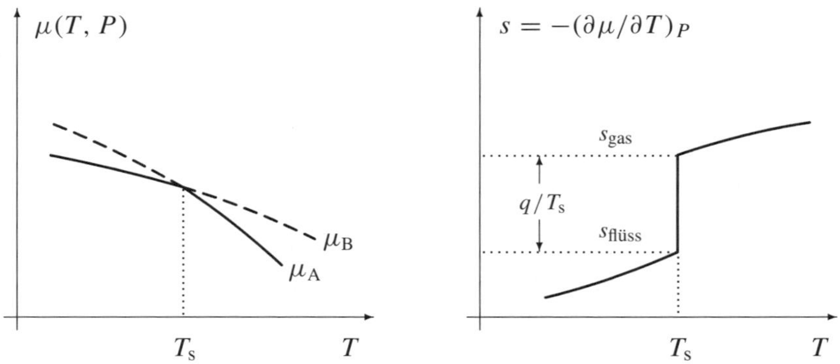

Abbildung 37.4 Am Übergangspunkt sind die chemischen Potenziale der beiden Phasen gleich groß, sie haben aber verschiedene Steigungen als Funktion von der Temperatur (links). Im Gleichgewicht liegt jeweils die Phase mit dem niedrigeren μ vor. Die Ableitung des chemischen Potenzials (durchgezogene Linie) ergibt die im rechten Teil gezeigte Entropie s. Der Sprung der Entropie am Übergangspunkt bestimmt die Übergangswärme q.

Aus der Gleichgewichtsbedingung $\mu(T, P) =$ minimal folgt

$$\mu(T, P) = \begin{cases} \mu_A(T, P) & (P \le P_d(T)) \\ \mu_B(T, P) & (P \ge P_d(T)) \end{cases} \tag{37.10}$$

Die physikalische Isotherme ist die in Abbildung 37.2 gezeigte, durchgezogene Linie. Der folgende quasistatische Prozess verläuft entlang dieser Isotherme: Wir starten in der Gasphase A und erhöhen bei konstanter Temperatur langsam den Druck. Dabei bewegt sich das System entlang dem rechten Teil der Isotherme. Genau bei $P = P_d$ sind die Phasen A und B im Gleichgewicht. Die infinitesimale Druckänderung von $P_d - \epsilon$ zu $P_d + \epsilon$ (mit beliebig kleinem ϵ) führt zur kontinuierlichen Umwandlung von zunächst 100% Gas in 100% Flüssigkeit. Dabei schrumpft das Volumen von v_A auf v_B, und die Verdampfungsenthalpie wird an das Wärmebad (das $T =$ const. garantiert) abgegeben. Die Gleichgewichtszustände, die das System dabei durchläuft, ergeben die in Abbildung 37.2 eingezeichnete Horizontale. Bei weiterer Druckerhöhung bewegt sich das System dann entlang dem linken, steilen Teil der Isotherme. Die Änderung des chemischen Potenzials bei dem betrachteten Prozess (Druckerhöhung über den Punkt $P = P_d$ hinweg) ist in Abbildung 37.3 links gezeigt.

Im Bereich der mehrfachen Lösung ist die theoretische Isotherme durch die Horizontale $P = P_d(T)$ zu ersetzen, Abbildung 37.2. Durch diese Vorschrift werden die Isothermen (37.1) in wohldefinierter und begründeter Weise abgeändert. In dem Bereich der so geänderten Isothermen hatten wir bereits den Teil mit positiver Steigung (gepunktet) wegen mechanischer Instabilität als unphysikalisch verworfen. Daneben fallen jetzt auch noch Teile (gestrichelt) mit negativer Steigung weg, weil sie das jeweils höhere chemische Potenzial haben. Sie entsprechen daher nicht dem Gleichgewichtszustand, sind also thermodynamisch instabil. Solche Nichtgleichgewichtszustände können aber unter bestimmten Bedingungen vorübergehend erreicht werden. Diese metastabilen Zustände werden als überhitzte Flüssigkeit (Siedeverzug) oder unterkühltes Gas bezeichnet.

Verdampfungsenthalpie

Die Verdampfungsenthalpie ist die Wärme Q, die das System auf dem Weg von der Temperatur $T_s - \epsilon$ nach $T_s + \epsilon$ bei konstantem Druck aufnimmt. Mit $dH = T\,dS + V\,dP$ und $dP = 0$ erhalten wir

$$Q = \int_{T_s-\epsilon}^{T_s+\epsilon} T\,dS = \int_{T_s-\epsilon}^{T_s+\epsilon} dH = H_A - H_B \tag{37.11}$$

Die Enthalpien H_A und H_B sind an der betrachteten Stelle T, P der Dampfdruckkurve zu nehmen. Nach (37.2) gilt für die Enthalpie pro Teilchen

$$h = \frac{H}{N} = \frac{E + PV}{N} = e(T) - \frac{a}{v} + P\,v \tag{37.12}$$

Damit erhalten wir die Verdampfungsenthalpie $q = Q/N$ pro Teilchen:

$$q = h_{\rm A} - h_{\rm B} = \frac{a}{v_{\rm B}} - \frac{a}{v_{\rm A}} + P(v_{\rm A} - v_{\rm B}) \approx \frac{a}{v_{\rm flüss}} + P\, v_{\rm gas} \qquad (37.13)$$

Für $v_{\rm gas} \gg v_{\rm flüss}$ haben wir das Ergebnis vereinfacht. Der Term $a/v_{\rm flüss}$ ist die Energie, die zugeführt werden muss, die Atome aus dem attraktiven Bereich der gegenseitigen Wechselwirkung zu lösen. Der zweite Term $P\, v_{\rm gas}$ ist die bei konstantem Druck zu leistende Ausdehnungsarbeit. Diese Aussagen beziehen sich auf den Übergang von der Flüssigkeit zum Gas.

Das van der Waals-Modell liefert eine endliche Verdampfungsenthalpie, also einen Sprung in der Entropie. Hieraus und aus $\partial s/\partial T > 0$ folgt das in Abbildung 37.4 rechts skizzierte Verhalten von s am Übergangspunkt. Im linken Teil ist die zugehörige Abhängigkeit des chemischen Potenzials von der Temperatur gezeigt. Nach der Klassifizierung aus Kapitel 35 handelt es sich um einen Phasenübergang 1. Ordnung.

Kritischer Punkt

Für eine Isotherme mit Minimum und Maximum ergibt die Maxwellkonstruktion den Druck des Phasenübergangs, also einen Punkt der Dampfdruckkurve. Wie für Abbildung 37.1 diskutiert, rücken Minimum und Maximum der Isotherme für steigende Temperatur näher zusammen. Es gibt dann genau eine Isotherme $T = T_{\rm kr}$, bei der sie zusammenfallen. Für $T \to T_{\rm kr}$ (und $T \le T_{\rm kr}$) geht die Länge der Horizontalen in Abbildung 37.2 gegen null. Dies bedeutet

$$v_{\rm gas} - v_{\rm flüss} = v_{\rm A} - v_{\rm B} \stackrel{T\to T_{\rm kr}}{\longrightarrow} 0\,, \qquad q = T\,(s_{\rm A} - s_{\rm B}) = h_{\rm A} - h_{\rm B} \stackrel{T\to T_{\rm kr}}{\longrightarrow} 0 \quad (37.14)$$

Bei $T = T_{\rm kr}$ ist $\partial\mu(T, P)/\partial T$ damit stetig, und der Phasenübergang 1. Ordnung (für $T < T_{\rm kr}$) wird am kritischen Punkt zu einem Übergang 2. Ordnung. Oberhalb des kritischen Punkts ($T > T_{\rm kr}$ oder $P > P_{\rm kr}$) gibt es keinen diskreten Phasenübergang mehr; die Veränderungen in der Struktur hängen dann stetig von T und P ab. Dies bedeutet, dass die Dampfdruckkurve bei $T = T_{\rm kr}$ endet. Dieser Endpunkt heißt *kritischer Punkt*; die Größen an diesem Punkt werden mit dem Index kr für *kritisch* bezeichnet. Das van der Waals-Modell erklärt die Existenz eines kritischen Punkts.

Wir bestimmen die Isotherme, für die Maximum und Minimum zusammenfallen. Der kritische Punkt liegt dort, wo die Extrema zusammenfallen. An dieser Stelle hat diese Isotherme einen waagerechten Wendepunkt, der durch folgende drei Gleichungen definiert ist:

$$P(T, v) = \frac{k_{\rm B}T}{v-b} - \frac{a}{v^2}\,, \qquad \left(\frac{\partial P}{\partial v}\right)_T = 0\,, \qquad \left(\frac{\partial^2 P}{\partial v^2}\right)_T = 0 \qquad (37.15)$$

Diese drei Gleichungen legen die drei Größen P, T und v fest (Aufgabe 37.1):

$$v_{\rm kr} = 3b\,, \qquad k_{\rm B}T_{\rm kr} = \frac{8}{27}\,\frac{a}{b}\,, \qquad P_{\rm kr} = \frac{a}{27\,b^2} \qquad (37.16)$$

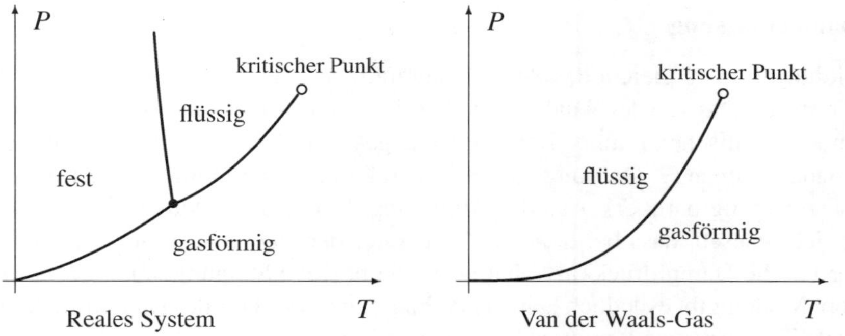

Abbildung 37.5 Vergleich des Phasendiagramms eines realen Systems mit dem des van der Waals-Gases. Das van der Waals-Modell erklärt die Existenz der Dampfdruckkurve und des kritischen Punkts, und beschreibt die zugehörigen Phasenübergänge qualitativ richtig.

Die Größen a und b hängen von der Wechselwirkung zwischen den Atomen oder Molekülen ab. Ein solcher Zusammenhang wurde in (28.26) hergestellt; allerdings benutzen wir das van der Waals-Modell hier außerhalb des Gültigkeitsbereichs der Ableitung aus Kapitel 28.

Aus (37.16) folgt

$$\frac{P_{\text{kr}}\, v_{\text{kr}}}{k_{\text{B}} T_{\text{kr}}} = \frac{3}{8} = 0.375 \tag{37.17}$$

Die experimentellen Werte sind meist etwas kleiner:

$$\left(\frac{P_{\text{kr}}\, v_{\text{kr}}}{k_{\text{B}} T_{\text{kr}}} \right)_{\text{exp}} = \begin{cases} 0.230 & \text{Wasser } (\mathrm{H_2O}) \\ 0.291 & \text{Argon } (\mathrm{Ar}) \\ 0.292 & \text{Sauerstoff } (\mathrm{O_2}) \\ 0.304 & \text{Wasserstoff } (\mathrm{H_2}) \\ 0.308 & \text{Helium } (^4\mathrm{He}) \end{cases} \tag{37.18}$$

Wenn man T, P und v auf die kritischen Größen bezieht,

$$P^* = \frac{P}{P_{\text{kr}}}\,, \qquad T^* = \frac{T}{T_{\text{kr}}}\,, \qquad v^* = \frac{v}{v_{\text{kr}}} \tag{37.19}$$

dann wird (37.1) zu der dimensionslosen Gleichung

$$P^* + \frac{3}{v^{*2}} = \frac{8\,T^*}{3\,v^* - 1} \tag{37.20}$$

Viele Gase weichen von dieser Form der van der Waals-Gleichung um weniger als 10% ab; insofern ist das van der Waals-Gas ein bemerkenswert gutes Modell. Die Allgemeingültigkeit in der Form (37.20) wird auch als Gesetz der korrespondierenden Zustände bezeichnet: Relativ zu den kritischen Größen verhalten sich die Zustände verschiedener Systeme ähnlich.

Zusammenfassung

Abbildung 37.5 vergleicht das Phasendiagramm des van der Waals-Gases mit dem realer Stoffe. Das van der Waals-Modell erklärt die Existenz einer Dampfdruckkurve und des kritischen Punkts. Der Übergang gasförmig-flüssig wird qualitativ richtig wiedergegeben (2. Ordnung am kritischen Punkt, 1. Ordnung darunter und kein Phasenübergang darüber). Aus der Abbildung 37.1 und der Maxwellkonstruktion lässt sich ablesen, dass bei höherer Temperatur der Übergangsdruck $P_{\rm d}$ ebenfalls höher ist; die Dampfdruckkurve hat also eine positive Steigung, $dP_{\rm d}/dT > 0$. In diesem Modell gibt es jedoch keine feste Phase; dem Verlauf der Dampfdruckkurve für tiefe Temperaturen kommt daher keine praktische Bedeutung zu.

Insgesamt ist das van der Waals-Gas ein bemerkenswertes Modell, das wesentliche Züge des Phasenübergangs flüssig-gasförmig realer Systeme wiedergibt.

Aufgaben

37.1 Dimensionslose van der Waals-Gleichung

Bestimmen Sie die kritischen Werte $v_{\rm kr}$, $T_{\rm kr}$ und $P_{\rm kr}$, für die folgende drei Gleichungen erfüllt sind:

$$P(T, v) = -\frac{a}{v^2} + \frac{k_{\rm B}T}{v - b}, \qquad \left(\frac{\partial P}{\partial v}\right)_T = 0, \qquad \left(\frac{\partial^2 P}{\partial v^2}\right)_T = 0 \qquad (37.21)$$

Schreiben Sie die van der Waals-Gleichung für die Größen $P^* = P/P_{\rm kr}$, $T^* = T/T_{\rm kr}$ und $v^* = v/v_{\rm kr}$ an.

37.2 Van der Waals-Gleichung für Stickstoff

Für Stickstoff sind die experimentellen kritischen Werte $T_{\rm kr} = 126.2\,\text{K}$ und $P_{\rm kr} = 33.9\,\text{bar}$. Bei Normaldruck $P_0 \approx 1\,\text{bar}$ siedet Stickstoff bei $T_0 \approx 77.4\,\text{K}$. Die zugehörige Umwandlungsenthalpie ist $q_{\rm exp} = 5.6\,\text{kJ/mol}$.

Auf diesen Phasenübergang wird nun das van der Waals-Modell angewendet: Bestimmen Sie zunächst die numerischen Werte der Volumina $v_{\rm A}^*$ (gasförmig) und $v_{\rm B}^*$ (flüssig), bei denen der Übergang erfolgt. Überprüfen Sie dann, ob die Maxwellkonstruktion für den Übergang bei P_0, T_0 erfüllt ist, und schätzen Sie die Umwandlungsenthalpie q ab.

37.3 Energie und Entropie des van der Waals-Gases

Zeigen Sie, dass die Energie pro Teilchen für das van der Waals-Gas von der Form

$$e(T, v) = \frac{E(T, V, N)}{N} = u(T) - \frac{a}{v} \qquad (37.22)$$

ist; dabei ist $u(T)$ eine unbekannte Funktion. Bestimmen Sie hieraus die Entropie $s(T, v)$ pro Teilchen. Zeigen Sie, dass man mit dieser Entropie die Umwandlungsenthalpie

$$q = T\left(s_{\rm A} - s_{\rm B}\right) = h_{\rm A} - h_{\rm B} = \frac{a}{v_{\rm B}} - \frac{a}{v_{\rm A}} + P(v_{\rm A} - v_{\rm B})$$

bestimmen kann.

37.4 Dieterici-Gas

Ein Gas genüge der so genannten Dieterici-Zustandsgleichung:

$$P \exp\left(\frac{\alpha}{vRT}\right)(v - \beta) = RT \qquad \text{(Dieterici-Gas)}$$

Dabei ist $v = V/\nu$ das Volumen pro Mol, und α und β sind Parameter. Drücken Sie die kritischen Größen $P_{\rm kr}$, $T_{\rm kr}$ und $v_{\rm kr}$ durch α und β aus. Schreiben Sie die Dieterici-Gleichung in den dimensionslosen Variablen $P^* = P/P_{\rm kr}$, $T^*/T_{\rm kr}$ und $v^*/v_{\rm kr}$. Skizzieren Sie einige Isothermen im P-v-Diagramm.

38 Flüssiges Helium

Wir betrachten den λ-Übergang von flüssigem ^{4}He. Einige der bemerkenswerten Eigenschaften, die mit diesem Übergang verbunden sind, können im idealen Bosegasmodell (IBG) aus Kapitel 31 verstanden werden.

Helium hat die stabilen Isotope ^{4}He und ^{3}He. Aus natürlich vorkommendem Helium (Atmosphäre, Erdgaslagerstätten) können technisch die Edelgase ^{4}He und ^{3}He hergestellt werden; ^{3}He kommt allerdings nur in geringen Spuren vor. Diese Gase werden bei Normaldruck bei 4.2 K beziehungsweise 3.2 K flüssig. Im Gegensatz zu allen anderen bekannten Stoffen bleibt Helium auch bei $T \to 0$ (unter Normaldruck) flüssig. Dies liegt daran, dass die Wechselwirkung zwischen den Atomen relativ schwach ist. Eine realistische Beschreibung dieser Wechselwirkung ist das Lennard-Jones-Potenzial

$$w(r) = \epsilon \left(\frac{r_0^{12}}{r^{12}} - 2\,\frac{r_0^6}{r^6} \right) \qquad (\epsilon = 10.2\,k_{\rm B}\,{\rm K},\ r_0 = 2.87\,\text{Å}) \tag{38.1}$$

mit den angegebenen Parameterwerten. Dieses Potenzial ist in Abbildung 38.1 gezeigt.

Man kann nun die Schrödingergleichung für zwei Heliumatome mit dem Potenzial (38.1) lösen. Die Existenz eines gebundenen Zustands im Bereich des Minimums würde bedeuten, dass es stabile He_2-Moleküle gibt. Für einen solchen Zustand muss die Relativbewegung auf einen Bereich um das Minimum des Potenzials eingeschränkt werden; aus Abbildung 38.1 können wir die Größe dieses Bereichs mit $\varDelta x \approx 1$ Å abschätzen. Dann impliziert die Unschärferelation eine entsprechende kinetische Energie:

$$\varDelta E_{\rm kin} \approx \frac{1}{2m_{\rm r}}\,\frac{\hbar^2}{\varDelta x^2} = \frac{1}{4m_{\rm n}c^2} \left(\frac{\hbar c}{e^2}\right)^2 \left(\frac{e^2}{\text{Å}}\right)^2 \approx 12\,k_{\rm B}\,{\rm K} \tag{38.2}$$

Die reduzierte Masse der beiden Heliumatome ist etwa gleich zwei Nukleonenmassen, $m_{\rm r} \approx 2\,m_{\rm n}$. Zur Auswertung wurde $m_{\rm n} \approx 1\,{\rm GeV}/c^2$, $\hbar c/e^2 \approx 137$, $e^2/\text{Å} \approx 14.4$ eV und $1\,{\rm eV} \approx 1.2 \cdot 10^4\,k_{\rm B}{\rm K}$ eingesetzt.

Die kinetische Energie (38.2) ist von der gleichen Größe wie die attraktive Stärke des Potenzials ($w_{\rm min} = -\epsilon \approx -10\,k_{\rm B}{\rm K}$). Dies ist der Grund dafür, dass es kein He_2-Molekül gibt. (Es gibt schwach gebundene so genannte Dimere; zum Beispiel einen mit etwa 1 μeV gebundenen Zustand mit großer Ausdehnung ($\langle r \rangle \approx 52$ Å).

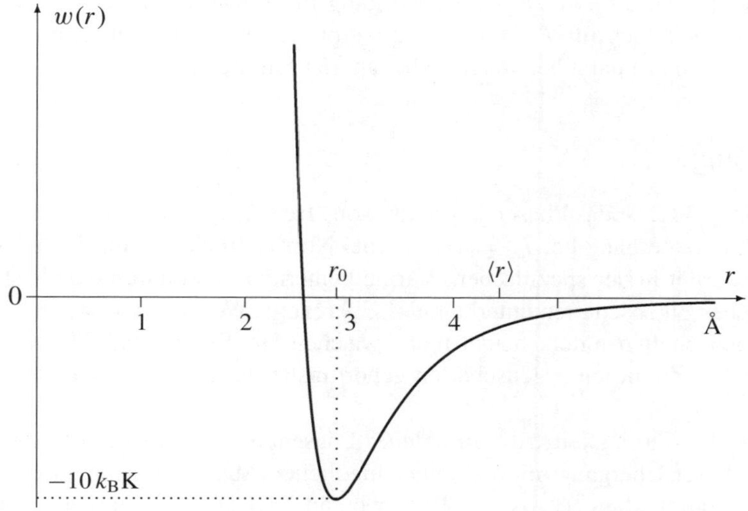

Abbildung 38.1 Potenzial zwischen zwei Heliumatomen im Abstand r. Das Minimum liegt bei $r_0 = 2.87\,\text{Å}$. Der mittlere Abstand zweier Atome in der Flüssigkeit ist $\langle r \rangle \approx 4.44\,\text{Å}$.

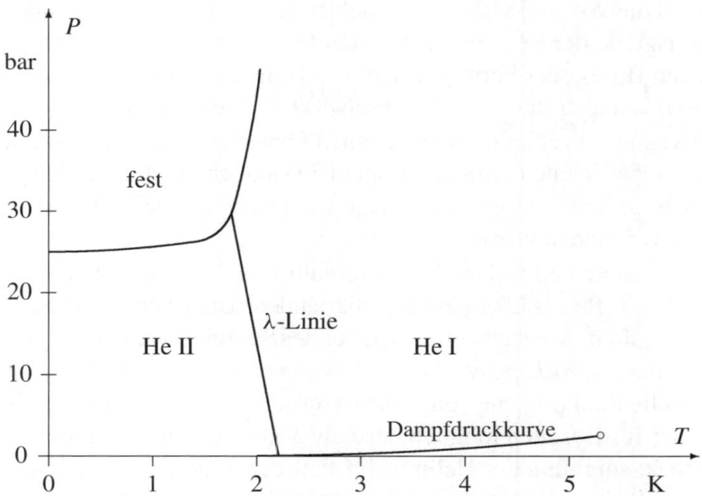

Abbildung 38.2 Phasendiagramm von ^{4}He. Die Dampfdruckkurve beginnt bei $T = 0$ und $P = 0$ und endet im kritischen Punkt bei etwa 2.2 bar und 5.3 K. In diesem Kapitel wird der λ-Übergang diskutiert, also der Übergang von normalflüssigem He I zu suprafluidem He II.

Die Schwäche der attraktiven Wechselwirkung führt auch dazu, dass Helium unter Normaldruck auch für $T \to 0$ flüssig bleibt. Festes Helium entsteht nur unter hohem Druck; es ist dann der weichste bekannte Festkörper.

λ-Übergang

In Abbildung 38.2 ist das Phasendiagramm von ^{4}He gezeigt. Bemerkenswert ist dabei der Phasenübergang bei $T_\lambda = 2.17\,\text{K}$ (bei Normaldruck). Er macht sich durch eine Singularität in der spezifischen Wärme bemerkbar, und durch eine Reihe ungewöhnlicher Eigenschaften unterhalb des Übergangs. Wegen der sehr unterschiedlichen Eigenschaften unterscheidet man zwischen He II (unterhalb T_λ) und He I (oberhalb T_λ). Zu diesen Eigenschaften gehört insbesondere die Suprafluidität von He II.

In der ^{3}He-Flüssigkeit tritt ein solcher Phasenübergang nicht auf. Damit ist klar, dass dieser Übergang mit der unterschiedlichen Austauschsymmetrie verbunden ist, also damit, dass ^{4}He-Atome Bosonen und ^{3}He-Atome Fermionen sind. Die Wechselwirkungspotenziale zwischen den Atomen sind in beiden Fällen praktisch gleich. Die unterschiedliche Masse könnte dann allenfalls zu einer Verschiebung der Übergangstemperatur führen.

Da die Austauschsymmetrie und nicht die Wechselwirkung für diesen Übergang entscheidend ist, ist es sinnvoll, dieses System mit den theoretischen Modellen des idealen Bosegases (IBG) und des idealen Fermigases zu vergleichen. In diesen Modellen werden die Freiheitsgrade der Translation quantenmechanisch und statistisch behandelt, wobei die Wechselwirkung vernachlässigt wird. In einer Flüssigkeit bleiben die Freiheitsgrade der Translation erhalten (nicht aber im Festkörper). Gegenüber dem idealen Bose- oder Fermigas wird die Translationsbewegung in der ^{4}He- oder ^{3}He-Flüssigkeit aber durch die Wechselwirkung beeinflusst.

Das IBG (Kapitel 31) zeigt tatsächlich einen Phasenübergang bei etwa der richtigen Temperatur, das ideale Fermigas (Kapitel 32) jedoch nicht. Im Folgenden diskutieren wir, wie im IBG einige wesentliche Eigenschaften des λ-Übergangs und der He II-Phase verstanden werden können.

Ergänzend sei angemerkt, dass ^{3}He unterhalb von $2.7 \cdot 10^{-3}$ K ebenfalls suprafluid wird. Dieser Phasenübergang hat aber andere Ursachen. Grundsätzlich ist für Supereigenschaften, wie sie beim Laser, bei der Supraleitung und der Suprafluidität auftreten, eine *makroskopische Wellenfunktion* erforderlich, also eine quantenmechanische Wellenfunktion, die von makroskopisch vielen Teilchen angenommen wird. Dies ist nur für Bosonen möglich, also etwa für Photonen im Laserlicht oder für ^{4}He-Atome in suprafluidem Helium. Im Fall der Supraleitung schließen sich die Elektronen zu Paaren (Cooperpaaren) zusammen und bilden damit Bosonen. Ein vergleichbarer Mechanismus führt auch zur Suprafluidität von ^{3}He. Die Übergangstemperatur ist in diesen Fällen mit der Stärke der Paarwechselwirkung verknüpft. In flüssigem ^{4}He ist die Übergangstemperatur T_λ dagegen dadurch bestimmt, dass die thermische Wellenlänge vergleichbar mit dem mittleren Teilchenabstand ist.

Ideales Bosegas

Wir diskutieren zunächst einige Eigenschaften des idealen Bosegasmodells (IBG), die wir danach mit Eigenschaften von flüssigem ^{4}He vergleichen.

Im IBG hatten wir die Übergangstemperatur (31.14) gefunden,

$$k_B T_c = \frac{2\pi}{[\zeta(3/2)]^{2/3}} \frac{\hbar^2}{m\, v^{2/3}} \approx 3.13\, k_B\, \mathrm{K} \qquad \left(\text{mit } v = 46\,\text{Å}^3 \text{ für } {}^4\text{He}\right) \tag{38.3}$$

Im Folgenden konzentrieren wir uns auf das Kondensat des IBG und stellen einige seiner Eigenschaften zusammen.

In Kapitel 31 wurde gezeigt, dass unterhalb T_c ein endlicher Bruchteil aller Teilchen in das tiefste Niveau geht. Wir bezeichnen die zugehörige Dichte mit $\varrho_0 = m\, N_0/V$. Dann können wir die Dichte in einen kondensierten und einen nicht-kondensierten Teil aufspalten:

$$\varrho = \varrho_0 + \varrho_{\text{n.c.}} \quad \text{mit} \quad \frac{\varrho_0}{\varrho} = \frac{N_0}{N} \stackrel{(31.25)}{=} 1 - \left(\frac{T}{T_c}\right)^{3/2} \tag{38.4}$$

Die Temperaturabhängigkeit des Kondensatbruchteils ϱ_0/ϱ ist in Abbildung 38.3 links skizziert.

Alle kondensierten Teilchen haben dieselbe Wellenfunktion; in diesem Sinn ist die Wellenfunktion *makroskopisch*. In Kapitel 31 war die Wellenfunktion $\psi_0(\boldsymbol{r})$ der kondensierten Teilchen die unterste Lösung in dem Kasten, der das Gas einschließt. Im Folgenden wollen wir mögliche Bewegungen des Kondensats untersuchen und lassen daher eine allgemeinere (jedoch zeitunabhängige) Wellenfunktion $\psi_0(\boldsymbol{r})$ zu. Jede quantenmechanische Wellenfunktion $\psi_0(\boldsymbol{r})$ kann durch zwei reelle Felder, $\phi(\boldsymbol{r})$ und $S(\boldsymbol{r})$, ausgedrückt werden:

$$\psi_0(\boldsymbol{r}) = \phi(\boldsymbol{r}) \, \exp\big[\, \mathrm{i}\, S(\boldsymbol{r}) \big] \tag{38.5}$$

Die Kondensatdichte

$$\varrho_0(\boldsymbol{r}) = m \, \big|\phi(\boldsymbol{r})\big|^2 \tag{38.6}$$

ist unabhängig von der Phase S. Wir berechnen die Stromdichte des Kondensats:

$$\boldsymbol{j}_0(\boldsymbol{r}) = \frac{\hbar}{2\mathrm{i}} \left(\psi_0^* \,\nabla\psi_0 - \psi_0 \,\nabla\psi_0^* \right) = \hbar \, \big|\phi(\boldsymbol{r})\big|^2 \operatorname{grad} S(\boldsymbol{r}) = \varrho_0 \, \boldsymbol{v}_0(\boldsymbol{r}) \tag{38.7}$$

Eine Strömung der kondensierten Dichte kann also durch eine ortsabhängige Phase $S(\boldsymbol{r})$ beschrieben werden. Das Geschwindigkeitsfeld der Strömung ist

$$\boldsymbol{v}_0(\boldsymbol{r}) = \frac{\hbar}{m} \operatorname{grad} S(\boldsymbol{r}) \tag{38.8}$$

Im Folgenden nehmen wir an, dass die Kondensatdichte ϱ_0 homogen ist:

$$\frac{\varrho_0}{\varrho} = \frac{N_0/V}{N/V} = 1 - \left(\frac{T}{T_c}\right)^{3/2} \tag{38.9}$$

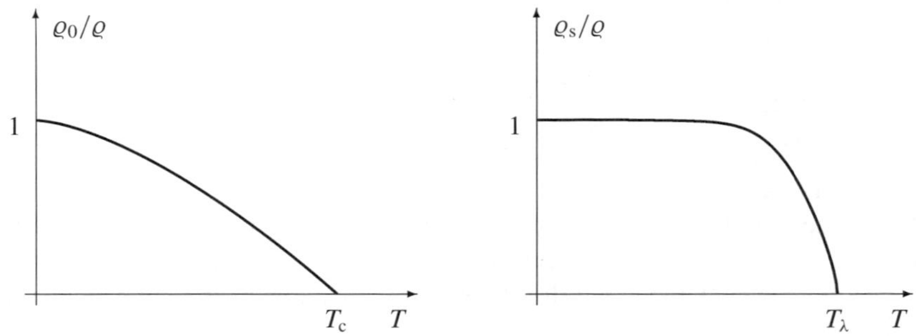

Abbildung 38.3 Temperaturabhängigkeit der Kondensatdichte (links) im idealen Bosegas und der suprafluiden Dichte (rechts) in flüssigem ^{4}He.

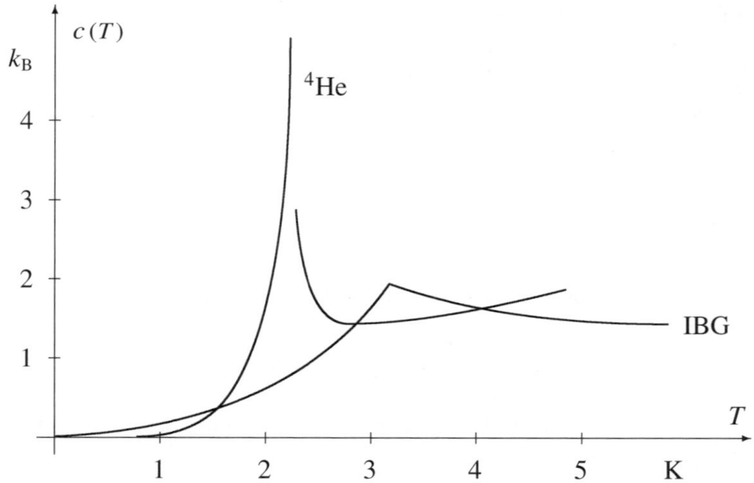

Abbildung 38.4 Die spezifischen Wärmen des idealen Bosegases (IBG) und von flüssigem ^{4}He zeigen eine qualitative Ähnlichkeit. Quantitativ ist das Verhalten aber sowohl beim Phasenübergang wie auch bei tiefen Temperaturen verschieden. Der Name λ-Punkt geht auf die λ-ähnliche Form der spezifischen Wärme von ^{4}He zurück.

Da alle kondensierten Teilchen dieselbe Wellenfunktion ψ_0 haben, bewegen sie sich *kohärent*. Für die Kondensatdichte und ihre Bewegung stellen wir fest:

1. STABILITÄT: Ein mit vielen Bosonen besetzter Zustand hat eine besondere Stabilität. Dies liegt daran, dass die Streuung eines einzelnen Teilchens das Geschwindigkeitsfeld $\boldsymbol{v}_0(\boldsymbol{r})$ nicht ändert; denn die restlichen $N_0 - 1$ Teilchen bleiben ja im Zustand ψ_0 mit der Phase $S(\boldsymbol{r})$, die $\boldsymbol{v}_0(\boldsymbol{r})$ gemäß (38.8) festlegt. Wenn ein nichtkondensiertes Teilchen in den Zustand ψ_0 streut, übernimmt es die Phase der anderen Teilchen.

   Im exakten statistischen Gleichgewichtszustand gilt $\boldsymbol{v}_0 \equiv 0$, denn hier kann keine Richtung ausgezeichnet sein. Wegen der erwähnten besonderen Stabilität kann es aber einen metastabilen Zustand mit einem Strömungsfeld $\boldsymbol{v}_0(\boldsymbol{r}) \neq 0$ geben. Die theoretische Untersuchung der Stabilität ist schwierig, da alle möglichen Moden zu berücksichtigen sind, die zu einem Abbau des Strömungsfelds führen. Insofern sind im IBG nur sehr qualitative Aussagen zur Stabilität möglich.

2. WIRBELFREIHEIT: Aus (38.8) folgt, dass das Geschwindigkeitsfeld $\boldsymbol{v}_0$ der Kondensatströmung wirbelfrei ist:

   $$\text{rot}\ \boldsymbol{v}_0(\boldsymbol{r}) = 0 \tag{38.10}$$

   Dies ist eine Folge der Beschreibung des Kondensats durch eine makroskopische Wellenfunktion.

3. ENTROPIE: Da alle kondensierten Teilchen im selben Zustand sind, ist die Anzahl Ω_0 der möglichen Mikrozustände dieser N_0 Teilchen gleich eins. Das Kondensat liefert daher keinen Beitrag zur Entropie:

   $$S_0 = S(\varrho_0) = k_\text{B} \ln \Omega_0 = 0 \tag{38.11}$$

Helium

Spezifische Wärme

In Abbildung 38.4 sind die spezifischen Wärmen von ^{4}He und vom idealen Bosegas miteinander verglichen. Die spezifische Wärme von ^{4}He hat einen Sprung und einen logarithmischen Term; dabei ist $c_V \approx c_P$. Für c_P wird das näherungsweise logarithmische Verhalten über viele Größenordnungen der relativen Temperatur t hinweg beobachtet ($c_P \approx -A \ln|t| + \ldots$ im Bereich $|t| = |T - T_\lambda|/T_\lambda = 10^{-2} \ldots 2\cdot 10^{-9}$).

Die spezifische Wärme c_V des IBG zeigt eine gewisse qualitative Ähnlichkeit mit der von flüssigem Helium, verläuft aber quantitativ deutlich anders. Dies gilt auch für tiefe Temperaturen, wo die in der Flüssigkeit auftretenden Quasiteilchen die spezifische Wärme bestimmen (letzter Abschnitt dieses Kapitels).

Zweiflüssigkeitsmodell

Unterhalb des λ-Übergangs zeigt Helium eine Reihe ungewöhnlicher Eigenschaften, die quantitativ verstanden werden können, wenn man annimmt, dass die Dichte der Flüssigkeit aus einem suprafluiden und einem normalen Anteil besteht, also

$$\varrho = \varrho_{\rm s}(T) + \varrho_{\rm n}(T) \tag{38.12}$$

Dieser Ansatz wird als *Zweiflüssigkeitsmodell* bezeichnet. Die beiden Anteile sind räumlich nicht getrennt, sie unterscheiden sich aber signifikant durch ihr Verhalten. Insbesondere kann die suprafluide Dichte $\varrho_{\rm s}$ widerstandslos durch enge Kapillaren fließen. Hierdurch und durch andere Experimente ist die Aufteilung (38.12) experimentell definiert; die Dichten $\varrho_{\rm s}$ und $\varrho_{\rm n}$ sind daher Messgrößen. Die Temperaturabhängigkeit der suprafluiden Dichte ist in Abbildung 38.3 rechts skizziert.

Für die suprafluide Dichte und ihre Bewegung stellt man experimentell im Einzelnen fest:

1. ZÄHIGKEIT UND STABILITÄT: Die suprafluide Dichte hat verschwindende Zähigkeit; zum Begriff der Zähigkeit (Viskosität, innere Reibung) sei auf (43.41) verwiesen. Die Viskosität η der Flüssigkeit wird allein von der normalen Dichte getragen:

   $$\eta_{\rm s} = 0, \qquad \eta = \eta_{\rm n} \tag{38.13}$$

   Dies bedeutet, dass die suprafluide Dichte ohne Widerstand durch enge Kapillaren strömt und dass ein suprafluides Strömungsfeld stabil sein kann. In einer normalen Flüssigkeit zerfällt ein bestehendes Strömungsfeld durch innere Reibung.

   Ein suprafluides Strömungsfeld stellt einen metastabilen Zustand dar. Im exakten statistischen Gleichgewichtszustand ist keine Richtung ausgezeichnet, also muss $\boldsymbol{v}_{\rm s} \equiv 0$ gelten. Der Zerfall eines metastabilen suprafluiden Strömungsfelds hängt entscheidend von der Geschwindigkeit $v_{\rm s}$ ab. Eine suprafluide Strömung ist nur unter einer kritischen Geschwindigkeit $v_{\rm kr}$ möglich (wobei $v_{\rm kr} \sim 10^2\,{\rm cm/s}$).

2. WIRBELFREIHEIT: Das Geschwindigkeitsfeld einer suprafluiden Strömung ist wirbelfrei

   $$\text{rot}\ \boldsymbol{v}_{\rm s}(\boldsymbol{r}) = 0 \tag{38.14}$$

3. ENTROPIE: Im Rahmen der Messgenauigkeit (1 bis 2 % der Gesamtentropie) verschwindet die Entropie des suprafluiden Anteils:

   $$S_{\rm s} = S(\varrho_{\rm s}) = 0, \qquad S_{\rm n} = S(\varrho_{\rm n}) = S \tag{38.15}$$

   Die gesamte Entropie wird also von der normalen Dichte getragen.

Wir stellen im Folgenden Schlüsselexperimente zu den hier hervorgehobenen Eigenschaften (38.12) – (38.15) von He II vor.

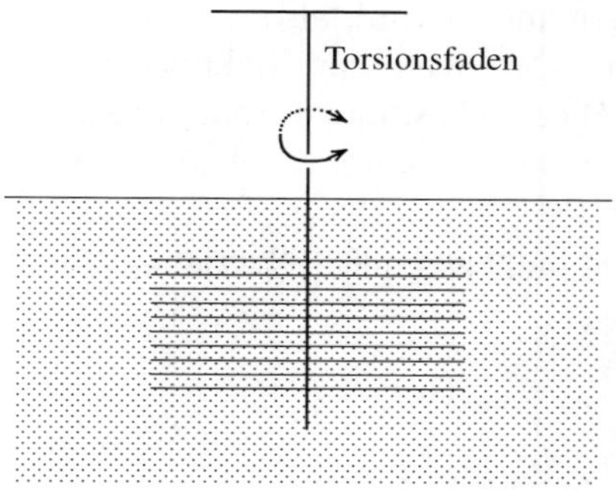

Abbildung 38.5 An einem Torsionsfaden hängt ein Drehpendel aus parallelen kreisförmigen Metallscheiben. Das Drehpendel ist in Heliumflüssigkeit mit einer Temperatur unterhalb von T_λ getaucht. Bei Drehungen wird die normale Dichte zwischen diesen Scheiben mitgeführt, nicht aber die suprafluide Dichte. Über die effektive Masse des Pendels kann die normale Dichte und ihre Temperaturabhängigkeit bestimmt werden.

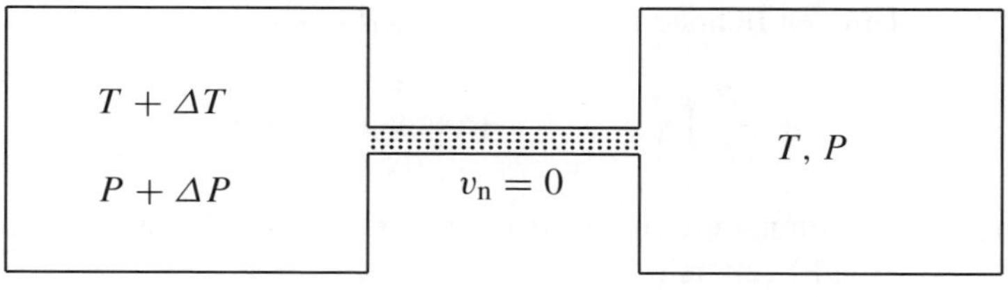

Abbildung 38.6 Springbrunneneffekt: Zwei Behälter mit He II haben eine Verbindung, durch die nur die suprafluide Dichte fließen kann. Dann impliziert eine Temperaturdifferenz eine Druckdifferenz, und umgekehrt. Durch die Messung des Verhältnisses $\varDelta P/\varDelta T$ kann der Entropieunterschied zwischen der normalen und suprafluiden Phase bestimmt werden.

Andronikashvilis Experiment

Ein Drehpendel aus Metallscheiben hängt an einem Torsionsfaden in Heliumflüssigkeit (Abbildung 38.5). Die Scheiben sind so dicht angeordnet, dass zähe Flüssigkeit beim Pendeln mitgenommen wird, also zur Masse des Pendels beiträgt. Für He II trägt dann die normale Dichte zur effektiven Pendelmasse bei, nicht aber die suprafluide Dichte. Hieraus bestimmte Andronikashvili 1946 die Temperaturabhängigkeit der Aufteilung (38.12), wie sie in Abbildung 38.3 rechts wiedergegeben ist.

Dieses Experiment bestätigt und quantifiziert die Aufteilung $\varrho_{\mathrm{s}} + \varrho_{\mathrm{n}}$ aus (38.12) mit (38.13).

Springbrunneneffekt

Zwei Behälter mit He II sind durch eine Röhre verbunden, die mit einem feinen Pulver verstopft ist (Abbildung 38.6). Zunächst seien Temperatur und Druck in beiden Behältern gleich. Nun erhöht man den Druck im linken Behälter. Dann versucht die Heliumflüssigkeit in den rechten Behälter zu strömen. Aufgrund der experimentellen Bedingungen ist dies aber nur für die suprafluide Dichte möglich. Es strömen also Teilchen mit Entropie null nach rechts; dadurch entsteht ein Temperaturunterschied (mechanokalorischer Effekt).

Umgekehrt erzeugt ein Temperaturunterschied einen Druckunterschied (thermomechanischer Effekt). In einer der ersten Demonstrationen dieses Effekts (Allen und Jones 1938) wurde durch den erhöhten Druck Helium aus dem erwärmten Behälter herausgespritzt; daher heißt der Effekt auch Springbrunnen- oder Fountain-Effekt.

In der Anordnung von Abbildung 38.6 stellt sich ein Gleichgewicht gegenüber Teilchenaustausch ein, so dass das chemische Potenzial in beiden Behältern gleich groß ist, $\mu_1 = \mu_2$. Mit dT und dP bezeichnen wir die Temperatur- und Druckdifferenz zwischen den Behältern. Aus $d\mu = -s\, dT + v\, dP = 0$ folgt dann

$$\left(\frac{dP}{dT}\right)_{\mathrm{FP}} = \frac{S}{V} \qquad \text{(fountain pressure)} \tag{38.16}$$

Der durch einen Temperaturunterschied hervorgerufene Druckunterschied wird *fountain pressure* (FP) genannt.

Entscheidend für diesen Effekt ist, dass die suprafluide Dichte keine Entropie trägt. Die experimentelle Bestätigung von (38.16) belegt daher (38.15).

Zweiter Schall

Wir betrachten zunächst den gewöhnlichen Schall (erster Schall) in einem Gas, einer Flüssigkeit oder einem Festkörper. Bei gegebenem P und T hat die Dichte des Stoffes einen bestimmten konstanten Gleichgewichtswert ϱ_{o}. Bei Abweichungen $\delta\varrho(\boldsymbol{r}, t) = \varrho - \varrho_{\mathrm{o}}$ hiervon treten Rückstellkräfte auf; die Auslenkungen vom

Gleichgewichtswert führen daher zu Schwingungen. Für kleine Auslenkungen sind die Schwingungen harmonisch und werden durch die Wellengleichung

$$\left(\frac{1}{c_1^2}\,\frac{\partial^2}{\partial t^2}-\Delta\right)\delta\varrho(\boldsymbol{r},t)=0 \qquad \text{(1. Schall)} \qquad (38.17)$$

beschrieben. Die Lösungen sind von der Form

$$\varrho(\boldsymbol{r},t)=\varrho_{\rm o}+\delta\varrho=\varrho_{\rm o}+A\,\cos(\boldsymbol{k}\cdot\boldsymbol{r}-\omega t) \qquad (38.18)$$

mit $\omega = c_1 k$ und der Schallgeschwindigkeit c_1. In diesem Abschnitt bezeichnet t die Zeit und nicht die relative Temperatur.

Da sich He II so verhält, als bestünde es aus zwei unabhängigen Dichten, sind neben den Schwankungen der gesamten Dichte auch orts- und zeitabhängige Variationen der Bestandteile (suprafluid und normal) möglich. Für $\varrho = \text{const.}$, also ohne Anregungen des 1. Schalls, gilt $\delta\varrho_{\rm s}(\boldsymbol{r},t) = -\delta\varrho_{\rm n}(\boldsymbol{r},t)$. Auch für die Abweichungen $\delta\varrho_{\rm s}$ gibt es Rückstellkräfte in Richtung auf den (orts- und zeitunabhängigen) Gleichgewichtswert, die zur Wellengleichung

$$\left(\frac{1}{c_2^2}\,\frac{\partial^2}{\partial t^2}-\Delta\right)\delta\varrho_{\rm s}(\boldsymbol{r},t)=0 \qquad \text{(2. Schall)} \qquad (38.19)$$

führen. Die Lösungen der Wellengleichung sind wieder von der Form (38.18). Die Schallgeschwindigkeit c_2 ist von der Größe 20 m/s (im Temperaturbereich von 1 bis 2 K) gegenüber $c_1 \approx 220$ m/s für den 1. Schall.

Die Dichte $\varrho_{\rm n}$ trägt die gesamte Entropie, und damit auch den gesamten Wärmegehalt der Flüssigkeit. Daher bedeutet ein erhöhter Bruchteil $\varrho_{\rm n}/\varrho$ eine höhere Temperatur. Damit stellt $\delta\varrho_{\rm n} = A\cos(\boldsymbol{k}\cdot\boldsymbol{r}-\omega t)$ eine *Temperaturwelle* dar. Eine solche Welle kann durch ein mit Wechselstrom betriebenes Heizelement angeregt werden. Der 2. Schall ist nur schwach gedämpft; daher ist He II ein sehr guter Wärmeleiter.

Für die Temperaturwellen ist die Aufteilung (38.12) mit (38.15) wesentlich. Die Existenz des 2. Schalls bestätigt daher diese Aussagen.

Rotierender Eimer mit He II

Wir diskutieren nun ein Experiment zur Wirbelfreiheit der suprafluiden Dichte. Ein mit Flüssigkeit gefüllter Eimer rotiere mit der Winkelgeschwindigkeit $\boldsymbol{\omega}$ um seine vertikale Symmetrieachse (im Schwerefeld). Für eine gewöhnliche Flüssigkeit stellt sich nach einiger Zeit das Geschwindigkeitsfeld

$$\boldsymbol{v}(\boldsymbol{r})=\boldsymbol{\omega}\times\boldsymbol{r}\,, \qquad \text{rot}\,\boldsymbol{v}=2\,\boldsymbol{\omega} \qquad (38.20)$$

ein. Dies ist das Geschwindigkeitsfeld der *starren Rotation*, also das Feld, das sich auch für einen rotierenden starren Körper ergibt.

Wir betrachten nun den gleichen Versuch mit Helium bei $T = 0$. Dann ist dieses Geschwindigkeitsfeld wegen (38.15) nicht möglich. Es wäre denkbar, dass die Heliumflüssigkeit wegen $\eta_\mathrm{s} = 0$ die Rotation des Eimers völlig ignoriert. Wir können die Heliumflüssigkeit aber zur Rotation zwingen, indem wir sie zunächst durch einen Druck von 30 bar verfestigen, dann den Eimer in Rotation versetzen, und anschließend wieder auf Normaldruck gehen. Dann trägt die Heliumflüssigkeit einen Drehimpuls, der sich im Geschwindigkeitsfeld ausdrücken muss. Wir setzen $\boldsymbol{v} = v_\mathrm{s}(\rho)\,\boldsymbol{e}_\varphi$ für das Geschwindigkeitsfeld in Zylinderkoordinaten ρ, φ und z an, wobei die z-Achse die Drehachse ist. Die Wirbelfreiheit ergibt dann

$$\boldsymbol{v}_\mathrm{s} = v_\mathrm{s}(\rho)\,\boldsymbol{e}_\varphi \quad \xrightarrow[\text{Wirbelfreiheit}]{\mathrm{rot}\,\boldsymbol{v}_\mathrm{s} = 0} \quad v_\mathrm{s}(\rho) = \frac{\text{const.}}{\rho} \tag{38.21}$$

Wenn das Geschwindigkeitsfeld ungleich null ist (und das muss bei der beschriebenen Ausgangslage so sein), dann wird es bei $\rho \to 0$ singulär. Nun setzt der Begriff *Geschwindigkeitsfeld* (anstelle der Geschwindigkeiten einzelner Atome) eine Mittelung über einige Atomabstände voraus, gilt also nicht mehr auf der Skala Ångström. Das Geschwindigkeitsfeld (38.21) gilt daher nur im Bereich $\rho > 1$ Å. Die Konfiguration mit $v_\mathrm{s} = \text{const.}/\rho$ für $\rho > 1$ Å und const. $\neq 0$ stellt einen *Wirbelfaden* dar; die Position des Wirbelfadens ist die z-Achse ($\rho = 0$).

Im Rahmen des idealen Bosegases wird das suprafluide Geschwindigkeitsfeld durch (38.8) beschrieben, also durch $\boldsymbol{v}_\mathrm{s} = \boldsymbol{v}_0 = (\hbar/m)\,\mathrm{grad}\,S(\boldsymbol{r})$ beschrieben. Der Vergleich mit (38.21) ergibt $S(\boldsymbol{r}) = \mathrm{i}\,n\,\varphi$ für die Phase der Kondensatwellenfunktion, und $v_\mathrm{s}(\rho) = n\hbar/(m\rho)$. Nun muss die Wellenfunktion (38.5) bei φ und $\varphi + 2\pi$ dieselbe sein, also muss n ganzzahlig sein. Damit ist der Drehimpuls eines Wirbelfadens quantisiert:

$$\oint d\boldsymbol{r} \cdot \boldsymbol{v}_\mathrm{s} = 2\pi\rho\, v_\mathrm{s}(\rho) = \frac{2\pi\hbar}{m}\, n \qquad \text{mit}\; n = 0, \pm 1, \pm 2, \ldots \tag{38.22}$$

Die Existenz von Wirbelfäden und ihre Quantisierung wurden 1949 von Onsager postuliert; die Bestätigung durch das Experiment erfolgte 1961. In dem oben beschriebenen Szenario bilden sich in der Regel viele Wirbelfäden mit dem Drehimpuls $\hbar$. Die Wirbelfäden tragen dann insgesamt den gleichen Drehimpuls wie eine starr rotierende Flüssigkeit; daher ist die Oberfläche der Flüssigkeit im Eimer auch wie bei einer gewöhnlichen Flüssigkeit gekrümmt. Die Wirbelfäden enden an den Gefäßwänden und an der Oberfläche der Flüssigkeit. An der Oberfläche können die Wirbelfäden sichtbar gemacht werden; sie bilden ein regelmäßiges Muster. Dieses Experiment ist ein eindrucksvoller Beleg für die Wirbelfreiheit der suprafluiden Strömung.

Vergleich zwischen IBG und ^{4}He

Bemerkenswert ist zunächst bereits die bloße Existenz des Phasenübergangs im IBG und sein Fehlen im idealen Fermigas. Damit ergibt das IBG eine *Erklärung* für das Auftreten des λ-Übergangs in ^{4}He und für sein Fehlen in ^{3}He.

Angesichts der völligen Vernachlässigung der Wechselwirkung im IBG ist die Übereinstimmung von T_c mit T_λ als gut zu bezeichnen. Bereits eine effektive Masse $m \to m^* = 3m/2$ in (38.3) macht beide Temperaturen nahezu gleich. Eine solche effektive Masse kann man etwa in dem Modell einer wirbelfrei umströmten Kugel verstehen (Aufgabe 8.6 in [2]).

Wegen des Fehlens der Wechselwirkung ist es nicht verwunderlich, dass viele Eigenschaften des λ-Übergangs nicht quantitativ durch das IBG beschrieben werden können. Dies gilt insbesondere für die Energie und damit für die spezifische Wärme. Tatsächlich zeigen die spezifischen Wärmen allenfalls eine qualitative Ähnlichkeit (Abbildung 38.4).

Für das Kondensat des IBG haben wir in (38.4) – (38.11) wesentliche Ergebnisse zusammengestellt, die mit den experimentellen Resultaten (38.12) – (38.15) für He II zu vergleichen sind. Aus diesem Vergleich ergibt sich:

1. Die makroskopische Wellenfunktion des IBG ist die Basis einer qualitativen Erklärung der Suprafluidität.

2. Das IBG führt unmittelbar zum Zweiflüssigkeitsmodell, in dem viele Eigenschaften von He II verstanden werden können. Insbesondere wird die Aufteilung in zwei Anteile (kondensiert/nichtkondensiert oder suprafluid/normal) ohne jede räumliche Trennung verständlich. Die Temperaturabhängigkeit des Kondensatanteils zeigt qualitative Ähnlichkeit mit der des suprafluiden Anteils (Abbildung 38.3).

3. Das IBG erklärt, dass die suprafluide Strömung wirbelfrei ist. Es erklärt zugleich die Quantisierung des Drehimpulses der Wirbelfäden.

4. Das IBG erklärt, dass die Entropie der suprafluiden Dichte verschwindet.

Damit reproduziert das IBG wesentliche Eigenschaften von flüssigem Helium. Im Einzelnen führt das IBG aber zu quantitativ falschen Aussagen:

1. Das IBG erklärt nicht die logarithmische Singularität der spezifischen Wärme (Abbildung 38.4).

2. Die Temperaturabhängigkeit von ϱ_0 und ϱ_s sind quantitativ verschieden. Am Übergangspunkt gilt $\varrho_s \propto |t|^{2/3}$ (flüssiges Helium) gegenüber $\varrho_0 \propto |t|$ (IBG), siehe Abbildung 38.3. Auch für $T \to 0$ ist die Temperaturabhängigkeit des IBG unrealistisch ($\varrho_n \propto T^3$ in ^{4}He gegenüber $\varrho_{n.c.} \propto T^{3/2}$ im IBG).

Die Verbindung zwischen dem IBG und ^{4}He wurde erstmals von F. London (Phys. Rev. 54 (1938) 947) hergestellt; eine weitergehende Einführung findet der Leser in Londons Buch *Superfluids*, Vol. II (Dover Publications, Inc., New York 1954). Die Erklärung der hydrodynamischen Eigenschaften von ^{4}He durch das IBG wird ausführlich von S. J. Putterman in *Superfluid Hydrodynamics* (North Holland Publishing Company, London 1974) erläutert. Eine eingehende Untersuchung des IBG wurde von R. M. Ziff, G. E. Uhlenbeck und M. Kac in Phys. Rep. 32 (1977) 169 gegeben.

Wegen der Ähnlichkeiten zwischen dem IBG und ^{4}He liegt es nahe, Modifikationen des IBG zu betrachten mit dem Ziel, die realen Eigenschaften des λ-Übergangs und von He II besser zu beschreiben. Für frühe Versuche zu solchen Modifikationen sei auf Londons Buch *Superfluids* verwiesen, für einen neueren Ansatz auf T. Fliessbach, *A model for the λ-Transition of Helium*, ⟨www.arxiv.org⟩ arXiv:cond-mat/0203353 und *Asymptotic temperature dependence of the superfluid density in liquid* ^{4}*He*, Phys. Rev. B 59 (1999) 4334.

Quasiteilchenmodell

Der λ-Übergang steht in enger Verbindung zur Bose-Einstein-Kondensation des IBG. Die relevanten Anregungen des IBG sind durch die Einteilchenenergien $\varepsilon = \hbar^2 k^2/2m$ gegeben. Für $T \ll T_\lambda$ sind die tiefsten und damit statistisch relevanten Anregungen aber von anderer Form. Diese Elementaranregungen kann man durch inelastische Neutronenstreuung bestimmen; ihre Dispersionsrelation ist in Abbildung 38.7 gezeigt. Der lineare Zweig (kleine k) ist Phononen zuzuordnen, die Anregungen im Bereich des Minimums heißen nach Landau Rotonen; insgesamt werden die Anregungen als Quasiteilchen bezeichnet. Phononen sind die Quanten der Dichtewellen (1. Schall, (38.17) und Kapitel 33). Die Anregungen höherer Impulse entsprechen Einteilchenanregungen, die durch die Wechselwirkung modifiziert sind; dem historischen Begriff „Roton“ kommt keine inhaltliche Bedeutung zu.

Die gemessene Dispersionsrelation (Abbildung 38.7) gilt für $T \lesssim 1\,\text{K}$. Bei 1 K wird die Breite Γ der Rotonanregungen vergleichbar mit ihrer Energie ε. Die Breite entsteht durch Wechselwirkungen der Anregungen untereinander und führt zu einer endlichen Lebensdauer $\tau \sim \hbar/\Gamma$. Mit zunehmendem Γ (insbesondere für $\Gamma > \varepsilon$) sind die Energie und der Impuls der Quasiteilchen immer weniger scharf definiert. Die Anregungen des Systems sind dann keine einfachen Elementaranregungen mehr; die Definition der Quasiteilchen verliert zunehmend ihren Sinn.

Unter dem *Quasiteilchenmodell* versteht man ein ideales Bosegas mit den Energien ε_p aus Abbildung 38.7, aber ohne feste Teilchenzahl. Die statistische Behandlung des Quasiteilchenmodells erfolgt ganz analog zu dem in Kapitel 33 behandelten Phononengas. Wegen der zunehmenden Breite der Quasiteilchen ist das Modell

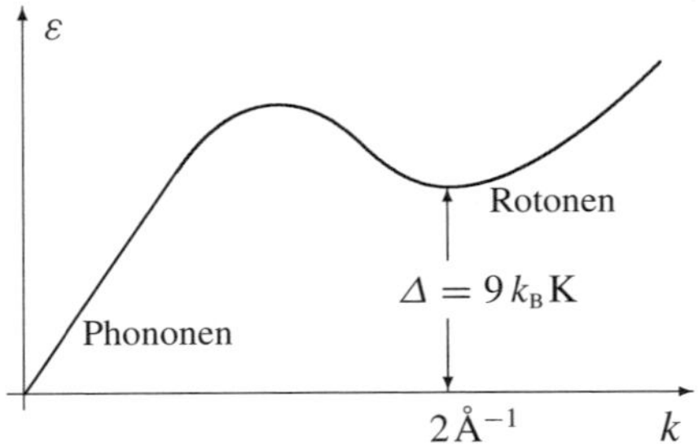

Abbildung 38.7 Quasiteilchenspektrum von flüssigem ^{4}He bei tiefen Temperaturen.

eigentlich auf den Bereich $T \lesssim 1\,\text{K}$ zu beschränken; praktisch liefert es aber noch bis etwa 2 K brauchbare Ergebnisse. Beim λ-Übergang selbst bricht das Quasiteilchenmodell zusammen; es ist also keine Basis für die Beschreibung des Phasenübergangs selbst. Im Gültigkeitsbereich des Modells stellen die angeregten Quasiteilchen die normalzähe Dichte ϱ_n dar.

Für hinreichend tiefe Temperaturen spielen die niedrigsten Anregungen, also die Phononen, die entscheidende Rolle. Wie in Kapitel 33 gezeigt, ist die spezifische Wärme dann proportional zu T^3. Dies gilt auch für die Anzahl der Phononen und damit für ϱ_n

$$c_V = c_\text{phon} \propto T^3\,, \qquad \varrho_\text{n} = \varrho_\text{phon} \propto T^3 \qquad (T \ll 1\,\text{K}) \tag{38.23}$$

Ab etwa 1 K liefern die Rotonanregungen den größeren Beitrag. Ihre Anregungswahrscheinlichkeit ist zwar exponentiell klein (proportional zu $\exp(-\varDelta / k_\text{B} T)$, wobei $\varDelta \approx 9\,k_\text{B}\,\text{K}$); ihr Phasenraum (Anzahl der möglichen Moden) ist jedoch viel größer als der der Phononen. Wegen des Exponentialfaktors spielen vor allem die Anregungen im Rotonminimum eine Rolle. Man kann daher so tun, als bestünde die Dispersionsrelation aus den beiden Anteilen

$$\varepsilon_\text{phon} = c_1 k \quad \text{und} \quad \varepsilon_\text{rot} = \varDelta + \frac{\hbar^2}{2m^*}\,(k - k_0)^2 \tag{38.24}$$

Der Vergleich mit der gemessenen Dispersionsrelation ergibt $c_1 \approx 220\,\text{m/s}$, $\varDelta \approx 9 k_\text{B}\text{K}$, $m^* \approx 0.16\,m$ und $k_0 \approx 2\,\text{Å}$. Nach der Aufteilung (38.24) kann man die zugehörigen Anteile der spezifischen Wärme und normalen Dichte getrennt berechnen:

$$c_V = c_\text{phon} + c_\text{rot}\,, \qquad \varrho_\text{n} = \varrho_\text{phon} + \varrho_\text{rot} \tag{38.25}$$

Dies führt zu einer quantitativ guten Beschreibung.

39 Landau-Theorie

In Kapitel 39 und 40 diskutieren wir allgemein Phasenübergänge 2. Ordnung. Als Beispiele hierfür haben wir das Weisssche Modell des Ferromagnetismus (Kapitel 36), das van der Waals-Gas am kritischen Punkt (Kapitel 37) und das ideale Bosegas beziehungsweise flüssiges Helium mit dem λ-Übergang (Kapitel 38) kennengelernt. In Anlehnung an die Bezeichnung „kritischer Punkt" nennt man die Vorgänge in der unmittelbaren Umgebung eines Phasenübergangs 2. Ordnung „kritische Phänomene".

In diesem Kapitel verallgemeinern wir die freie Energie $\mathcal{F}$ des Weissschen Modells zum Landau- und zum Ginzburg-Landau-Ansatz. Dieser Ansatz stellt dann ein allgemeines, phänomenologisches Modell für die kritischen Phänomene dar. In dieser Landau-Theorie untersuchen wir die spezifische Wärme, die Suszeptibilität und die Fluktuationen.

Am Phasenübergang ändern sich die thermodynamischen Größen in markanter Weise. Ausgangspunkt der Landau-Theorie ist die Wahl einer geeigneten makroskopischen Größe, die sich beim Übergang in charakteristischer Weise ändert. Dies könnte die Magnetisierung beim ferromagnetischen Übergang oder das Volumen bei der Kondensation eines Gases sein. Diese Größe wird *Ordnungsparameter* ψ genannt. Die Wahl von ψ ist in vielen Fällen naheliegend (wie bei der Magnetisierung); sie ist aber nicht eindeutig. So kann man etwa für den Übergang flüssig-gasförmig das Volumen oder die Dichte wählen.

Bei Phasenübergängen 2. Ordnung ist der Mittelwert $\overline{\psi}(T)$ des Ordnungsparameters am Übergangspunkt $T_{\rm c}$ stetig, die Ableitung des Mittelwerts macht jedoch einen Sprung. Die kritischen Größen werden in diesem Kapitel mit einem Index c gekennzeichnet (in Kapitel 37 wurde stattdessen der Index kr verwendet). Der Ordnungsparameter wird so definiert, dass sein Mittelwert bei $T_{\rm c}$ verschwindet, also

$$\overline{\psi(T_{\rm c})} = 0 \tag{39.1}$$

Beispiele für solche Ordnungsparameter sind:

$$\psi = \begin{cases} M/M_0 & \text{(paramagnetisch–ferromagnetisch)} \\ \sqrt{\varrho_0/\varrho} & \text{(Bose-Einstein-Kondensation)} \\ \sqrt{\varrho_{\rm s}/\varrho} & \text{(λ-Übergang)} \\ (v - v_{\rm c})/v_{\rm c} & \text{(gasförmig–flüssig)} \end{cases} \tag{39.2}$$

Im letzten Fall ist $v = V/N$ das Volumen pro Teilchen, und $v_c = v_{kr}$ sein Wert am kritischen Punkt. Alternativ kann auch der Ordnungsparameter $\psi = (n - n_c)/n_c$ mit der Teilchendichte $n = N/V$ genommen werden. Im zweiten und dritten Fall tritt die Wurzel auf, weil hier die makroskopische Wellenfunktion die grundlegende Größe ist. Außerdem wissen wir aus (38.4) und (36.28), dass $(\varrho_0/\varrho)^{1/2}$ und M/M_0 bei T_c das gleiche Potenzverhalten zeigen.

Der Ordnungsparameter ψ beschreibt die Änderung der Struktur am Phasenübergang durch

$$\overline{\psi} = \begin{cases} 0 & T \geq T_c \\ \neq 0 & T < T_c \end{cases} \tag{39.3}$$

Für die ersten drei Beispiele in (39.2) haben wir das in den vorhergehenden Kapiteln gesehen. Das vierte Beispiel wird im Detail in den Aufgaben 40.1 und 40.2 behandelt.

Bei $T = T_c$ ist $\overline{\psi}$ stetig und hat den Wert null. Daher sollte es möglich sein, die freie Energie in der Umgebung von T_c nach ψ zu entwickeln. Die Form dieser Entwicklung für $|T - T_c| \ll T_c$ übernehmen wir aus (36.25):

$$\boxed{\mathcal{F}(T, h, \psi) = F_0(T) + V\Big(a\,(T - T_c)\,\psi^2 + u\,\psi^4 - h\,\psi\Big)} \tag{39.4}$$

Das äußere Feld h, durch das der Ordnungsparameter unmittelbar beeinflusst werden kann, ist zum Beispiel

$$h = \begin{cases} B & \text{(Magnetfeld)} \\ P - P_d & \text{(Druck)} \end{cases} \tag{39.5}$$

Beim Übergang flüssig-gasförmig spielt die Differenz $P - P_d$ zum Dampfdruck die Rolle des (kleinen) äußeren Felds (siehe Aufgaben 40.1 und 40.2). Für das ideale Bosegas oder flüssiges Helium ist kein solches Feld h bekannt; der entsprechende Term hat dann nur eine formale Funktion. Das Volumen V sei konstant und wird deshalb nicht im Argument von $\mathcal{F}$ aufgeführt. Bei vorgegebenem T und P wäre von einem analogen Ansatz für die freie Enthalpie auszugehen.

Am Übergangspunkt verschwindet der Mittelwert des Ordnungsparameters; außerdem ist er an dieser Stelle stetig. Daher ist ψ für $T \approx T_c$ klein, und die freie Energie kann nach Potenzen von ψ entwickelt werden. Die Koeffizienten von ψ^n hängen im Allgemeinen von der Temperatur ab; sie können aber nach der kleinen Größe $T - T_c$ entwickelt werden. Wenn die Entwicklung des Koeffizienten bei ψ^2 mit der ersten Potenz von $T - T_c$ beginnt (wie angenommen), und wenn nur gerade Potenzen von ψ auftreten, ergibt sich das Verhalten (39.3); dies wird im Folgenden gezeigt. Der lineare Term $h\psi$ impliziert die Proportionalität $\overline{\psi} \propto h$ (zum Beispiel $M \propto B$) für $T > T_c$.

Insgesamt stellt (39.4) eine plausible Entwicklung der freien Energie nach Potenzen von ψ und $T - T_c$ dar. Der Ansatz (39.4) wurde 1937 von Landau eingeführt; die dadurch gegebene Beschreibung der kritischen Phänomene wird *Landau-Theorie* genannt.

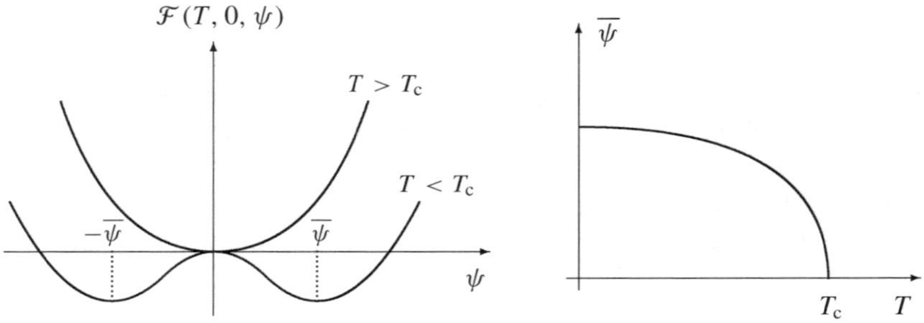

Abbildung 39.1 Im linken Teil ist die freie Energie (39.4) der Landau-Theorie als Funktion des Ordnungsparameters ψ skizziert; das äußere Feld h ist null gesetzt. Der Gleichgewichtswert $\overline{\psi}$ ergibt sich aus $\mathcal{F}$ = minimal, er ist im rechten Teil als Funktion der Temperatur gezeigt.

In Abbildung 39.1 ist skizziert, wie sich aus der Bedingung $\mathcal{F}$ = minimal der Gleichgewichtswert $\overline{\psi}$ des Ordnungsparameters ergibt. Das Vorzeichen des Terms $(T - T_c)\,\psi^2$ führt dazu, dass $\overline{\psi}$ für $T > T_c$ verschwindet ($h = 0$), für $T < T_c$ aber ungleich null ist. Durch Einsetzen von $\overline{\psi} = \overline{\psi}(T, h)$ in $\mathcal{F}$ erhält man den Gleichgewichtswert F der freien Energie:

$$F(T, h) = \mathcal{F}\big(T, h, \overline{\psi}(T, h)\big) \tag{39.6}$$

Dies ist ein entscheidender Schritt: Während alle Ableitungen von $\mathcal{F}$ stetig sind, hat die zweite Ableitung von F einen Sprung bei T_c, die dritte Ableitung ist dann singulär.

In der Landau-Theorie berechnen wir nun einige Größen, insbesondere die spezifische Wärme und die Suszeptibilität. Die Ergebnisse sind zum Teil aus Kapitel 36 bekannt; der ferromagnetische Fall kann auch durchweg als Beispiel dienen, in dem die berechneten Größen eine bekannte Bedeutung haben.

Zunächst bestimmen wir das Minimum von $\mathcal{F}(T, 0, \psi)$ bezüglich ψ:

$$\frac{1}{V}\,\frac{\partial \mathcal{F}(T, 0, \psi)}{\partial \psi} = 2a\,(T - T_c)\,\psi + 4u\,\psi^3 = 0 \qquad (h = 0) \tag{39.7}$$

Daraus erhalten wir für den Gleichgewichtswert, den wir für $h = 0$ mit einem Index 0 bezeichnen:

$$\overline{\psi_0}^{\,2} = \begin{cases} 0 & (T \geq T_c) \\[1ex] \dfrac{a}{2u}\,\big(T_c - T\big) & (T < T_c) \end{cases} \tag{39.8}$$

Für den Ferromagnetismus ist dies aus (36.28) bekannt. Für das ideale Bosegas ist es konsistent mit (38.4) (für $|T - T_c| \ll T_c$). An der Stelle des Minimums hat $\mathcal{F}$ den Gleichgewichtswert der freien Energie:

$$F(T, 0) = \mathcal{F}(T, 0, \overline{\psi_0}) = F_0(T) + \begin{cases} 0 & (T \geq T_c) \\[1ex] -\dfrac{Va^2}{4u}\,\big(T_c - T\big)^2 & (T < T_c) \end{cases} \tag{39.9}$$

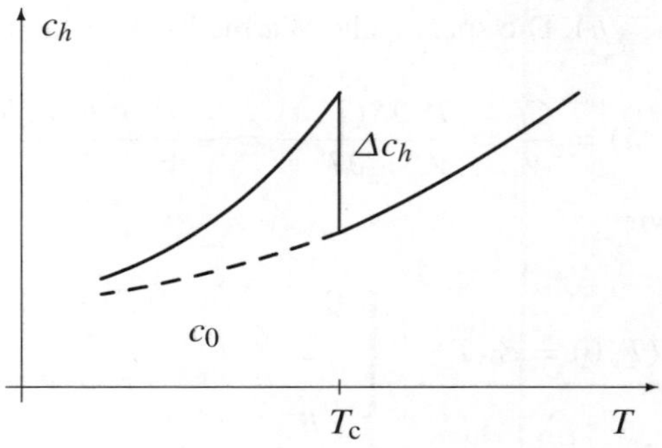

Abbildung 39.2 In der Landau-Theorie hat die spezifische Wärme c_h am Phasenübergang einen Sprung der Größe $\Delta c_h = a^2 T_c/2u$.

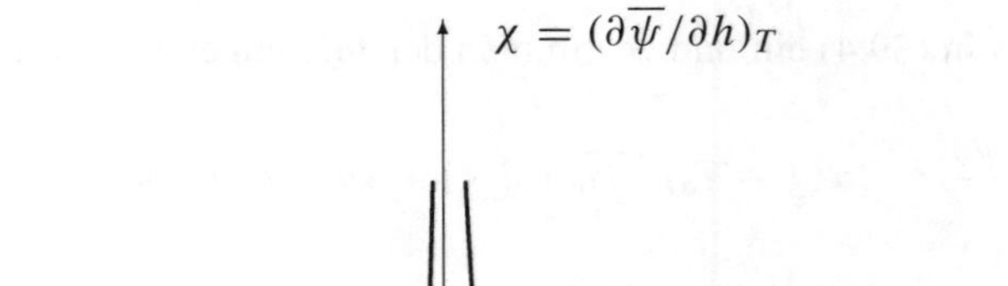

Abbildung 39.3 Die Suszeptibilität χ divergiert in der Landau-Theorie am kritischen Punkt wie $1/|T - T_c|$. Der Vorfaktor ist für $T > T_c$ doppelt so groß wie der für $T < T_c$. Beim ferromagnetischen Übergang ist χ die magnetische Suszeptibilität χ_m. Am kritischen Punkt des Phasenübergangs gasförmig–flüssig ist χ bis auf einen Faktor die isotherme Kompressibilität κ_T.

Die Größe $\overline{\psi_0}^{\,2}$ hat bei T_c einen Knick; ihre zweite Ableitung ist also singulär. Das Einsetzen von $\overline{\psi_0}^{\,2}$ macht aus der analytischen Funktion $\mathcal{F}(T, h, \psi)$ die nichtanalytische Funktion $F(T, h)$. Die spezifische Wärme bei konstantem Feld ergibt sich aus

$$c_h(T, h) = \frac{C_h}{V} = \frac{T}{V}\,\frac{\partial S(T, h)}{\partial T} = -\frac{T}{V}\,\frac{\partial^2 F(T, h)}{\partial T^2} \tag{39.10}$$

Für (39.9) erhalten wir

$$c_h(T, 0) = c_0(T) + \begin{cases} 0 & (T > T_c) \\ \dfrac{a^2}{2u}\,T & (T < T_c) \end{cases} \tag{39.11}$$

Dabei bezeichnet c_0 den von F_0 stammenden, stetigen Anteil. Der mit dem Phasenübergang verbundene Beitrag $c_h - c_0$ steigt zunächst linear mit der Temperatur an und springt dann bei T_c auf null; die spezifische Wärme ist also unstetig. Dieses Verhalten ist in Abbildung 39.2 skizziert.

Wir betrachten nun die Abweichungen $\delta\psi$ vom Gleichgewichtswert $\overline{\psi_0}$, die durch ein schwaches äußeres Feld h hervorgerufen werden:

$$\psi = \overline{\psi_0} + \delta\psi \tag{39.12}$$

Wir setzen dies in (39.4) ein und bestimmen den Gleichgewichtswert aus

$$\frac{1}{V}\,\frac{\partial \mathcal{F}(T, h, \psi)}{\partial \psi} = 2a\,(T - T_c)\left(\overline{\psi_0} + \delta\psi\right) + 4u\left(\overline{\psi_0} + \delta\psi\right)^3 - h = 0 \tag{39.13}$$

Wir beschränken uns auf die erste Ordnung in $\delta\psi$:

$$\left[2a\,(T - T_c)\,\overline{\psi_0} + 4u\,\overline{\psi_0}^{\,3}\right] + \left[2a\,(T - T_c) + 12\,u\,\overline{\psi_0}^{\,2}\right]\delta\psi - h = 0 \tag{39.14}$$

Die erste Klammer ist nach (39.7) gleich null; in die zweite Klammer setzen wir $\overline{\psi_0}^{\,2}$ aus (39.8) ein. Die Lösung ist der Gleichgewichtswert $\overline{\delta\psi}$. Der Quotient aus $\overline{\delta\psi}$ und h ist die Suszeptibilität:

$$\chi = \left(\frac{\partial\overline{\psi}}{\partial h}\right)_T = \frac{\overline{\delta\psi}}{h} = \begin{cases} \dfrac{1}{2a\,|T - T_c|} & (T > T_c) \\[2ex] \dfrac{1}{4a\,|T - T_c|} & (T < T_c) \end{cases} \tag{39.15}$$

Diese Suszeptibilität ist in Abbildung 39.3 skizziert. Im ferromagnetischen Fall entsprechen $\overline{\psi}$ der Magnetisierung $\overline{M} = M$ (Balken wird üblicherweise weggelassen), h der magnetischen Induktion B und χ der magnetischen Suszeptibilität $\chi_m = \partial M/\partial B$. Für den kritischen Punkt des Übergangs flüssig–gasförmig erhalten wir mit $\overline{\psi} = \overline{n - n_c}/n_c = (n - n_c)/n_c$ (Balken wieder weggelassen), $h = P - P_c$ die Suszeptibilität

$$\chi = \frac{1}{n_c}\left(\frac{\partial\,(n - n_c)}{\partial\,(P - P_c)}\right)_T = \frac{1}{n_c}\left(\frac{\partial\,(N/V)}{\partial P}\right)_T = -\frac{n}{V n_c}\left(\frac{\partial V}{\partial P}\right)_T = \frac{n}{n_c}\,\kappa_T \tag{39.16}$$

Die Suszeptibilität ist hier die isotherme Kompressibilität κ_T. Die Divergenz der Kompressibilität am kritischen Punkt bedeutet, dass beliebig schwache Störungen Dichteschwankungen hervorrufen können. Die Dichteschwankungen können dann auch thermisch angeregt werden.

Wir betrachten noch den Fall $T = T_c$ und $h \neq 0$. Hierfür ist $\overline{\psi_0} = 0$, und aus (39.13) folgt

$$\frac{1}{V}\,\frac{\partial \mathcal{F}(T_c, h, \psi)}{\partial \psi} = 4u\,(\delta\psi)^3 - h = 0 \tag{39.17}$$

Der Gleichgewichtswert des Ordnungsparameters ist dann

$$\overline{\psi} = \overline{\psi_0 + \delta\psi} = \overline{\delta\psi} = \left(\frac{h}{4u}\right)^{1/3} \qquad (T = T_c) \tag{39.18}$$

Dies ist etwa die Magnetisierung, die am Übergangspunkt (wo $M_S = 0$ gilt) durch ein äußeres Magnetfeld hervorgerufen wird. In (36.17) hatten wir dieses Ergebnis in der Form $B = (k_B T/3\mu_B)(M/M_0)^3$ erhalten.

Fluktuationen

Wir lassen jetzt eine Ortsabhängigkeit des Ordnungsparameters zu, also $\psi = \psi(\boldsymbol{r})$. Dadurch wird der Landau-Ansatz (39.4) zum Ginzburg-Landau-Ansatz:

$$\mathcal{F}(T, h, \psi) = F_0(T) + \int d^3r \left(A\,(\nabla\psi)^2 + a\,(T - T_c)\,\psi^2 + u\,\psi^4 - h\,\psi\right) \tag{39.19}$$

Abweichungen vom Gleichgewichtswert werden *Fluktuationen* genannt. In diesem Abschnitt untersuchen wir speziell ortsabhängige Fluktuationen $\delta\psi(\boldsymbol{r})$ des Ordnungsparameters.

Der Ansatz (39.4) wurde als Entwicklung nach den in der Nähe des kritischen Punkts kleinen Größen ψ und $T - T_c$ plausibel gemacht. Für ortsabhängiges ψ ist zunächst der Faktor V durch das Integral über das Volumen des Systems zu ersetzen. Außerdem sind in der Entwicklung Ableitungen von ψ zu berücksichtigen. Der in (39.19) angeschriebene Term ist der einfachst mögliche. Ein linearer Term $\nabla\psi$ würde einen Energiebeitrag geben, der von der Richtung der Änderung von ψ abhängt; dies ist im isotropen System nicht möglich. Der Koeffizient A ist positiv zu wählen, damit sich im Gleichgewicht (für minimales $\mathcal{F}$) ein konstantes ψ ergibt.

Die freie Energie (39.4) ist eine Funktion der Zahl ψ; die notwendige Bedingung für das Minimum lautet $\partial\mathcal{F}/\partial\psi = 0$, (39.7). Dagegen hängt die freie Energie in (39.19) von der Funktion $\psi(\boldsymbol{r})$ ab; damit ist $\mathcal{F}$ ein *Funktional* von ψ. Das Minimum von $\mathcal{F}$ ist bezüglich aller Funktionen $\psi(\boldsymbol{r})$ zu suchen; dies ist eine Aufgabe aus der Variationsrechnung (Teil III in [1]). Die notwendigen Bedingungen für das Vorliegen des Minimums sind die Euler-Lagrange-Gleichungen:

$$\delta\mathcal{F} = \delta\int d^3r\ f(\nabla\psi,\psi,\boldsymbol{r}) = 0 \quad\longleftrightarrow\quad \sum_{i=1}^{3}\frac{\partial}{\partial x_i}\,\frac{\partial f}{\partial(\partial\psi/\partial x_i)} = \frac{\partial f}{\partial\psi} \tag{39.20}$$

Dabei ist f die freie Energiedichte

$$f(\nabla\psi,\psi,\boldsymbol{r}) = A\,(\nabla\psi)^2 + a\,(T-T_{\rm c})\,\psi^2 + u\,\psi^4 - h(\boldsymbol{r})\,\psi \tag{39.21}$$

Der Zusammenhang (39.20) ist aus der Mechanik bekannt: Die linke Seite entspricht dem Hamiltonschen Prinzip $\delta\int dt\,\mathcal{L} = 0$ mit der Lagrangefunktion $\mathcal{L}$, die rechte den Lagrangegleichungen. Die Euler-Lagrangegleichungen aus (39.20) ergeben

$$2A\,\Delta\psi = 2a\,(T-T_{\rm c})\,\psi + 4u\,\psi^3 - h \tag{39.22}$$

Dabei ist $\Delta = \sum(\partial/\partial x_i)^2$ der Laplaceoperator. Für ein schwaches äußeres Feld der Form

$$h(\boldsymbol{r}) = h_k\ \exp(\mathrm{i}\,\boldsymbol{k}\cdot\boldsymbol{r}) \tag{39.23}$$

suchen wir eine Lösung der Form

$$\psi_k = \overline{\psi_0} + \delta\psi_k\ \exp(\mathrm{i}\,\boldsymbol{k}\cdot\boldsymbol{r}) \tag{39.24}$$

In erster Ordnung in $\delta\psi$ folgt aus (39.22)

$$\begin{aligned} &2a\,(T-T_{\rm c})\,\overline{\psi_0} + 4u\,\overline{\psi_0}^{\,3} + \\ &\left(2A\,k^2 + 2a\,(T-T_{\rm c}) + 12u\,\overline{\psi_0}^{\,2}\right)\delta\psi_k\,\exp(\mathrm{i}\,\boldsymbol{k}\cdot\boldsymbol{r}) - h_k\,\exp(\mathrm{i}\,\boldsymbol{k}\cdot\boldsymbol{r}) = 0 \end{aligned} \tag{39.25}$$

Wegen (39.7) verschwindet die erste Zeile. Damit erhalten wir für die Suszeptibilität

$$\chi_k = \left(\frac{\partial\overline{\psi_k}}{\partial h_k}\right)_T = \frac{\overline{\delta\psi_k}}{h_k} = \frac{1}{2A\,k^2 + 2a\,(T-T_{\rm c}) + 12u\,\overline{\psi_0}^{\,2}} \tag{39.26}$$

Hierin setzen wir den Gleichgewichtswert $\overline{\psi_0}^{\,2}$ aus (39.8) ein:

$$\chi_k = \frac{\chi}{1+k^2\,\xi^2} = \begin{cases} \dfrac{1}{2A\,k^2 + 2a\,|T-T_{\rm c}|} & (T > T_{\rm c}) \\[2ex] \dfrac{1}{2A\,k^2 + 4a\,|T-T_{\rm c}|} & (T < T_{\rm c}) \end{cases} \tag{39.27}$$

Das Ergebnis kann in der Form $\chi/(1 + k^2\,\xi^2)$ geschrieben werden, wobei $\chi = \chi_{k=0}$ die Suszeptibilität (39.15) des homogenen Systems ist. Die dabei eingeführte *Korrelationslänge* ξ

$$\xi = \begin{cases} \sqrt{\dfrac{A}{a\,|T - T_c|}} & (T > T_c) \\[2ex] \sqrt{\dfrac{A}{2a\,|T - T_c|}} & (T < T_c) \end{cases} \tag{39.28}$$

bestimmt die k-Abhängigkeit der Suszeptibilität. Zur Interpretation von ξ betrachten wir ein äußeres Feld, das an einer Stelle lokalisiert ist:

$$h(\boldsymbol{r}) = h_0\,\delta(\boldsymbol{r}) = \frac{h_0}{(2\pi)^3}\int d^3k\ \exp(\mathrm{i}\boldsymbol{k}\cdot\boldsymbol{r}) = \int d^3k\ h_k\ \exp(\mathrm{i}\boldsymbol{k}\cdot\boldsymbol{r}) \tag{39.29}$$

Die Amplitude im k-Raum ist konstant, $h_k = h_0/(2\pi)^3$. Durch dieses Feld wird die Fluktuation

$$\begin{aligned} \overline{\delta\psi(\boldsymbol{r})} &= \int d^3k\ \overline{\delta\psi_k}\ \exp(\mathrm{i}\boldsymbol{k}\cdot\boldsymbol{r}) = \int d^3k\ \chi_k\ h_k\ \exp(\mathrm{i}\boldsymbol{k}\cdot\boldsymbol{r}) \\ &= \frac{h_0\,\chi(T)}{(2\pi)^3}\int d^3k\ \frac{\exp(\mathrm{i}\boldsymbol{k}\cdot\boldsymbol{r})}{1 + k^2\,\xi^2} \propto \exp\left(-\frac{r}{\xi}\right) \end{aligned} \tag{39.30}$$

hervorgerufen. Diese Fluktuation des Ordnungsparameters fällt also auf der Länge ξ ab, obwohl die äußere Störung (39.29) keine Länge vorgibt. Die Länge ξ ist daher eine für das System charakteristische Länge. Sie bestimmt insbesondere die Längenskala thermisch angeregter Fluktuationen.

Weit weg vom Phasenübergang ist die Länge ξ von der Größe des mittleren Teilchenabstands, also etwa einige Ångström. Bei Annäherung an den kritischen Punkt divergiert ξ gemäß (39.28). Dann gibt es auch thermisch angeregte Fluktuationen mit der Reichweite der Wellenlänge von sichtbarem Licht ($\lambda = 4000\ldots7500$ Å). Diese Fluktuationen führen beim Phasenübergang flüssig–gasförmig zu starker Lichtstreuung, die als *kritische Opaleszenz* beobachtet wird. Bei Annäherung an den kritischen Punkt tritt eine milchige Trübung des Stoffes ein.

Zur weiteren Diskussion beziehen wir uns auf den ferromagnetischen Phasenübergang. Die Suszeptibilität gibt an, wie stark die Antwort des Systems (Magnetisierung) auf eine äußere Störung (Magnetfeld) ist. Ein räumlich periodisches Magnetfeld wie in (39.23) kann etwa durch eine elektromagnetische Welle hervorgerufen werden; allerdings kommt hier auch noch eine Zeitabhängigkeit hinzu.

Oberhalb des Phasenübergangs gibt es keine langreichweitige Ordnung; im Mittel ist die Magnetisierung null. Ein $\delta\psi \neq 0$ über einen Bereich der Größe ξ bedeutet, dass sich benachbarte Spins in einem solchen Bereich ausrichten. Es gibt also für $T > T_c$ lokale Ordnung auf der Längenskala ξ; global ist aber $\overline{\delta\psi} = 0$ (jeweils für $h = 0$). Für $T \to T_c^+$ divergiert ξ. Bei Annäherung an den Übergangspunkt gibt es also immer größere Bereiche, in denen die Spins sich ausrichten. Die einzelnen Bereiche haben aber verschiedene Ausrichtungen, daher ist die globale Magnetisierung noch immer null. Bei T_c wird ξ unendlich, es tritt eine langreichweitige Ordnung auf, die durch die spontane Magnetisierung beschrieben wird.

Unterhalb von T_c besteht eine langreichweitige Ordnung, deren Stärke durch die spontane Magnetisierung gegeben ist. Hier neigen thermische Fluktuationen dazu, diese Ordnung zu stören. Die charakteristische Längenausdehnung dieser Störungen divergiert ebenfalls für $T \to T_\mathrm{c}^-$; nahe am Übergangspunkt können die Fluktuationen langreichweitig sein. Bei T_c werden die Fluktuationen dann so stark, dass die spontane Magnetisierung verschwindet.

Thermische Fluktuationen

Nahe T_c ist die Suszeptibilität χ_k so groß, dass auch ein sehr schwaches Feld eine endliche Fluktuation $\delta\psi_k$ hervorrufen kann. Dann sind solche Fluktuationen auch thermisch, also ohne äußeres Feld, angeregt. Räumlich erstrecken sich diese thermischen Fluktuationen über Bereiche der Größe ξ. Die Stärke dieser thermischen Fluktuationen

$$\Delta\psi_\mathrm{therm}^2 = \left(\Delta\psi_\mathrm{therm}\right)^2 = \overline{\left(\psi(\boldsymbol{r}) - \overline{\psi_0}\right)^2} \tag{39.31}$$

wird im Folgenden quantitativ abgeschätzt.

Wir betrachten zunächst räumlich konstante Fluktuationen um den Gleichgewichtswert $\overline{\psi_0}$ für $h = 0$. Hierfür entwickeln wir (39.4) um die Stelle $\psi = \overline{\psi_0}$:

$$\mathcal{F}(T, 0, \psi) = \mathcal{F}_0 + \left.\frac{\partial \mathcal{F}}{\partial \psi}\right|_0 \left(\psi - \overline{\psi_0}\right) + \frac{1}{2}\left.\frac{\partial^2 \mathcal{F}}{\partial \psi^2}\right|_0 \left(\psi - \overline{\psi_0}\right)^2 + \ldots \tag{39.32}$$

Der Index 0 bedeutet, dass $\psi = \overline{\psi_0}$ einzusetzen ist. Da der Gleichgewichtswert am Minimum von $\mathcal{F}$ auftritt, verschwindet die erste Ableitung. Mit

$$\left.\frac{\partial^2 \mathcal{F}}{\partial \psi^2}\right|_{\overline{\psi_0}} = V\left[2a(T - T_\mathrm{c}) + 12\,u\,\psi^2\right]_{\overline{\psi_0}} = V\left\{\begin{array}{c} 2a\,(T - T_\mathrm{c}) \\ -4a\,(T - T_\mathrm{c}) \end{array}\right\} \overset{(39.15)}{=} \frac{V}{\chi} \tag{39.33}$$

und unter Vernachlässigung der höheren Terme wird (39.32) zu

$$\mathcal{F}(T, 0, \psi) = \mathcal{F}(T, 0, \overline{\psi_0}) + \frac{V}{2\chi}\left(\psi - \overline{\psi_0}\right)^2 = \mathcal{F}(T, 0, \overline{\psi_0}) + \Delta\mathcal{F} \tag{39.34}$$

Nach (10.9) führen die Fluktuationen eines beliebigen makroskopischen Parameters zu Fluktuationen der Entropie $\Delta S \sim k_\mathrm{B}$. Dies impliziert $\Delta F \sim k_\mathrm{B} T$, also

$$\Delta F = \frac{V}{2\chi}\,\overline{\left(\psi - \overline{\psi_0}\right)^2} \sim k_\mathrm{B} T \tag{39.35}$$

Für (39.32)–(39.35) sind wir von (39.4) ausgegangen, also von einem räumlich konstanten ψ. Aus (39.35) folgt, dass *homogene* Abweichungen $\psi - \overline{\psi_0}$ mit $V \to \infty$ gegen null gehen; sie treten also im makroskopischen System nicht auf.

Räumlich begrenzte Fluktuationen können dagegen thermisch angeregt sein. Für einen ortsabhängigen Ordnungsparameter müssen wir zunächst von (39.4) zum allgemeineren Ansatz (39.19) übergehen. Dann wird (39.35) zu

$$\Delta F = \frac{1}{2\chi} \int d^3r\, \overline{\left(\psi - \overline{\psi_0}\right)^2} \sim k_B T \tag{39.36}$$

Nach (39.30) erstrecken sich die ortsabhängigen Fluktuationen über die Korrelationslänge ξ. Für eine solche Abweichung

$$\overline{\left(\psi - \overline{\psi_0}\right)^2} = \begin{cases} \Delta\psi_{\text{therm}}^2 & \text{in einem Bereich der Größe } \xi^3 \\ 0 & \text{sonst} \end{cases} \tag{39.37}$$

erhalten wir aus (39.36)

$$\Delta F \sim \frac{\Delta\psi_{\text{therm}}^2\, \xi^3}{\chi} \sim k_B T \tag{39.38}$$

Für eine etwas allgemeinere Diskussion betrachten wir d anstelle von drei räumlichen Dimensionen:

$$\Delta\psi_{\text{therm}}^2 \sim \frac{\chi\, k_B T}{\xi^d} \qquad \text{(thermische Fluktuation)} \tag{39.39}$$

Wir setzen hierin χ aus (39.15) und ξ aus (39.28) ein:

$$\Delta\psi_{\text{therm}}^2 \sim \frac{\chi\, k_B T}{\xi^d} \sim \frac{k_B T}{A^{d/2}} \left| a\left(T - T_c\right)\right|^{d/2-1} \tag{39.40}$$

Diese Gleichung bestimmt die Stärke der thermischen Fluktuationen in Abhängigkeit von der Temperatur. Diese Fluktuationen sind Abweichungen vom Gleichgewichtswert mit einer Längenausdehnung der Größe ξ.

Gültigkeit der Ginzburg-Landau-Theorie

In der Ginzburg-Landau-Theorie können die Fluktuationen qualitativ diskutiert und verstanden werden. Nahe T_c werden die thermischen Fluktuationen aber so stark, dass sie die Gültigkeit des Modells in Frage stellen. Die Ginzburg-Landau-Entwicklung (39.19) setzt implizit voraus, dass die thermischen Fluktuationen $\Delta\psi_{\text{therm}}$ klein gegenüber dem Mittelwert sind, also

$$\Delta\psi_{\text{therm}}^2 \ll \overline{\psi_0}^{\,2} = \frac{a}{2u}\left|T - T_c\right| \tag{39.41}$$

Nur wenn dies gilt, kann die Entwicklung (39.19) nach den Ableitungen von ψ beim Term $(\nabla\psi)^2$ abgebrochen werden; andernfalls wären die höheren Ableitungen genauso groß oder größer.

Wir setzen (39.40) in (39.41) ein:

$$\frac{u}{A^{d/2}}\, k_{\mathrm{B}}T \left| a\left(T - T_{\mathrm{c}}\right)\right|^{d/2-2} \ll 1 \qquad (39.42)$$

Diese Bedingung für die Gültigkeit der Ginzburg-Landau-Theorie ist für $d = 3$ bei Annäherung an T_{c} schließlich immer verletzt. Dagegen wird die Bedingung für $d > 4$ nahe am Übergangspunkt immer erfüllt sein; für $d = 4$ könnte sie erfüllt sein.

Nach dieser Diskussion können wir erwarten, dass die Ginzburg-Landau-Theorie in realen Systemen ($d = 3$) in der Nähe von T_{c} versagt. Tatsächlich führt sie hier zu quantitativ falschen Ergebnissen. Qualitativ beschreibt die Ginzburg-Landau-Theorie die kritischen Phänomene aber weitgehend richtig; sie ist daher auch Ausgangspunkt für weiterführende Theorien.

Der Fall $d = 4$, in dem (wie genauere Untersuchungen zeigen) die Ginzburg-Landau-Theorie weitgehend gültig ist, kann jedoch als Ausgangspunkt für die Annäherung an reale Systeme (mit $d = 3$) dienen. Dies ist ein Grund für die zunächst künstlich erscheinende Verallgemeinerung auf d Dimensionen; außerdem werden wir im nächsten Kapitel ein Skalengesetz angeben, in dem die Dimension d vorkommt.

Zusammenfassung

Unbeschadet der im letzten Abschnitt diskutierten Probleme beschreibt die Ginzburg-Landau-Theorie die kritischen Phänomene qualitativ weitgehend zutreffend. Quantitativ liefert sie jedoch auch falsche Ergebnisse; dies gilt insbesondere für die kritischen Exponenten (Kapitel 40).

Im Rahmen dieses Buches ist nur eine kurze Einführung in die kritischen Phänomene und die Ginzburg-Landau-Theorie möglich. Dabei sind wir zur Vereinfachung von genau einem Ordnungsparameter ausgegangen, (39.2). Tatsächlich kann es $n \geq 1$ Ordnungsparameter geben. So wird die Magnetisierung des Ferromagneten durch einen Vektor $\boldsymbol{M}$, also durch drei unabhängige Größen beschrieben ($n = 3$). Die makroskopische Wellenfunktion des idealen Bosegases oder von He II ist komplex, sie besteht also aus zwei unabhängigen Funktionen ($n = 2$).

Ein Modell wie die Ginzburg-Landau-Theorie betont die Gemeinsamkeit von Phasenübergängen, die in ihrem Erscheinungsbild ganz verschieden sind. Wegen dieser Gemeinsamkeit sollten wesentliche Eigenschaften des Phasenübergangs, wie etwa die Art der Singularität der Suszeptibilität χ oder der Korrelationslänge ξ, nur von n, d und der Symmetrie des Systems abhängen. Eine solche *Universalität* findet man tatsächlich in realen Systemen. Dagegen hängen die Konstanten A, a und u des Ginzburg-Landau-Ansatzes vom jeweiligen System ab.

40 Kritische Exponenten

Für $T \to T_\mathrm{c}$ zeigen thermodynamische Größen im Allgemeinen ein Potenzverhalten, das durch kritische Exponenten bestimmt ist. Die Ginzburg-Landau-Theorie liefert bestimmte Werte für die auftretenden Exponenten, die allerdings meist nicht mit den experimentellen Werten übereinstimmen. In diesem Kapitel führen wir die kritischen Exponenten ein und leiten allgemein gültige Beziehungen zwischen ihnen ab. Diese Beziehungen heißen Skalengesetze.

Definition

Am Phasenübergang geht die relative Temperatur

$$t = \frac{T - T_\mathrm{c}}{T_\mathrm{c}} \tag{40.1}$$

gegen null. Für $|t| \to 0$ zeigen thermodynamische Größen oft ein Potenzverhalten, das durch einen Exponenten, den *kritischen Exponenten*, bestimmt ist. In der Ginzburg-Landau-Theorie haben wir folgende Größen berechnet und dabei ein Potenzverhalten gefunden:

$$\begin{array}{lccl} \text{Spezifische Wärme} & c & \propto & |t|^{-\alpha} \\ \text{Ordnungsparameter für } t<0 & \overline{\psi_0} & \propto & |t|^{\beta} \\ \text{Suszeptibilität} & \chi & \propto & |t|^{-\gamma} \\ \psi\text{-}h\text{-Relation bei } t=0 & h & \propto & \overline{\psi}^{\,\delta} \\ \text{Korrelationslänge} & \xi & \propto & |t|^{-\nu} \end{array} \tag{40.2}$$

Im Fall des Ferromagnetismus ist ψ mit der Magnetisierung M und h mit dem Magnetfeld B zu identifizieren.

Die spezifische Wärme, die Suszeptibilität und die Korrelationslänge sind unterhalb und oberhalb des Übergangspunkts definiert. Wenn man das Verhalten für $t > 0$ und $t < 0$ getrennt betrachtet, bezeichnet man die Exponenten für $t < 0$ mit einem Strich, also

$$c \propto \begin{cases} |t|^{-\alpha} \\ |t|^{-\alpha'} \end{cases} \quad \chi \propto \begin{cases} |t|^{-\gamma} \\ |t|^{-\gamma'} \end{cases} \quad \xi \propto \begin{cases} |t|^{-\nu} & (t>0) \\ |t|^{-\nu'} & (t<0) \end{cases} \tag{40.3}$$

Im Allgemeinen sind die kritischen Exponenten auf den beiden Seiten des Übergangs gleich groß.

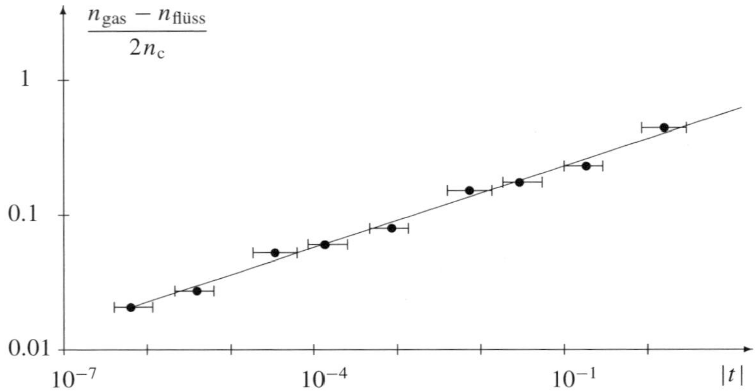

Abbildung 40.1 Wir betrachten einen Punkt der Dampfdruckkurve dicht unterhalb des kritischen Punkts, also zum Beispiel $t = -10^{-4} < 0$. Beim Überqueren der Dampfdruckkurve macht die Dichte einen Sprung von n_{gas} nach $n_{\text{flüss}}$. In dem gezeigten logarithmischen Diagramm wird die Größe des Sprungs über der relativen Temperatur $|t|$ für CO_2 aufgetragen. Die Daten lassen sich durch eine Gerade fitten. Die Steigung der Geraden ergibt den kritischen Exponenten $\beta \approx 1/3$.

Wir betrachten das kritische Verhalten des Ordnungsparameters (zweiter Fall in (40.2)) für den Phasenübergang flüssig-gasförmig. Als Ordnungsparameter nehmen wir $\psi = (n - n_{\text{c}})/n_{\text{c}}$ mit der Teilchendichte $n = N/V$. Für $h = P - P_{\text{d}} = 0$ (also auf der Dampfdruckkurve) gilt

$$\overline{\frac{n - n_{\text{c}}}{n_{\text{c}}}} = \begin{cases} \dfrac{n_{\text{gas}} - n_{\text{c}}}{n_{\text{c}}} = C_1\,|t|^{\beta} \\[2ex] \dfrac{n_{\text{flüss}} - n_{\text{c}}}{n_{\text{c}}} = C_2\,|t|^{\beta'} \end{cases} \tag{40.4}$$

Beide Aussagen beziehen sich auf $t < 0$; insofern steht die Bezeichnung der Exponenten mit β und β' im Gegensatz zu (40.3).

Im Experiment findet man das Verhalten (40.4) mit $\beta = \beta' \approx 1/3$. Wegen $\beta = \beta'$ kann man, wie in Abbildung 40.1 skizziert, die Differenz $n_{\text{flüss}} - n_{\text{gas}}$ auftragen, um β zu bestimmen. In den Aufgaben 40.1 und 40.2 wird speziell das kritische Verhalten des van der Waals-Gases untersucht.

Absolute Werte

Wir vergleichen die absoluten Werte der kritischen Exponenten der Ginzburg-Landau-Theorie (GL) mit den am häufigsten auftretenden experimentellen Werten (Exp):

$$\begin{array}{llllll} \text{GL:} & \alpha = \alpha' = 0, & \beta = 1/2, & \gamma = \gamma' = 1, & \delta = 3, & \nu = \nu' = 1/2 \\ \text{Exp:} & \alpha \approx \alpha' \approx 0, & \beta \approx 1/3, & \gamma \approx \gamma' \approx 4/3, & \delta \approx 4.5, & \nu \approx \nu' \approx 1/3 \end{array} \tag{40.5}$$

Die Ginzburg-Landau-Werte ergeben sich für α und α' aus (39.11), für β aus (39.8), für γ und γ' aus (39.15), für δ aus (39.18) und für ν und ν' aus (39.28). Die angegebenen experimentellen Werte findet man insbesondere bei magnetischen Systemen und am kritischen Punkt des Übergangs flüssig-gasförmig.

Wir diskutieren kurz die Bedeutung von $\alpha = 0$. Für $\alpha > 0$ würde die spezifische Wärme c divergieren. Für $\alpha < 0$ würde $c \propto |t|^{|\alpha|}$ für $|t| \to 0$ beliebig klein werden; dann wäre c stetig. Für $\alpha = 0$ ist $c \propto |t|^0 = \text{const.}$; bei Vorfaktoren, die unter- und oberhalb von T_c verschieden sind, bedeutet dies einen Sprung, wie wir ihn in (39.11) erhalten hatten. Über die Größe des Sprungs wird allerdings keine Aussage gemacht; insofern ist auch ein stetiges Verhalten nicht ausgeschlossen. Wegen

$$\lim_{\alpha \to 0} \frac{|t|^\alpha - 1}{\alpha} = \ln |t| \tag{40.6}$$

kann $\alpha = 0$ auch eine logarithmische (also sehr schwache) Singularität bedeuten, wie sie zum Beispiel beim λ-Übergang von Helium auftritt.

Die Ginzburg-Landau-Theorie führt im Allgemeinen zu falschen Werten für die kritischen Exponenten. Die Gründe für das quantitative Versagen dieses Modells wurden im letzten Abschnitt des vorigen Kapitels skizziert. Wir erläutern kurz ein Verfahren, das zu realistischen Werten der kritischen Exponenten führt. Im einleitenden Kapitel 35 wurde erläutert, dass ein Phasenübergang Singularitäten in den thermodynamischen Größen impliziert, und dass solche Singularitäten nur im unendlichen System auftreten können ($V \to \infty$, $N \to \infty$). Für eine freie Energie mit einer Singularität am Übergangspunkt versagen die Argumente, die wir zur Begründung des Ginzburg-Landau-Ansatzes angeführt haben; denn dieser Ansatz wurde ja gerade als analytische Entwicklung für kleine ψ und kleine t plausibel gemacht, also als eine Entwicklung an der kritischen Stelle. Der Ginzburg-Landau-Ansatz kann aber verstanden werden als Entwicklung der freien Energie in einem *endlichen* Volumenbereich des betrachteten Systems; denn im endlichen Volumen können noch keine Singularitäten auftreten. Dieses endliche Volumen soll sich zunächst über einige mikroskopische Längeneinheiten erstrecken (etwa einige Gitterkonstanten). Man untersucht dann, wie sich die freie Energie ändert, wenn man dieses Volumen um einen bestimmten Faktor vergrößert. Eine solche Vergrößerung ist gleichbedeutend mit einer Renormierung der Längeneinheit und führt zu einer entsprechenden Renormierung der Parameter des Ginzburg-Landau-Ansatzes. Man berechnet dann, wie sich die Parameter verhalten, wenn das Volumen gegen unendlich geht. Die resultierende *Renormierungsgruppentheorie* (auch Landau-Wilson-Theorie) wurde von K. G. Wilson entwickelt; ein allgemein gehaltener Aufsatz findet sich in Rev. Mod. Phys. 55 (1983) 583. Die Renormierungsgruppentheorie führt zu nichttrivialen (das heißt von den Ginzburg-Landau-Werten in (40.5) abweichenden) kritischen Exponenten. Als weiterführende Literatur hierzu sei auf Shang-Keng Ma, *Modern Theory of Critical Phenomena*, (Benjamin/Cummings Publishing Company 1976) verwiesen.

Skalengesetze

Die Grundidee der über das Ginzburg-Landau-Modell hinausführenden Theorien ist die *Skaleninvarianz*: Für $T \to T_c$ verlieren die natürlichen Längenskalen des Systems (wie z. B. der Gitterabstand) ihre Bedeutung. Dann sind die singulären Anteile (die für $T \to T_c$ überleben) der thermodynamischen Potenziale *homogene Funktionen*. Wir verzichten im Folgenden auf eine Herleitung, die auf der Selbstähnlichkeit bei der Unterteilung des Systems in immer kleinere Subsysteme beruht (Stichworte „coarse-graining“ und „block spins“). Stattdessen verwenden wir die Homogenitätseigenschaft der thermodynamischen Potenziale als Hypothese. Aus dieser *Skalierungshypothese* leiten wir das Potenzverhalten (40.2) und Relationen (Skalengesetze) zwischen den kritischen Exponenten ab.

Homogene Funktionen

Wir erklären zunächst den Begriff der *homogenen Funktion*. Als Beispiel betrachten wir zunächst das Volumen $V(x)$ eines Würfels mit Kantenlänge x. Die Funktion $V(x)$ *skaliert* bei der Transformation $x \to \mu x$ gemäß $V(\mu x) = \mu^3 V(x)$. Etwas allgemeiner kann eine Funktion einer Variablen wie $F(\mu x) = \lambda(\mu)\, F(x)$ skalieren, wobei $\lambda(\mu)$ zunächst unbestimmt ist. Führt man zwei Skalierungen $x \to \mu_1 x$ und $x \to \mu_2 x$ hintereinander aus, so folgt die Eigenschaft $\lambda(\mu_1 \mu_2) = \lambda(\mu_1)\,\lambda(\mu_2)$, die für beliebiges μ_1 und μ_2 gilt. Deshalb kann λ nur über eine Potenz von μ abhängen, also $\lambda(\mu) = \mu^{1/a}$ oder $\mu = \lambda^a$ wobei a ein reeller Exponent ist. Diese Eigenschaft definiert eine *homogene Funktion*

$$F(\lambda^a x) = \lambda\, F(x) \tag{40.7}$$

Setzt man $\lambda = x^{-1/a}$, so folgt das Potenzverhalten $F(x) = F(1)\, x^{1/a}$. Entsprechend gilt für eine homogene Funktion von zwei Variablen:

$$F(\lambda^a x, \lambda^b y) = \lambda\, F(x, y) \tag{40.8}$$

Dabei treten zwei Exponenten, a und b, auf. Mit $\lambda = x^{-1/a}$ schreiben wir die Homogenitätseigenschaft in einer etwas anderen Form an:

$$F(x, y) = x^{1/a}\, F(1, y/x^{b/a}) \equiv x^{1/a}\, G(y/x^{b/a}) \tag{40.9}$$

Die neu eingeführte Funktion G hängt nur von der Variablenkombination $y/x^{b/a}$ ab. Homogene Funktionen von mehr als zwei Variablen können analog definiert werden.

Freie Energie als homogene Funktion

Wir nehmen nun an, dass die freie Energie eine homogene Funktion der Variablen t und ψ ist:

$$\begin{aligned} \mathcal{F}(t, h, \psi) &= F_0(T) + V\left[\, f(-t, \psi) - h\,\psi \,\right] \\ &= F_0(T) + V\left[(-t)^{1/a}\, G\big(\psi/(-t)^{b/a}\big) - h\,\psi \right] \end{aligned} \tag{40.10}$$

Für die freie Energiedichte f (ohne den Beitrag des Felds h) wurde die Homogenitätsannahme verwendet. Wir betrachten zunächst $h = 0$. Die notwendige Bedingung für das Minimum von $\mathcal{F}$ ist

$$\frac{\partial \mathcal{F}}{\partial \psi} = 0 \quad \Longrightarrow \quad G'(\psi/(-t)^{b/a}) = 0 \tag{40.11}$$

Diese Bedingung bestimmt den Gleichgewichtswert

$$\overline{\psi_0} = \text{const.} \cdot (-t)^{b/a} = \begin{cases} \text{const.} \cdot (-t)^{\beta} & (t < 0) \\ 0 & (t > 0) \end{cases} \tag{40.12}$$

Damit haben wir ein Potenzverhalten mit dem kritischen Exponenten $\beta = b/a$ erhalten. In unseren Beispielen (etwa dem Weissschen Modell) verschwindet die Konstante für $t > 0$.

Für $h \neq 0$ führt die Bedingung $\partial F/\partial \psi = 0$ zu

$$h = (-t)^{1/a-\beta}\, G'\big(\overline{\psi}/(-t)^{\beta}\big) \stackrel{(-t)\to 0}{\longrightarrow} \text{const.} \cdot (-t)^{1/a-\beta-\delta\beta}\, \overline{\psi}^{\,\delta} \tag{40.13}$$

Im Grenzfall $(-t) \to 0$ muss sich hieraus $h \propto \overline{\psi}^{\,\delta}$ ergeben. Daraus folgt $1/a = \beta(1+\delta)$ und (40.10) wird zu

$$\mathcal{F}(t, h, \psi) = F_0(T) + V\Big((-t)^{\beta\delta+\beta}\, G\big(\psi/(-t)^{\beta}\big) - h\,\psi \Big) \tag{40.14}$$

Hiermit schreiben wir noch einmal die Bedingung $\partial F/\partial \psi = 0$ an:

$$h\big(t, \overline{\psi}\big) = (-t)^{\beta\delta}\, G'\big(\overline{\psi}/(-t)^{\beta}\big) \tag{40.15}$$

Dabei fassen wir h formal als Funktion von t und $\overline{\psi}$ auf; physikalisch wird man eher $\overline{\psi}$ als eine von t und h abhängige Größe ansehen. Die Gleichungen (40.14) und (40.15) sind der Ausgangspunkt für die Aufstellung der Skalengesetze.

Die Landau-Theorie und das Weisssche Modell sind Spezialfälle von (40.14) und (40.15). So wird zum Beispiel (40.15) im Weissschen Modell zu

$$B(t, M) \stackrel{(36.17)}{=} t\,M + M^3 = (-t)^{3/2} \left(- \frac{M}{(-t)^{1/2}} + \frac{M^3}{(-t)^{3/2}} \right) \tag{40.16}$$

Hier ist $\beta = 1/2$, $\delta = 3$ und $G'(x) = -x + x^3$; die auftretenden Konstanten wurden unterdrückt.

Spezifische Wärme

Wir berechnen die spezifische Wärme c_h für $h = 0$. Dazu gehen wir vom thermodynamischen Potenzial der freien Energie $F(T, h)$ aus:

$$F(T, 0) = \mathcal{F}(t, 0, \overline{\psi_0}) = F_0 + V\,(-t)^{\beta\delta+\beta}\, G\big(\overline{\psi_0}/(-t)^{\beta}\big) \tag{40.17}$$

Durch Einsetzen der Gleichgewichtswerte $\overline{\psi_0} = 0$ für $t > 0$ und $\overline{\psi_0} \propto (-t)^\beta$ für $t < 0$ erhalten wir aus der Funktion G die Konstanten

$$G_+ = G(0)\,, \qquad G_- = G\big(\overline{\psi_0}/(-t)^\beta\big) = G(\text{const.}) \tag{40.18}$$

Damit wird (40.17) zu

$$F(T,0) = F_0(T) + V\,|t|^{\beta\delta+\beta} \cdot \begin{cases} G_+ & (t > 0) \\ G_- & (t < 0) \end{cases} \tag{40.19}$$

Ein eventuell auftretendes Vorzeichen kann in die Konstanten integriert werden. In der Landau-Theorie ist $G_+ = 0$, (39.9).

Aus der freien Energie folgt die Wärmekapazität

$$C_h(t,h) = T\,\frac{\partial S(t,h)}{\partial T} = \frac{T}{T_\mathrm{c}}\,\frac{\partial S}{\partial t} = -\frac{T}{T_\mathrm{c}^2}\,\frac{\partial^2 F(t,h)}{\partial t^2} \tag{40.20}$$

Mit (40.19) und $\partial^2/\partial t^2 = \partial^2/\partial |t|^2$ erhalten wir dann für die spezifische Wärme

$$c_h(t,0) - c_0(T) = -\frac{V}{N}\,\frac{T}{T_\mathrm{c}^2}\,G_\pm\,\frac{\partial^2 |t|^{\beta\delta+\beta}}{\partial |t|^2} \overset{|t|\to 0}{\propto} G_\pm\,|t|^{\beta\delta+\beta-2} \propto |t|^{-\alpha} \tag{40.21}$$

Dabei ist c_0 der Anteil von F_0 und $c_h - c_0$ der kritische Beitrag. Die Koeffizienten G_+ und G_- gelten für $t > 0$ beziehungsweise für $t < 0$. Im letzten Ausdruck wurde die Definition von α eingesetzt. Der Exponent $\beta\delta + \beta - 2$ gilt für beide Seiten des Phasenübergangs. Daraus folgt

$$\alpha = \alpha' \tag{40.22}$$

Die kritischen Exponenten der spezifischen Wärme sind also unter- und oberhalb des Phasenübergangs gleich. Aus (40.21) folgt ferner das Skalengesetz

$$2 - \alpha = \beta\delta + \beta \tag{40.23}$$

Suszeptibilität

Aus (40.15) berechnen wir die Suszeptibilität

$$\frac{1}{\chi} = \left(\frac{\partial h}{\partial \overline{\psi}}\right)_t = (-t)^{\beta\delta} \left(\frac{\partial G'\big(\overline{\psi}/(-t)^\beta\big)}{\partial \overline{\psi}}\right)_t = (-t)^{\beta\delta-\beta}\,G''\big(\overline{\psi}/(-t)^\beta\big) \tag{40.24}$$

In die zweite Ableitung G'' der Funktion G setzen wir die Gleichgewichtslösungen für $h \to 0$ ein, $\overline{\psi} = 0$ für $t > 0$ und $\overline{\psi} = \overline{\psi_0}$ für $t < 0$. Dies ergibt wie in (40.18) Konstanten G''_+ und G''_-, die nicht mehr von t abhängen. Dann wird (40.24) zu

$$\frac{1}{\chi} = G''_\pm \cdot |t|^{\beta\delta-\beta} \propto |t|^\gamma \tag{40.25}$$

Im letzten Ausdruck wurde die Definition (40.2) von γ eingesetzt. Hieraus folgt

$$\gamma = \gamma' \tag{40.26}$$

und das Skalengesetz

$$\gamma = \beta\,(\delta - 1) \tag{40.27}$$

Die Elimination von δ aus (40.23) und (40.27) ergibt

$$\alpha + 2\beta + \gamma = 2 \tag{40.28}$$

Skaleninvarianz

Ein weiteres Skalengesetz erhalten wir aus der Annahme der *Skaleninvarianz*. Die Skaleninvarianz besagt, dass es für $|t| \to 0$ nur eine relevante Längenskala gibt, die durch die Korrelationslänge ξ gegeben ist. Auf der Skala einer Korrelationslänge ξ müssen die Fluktuationen $\Delta\psi_{\text{therm}}$ dann die gleiche Größe wie $\overline{\psi_0}$ haben, also

$$\Delta\psi_{\text{therm}} \sim \overline{\psi_0} \qquad (\text{für } |t| \to 0,\ \text{Skaleninvarianz}) \tag{40.29}$$

Die Größe der thermischen Fluktuationen auf der Skala von ξ ist in (39.39) gegeben. Damit erhalten wir

$$\Delta\psi_{\text{therm}}^2 \sim \frac{\chi\, k_{\text{B}} T}{\xi^d} \propto |t|^{-\gamma + d\nu} \propto \overline{\psi_0}^{\,2} \propto |t|^{2\beta} \tag{40.30}$$

Hierbei haben wir (40.29) und die Definitionen (40.2) von γ, ν und β verwendet. Aus (40.30) lesen wir das Skalengesetz $d\,\nu = \gamma + 2\beta$ ab. Mit (40.28) ergibt dies

$$2 - \alpha = d\,\nu \tag{40.31}$$

Wegen (40.22) gilt dann auch $\nu = \nu'$.

Zusammenfassung

Unsere Betrachtung hat zu

$$\boxed{\alpha = \alpha', \qquad \gamma = \gamma', \qquad \nu = \nu'} \tag{40.32}$$

und den folgenden drei *Skalengesetzen* geführt:

$$\boxed{\alpha + 2\beta + \gamma = 2, \qquad \delta = 1 + \frac{\gamma}{\beta}, \qquad 2 - \alpha = d\,\nu} \tag{40.33}$$

Damit sind zwei der betrachteten fünf Exponenten (α, β, γ, δ und ν) unabhängige Größen. Daneben gibt es noch andere kritische Exponenten und Skalengesetze.

Die Skalengesetze sind meist gut erfüllt, wie man etwa aus den in (40.5) angegebenen experimentellen Werten sieht. Die Werte der Ginzburg-Landau-Theorie erfüllen außer (40.31) alle angeführten Skalengesetze; die Relation (40.31) gilt dagegen nur für $d = 4$.

Aufgaben

40.1 Kritische Exponenten des van der Waals-Gases

Entwickeln Sie die Zustandsgleichung $P = k_{\rm B}T/(v-b) - a/v^2$ (mit $v = V/N$) des van der Waals-Gases um den kritischen Punkt herum, also nach Potenzen der Variablen

$$t = \frac{T - T_{\rm c}}{T_{\rm c}}, \qquad \mathit{v} = \frac{v - v_{\rm c}}{v_{\rm c}}, \qquad p = \frac{P - P_{\rm c}}{P_{\rm c}} \tag{40.34}$$

Vernachlässigen Sie dabei Terme der Ordnung $t\mathit{v}^2$ und $t\mathit{v}^3$. Zeigen Sie

$$p = 4t - 6t\mathit{v} - \frac{3}{2}\mathit{v}^3 + \mathcal{O}(\mathit{v}^4) \tag{40.35}$$

Im Folgenden soll diese Zustandsgleichung verwendet werden. Bestimmen Sie den Dampfdruck $p_{\rm d}(t)$ mit Hilfe der Maxwellkonstruktion. Berechnen Sie $\mathit{v}_{\rm gas}$ und $\mathit{v}_{\rm flüss}$, und geben Sie die kritischen Exponenten β und β' für $t < 0$ an. Bestimmen Sie außerdem die isotherme Kompressibilität κ_T aus

$$\frac{1}{\kappa_T} = -v\left(\frac{\partial P}{\partial v}\right)_T \approx -P_{\rm c}\left(\frac{\partial p}{\partial \mathit{v}}\right)_t$$

Geben Sie die kritischen Exponenten γ und γ' an. Untersuchen Sie schließlich die p-v-Relation bei $t = 0$, und bestimmen Sie daraus den kritischen Exponenten δ.

40.2 Landau-Energie für das van der Waals-Gas

Betrachten Sie die freie Enthalpie als Funktion der Variablen T, P *und* V

$$\mathcal{G}(T, P, V) = F(T, V) + PV \tag{40.36}$$

Bei gegebenem T und P ist das Gleichgewicht durch das Minimum von $\mathcal{G}(T, P, V)$ als Funktion von V bestimmt. Das Minimum ist dann das thermodynamische Potenzial $G(T, P) = \mathcal{G}(T, P, V_{\rm min})$. Zeigen Sie, dass $\mathcal{G}(T, P, V) =$ minimal zur thermischen Zustandsgleichung $P = P(T, V)$ führt.

Betrachten Sie nun speziell das van der Waals-Gas. Setzen Sie die freie Energie

$$F(T, V) = F_0(T) - N\left[k_{\rm B}T\,\ln\left(\frac{v-b}{v_{\rm c}-b}\right) + a\left(\frac{1}{v} - \frac{1}{v_{\rm c}}\right)\right]$$

als bekannt voraus, und stellen Sie (40.36) auf. Verwenden Sie die Variablen t, v und p aus (40.34) und entwickeln Sie bis zur Ordnung $\mathcal{O}(\mathit{v}^4)$ um den kritischen Punkt herum. Vernachlässigen Sie den Term der Ordnung $t\mathit{v}^3$. Überprüfen Sie, dass diese Entwicklung mit der Entwicklung der thermischen Zustandsgleichung (40.35) konsistent ist. Der vom Ordnungsparameter v abhängige Anteil ist von der Standardform (39.4) der Landau-Theorie

$$\mathcal{G}(T, P, V) = \ldots + C\left[h\mathit{v} + 3t\mathit{v}^2 + \frac{3}{8}\mathit{v}^4\right] \qquad (C = \text{const.}) \tag{40.37}$$

Geben Sie das „äußere Feld" h an. Diskutieren Sie den Gleichgewichtswert des Ordnungsparameters v als Funktion von t für $h = 0$.

VII Nichtgleichgewichts-Prozesse

41 Einstellung des Gleichgewichts

In Teil VII stellen wir in knapper Form die Behandlung von Nichtgleichgewichts-Prozessen vor. Dazu gehören insbesondere Transportprozesse, die durch Transportgleichungen (wie etwa die Wärmeleitungs- oder die Diffusionsgleichung) beschrieben werden.

In den Kapiteln 41 und 42 werden Gleichungen vorgestellt, die als Grundgleichungen für Transportphänomene angesehen werden können; diese Kapitel können auch übersprungen werden. In Kapitel 43 werden die verschiedenen Transportgleichungen in einem elementaren kinetischen Modell abgeleitet.

In diesem Kapitel stellen wir die Mastergleichung als einfache quantenmechanische Bilanzgleichung vor. Aus der Mastergleichung folgt die Zunahme der Entropie eines abgeschlossenen Systems (H-Theorem), also die Einstellung des Gleichgewichts. Wir diskutieren die Ableitung der Mastergleichung aus der von Neumann-Gleichung.

Mastergleichung

Wir beziehen uns auf die in Kapitel 5 eingeführten Begriffe. Wir betrachten ein abgeschlossenes quantenmechanisches System mit den Mikrozuständen r. Die Mikrozustände seien Eigenzustände eines Hamiltonoperators H_0 zur Energie E_r. Der Hamiltonoperator $H = H_0 + V$ des Systems unterscheide sich von H_0 durch eine kleine Störung V; für das abgeschlossene System ist V zeitunabhängig. Eine solche Störung führt zu den Übergangswahrscheinlichkeiten (Kapitel 41 in [3])

$$W_{rr'} = \frac{\text{Wahrscheinlichkeit für } r \to r'}{\text{Zeit}} = \frac{2\pi}{\hbar} \left| \langle r \,|\, V \,|\, r' \rangle \right|^2 \delta(E_r - E_{r'}) \qquad (41.1)$$

Diese Wahrscheinlichkeiten sind symmetrisch:

$$W_{rr'} = W_{r'r} \qquad (41.2)$$

Der Makrozustand eines Systems ist durch ein statistisches Ensemble gegeben, also durch die Angabe der Wahrscheinlichkeiten $\{P_1, P_2, P_3, \ldots\}$. Dabei gibt P_r an, mit welcher Wahrscheinlichkeit sich ein System des Ensembles (oder ein physikalisches System zu einem bestimmten Zeitpunkt) im Zustand r befindet.

Für die zeitliche Änderung der Wahrscheinlichkeiten $P_r(t)$ folgt aus (41.1) die Bilanzgleichung

$$\frac{dP_r(t)}{dt} = -\sum_{r'} W_{rr'}\, P_r + \sum_{r'} W_{r'r}\, P_{r'} = \sum_{r'} W_{rr'}\,(P_{r'} - P_r) \tag{41.3}$$

Auf der rechten Seite dieser *Mastergleichung* sind die Wahrscheinlichkeiten pro Zeit dafür aufsummiert, dass ein System des Ensembles den Zustand r verlässt oder in diesen Zustand geht.

H-Theorem

Aus der Mastergleichung folgt die Einstellung des Gleichgewichts, die wir in Kapitel 5 als Erfahrungstatsache eingeführt haben. Um dies zu zeigen, definieren wir die Größe

$$H(t) = \sum_r P_r\, \ln P_r \tag{41.4}$$

und berechnen mit Hilfe von (41.3) ihre zeitliche Änderung:

$$\begin{aligned}\frac{dH}{dt} &= \sum_r \big(\dot P_r\, \ln P_r + \dot P_r\big) = \frac{1}{2}\Big(\sum_r \dot P_r\, \ln(\mathrm{e}\, P_r) + \sum_{r'} \dot P_{r'}\, \ln(\mathrm{e}\, P_{r'})\Big)\\ &= -\frac{1}{2}\sum_{r,r'} W_{rr'}\,(P_r - P_{r'})\Big(\ln(\mathrm{e}\, P_r) - \ln(\mathrm{e}\, P_{r'})\Big)\\ &= \frac{1}{2}\sum_{r,r'} W_{rr'}\, P_r \underbrace{\left(1 - \frac{P_{r'}}{P_r}\right)\ln\left(\frac{P_{r'}}{P_r}\right)}_{\le 0}\end{aligned} \tag{41.5}$$

Aus $W_{rr'}\, P_r \ge 0$ und $(1-x)\ln x \le 0$ folgt

$$\frac{dH(t)}{dt} \le 0 \qquad (H\text{-Theorem}) \tag{41.6}$$

Durch dieses als H-Theorem bekannte Ergebnis wird eine *Zeitrichtung* ausgezeichnet; die Mastergleichung ist also nicht zeitumkehrinvariant.

In (23.36) haben wir die Entropie $S = -k_{\mathrm{B}} \sum_r P_r\, \ln P_r$ für einen beliebigen Makrozustand $\{P_r\}$ angegeben. Mit

$$S = -k_{\mathrm{B}}\, H = -k_{\mathrm{B}} \sum_r P_r\, \ln P_r \tag{41.7}$$

wird (41.6) zum zweiten Hauptsatz für ein abgeschlossenes System. Als Gleichgewichtszustand ist derjenige Makrozustand definiert, in dem sich die makroskopischen Größen (wie die Entropie) nicht mehr ändern, also

$$\frac{dH(t)}{dt} = 0 \qquad (\text{Gleichgewicht}) \tag{41.8}$$

Im Nichtgleichgewicht nimmt H nach (41.6) immer ab; daher stellt der Gleichgewichtswert von H ein Minimum dar, oder

$$S = -k_{\mathrm{B}}\, H = \text{maximal} \qquad \text{(Gleichgewicht)} \tag{41.9}$$

Diese Aussage wurde in Kapitel 9 – 12 ausführlich diskutiert. Aus (41.8) und (41.5) folgt für das Gleichgewicht

$$P_r = P_{r'} \quad \text{für alle } r,\ r' \text{ mit } E_r = E_{r'} \tag{41.10}$$

Die Bedingung $P_r = P_{r'}$ folgt nur für die Zustände mit $E_r = E_{r'}$, denn nur hierfür ist der Koeffizient $W_{rr'}$ in (41.5) ungleich null. Im abgeschlossenen System können nur Zustände gleicher Energie $E_r = E$ erreicht werden; für alle anderen Zustände gilt $P_r = 0$. Damit erhalten wir insgesamt

$$P_r = \begin{cases} \text{const.} & \text{für } E_r = E \\ 0 & \text{sonst} \end{cases} \qquad \text{(Gleichgewicht)} \tag{41.11}$$

Im Gleichgewicht sind also alle Mikrozustände r, die durch Übergänge mit (41.1) auseinander hervorgehen können (also alle zugänglichen Zustände), gleichwahrscheinlich. Dies ist das in Kapitel 5 eingeführte grundlegende Postulat.

Der Weg von einem Nicht-Gleichgewichtszustand ins Gleichgewicht ist nach (41.6) mit $dS > 0$ verbunden. Damit beschreibt die Mastergleichung irreversible Prozesse.

Von Neumann-Gleichung

Die Mastergleichung ist eine plausible Bilanzgleichung für die Wahrscheinlichkeiten P_r. Insofern macht die obige Diskussion die Aussage $\Delta S \ge 0$ plausibel.

Das eigentliche Problem besteht aber in der Ableitung der Mastergleichung aus den Grundgesetzen der Physik. Diese grundlegenden Gesetze (oder auch Naturgesetze) wie Newtons Axiome, die Maxwellgleichungen oder die Schrödingergleichung sind zeitumkehrinvariant. Die Mastergleichung ist also nicht zeitumkehrinvariant, denn aus ihr folgt ja $dS/dt \ge 0$; dies definiert die Zeitrichtung. In einer Ableitung der Mastergleichung aus der Schrödingergleichung (oder, äquivalent, der von Neumann-Gleichung) müssen also Schritte vorkommen, die die Zeitumkehrsymmetrie verletzen. Dieser Abschnitt (er ist etwas formaler und kann übersprungen werden) skizziert den möglichen Weg einer solchen Ableitung.

Wir betrachten ein Ensemble aus N Systemen, die in den quantenmechanischen Zuständen $|i\rangle = |1\rangle, |2\rangle, \ldots, |N\rangle$ sind. Diese Zustände seien normiert, aber ansonsten beliebig; mehrere Systeme können im selben Zustand sein. Der *Dichteoperator* (oder auch statistischer Operator)

$$\hat{\rho}(t) = \frac{1}{N} \sum_{i=1}^{N} |\, i\,\rangle\langle\, i\,| \tag{41.12}$$

bestimmt dieses statistische Ensemble, denn er legt die Mittelwerte aller Operatoren fest:

$$\overline{F} = \frac{1}{N}\sum_{i=1}^{N} \langle\, i \,|\, \hat{F} \,|\, i \,\rangle = \text{Spur}\big(\hat{F}\,\hat{\rho}\big) \tag{41.13}$$

Das einfachste Beispiel, für das man den Dichteoperator studieren kann, ist ein System mit zwei Zuständen, also etwa ein Teilchen mit dem Spin $1/2$. Hierzu betrachte man die Aufgabe 37.4 in [3].

Die Zustände $|\, i \,\rangle$ sind im Allgemeinen zeitabhängig und genügen der Schrödingergleichung $\mathrm{i}\hbar\,(\partial/\partial t)\,|\, i \,\rangle = H\,|\, i \,\rangle$. Hieraus folgt die Zeitableitung des Dichteoperators:

$$\mathrm{i}\hbar\,\frac{\partial \hat{\rho}}{\partial t} = \big[H,\, \hat{\rho}(t)\big] \qquad \text{(von Neumann-Gleichung)} \tag{41.14}$$

Die Lösung $\hat{\rho}(t)$ dieser *von Neumann-Gleichung* bestimmt die Wahrscheinlichkeiten

$$P_r(t) = \langle r \,|\, \hat{\rho}(t) \,|\, r \rangle \tag{41.15}$$

Die $\{|\, r \rangle\}$ sollen wie in (41.1) einen vollständigen, orthonormierten Satz von Zuständen darstellen. Die von Neumann-Gleichung legt $P_r(t)$ fest und beschreibt daher die zeitliche Entwicklung eines beliebigen Makrozustands $\{P_1(t),\, P_2(t), \ldots\}$, also insbesondere auch die Entwicklung eines Nichtgleichgewichtszustands.

Die von Neumann-Gleichung ist nicht zu verwechseln mit der Gleichung, die man für die zeitliche Änderung von Operatoren im Heisenbergbild erhält (Kapitel 35 in [3]). Im Gegensatz zum Heisenbergbild betrachten wir hier zeitabhängige Zustände; die von Neumann-Gleichung ist die Schrödingergleichung für den Dichteoperator.

Man zeigt leicht, dass

$$\hat{\rho}\,(t+dt) \;=\; \exp(-\mathrm{i}\,H\,dt/\hbar)\;\hat{\rho}(t)\;\exp(+\mathrm{i}\,H\,dt/\hbar) \tag{41.16}$$

äquivalent zur von Neumann-Gleichung ist. Hiermit berechnen wir

$$\begin{aligned} P_r(t+dt) \;&=\; \big\langle r \,\big|\, \hat{\rho}(t+dt) \,\big|\, r \big\rangle \qquad\qquad (41.17) \\ &=\; \sum_{r',\,r''} \big\langle r \,\big|\, \exp(-\mathrm{i}\,H\,dt/\hbar) \,\big|\, r' \big\rangle\, \rho_{r'r''}\, \big\langle r'' \,\big|\, \exp(+\mathrm{i}\,H\,dt/\hbar) \,\big|\, r \big\rangle \end{aligned}$$

Dabei haben wir (41.16) eingesetzt und links und rechts von $\hat{\rho}$ einen vollständigen Satz von Zuständen (also $1 = \sum_{r'} |\, r' \rangle\langle r' \,|$ und $1 = \sum_{r''} |\, r'' \rangle\langle r'' \,|$) eingeschoben. Mit $\rho_{r'r''}$ wurde das Matrixelement $\langle r' \,|\, \hat{\rho}(t) \,|\, r'' \rangle$ bezeichnet.

Für ein makroskopisches System ist in (41.17) über sehr viele Zwischenzustände $|\, r' \rangle$ und $|\, r'' \rangle$ zu summieren. Wir nehmen an, dass die Phasen der Matrixelemente $\langle r \,|\, \exp(-\mathrm{i}\,H\,dt/\hbar) \,|\, r' \rangle$ statistisch verteilt sind und dass sich daher alle Beiträge mit

$r' \neq r''$ wegmitteln[1]. Damit erhalten wir

$$P_r(t+dt) \approx \sum_{r'} \left|\langle r\,|\exp(-\mathrm{i}\,H\,dt/\hbar)\,|\,r'\rangle\right|^2 P_{r'}(t) \tag{41.18}$$

Das Betragsquadrat des Matrixelements kürzen wir mit

$$W_{rr'} = \frac{|\langle r\,|\exp(-\mathrm{i}\,H\,dt/\hbar)\,|\,r'\rangle|^2}{dt} \tag{41.19}$$

ab. Die Zustände $|\,r\rangle$ sollen Eigenzustände eines (Modell-) Hamiltonoperators H_0 sein, $H_0\,|\,r\rangle = E_r\,|\,r\rangle$; es könnte sich um das ideale Gasmodell handeln. Der tatsächliche Hamiltonoperator $H = H_0 + V$ enthalte einen zusätzlichen Störoperator V, der zu Übergängen zwischen den Zuständen $|\,r\rangle$ führt; dieses V könnte etwa die elastischen Stöße im Gas beschreiben. Im Rahmen der zeitabhängigen Störungstheorie der Quantenmechanik wird gezeigt (Kapitel 41 in [3]), dass die $W_{rr'}$ in (41.19) gleich den in (41.1) angegebenen Übergangswahrscheinlichkeiten pro Zeit sind.

Für die $W_{rr'}$ gilt

$$\sum_{r'} W_{rr'} = \sum_{r'} \frac{\langle r\,|\exp(-\mathrm{i}\,H\,dt/\hbar)\,|\,r'\rangle\langle r'\,|\exp(+\mathrm{i}\,H\,dt/\hbar)\,|\,r\rangle}{dt} = \frac{1}{dt} \tag{41.20}$$

Dabei wurde $1 = \sum_{r'} |\,r'\rangle\langle r'\,|$ verwendet. Wir berechnen die Zeitableitung der P_r:

$$\frac{dP_r}{dt} = \frac{P_r(t+dt) - P_r(t)}{dt} = \sum_{r'} W_{rr'}\,P_{r'}(t) - \sum_{r'} W_{rr'}\,P_r(t) \tag{41.21}$$

Im ersten Term haben wir (41.18) mit (41.19), im zweiten (41.20) verwendet. Das Resultat ist die Mastergleichung (41.3). Der entscheidende Schritt in der Ableitung ist die Phasenmittelung in (41.17), die zu (41.18) führt.

Im klassischen Grenzfall tritt an die Stelle der P_r die Wahrscheinlichkeitsdichte $\rho(q_1,\ldots,q_f,\,p_1,\ldots,p_f,\,t)$ im Phasenraum. Aus Newtons Axiomen folgt für dieses ρ die Liouville-Gleichung (siehe etwa Anhang A.13 in [6]). Die Liouville-Gleichung ist der klassische Grenzfall der von Neumann-Gleichung.

[1] Für eine Untersuchung der Frage, unter welchen Bedingungen diese Annahme gerechtfertigt ist, sei auf G. V. Chester, Rep. Progr. Phys. 26 (1963) 411 verwiesen.

42 Boltzmanngleichung

Für ein klassisches, verdünntes Gas wird die Mastergleichung zur Boltzmanngleichung. Am Beispiel der elektrischen Leitfähigkeit demonstrieren wir, wie Transportphänomene im Prinzip mit der Boltzmanngleichung behandelt werden können.

Der Mikrozustand eines klassischen idealen Gases aus N Teilchen (Atome oder Moleküle) ist durch

$$r = \big(\boldsymbol{r}_1, \boldsymbol{v}_1, \boldsymbol{r}_2, \boldsymbol{v}_2, \ldots, \boldsymbol{r}_N, \boldsymbol{v}_N\big) \tag{42.1}$$

gegeben. Dabei sind keine inneren Freiheitsgrade der Gasteilchen (Anregungen der Elektronen, Rotationen oder Vibrationen der Moleküle) berücksichtigt. Wir benutzen die Klassifizierung (42.1) hier für ein verdünntes Gas.

Für eine statistische Behandlung von N gleichartigen Teilchen genügt es nun, die Wahrscheinlichkeitsverteilung $f(\boldsymbol{r}, \boldsymbol{v}, t)$ für ein herausgegriffenes Teilchen anzugeben. Wenn die Funktion f auf die Teilchenzahl N normiert wird, gilt

$$f(\boldsymbol{r}, \boldsymbol{v}, t)\, d^3r\, d^3v = \left\{ \begin{array}{l} \text{Anzahl der Teilchen im Phasen-} \\ \text{raumvolumen } d^3r\ d^3v \text{ bei } \boldsymbol{r}, \boldsymbol{v}. \end{array} \right. \tag{42.2}$$

Die Wahrscheinlichkeitsdichte $f(\boldsymbol{r}, \boldsymbol{v}, t)$ legt den makroskopischen Zustand des klassischen verdünnten Gases fest; sie tritt an die Stelle der oben betrachteten Wahrscheinlichkeiten $P_r(t)$.

Die Bilanzgleichung für $f(\boldsymbol{r}, \boldsymbol{v}, t)$ ist die *Boltzmanngleichung*:

$$\boxed{\begin{aligned} \left(\boldsymbol{v} \cdot \frac{\partial}{\partial \boldsymbol{r}} + \frac{\boldsymbol{F}}{m} \cdot \frac{\partial}{\partial \boldsymbol{v}} + \frac{\partial}{\partial t}\right) f(\boldsymbol{r}, \boldsymbol{v}, t) &= \int d^3v_1 \int d\Omega\ V\ \frac{d\sigma(\Omega)}{d\Omega} \cdot \\ &\quad \Big(f(\boldsymbol{r}, \boldsymbol{v}', t)\, f(\boldsymbol{r}, \boldsymbol{v}_1', t) - f(\boldsymbol{r}, \boldsymbol{v}, t)\, f(\boldsymbol{r}, \boldsymbol{v}_1, t)\Big) \end{aligned}} \tag{42.3}$$

Die linke Seite berücksichtigt die Veränderung durch die Bewegung der Teilchen und durch äußere Kraftfelder $\boldsymbol{F}(\boldsymbol{r}, t)$. Die rechte Seite berücksichtigt die Veränderung aufgrund von Stößen zwischen jeweils zwei Teilchen (Abbildung 42.1). Dabei ist Ω der Streuwinkel im Schwerpunktsystem, und $V = |\boldsymbol{v} - \boldsymbol{v}_1|$ ist die Relativgeschwindigkeit, und $d\sigma/d\Omega$ ist der Wirkungsquerschnitt.

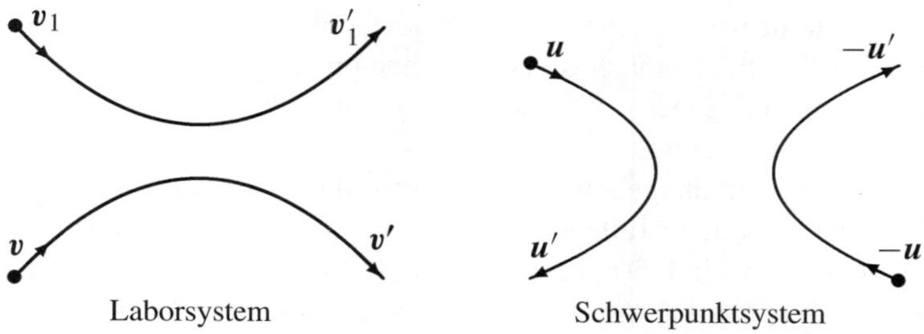

Abbildung 42.1 Stöße zwischen zwei gleichen Teilchen im Laborsystem und im Schwerpunktsystem. Im Schwerpunktsystem ist der Prozess durch die Geschwindigkeit $\boldsymbol{u}$ und den Streuwinkel $\Omega = (\theta, \phi)$ festgelegt.

Die beiden Seiten der Bilanzgleichung (42.3) entsprechen denen der Mastergleichung (41.3). Die Mastergleichung ist die Bilanzgleichung für die Wahrscheinlichkeiten P_r der quantenmechanischen Mikrozustände des gesamten Systems. Die Boltzmanngleichung ist die Bilanzgleichung für die Wahrscheinlichkeitsdichte $f(\boldsymbol{r}, \boldsymbol{v}, t)$ der klassischen Zustände $(\boldsymbol{r}, \boldsymbol{v})$ eines einzelnen Teilchens.

Für die Boltzmanngleichung klassifizieren wir den Zustand des Gases zwar wie für ein ideales Gas (weil das betrachtete Gas verdünnt ist), berücksichtigen aber explizit die Stöße zwischen jeweils zwei Teilchen. Es werden nur elastische Stöße betrachtet. Im Folgenden geben wir eine qualitative Begründung der Boltzmanngleichung.

Die linke Seite von (42.3) beschreibt die Änderung von f *ohne* Stöße. Dazu betrachten wir die durch (42.2) gegebenen Teilchen. Diese Teilchen sind zu einer etwas späteren Zeit $t + dt$ an der Stelle $\boldsymbol{r} + \boldsymbol{v}\,dt$ und haben die Geschwindigkeit $\boldsymbol{v} + \boldsymbol{F}\,dt/m$. Da ihre Anzahl sich dabei nicht ändert, ergeben sie denselben Beitrag zu f an der neuen Stelle:

$$
\begin{aligned}
f(\boldsymbol{r}, \boldsymbol{v}, t)\, d^3r\, d^3v &= f(\boldsymbol{r}', \boldsymbol{v}', t')\, d^3r'\, d^3v' \\
&= f\,(\boldsymbol{r} + \boldsymbol{v}dt,\ \boldsymbol{v} + \boldsymbol{F}\,dt/m\,,\ t + dt)\ d^3r\, d^3v \qquad (42.4)
\end{aligned}
$$

Mit $\boldsymbol{r}' = \boldsymbol{r} + \boldsymbol{v}\,dt$ und $\boldsymbol{v}' = \boldsymbol{v} + (\boldsymbol{F}/m)\,dt$ kann man die Jacobi-Determinante $|J|$ in $d^3r'\,d^3v' = |J|\,d^3r\,d^3v$ berechnen. Unter Vernachlässigung der Terme $\mathcal{O}(dt^2)$ erhält man $|J| = 1$.

Wir entwickeln nun die rechte Seite in (42.4) nach den infinitesimalen Größen. Dann erhalten wir aus (42.4) die *stoßfreie Boltzmanngleichung*

$$
\left(\boldsymbol{v} \cdot \frac{\partial}{\partial \boldsymbol{r}} + \frac{\boldsymbol{F}}{m} \cdot \frac{\partial}{\partial \boldsymbol{v}} + \frac{\partial}{\partial t}\right) f(\boldsymbol{r}, \boldsymbol{v}, t) = 0 \qquad \text{(ohne Stöße)} \qquad (42.5)
$$

Dabei verwenden wir die Notation $\partial/\partial\boldsymbol{a} = \boldsymbol{e}_x\,\partial/\partial a_x + \boldsymbol{e}_y\,\partial/\partial a_y + \boldsymbol{e}_z\,\partial/\partial a_z$.

Die rechte Seite von (42.3) wird Stoßterm genannt. Der Stoßterm berücksichtigt, dass durch Stöße Teilchen in das Phasenraumvolumen $d^3r\,d^3v$ bei $\boldsymbol{r}, \boldsymbol{v}$ hinein-

oder herausgestreut werden. In Abbildung 42.1 links streut ein Teilchen mit $\boldsymbol{v}$ an einem anderen Teilchen; danach ist das Teilchen im Allgemeinen nicht mehr im betrachteten Volumen d^3v bei $\boldsymbol{v}$. Wir berechnen zunächst den Verlustterm, der diese Streuprozesse berücksichtigt.

Die Anzahl der Streuungen pro Zeit ist gleich dem Wirkungsquerschnitt mal der Stromdichte der stoßenden Teilchen mal der Anzahl der Targetteilchen. In der Phasenraumzelle $d^3r\, d^3v$ sind $f(\boldsymbol{r}, \boldsymbol{v}, t)\, d^3r\, d^3v$ (Target-) Teilchen, (42.2). Die Dichte der stoßenden Teilchen ist $f(\boldsymbol{r}, \boldsymbol{v}_1, t)\, d^3v_1$, wobei wir zunächst nur ein endliches Geschwindigkeitsintervall betrachten. Für die Anzahl der Streuungen kommt es auf die Relativgeschwindigkeit $V = |\boldsymbol{v} - \boldsymbol{v}_1|$ an, so dass die Stromdichte gleich $V f(\boldsymbol{r}, \boldsymbol{v}_1, t)\, d^3v_1$ ist. Für den Wirkungsquerschnitt betrachten wir zunächst nur einen endlichen Raumwinkelbereich, $d\sigma = (d\sigma/d\Omega)\, d\Omega$. Wir bilden nun das Produkt aus der Anzahl der Targetteilchen, der Stromdichte und dem Wirkungsquerschnitt $d\sigma$; ebenso wie auf der linken Seite der Boltzmanngleichung lassen wir dabei das Phasenraumvolumen $d^3r\, d^3v$ weg. Schließlich müssen wir noch über alle möglichen Streuprozesse summieren, also über $\boldsymbol{v}_1$ und Ω integrieren. Dabei ist $\Omega = (\theta, \phi)$ der Winkel zwischen $\boldsymbol{V}' = \boldsymbol{v}_1' - \boldsymbol{v}'$ und $\boldsymbol{V} = \boldsymbol{v}_1 - \boldsymbol{v}$. Dies ist zugleich der Streuwinkel im Schwerpunktsystem; bei gegebenen Geschwindigkeiten $\boldsymbol{v}$ und $\boldsymbol{v}_1$ legt er den elastischen Streuprozess (bei dem die Energie und der Impuls erhalten sind) vollständig fest.

Die eben beschriebene Argumentation führt zu dem Verlustterm auf der rechten Seite von (42.3). Wenn wir in Abbildung 42.1 die Pfeile umdrehen, erhalten wir eine Streuung in den betrachteten Bereich d^3v bei $\boldsymbol{v}$ hinein. Der daraus resultierende Gewinnterm ergibt sich analog zum Verlustterm; der Betrag der Relativgeschwindigkeit ist wegen $|\boldsymbol{v} - \boldsymbol{v}_1| = |\boldsymbol{v}' - \boldsymbol{v}_1'|$ wieder V. Die Argumente $\boldsymbol{v}'$ und $\boldsymbol{v}_1'$ im Gewinnterm sind durch $\boldsymbol{v}$ und die Integrationsvariablen $\boldsymbol{v}_1$ und Ω festgelegt; sie hängen mit diesen Größen über den Impuls- und Energiesatz zusammen.

Maxwellverteilung

Wir zeigen, dass die Boltzmanngleichung im kräftefreien Fall ($\boldsymbol{F} = 0$) zur Maxwellschen Geschwindigkeitsverteilung führt. Wir beschränken uns auf den Fall, dass die Verteilung nicht vom Ort abhängt, also $f = f(\boldsymbol{v}, t)$. Dies gilt wegen der Homogenität des Raums im kräftefreien Fall für die Gleichgewichtsverteilung; für die Anfangsverteilung ist dies aber eine zusätzliche Annahme.

Im betrachteten klassischen System können alle makroskopischen Größen mit $f(\boldsymbol{v}, t)$ berechnet werden. Das Gleichgewicht ist der Makrozustand, in dem sich makroskopische Größen nicht mehr ändern. Wir bezeichnen die zugehörige Gleichgewichtsverteilung mit $f_0(\boldsymbol{v})$.

Wir leiten die Gleichgewichtsverteilung $f_0(\boldsymbol{v})$ aus der Boltzmanngleichung ab: Wegen $\boldsymbol{F} = 0$ und $\partial f(\boldsymbol{v}, t)/\partial \boldsymbol{r} = 0$ reduziert sich die linke Seite von (42.3) auf $\partial f/\partial t$. Für die Gleichgewichtsverteilung gilt $\partial f_0(\boldsymbol{v})/\partial t = 0$. Also muss die rechte Seite von (42.3) verschwinden. Wir setzen Geschwindigkeiten $\boldsymbol{v}'$ und $\boldsymbol{v}_1'$ voraus, die sich durch einen elastischen Streuprozess aus $\boldsymbol{v}$ und $\boldsymbol{v}_1$ ergeben können. Hierfür ist

$d\sigma/d\Omega \neq 0$. Daher muss der Klammerausdruck im Integral in (42.3) verschwinden:

$$f_0(\boldsymbol{v})\, f_0(\boldsymbol{v}_1) - f_0(\boldsymbol{v}')\, f_0(\boldsymbol{v}_1') = 0 \tag{42.6}$$

Hiervon nehmen wir den Logarithmus:

$$\ln f_0(\boldsymbol{v}) + \ln f_0(\boldsymbol{v}_1) = \ln f_0(\boldsymbol{v}') + \ln f_0(\boldsymbol{v}_1') \tag{42.7}$$

Die linke Seite ist eine Funktion der Geschwindigkeiten vor dem Stoß, die rechte ist dieselbe Funktion nach dem Stoß (oder umgekehrt). Gleichung (42.7) bedeutet, dass diese Funktion eine *Erhaltungsgröße* ist. Erhaltungsgrößen beim elastischen Stoß sind die (kinetische) Energie, der Impuls und der Drehimpuls. Nur die Energie und der Impuls lassen sich allein durch die Geschwindigkeiten ausdrücken. Für diese Erhaltungsgrößen gilt

$$m\,(\boldsymbol{v} + \boldsymbol{v}_1) = m\,(\boldsymbol{v}' + \boldsymbol{v}_1'), \qquad \frac{m}{2}\left(\boldsymbol{v}^2 + \boldsymbol{v}_1^2\right) = \frac{m}{2}\left(\boldsymbol{v}'^2 + \boldsymbol{v}_1'^2\right) \tag{42.8}$$

Die allgemeinste Erhaltungsgröße, die nur von den Geschwindigkeiten abhängt und die wie (42.7) additiv in den Beiträgen der beiden Teilchen ist, ist eine Linearkombination aus Energie und Impuls. Daher gilt

$$\ln f_0(\boldsymbol{v}) = a + \boldsymbol{b}\cdot\boldsymbol{v} + c\,\boldsymbol{v}^2 \tag{42.9}$$

Hieraus folgt für den Mittelwert der Geschwindigkeit $\overline{\boldsymbol{v}} \propto \int d^3v\; \boldsymbol{v}\, f_0 \propto \boldsymbol{b}$. Wir gehen nun in das Inertialsystem, in dem dieser Mittelwert verschwindet; formal erreichen wir dies durch eine Galileitransformation. Für $\boldsymbol{b} = 0$ folgt aus (42.9) die Maxwellsche Geschwindigkeitsverteilung:

$$f_0(\boldsymbol{v}) = f_0(v) = A\,\exp(-\beta m v^2/2) \tag{42.10}$$

Dabei haben wir die Konstante c in (42.9) durch $-\beta m/2$ mit einer anderen, zunächst unbekannten Konstanten β ersetzt. Aus (42.10) folgt für die mittlere Energie pro Teilchen $m\,\overline{v^2}/2 = 3/(2\beta)$. Dies legt die physikalische Bedeutung von β fest, und zwar in Übereinstimmung mit der früher eingeführten Bedeutung $\beta = 1/k_{\mathrm{B}}T$.

Aus der Mastergleichung haben wir ein mikrokanonisches Gleichgewicht erhalten, aus der Boltzmanngleichung ein kanonisches Gleichgewicht (42.10). Dies liegt daran, dass sich die P_r auf die Verteilung der Mikrozustände des abgeschlossenen Systems bezogen, während $f(\boldsymbol{v})$ die Geschwindigkeitsverteilung der einzelnen Teilchen wiedergibt.

Stoßterm-Näherung

Wir führen eine einfache Näherung für den Stoßterm der Boltzmanngleichung ein. Dazu betrachten wir kleine Abweichungen von der Gleichgewichtsverteilung f_0 aus (42.10):

$$f(\boldsymbol{r}, \boldsymbol{v}, t) = f_0(v) + \delta f(\boldsymbol{r}, \boldsymbol{v}, t) \tag{42.11}$$

Wir nähern die rechte Seite der Boltzmanngleichung durch

$$\int d^3v_1 \int d\Omega \, V \, \frac{d\sigma}{d\Omega} \Big(f(\boldsymbol{r}, \boldsymbol{v}', t)\, f(\boldsymbol{r}, \boldsymbol{v}_1', t) - f(\boldsymbol{r}, \boldsymbol{v}, t)\, f(\boldsymbol{r}, \boldsymbol{v}_1, t) \Big) \approx - \frac{\delta f(\boldsymbol{r}, \boldsymbol{v}, t)}{\tau} \tag{42.12}$$

an. Für $f = f_0$ verschwindet der Stoßterm; für kleine Abweichungen wird er daher proportional zu δf sein. Für den Koeffizienten $1/\tau$ von δf führen wir eine grobe Abschätzung durch: Wir nähern $\int d\Omega \;\, d\sigma/d\Omega \ldots$ durch den Wirkungsquerschnitt σ an, $\int d^3v \; f_0(v) \ldots$ durch die mittlere Teilchendichte n, und V durch die mittlere Geschwindigkeit $\overline{v}$. Diese Abschätzung vernachlässigt numerische Faktoren und die in δf quadratischen Terme; sie berücksichtigt aber korrekt die Dimension der Faktoren. Für den Koeffizienten $1/\tau$ erhalten wir damit

$$\frac{1}{\tau} \approx \overline{v}\, n\, \sigma \tag{42.13}$$

Elementare kinetische Überlegungen im nächsten Kapitel zeigen, dass τ die mittlere Stoßzeit zwischen Teilchen des Gases ist. Eine genauere Auswertung des Stoßterms kann zur Bestimmung der numerischen Faktoren und einer Geschwindigkeitsabhängigkeit von τ führen.

Elektrische Leitfähigkeit

Die Boltzmanngleichung ist Ausgangspunkt zur Berechnung verschiedener Transportkoeffizienten, etwa der Viskosität, der elektrischen Leitfähigkeit oder der Wärmeleitfähigkeit. Am Beispiel der elektrischen Leitfähigkeit machen wir uns die prinzipielle Möglichkeit einer solchen Berechnung klar.

Wir betrachten ein klassisches Gas aus geladenen Teilchen (Ladung q) in einem homogenen elektrischen Feld. Hierfür ist auf der linken Seite der Boltzmanngleichung die Kraft

$$\boldsymbol{F} = q\, E_z \boldsymbol{e}_z = \text{const.} \tag{42.14}$$

einzusetzen. Da die Kraft zeitlich und räumlich konstant ist, suchen wir eine zeit- und ortsunabhängige Korrektur zur Gleichgewichtsverteilung, also

$$f(\boldsymbol{r}, \boldsymbol{v}, t) = f_0(\boldsymbol{v}) + \delta f(\boldsymbol{v}) \tag{42.15}$$

Da die rechte Seite der Boltzmanngleichung von der Ordnung δf ist, gilt dies auch für die linke Seite. Auf der linken Seite genügt es daher f_0 einzusetzen. Da f_0 nicht vom Ort und von der Zeit abhängt, ergibt die linke Seite $(\boldsymbol{F}/m) \cdot \partial f_0/\partial \boldsymbol{v}$. Auf der rechten Seite verwenden wir die Stoßterm-Näherung (42.12):

$$\frac{q\, E_z}{m}\, \frac{\partial f_0(v)}{\partial v_z} \approx - \frac{\delta f(\boldsymbol{v})}{\tau} \tag{42.16}$$

Für $f_0(v)$ verwenden wir die Maxwellverteilung (42.10). Hierfür gilt

$$\frac{\partial f_0}{\partial v_z} = -\beta\, f_0\, m\, v_z \tag{42.17}$$

Aus den letzten beiden Gleichungen folgt

$$\delta f(\boldsymbol{v}) \approx \tau\, q\, E_z\, \beta\, f_0(v)\, v_z \qquad (42.18)$$

Für $f = f_0 + \delta f$ berechnen wir die mittlere Stromdichte:

$$\begin{aligned} j_z &= q \int d^3v\; v_z\, \big(f_0(v) + \delta f(\boldsymbol{v})\big) \approx \tau\, q^2\, E_z\, \beta \int d^3v\; v_z^2\, f_0 \\ &= \frac{\tau\, q^2\, E_z}{k_{\rm B} T}\, n\, \overline{v_z^2} = \frac{n q^2 \tau}{m}\, E_z \end{aligned} \qquad (42.19)$$

Im letzten Schritt haben wir die Aussage $m\, \overline{v_z^2}/2 = k_{\rm B}T/2$ des Gleichverteilungssatzes eingesetzt. Aus dem Ergebnis lesen wir die *elektrische Leitfähigkeit* $\sigma_{\rm el}$ ab:

$$\sigma_{\rm el} = \frac{j_z}{E_z} = \frac{n\, q^2}{m}\, \tau \qquad (42.20)$$

Diesen und andere Transportkoeffizienten leiten wir im nächsten Kapitel direkt aus elementaren kinetischen Betrachtungen ab. Hier haben wir den prinzipiellen Weg einer genaueren Berechnung auf der Grundlage der Boltzmanngleichung aufgezeigt.

Aufgaben

42.1 Kontinuitätsgleichung für Teilchendichte

Ein System aus $N \gg 1$ Teilchen hat die klassische Hamiltonfunktion

$$H = \sum_{i=1}^{N} \frac{\boldsymbol{p}_i^2}{2m} + V(\boldsymbol{r}_1, \ldots, \boldsymbol{r}_N, t)$$

Für die Wahrscheinlichkeitsdichte $\varrho(\boldsymbol{r}_1, \ldots, \boldsymbol{r}_N, \boldsymbol{p}_1, \ldots, \boldsymbol{p}_N, t)$ im $6N$-dimensionalen Phasenraum gilt $d\varrho/dt = 0$. Ausgeschrieben ist dies die *Liouville-Gleichung*

$$\frac{\partial \varrho}{\partial t} + \sum_{i=1}^{N} \left(\frac{\partial \varrho}{\partial \boldsymbol{r}_i} \cdot \dot{\boldsymbol{r}}_i + \frac{\partial \varrho}{\partial \boldsymbol{p}_i} \cdot \dot{\boldsymbol{p}}_i \right) = 0 \tag{42.21}$$

Dabei sind $\partial/\partial \boldsymbol{r}_i$ und $\partial/\partial \boldsymbol{p}_i$ die Gradienten bezüglich der Koordinaten $\boldsymbol{r}_i$ und der Impulse $\boldsymbol{p}_i$. Leiten Sie aus der Liouville-Gleichung eine Kontinuitätsgleichung für die lokale Teilchendichte

$$n(\boldsymbol{r}, t) = \int d^{3N}r \; d^{3N}p \; \varrho(\boldsymbol{r}_1, \ldots, \boldsymbol{r}_N, \boldsymbol{p}_1, \ldots, \boldsymbol{p}_N, t) \sum_{i=1}^{N} \delta(\boldsymbol{r} - \boldsymbol{r}_i) \tag{42.22}$$

ab. Dabei ist $d^{3N}r \; d^{3N}p$ das Volumenelement im $6N$-dimensionalen Phasenraum.

43 Kinetisches Gasmodell

In einem elementaren kinetischen Gasmodell leiten wir die Transportgleichungen für elektrischen Strom, Diffusion, Viskosität und Wärmeleitung ab. In diesem Modell haben die Gasteilchen lokal die Geschwindigkeitsverteilung des idealen Gases. Über die mittlere Stoßzeit werden aber – im Gegensatz zum idealen Gas – die Stöße zwischen den Teilchen explizit berücksichtigt.

In den Transportgleichungen treten Koeffizienten auf, die die Stärke oder die Geschwindigkeit des Prozesses bestimmen. Wir berechnen diese Transportkoeffizienten im kinetischen Gasmodell; dabei vernachlässigen wir häufig Faktoren der Größe $\mathcal{O}(1)$. Die Transportkoeffizienten hängen im Allgemeinen von der Temperatur und vom Druck ab.

Mittlere Stoßzeit

Wir betrachten ein klassisches Gas aus Atomen oder Molekülen; die meisten Überlegungen können aber auf andere Systeme (zum Beispiel Elektronen) übertragen werden. Die auftretenden Größen werden numerisch für Luft unter Normalbedingungen ausgewertet.

In Streuexperimenten fällt eine einlaufende Stromdichte j (einfallende Teilchen pro Fläche und Zeit) auf ein Target. Gemessen wird dann die Anzahl der gestreuten Teilchen pro Zeit, dN_{str}/dt. Der Quotient aus diesen Größen ist der Wirkungsquerschnitt σ:

$$\sigma = \frac{dN_{\text{str}}/dt}{j} \tag{43.1}$$

Damit ist σ die Fläche, an der die einlaufende Stromdichte j effektiv gestreut wird. Wir wenden diese Begriffe jetzt auf ein Gas aus Atomen an. Wir stellen uns die Atome des Gases als Kugeln mit dem Durchmesser d vor. Der Wirkungsquerschnitt für die klassische Streuung harter Kugeln ist gleich dem geometrischen Wirkungsquerschnitt

$$\sigma = \pi d^2 \tag{43.2}$$

Ein Atom, das den Weg l zurücklegt, stößt an allen Teilchen im Volumen $\sigma\, l$ (Abbildung 43.1). Bei gegebener Dichte $n = N/V$ ist daher

$$N_{\text{str}} = n\,\sigma\, l = \text{Anzahl der gestoßenen Teilchen} \tag{43.3}$$

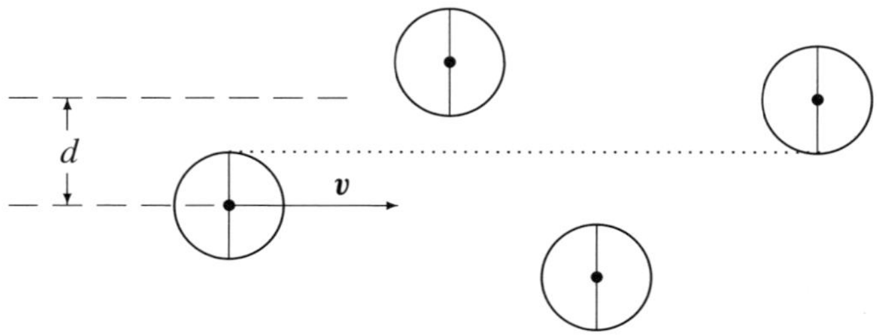

Abbildung 43.1 Ohne Stöße haben die Teilchen geradlinige Bahnen. Wir betrachten speziell eine geradlinige Bahn für das links gezeigte Teilchen. Alle anderen Teilchen, deren Schwerpunkt um weniger als d (Teilchendurchmesser) von dieser Bahn entfernt ist, werden gestoßen; das rechte Teilchen wird gerade noch getroffen. Auf dem Weg l könnte ein Teilchen an allen anderen stoßen, deren Schwerpunkt im Kreiszylinder mit dem Volumen $\sigma\, l$ liegt; dabei ist $\sigma = \pi d^2$. Im Volumen $\sigma\, l$ sind $N_{\rm str} = n\,\sigma\, l$; dabei ist n die Dichte der Teilchen. Für $N_{\rm str} = 1$ folgt hieraus die mittlere freie Weglänge $\lambda \approx 1/(n\,\sigma)$.

Ein herausgegriffenes Teilchen legt in der Zeit t im Mittel den Weg $l = \overline{v}\, t$ zurück. Da sich die Teilchen relativ zueinander bewegen, ergibt sich effektiv der Weg $l = \overline{v}_{\rm rel}\, t$, wobei $\overline{v}_{\rm rel}$ der mittlere Betrag der Relativgeschwindigkeit zweier Teilchen ist.

Die *mittlere Stoßzeit* τ ist dadurch bestimmt, dass sich in dieser Zeit im Mittel genau ein Stoß ergibt. Dazu setzen wir $N_{\rm str} = 1$ und $l = \overline{v}_{\rm rel}\, \tau$ in (43.3) ein:

$$1 = N_{\rm str} = n\,\sigma\,\overline{v}_{\rm rel}\,\tau = \sqrt{2}\,n\,\sigma\,\overline{v}\,\tau \tag{43.4}$$

Der letzte Schritt $\overline{v}_{\rm rel} = \sqrt{2}\,\overline{v}$ ergibt sich aus der Lösung von Aufgabe 28.9, wobei wir eine Maxwellverteilung der Geschwindigkeiten annehmen. Damit erhalten wir

$$\boxed{\tau = \frac{1}{\sqrt{2}\,n\,\sigma\,\overline{v}} \qquad \text{mittlere Stoßzeit}} \tag{43.5}$$

Während der Zeit τ legt ein Teilchen im Mittel den Weg $\lambda = \overline{v}\,\tau$ zurück:

$$\boxed{\lambda = \frac{1}{\sqrt{2}\,n\,\sigma} \qquad \text{mittlere freie Weglänge}} \tag{43.6}$$

Wir schätzen τ und λ für Luft bei Normaldruck ($P \approx 1$ bar) und Zimmertemperatur ($T \approx 300$ K) ab. Zunächst gilt für die Teilchendichte

$$n = \frac{N}{V} = \frac{6\cdot 10^{23}}{22\,{\rm l}} = 2.7\cdot 10^{25}\,\frac{1}{{\rm m}^3} \tag{43.7}$$

Hierbei werden alle Luftmoleküle mitgezählt, also im Wesentlichen die N_2- und O_2-Moleküle; sie ergeben zusammen den Druck P und die Dichte $n \approx P/k_{\rm B}T$. Jedem Teilchen steht im Mittel das Volumen $v = V/N = 1/n$ zur Verfügung. Hieraus folgt für den mittleren Abstand $\langle r\rangle$ zweier Moleküle:

$$\langle r\rangle \approx \frac{1}{n^{1/3}} = 30\,\text{Å} \tag{43.8}$$

Aus (24.24) erhalten wir die mittlere Geschwindigkeit

$$\overline{v} = \sqrt{\frac{8}{\pi}\,\frac{k_\mathrm{B}T}{m}} \approx 440\,\frac{\mathrm{m}}{\mathrm{s}} \tag{43.9}$$

Dabei wurde $k_\mathrm{B}T \approx \mathrm{eV}/40$ und $m \approx 30\,\mathrm{GeV}/\mathrm{c}^2$ für N_2 oder O_2 eingesetzt. Die Luftmoleküle sind nicht kugelförmig wie in Abbildung 43.1 angenommen; durch Mittelung über alle Richtungen kann man aber zu einem effektiven Teilchendurchmesser d kommen. Hierfür setzen wir den plausiblen Wert $d \approx 3\,\text{Å}$ an. Damit erhalten wir

$$\lambda = \frac{1}{\sqrt{2}\,\pi\, d^2 n} \approx 10^{-7}\,\mathrm{m} = 1000\,\text{Å}\,, \qquad \tau = \frac{\lambda}{\overline{v}} \approx 2\cdot 10^{-10}\,\mathrm{s} \tag{43.10}$$

Diese Werte sind realistisch. Der Vergleich zwischen $d \approx 3\,\text{Å}$, $\langle r\rangle \approx 30\,\text{Å}$ und $\lambda \approx 1000\,\text{Å}$ macht die Größenverhältnisse auf der mikroskopischen Skala klar. Das pro Teilchen zur Verfügung stehende Volumen ist etwa um einen Faktor $10^3 \approx \langle r\rangle^3/d^3$ größer als das Eigenvolumen; es handelt sich also um ein verdünntes Gas. Daher ist auch die mittlere freie Weglänge viel größer als der mittlere Abstand der Teilchen.

Der Übergang vom Nichtgleichgewichtszustand zum Gleichgewicht erfolgt lokal (in einem Bereich von mehreren λ's) durch wenige Stöße; insofern bestimmt die Stoßzeit auch die Einstellung des lokalen Gleichgewichts. Die Einstellung des globalen Gleichgewichts wird dagegen durch die zu diskutierenden Transportgleichungen beschrieben.

Elektrische Leitfähigkeit

Wir gehen von einem klassischen Gas mit einer bestimmten Stoßzeit τ aus. Die Teilchen sollen die Ladung q tragen. Wir untersuchen den Transport elektrischer Ladungen, der durch ein äußeres elektrisches Feld $\boldsymbol{E}$ bewirkt wird. Diese Überlegungen lassen sich auf das Elektronengas eines Metalls übertragen.

Die Bewegungsgleichung des i-ten Teilchens (Masse m, Ladung q) in der Zeit *zwischen zwei Stößen* lautet

$$m\,\dot{\boldsymbol{v}}_i = q\,\boldsymbol{E} \tag{43.11}$$

Hieraus folgt

$$\boldsymbol{v}_i = \frac{q\,\boldsymbol{E}}{m}\,t_i + \boldsymbol{v}_{i,0} \tag{43.12}$$

Dabei ist $\boldsymbol{v}_{i,0}$ die Geschwindigkeit des Teilchens unmittelbar nach dem letzten Stoß, und t_i ist die Zeit, die seit diesem Stoß vergangen ist.

Wir betrachten nun eine Gruppe von $N_0 \gg 1$ Teilchen (etwa alle Teilchen in einem Volumenelement) unmittelbar nach einem Stoß. Die Stoßwahrscheinlichkeit pro Zeit ist für jedes Teilchen gleich $1/\tau$. Die Anzahl der Teilchen, die nach der Zeitspanne t noch nicht wieder gestoßen haben, ergibt sich daher aus $dN(t)/dt = -N(t)/\tau$ zu $N(t) = N_0 \exp(-t/\tau)$. Die Wahrscheinlichkeit für das Auftreten eines t_i-Werts in (43.12) ist proportional zu $N(t_i)$; daraus folgt die Wahrscheinlichkeitsdichte $w(t) \propto \exp(-t/\tau)$ für die Verteilung der Zeitspannen $t_1, t_2, ..., t_{N_0}$. Die gemäß $\int_0^\infty w(t)\, dt = 1$ normierte Wahrscheinlichkeitsdichte ist $w(t) = \exp(-t/\tau)/\tau$. Damit berechnen wir die mittlere Geschwindigkeit der Teilchengruppe aufgrund des angelegten Felds:

$$\boldsymbol{v}_{\rm drift} = \frac{qE}{m}\,\overline{t_i} = \frac{q\boldsymbol{E}}{m}\,\frac{1}{N_0}\sum_1^{N_0} t_i = \frac{q\boldsymbol{E}}{m}\int_0^\infty dt\; w(t)\, t = \frac{q\boldsymbol{E}}{m}\,\tau \tag{43.13}$$

Wir nehmen an, dass diese *Driftgeschwindigkeit* klein gegenüber der mittleren Geschwindigkeit ist, also

$$\left|\boldsymbol{v}_{\rm drift}\right| = \frac{qE}{m}\,\tau \ll \left|\boldsymbol{v}(0)\right| \tag{43.14}$$

Als Beispiel betrachten wir ein einfach ionisiertes O_2-Molekül ($m = 32\,\mathrm{GeV/c^2}$ und $q = e = 1.6 \cdot 10^{-19}$ Coulomb) in Luft ($\tau = 2 \cdot 10^{-10}\,$s) bei einem Feld der Stärke $E = 10\,000\,$Volt/Meter. Hierfür ist $qE\tau/m \approx 6\,$m/s klein gegenüber $|\boldsymbol{v}(0)| \sim \overline{v} \approx 440\,$m/s.

Da die zusätzliche Geschwindigkeit $\boldsymbol{v}_{\rm drift}$ klein ist, können wir davon ausgehen, dass die Geschwindigkeiten $\boldsymbol{v}_{i,0}$ unmittelbar nach einem Stoß näherungsweise isotrop verteilt sind, also $\overline{\boldsymbol{v}_{i,0}} \approx 0$. Damit erhalten wir die mittlere Geschwindigkeit

$$\overline{\boldsymbol{v}_i} = \frac{qE}{m}\,\overline{t_i} + \overline{\boldsymbol{v}_{i,0}} \approx \boldsymbol{v}_{\rm drift} \tag{43.15}$$

Die elektrische Stromdichte ist gleich dem Produkt aus der Ladungsdichte $n\,q$ und der mittleren Geschwindigkeit:

$$\boldsymbol{j} = \sigma_{\rm el}\,\boldsymbol{E} = n\,q\,\overline{\boldsymbol{v}_i} \approx q\,n\,\boldsymbol{v}_{\rm drift} \tag{43.16}$$

Der Proportionalitätskoeffizient $\sigma_{\rm el}$ zwischen der Stromdichte $\boldsymbol{j}$ und dem Feld $\boldsymbol{E}$ wird als *elektrische Leitfähigkeit* bezeichnet. Im vorgestellten kinetischen Gasmodell erhalten wir

$$\boxed{\sigma_{\rm el} \approx \frac{n\,q^2\,\tau}{m} \qquad \text{elektrische Leitfähigkeit}} \tag{43.17}$$

Die Aussage $\boldsymbol{j} = \sigma_{\rm el}\,\boldsymbol{E}$ wird *Ohmsches Gesetz* genannt; sie impliziert, dass $\sigma_{\rm el}$ unabhängig von $\boldsymbol{E}$ ist. In einem Stromkreis bedeutet dies, dass der Strom proportional zur angelegten Spannung ist. In realen Systemen ist $\sigma_{\rm el}$ nur näherungsweise unabhängig vom angelegten Feld.

Im Gaußschen Maßsystem ist $[q] = \mathrm{ESE} = \mathrm{cm^{3/2}\,g^{1/2}/s}$ (ESE = elektrostatische Einheit), $[m] = \mathrm{g}$, $[n] = \mathrm{cm^{-3}}$ und $[\tau] = \mathrm{s}$; daraus folgt $[\sigma] = \mathrm{s^{-1}}$. Im SI-System gilt dagegen $[\sigma] = \mathrm{A/(Vm)}$; dies folgt etwa aus $[j] = \mathrm{Ampere/m^2} = \mathrm{A/m^2}$ und $[E] = \mathrm{Volt/m} = \mathrm{V/m}$.

Das Ergebnis (43.17) hatten wir bereits in (42.20) aus einer groben Näherung der Boltzmanngleichung erhalten. Die im Stoßterm (42.12) eingeführte Größe τ hat im kinetischen Gasmodell eine anschauliche Bedeutung erhalten.

Ein klassisches Gas wird im Allgemeinen nur teilweise ionisiert sein. Für n ist dann die Dichte der Ionen einzusetzen, während τ sich aus den Stößen aller Gasteilchen ergibt. Der konkrete Wert für $\sigma_{\rm el}$ hängt also vom Ionisationsgrad ab.

Ein praktisch wichtiger Fall ist das Elektronengas ($q = -e$, $m = m_{\rm e}$) in einem Metall. Die Elektronen können näherungsweise als ideales Fermigas behandelt werden. Nach Kapitel 32 tragen nur die Elektronen der aufgeweichten Fermikante zur Wärmekapazität bei. Im Gegensatz dazu sind aber *alle* Elektronen an der elektrischen Leitung beteiligt. Durch das angelegte Feld erhalten nämlich alle Elektronen die zusätzliche Driftgeschwindigkeit $\boldsymbol{v}_{\rm drift}$. Dadurch wird die gesamte Fermiverteilung verschoben; dies ist durch das Pauliprinzip nicht behindert. Ebenso wie im klassischen Gas tendiert das angelegte Feld dazu, die Elektronen zu beschleunigen. Ebenso wie dort ergibt sich aufgrund von Stößen eine endliche Driftgeschwindigkeit.

Wir können also (43.17) auch auf die beweglichen Elektronen eines Metalls anwenden. Die Stoßzeit ist hier aber nicht durch Elektron-Elektron-Stöße bestimmt, sondern durch Stöße am Kristallgitter, also durch Elektron-Phonon-Wechselwirkung. Die mittlere Stoßzeit hängt dann von der temperaturabhängigen Phonondichte (Kapitel 33) ab. In diesem Fall dient (43.17) zunächst dazu, die mittlere Stoßzeit τ aus der leicht messbaren Leitfähigkeit zu bestimmen. Speziell für Kupfer gilt

$$\sigma_{\rm el} \approx 6 \cdot 10^{17}\,{\rm s}^{-1}\,, \qquad \tau \approx 2 \cdot 10^{-14}\,{\rm s} \qquad (\text{Kupfer}, T = 0^{\rm o}{\rm C}) \tag{43.18}$$

Die Stoßzeit $\tau = m\sigma_{\rm el}/(ne^2)$ wurde hier aus dem experimentellen Wert der Leitfähigkeit $\sigma_{\rm el}$ bestimmt. Dabei wurde angenommen, dass es pro Atom ein freies Elektron gibt; dann ist für n die Atomdichte $n \approx 1/(12\,\text{Å}^3)$ im Kupferkristall einzusetzen. Es wurde das Gaußsche Maßsystem verwendet.

Die Relation (43.14) ist für die Metallelektronen sehr gut erfüllt. Die linke Seite in (43.14) ist für die Elektronen von derselben Größenordnung wie sie für Ionen im Anschluss an (43.14) abgeschätzt wurde; denn sowohl die Stoßzeit wie die Masse sind etwa um einen Faktor 10^4 kleiner. Die Geschwindigkeiten der Elektronen sind aber von der Größe der Fermigeschwindigkeit (Kapitel 32), also $|\boldsymbol{v}(0)| \sim c/100$, und damit um Größenordnungen über möglichen Werten von $v_{\rm drift}$.

Reibung

Wegen der Stöße führt eine konstante Kraft zu einer endlichen Driftgeschwindigkeit $\boldsymbol{v}_{\rm drift} = \tau\,\boldsymbol{F}/m$, (43.13), und nicht etwa zu einer konstanten Beschleunigung. Ein solches Verhalten kann durch einen Reibungsterm in Newtons Bewegungsgleichung beschrieben werden. Durch

$$m\,\dot{\boldsymbol{v}} = \boldsymbol{F} - \gamma\,\boldsymbol{v} \tag{43.19}$$

definieren wir einen *Reibungskoeffizienten* γ (auch Reibungskonstante genannt). Für $t \to \infty$ ist die Lösung der Bewegungsgleichung $\boldsymbol{v}(\infty) = \boldsymbol{F}/\gamma$. Die Identifikation von $\boldsymbol{v}(\infty)$ mit der Driftgeschwindigkeit $\boldsymbol{v}_{\rm drift} = \tau\,\boldsymbol{F}/m$ ergibt $\gamma = m/\tau$

oder

$$\boxed{\gamma = \frac{m\,\overline{v}}{\lambda} \qquad \text{Reibungskoeffizient}} \tag{43.20}$$

Die Messung des Verhältnisses $F/v_{\rm drift}$ bestimmt den Reibungskoeffizienten γ; seine Dimension ist $[\gamma] = \text{kg/s}$. Ebenso wie alle anderen Transportkoeffizienten ist der Reibungskoeffizient in der Regel von der Temperatur und vom Druck abhängig.

Diffusion

Die Stöße zwischen den Gasteilchen führen zum Ausgleich einer anfangs inhomogenen Dichte. Dieser Vorgang heißt Diffusion.

Die Dichte des Gases hänge nur von der z-Koordinate ab, also $n = n(z)$. In Abbildung 43.2 mit $X = n$ betrachten wir die Teilchen, die durch die Fläche $z = z_0$ fliegen; dabei vernachlässigen wir Faktoren der Größe 1. Die Teilchen bei z_0 haben gleichverteilte Geschwindigkeitsrichtungen und ergeben daher keinen Nettostrom durch die Fläche $z = z_0$. Die Teilchen bei $z_0 \pm \lambda$ haben ebenfalls alle möglichen Richtungen. Wenn ihre Geschwindigkeit gerade in $\mp z$-Richtung zeigt, ergeben sie einen Beitrag zum Strom durch die Fläche $z = z_0$. Diese Richtung haben jeweils etwa $1/6$ der Teilchen. Dabei ist der Betrag der Geschwindigkeit von der Größe $\overline{v}$; außerdem wird angenommen, dass $\overline{v}$ nicht von z abhängt. Die Teilchen, die weiter als λ von z_0 entfernt sind, streuen, bevor sie die Fläche $z = z_0$ erreichen; sie tragen zum betrachteten Zeitpunkt nicht zum Strom bei. Damit erhalten wir bei z_0 die Teilchenstromdichte

$$j_z = \frac{\text{Anzahl der Teilchen}}{\text{Zeit} \cdot \text{Fläche}} \approx \frac{1}{6}\,\overline{v}\,\Big(n(z_0-\lambda) - n(z_0+\lambda)\Big) = \frac{\overline{v}}{6}\,\frac{\partial n}{\partial z}\,\big(-2\lambda\big) \tag{43.21}$$

Dies zeigt, dass die Stärke des Diffusionsstroms proportional zum negativen Dichtegradienten ist. Durch die Transportgleichung

$$j_z = n\, v_{\rm diff} = -D\, \frac{\partial n}{\partial z} \tag{43.22}$$

wird die *Diffusionskonstante* D definiert; außerdem haben wir die Diffusionsgeschwindigkeit $v_{\rm diff}$ eingeführt. Unsere Abschätzung ergibt

$$\boxed{D \approx \frac{\overline{v}\,\lambda}{3} \qquad \text{Diffusionskonstante}} \tag{43.23}$$

Für Luft setzen wir (43.9) und (43.10) ein:

$$D \approx 1.5 \cdot 10^{-5}\, \frac{\text{m}^2}{\text{s}} \qquad \text{(Luft)} \tag{43.24}$$

Experimentell findet man $D \approx 1.8 \cdot 10^{-5}\,\text{m}^2/\text{s}$ für O_2 in Luft unter Normalbedingungen.

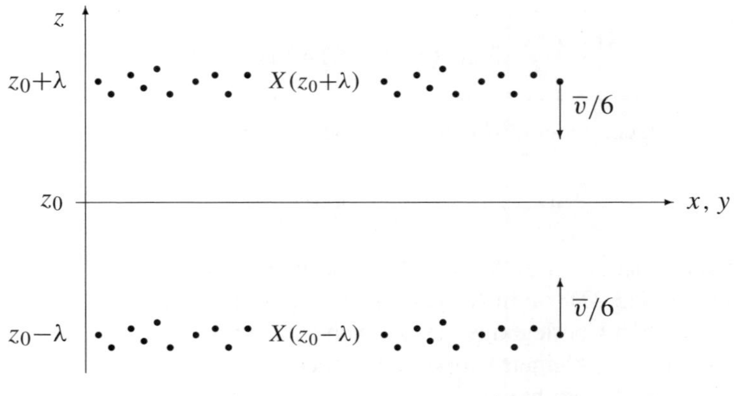

Abbildung 43.2 Eine Größe X (Dichte, Temperatur, mittlere Geschwindigkeit) sei in z-Richtung inhomogen. Dann führen die statistischen Geschwindigkeiten der Gasteilchen zu einem Nettostrom, der dazu tendiert, diese Größe auszugleichen. In die Berechnung dieses Stroms geht ein, dass die Teilchen jeweils nur auf der Länge λ ihre Richtung beibehalten. Für eine grobe statistische Abschätzung kann man so tun, als ob jeweils 1/6 der Teilchen mit der Geschwindigkeit $\overline{v}$ in eine der sechs verschiedenen Richtungen ($\pm x$-, $\pm y$ und $\pm z$-Richtung) fliegt.

Die Diffusion ist der Prozess des Dichteausgleichs im ruhenden Medium. Tatsächlich wird ein Dichteausgleich oft eher durch Konvektion erfolgen; zum Beispiel durch Winde in der Atmosphäre.

Durch (43.22) mit (43.23) kann auch der Dichteausgleich eines Spurengases (zum Beispiel eines Duftstoffs in Luft) behandelt werden. Dann ist $n(z)$ die Dichte des Spurengases. Die mittlere freie Weglänge λ ist durch die Stöße der Spurengasteilchen mit allen vorhandenen Gasteilchen bestimmt; die Stöße der Spurengasteilchen untereinander spielen nur eine untergeordnete Rolle. Für die Verteilung des Spurengases (etwa in einem Zimmer) ist meist die Konvektion und nicht die Diffusion der dominante Prozess.

Diffusionsgleichung

Wir leiten noch die Diffusionsgleichung ab. Da die Anzahl der Teilchen erhalten ist, muss für den Diffusionsstrom die Kontinuitätsgleichung $\dot{n} = -\operatorname{div} \boldsymbol{j}$ gelten, also

$$\frac{\partial n(z,t)}{\partial t} = -\frac{\partial (n\, v_{\text{diff}})}{\partial z} \tag{43.25}$$

Hierin setzen wir (43.22) ein und erhalten die *Diffusionsgleichung*

$$\frac{\partial n(z,t)}{\partial t} = D\, \frac{\partial^2 n(z,t)}{\partial z^2} \tag{43.26}$$

Die Verallgemeinerung auf drei Raumrichtungen ist

$$\boxed{\frac{\partial n(\boldsymbol{r},t)}{\partial t} = D\,\Delta n(\boldsymbol{r},t) \qquad \text{Diffusionsgleichung}} \tag{43.27}$$

Dabei ist Δ Laplaceoperator. Man überprüft leicht, dass

$$n(z,t) = \frac{N}{\sqrt{4\pi D t}}\,\exp\left(-\frac{z^2}{4Dt}\right) \tag{43.28}$$

die Diffusionsgleichung (43.26) löst. Diese Lösung ist normiert, $\int dz\; n(z,t) = N$. Die Lösung von (43.27) soll in Aufgabe 43.1 aufgestellt werden.

Die angestellten Überlegungen lassen sich auch auf die in einer Flüssigkeit gelösten Moleküle oder kleinen Partikel anwenden, oder auf ein Spurengas in Luft. Die freie Weglänge λ ergibt sich in diesem Fall aus der Streuung der betrachteten Teilchen mit denen des Mediums. Die mittlere Geschwindigkeit ist durch die konstante Temperatur des Mediums vorgegeben. Der Dichtegradient bezieht sich aber allein auf die gelösten Teilchen oder das Spurengas. Für diese Anwendungen zeigt die Lösung (43.28), wie sich eine anfangs lokalisierte Verteilung verbreitert. Das Maß für die Verbreiterung ist

$$(\Delta z)^2 = \overline{(z-\overline{z})^2} = \overline{z^2} = \frac{1}{N}\int_{-\infty}^{\infty} dz\; z^2\, n(z,t) = 2Dt \tag{43.29}$$

Mit (43.24) schätzen wir ab, wie weit sich ein Molekül in Luft im Mittel von seinem Anfangsort wegbewegt:

$$\Delta z = \sqrt{2Dt} \approx \begin{cases} 5\,\text{mm} & (t = 1\ \text{Sekunde}) \\ 1\,\text{m} & (t = 1\ \text{Tag}) \end{cases} \tag{43.30}$$

Dies gilt zunächst für ein Luftmolekül in Luft, der Größenordnung nach aber auch für das Molekül eines Spurengases oder Duftstoffs in Luft. Angesichts der relativ großen Geschwindigkeiten ($\overline{v} \approx 440\,\text{m/s}$) der Moleküle sind die zurückgelegten Entfernungen eher bescheiden. Dies liegt an den häufigen Stößen, die zu einer Zickzackbewegung (random walk) führen. Über den Prozess der Diffusion würde die Verbreitung von Duftstoffen in einem Zimmer aus einer räumlich lokalisierten Quelle relativ lange dauern. Praktisch ergibt sich eine Verteilung viel schneller aufgrund von Luftkonvektion.

Brownsche Bewegung

Ein spezielles System, an dem Diffusion und Reibung studiert werden können, ist die *Brownsche Bewegung*. Auf der Oberfläche einer Flüssigkeit schwimmende, kleine (Brownsche) Teilchen führen sichtbare Zickzackbewegungen aus; dieser zweidimensionale random walk entspricht der Molekülbewegung im kinetischen Gasmodell. Die Zickzackbewegung ist das Resultat von Stößen des Brownschen Teilchens mit den thermisch bewegten Molekülen der Flüssigkeit.

Für die Brownsche Bewegung können γ und D in folgender Weise experimentell bestimmt werden. Man lädt die Brownschen Teilchen elektrisch auf und legt ein Feld $\boldsymbol{E} = E\,\boldsymbol{e}_z$ an. Dies führt zu einer Driftbewegung mit $v_{\text{drift}} = q\,E/\gamma$, also zu der mittleren Verschiebung

$$\overline{z} = \frac{q\,E}{\gamma}\,t \tag{43.31}$$

Zu dieser mittleren Verschiebung aufgrund des angelegten Felds kommt noch die ungerichtete Diffusionsbewegung mit

$$(\Delta z)^2 = \overline{(z-\overline{z})^2} = 2\,D\,t \tag{43.32}$$

Dies wurde in (43.29) für $\overline{z} = 0$ berechnet; das Ergebnis gilt aber auch für $\overline{z} \neq 0$. Die Schwankung Δz kann also mit oder ohne Feld gemessen werden.

Die Größen $\overline{z}$ und $\overline{\Delta z^2}$ lassen sich durch die Beobachtung vieler Brownscher Teilchen experimentell bestimmen. Man beobachtet das i-te Teilchen und setzt hierfür $z_i(0) = 0$. Dann verfolgt man die Bewegung dieses Teilchens und bestimmt seine Position $z_i(t)$ nach einer Zeitspanne t (mit $t \gg \tau$). Die Beobachtung von N Teilchen ($i = 1,\ldots, N$, mit $N \gg 1$) ergibt dann die Mittelwerte

$$\overline{z} = \frac{1}{N}\sum_{i=1}^{N} z_i(t)\,, \qquad (\Delta z)^2 = \overline{(z-\overline{z})^2} = \frac{1}{N}\sum_{i=1}^{N}\Big(z_i(t) - \overline{z}(t)\Big)^2 \tag{43.33}$$

Diese Größen sollten über t aufgetragen eine Gerade ergeben, (43.31) und (43.32). Die Steigungen der jeweiligen Geraden bestimmen γ und D.

Einstein-Relation

Sowohl die Reibung (allgemeiner *Dissipation*) wie auch die Diffusion (allgemeiner *Fluktuation*) haben ihren Ursprung in den Stößen zwischen den Teilchen. Daher gibt es einen Zusammenhang zwischen γ und D. Dieser Zusammenhang heißt Einstein-Relation oder in allgemeinerem Zusammenhang auch Fluktuations-Dissipations-Theorem.

Aus (43.20) und (43.23) erhalten wir $\gamma\,D \approx m\,\overline{v}^2/3 = \mathcal{O}(1)\,k_{\text{B}}T$. Durch eine spezielle Überlegung bestimmen wir den Faktor $\mathcal{O}(1)$ zu 1 und erhalten damit die *Einstein-Relation*

$$\boxed{\gamma\,D = k_{\text{B}}T \qquad \text{Einstein-Relation}} \tag{43.34}$$

Zur Bestimmung des numerischen Faktors gehen wir von der barometrischen Höhenformel

$$n(z) = n(0)\,\exp\left(-\frac{m\,g\,z}{k_{\text{B}}T}\right) \tag{43.35}$$

aus. Sie kann als die Gleichgewichtsverteilung verstanden werden, die sich aufgrund folgender Prozesse einstellt:

1. Die Schwerkraft $F = -mg$ führt im stationären Fall nach (43.19) zur mittleren Sinkgeschwindigkeit v_{drift} der Teilchen:

$$v_{\text{drift}} = -\frac{mg}{\gamma} \tag{43.36}$$

2. Andererseits bewirkt eine inhomogene Dichte nach (43.22) einen Diffusionsstrom mit der Geschwindigkeit

$$v_{\text{diff}} = -\frac{D}{n}\,\frac{\partial n}{\partial z} = D\,\frac{mg}{k_{\text{B}}T} \tag{43.37}$$

Beide Geschwindigkeiten sind auf die z-Richtung bezogen. Im Gleichgewicht muss der Nettostrom gleich null sein, also

$$v_{\text{drift}} + v_{\text{diff}} = -\frac{mg}{\gamma} + D\,\frac{mg}{k_{\text{B}}T} = 0 \tag{43.38}$$

Hieraus folgt (43.34). In dieser Ableitung wurden nur die Definitionen $\gamma = F/v_{\text{drift}}$ und $D = -j_z/(\partial n/\partial z)$ benutzt, nicht aber die Näherungsausdrücke des kinetischen Gasmodells.

Viskosität

Die Viskosität η einer Flüssigkeit oder eines Gases wird durch den in Abbildung 43.3 dargestellten schematischen Versuchsaufbau definiert. Um den Geschwindigkeitsgradienten $\partial u_x/\partial z$ aufrecht zu erhalten, ist eine Kraft F pro Fläche A nötig:

$$\frac{F}{A} = -\eta\,\frac{\partial u_x}{\partial z} \tag{43.39}$$

Die Proportionalitätskonstante η wird als *Viskosität* oder *Zähigkeit* definiert. Die Geschwindigkeit u_x ist die Strömungsgeschwindigkeit des Gases (oder der Flüssigkeit). Die Strömungsgeschwindigkeit ist gleich dem Mittelwert der Geschwindigkeiten der Gasteilchen, $\boldsymbol{u} = \overline{\boldsymbol{v}}$; dabei soll $|\boldsymbol{u}| \ll \overline{v}$ gelten.

Ohne äußere Kräfte zerfällt das Geschwindigkeitsprofil; denn sich selbst überlassen bewegt sich das System ins Gleichgewicht mit $\boldsymbol{u} = \overline{\boldsymbol{v}} = 0$. Ein solcher Zerfall ist vergleichbar mit dem exponentiellen Abfall der Lösungen von (43.19) aufgrund des Reibungsterms; die Zähigkeit wird daher auch als innere Reibung bezeichnet.

Die Versuchsanordnung in Abbildung 43.3 ist im Hinblick auf eine einfache Berechnung von η gewählt. Praktisch misst man die Viskosität etwa über die Kraft $\boldsymbol{F} = 6\pi\eta r\boldsymbol{u}$ auf eine Kugel mit dem Radius r, die mit der Geschwindigkeit $\boldsymbol{u}$ durch das zähe Medium gezogen wird (Stokessches Reibungsgesetz); dabei wird eine laminare Umströmung der Kugel vorausgesetzt. Eine andere wichtige Anwendung ist der Flüssigkeitsstrom I = Volumen/Zeit durch eine zylindrische Röhre mit dem Radius r. Hierfür gilt $I = \pi r^4(\Delta P/\Delta l)/(8\eta)$, wobei $\Delta P/\Delta l$ der Druckgradient längs der Röhre ist (Hagen-Poiseuille-Gleichung).

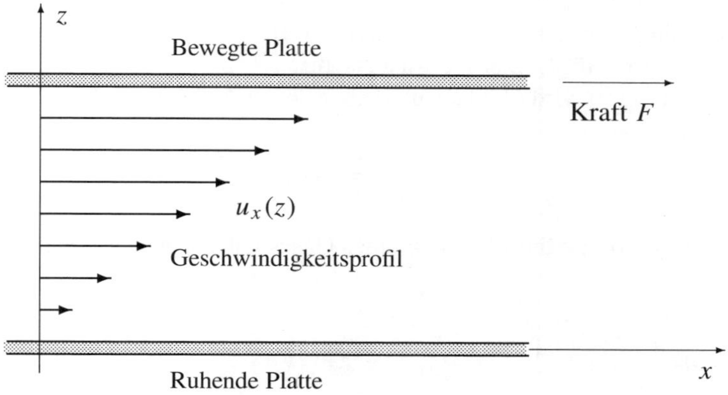

Abbildung 43.3 Zwei parallele Platten mit der Fläche A werden gegeneinander mit konstanter Geschwindigkeit bewegt. Zwischen den Platten befindet sich ein Gas oder eine Flüssigkeit. An der Oberfläche der Platten wird Medium mitgeführt; unter geeigneten experimentellen Bedingungen (kleine Geschwindigkeiten) stellt sich das skizzierte laminare Strömungsprofil ein. Um diese Strömung aufrecht zu erhalten, muss eine Kraft F auf die bewegte Platte ausgeübt werden. Die Kraft pro Fläche ist proportional zur Zähigkeit des Mediums und zum Geschwindigkeitsgradienten.

Wir leiten nun (43.39) ab. Dazu betrachten wir Abbildung 43.2 mit $X = u_x$; die weiteren Überlegungen verlaufen analog zur Diffusion. Wir betrachten die Teilchen, die die Fläche $z = z_0$ durchqueren. Im Mittel tragen effektiv jeweils die Teilchen bei, die eine Strecke λ ohne Kollision durchqueren. Die von oben kommenden Teilchen transportieren dabei den Impuls $m\,u_x\,(z_0 + \lambda)$, die von unten kommenden $m\,u_x\,(z_0 - \lambda)$. Dies ergibt die Impulsstromdichte

$$J_p = \frac{\text{Impuls}}{\text{Zeit} \cdot \text{Fläche}} \approx \frac{1}{6}\, n\, m\, \overline{v} \Big(u_x(z_0 - \lambda) - u_x(z_0 + \lambda) \Big) \tag{43.40}$$

Die äußere Kraft pro Fläche muss gleich diesem Impulsübertrag pro Zeit und Fläche sein, damit das Geschwindigkeitsprofil aufrechterhalten wird:

$$\frac{F}{A} = J_p \approx \frac{1}{6}\, n\, m\, \overline{v}\, \frac{\partial u_x}{\partial z}\, (-2\lambda) \tag{43.41}$$

Dies zeigt zum einen, dass F/A proportional zum Geschwindigkeitsgradienten ist, wie es die Definition (43.39) der Viskosität verlangt. Zum anderen erhalten wir daraus die Modellabschätzung des Viskositätskoeffizienten:

$$\boxed{\eta \approx \frac{n\, \lambda\, \overline{v}\, m}{3} \qquad \text{Zähigkeit}} \tag{43.42}$$

Wir setzen $m = 5 \cdot 10^{-26}$ kg für N_2- oder O_2-Moleküle und (43.7) – (43.10) ein:

$$\eta \approx 2 \cdot 10^{-5}\, \frac{\text{N s}}{\text{m}^2} \qquad \text{(Luft)} \tag{43.43}$$

Unter Normalbedingungen ist der experimentelle Wert $1.7 \cdot 10^{-5}\ \mathrm{Ns/m^2}$. Für Wasser misst man $10^{-3}\ \mathrm{Ns/m^2}$, für Glyzerin etwa $1\ \mathrm{Ns/m^2}$.

Mit (43.6) und (43.9) wird (43.42) zu

$$\eta \approx \frac{m}{3\sqrt{2}\,\sigma}\sqrt{\frac{8}{\pi}\,\frac{k_{\mathrm{B}}T}{m}} = \text{const.} \cdot \sqrt{T} \tag{43.44}$$

Wegen $\lambda \propto 1/n$, (43.6), ist die Zähigkeit eines Gases näherungsweise unabhängig vom Druck.

Wärmeleitung

Ein Dichtegradient führt zu einem Teilchenstrom, und ein Geschwindigkeitsgradient ergibt einen Impulsstrom. Analog dazu bewirkt ein Temperaturgradient einen Wärmestrom. Der Mechanismus dieser Transportprozesse ist in Abbildung 43.2 skizziert. Dabei ist im ersten Fall $X = n$, im zweiten $X = u_x$ oder $X = m\,u_x$, und im dritten $X = T$ oder auch $X = c\,T$, wobei c die Wärmekapazität pro Teilchen ist.

Die in Abbildung 43.2 nach unten fliegenden Teilchen tragen die Wärmeenergie $c\,T(z_0 + \lambda)$ mit sich, die nach oben fliegenden $c\,T(z_0 - \lambda)$. Wir nehmen an, dass c, n und $\overline{v}$ nicht von z abhängen. Daraus ergibt sich die Wärmestromdichte

$$J_Q = \frac{\text{Wärme}}{\text{Zeit} \cdot \text{Fläche}} \approx \frac{1}{6}\, n\, \overline{v}\, c \Big(T(z_0{-}\lambda) - T(z_0{+}\lambda) \Big) = -\frac{1}{3}\, n\, \overline{v}\, \lambda\, c\, \frac{\partial T}{\partial z} \tag{43.45}$$

Eine eventuelle Temperaturabhängigkeit des Faktors $n\,\overline{v}\,c$ würde lediglich zu einem anderen numerischen Vorfaktor führen. Das Ergebnis zeigt, dass die Wärmestromdichte J_Q proportional zum Temperaturgradienten ist:

$$J_Q = -\kappa\, \frac{\partial T}{\partial z} \tag{43.46}$$

Diese Proportionalität gilt exakt im Grenzfall eines kleinen Temperaturgradienten und bei Ausschluss anderer Prozesse wie Konvektion oder Strahlung. Durch (43.46) wird die *Wärmeleitfähigkeit* κ definiert. Unsere Abschätzung (43.45) ergibt hierfür

$$\boxed{\kappa \approx \frac{n\,\lambda\,\overline{v}\,c}{3} \qquad \text{Wärmeleitfähigkeit}} \tag{43.47}$$

Der Vergleich mit (43.42) zeigt

$$\kappa = \frac{c}{m}\,\eta = \text{const.} \cdot \eta \tag{43.48}$$

Dabei wurde angenommen, dass die spezifische Wärme c pro Teilchen nicht von der Temperatur abhängt. Wegen $\lambda \propto 1/n$, (43.6), ist η ebenso wie κ näherungsweise unabhängig vom Druck. Bei sehr kleinem Druck (also sehr kleiner Dichte

n) kann λ aus (43.6) allerdings größer als der Abstand L der Gefäßwände werden. Dann übernimmt L die Rolle der mittleren freien Weglänge und ist in (43.47) einzusetzen. Wegen $\lambda \approx L$ und $n \approx P/k_B T$ ist die Wärmeleitfähigkeit in diesem Fall proportional zum Druck. Der Unterdruck in einer doppelwandigen Thermosflasche verbessert daher die Isolierfähigkeit.

Mit (43.7) – (43.10) und $c = 7k_B/2$ für ein ideales zweiatomiges Gas schätzen wir κ aus (43.47) für Luft ab:

$$\kappa \approx \frac{7}{6}\, n\, \lambda\, \overline{v}\, k_B \approx 2 \cdot 10^{-2}\, \frac{\mathrm{W}}{\mathrm{Km}} \qquad \text{(ruhende Luft)} \tag{43.49}$$

Experimentell findet man $2.4 \cdot 10^{-2}$ W/Km unter Normalbedingungen. Meist ergibt die Konvektion den Hauptbeitrag zum Wärmetransport in Luft; daher ist die Einschränkung *ruhend* wichtig. Ähnlich niedrige Werte wie in (43.49) erreicht man mit Glaswolle oder Styropor ($\kappa \approx 4 \cdot 10^{-2}$ W/Km).

Das Ergebnis (43.47) kann auch auf Festkörper angewendet werden, in denen die Phononen für den Wärmetransport verantwortlich sind; im Metall kommen noch die Elektronen dazu. Im klassischen Grenzfall (Dulong-Petit-Gesetz) ist $n\,c = 3k_B N/V$, wobei N die Anzahl der Atome ist. Für die mittlere freie Weglänge gilt aber nicht (wie im gewöhnlichen Gas) $\lambda \propto 1/n$. Als Faustregel kann man sagen, dass die Wärmeleitfähigkeit fester Körper proportional zu ihrer Massendichte $m\,N/V$ ist. Daher dämmen zum Beispiel Hauswände aus Beton viel schlechter als Hohlblocksteine, und leichte Materialien sind meist gute Wärmedämmer (Holz, Styropor, Glaswolle).

Die Dicke d einer Wärmedämmschicht geht in den Temperaturgradienten $\partial T/\partial z \approx -|T_1 - T_2|/d$ ein. Der Wärmestrom durch eine solche Schicht ist dann

$$J_Q = k\,|T_1 - T_2|\,, \qquad k = \frac{\kappa}{d}\,, \qquad [k] = \frac{\mathrm{W}}{\mathrm{m^2\,K}} \tag{43.50}$$

Dieser Koeffizient k heißt Wärmedurchgangszahl oder k-Wert. Er wird zur Kennzeichnung der Wärmedämmung von Fenstern oder Wänden angegeben. Für doppeltverglaste Fenster liegen die Werte zwischen $k \approx 3\,\mathrm{W/(m^2\,K)}$ für ältere Scheiben und bei etwa $k \approx 1\,\mathrm{W/(m^2\,K)}$ für heutige Scheiben. Durch ein $1\,\mathrm{m^2}$ großes modernes Fenster fließt dann im Winter ($\Delta T = 20\,\mathrm{K}$) ein Wärmestrom von etwa 20 Watt. Für die tatsächliche Energiebilanz des Fensters ist neben der hier betrachteten Wärmeleitung aber noch der Beitrag der Konvektion (etwa der Luftaustausch durch Fugen) und der Wärmestrahlung (siehe Treibhauseffekt in Kapitel 34) zu berücksichtigen.

Wärmeleitungsgleichung

Die dreidimensionale Verallgemeinerung von (43.46) lautet

$$\boldsymbol{J}_Q = -\kappa\ \operatorname{grad} T(\boldsymbol{r}, t) \tag{43.51}$$

Dabei lassen wir eine Zeitabhängigkeit des Temperaturfelds zu. Wenn wir von äußeren Wärmequellen absehen, gilt die Kontinuitätsgleichung für den Wärmegehalt des betrachteten Mediums, also

$$\frac{\partial(n\,c\,T)}{\partial t} + \operatorname{div} \boldsymbol{J}_Q = 0 \tag{43.52}$$

Wir setzen orts- und zeitunabhängige Materialgrößen (κ, n, c) voraus. Dann folgt aus den letzten beiden Gleichungen die *Wärmeleitungsgleichung*

$$\boxed{\frac{\partial T(\boldsymbol{r},t)}{\partial t} = \frac{\kappa}{n\,c}\,\Delta T(\boldsymbol{r},t) \qquad \text{Wärmeleitungsgleichung}} \tag{43.53}$$

Diese Gleichung hat dieselbe Struktur wie die Diffusionsgleichung. Inhomogene Wärmeverteilungen gleichen sich also ähnlich wie inhomogene Dichteverteilungen aus. In praktischen Anwendungen sind in beiden Fällen auch andere Transportprozesse, insbesondere die Konvektion, zu berücksichtigen.

Die Materialkonstante κ/nc heißt *Temperaturleitzahl* oder auch Temperaturleitfähigkeit. Aus (43.47) mit (43.9) – (43.10) erhalten wir

$$\frac{\kappa}{n\,c} \approx \frac{\lambda\,\overline{v}}{3} \approx 1.5 \cdot 10^{-5}\,\frac{\text{m}^2}{\text{s}} \qquad \text{(ruhende Luft)} \tag{43.54}$$

Im kinetischen Gasmodell fällt diese Größe also mit der Diffusionskonstante D zusammen. Der gemessene Wert liegt bei $1.8 \cdot 10^{-5}\ \text{m}^2/\text{s}$.

Die Wärmeleitungsgleichung beschreibt den räumlich-zeitlichen Temperaturausgleich. Aus ihr folgt etwa, dass sich in einem Bereich der Größe R Temperaturunterschiede in der Zeit

$$\tau_{\text{relax}} \approx \frac{n\,c}{\kappa}\,R^2 \tag{43.55}$$

ausgleichen. Periodische Temperaturschwankungen (mit der Frequenz ω) fallen dann auf der Länge $R \approx (\kappa/n\,c\,\omega)^{1/2}$ ab (Aufgabe 43.2).

Aufgaben

43.1 Lösung der Diffusionsgleichung

Führen Sie in der Diffusionsgleichung

$$\frac{\partial n(\boldsymbol{r},t)}{\partial t} = D\,\Delta n(\boldsymbol{r},t)$$

eine Fouriertransformation im Ort durch. Integrieren Sie die noch verbleibende zeitliche Differenzialgleichung. Spezialisieren Sie die Lösung auf die Anfangsbedingung $n(\boldsymbol{r},0) = N\,\delta(\boldsymbol{r})$, und geben Sie hierfür die Lösung $n(\boldsymbol{r},t)$ an.

43.2 Temperaturschwankung im Erdboden

An der Erdoberfläche ist die jahreszeitliche Schwankung der Temperatur

$$T(z=0,t) = T_0 + A\,\sin(\omega_0 t)$$

Dabei ist $A = 10\,^{\circ}\mathrm{C}$ und $2\pi/\omega_0 = 1$ Jahr. Es soll die Temperaturverteilung $T(z,t)$ im Erdboden untersucht werden; z bezeichnet die Tiefe. Lösen Sie die Wärmeleitungsgleichung mit einem geeigneten Separationsansatz. In welcher Tiefe muss ein Weinkeller angelegt werden, in dem die Temperaturschwankung kleiner als $1\,^{\circ}\mathrm{C}$ sein soll? In welcher Tiefe ist es im Winter am wärmsten?

Die Erdwärme kann außer Acht gelassen werden, da es hier nur auf einen Bereich von einigen Metern Tiefe ankommt. Die Temperaturleitzahl für den Erdboden liegt bei $\kappa/nc \approx 7\cdot 10^{-7}\ \mathrm{m^2/s}$.

Register

Abkürzungen

IBG	Ideales Bosegas (Modell)
irrev	irreversibel
p.I.	partielle Integration
q.s.	quasistatisch
rev	reversibel

Einheiten

Siehe auch Kapitel 14.

Å	Ångström, 1 Å $= 10^{-10}$ m
bar	1 bar $= 1\,\mathrm{N/m^2}$
°C	Grad Celsius
cal	Kalorie, 1 cal ≈ 4.2 J
eV	Elektronenvolt, 1 eV $= 1.6 \cdot 10^{-19}$ J
fm	Fermi, 1 fm $= 10^{-15}$ m
GeV	Gigaelektronenvolt, 1 GeV $= 10^9$ eV
K	Kelvin, $T_t = 273.16$ K
Pa	Pascal, 1 Pa $= 10^{-5}\,\mathrm{N/m^2}$

Symbole

$=$ const.	gleich einer konstanten Größe
$\equiv$	identisch gleich
$\stackrel{\mathrm{def}}{=}$	durch Definition festgelegt, z. B. $T_t \stackrel{\mathrm{def}}{=} 273.16\,\mathrm{K}$
$\stackrel{(1.13)}{=}$	ergibt mit Hilfe von Gleichung (1.13)
$\widehat{=}$	entspricht
$\propto$	proportional zu
$\approx$	ungefähr gleich
$\sim$	von der Größenordnung, auch: asymptotisch gleich
$= \mathcal{O}(\ldots)$	von der Ordnung oder Größenordnung

A

B

C

G

H

I

S

T

U

V

W

Z

Printing: Ten Brink, Meppel, The Netherlands
Binding: Stürtz, Würzburg, Germany